PEARSON

OSPF和IS-IS详解

OSPF and IS-IS
Choosing an IGP for Large-Scale Networks

[美] Jeff Doyle 著

孙余强 译

人民邮电出版社
北京

图书在版编目（CIP）数据

OSPF和IS-IS详解 ／（美）多伊尔（Doyle, J.）著 ；
孙余强译. -- 北京 ：人民邮电出版社，2014.5（2023.3重印）
ISBN 978-7-115-34788-6

Ⅰ. ①O… Ⅱ. ①多… ②孙… Ⅲ. ①互联网络－路由
协议－指南 Ⅳ. ①TN915.05-62

中国版本图书馆CIP数据核字（2014）第039719号

版 权 声 明

◆ 著　　　　　[美] Jeff Doyle

　　译　　　　　孙余强

　　责任编辑　　傅道坤

　　责任印制　　彭志环　杨林杰

◆ 人民邮电出版社出版发行　　北京市丰台区成寿寺路 11 号
　　邮编　100164　　电子邮件　315@ptpress.com.cn
　　网址　http://www.ptpress.com.cn
　　北京天宇星印刷厂印刷

◆ 开本：800×1000　1/16
　　印张：30.5　　　　　　　　2014 年 5 月第 1 版
　　字数：634 千字　　　　　　2023 年 3 月北京第 9 次印刷
　　著作权合同登记号　图字：01-2012-3156 号

定价：99.00 元

读者服务热线：**(010)81055410**　印装质量热线：**(010)81055316**
反盗版热线：**(010)81055315**

内容提要

    本书是在大型网络中部署 OSPF 和 IS-IS 协议的权威指南，作者以对比的方式讲解了如何在部署大型网络时分别实施 OSPF 和 IS-IS 协议，并从这两种协议的可扩展性、可靠性，以及安全性等方面给出了契合实际的建议和答案。

    本书适合 Cisco/Juniper 设备代理商的网络设计、部署人员阅读，也适合 ISP 网络、大型企业网络的网络运维人员阅读；备考 Cisco 认证的人员，以及科研院所的相关研究人员也可以从本书中获益。

关于作者

Jeff Doyle，IP 路由协议、MPLS 及 IPv6 技术专家，主持或参与设计过的大型 IP 服务提供商网络遍及北美、欧洲、日本、韩国及中国大陆。Jeff 是《TCP/IP 路由技术》第 1 卷和第 2 卷的作者，同时还是 *Juniper Networks Routers: The Complete Reference* 一书的编辑及特约作者。他代表 Juniper 公司出席过无数场企业研讨会，并同时在 NANOG、JANOG、APRICOT 以及 IPv6 论坛会议上发表过多次演讲。

加盟 Juniper 公司之前，Jeff 在 International Network Services 公司任资深网络系统咨询顾问一职，自那时起，他就开始专攻 IP 路由协议的设计。Jeff 持有孟菲斯州立大学文学学士学位，还在新墨西哥大学学习过电气工程专业。目前，Jeff 与妻子和 4 个孩子居住在科罗拉多州丹佛市。

献辞

谨将本书献给我的父母 L.H.和 Louise Doyle，我爱你们。

致谢

首先要感谢 Catherine Nolan 以及 Addison-Wesley 出版社全体编辑、制作以及营销人员，感谢你们对我本人以及我迟迟不能交稿的极度容忍。还要感谢本书的项目编辑 Laurie McGuire。这并不是我与 Laurie 的第一次合作，和以前一样，这次她又使我的文字看起来远高于我的真实水平。

感谢本书的技术审阅团队：Eural Authement、Hannes Gredler、Dave Humphrey、Pete Moyer Mike Shand 以及 Rena Yang。你们都身经百战，对技术无比精通，试问还有那位作者能够请得动这样一支技术审阅"梦之队"。我还要感谢 Ross Callon、Vint Cerf、Steve Crocker、Paul Goyette、Matt Kolon、Chelian Pandian、Russ White 以及我在 Juniper 公司专业服务团队的全体同仁，感谢你们对本书某些特定章节的评审与建议。

我的妻子 Sara，我的孩子 Anna、Carol、James 和 Katherine，都是我生命中最重要的人。你们的支持与鼓励是本书成功付梓的关键；你们所带给我的爱和欢笑，对我而言，都是无价之宝。

最后，我要感谢我前几本书的所有读者，来自世界各地的宝贵意见和慷慨赞美使我万分荣幸，我希望你们也能从本书中获益。

前言

本书起源于一份 PPT 文档。多年来，作者就用这套 PPT 文档在 IP 运营商和服务提供商的网络设计座谈会上，来比较并对比 OSPF 和 IS-IS。而这份 PPT 文档则是作者日积月累，从无数次非正式的网络技术培训中积聚而成，其主要用途就是要让某些网络工程师能从容面对 IS-IS，这些网络工程师都经常接触 OSPF，但对 IS-IS 却知之不深，或一无所知。

随着大型网络数量的不断增多，迫切需要更多能同时掌握 OSPF 和 IS-IS，且能分清以上两种协议各自特征的网络工程师。为了让网络工程师更方便地理解这方面的知识，作者把那些多年来在现场演讲以及技术研讨会中所使用的素材集结成书。本书的内容也确实包含了某些读者一贯想要弄清的问题、疑虑以及难点。作者坚信本书能够对读者的学习和工作有所帮助。

本书的读者

本书主要面向那些精通 OSPF，并希望继续钻研 IS-IS 的网络工程师和架构师。因此，在本书的每一章节里，几乎都是 OSPF 的内容在前，IS-IS 的内容在后。之所以把对相关主题的 OSPF 实现的介绍置于 IS-IS 实现之前，是为了让读者用已然掌握的知识先行铺垫。

本书同样适用于那些不甚精通 OSPF 的读者。此外，有些读者对 OSPF 和 IS-IS 这两种路由协议中的一种或两种有着一般性的了解，但都迫切希望深入研究这两种协议；还有些读者只精通 IS-IS，对 OSPF 知之甚少（这样的人比较少见）。由于作者会在书中对 OSPF 和 IS-IS 做详尽论述，不偏不倚，因此本书亦适用于以上两类读者。

若读者对网络技术涉猎不深，但却想开拓自己在链路状态路由协议上的知识面，则可把本书作为教科书来读。本书的第 2 章专为这些读者而著，这一章内容为本书的后续章节打下了基础。在第 2 章中，作者全面介绍了路由协议的基本概念，尤其是链路状态路由协议。作者对其后各章内容也做了精心编排，以方便读者在阅读过程中由简入深。

对于那些立志参加网络技术认证（如 Cisco 公司 CCIE 认证或 Juniper 公司 JNCIE 认证）考试的读者来说，本书同样适合他们阅读。此类读者能从本书中获得为通过认证考试所必须掌握的与 OSPF 和 IS-IS 有关的基本概念。然而，本书并不包含相关配置及排障方面的内容，请读者通过其他渠道获取这方面的信息，以便更为全面地准备认证考试。本书每一章的末尾都附有若干习题，其目的是让读者在阅读下一章之前巩固并测试自己对本章内容的理解。因习题答案均可见于正文，故不再单独给出。

什么是大型数通网络

OSPF 和 IS-IS 是仅有的两种适合在大型数通网络中运行的路由协议。但何谓大型数通网络，又该如何精确定义呢？回顾一下自计算机诞生之前就已经存在的数通网络及其相关理念，将会对此有所帮助。

当 Alexander Graham Bell 和 Theodore Vail 于 1885 年创立美国电话电报（American Telephone and Telegraph Company，AT&T）公司时，并没有打算提供电报服务。但二位都知道自己所构建的网络能够传输的东西不单是电话信号。除了知道像电话信号那样的信息表示方式之外，他们对其他的信息表示方式并无先见之明。电报反映出了 Bell 和 Vail 当时所理解的数通网络的雏形。

人们若要把信息传递到声音所不能企及的范围以外，就必须借助形形色色的广域数据通信手段。许多文明古国都使用火光信号来实现长途快速通信。在封建时期的日本，邻近的几个村庄都会在夜晚释放纸灯笼。灯笼会借"腹"中之火所产生的热空气冉冉上升，乃至明火高悬，这些村庄就以这样的方式来互报平安。在整个美国西南部，可以发现许多岩石雕刻——在岩石的侧面刻有数字和符号。这些雕刻出自几百年前生活在美国的土著人之手，其中包括猎人、士兵以及游客。尽管有一些雕刻只是人们自娱自乐，但也有许多雕刻被认为用来传递信号和消息，这都是过客们为路过此地的后来者而留。那些雕刻给数据通信带来了某些意想不到的启迪：信号本身总是固定不变，而信源和信宿（传递和接收信号的人）却总是在不停地移动。

电报网络是世界上首个利用电子数字信号（传递信息）的数通网络。毋庸置疑，虽然该网络属于广域网络——连接了多个国家，甚至通过海底电缆连接了几大洲——但就复杂性而言，它并不能算是我们现在所探讨的大型网络。在该网络内，通过人工操作，可以轻而易举地生成、传递以及接收信号，而且其维护手段，也是通过人工监控并干预。

那么，到底应该怎样给大型网络下定义呢？虽然网络所包括的节点数和链路数对此有所影响，但只根据那些数字来下定义，则未免以偏概全。相反的是，网络的规模应由其复杂程度来决定。通过人工直接干预就能管理得井井有条的网络，只能算是小型网络；也就是讲，早期的电报网络虽然在地理上横跨多个区域，但也只能视之为小型网络。在 IP 领域内，可以人为方式指定 IP 包的发送路线（routed statically），无需通过自动化管理系统来管理的网络，被称为小型网络。请读者注意上一句话中的"可"字，在一个特定的小型 IP 网络中，也同时有可能会运行某种动态路由协议或自动化管理软件，这也正是作者未说"'必须'以人为方式指定 IP 包的发送路线"的原因所在。

随着网络的复杂程度不断增加，让其具备"自动运行"的能力，将会变得愈发重要。在一个中等规模的网络中，要想通过人工监控和干预的方式，来执行 IP 包的静态路由及相关网络管理工作，则未免显得不太实际。对于中等规模的 IP 网络，需要运行如 RIP 这样的动态路由协议，来维护 IP 包在多条路径之间的转发。

然而，当网络的规模达到一定程度时，自动化系统自身的健壮性将会成为重中之重。如第 2 章所述，在充满"变数"的复杂网络中运行简单动态路由协议（如 RIP），很有可会故障百出。那么，现在可以总结出大型网络的一个重要特征了。所谓大型网络，其内所运行的自动化管理系统需将网络本身作为一个实体来统一管理，而非只能单独管理节点间的链路。以下所列为管理大型网络所要考虑的因素：

- 各个节点之间复杂的交互方式；
- 复杂的与流量转发路径有关的设计考量（其中牵涉流量负载均衡）、流量的监控及分布方式、健壮的环路避免功能；
- 复杂的评判路由优劣的手段（complex link metrics）；
- 数据传输需求的多样性；
- 对安全性及可靠性的严格要求。

无论网络的规模如何，OSPF 和 IS-IS 都能轻松满足需求。这两种路由协议的核心价值就是，当运行两者的网络的规模不断增大时，两者本身在性能方面不会有丝毫折扣。尚无第三种 IGP 能满足世界上最大的 IP 网络——Internet——的路由选择需求。

IOS 与 JUNOS

本书通篇都以 Cisco 公司的 IOS 或 Juniper 公司的 JUNOS 来举例。但是在本书的前几章，作者会偶尔同时用以上两种 OS 来举例。作者的本意是要让读者理解 OSPF 和 IS-IS 协议本身，无意传授某种特定 OS 的配置方法。书中用 IOS 或 JUNOS 来举例，一是因为这两种 OS 都是路由器操作系统，二来则是作者恰好会用，而且能够接触到这两种 OS。读完本书之后，读者应该能够具备这样一种能力：只要捧起任一厂商的设备配置手册，就能轻松自如地在该厂商的设备上配置 OSPF 和 IS-IS，并排除与这两种路由协议有关的故障。

目录

链路状态路由协议之由来

本书的开篇方式极为特别。只要读者愿意，第 1 章可略过不读。若读者只准备了解 OSPF 和 IS-IS 技术方面的内容，请直接阅读第 2 章。本章不涉及技术内容，为非必读章节。作者之所以非要在这里说一说与链路状态路由协议有关的历史故事，理由很简单，那就是作者对某些事物的关注程度甚至还要超过网络技术，而历史正是其中之一。研究历史不但能帮助我们以正视听，而且还能使我们免遭满嘴谎言的奸商、政客以及其他奸诈小人的蒙蔽。专注于技术，通晓某些网络协议的运作方式固然是好事，但了解路由协议的历史，则既可以加深对它的理解，又能够拓展自己的知识面。此外，还能对为自己的网络甄选合适的路由协议有所帮助。退一万步来讲，研究历史也比去看那些胡编乱造的小说有趣多了。

要说链路状态路由协议的历史，就不能不提 Internet 及其前身 ARPANET 的历史，它们之间有很深的渊源。像 Internet 这样的大型网络的出现，带动了链路状态协议的需求和发展。因此，本章的内容实际上是 Internet 以及链路状态路由协议的发展简史。

1.1 星际网络

为当今 Internet 的诞生及发展做出过重要贡献的前辈数不胜数。但有一位名叫 J. C. R. Licklider 的智者做出了开创性的贡献，他为人谦逊，总让人喊他"Lick"，而不是"Licklider 博士"。他也不介意别人用他的创意来争名夺利。Licklider 对许多事物都有好奇心，但（据他自己而言）均属浅尝辄止。以上特质加之他在解决问题方面的天赋，促使他成为对多个领域都有深入研究的通才。其实，他只是一位心理学家，并非工程师，这也解释了一开始他在提出与计算和网络有关的创意时，为什么更偏重于两者在文化方面的作用而非技术本身。

　　20 世纪 50 年代中期，Licklider 在 MIT（麻省理工学院）研究心理声学（psychoacoustics）时，对计算机产生了浓厚的兴趣。他以计算机为工具，对人类的认知建模。在此期间以及担任 BBN（Bolt Baranek and Newman）公司（当时为一家专门从事声学工程咨询业务的公司）副总裁的任期内，他和他的弟子们一直宣扬一个理念，即要把计算机作为人类认知及通信的工具。1955 年之前，Licklider 还没怎么接触过计算机，但到了 1960 年初，他便成为此中高手，同时也是受到普遍认可的计算机科学领导者[1]。由他提出的多项开创性理论呈现在各种备忘录，以及后来的两篇重要论文（"Man-Computer Symbiosis" 和 "The Computer as a Communication Device"）中[2]。

　　实时性、交互式计算处理，是 Licklider 提出的重要理论之一，发表在其论文 "Man-Computer Symbiosis" 中。20 世纪 50 年代，计算由批处理来完成：人们将问题确定下来后，再编制程序，由计算机来计算答案。批处理所面临的问题恰恰是解决复杂问题的过程自身可能会改变原始问题。不可预见的变故（unforeseen alternatives）意味着重回起点，开始批处理的新轮回。Licklider 援引庞加莱的话，并概况为："对问题来说，答案是什么并不重要，重要的是问题的本身。"（The question is not, "What is the answer?" The question is, "What is the question?"）人机实时交互，就可以随时引入问题解决过程中发现的新信息，对问题加以修正。

　　批处理还意味着计算机只能同时运行一个程序，每个用户需要轮流使用计算机。倘若能达成人与计算机间的实时交互，多个用户就应该可以同时使用计算机了。于是，时间共享（分时）理论成为了实时性、交互式计算理论的衍生。

　　Licklider 在同一篇论文里，还提出了另一个理论，即把电脑作为辅助人类思考的工具。他以自身的日常工作为例，据 Licklider 测算，他的大多数行为都属于机械性劳动或文案工作："我的思考时间有 85% 花在了寻找解决问题的出发点、做出决策以及学习一些有必

---

[1] Licklider 对家用电脑、图形用户界面、点击式输入设备，以及现代化计算机的许多方面都早有预言，其研究成果也使他成为人工智能之父。

[2] J. C. R. Licklider, "Man-Computer Symbiosis", IRE Transactions of Human Factors in Electronics, Volume HFE-1, 1960 年 3 月；"The Computer as a Communication Device", Science and Technology, 1968 年 4 月。
上述两篇论文的重印版本，会同 Bob Taylor 所撰写的一份对 J.C.R. Licklider 的简介，由 DEC 公司系统研究中心于 1990 年结集出版，命名为 "怀念 J.C.R. Licklider（1915–1990）"，该书的电子版可由如下网址获得：gatekeeper.dec.com/pub/DEC/SRC/research-reports/SRC-061.pdf。

要掌握的知识上了，寻找和获得信息的时间要远远多于消化知识。"与人类相比，计算机发现和组织信息的速度要快很多，因此，合理的人机关系应当是：由计算机来担负信息获取和数据处理的枯燥工作，让人类腾出精力，专注于引入新信息，解决新问题。

基于上述理论，他又提出了另一个名为"思维中心"的理论。要想利用计算机来获取信息，需能访问到单台计算机所存储不下的海量信息。Licklider 提出的思维中心理论的主旨是，分处异地的多台计算机可以互相连网，并构成某种新型信息库。在"思维中心"内，随便哪一台计算机上的用户都能访问到另一台计算机里的信息。于是，一个重要理念——由分处异地的计算机构成的互连网络——应运而生。

其实，刊载于论文"The Computer as a Communication Device"里的上述理念的主旨，还不是要通过连网的计算机把不同地域的人与人"连接"在一起，而是要设法实现人与人之间最基本的心灵沟通。富于创造性的交互式通信要求作为载体的介质必须具有可塑性，只有如此，推理的前提方能借此而转化为结论。更为重要的是，那种介质必须是一种共有介质，如若不然，人们便无法集思广益、实验验证。Licklider 把计算机视为介质，利用其来创建人脑所想象不出来的模型。"迄今为止，数量最多、最精密、也最为重要的模型当属人的思维。人类思维之丰富、可塑、经济和便利是难以匹敌的，不过在其他方面，也并非没有短板。它既无法在静止状态钻研问题，也无法重复运转。运作方式则无从知晓。重感性，轻理性。所能访问者，唯一人所知。一举一动，唯一人洞悉，唯一人操弄。"上述理念立足于人机交互的早期理论，但是引出了利用广域网来执行分布式数据处理的基本思路。

1962 年 10 月，Licklider 受雇于美国国防部高级研究计划署（Advanced Research Projects Agency，ARPA）[3]，去领导其下辖的命令与控制研究室，以及行为科学处。命令与控制研究室又很快被更名为信息处理技术办（Information Processing Techniques Office，IPTO）。Licklider 不仅带来了他的分时理论和人机交互理论，还为 ARPA 吸引来了同时代的众多顶尖计算机科学家。

尽管 Licklider 只在 IPTO 工作到 1964 年，但他的理念却为星际计算机网络的诞生起到了播种的作用。追随他的那些科学家则成为了 ARPANET 发展中的关键性人物。

---

[3] 1972 年 ARPA 被莫名其妙地更名为国防高级研究项目计划署（Defense Advanced Research Projects Agency，DARPA）。

对 Web 的早期设想

由 Licklider 提出的与人机交互有关的早期理论是受另一位智者 Vannevar Bush 的影响。Bush 寓言了一种可用来加快人类认知过程（cognitive process）的机器，并将其命名为 "memex"。

上述设想由 Bush 于 1945 年在其文章《诚如所思（As We Might Think）》[4]中提出。Bush 所设想的叫作 "memex" 的机器可用来获取以微缩方式存贮的信息，他在文中写到："memex 是一种机械化设备，人们既可以将自己看过的书、档案以及通信资料存于其内，还能快速而又灵活地进行检索。它可用作为人类记忆的扩展装置。memex 包括一张书桌……其上可安置一个倾斜的半透明屏幕，用来浏览信息……还包括一个键盘、一套按键和一条控制杆……由于有多个信息投射位置，因此用户可在浏览一条信息的同时，查阅另外一条，还可以添加旁注和注释……"

上述观点极具前瞻性，但其所设想的却并非信息获取机制，而是一种链接多条信息，然后进行浏览的提议性机制："用户在（针对信息）创建'留痕'时，需为其命名，并插入代码本，然后可通过键盘来进行浏览。在用户面前有两条待链接的信息，需将两者投射在相邻的浏览位置上……若用户敲击一个按键，那两条信息就会永久链接在一起……其后，无论何时，只要检索其中一条信息，就能很快调出另外一条……而且，将大量信息链接在一起，形成一条'留痕'之后，便能以倒放、慢放或快进的方式来浏览那些信息了。这完全就像是把一些词条集结成书，但青出于蓝的是，可把任何信息通过千千万万条'留痕'链接在一起。"

由此可知，在 1945 年，在那个受技术制约的岁月里，Vannevar Bush 就已经预言到超文本和万维网（World Wide Web）所分别具备的信息链接和信息获取功能了。

1.2 ARPANET

ARPA 于 1958 年创建于艾森豪威尔治下，之所以组建该机构，是要对前苏联发射的第一颗人造地球轨道卫星 Sputnik（伴侣号）进行"回击"，因为当时美国已经清楚地意识到自己的科技水平落后于前苏联了。可以说，美国出于其在国际（科技水平）竞争力方面的尴尬，设立了这样一个机构，意在通过某种渠道（主要是通过大学）来投资并管理相关科研项目。

军工企业在结构方面的复杂性，加上各军种之间时常发生的激烈竞争，促使艾森豪威

---

[4] Vannevar Bush，"As We Might Think"，The Atalantic Monthly，1945 年 7 月。

尔把 ARPA 定性为一个独立机构，由非军方人员来主持，同时在科研项目上给予了宽松的资金支持，以及较高的自由度。

接替 J. C. R. Licklider 作为 ARPA 第二、第三任领导的分别是 Ivan Sutherland 和 Bob Taylor。Licklider 在学术方面的成就——"星际网络"的理念，以及由连接成网络的分时计算机互连多个利益共同体的想法——对这两位领导影响甚深。有意思的是，Taylor 跟 Licklider 一样，也是研究"心理声学（psychoacoustics）"的心理学家，这也促使他对计算机科学发生了浓厚兴趣。

ARPA 早期的许多科研项目都涉及导弹和卫星，这势必会与命令和控制系统有紧密联系。显而易见，计算机技术肯定会位居其中的核心地位——无论是作为工具还是作为科研对象。

因为由 ARPA 资助的大多数科研项目都是由美国各所高校来负责实施，所以用于科研的计算机也遍布全美。Bob Taylor 的办公室连接了三台计算机，这三台机器分别位于 MIT（麻省理工学院）、加州大学伯克利分校、以及加州圣莫尼卡的系统研发公司（System Development Corporation, SDC）。在他的办公室内，需要分别为每台计算机配备一台终端，而每台计算机的登录规程也各不相同。受到过 Licklider 启发的 Taylor 曾不停地反思，为什么就不能只通过一台终端来连接三台计算机呢。更为重要的是，Taylor 还发现许多科研项目的研发效率越来越低，这要归咎于科研人员在对计算机使用时的重复劳动——当时，计算机分布在美国各州。比如，若 MIT 的科研人员认为 UCLA（加州大学洛杉矶分校）开发的一款程序非常好用，那么由于所使用的计算机不同，前者就得重新编写能为自己所用的该程序的新版本。要是 MIT 的研究人员能在 UCLA 的计算机上使用 UCLA 开发的程序，那岂不是更省事？此外，科研人员若能（通过网络）远程访问到自己需要使用的昂贵计算机，那岂不是又可大大节约成本？由 Licklider 提出的分时理念已付诸于实施，是时候实现他提出的通过网络连接多个利益共同体的想法了。

于是，1966 年，Taylor 发起了一个项目，意在开发出那样一个计算机网络，该项目获得了资金上的支持。ARPA 网络——其最终的名称为 ARPANET——就这样诞生了。

为该计算机网络挑选一名管理者和首席架构师，是 Taylor 的第一步工作。为此，他选择了 Larry Roberts——此人来自 MIT，是一位令人尊敬的年轻计算机科学家。在 Taylor 看来，该职位非 Larry Roberts 莫属：除了具备深厚的计算机科学背景之外，Larry Roberts

还具有卓越的管理技能，他同时也正负责一个小型计算机联网项目，准备把 MIT 的林肯实验室计算机与位于圣莫尼卡的 SDC 计算机相连[5]。

能集众家之所长，是 Roberts 对 ARPANET 项目的顺利完成所做出的最大贡献。ARPANET 在基础架构方面的理念由三个人提出，他们是 Leonard Kleinrock、Paul Baran 和 Donald Davies。早在 20 世纪 60 年代初，这三位在互不相识的情况下，就已经提出了相关理念。

Len Kleinrock 是 Roberts 在 MIT 的死党兼赌友，于 1962 年完成了自己的博士论文《Information Flow in Large Communication Nets》（大型通信网络内的信息流）。他的主攻方向是存储和转发网络内的排队原理（该原理后来集结成书）[6]，其研究成果奠定了分组（包）交换网络。Kleinrock 直接参与了 ARPANET 项目，为该项目开发了性能分析方法。

Paul Baran 于 1959 年加入 RAND 公司，在这里，他花了 5 年时间来研究网络幸存技术（network survivability）[7]。他的主要研究方向并非计算机网络本身，而是用于弹道导弹系统的命令控制网络技术，以及当某些节点毁于核打击时，如何确保其他节点继续正常运作。在 Baran 看来，人类的神经网络系统健壮无比：在人脑发生部分损伤的情况下，神经网络系统会产生出新的神经纤维，可"绕过"受损的脑细胞。这再次表明了（计算机）网络理论起源于对人类认知的研究。集中式通信网络（如图 1.1a 所示）非常容易遭到摧毁，因为只需集中火力消灭其中心节点。相形之下，分散式网络（如图 1.1b 所示），如典型的电话网络，在冗余性方面要好很多，但尚有不足。Baran 提出了分布式（distributed）网络的概念，在此类网络中没有所谓的"核心"交换节点，故而可在遭敌军摧毁的任一节点附近，重新构建新的路径。

Baran 还进一步指出，消息在跨分散式网络发送时，应该以"分片"的方式来传送，他把那些"经过分片的消息"称为"消息块"。由于数据通信在本质上具有突发性，因此 Baran 又提出了另一个理论：允许多个消息来源同时发送消息块，以使网络内节点间的链路带宽得到更为充分的利用。那些节点都是存储并转发（消息块的）交换机，其主要用途为：确定通往消息块目的地的最佳线路（best route），并尽快转发——Baran 将交换机的上述行为称为热土豆路由（hot-potato routing）。此外，当某个（或某些）节点失效时，消息

---

[5] 该项目由 Tom Marill 提议，此人同样是一位心理学家，他研究计算机的方法自成一家。Marill 创建了用来在计算机之间交换消息的规程，同时也是把这种规程称为"协议"的第一人。

[6] Leonard Kleinrock，Communication Nets：Stochastic Message Flow and Design，McGraw-Hill，1914 年。

[7] Baran 后来又参与了 StrataCom 公司发起的数据包语音技术的开发，该技术后来发展为 ATM 技术。

块应能绕过失效节点，继续朝目的地进发。动态路由选择所依据的正是 Baran 提出的上述理念。

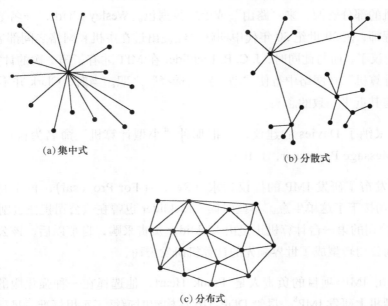

(a) 集中式   (b) 分散式

(c) 分布式

图 1.1 Paul Baran 提出了分布式网络的概念，这种网络在冗余性方面要远胜集中式或分散式网络

Larry Roberts 于 1967 年得知了 Paul Baran 的研究成果，并于次年与其会面。最终，Paul Baran 以顾问的身份间接参与了 ARPANET 项目。

得知 Paul Baran 的研究成果的同时，Larry Roberts 还获悉了 Donald Davies 所做出的研究。Donald Davies 是位于伦敦的英国国家物理实验所（National Physical Laboratory，NPL）的物理学家。在对 Baran 的研究成果一无所知的情况下，此人也提出了类似的以动态方式"路由"分片消息的概念，只是还达不到 Baran 提出的构建冗余的分布式网络的水平。然而，Davies 对研究军用的命令及控制系统并不感兴趣，而是志在研发出一种新形式的公众通信方式。他把在网络中"路由"经过分片的消息的行为，与邮政系统中递送包裹（package）的行为等同视之。于是，他把"经过分片的消息"称为"数据包（packet）"，而非 Baran 提出的称谓——"消息块"。同理，在网络中"路由"数据包的行为，则被他称为"数据包的交换（packet switching）"。

当 Davies 意识到不同类型的计算机可能都会"自说自话"，以至于相互之间很难直接"沟通"时，便又提出了另外一项重要提议。Davies 建议在主机系统和网络之间部署一种小型专用"接口计算机"，并同时让这种遍布整个网络的接口计算机说"通用语言"。

Larry Roberts 向各主机站点的科研人员提出 ARPANET 这一概念时，可以说是叫好声一片，但实施起来却有点不太现实。那时，计算机的资源异常珍贵，几乎没有人愿意再拿出分时计算机的部分资源，来"路由"或处理数据包。Wesley Clark，一名圣路易斯华盛顿大学的工程师，在 20 世纪 50 年代中期就已经提出过在主机和网络之间部署那种"小型计算机"的建议了，而与此同时，J. C. R. Licklider 在 MIT 才有了第一次的计算机初体验。这种"小型计算机"在网络中行使"动态路由选择"之职。当时，Clark 并不知道 Donald Davies 也有与其近乎一致的念头。

Roberts 采纳了 Davies 的建议，并把那种"小型计算机"命名为接口消息处理机（Interface Message Processor，IMP）。

Roberts 发布了研发 IMP 的提议请求（Request For Proposal），位于马萨诸塞州剑桥的 BBN 公司接下了这单生意。早些时候，Licklider 也曾在该公司担任过副总裁（VP）一职。BBN 公司的第一台计算机正是由 Licklider 负责采购，自那以后，该公司就从一家声学工程咨询公司转型成了世界领先的计算机研发公司。

BBN 公司 IMP 项目的负责人是 Frank Heart，他选择在一种强化版的 Honeywell DDP-516 微型机上研发 IMP[8]。尽管 DDP-516 在构建时遵循了军用标准，足已适应海、陆战场的部署环境，但令 Heart 忧心忡忡的却并非来自敌方的攻击，而是一群本科毕业生们的觊觎之心。秉持打造高度可靠网络系统的设计理念，IMP 的开发者指望强化版的 516 足够皮实，能抗得住修修补补的折腾。

1969 年 10 月，"新鲜出炉"的头两台 IMP 分别在 UCLA 和斯坦福研究院（Stanford Research Institute，SRI）"上线运行"，然后又各自通过一条速率为 50kbit/s 的链路，连接了那两处站点的大型主机，并相互"交换"了历史上第一个数据包。同年 12 月初，加州大学圣塔芭芭拉分校和犹他大学的另外两个主机站点也相继连接进网络。次年年初，一条用来连接剑桥 BBN 公司和 UCLA 的 50kbit/s 的国际长途链路也在各网络间开通。到了 1971 年 4 月，该网络已扩大至由以下 15 个站点网络组成：

1．UCLA

2．SRI

---

[8] 当时的微型机（Minicomputer）之所以用"微型（mini）"来命名，是相对于"大型"机（mainframe）而言。Honeywell 516 跟电冰箱差不多大，重约 1000 磅，价值在 10 万美元左右。

3．UCSB

4．University of Utah

5．BBN

6．MIT

7．RAND Corporation

8．System Development Corporation

9．Harvard University

10．MIT Lincoln Labs

11．Stanford University

12．University of Illinois at Urbana

13．Case Western Reserve University

14．Carnegie Mellon University

15．NASA Ames Research Center

就这样，ARPANET 不但成功搭建，投入运行，其规模还保持了稳步增长态势[9]。

ARPANET 的首次公开展示，是在 1972 年 10 月华盛顿希尔顿酒店召开的计算机通信国际会展（International Conference on Computer Communication，ICCC）上。为了举办这次活动，Robert Kahn 花了一年多时间来准备。作为 BBN IMP 项目的研发人员之一，Robert Kahn 参与的工作包括：IMP 到主机协议的开发、ARPANET 的架构以及对 ARPANET 稳定性的改进。在那次展示中，大约有 40 台不同品牌及型号的终端都连接到了一台终端接口处理机（TIP）上，而那台 TIP 又通过两条速率为 50kbit/s 的线路，连接到了 ARPANET[10]。与会者受邀去操纵运行分布在全美各地的计算机上的各种应用程序。本次会展获得了巨大成功，向计算机和电信行业展示了构建分组交换网络的可行性，更使得许多人坚信电信行

---

[9] 在 www.cybergeography.org/atlas/historical.html 上，可以找到伴随着 ARPANET 一起"成长"的联网示意图，以及由 Larry Roberts 和其他前辈们手工绘制的某些草图。

[10] 一年以前，BBN 就已经研发出了可以互连多个站点（指无本地主机的站点）的 TIP。IMP 只配备了 4 个主机接口，没有终端接口，因此，TIP 就是配备了终端接口（最多能连接 64 台终端）的 IMP。

业将面临巨大转机。

　　构建计算机网络的可行性已获充分论证，但还有一个障碍有待克服：在互连头几个 ARPANET 站点时，每台主机上的指令集都是临时编写的，而且还各不相同。也就是说，主机之间之所以能实现相互通信，其途径只是让每台主机将其通信对象视为"哑终端（dumb terminal）"。

ARPANET 与核弹

　　有关 ARPANET 的起源，可谓是众说纷纭，但有一种说法流传最广，那就是要用它来对抗核攻击。毫无疑问，Paul Baran 在 RAND 公司的研究课题也是围绕上述目标而展开。但对于 Larry Roberts 及其手下的科学家来说，核攻击则是虚无缥缈之事。Paul Baran 提出的网络幸存理念对 ARPANET 的架构有着举足轻重的影响，究其直接原因，是由于在那个时代，交换节点以及节点间的链路是出了名的不稳定（有一则典故可为佐证：ARPANET 上数据包的首次传输由 Charles Kline 操刀完成——从加州大学洛城分校发往斯坦福研究中心，这位仁兄在系统崩溃前收到的最后一个字母是"login"中的"g"）。ARPANET 之所以需要让数据包交换机/链路具备冗余性，并要求动态路由协议的可靠运行，是为了在链路/节点失效时，能使数据包"绕道而过"，其用意并不是为了对抗核攻击。

1.3　网络工作组

　　1969 年，UCLA 被选定为安装 IMP 的首个站点。这可不是随随便便就拍板的，那儿可是有神级人物 Len Kleinrock。当时，Kleinrock 已经完成了对事关数据流分析模型的研究工作。与老友 Larry Roberts 一道在 MIT 共事时，Kleinrock 对 Roberts 提出的存储转发交换网络理念亦有贡献。在 UCLA，Kleinrock 筹建了网络测量中心（Network Measurement Center, NMC）。1968 年 10 月，Roberts 把分析 ARPANET 性能的合同授予了 NMC。为此，Kleinrock 组建了一支由 40 名研究生组成的团队。

　　大约在 IMP 首次上线运行的前一年，来自那 4 家准备安装 IMP 的机构的研究生就开始进行会晤了；Steve Crocker 代表的机构是 NMC。会议的议程是公开的，讨论对象是摆在他们面前的一大堆开发任务。"我们的问题多多，"Crocker 回忆道，"IMP 与主机如何连接？主机之间如何彼此通信？要用什么样的应用程序来支撑？虽然没人能给出明确的解决方案，但前途似乎一片光明。我们自己设想了各式各样的解决方案——交互式图形、合作处理、自动数据库查询，以及电子邮件——可无人知道应从哪儿迈出第一步[11]。"在讨论之余，他们成立了一个由三个人组成的工作小组：Steve Carr，来自犹他大学；Jeff Rulifson 来自 SRI；Steve Crocker，来自 UCLA，并任工作组组长。他们三人把工作组命名为网络工作组（Network Working Group，NWG）。由于他们没有 BBN 公司的正式"编制"，也不受其约束，因此可以自由讨论与计算机网络有关的一切话题。Crocker 说："在我们最早的会晤中，可以畅所欲言，无所不谈，既可以讨论网络未来的样子，也可以谈论网络如何与主机交互。就是这样的集思广益，让我们（或者说是迫使我们）对相关主题展开了深刻而又全面的思考[12]。"

（制定）尚未明确定义的主机到主机协议（host-to-host protocol），是 NWG 所要探讨的主要话题。从那时起，他们就已经开始酝酿该协议应当如何运作，并同时将共识记录在案了。他们清楚地意识到，他们只不过是一群"学生军"而已；在 BBN 公司的背后，必须要有一支正规设计团队致力于研发该协议。但 BBN 公司把主要精力都集中在让 IMP 可靠地传输数据上了，压根就没有成立正规协议设计团队的想法。

"我记得那时我们诚惶诚恐，害怕会得罪那些'有正式编制'的协议设计人员。我花了无数个不眠之夜，来修改我们所达成并记录在案的共识，同时还要使措辞尽可能的谦卑"，Crocker 说，"要想达成共识，就必须设定一些基本规则，即人们可以畅所欲言，一切都不用那么'正规'。"为了强调那些记录在案的共识只是"平等对话的开始，而非独裁式的主张"，Crocker 将其命名为"请求注释（Requests For Comments）"。Crocker 亲手撰写了 RFC1，记录下了当时他们提出的有关主机到主机协议（host-to-host protocol）的想法。

没过多久，管理和编辑 RFC 的重担就落在了 Jon Postel 的身上，他是 Kleinrock 在 NMC 带过的另一位研究生。Postel 一直都担任 RFC 的编辑（RFC Editor）一职，直至其 1998 年撒手人寰。

用来封装和解封装消息的编解码语言（Decode-Encode Language，DEL），是 NWG 的首批研究成果之一。RFC 5 中，把封装和解封装消息的过程称为封包（packing）和解包（unpacking）；把编解码语言称为网络交互语言（Network Interchange Language，NIL），这种语言的用途是：让接收主机"知道"如何解释已发出的信息。整个 1969 年的春、夏

---

[11] 摘自 Stephen D. Crocker 所著《The origins of RFCs（RFC 之由来）》，此文后收入 RFC 1000，"The Reguest for Comments Reference Guide"，Joyle Reynolds 和 Jon Postel，1987 年 8 月。

[12] 摘自 Steve Crocker 所著《The First Pebble：Publication of RFC 1（投石问路：RFC 1 的发布）》，此文后收入由 RFC 编辑和他人合著的 RFC 2555，"30 Years of RFCs（RFC 30 年）"，1999 年 4 月。

两季，由 Crocker 牵头的 NWG 都在努力研发可有效运行的网络协议（working protocol）。
"虽然我们觉得计算机间的通信技术发展潜力巨大，但设计出的协议好不好使，则要另当
别论……如果我们可使得网络看起来就像是连接到每台主机的磁带机，那么设计起网络协
议来那可就方便多啦，但我们都知道事情其实并不那么简单。"离交付第一台 IMP 的日期
越来越近。"那时，我们既有让某些功能先运行起来的压力，也面临着在如何实现协议的
高度通用性方面的窘境，而这样的通用性是我们所有人都热切盼望的，我们就这样凭空设
计出了第一套协议，其在功能上只包括了 Telnet 和 FTP。实际上，该协议只支持非对称的
用户/服务器模型。"同年 10 月，起远程登录作用的 Telnet 程序按时交付，并同时为首次
连接到 SRI 做好了准备，在 ARPANET 上传递的第一个数据包就是由 Telnet 程序所触发。

但主机到主机协议还尚未实现。"1969 年 11 月，"Crocker 写到，"我们与 Larry Roberts
在犹他州碰头，同时还领教了有生以来第一次飞机改变航向之苦。Larry 使我们清楚地认
识到，我们的进展还不够大，还要倍加努力。"

1970 年 12 月，一种名为网络控制协议（Network Control Protocol，NCP）的主机到
主机协议准备就绪，可供部署。到了 1972 年，NCP 已经在 ARPANET 上全方位部署了。
起初，在制定这一主机到主机协议的整体架构时，NWG 选择使用了分层架构模式。正如
Crocker 的吐槽："我们以主机间协议为基础，还设计了不少高层协议，早期的成果包括
Telnet、FTP 以及其他一些零碎的协议。当时要是有先贤大德可以请教就更妙了，没准儿
一眼就挑出个 7 层架构来。"古往今来，智者们所能接受的就是分层式的协议架构。

NWG 还有一位成员，名叫 Vinton Cerf。作为 NCP 的主要设计者之一，他同样是
Kleinrock 在 NMC 手把手教出来的嫡传弟子，同时也是 Crocker 自高中以来的密友。

1.4 互联网的诞生

当别人都在研发 IMP 时，Bob Kahn 却无时无刻不在考虑网络中经常会发生的拥塞现
象。他提出了流控算法，根据这套算法（的预测），流量会充斥 IMP 中的队列，这势必将
导致上游 IMP 中的队列"爆满"。这种"级联"式的拥塞最终会使得网络越来越"卡"。
但 Kahn 在 BBN 的同僚都把精力集中在了工程学方面，不管 Kahn 如何唠叨，都不肯在他
提出的这一"抽象"问题上浪费时间。那些人只是想让网络上线并运行，根本无心对网络
性能进行优化。

为此，Kahn 于 1970 年 1 月进驻 NMC，对自己提出的理论展开实验验证。在 NMC，

他结识了非常肯帮忙的 Vint Cerf、Crocker、Postel，以及其他人等。Cerf 是这么说的："Kahn 莅临 UCLA，对持久有效网络环境（long-haul environment）中的系统运行做出了尝试，我们建立起了富有成效的合作关系。他提出软件所要具备的某些功能性需求，而我则通宵达旦地编程，以满足他的需求，然后我们会一起来验证[13]。"

Kahn 可以很轻松地让"新鲜出炉"的 ARPANET 遭遇各种各样的网络拥塞场景，而那些"场面"与他所预测的结果丝毫不差。此后，他带着那些已获论证的理论回到了剑桥，问题很快得到了解决。尤为重要的是，Kahn 与 Vint Cerf 自此建立起了深厚的友谊和良好的合作关系；不出几年，那些友谊与合作就对计算机网络的发展产生了深远的影响。

Larry Roberts 在某段时间内对分组无线网络（packet radio network）很感兴趣，很明显，这与该网络在军事方面的应用密不可分。1972 年，Kahn 离开 BBN 公司，到 DRAPA 任职，Roberts 给他分配的工作任务正是"钻研"分组无线网络。于是，Kahn 开始研究一种叫做"ALOHANET"的网络。

1969 年，ARPA 资助了夏威夷大学的一个试验性质的分组无线网络项目，该项目由 Norman Abramson 教授负责。ALOHANET 把夏威夷群岛周围的几个站点，与夏威夷大学校区的中央分时计算机连接在了一起。Abramson 天马行空般地将他研发出的 IMP 机型命名为 Menehune（一种淘气的夏威夷精灵）。ALOHANET 内的用户可籍 TIP 与 ARPANET 相连，而 TIP 则接入 Menehune。站在 ARPANET 的角度来看，这一通过 TIP 的连接模式只不过是一种终端连接。Kahn 则醉心于去研究如何使得 ARPANET、ALOHANET 或任何一种形式的网络建起起完全对等的关系，让不同网络的主机之间能以"透明"的方式互访。从那时起，DARPA 的 Internet 项目才算正式启动，探究开放式网络架构的序幕也随之拉开[14]。

在上述研究开展的同时，Kahn 于 1972 年 10 月组织了 ICCC 会议，第一次公开展示了 ARPANET。在那次会议上，成立了一个新的工作组——国际网络工作组（International Network Working Group，INWG）。当时，在欧洲，已经启动了好几个分组交换网络项目，INWG 的任务就是找到一种方法，把 ARPANET 与那几种不同类型的网络"连成一气"，从而形成一个国际性的网络。INWG 的主席由 Vint Cerf 担任。

---

[13] 摘自 *The Online User's Encyclopedia*（Addison-Wesley 公司 1993 年出版）中的 "How the Internet Came to Be" 一文（由 Vint Certf 口述，Bernard Aboba 记录）。

[14] Steve Crocker 把 Abramson 教授的研究成果透露给了 Bob Metcalfe。ALOHANET 中与广播介质上的随机访问有关的规程，特别是当碰撞发生时，重传数据包的机制，引起了 Metcalfe 的高度关注。随后，Metcalfe 和 David Boggs 便借此机制发明出了以太网。

Cerf 和 Kahn 进行了翻来覆去的沟通，以缓解两人在联网方案上的争执。两位前辈提出的方案是，把 ARPANET 与分组广播网络及卫星网络（SATNET）互连，因上面提到的每一个网络使用的协议和接口都各不相同，故需根据特定的网络需求进行优化。

1973 年初，Cerf 提议，应在以上三个网络之间部署路由机（routing computer），来实施互连，他同时把路由机命名为"网关"（gateway）。网关能"理解"其所连接的每个网络的运作机制，以及每个网络内所运行的协议；只要在网关上针对每个直连网络配备了正确的接口，开启了相关运作机制，且能行使数据包的封装和解封装操作，那么数据包就能够在不同的网络间自由流动了。

可是，在联网方案上仍然存在争议。ARPANET 是按高可靠性级别来设计的，NCP 的运作便依赖于此。就可靠性而言，分组广播链路及卫星链路根本就达不到 ARPANET 的级别。协议的寻址（addressing）能力，则是另外一个问题。运行 NCP 的主机只能向下一跳节点寻址，其编址方式类似于现代的 MAC 地址，不具备大范围内的寻址功能，更别提在全球范围内寻址了。此外，每种网络所能传输的数据包的长度都有上限值，若要在不同类型的网络间传输数据包，就有必要调整数据包的长度。因此，Kahn 着手开发了一种新的主机到主机协议，该协议除能具备全球范围内的寻址能力之外，还兼具丢包恢复、数据包的分片和重组、端到端的校验和计算，以及主机间的流量控制等功能。他请 Cerf（此时，Cerf 已晋升为斯坦福大学的教授了）来帮他完成协议的设计，理由再简单不过——Cerf 拥有 NCP 的设计经验。于是，Cerf 在斯坦福大学组织了一系列的研讨会（与会者包括学生和访问学者），来参与讨论他本人以及 Kahn 的构思，或对他们的构思"挑刺"。

1973 年 9 月，在英国苏赛克斯大学 INWG 的一次会议上，Cerf 和 Kahn 向人们展示了新协议的第一个版本[15]。二位前辈将该协议称为传输控制协议（TCP）。

在接下来的 5 年里，该协议又经过了 4 次修改，修改内容包括：新增了三次握手特性；将地址长度从最初提出的 24 位扩充到了 32 位。术语"数据报"（datagram）就是在协议修改期间流传开来的。

经过修改的新协议于 1977 年 7 月首次公开展示。一辆行使在旧金山 Bayshore 高速公路上的面包车接入了一个分组无线系统，该系统则通过一台网关连接到了 ARPANET。ARPANET 又借助于另一台网关，并分别通过人造卫星链路和陆上线路，连接到了大洋彼

---

[15]   Vinton G. Cerf 和 Robert E. Kahn，"A Protocol for Packet Network Intercommunication"，IEEE Transactions on Commnnications，Volume COM-22，Number 5，627~641 页，1974 年 5 月。

岸的挪威和伦敦大学学院（the University College London）。就这样，数据包又从另一条 SATNET 链路，穿越大西洋，折回了接入 ARPANET 的南加州大学信息研究院。Cerf 是这样描述的："由于我们所做的一切都是由国防部来买单，因此大家都希望在这次展示中体现出其军事用途来。于是，我们让数据包的往返距离达到了 94000 英里，这远不止 ARPANET 所能企及的那区区 800 英里。这次展示大获成功！"

1977 年 8 月，Jon Postel 在一篇文章中写道："我们在 internet 协议的设计上违背了网络分层原理，以至于铸成大错。说具体点，就是我们试图让 TCP 来行使两项功能：既要让其作为端到端的主机层协议，也要使之成为 Internet 封包及路由协议（Internet packaging and routing protocol）。然而，以上两项功能应该是以层次化、模块化的方式来实现[16]。"Postel 建议把 TCP 的逐跳（hop-by-hop）功能"转移"进另外一种名叫 IP（Internet Protocol）的协议。在同一篇文章中，他提出了如今为人们所熟知的 IP 包头的概念。随后，Cerf 和 Postel 撰写了一份"拆分"TCP 功能的规范，这预示着 TCP/IP 的诞生[17]。紧接着，为满足启用尽力服务（best-effort service）时，对 IP 层直接访问的需求，Postel 又定义了用户数据报协议（UDP）协议的规范。

1980 年，美国军方将 TCP/IP 采纳为（军用计算机网络）联网的标准协议，并计划于 1983 年 1 月 1 日在 ARPANET 内启动从 NCP 到 TCP/IP 的"割接"。本次割接完成的非常顺利，这标志着互联网（Internet）的诞生和 ARPANET 的终结。

互联网是 Gore（戈尔）发明的

最近，流传着一个与互联网有关的笑话：有人认为，互联网是美国副总统 Gore 发明的。故事起源于 CNN 晚间节目主持人 Wolf Blitzer 的一次采访。当时，Gore 正在角逐民主党的总统候选人提名。Blitzer 问 Gore，选民为什么应该把票投给他，而不是 Bill Bradley。以下文字摘录自 Gore 的回应："互连网是我在美国国会任职期间牵头创建的。业已证明，由我牵头制定的一整套措施，不但对我国的经济增长和环境保护起到了重要作用，而且还大大改善了我国的教育体制[18]。"

Gore 虽然措辞不当、口齿不清（他在说上面那段话时，使用的句式是"taking the initiative on initiatives"），但其想表达的意思却不难解读，那就是他作为国会议员和

---

[16] Jon Postel，"Comments on Internet Protocol and TCP"，IEN #2，1977 年 8 月。

[17] 某些早期文档把 TCP/IP 称为 IP/TCP。

[18] 副总统戈尔参加 CNN "Late edition" 节目的受访文字稿。www.cnn.com/ALLPOLITICS/Stories/1999/03/09/President.2000/transcript/gore，1999 年 3 月 9 日。

参议员，在处理一系列重要事务时，起到了带头人的作用。

记者们很快就抓住了 Gore 话中的把柄。他们纷纷指出，互联网在 1969 年就已经发明了（当然，这些人的话也不属实）。那时，Gore 根本未在国会任职。Gore 的一时失言，到了新闻媒体的嘴里，竟然演变成了：互联网是他发明的。一时间，各种丑角、各路政敌便开始不停地造谣生事，直到人们真的相信是 Gore "发明"了互联网。到最后，连 Gore 都不得不拿这事儿来自我解嘲。

实话实说，Gore 自 20 世纪 70 年代在相关立法方面的所付出努力，确实对创建人们所喜爱（或憎恨）的互联网的诞生帮助很大。共和党领袖 Newt Gingrich 是这样说的："Gore 在国会中所付出的卓有成效的努力，确保了人们能够享用到互联网[19]。"

Vint Cerf 和 Bob Kahn 也针对此事专门撰文："在我们看来，Gore 并不像某些人传言的那样，有意声称是他本人亲自'发明'了互联网。此外，在我们的印象中，Gore 担任参议员时，所提出的某些提案无疑对仍在不断发展中的互联网起到了极其重要的推动作用。实际上，在绝大多数人听说有互联网这回事儿之前，Gore 就已经在探讨及推动互联网的发展了[20]。"例举了 Gore 对互联网的贡献之后，二位前辈总结道："还没有什么公众人物在宏观上对互联网的发展壮大起到很明显的推动作用……单凭副总统先生早期对高速计算和高速通信技术的价值观，加之他一直以来在互联网对美国人民、对业界以及对其他国家人民具有潜在价值方面的言辞，他就值得人们的尊敬。"

1.5　ARPANET 内的路由选择

1983 年，在 ARPANET 内，人们展开了把网络协议从 NCP 切换成 TCP/IP 的割接工作。当时，有两拨研究人员同时都在使用 ARPANET，分别来自军方和非军方（大学或企业）。就人数而论，第二拨人要多得多，有很多大学生也在学着掌握或使用计算机网络，这反过来又对整个计算机行业产生了影响。此外，还有很多人出于非研究性的目的而使用计算机网络，比如，玩网络游戏。由于使用网络的用户群日渐庞大，美国国防部开始考虑网络的安全性问题，并将军用节点都迁移进了一个隔离的网络，同时把该网络命名为MILNET（军网）。但国防部仍想让军用节点访问到 ARPANET 内的节点，因此在两个网络之间部署了一台网关，来实施互连。这种网络隔离方式实际上只是两个网络分别由专人

---

[19] 转引自洛杉矶时报上的文章，"Gore Can Mispeak and That's No Exaggeration"，作者是 James Gerstenzang，2000年 9 月 22 日。

[20] Robert Kahn 和 Vinton Cerf 致 Declan McCullaugh 和 Dave Farber 的电子邮件 "Al Gore and the Internet"。

管控；每个网络内的用户根本就感觉不到有任何差别。把网络协议从 NCP 替换为 TCP/IP 之后，才使得 MILNET 与 ARPANET "分家"成为可能。

与此同时，在美国和欧洲，其他各种各样的计算机网络也如雨后春笋般涌现，并开始 "互联互通"。其中有一个网络最为重要，并对日后产生了深远影响，这就是由美国国家科学基金会（National Science Foundation，NSF）于 1985 年开始兴建的 NSFNET。兴建该网络的初衷，只是要通过速率为 56kbit/s 的链路，来互连 5 个超级计算机（supercomputer）站点。该网络的链路分别于 1988 年和 1990 年被扩容至 T1 和 T3（45Mbit/s）。NSFNET 连接了美国各地的大学和公司；更重要的是，整个美国 "涌现"出的各种地区性网络都可以自由地接入 NSFNET。ARPANET 内的低速链路、老掉牙的联网设备（IMP 和 TIP）以及限制性的访问策略，迫使大多数用户在 20 世纪 80 年代末 "转投"其他网络。于是，DARPA 决定让这一 20 岁高龄的网络 "退役"。接入该网络的站点也纷纷连接进了地区性的网络或 MILNET，到了 1990 年，ARPANET 便彻底退出了历史舞台。

由上述简短的历史回顾可知，如今在用的网络互连技术几乎都起源自 ARPANET。其中包括本书的重点：路由选择技术。20 世纪 80 年代中期，市场上冒出了好几家销售路由器（商业版网关的另一种称谓）厂商，包括：3Com、ACC、Bridge、Cisco、Proteon、Wellfleet 等公司。这些厂商的路由器采用的路由算法都传承自 ARPANET。有意思的是，BBN 公司的技术人员曾试图说服公司去研发商用路由器，但其市场部门却认为商业用路由器没有任何发展前途。

ARPANET 内运行的第一种路由协议由 Will Crowther 于 1969 年设计，此人是 BBN 公司 IMP 团队的元老级成员。与所有路由协议一样，该路由协议也是基于数学里的图论，采用了 Richard Bellman 和 Lester Randolph Ford 算法。Bellman-Ford 算法奠定了路由协议里最重要的一类路由协议的基础，多年后，人们将此类路由协议称为距离矢量协议。Crowther 设计出的那种路由协议是一种分布式自适应协议（distributed adaptive protocol），其设计理念为：通过调整链路的度量值，让路由器快速适应发生变化的网络特征（自适应）；计算通往目的网络的最优路由时，多台路由器要 "合力"完成（分布式）。

这种路由协议用延迟（delay）[21]作为度量路由优劣的标准。在每台 IMP 上，每隔 128 毫秒，路由协议进程就会统计一次各直连链路（接口）队列里的数据包的个数，并以此作为估算链路延迟的依据。为了不让空闲链路的度量值为 0，上述统计结果还会与一个表示

---

[21] 译者注：此处的 "delay" 是指，缓存在 IMP 的各个接口队列里，被延迟发送的数据包的个数。

最低链路开销值的常量相加[22]。测量接口队列深度（即测量缓存在接口队列中被延迟发送的数据包的个数）的频率越高，运行在每台 IMP 上的路由协议进程就能更快地检测并修改发生变化的链路度量值。就理论而言，在运行这种路由协议的网络中，发往特定目的网络地址的流量应该由所有流量出站方向的链路"平摊"。

　　运行在 IMP 上的路由协议进程只要执行了一次延迟统计任务，就会更新一次路由表，然后向邻居 IMP 通告其路由表。收到路由表之后，邻居 IMP 会评估（从本机）通往通告（路由表的）IMP 的延迟值，将评估结果与所收路由表中的信息相加，用相加的结果去更新本机路由表中通过通告（路由表的）IMP 所能访问到的目的网络的信息。邻居 IMP 在更新完本机路由表中的信息之后，会继续向自己的邻居 IMP 通告路由表。当时，上述分布式路由计算的特点，要归因于网络内的 IMP 之间反复的通告路由表，并据此来更新自己的路由表。

　　这一原始的路由协议在 ARPANET 运行的头 10 年里也没出过什么大纰漏。在网络内流量负载很低的情况下，该路由协议做出路由决策的基本方法是：把之前提到的常量与评估而得的延迟值相加。当流量负载攀升到中等程度时，在网络内的个别区域就有可能会出现拥塞状况。在这样的区域内测量出的接口队列深度，会成为让流量改道远离拥塞的某种因素。

　　随着 ARPANET 的规模越来越大，加之其内部的流量负载越来越高，这种路由协议所表现出来的问题也就越来越多。某些问题事关测算路由度量值的方式，如下所列。

- 统计出的缓存在 IMP 接口队列里的数据包的个数是瞬时测量值。在流量很高的网络内，（网络设备接口的）队列深度可谓是瞬息万变，这将会导致路由度量值强烈波动，从而迫使路由表里的路由发生翻动。

- 统计缓存在 IMP 接口队列里的数据包的个数时，并未考虑不同链路之间可用带宽方面的差异。与低速链路（接口）相比，即便高速链路（接口）所缓存的数据包更多，前者所缓存的数据包的发送延迟也会高于后者。

- IMP 接口队列里所缓存的数据包的个数（Queuing delay）并不是影响网络链路整体延迟的唯一因素。（网络链路所要转发的）数据包的大小（长度）、IMP 处理数据包的时间以及其他因素都会影响到网络链路的延迟。

---

[22] 提一句与路由选择无关的话题，Bellman-Ford 算法在图的分枝上可能会出现负值，而 Dijkstra 算法则不然，这也是前者的优点之一。

此外，与距离矢量算法本身有关的各种问题也开始逐渐显现。

- 随着网络内网络节点数的不断增多，网络节点间交换路由表所产生的网络控制流量也会消耗掉链路的不少可用带宽。

- 测量链路延迟值和更新路由表的频率，外加测量的结果为队列的"瞬时深度"，不但有可能会限制网络（设备）对拥塞真正出现时的快速反应，而且还会导致网络（设备）在队列深度发生变化时反应"过激"。

- 分布式路由计算收敛缓慢的天性（也可以说是最大的缺点，即路由传播方式是"好事难出门，坏事传千里[bad news travels fast but good news travels slow]"），会使得距离矢量路由协议易遭受持续性路由环路和错误的影响（第 2 章会对距离矢量路由协议这一典型的缺陷加以讨论）。

1979 年，BBN 公司在 ARPANET 内部署了一种新型路由协议，由 John McQuillan、Ira Richer 和 Eric Rosen 共同开发[23]。比之原始的路由协议，这一新型路由协议有三处重大改变。

- 尽管这一新型路由协议仍旧使用根据延迟值测算出的自适应路由度量值，但在精度方面有所提高，在瞬时程度上则有所下降。

- 路由信息更新的频率和路由更新数据包的长度都急剧下降，所占用的可用链路带宽也就更低。

- 路由算法从分布式路由计算（根据邻居 IMP 通告的路由数据库进行计算），转变为本机路由计算（根据邻居 IMP 通告的路由度量值进行计算）。

路由度量值的测算方法经过改进之后，大大降低了路由翻动的几率。IMP 会把每个数据包的接收时间"烙在"数据包上（接收数据包时，记录接收时间），而不再对缓存在接口队列里数据包的个数进行统计了。在发送数据包的第一位时，IMP 还会把发送时间"烙在"数据包上（发送数据包时，记录发送时间）。收到（目的节点）对该数据包的确认消息之后，IMP 会用确认消息的接收时间减去数据包的发送时间。然后，IMP 再用一个表示数据包所"走"链路的传播延迟的常量（称为偏差[bias]），与另外一个表示数据包传输延迟的变量（其值要视数据包的长度和线路的带宽而定），跟之前提到的接收时间与发送时

---

[23] John M. McQuillan，Ira Richter 以及 Eric C.Rosen，"The New Routing Algorithm for the ARPANET"，IEEE Transactions of Communications，Vol COM-28.No.5，711～719 页，1980 年 5 月。

间之差，进行三者相加[24]。上述计算的结果，肯定会更接近于数据包所"走"链路的实际延迟。IMP 会针对其附接的每条链路，每 10 秒钟取一次测量而得的平均延迟值，这一平均值会成为相应链路的度量值。取链路的平均延迟值，就能够避免取瞬时性测量值时所引发的各种问题。

　　第二处改变——降低路由更新的频率——是通过设置一个始于 64 毫秒的阈值来实现的。计算出 10 秒之内的平均延迟值之后，IMP 会将该值与上一次（上一个 10 秒）的计算结果进行比较。若两值之差不超过阈值，IMP 便不发送路由更新，但阈值会递减 12.8 毫秒，然后用于下一次路由计算。若两值之差超过了阈值，路由更新会照常发出，阈值则会被重置为 64 毫秒。这一阈值衰减机制，可确保 IMP 在度量值变化幅度较大时，尽快地将路由更新通告出去，若度量值变化甚微，则可以放慢通告路由更新的速度。若度量值未发生改变，则阈值将会在 50 秒（64/12.8=5；5 × 10=50 秒）内衰减为 0，这会促使 IMP 通告路由更新。拜这一新路由算法所赐，路由更新的频率以及与此相关的链路带宽消耗，都将会直线下降。

　　新路由协议路由更新消息中所包含的内容同样非常重要。运行新路由协议的每台 IMP 不再通告整张路由表，而是只向自己的邻居发送本机链路的度量值；路由更新将传遍整个网络（协议设计者将这一机制称为"泛洪"[flooding]），每台 IMP 都会在数据库中保存路由更新的一份拷贝。这样的好处有两点：路由更新数据包非常短——均长 22 字节（176 位）——这便进一步降低了链路带宽的消耗；由于路由更新消息会迅速泛洪（100 毫秒以内）至所有 IMP，因此 IMP 能够更快地"感知"到网络中的发生变化。（在路由更新消息中）设立了序列号、寿命及确认序号（sequence number，age，acknowledgment）等字段，以确保泛洪出去的路由度量值的精确性与可靠性[25]。

　　新路由协议的第三处重大改变是，放弃使用 Bellman-Ford 算法，采用图论专家 Edsger Dijkstra 发明的算法来执行路由计算（这也是本书的重点）。每台 IMP 会根据自己的度量值数据库（数据库的内容要通过泛洪机制来"收集"），执行本机路由计算，以求计算出通往其他所有 IMP 的最短路径。该机制可基本杜绝路由环路，而路由环路问题已经"折磨"了运行原始路由协议的 ARPANET 很长时间。McQuillan、Richer 和 Rosen 将他们三人根据 Dijkstra 算法制定出的路由算法，称为最短路径优先（SPF）算法。这就是第一种广泛

---

[24] 与原始的路由协议一样，使用常量是为了杜绝空闲链路的开销值为零的情况出现。

[25] 如 2.2.2 节所述，这种路由协议的序列号计数方式为循环计数。读者可以去读一下 Eric C. Rosen 在 1981 年撰写的 RFC 789 "Vulnerabilities of Network Control Protocols: An Example"，那里面记录了一个有趣的故事，讲述了以二进制表示的序列号因为在设置方面存在轻微的瑕疵，而弄瘫了整个 ARPANET。

应用于分组（包）交换网络的链路状态路由协议。

这"第二代"路由协议在 ARPANET 内整整运行了 8 年之久，直到再次出现重大故障。该故障要归因于此协议在路由计算方面的缺陷，导致其无法适应网络规模的持续增长。不过，"过错"并不在 SPF 算法；出问题的只是自适应度量值计算机制。

"第二代"路由协议要根据三个参数，来计算路由的度量值，这三个参数是：（数据包的）排队延迟（其值为收包时间与发包时间相减）、链路传播延迟（这是一个常量[固定值]）以及（数据包在链路上的）传输延迟（其值取决于所要发送的数据包的大小和链路速度）。若链路负载很低，排队延迟可忽略不计。若链路负载不高不低，排队延迟不仅会影响到路由度量值的计算，而且还会导致流量在链路之间合理的切换。然而，若链路负载极高，排队延迟势必能"左右"路由度量值的计算。此时，排队延迟可能会引发路由翻动。

以图 1.2 所示的网络为例。链路 A 和 B 分别用来连接网络的东、西二区。东区和西区之间要想交换流量，链路 A、B 为必经之路。若大部分流量都由链路 A 承载，则该链路的排队延迟值定会非常高，这一高排队延迟值也将被通告给所有其他节点。其他节点在执行本机 SFP 计算时，会或多或少的同时进行，因此可能会得出相同的"结论"：链路 A 已经过载，而链路 B 负载较轻。于是，所有流量都将"改道"，由链路 B 来承载，这迫使链路 B 的延迟大增；在下一次（延迟值）测量周期内，链路 B 的高延迟情况将会被"散布"出去，造成所有 IMP（路由器）让流量继续"改道"，则链路 A 将承载所有流量。这样一来，链路 A 势必会再次过载，流量又会"改走"链路 B。上述情形将周而复始，流量在链路 A、B 间的"切换"也会永不停歇。每次发生流量"切换"时，相关链路的负载状况会导致相应路由的度量值发生巨大改变。也就是说，一旦发生了流量"切换"现象，触发流量切换的相关路由度量值就会变得毫无用处（因为流量将会"改走"另一条链路）。

为了解决上述问题，1978 年，由 BBN 公司 Atul Khanna、John Zinky 和 Frederick Serr 设计的新路由度量值算法开始在 ARPANET 内部署[26]。这一新算法仍属于自适应型，沿用了间隔时间为 10 秒的平均延迟测量方法。当链路负载为中等偏下时，新旧两种路由度量值算法的效果差别不大。只有当链路负载较高时，才能看出新算法在功能性上的改进。在新算法中，路由的度量值不再只是链路延迟值，延迟成为影响度量值的因素之一。此外，还限定了度量值的变化范围。上述举措意在将相同介质网络中其他诸元相等的两条路径间的度量值差距限制在两跳之内。该算法的精髓是启用了一个与链路利用率挂钩的函数，当

---

[26] Atul Khann 和 John Zinky，"The Revised ARPANET Routing Metric"，ACM SIG COMM 研讨会论文集，45～56 页，1989 年 9 月。

链路利用率较低时，该算法在运作时似乎只考虑链路延迟，可链路利用率一旦增高，路由的度量值将会根据链路的容量来计算。

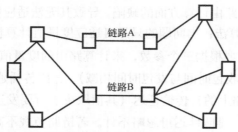

图 1.2 "第二代"ARPANET 路由协议所采用的那种原始的自适应型路由度量值计算方式，可能会造成流量在并行链路间（如图中所示的链路 A 和 B 之间）来回"切换"

　　虽然 ARPANET 所使用的路由度量值算法发生了改变，但只对路由协议的 SPF 算法稍作改动，具体的运作方式为：控制流量，令其慢慢"撤离"过载的链路，而不是突然"切换"，这便大大降低了路由频繁"震荡"（流量在不同链路间频繁切换）的可能性。本书不会对这一路由度量值算法做过多纠缠，前文已对自适应路由算法进行了总结：分布式自适应路由协议在运作过程中涉及的东西实在太过复杂。因此，在绝大多数的新型包交换网络中，为追求某些特殊功能（比如，流量工程）而部署的（路由协议的）自适应路由算法都是集中式而非分布式了。如今在用的链路状态路由协议也吸取了早期 ARPANET 的经验，改用固定的路由度量值，弃用了自适应型路由度量值。

有互联网之父吗

　　当同胞们把乔治·华盛顿封为美国"国父"时，作者总有那么一点不以为然。作为约翰·亚当斯（John Adams，美国第一任副总统，第二任总统）的忠实拥趸，在作者看来，无论是革命成就，还是后来在外交方面的贡献，约翰·亚当斯都配得上"国父"这一称号（当然，必须承认的是，他并不算是一位好总统）。其他人则可能会把"国父"的头衔安在富兰克林或杰斐逊的头上。把以上几位都视为美国的"开国元勋"，似乎更公道一点。"开国元勋"的意思是：美国的建立靠的是一帮人，而不是靠哪一个人。

　　互联网的诞生也与此相似。估计大多数人都把 Vint Cerf 称为"互联网之父"，但是 J. C. R. Licklider、Larry Roberts、Len Kleinrock、Bob Kahn、Jon Postel 以及其他前辈也配得上"互联网之父"这个头衔。夸大某一个人的贡献，抹杀其余人的功绩，是非常不公平的。互联网并不是只有一个父亲，而是有一大群父亲，外加几个母亲。

> 在本章陈述的简史中，还有诸多 Internet 奠基人未曾提及，他们中有很多都已离我们而去。为了撰写这部简史，作者查阅了许多参考资料，但最有用的一本参考书是 *Where Wizards Stay Up Late: The Origins of the Internet*，作者为 Katie Hafner 和 Matthew Lyon[27]。要是读者想知道更多与互联网诞生有关的内容，以及有哪些人为此立下过汗马功劳，作者强烈推荐上面这本兼知识性与趣味性于一体的书籍。

1.6 欧洲的发展

网络工作组（Network Working Group，NWG）为当今与 Internet 和 TCP/IP 相关的大多数协议和机制设定了一个基调。一开始，该工作组的成员只是 ARPANET 头 4 个站点的一群毕业生和工作人员，他们生怕自己"卑微"的地位，加之在提出协议解决方案时的鲁莽，会得罪那些"有编制"的协议设计人员。好在 Internet 协议的开发一直都很开放，不但是自下而上来推动，而且还允许任何人参加。RFC 就是记录他们工作成果的文档。

"刚开始写 RFC 的时候，" Vint Cerf 写道，"他们还在使用 19 世纪的沟通方式——以公开交换信件的方式，来讨论各种（运行于 ARPANET 内的）协议的设计方案的优缺点[28]。"

NWG 不断发展壮大，到了 1986 年，便更名为 Internet 工程任务组（Internet Engineering Task Force，IETF）。日积月累，IETF 已发展成为实际制定 IP 及相关协议标准的机构。但即便如此，IETF 也从未有过任何章程；它仍然是一个松散的机构，由一群立志创造并改进 Internet 及网络协议的有志之士构成。如今，设备供应商虽然在网络协议开发方面占主导作用，但同样需要参加 IETF 成立的工作组，定期会晤，介绍自己的工作进展，让其他人审议和批评。

但是 IETF 的这种特质也并非每个人都能接受。讲究"行政级别"的政府（能越级沟通的政府也不是没有，只是不多而已）更愿意让也能体现出"层级"观念的官方机构来制定标准。IETF 跟这些官僚机构没有半点关系，而国际标准化组织（International Organization for Standardization，ISO）则不然。ISO 成立于 1946 年，总部设在日内瓦，是由两个早期的标准化机构合并而成。该组织的宗旨是，希望通过制定工业标准，来加强国际间制造业的交流，促进贸易的发展，其所制定的标准涉及各行各业，包括：农业、建筑、医药以及

---

[27] Katie Hafner 和 Matthew Lyon，Where Wizards Stay Up Late：The Origins of the Internet，Simon & Schuster，1988 年。

[28] 摘自 Vint Cerf 所著《RFCs-The Great Conversation（RFC-思想的盛宴）》，此文收入由 RFC 编辑和他人合著的 RFC 2555《30 Years of RFCs（RFC30 年）》，1999 年 4 月。

电子行业。螺纹、信用卡、劳保用品、机场和公路标识甚至连洗手间的门都有 ISO 标准[29]。

20 世纪 70 年代，实验性的分组交换网络不单是在美国，在欧洲也如雨后春笋般的涌现。多国政府都开始认识到为其制定标准的必要性，但却希望由一个更为官方的机构来出面制定，压根就没考虑 IETF。1977 年，英国标准协会（British Standards Institute）提议，应由 ISO 出面，为通信基础设施体系结构制定标准。于是，ISO 在 Technical Committee（专业标准化技术委员会）97 下设立了 Subcommittee（附属委员会）16；1978 年，Subcommittee 16 提出，需要建立一种参考模型，名叫开放系统互连（Open Systems Interconnection, OSI）模型[30]。负责制定 OSI 参考模型发展提议的是 ISO 的美国代表——美国国家标准委员会（American National Standards Institute ，ANSI）。

大约与此同时，Mike Canepa 和 Charlie Bachman 在 Honeywell 信息系统公司开始制定分布式数据库的体系结构。借鉴了 IBM 公司研发的系统网络架构（Systems Network Architecture）的 7 层模型经验，Honeywell 团队于 1978 年提出了互连计算机的 7 层架构，并取名为 Honeywell 分布式系统架构（Honeywell Distributed Systems Architecture，HDSA）。1978 年 3 月，ANSI 在休斯顿召开会议考虑 OSI 模型的提议时，Canepa 和 Bachman 都已经提出了 HDSA。最后，ANSI 采纳了他们的模型，这就是当今著名的 OSI 7 层参考模型的来历。

之后的工作就是要开发出与 OSI 参考模型"配套"的协议。欧洲各国政府及欧州委员会也都把指望寄托在了 ISO 而不是 IETF 身上；在美国，虽然军方已经采用了 TCP/IP，但商务部下辖的各非军方部门都站在了 ISO 协议的一边。于是，当 1988 年 ISO 终于推出了一套尚未经受过实战考验的协议时，美国政府就迫不及待地接受了 OSI 协议，根本无视已在现有网络中运行了 5 年的 TCP/IP，而当时 OSI 协议则连个像样的实现都没有[31]。

有了各国政府的大力扶持，OSI 协议取代 TCP/IP 似乎是大势所趋。20 世纪 80 年代和 90 年代初期，OSI 社团只是把 TCP/IP 视为"学术实验"。然而，最终修成正果成为 Internet 标准的却是 TCP/IP，OSI 协议"中道崩殂"。

---

[29] 读者势必知道，国际标准化组织的"简称"ISO，跟其英文全名并不匹配。那是因为"ISO"就是该组织的名称，并非英文简称，这三个字母取自希腊文单词"isos"，意为"平等（equal）"。该组织如此命名的用意是，使其名称不因各国语音的不同而发生变化。在任何国家，"国际标准化组织"都叫"ISO"。

[30] ISO/TC97/SC16, "Provisional Model of Open Systems Architectures", Doc. N34, 1978 年 3 月。

[31] 在美国联邦信息处理标准（Federal Information Processing Standard）（FIPS #146）中，载有由美国国家标准与技术研究院（National Institute of Standards and Technology，NIST）制定的美国政府开放系统互连配置概览（Government Open Systems Interconnection Profile，GOSIP）。

TCP/IP 的"风靡"有部分功劳要记在大受欢迎的 UNIX 操作系统身上——早在 1981 年，某些版本的 UNIX 就开始支持 TCP/IP 了。但人们接受 TCP/IP 的最大原因则与 IETF 和 ISO 的处事原则有关。IETF 关心的是能不能解决实际问题，而 ISO 总是在尝试开发与预定义的参考模型完全"配套"的协议。IETF 能够迅速发展壮大，要得益于其宗旨：相信共识和可运行的代码（rough consensus and running code），即实现优先，制定标准其次，在制定标准时再去芜存菁（implementing first and then standardizing what worked and abandoning what didn't）；而 ISO 下属的各个委员会则总在那儿慢吞吞地制定着标准，根本不考虑如何去实现。当时，甚至连按说是 OSI 协议大本营的欧洲各所大学也受不了 ISO 拖沓的办事效率，逐渐开始使用 TCP/IP 了。

然而，有一种脱胎于 OSI 协议的路由协议仍就对当今 Internet 的平稳运行起到至关重要的作用，该协议是 IS-IS。

1.7 独立且平等

与 TCP/IP 相比，OSI 协议对各国政府、电信运营商以及许多其他机构的吸引力要更大一点，因为 ISO 是一家按流程和规矩办事的组织，而 IETF 则不那么"循规蹈矩"。由于上面提到的那些机构代表了很大一部分客户群体，因此那时有许多计算机和网络设备供应商都开始着手开发兼容 OSI 参考模型的协议族。Novell（NetWare）、Banyan（VINES）、General Motors（通用汽车公司）（MAP 和 TOP）、Apple（苹果公司）（AppleTalk）以及许多其他公司也都急不可耐地吹嘘自家网络 OS 的架构如何符合 OSI 参考模型（其实有时候也是"削足适履"）。

但是，只有数据设备公司（Digital Equipment Corporation，DEC）在 OSI 协议的实现方面取得重大进展，该公司开发出的协议也成为了 OSI 协议的代名词。DEC 公司在 20 世纪 70 年代中期便已经研发出了自己的数字网络架构（Digital Network Architecture，DNA），并先后开发出了 4 个版本的 DECnet 软件，作为 DNA 的实现。该公司把 DECnet 的版本称为阶段（phase），说准确点，DECnet 的 1-4 版本就是 DECnet Phases I–IV。1987 年，DEC 公司推出了 DECnet Phase V，并于 1991 开始销售支持 DECnet Phase V 的产品[32]。为了在架构上符合 OSI 参考模型，最新的第 5 版 DECnet 软件在前期 1-4 版的基础上做了大幅改动。ISO 也认可了 DEC 公司的这一"劳动成果"，因此，我们现在所说的 OSI 协议

---

[32] James Martin 和 Joe Leben，DECnet Phase V: An OSI Implementation，Digital Press，1992 年。

族跟 DECnet Phase V 几乎没有任何区别。

内置于 DECnet Phase V 的网络路由协议，正是由 Radia Perlman、Mike Shand、Dave Oran 以及其他前辈在 DEC 公司开发。ISO 自然也"照单全收"，作为其 IS-IS 路由协议。"之所以把路由 CLNP 数据包的 ISO 标准称为 IS-IS，"Perlman 在一本书中写道，"是因为所有其他称谓（例如，ISO10589 中的这段话"中间系统到中间系统域内路由信息交换协议[Intermediate system to Intermediate system Intra-Domain routing information exchange protocol]与……结合使用"）都很糟糕[33]。"

大约在 1987 年（即 ISO 将 IS-IS 采纳为其标准路由协议的同时），IETF 也意识到了需要开发出一种链路状态内部网关协议。在那个时代，NSFNET 骨干网和许多地区性的网络在部署路由协议时，只有两种选择：一、配置静态路由；二、在需要使用动态路由协议的地方部署 RIP。从网络管理的角度来看，静态路由毫无可扩展性而言；而 RIP 的诸多缺陷也注定其可扩展性极差，而那些缺陷在 ARPANET 初期运行 Bellman-Ford 型路由协议时，早已暴露无疑。凭借着专为 ARPANET 开发的 SPF 路由协议，以及在 ARPANET 内运行此类路由协议的经验，IETF 认为有必要开发出一种具备高可扩展性，适用于大型网络的链路状态 IGP。

于是，在 IETF 内部形成了两派。一派把目光盯在了 IS-IS 身上，他们认为，在有现成的链路状态路由协议可用的情况下，重新开发一种新协议意义不大。干吗不对 IS-IS 做一番改进，令其支持 TCP/IP 呢？另一派则不想让如此重要的协议受控于外部组织，何况这个组织还是官场味十足的 ISO。在他们看来，IETF 的行事风格不但已得到了证明，而且人人都觉得很爽，那为何不开发出一种开放的、非私有的 ARPANET 版 SPF 协议——OSPF 协议呢？这一开放的 SPF 协议与 TCP/IP 的融合度也一定会更好。ISO 对 TCP/IP 不屑一顾的态度，使得这一派打心眼里憎恨 ISO；他们不接受 IS-IS，只是因为该协议是 ISO 的标准。

IETF 也没打算让两派决个高下，而是采取了一种妥协的做法，同时接受了"改造"IS-IS 以及"自造"OSPF 的建议，并把两种协议作为平等而又独立的协议来对待。就这样，IETF 分别成立了 IS-IS 和 OSPF 工作组。

IS-IS 工作组于 1990 年完成了对 IS-IS 的改造，令其能够支持 TCP/IP，这一经过改造的 IS-IS 版本被命名为"集成（Integrated）"或"双（Dual）"IS-IS。IS-IS 针对 IP 的扩展

---

[33] Radia Perlman，Interconnections：Bridges and Routers，268 页，Addison-Wesley，1992 年。

功能发表于 RFC 1195，作者是 Ross Callon，一名 DEC 公司的工程师，此前他曾效力过 BBN 公司[34]。

OSPF 工作组于 1989 年 10 月推出了首版 OSPF。然而，此版 OSPF（OSPFv1）暴露出了几处操作层面的问题，而且某些地方还无法优化，因此从未得到正式部署。工作组对其进行了改进，于 1991 年 7 月推出了 OSPFv2，并发表于 RFC 1147，作者是 John Moy[35]。Moy 当时效力于 Proteon 公司，这是一家早期的路由器厂商。他与 Callon 一样，同为前 BBN 公司的工程师。

1990 年，OSPF 在几个地区性网络内得到了成功部署。1991 年 10 月，在 INTEROP 内部署也大获成功。Moy 写道："要想搞一次华而不实的路由协议示范操作非常困难。当路由协议运行正常时，一般人根本就不知道它的存在[36]。"

在整个开发过程中，两个工作组相互取长补短。比如，OSPF 和 IS-IS 共有的在广播网络内选举指定路由器的概念，是最先用于 IS-IS 的。两个工作组还同时吸取了 ARPANET 内运行 SPF 路由协议的教训。比方说，1980 年 10 月 27 日发生的 ARPANET 全网瘫痪（详情请见 RFC 789），很大程度上要归咎于协议报文字段中序列号的循环取值方式。于是，IS-IS 和 OSPF 不约而同地采用了序列号的线性取值方式（详见第 2 章）。两个工作组都同时认识到了自适应性路由度量值的复杂性，于是便规定了可配置的非自适应型路由度量值。

20 世纪 90 年代中期，Cisco 公司正逐步向具有统治性地位的 Internet 骨干和区域性网络路由器销售商迈进。Cisco 公司于 1991 年开始让路由器同时支持 OSPF 和 OSI 版本的 IS-IS；又过了几年，该公司又发布了支持 IP 的集成 IS-IS 的实现。对 IS-IS 影响最深的事件发生在 1994 年，那一年，Cisco 路由器开始支持 NLSP，这也使得 IS-IS 在世界各地众多 ISP 的网络中得到了部署。

几年之前，Novell 公司也开始为其 NetWare 网络操作系统开发链路状态路由协议。在 Neil Castagnoli 的指导下[37]，Novell 公司发布了自己的 NetWare 链路服务协议（NetWare Link Services Protocol，NLSP）。NLSP 基本上照搬了 IS-IS，只是可以路由 Novell IPX 数据包而已。（NLSP 发布后不久，Radia Perlman 便火速加盟了 Novell 公司，从而书写了一段借 IS-IS

[34] Ross Callon，"Use of OSI IS-IS for Routing in TCP/IP and Dual Environments"，RFC 1195，1990 年 12 月。

[35] John Moy，"OSPF Version 2"，RFC 1247，1991 年 7 月。

[36] John Moy，OSPF：Anatomy of an Internet Routing Protocol，Addison-Wesley，1998 年。

[37] Hannes Gredler 和 Walter Goralski，The Complete IS-IS Routing Protocol，第 5 页，Springer，2005 年。

的东风创造 NLSP 的神话。)

开发出 NLSP 实现之后，Cisco 公司决定重写 IS-IS 代码，以求尽可能地将 NLSP 和 IS-IS 这两种非常类似的协议，以单协议（IS-IS）的方式融合进 IOS。该项目由 Dave Katz 负责，Cisco 最终夙愿成真，得到了稳定而又健壮的 IS-IS 实现。那时，Cisco 的 OSPF 实现还欠精致，服务提供商对此很不满意。在受到当时 OSI 协议狂躁症的刺激之后，许多 ISP 都把 IGP 改成了 IS-IS，并自此成为该协议的忠实拥趸，时至今日仍痴心不改。如今，Cisco 公司的 OSPF 代码早已变得"稳如磐石"，但 1994～1996 年间 OSPF 给那些 ISP 留下的不良印象，让他们至今都认为 IS-IS 比 OSPF 可靠得多。

1.8   总结

20 世纪 70 年代 ARPANET 的运行经验，已经印证了距离矢量路由协议（至少是基于 Bellman-Ford 算法的距离矢量协议）不能满足大型网络可扩展性的需求。目前，OSPF 和 IS-IS 是仅有的两种开放式 IP 路由协议，两者的稳定性和可扩展性已在大型网络中得到了充分证明。事实上，对任何网络设备厂商而言，只要想做运营商或 Internet 服务提供商的生意，就必须能够证明其（设备软件中的）OSPF 和 IS-IS 实现能达到运营商级别的要求。

知道了 IS-IS 和 OSPF 的起源之后，本书其余内容将深究这两种路由协议，并会对两者细加比较。此外，作者希望读者不但能藉此更为深入全面地了解 IS-IS 和 OSPF，而且还能在为自己的网络甄选路由协议时，做出明智的选择。

第 2 章

链路状态路由协议基本知识

当前所有在用的 IP 路由协议不是链路状态协议，就是距离矢量协议。RIP、RIPv2、RIPng、Cisco 公司的 IGRP/EIGRP，以及 BGP 都属于距离矢量协议，而 OSPF 和 IS-IS 则属于链路状态协议。本章会介绍链路状态协议的基本概念。只有先弄清这些基本概念，才能更容易掌握本书后文将要介绍的 OSPF 和 IS-IS 在实现方面的异同点。

运行路由协议，是为了让网络中的每台路由器能拥有一个由可达目的地址所组成的数据库，以便执行数据包的转发任务。存储在数据库中的每一个地址都会与一个离目的网络最近的路由器接口相关联，或许还会与通往目的网络的下一跳路由器的地址相关联。这个数据库称为路由信息数据库（Routing Information Database，RIB），简称路由表。要想（让路由器）生成路由表，路由协议必须具备以下两种机制。

- 一种路由器间互相通信的机制。藉此机制，目的地址以及与此有关的信息便能够在路由器之间交换。

- 一种路由算法。路由器会利用该算法，并根据共享（于路由器之间的）信息，计算通向存储在（本机）数据库内的目的地址的最短路径。

链路状态路由协议与距离矢量路由协议之间最根本的差异在于：两者对以上两种机制的实现方式。要彻底弄清链路状态路由协议可能存在的优点，就有必要先简要回顾一下距离矢量路由协议。

2.1 矢量（vector）协议基础

所谓矢量（vector），集方向与幅度于一身。IP 路由就是一种矢量，其方向为（与目

的网络相关联的）某个出站接口或下一跳地址。而 IP 路由的"幅度"（即 IP 路由的度量
值）则要视具体的路由协议而定，既有可能是（路由在传播过程中所途经的）路由器台数
的多少（RIP 路由）或自治系统个数的多少（BGP 路由），也有可能是根据路由器接口特
征所计算出的综合值的大小（IGRP 和 EIGRP 路由），还有可能是无计量单位的接口度量
值（OSPF 和 IS-IS 路由）。但把路由视为矢量，对如何区分距离矢量和链路状态路由协议
却并无多大帮助。无论哪种路由协议所生成的路由都是矢量。

作者的老友 Paul Goyette 说过，在病毒学上，"vector"是指传播病菌的媒介。实际上，
在拉丁语中，其词根"vectus"意指"搬运工"（bearer）或"带菌者"（carrier）。比方说，
蚊子就是一种在生物体之间传播疟疾的媒介（vector）：蚊子 A 从生物体 X"吸收"疟疾
病毒，再传播给生物体 Y；蚊子 B 从生物体 Y"吸收"疟疾病毒，然后又传播给生物体 Z。

上文中对矢量的定义能帮助读者加深对矢量路由协议的理解：路由更新消息 A 从路
由器 X"获取"路由数据，然后"存放"进路由器 Y。路由更新消息 B 从路由器 Y"获取"
路由数据，然后"存放"进路由器 Z（如图 2.1 所示）。

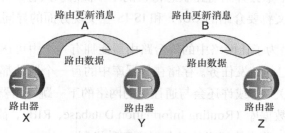

图 2.1   路由更新消息 A 和 B 都是矢量（传播路由信息的媒介），在路由器之间传播路由信息

继续说蚊子。蚊子 B 从生物体 Y"吸收"的病毒，与蚊子 A 传播给生物体 Y 的病毒
并非完全相同。蚊子 B"吸收"病毒之前，传播给生物体 Y 的病毒可能已经繁殖，甚至
发生变异了。

同理，路由更新消息 B 取自路由器 Y 的路由数据，与路由器更新消息 A"存放"进
路由器 Y 的路由数据也必不相同，即便路由数据所包含的目的网络相同。某种（路由协
议）算法会"迫使"路由器 Y 修改（由路由更新消息 B）所"存放"的路由数据，以反
映出本路由器相对于路由数据中所含目的网络的位置。

上文简要概括了矢量路由协议在路由器之间传播目的地址及其相关信息的机制，此
外，还介绍了根据（路由）信息，来计算通向特定目的地址的最短路径的算法。现在，不
再谈传播疟疾的蚊子，让我们来关注与矢量路由协议有关的定义。

（运行矢量路由协议的）路由器会生成包含特定目的网络前缀的信息。路由器可通过以下 3 种方法来掌握那些目的网络前缀信息。

- 直连网络前缀，对应于路由器的各个接口所设 IP 地址。
- 以配置命令的方式，"迫使"路由器生成的目的网络前缀。
- 从另一种路由协议学到的目的网络前缀。

运行矢量协议的路由器会把目的网络前缀，通告给与其直接相连的邻居路由器。收到路由信息后，每台邻居路由器都会对信息加以修改，以反映出从本机到生成（路由信息的）路由器之间的距离。比如，运行 RIP 的路由器，会修改路由信息的跳数（将跳数加一）。经过修改的路由随后会进驻路由器的路由表。路由器只会把进驻路由表的路由继续通告给与本机直连的邻居路由器，那些邻居路由器会再次对收到的路由信息进行修改。

2.1.1　矢量协议的收敛

图 2.2 所示为路由信息是如何从始发路由器开始传播的[1]。由图可知，t0 时间点，在 4 台路由器的路由表里，只有与本机直连网络相对应的路由。路由协议还未开始传达其他的路由信息。

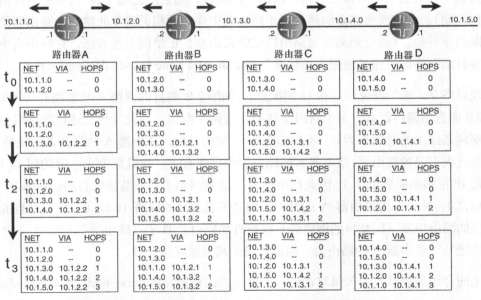

图2.2　在运行距离矢量路由协议的网络中，路由信息会以逐跳的方式完成收敛

---

[1] 蒙 Cisco Press 惠允，本图摘自其 1998 年出版的 *CCIE Professional Reference: Routing TCP/IP,* Volume I。

时针走到 t1 时间点时，（4 台路由器上所运行的）路由协议进程已经收到并处理了第一条路由更新消息，处理结果会录入进（每台路由器的）路由表。随着时间的流逝，到了 t3 时间点，4 台路由器的路由表里才会拥有将数据包转发至网络中各个子网的完整路由信息。也就是说，在一个网络中，只有当所有路由器都学到了通向每个子网的路由信息时，才能说路由已收敛。

（运行距离矢量路由协议的路由器在）处理路由更新消息时，会分两个步骤来进行。首先，会把（由邻居路由器）通告的路由更新消息中所包含的跳数加 1。若路由器 B（在路由更新消息中）"告知"路由器 A，某目的网络离自己有两台路由器之隔，那么路由器 A 就会将该目的网络的"跳数"设置为 3，以反映出自己跟此目的网络的"距离"。

其次，（运行距离矢量路由协议的路由器）会拿收到的路由及其新增的跳数跟路由表中相应的表项进行比对。若所收路由中包含的目的网络未见于路由表项，路由器则会生成相关路由表项。路由表项的内容包括：目的网络前缀、（本路由器与该目的网络相隔的）距离（跳数），以及通告路由更新消息的邻居路由器的（IP）地址。若有待处理的（新近接收的）路由中所含目的网络已包含在路由表的相关表项内，则路由器会将该路由表项的跳数加 1。若路由器发现新近接收的路由（即路由信息中所含目的网络）的跳数高于或等于路由表中相关表项（所保存的目的网络）的跳数，则会"无动于衷"（不会对路由表做出任何改动）。但若所收路由的跳数低于路由表中现有的相关表项的跳数，路由器便会用新收路由来替换。（运行距离矢量路由协议的路由器）正是以上述方法，在路由表中维护通往各目的网络的"流量最短发送线路"（the shortest route to each destination）的。

现以图 2.2 来举例说明。在 t1 时间点，路由器 B 将目的网络（IP 前缀）10.1.2.0 和 10.1.3.0 通告给路由器 A，由于路由器 B 直连这两个网络，因此（与上述目的网络相对应的）那两条路由的跳数都为 0。收到那两条 IP 前缀之后，路由器 A 会将两者的跳数加 1，然后会查询自己的路由表。路由器 A 的路由表中已经有了一条跳数为 0 的 IP 前缀 10.1.2.0。由于此 IP 前缀的跳数低于 1，因此路由器 A 不会在路由表中安装接收自路由器 B 的 IP 前缀 10.1.2.0。然而，因路由器 A 的路由表内并不包含目的网络 10.1.3.0，故与此目的网络相对应的路由以及（距此目的网络的）跳数外加路由器 B 的（路由通告）接口的 IP 地址都会"进驻"路由器 A 的路由表，构成一条距离矢量路由记录。

上面介绍的最基本的矢量算法还有更加正式的称谓：Bellman-Ford 或 Ford-Fulkerson 算法。

2.1.2　矢量协议的共性

通过上一节的举例，可归纳出所有矢量协议都具备以下 3 种重要的共性。

■　（路由传播）途中的每一台路由器都会参与路由计算。

■　只有完成本机路由计算之后，路由器才会向自己的邻居通告相关路由。

■　若目的网络为非本机直连，则路由器所知道的与此目的网络相对应的路由信息，都是由跟自己直连的邻居路由器"转告"。

上面提到的每一种矢量协议的共性都值得仔细揣摩，因为这事关距离矢量协议的"缺陷"。

（路由传播）途中的每一台路由器都会参与路由计算。请观察一下图 2.2 中路由器 D 所持对应于目的网络 10.1.1.0 的路由表项。路由器之所以能持有该路由表项，是因为路由器 A、B 在时间点 t0、t1 分别将跳数为 0 和 1 的通往目的网络 10.1.1.0 的路由，通告给了路由器 B、C；路由器 C 在时间点 t2 又将跳数为 2 的同一条路由，通告给了路由器 D。也就是说，路由器 D 收到的通往目的网络 10.1.1.0 的路由，是分布式计算的产物——路由传播途中的多台路由器全都参与了路由的计算。计算路由时，只要有任何一台路由器计算有误，那么后来接收此路由的路由器都要"承受"这样的错误。

只有完成本机路由计算之后，路由器才会向邻居路由器通告相关路由。试举一例，对于接收自路由器 B 的通往目的网络 10.1.1.0 的路由，路由器 C 只有先将其跳数加 1，并把结果跟本机路由表表项进行比对，确定好路表中的最优（距目的网络的跳数最短）路由之后，才会通告给路由器 D。这一点非常重要，因为（路由传播沿途的）每台路由器都要耗费一定的时间来执行上述操作。若每台路由器执行那些操作所耗费的时长为 t，则路由在传播了 3 台路由器之后，路由器执行路由计算的总时长为 3t；若路由在传播了 6 台路由器之后，总耗时将会是 6t。若路由传播途中所途经的路由器台数过多，那么路由收敛时间，即（从路由传播伊始，到）最后一台路由器将路由正确安装进本机路由表所耗时间，则会长的让人难以接受。

若目的网络为非本机直连，则路由器所知道的与此目的网络相对应的路由信息，都是由跟自己直连的邻居路由器"转告"。我们都知道，只要不认得路，就应该去问别人。对运行矢量路由协议的路由器而言，邻居路由器就是给它指明数据包转发方向的"人"："把数据包发给我吧，目的网络距本机有 8 台路由器之隔。发给我，准没错"（别人说准没错的时候，我还真不敢相信，因为根据我的经验，这无一例外都意味着：准有错！）。要是路由器不知道把数据包朝哪儿转发，那就只好认为邻居路由器提供的转发方向肯定正确，不管那是通往一个 IP 子网，还是某国的古董店。邻居路由器"犯浑"的可能性很大，甚至还会"故意"提供错误的转发信息。

运行矢量路由协议的路由器所具备的这两个共性——（路由传播）途中的每一台路由器都会参与路由计算；对于任一给定的路由器而言，都只知其上游（指路由通告方向）邻居路由器通告给自己的路由信息——又给路由信息的精确性打了个大大的折扣。有一种叫做"以讹传讹"的传话游戏，每个读者小时候可能都玩过。这个游戏一般要有 10 个以上的人来玩，才能达到最佳效果。玩游戏时，所有人要站成一排，排在队尾的人需向前排的人耳语几句，前排的人会把自己听到的，通过耳语的方式向前传递，直至队首。然后，再分别让队首和队尾的人大声说出自己听到的和自己最先传达的。作者可以保证，那两个人说出来的话不但会千差万别，而且一般都会让人笑掉大牙。像"我的叔叔有三头大笨猪"这样的话，传到了队首可能就变成"Jeff 的叔叔是只癞蛤蟆"了。只要原话在任何一个传话人的嘴里稍微"添油加醋"，一经叠加，就会完全改变其原意。

距离矢量路由协议的路由信息传递机制就非常容易受到"以讹传讹"的影响，只是最终酿成的大祸却绝对让人笑不起来。

2.1.3 路由环路

运行距离矢量路由协议的网络很容易出现路由环路问题,这要拜赐于路由信息的收敛方式——每台运行距离矢量路由协议的路由器都只掌握与其直连子网（链路）相对应的路由信息，其他路由信息都是从邻居路由器那里"道听途说"而来，没有哪一台路由器能知道网络的完整拓扑。本节会介绍几种为距离矢量路由协议所用，且可规避路由环路的特性，以及这些特性的缺陷。

1. 水平分割

距离矢量路由协议所生成的路由更新消息以逐跳方式来处理，也就是说，对于通告某特定目的网络的路由更新消息，其传播方向应离目的网络"行将渐远"，不应逐渐"逼近"目的网络。对一条路由来说，越传越靠近其所要通告的目的网络，是没有任何道理的，更为重要的是，果真如此的话，路由计算错误将势必难免。

如图 2.3 所示，假定路由器 D 向路由器 C 通告了目的子网 10.1.1.0。那么路由器 C 就会认为，还有另外一条通向目的子网 10.1.1.0 的路由，其下一跳为路由器 D。只要图 2.3 所示的那个网络状况稳定，路由器 C 真这么认为，也无伤大雅。但假如路由器 C 与目的子网 10.1.1.0 之间的链路发生故障，此路由器就会在其路由表内安装一条跳数为 4，下一跳为路由器 D，目的网络同样为 10.1.1.0 的路由。于是，路由器 C 会把目的网络为 10.1.1.0 的数据包误发给路由器 D。收到这样的数据包之后，路由器 D 自然会回发给路由器 C，单跳路由环路就此形成。发往同一目的网络的数据包会在路由器 C、D 之间"来来回回"，直到包头内的 TTL 字段值递减为 0。一般而言，发往同一目的网络的数据包应该都不止一个，而是会以数据流的形式发送。对于受路由环路影响的数据流而言，其所包含的每个数据包包头内的 TTL 字段值递减为 0 之后，源主机还会重新发送。像这样的路由环路除了会"吞噬"数据包之外，还会严重消耗链路和路由器的资源。在当今的网络环境中，由于许多应用程序生成的数据包包头的 TTL 字段值都比较高，因此路由环路所导致的危害会更大。

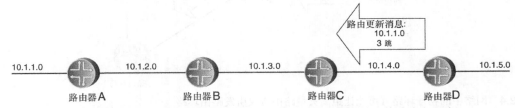

图 2.3 只要路由更新的传播方向跟其实际"走向"相反，就有可能会导致单跳路由环路

　　只要启用了某种路由更新规则，比如水平分割，就能很容易地预防图 2.3 所示的直线型网络中发生的单跳路由环路问题。水平分割一经启用，路由器就不会把从某接口学得的路由，通过同一接口向外通告，意即路由更新绝不会越传离目的网络越近，只会越传越远。

　　要是把网络拓扑调整为如图 2.4 所示，情况会怎么样呢？由图可知，路由器间的链路经过了重新调整，在路由器 B、C、D 之间形成了物理环路。网络设备之间有物理环路，其实是一件好事，因为可以增加网络（链路）的冗余性，但也给距离矢量路由协议出了道难题。路由器 A 在通告通往目的子网 10.1.1.0 的路由时，只会通告给路由器 B，路由器 A 只有这么一个邻居，毫无疑问，这条路由越传离（其所通告的）目的网络越远。路由器 B 会把这条路由通告给邻居路由器 C 和 D，这让它离目的子网 10.1.1.0 又远了一点。但传到路由器 C 和 D 那儿，可就不太妙了。如图所示，路由器 C 和 D 之间会通过互连链路彼此通告那条路由。那么现在，这条路由究竟是越传离（其所通告的）目的网络越近还是越远了呢？

　　交换于路由器 C、D 之间的那条路由，其传播方向与目的子网 10.1.1.0 是平行的，这么回答虽然不能让人满意，但却有理有据。实际上，在大多数情况下，水平分割规则也考虑到了网络中可能出现的任何"含糊不清"的地方。路由器 C 和 D 都已各自在路由表中安装了一条通往目的子网 10.1.1.0，且指向路由器 B 的路由，该路由的跳数为 2。当这两台路由器收到对方发出的通往目的子网 10.1.1.0 的路由时，会分别把路由的跳数设置为 3。由于已经安装的路由的跳数为 2，因此路由器 B 和 C 会对跳数为 3，通往同一目的网络的路由"视而不见"。

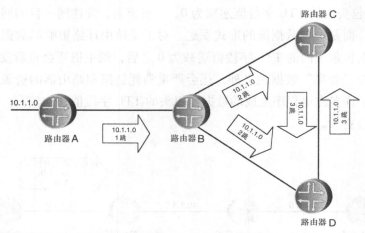

图 2.4　网络中的物理环路有可能让距离矢量路由协议引发路由环路

现假设图中路由器 B、C 间的链路中断，如图 2.5 所示。发生中断的地方正好是网络形成物理环路有冗余性保障的地方。根据第二层链路协议，判断出 B、C 间链路故障之后，路由器 C 认为，不应该再把目的网络为 10.1.1.0 的数据包交由路由器 B 转发（即认为下一跳为路由器 B，通向目的网络 10.1.1.0 的路由不可达）。此后，路由器 C 会把目的网络为 10.1.1.0 的流量交由路由器 C 转发（即认为通向目的网络 10.1.1.0 的最优路由的下一跳为路由器 C）。

最优路由失效时，路由器选择备用路由的方法，要视其所运行的距离矢量路由协议的具体类型而定。由于 RIP 和 IGRP 路由器会定期、主动地向邻居路由器发出路由更新，在此情形，路由器 C 将会从路由器 D 学到一条通往目的网络 10.1.1.0 的备用路由，但需坐等（路由器 B 所通告的）路由更新到期。要是图 2.5 中的路由器都运行 BGP，那么每台路由器都会在一张表中存储一条（通向同一目的网络的）备用路由。因此，当路由器 B、C 间链路中断时，路由器 C 会在自己的 BGP 表中，发现一条通往目的网络 10.1.1.0，下一跳为路由器 D 的备用（最优）路由。在运行 EIGRP 的情况下，路由器 C 要么会在其拓扑表中发现一条备用路由，要么会主动问路由器 D 索要通往目的网络 10.1.1.0 的路由[2]。

---

[2] 欲知更多与 EIGRP 可行后继路由器，以及邻居查询机制有关的知识，请阅读 *CCIE Professional Development: Routing TCP/IP，Volume 1*（作者为 Jeff Doyle，Cisco Press 于 1998 年出版）第 8 章和 *EIGRP for IP: Basic Operation and Configuration*（作者是 Alvaro Retana、Russ White 和 Don Slice，Addison-Wesley 于 2000 年出版）。

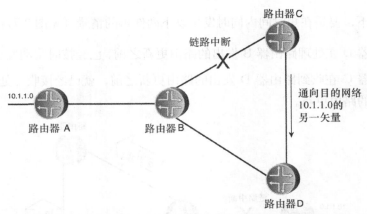

图2.5 当路由器 B、C 间链路中断时，路由器 C 可以学到另外一条通向目的网络 10.1.1.0 的路由

2.　计数到无穷大

如图 2.6 所示，现路由器 A、B 间的链路中断。本场景要比图 2.5 所示场景更有意思，因为此类故障可能会影响到某些距离矢量路由协议对网络拓扑的"认知"。与之前的故障场景一样，只要路由器 B 根据第二层协议判断出链路中断，就会把通向目的网络 10.1.1.0 的路由置为无效状态。只要检测到类似的变化（故障），路由器不管运行哪一种现代化 IP 距离矢量路由协议，都会立刻向自己的邻居发出路由更新，以反映出相关变化（该机制被称为触发更新或快速更新）。也就是说，路由器 B 会发出路由更新，告知路由器 C、D：自己先前通告的通往目的网络 10.1.1.0 的路由已不再有效。在绝大多数情况下，这样的触发更新机制都会加快网络的收敛。但这样的优点有时也会转化为缺点。

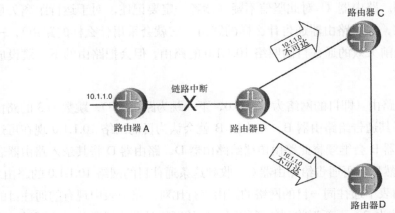

图2.6 当路由器 A、B 间的链路失效时，路由器 B 会告知路由器 C、D：目的网络 10.1.1.0 不可达

请设想一下，要是在短时间内同时发生以下两件事的情景（见图 2.7）：

■　路由器 D 在处理路由器 B 发出的路由更新之前，已经按时主动发出了路由更新；

■　路由器 C 在收到路由器 D 发出的路由更新之前，就已经接收并处理了路由器 B 发出的路由更新。

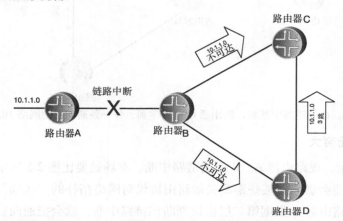

图 2.7　当运行距离矢量协议的网络中有链路发生中断时，只要路由更新的发送时机不理想，就会给路由选择添乱

也就是讲，路由器 C 已经处理了路由器 B 通告的路由更新，并得知通过路由器 B，无法将数据包转发至目的网络 10.1.1.0。但之后，路由器 C 又从路由器 D 收到了通往同一目的网络的路由更新——路由器 D 通过这条路由更新，"声称"自己距目的网络 10.1.1.0 有两台路由器之隔。路由器 C 对此坚信不疑（读者一定要记住，对于运行距离矢量路由协议的路由器来说，邻居路由器通告什么样的路由，它就会采用什么样的路由），一定会在路由表中安装先前失效的通往目的网络 10.1.1.0 的路由，但会把路由的下一跳设成路由器 D，跳数为 3 跳。

安装了这条新路由（即目的网络为 10.1.1.0，下一跳为路由器 D，跳数为 3 的路由）之后，路由器 C 会将其通告给路由器 B，路由器 B 就会认为目的网络 10.1.1.0 现在可达，但在 4 跳开外。路由器 B 会继续将此路由传播给路由器 D，路由器 D 将其录入路由器表，但将跳数设成 5 跳，然后，再通告给路由器 C。收到这条通往目的网络 10.1.1.0 的路由之后，路由器 C 会跟路由表中通往同一目的网络的路由进行比对。路由表中现有的通往目的网络 10.1.1.0 的路由跳数为 3，而新近收到的通往同一目的网络的路由跳数为 6。不过，那两条路由却都是由路由器 D 通告。此时，路由器 C 必须认可新近接收的那条路由与路由表里那条目的网络为 10.1.1.0 的路由是同一条路由，只是因为某些未知的原因而使路由的跳数发生了改变。因此，路由器 C 会用跳数为 6 的"新"路由，替换路由表里已有的通往同一目的网络的路由。这就是"运行距离矢量协议的路由器只信任其邻居"的另一个后果。

路由器 C 会再次向路由器 B 通告目的网络为 10.1.1.0 的路由，路由器 B 将其跳数增加至 7 跳之后，继续向路由器 D 通告，路由器 D 则会把路由的跳数增加至 8，通告给路由器 C，上述过程将一直持续。就理论而言，这一路由更新循环传递的局面会一直持续，直至路由的跳数达到极值，这样的局面称为计数到无穷大（counting to infinity）。为路由的跳数设定一个上限值，只要达到该值，便视相应的路由为不可达路由，是规避路由计数到无穷大的良方。比如，RIP 路由的跳数只要达到 16，路由器就会视其为不可达。对于本例，首台把路由的跳数设成 16 的路由器会将其标为不可达路由，然后再告知其邻居路由器：该路由已不再可达。上述机制最终能"切断"这一因计数到无穷大而导致的路由传播环路，但不能防止数据包的转发环路。对于图 2.7 中的那 3 台路由器来说，只要目的网络为 10.1.1.0 的路由未被标记为不可达路由，其中任何一台路由器只要收到目的 IP 地址隶属于 10.1.1.0 的数据包，就会引发数据包转发环路。

3. holddown 计时器

可借助于 holddown 计时器机制，来防止计数到无穷大问题。若路由器先从一邻居路由器学到一条路由，然后又从同一邻居路由器获悉其已不再可达，便会启动一个与那条路由挂钩的 holddown 计时器。在这一计时器到期之前，除以下两种情况之外，路由器将不会接受与所涉目的网络（与那条路由相对应的目的网络）有关的任何路由信息：

- 又从同一台邻居路由器（即宣告那条不可达路由的邻居路由器）学到了与所涉目的网络有关的路由；
- 收到了另一台邻居路由器通告的与所涉目的网络相同的路由，但距离值等于或低于之前所学到的那条路由。

对于本例，路由器 C 会启动一个 holddown 计时器，并将其与通往目的网络 10.1.1.0 的路由"挂钩"，不再接受路由器 D 通告的跳数更高的（目的网络相同的）路由。该计时器的时间到期之时，路由器 D 将会获悉目的网络为 10.1.1.0 的路由为不可达路由。

holddown 计时器机制有利有弊。与 RIP 路由和 IGRP 路由挂钩的 holddown 计时器的时效分别为 180 秒和 280 秒。因此，机制一经启用，将会显著延长网络的收敛时间。现假定在图 2.8 所示的网络中，路由器 A、B 间的链路中断。此时，路由器 C 实际上还能通过另外一条备用路由，将数据包转发至目的网络 10.1.1.0。对路由器 C 而言，备用路由（下一跳为路由器 D）的跳数要高于先前失效的那条主用路由（下一跳为路由器 B）。因此，路由器 C 至少在 3 分钟之内不会接收备用路由。在这条备用路由的抑制期内(holddown 计时器到期之前)，"挂靠"在路由器 C 下的任何主机和网段都无法发送目的网络为 10.1.1.0 的流量。

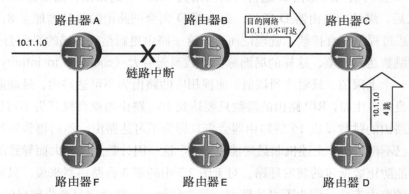

图 2.8　holddown 计时器到期之前，路由器 C 不会接受通向目的网络 10.1.1.0 的备用路由

4. EIGRP 的"高招"

EIGRP 采用的是另外一种收敛算法，名叫扩散修正算法（Diffusing Update Algorithm，DUAL），专为确保绝对无环的分布式路由计算而设计。EIGRP 路由器不会定期发送路由更新，而前例中导致数据包转发环路的罪魁祸首就是路由更新信息的定期发送。EIGRP 路由器会维护一张拓扑表，表内会保存邻居路由器所通告的距离值在特定范围内的路由。只有那些可行路由（feasible route）中的最优路由才会进驻路由器的路由表。若最优路由无效，EIGRP 路由器便会在拓扑表所包含的可行路由中，查询最优路由的替代路由。EIGRP 这一让最优路由的（一条或多条）替代路由在路由器的拓扑表中"随时待命"的特质，也使其收敛速度远快于那些"被动等待"路由更新消息的路由协议。

收到邻居路由器所通告的路由之后，EIGRP 路由器会拿路由的距离值跟自己所掌握的（通往同一目的网络的）路由的距离值进行比较，若前者的距离值更低，便会视其为可行路由。这一 EIGRP 路由器"筛选"可行路由的条件称为为可行条件（feasibility condition），这也是 EIGRP 能基本杜绝路由环路的关键。现在来解释一下为什么说 EIGRP 路由器在筛选可行路由时，只要满足"可行条件"，就能避免路由环路：若邻居路由器所通告的路由的距离值为 3，而在本 EIGRP 路由器所掌握的（通往同一目的网络的）所有路由中，距离值最低的是 5，那么本路由器在遵循该邻居路由器所通告的那条（距离值为 3 的）路由，转发相应流量时，将绝不可能形成流量转发环路（即流量绝不会再次途经本路由器）。可行条件非常适合图 2.9 所示场景。如图所示，路由器 A 在转发目的网络为 X 的流量时，必会遵循下一跳为路由器 B，路由开销（距离）值为 20 的那条路由（该路由由路由器 B 通告，路由器 B 将此路由的开销值设置为 15；路由器 A、B 间互连链路的开销值为 5，两者相加等于 20）。路由器 A 还会把下一跳为路由器 C，通往同一目的网络的另为一条路由视为可行路由，并安装进 EIGRP 拓扑表。因为路由器 C 在通告这条路由时，将开销值设成了 18，这要低于路由器 A 所优选的通往目的网络 X 的路由的开销值 20。

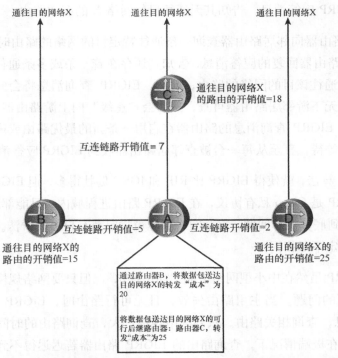

图 2.9 若网络中运行的是 EIGRP，则路由器 A 在转发目的网络为 X 的数据包时，会遵循路由器 B 所通告的路由，并同时把路由器 C 所通告的通往同一目的网络的路由视为可行路由，其目的是要防止路由器 B 所通告的最优路由失效

即便 EIGRP 路由器的拓扑表中没有"备用"路由，也并不意味着不存在备用路由。在图 2.9 所示的网络中，路由器 A 通过路由器 D 也能把数据包转发至目的网络 X。但路由器 D 在通告这条通往目的网络 X 的路由时，将开销值设成了 25，高于路由器 A 所掌握的通往同一目的网络的最优路由的开销值。因此，路由器 A 不会把路由器 D 所通告的那条路由视为可行路由，自然也不会将其纳入 EIGRP 拓扑表。问题是倘若下一跳为路由器 B 的路由失效，且下一跳为路由器 C 的"备用"路由也同时失效，或原本就不存在，那又会如何呢？当路由器 A"查阅"过本机 EIGRP 拓扑表，得知并没有可行后继路由器（feasible successor）能将数据包转发至目的网络 X 时（即 EIGRP 拓扑表中没有与失效路由的目的网络相同的可行路由），便会向其下游邻居路由器发送 EIGRP 查询消息，以求查出通往目的网络 X 的路由。邻居路由器也会"查阅"自己的 EIGRP 拓扑表，看看是否拥有通往目的网络 X 的有效路由，以求成为路由器 A（转发目的网络为 X 的流量）的可行后继路由器。若有，则会向路由器 A 回复 EIGRP 应答消息，通告相关路由信息；若无，则会向继续向自己的下游邻居路由器发出 EIGRP 查询消息，要是没有下游邻居路由器，也会向路由器 A 回复 EIGRP 应答消息，告知其无通往目的网络 X 的有效路由。

当 EIGRP 路由器向邻居路由器查询一条通往特定目的网络的路由时，其结果无非是：一、收到了邻居路由器回复的应答消息，告知其还存在着一条或多条通往该目的网络的路由；二、查不到通往该目的网络的路由，此时，EIGRP 查询消息将会向路由进程域的边缘传播，直至再无下游邻居路由器可查，然后会"逐级"向上游路由器"汇报"，被查路由不存在。发出 EIGRP 查询消息的路由器在启用一条新的最优路由或声称目的网络不可达之前，会一直等待，直至从每一台被查邻居路由器收到 EIGRP 应答消息为止。

单凭 DUAL 算法，就使得 EIGRP 比 RIP 和 IGRP 健壮得多，但 EIGRP 也有潜在的问题。首先，EIGRP 是 Cisco 私有协议，在 EIGRP 路由进程域内，只能部署清一色的 Cisco 路由器。至于这到底算不算问题，每个网络管理员肯定都有自己的看法。网络管理员的经历不同，看法肯定不尽相同。

其次，EIGRP 虽然在中小型网络中能"如鱼得水"，但只要网络规模一大，就会暴露出可扩展性方面的问题。当主用路由失效，且无可行路由时，EIGRP 路由器就会发出 EIGRP 查询消息，查询相关路由。只要网络规模一大，查询路由的时间就会延长，导致网络收敛缓慢。在极端情况下，查询路由的 EIGRP 路由器若迟迟得不到回应，就会认为 EIGRP 查询消息传丢，于是便会声称理应收到其 EIGRP 查询消息的邻居路由器卡在活跃状态（Stuck In Active，SIA）。最终，EIGRP 路由器不但会拆除与该邻居路由器所建的邻居关系，而且还会丢弃学自该邻居路由器的所有路由，从而对网络的稳定性造成严重影响。

有两种方法可以解决 EIGRP 网络中容易发生的 SIA 问题。第一种方法是延长 EIGRP 路由器等待邻居路由器回应查询消息的时间。倘若 EIGRP 查询消息没有传丢，只是邻居路由器应答得太慢，这一种方法倒不失为一种良策，但可能会显著延长网络的收敛时间。第二种方法是把整个 EIGRP 网络分割为多个区域。不过，EIGRP 并没有划分区域的概念。因此，要采用第二种方法就必须启用 EIGRP 多进程。对于此类网络，要想合理控制流量，除了需要精心设计整个网络之外，还需要制定相关运维流程。

链路状态路由器协议与 EIGRP 孰优孰劣

只要网络规模在中等及中等以下，EIGRP 就会运转得十分顺畅。实际上，由 J. J. Garcia-Aceves Luna 所完成的某些理论研究也表明，运行 DUAL 算法的路由协议在收敛速度上不但要快于链路状态路由协议，而且所消耗的资源也会低很多。作者不清楚上述结论有没有在实际的生产网络中进行验证，但根据作者的经验，EIGRP 在中小型网络中收敛起来确实十分迅速，而且绝不会产生流量转发环路。EIGRP 是 Cisco 公司的私有协议才是问题的关键，有些人非常在意这一点，而另一些人则无所谓。

---

5. BGP 的"高招"

BGP 拥有非常简单的防环机制，其基本措施也是测量"距离"，即"统计"路由前缀在传播过程中所途经的自治系统的个数。每条 BGP 路由前缀都会与一个名叫 AS_PATH 的路由属性相关联。这一路由属性就是一份自治系统编号列表，存放的是路由前缀在传播过程中途经的所有自治系统的编号（是不是按序存放，要视情况而定）。为了用最"短"路径将流量转发到某特定目的网络，BGP 路由器就必须选择一条通向该目的网络，且 AS_PATH 属性最短（即 AS_PATH 属性中所包含的 AS 号的数量最低）的路由[3]。AS 号具备全球唯一性，两个不同 AS 的 AS 号绝不应该相同。收到邻居路由器发出的 BGP 路由更新时，BGP 路由器会检查路由更新所携带的 AS_PATH 属性。若在 AS_PATH 属性中包含了配置于本机的 AS 号，便知此路由更新已"踏足"过本 AS。于是，该 BGP 路由器就知道发生了路由环路，并将此路由更新丢弃。

距离矢量和路径矢量

除 BGP 之外的所有矢量路由协议都统称为距离矢量路由协议。由于 BGP 路由器跟踪的是路由传播过程中所途经的自治系统（个数）而非路由器（台数），因此 BGP 属于路径矢量路由协议。距离矢量和路径矢量之间难道还真有什么差异吗？至少作者的一个哥们是这样来区分它们的，他说：距离矢量是用数字来表示，而路径矢量则用数列来表示。但在作者看来，这只是说法不同而已。虽然 BGP 的作用跟 IGP 不同，且 BGP 路由的某些属性也确实是以一串 AS 编号的面目示人，但 BGP 仍属于距离矢量路由协议。

设计 BGP 的初衷是要在 AS 之间通告路由更新，而不是为了在 AS 内部传递路由更新。

---

[3] 其实，BGP 最优路由选择过程要复杂得多，需考虑与特定目的网络前缀相关联的诸多 BGP 路由属性。

换言之，BGP 属于外部网关协议，并非内部网关协议（IGP）。在 AS 内部虽也能利用 BGP 来传播路由更新，但这只是为了方便部署在 AS 边界、用来跟外部 AS 互连的 BGP 路由器之间传递 EBGP 路由。在同一 AS 之内的两个目的网络之间"探索"数据包转发路径（发现路由），并非 BGP 的"本职工作"。

2.2 链路状态的基本概念

总体而言，大多数距离矢量路由协议都有以下两个非常严重的问题：

- 收敛速度缓慢；
- 易导致数据包转发环路。

本节会介绍链路状态路由选择的基本概念，着重讨论如何避免上面提到的两个问题。

距离矢量协议收敛缓慢的主要原因是：路由信息的逐跳传播以及分布式的路由计算。只要网络规模一大，在流量转发路径中"加塞"的路由器的台数也就越多，收敛时间自然也会延长。现在，请读者转换一下思路：假设不再让路由器先执行路由计算，后把计算结果传播给下游邻居，而是一收到路由更新，就立刻传播给下游邻居，然后再执行路由计算，那上述问题能不能得到改善呢？在收敛速度方面的改善必然会非常明显，因为此时，路由信息在整个路由进程域内的传播速度将等于路由器转发路由信息的速度。也就是说，所有路由器可在几乎相同时刻完成收敛。

对于上面提到的这一路由信息共享方案——先传播路由信息，再执行路由计算——其"精髓"是什么呢？其"精髓"在于，网络中的每台路由器都要具备独立计算路由信息的能力。因为路由器传播路由信息的时机是在收到路由信息之后，执行路由计算之前，所以每台路由器都需要独立计算每一条路由信息。换言之，处于流量转发路径中的每一台路由器都必须独立完成路由计算，其路由信息的计算结果不会与任一其他路由器共享。若要执行这样的本机路由计算，流量转发路径沿途的所有路由器必须都计算出相同的结果，只有如此，这些路由器在转发相应流量时，才能达成一致"意见"。也就是讲，每台路由器所掌握的路由信息必须完全一样。在传递路由信息时，任何一台路由器都不能以任何方式对其进行修改。

路由信息一定会有其源头。一条路由总是与某个目的网络相关联，因此可以这样下结论：路由信息之源就是直连目的网络的路由器。此外，还可以得出另外一个结论：若路由器之间互不共享各自的路由计算结果，则每台路由器只知其自身，外加其接口所直连的网络[4]。

　　为路由器间所共享的路由信息会以路由宣告消息（announcement）的形式存在，通告这种消息的路由器会设法在消息中标明自身（的位置），以及其接口所接入的目的网络的地址[5]。

　　然而，对于离目的网络数跳开外的某台路由器来说，收到一条包含："我是路由器 A，我跟子网 X 直连"的路由宣告消息，是没办法将数据包送达子网 X 的。这台收到路由宣告消息的路由器还需要知道怎样才能访问（将数据包转发）到路由器 A。因此，网络内的每台路由器都必须在路由通告消息内标明自身（的位置）、标明各接口所连链路（的网络层地址），以及注明每条链路的数据包转发成本（cost）。

　　要想让数据包顺利抵达其目的网络，网络内的每台路由器不仅要在发出的每条路由通告消息内标明自身（的位置）以及接口所连链路（的网络层地址），还要注明其所通告的链路直连了哪些邻居路由器。若每台路由器都在本机接口所连链路上发送某种消息——Hello 消息——表明自身的存在，同一条链路上的邻居路由器之间就可以很容易地"互相定位"。只要确保不让 Hello 消息"逃离"本地链路，这样，只要收到 Hello 消息，便意味着邻居路由器一定"健在"。

　　现在，已有足够的细节来"勾勒"链路状态路由协议的总体架构了。

- 网络内的每台路由器都会在本机直连链路上发送并侦听 Hello 消息，其目的是要发现邻居路由器。

- 每台路由器都会发出路由宣告消息，以标明其自身（的位置）、其接口所连链路（的网络层地址），以及与其直连的邻居路由器（的网络层地址）。

- 每台路由器都握有一个数据库，用来保存收到的路由宣告消息。此外，还会把接收而来的路由宣告消息继续传播给下游邻居路由器。

- 当一台路由器的数据库中保存了来自其他所有路由器的路由宣告消息之后，该路由器就能精确计算出通往各目的网络的路由了。

　　图 2.10 所示为一台路由器是如何根据数据库中所保存的路由宣告消息，来确定通往特定目的网络的路由的。该路由器所持数据库包含了 4 台路由器生成的每一条路由通告消

---

[4]　路由器还有可能通过不同的路由协议学得相同的路由信息（通往同一目的网络的路由信息）。

[5]　OSPF 路由器生成的路由宣告消息称作"链路状态通告"（LSA），而 IS-IS 路由器生成的路由宣告消息则名为"链路状态数据单元"（LSP）。

息。比方说，由路由器 A 生成的路由宣告消息可知，路由器 A 跟 10.1.1.0 和 10.1.2.0 这两个子网直连，此外，还"发现"了一台邻居路由器（路由器 B）。由于图中的 4 台路由器都拥有全部 4 条路由宣告消息，因此 4 台中的任何一台路由器所持数据库都酷似图中所示。

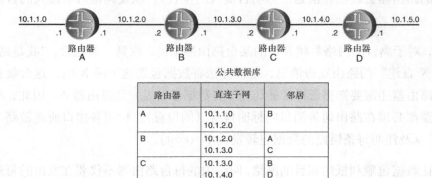

公共数据库

路由器	直连子网	邻居
A	10.1.1.0 10.1.2.0	B
B	10.1.2.0 10.1.3.0	A C
C	10.1.3.0 10.1.4.0	B D
D	10.1.4.0 10.1.5.0	C

图 2.10　在运行链路状态路由协议的网络内，每台路由器的路由数据库都"一模一样"

驻留在数据库中的（路由）信息就像是一片片七巧板。不用看图 2.10 所示的网络拓扑图，只要仔细揣摩一下图中所示数据库，推断出网络的拓扑结构应该也不难。由数据库可知，路由器 A 声明自己有邻居路由器 B，路由器 B 也声明自己有邻居路由器 A。路由器 A、B 都跟子网 10.1.2.0 直连，因此可以判断出两台路由器通过该子网彼此直连。同理，还可以推断出路由器 C、D 都跟子网 10.1.3.0 直连。

每台路由器都能根据图 2.10 所示数据库，推断并生成整个网络的拓扑图。有了这张拓扑图，路由器就能在自己的路由器表中创建路由记录。比如，路由器 D 不仅会立刻了解到路由器 A 跟子网 10.1.1.0 直连，而且还可以得知在本机通向路由器 A 的沿途路径中"加塞"的所有路由器。于是，路由器 D 就会在数据库中创建一条记录，表明本机通过路由器 C 能访问到三跳开外的目的子网 10.1.1.0。

有了这张网络拓扑图，便可大大降低路由环路发生的概率。距离矢量路由协议之所以易受路由环路的影响，是因为运行该路由协议的路由器知道，目的网络不是本机直连网络，就是由邻居路由器"转告"。而运行链路状态路由协议的路由器知道的是网络的完整拓扑，因此不太容易受到路由环路的影响[6]。

由于（图 5.10 所示网络中的）路由器都依靠数据库来维护与链路和其他路由器有关

---

[6] 只有当路由器泛洪与网络拓扑变更有关的路由宣告消息，且此类路由宣告消息尚未传遍整个网络时，链路状态路由协议才可能会受到路由环路的影响，或发生其他选路方面的问题。

的状态信息，因此人们把那些路由器所运行的路由协议称为链路状态路由协议（译者注：原文是"Because the routers use the database to maintain state concerning the links and routers in the network, the protocol is called link state."）。

简单介绍过链路状态路由协议的运作方式之后，现在来谈谈此类路由协议的 4 个基本概念。这 4 个基本概念如下所示。

- 邻居关系的建立（Adjacency）——两台运行链路状态路由协议的路由器彼此发现、相互协商、交换路由信息的过程。
- 路由信息的泛洪——如何通过可靠的方式，把路由信息转发给网络内所有路由器的过程。
- 链路状态数据库——如何存储并保证路由信息准确无误的过程。
- SPF 计算——路由器如何利用存储在链路状态数据库内的信息，执行路由计算的过程。

2.2.1 邻接关系

运行链路状态路由协议的路由器开始收发路由宣告消息，构建本机的（路由信息）数据库之前，必须先识别（标识）出跟自己相邻的路由器。只能识别出直连的邻居路由器还并不够，在某些网络中，路由器之间可能会运行不止一种路由协议。运行某种链路状态路由协议的路由器需能发现与己直连，且运行同一种路由协议的（邻居）路由器。上述需求其实并不够理想。在一个路由进程域内，还要对路由信息的交换做一些限制，比如，让某些路由器之间可以直接交换路由信息。

此前，作者对"邻居路由器"（neighbor）一词的使用比较随意。现在，作者为该术语下一个严格的定义：若两台路由器能用同一种路由协议交换路由信息，则可以说两者互为邻居。若两台路由器都将对方识别为邻居路由器，并判定己方同样为对方所识别，且经过验证，双方可以"畅通无阻"地交换路由信息，则可以说那两台邻居路由器建立起了邻接关系[7]。

链路状态路由协议能否正常运行，先决条件是要让网络中的每一台路由器正确标识自身。因此，每台运行链路状态路由协议的路由器都要有一个 Router-ID，即要拥有一个全网（整个路由进程域）唯一的地址。路由器的 Router-ID 既可以手工分配，也可以通过某

---

[7] 举一个邻居路由器双方都"感知"到对方跟自己"讲同一种语言"（运行同一种路由协议），但不能彼此交换机路由信息的例子，那就是在启用了路由协议认证功能的情况下，邻居双方所配置的认证密码并不相同。

种手段自动获取，比如"借用"接口的地址。但无论如何，每台路由器的 Router-ID 都必须在整个路由进程域内具有唯一性，此外，Router-ID 格式也要保持统一。

运行链路状态路由协议的路由器会发出 Hello 消息（一种邻居路由器之间用来"互致问候"的协议消息），来标识自己（的存在），并希望以此来"探索"邻居路由器。 Hello 消息最起码也应该包括生成它的路由器的 Router-ID。Hello 消息还应该包括为某种路由协议所独有的信息，以及生成它的路由器的信息，比如，计时器的设置信息、路由器的接口参数信息，以及认证信息等。邻接关系建立之前，此类信息用来确保两台路由器已就以下方面达成一致：

- 如何交换路由信息和维护邻接关系；
- 如何才能可靠地交换路由信息；
- 邻居路由器之间如何才能相互信任。

在路由器上激活某种链路状态路由协议时，通常应指明要让路由器的哪些接口（既可以是 1 个，也可以是全部）参与路由协议进程。随后，链路状态路由协议进程会令路由器通过那些接口定期外发 Hello 消息。Hello 消息需以广播或多播的方式发出，目的是要让尚未被发现的邻居路由器也能侦听得到。因为发送 Hello 消息，是为了"探索"到只跟本机直接相连的邻居路由器，所以绝不能让 Hello 消息转发到本地链路之外。为此，可让生成 Hello 消息的路由器将包含 Hello 消息的 IP 包头的 TTL 字段值设置为 1，或采用"作用域"为本地链路的多播 IP 地址作为 Hello 消息的目的 IP 地址。

路由器 A 收到了路由器 B 发出的 Hello 消息，并不表示路由器 B 也收到了路由器 A 发出的 Hello 消息。对路由器 A 而言，收到路由器 B 的 Hello 消息，与其建立邻接关系之前，还要能通过某些"线索"判断出路由器 B 也收到了本机的 Hello 消息。也就是讲，即便路由器 A 能够收到路由器 B 的 Hello 消息，但也有可能会因为互连链路的单向连通性问题而导致路由器 B 收不到路由器 A 的 Hello 消息。或者，路由器 B 虽然收到了路由器 A 的 Hello 消息，但由于某种原因（比如，数据包惨遭破坏、链路参数不一致，或 Hello 消息内所包含的协议参数不能接受）而将其拒之门外。因此，必须要有一种机制，让邻居双方（路由器 A 和 B）能借此验证两者间具备双向连通性（即路由器 A 在收到了路由器 B 的 Hello 消息之后，能通过该机制"获悉"本机的 Hello 消息也被路由器 B 顺利接收，反之亦然）。该机制被称为握手（handshaking）机制。

其实，验证接入同一链路的邻居路由器间的双向连通性也很简单，只要让链路上的每台路由器在其发出的 Hello 消息中包含一份清单，并同时在这份清单里记录下本机通过该链路成功收到了哪些邻居路由器发出的 Hello 数据包。以图 2.11 为例，收到了路由器 B 的 Hello 数据包后，路由器 A 会在其发出的下一个 Hello 数据包中，让那份清单包含路由器 B 的 Router-ID（表明其收到了路由器 B 发出的 Hello 数据包）。该 Hello 数据包被路由器 B 接收后，路由器 B 会在清单中"发现"本机 Router-ID，于是就知道了路由器 A 收到了本机此前发出的 Hello 数据包。路由器 A、B 就以这种机制彼此验证了两者间具备双向连通性，并为后续邻接关系的建立打下了基础。这样的握手机制被称为三次握手(three-way handshaking) 机制。

链路状态路由器协议一定强于距离矢量路由协议吗

毫无疑问，链路状态路由协议在大型网络中，肯定运行得更好、收敛得更快、可扩展性更强。但是，要想开发出稳定的 OSPF 和 IS-IS 实现也相当不易，一种新的实现可能要好几年的时间才能趋于成熟。有些实现已是积重难返，沉疴难愈。而 RIP 则非常容易实现。这使得 RIP 常被部署在 OSPF 和 IS-IS 路由进程域的边界，用来与老式路由器或运行了不良链路状态协议实现的路由器"互通有无"。此外，RIP 还有可能用在只需启用简单路由协议的网络，或不便让运行链路状态路由协议的内部路由器向外界"曝光"的场合。当然，对于只有区区几台路由器，且拓扑极为简单的网络，RIP 也能应付自如。

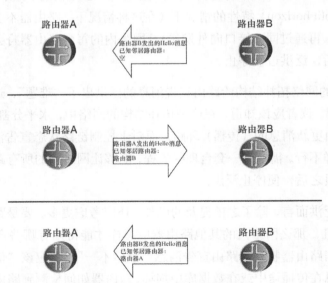

图 2.11 三次握手机制用来验证邻居路由器间是否具备双向连通性

邻接关系成功建立之后，Hello 消息还要起到邻接关系的保活（keepalive）作用。为此，路由器会让 Hello 消息携带一项协议参数，以指明该消息的发送频率（每隔多长时间，发送一次 Hello 消息）。于是，接收 Hello 消息的路由器就知道了每隔多久，将会等来邻居路由器发出的 Hello 消息。若在规定时长（考虑到 Hello 消息可能会意外丢失，应"预留"一定的时长）内未"等来"邻居路由器发出的 Hello 消息，本路由器就会假定链路上的邻居路由器失效，并"拆除"与其建立起来的邻接关系。取决于网络内所启用的链路状态路由协议的类型，邻居路由器间 Hello 消息的发送间隔期可能会是预先定义且不可协商，也有可能是可以相互协商，还有可能是相互独立（邻居双方都会接受对端路由器的 Hello 消息发送间隔期）。

2.2.2　泛洪

在那种路由器之间需要建立（链路状态路由协议）邻接关系的网络中，每台路由器都会生成路由宣告消息，在消息中会包含与本机直连链路以及与（已知）邻居路由器有关的信息。如读者所知，此类网络中的每台路由器必须得"攒齐"所有路由宣告消息，然后还得将消息副本（拷贝）存储进（本机）数据库。让每台路由器都能"攒齐"路由宣告消息的过程称为泛洪（flooding）过程。在图 2.10 所示的网络中，路由宣告消息的泛洪过程再简单不过：每台路由器都把路由宣告消息发送给与其建立邻接关系的所有邻居路由器，每台邻居路由器再将路由宣告消息的拷贝，转发给跟自己建立邻接关系的邻居路由器。在启用了水平分割（split horizon）特性的情况下（在这种情况下，路由器不会把从某接口收到的路由宣告消息，再通过同一接口向外发送），网络内的每台路由器将会"攒齐"所有路由宣告消息，然后，泛洪过程停止。

图 2.12 所示的网络拓扑结构给路由宣告消息的泛洪出了"难题"，这要拜（物理拓扑方面的）环路所赐。读者应该知道，在这种拓扑结构的网络中，水平分割规则不足以"切断"距离矢量路由更新消息的（传播）环路。而对于控制链路状态宣告消息的传播，只有水平分割规则同样不行。需要有一套合理的流程，能够让网络内的所有路由器在接收到路由宣告消息的拷贝之后，便停止泛洪。

就何时停止泛洪而言，除了之前提及的以外，还应考虑更多。要是路由器刚生成了路由宣告消息便宕机，那么网络内的其他路由器应怎样才能得知有哪些宣告消息现已失效呢？若从同一邻居路由器收到的路由宣告消息"前后不一"，那应该"信任"哪一条呢？要是路由宣告消息在传播途中或在数据库中损坏，路由器如何检测到路由宣告消息发生损坏呢？

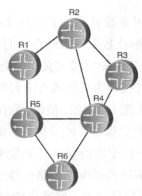

图 2.12 链路冗余度较高的网络会给（路由宣告消息的）泛洪出"难题"

可利用老化（aging）、序列号以及校验和这 3 种机制来保障（路由宣告消息）泛洪的稳定性。

1. 及时泛洪：老化机制

链路状态路由协议的核心概念之一是，网络内（同一区域的）每台路由器的数据库里的内容必须全都相同。为保证（数据库中数据的）同一性，一台路由器不能修改另一台路由器发出的路由宣告消息。这就表明每台路由器都要对本机发出的路由宣告消息"负责"。

那么，要是一台路由器发出路由宣告消息后，突然出现故障，会出现什么情况呢？若为链路故障，链路对端的邻居路由器会通过第二层协议检测到故障。若为路由协议守护进程或路由器硬件故障，邻居路由器会因收不到 Hello 消息，而检测到故障。无论哪种故障，受"波及"的邻居路由器都会发出宣告消息，表示网络有变。

但还需要把事情考虑的更复杂一点。当图 2.12 中路由器 A 发生故障时，与其建立邻接关系的邻居路由器就会向网络内的其他路由器（与路由器 A 不直接相连的路由器）通报：路由器 A 已经"失踪"。但在那些路由器（与路由器 A 不直接相连的路由器）的数据库内，依旧保存了路由器 A 之前生成的路由宣告消息。这些路由器应如何处理那些路由宣告消息呢？这些路由器有把握断定路由器 A 一定发生了故障，从而在数据库内清除路由器 A 生成的路由宣告消息吗？如此行事，会违背一台路由器不能修改另一台路由器所发路由宣告消息的规则吗？更重要的是，为了保持数据库（内容）的一致性，网络内的每台路由器怎样才能知道其他路由器也一齐把路由器 A 所通告的路由宣告消息清理出数据库了呢？

为应对这一"复杂"局面，人们在链路状态路由协议的路由宣告消息中设立了一个寿命（age）字段。路由器生成链路宣告消息时，会为寿命字段赋值。在路由宣告消息的泛洪过程中，网络内的其他路由器可更改其寿命字段值（或增或降）[8]，此外，每台路由器都可以根据路由宣告消息在本机拓扑数据库内的存放时间，调整其寿命字段值（或增或降）。每种链路状态路由协议都会为寿命字段定义一个上限（或下限）值，只要寿命字段达到该值，相应的路由宣告消息将被视为无效或寿命到期。生成（路由宣告消息的）路由器会在寿命字段值还未达到这一上限（或下限）值时，发出路由通告消息的一个新"版本"。路由器这一生成路由宣告消息的新"版本"或"拷贝"的"举动"，称为（对路由宣告消息的）刷新（refresh）。对于前例，由于路由器 A 不再刷新自己此前生成的路由宣告消息，因此在网络内其他所有路由器的拓扑数据库内，路由器 A 生成的路由宣告消息的寿命字段值将会达到上限（或下限）值。这样一来，网络中的每一台路由器都知道，只要本机把路由器 A 生成的路由宣告消息清理出本机拓扑数据库，网络内的所有其他路由器也一定会"照此办理"。

寿命字段值的计数方法"可正可逆"。寿命字段值采用"正向"计数方式时，灵活性会略逊一筹，因为该字段值会介于两个预先定义的常量之间，即 0 和协议设计时所规定的某个寿命字段的最大值之间。而采用"逆向"计数方式时，寿命字段值可从某个任意值（上限不超过寿命字段所能"容纳"的最大值）开始，一直递减为 0。"逆向"计数方式所具备的灵活性，能潜在地提高链路状态路由协议的稳定性。第 8 章会对此展开深入讨论。

2. 有序泛洪：序列号机制

路由器收到路由宣告消息时，会将其拷贝通过每个（参与路由协议进程的）接口向"下游"发送。显而易见，只要网络的链路冗余度较高（图 2.12 所示的网络就是一个链路冗余度较高的网络）[9]，路由宣告消息在泛洪过程中将会被多次复制，从而导致某些路由器收到同一条路由宣告消息的多份拷贝。若路由器同时（通过多条链路）收到同一条路由宣告消息的多份拷贝，则随便选择哪一条都无所谓。不过，通向生成（路由宣告消息的）路由器的各条网络路径的延迟会各不相同，因此，在大多数情况下，路由器都会在不同时刻收到同一条路由宣告消息的多份拷贝。对于这种情况，路由器只会接受寿命字段值最低的路由宣告消息（的拷贝），理由是：寿命字段值越低，路由宣告消息"出炉"的时间也越晚（越新）。

然而，接受寿命字段值最低的路由宣告消息（的拷贝）还要基于一个前提，那就是多份路由宣告消息的拷贝必须包含同样的信息。现假定路由器生成一条路由宣告消息之后，链路状态立刻发生了改变，又促使其新生成了一条路由宣告消息。由于网络中存在与（传

---

[8] OSPF 路由器会增加协议消息所包含的寿命字段值，IS-IS 路由器则会降低协议消息所包含的寿命字段值。
[9] 网络的链路冗余度高，是指其内任何一台路由器都不会因单条链路或单个接口的故障而"与世隔绝"。

播、处理、发送）延迟有关的各种差异，因此完全有可能会发生这样一种情况：某些路由器收到的第二条路由宣告消息的寿命字段值，要高于第一条路由宣告消息，于是第二条路由宣告消息反而遭到了丢弃。也就是说，单凭寿命字段值，路由器是分不清路由宣告消息的"新旧"程度的。所以，还要通过另一字段——序列号字段——来指明路由器生成的路由宣告消息的新旧程度。倘若收到了同一台邻居路由器发出的两条路由宣告消息，那么序列号字段值更高的那条一定更"新"。

与寿命字段值相同，序列号字段值在设计上也是有讲究的。最简单的序列号编号方案就是使用线性序列号：从 0 开始计数，一直增长到某个最大值。比方说，一个 32 位的序列号（OSPF 和 IS-IS 都使用 32 位的序列号字段）的取值范围为 $0\sim2^{32}$，可能的值约有 43 亿个。要是将路由器自生成的首条路由宣告消息的序列号定为 1 的话，那么可用的序列号直到路由器"报废"应该都用不完。就算路由器每一秒都生成一条路由宣告消息（果真如此的话，这个网络也"烂"到了极点），要想让序列号字段值达到其上限，也得等上 130 年。只怕还没到那时候，网络早都被"整治"好了。

那么，要是出于某种原因，路由器让（路由宣告消息的）序列号达到其上限值，将会怎样呢？在这种情况下，（新生成的路由宣告消息的）序列号将会从 1 重新开始计数。现在，问题来了，若序列号字段值为上限值的路由宣告消息仍"盘踞"在网络内所有路由器的数据库内，则其后生成的路由宣告消息的序列号字段值为 1，这会让所有路由器都认为后者"较旧"，前者"最新"，于是，纷纷拒绝后者，保留前者。要避免发生这一情况，就必须坐等网络内所有路由器的数据库里的路由宣告消息"过期"。这显然无法让人接受，因为坐等寿命计时器到期可能要花 1 个小时或更长时间，在这段时间里，路由器仍会继续使用错误的路由宣告消息执行路由计算。

要想解决上述可能发生的问题，方法也有好几种。一种方法是"无为而治"，说白了，就是对序列号字段的长度保持"信任"——坚信该字段值绝不可能达到上限值。这样的"无为而治"并不指望路由器或路由协议能连续正常运行一世纪之久，但要求路由协议守护进程不能有任何导致（路由宣告消息的）序列号字段值高的离谱的缺陷，此类缺陷可能会促使序列号字段值直达上限。

还有一种更好的方法，那就是让路由宣告消息的序列号字段循环取值，并在该字段值回归初始值之前，设法让网络中的所有路由器从数据库中删除之前发布的、序列号字段值高达"上限"的路由宣告消息。为此，需让始发路由器另行发布一条序列号字段值等于上限值，但寿命字段值为某一特定值（该值既可以取 0，也可以取一个寿命极限值[MaxAge]，如何取值，要取决于寿命字段值是正向计数，还是逆向计数）的路由宣告消息，其目的是向网络内的所有其他路由器"宣布"：该路由宣告消息已"过期"失效。不过，请别忘了，路由器在比较两条（除序列号字段值不同，但）其他字段值完全相同的路由宣告消息时，会选择"出炉更晚"的那条（若寿命字段值为正向计数，则会选择寿命字段值更高的那条）。因此，还需对上述（路由宣告消息的发布）规则稍作改动，即要让路由器在比较多条内容相同但寿命字段值不同的路由宣告消息时，总是优先"接纳"寿命字段值显示为"过期失效"的那条。

当然，从"刻意"发布寿命字段值"过期"的路由宣告消息，到网络内的所有路由器都在数据库中安装这条路由宣告消息之间，会"耽搁"一段时间。毫无疑问，这段时间要比坐等路由宣告消息"正常失效"所花费的时间会短很多，但在此期间，网络内的所有路由器仍不会在数据库中正确记录生成（这条路由宣告消息的）路由器。

那么，第三种防止序列号字段值高达"上限"的方法就是不设上限：对序列号字段值循环利用。比方说，对于一个 32 位长的序列号字段，若其值被循环利用，则 4,294,967,295 之后就应该是 0。然而，这样一种方案很有可能会把局面弄乱。现假定，从同一台路由器收到了两条路由宣告消息，序列号字段值分别为 0xFFFFFFFC 和 0xFFF10D69。这两个值并不连续，那么，是第一条新呢，还是因序列号被"循环利用"，而使得第二条比第一条新呢？

可用下面两个公式来"澄清"上述局面。假设某序列号字段值的大小为 n，a 和 b 为任意两个序列号字段值，若满足任一以下条件，就认为 a 比 b "新"。

- $a > b$ 且 $(a - b) < n/2$
- $a < b$ 且 $(b - a) > n/2$

图 2.13 所示为长度 6 位的序列号字段取值空间[10]。序列号字段的长度为 6 位，就意味着：

$$n = 2^6 = 64$$

那么

$$n/2 = 32$$

假设有两个序列号字段值 18 和 48，根据公式 1，48 要比 18 "新"：

$$48 > 18 ;(48 - 18) = 30, 而 30 < 32。$$

---

[10] 作者在 *CCIE Professional Development: Routing TCP/IP, Volume I* 167~168 页首次使用本例。

假设有两个序列号字段值 3 和 48，根据公式 2，3 要比 48"新"：

$$3 < 48 \ ; \ (48 - 3) \ = 45，而 \ 45 > 32。$$

假设有两个序列号字段值 3 和 18，根据公式 1，3 要比 18"新"：

$$18 > 3；(18 - 3) \ = 15，而 \ 15 < 32。$$

通过比较上述数字（序列号字段值）在图 2.13 所示圆环中的位置，应不难发现那两个公式是如何区分任意两个非连续数字（序列号字段值）的"新旧"的。

序列号字段的循环取值方式应优于线性取值方式，但只要循环序列号空间里随便几个错误同时发生，给网络造成的危害程度就远远高于线性序列号空间的"上限归零"。1980年 10 月 27 日发生的 ARPANET 崩溃事件，足以证明这一结论。当时的 ARPANET 运行的还是一种比较原始的链路状态路由协议，其路由通告消息的序列号字段采用的就是循环取值方式[11]。经过对上述经验教训的总结，OSPF 和 IS-IS 协议消息的序列号字段都采用了线性序列号取值方式。

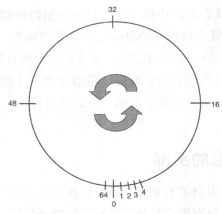

图 2.13 链路状态协议报文里的序列号字段的值可以"循环利用"

与路由宣告消息的序列号有关的最后一个问题是，路由器或路由协议进程重启之后，"忘掉了"之前生成的路由宣告消息的序列号字段值，该怎么办呢？此时，把新生成的路由宣告消息的序列号字段值设置为初始值肯定不行，因为网络内其他路由器很可能在数据库里保存了序列号更高的老的路由宣告消息。在这种情况下，新生成的路由宣告消息会因序列号字段值更低，而遭到其他路由器的"排斥"。因此，还需要启用这样一条规则：路

---

[11] 详见《计算机通信评论》（1981 年 7 月）中的《Vulnerabilities of Network Control Protocols: An Example》一文，作者为 Eric C. Rosen。

由器或其运行的链路状态路由协议进程重启之后，需发出一条序列号字段值为 1（或该路由协议规定的序列号字段的初始值）的路由宣告消息。收到这条路由宣告消息之后，只要邻居路由器的数据库里还保存着(该路由器重启之前发出的)内容相同的路由宣告消息(其序列号字段值要更"新")，就会回发一条列号字段值更"新"的路由宣告消息的拷贝。如此一来，那台重启过后的路由器就掌握了自生成的路由宣告消息的最新序列号，于是，会在发送下一条路由宣告消息时，重新调整序列号字段值。

3. 可靠泛洪：校验和机制

在运行链路状态路由协议的网络中，单个区域内的所有路由器的链路状态数据库的内容必须一致，其重要性再怎么强调都不为过。然而，传播于网络中的路由（链路状态）宣告消息会因为各种各样的原因而损坏。链路质量不佳，或许会导致路由宣告消息在传输途中被"篡改"；路由宣告消息在路由器的 LS 数据库中"驻留"时，也有可能会遭损坏。因此，有必要引入一种机制，来检测出在传播或存储过程中遭到"破坏"的路由宣告消息，以确保路由信息的精确性。

其实，并非只有链路状态路由协议才有信息的完整性检测机制。绝大多数网络协议（包括 IP 协议在内）都内置有信息或消息的完整性检查机制。对于路由（链路状态）宣告消息而言，除寿命字段之外，所有内容都会涵盖在校验和计算中。由于在泛洪过程中，路由器之间相互传递路由宣告消息时，寿命字段值也会发生改变，因此一旦把寿命字段也涵盖在校验和计算中，那么只要该字段值一变，整条路由宣告消息的校验和就会发生改变。

2.2.3　路由宣告消息的头部

截至目前，已经讨论了几种能标识路由（链路状态）宣告消息的标识符。某些标识符（比如，router-ID）用来区分宣告消息是由哪台路由器所发[12]。其他几种标识符，比如，序列号、寿命以及校验和等，都用来对同一台路由器发出的路由宣告消息的具体实例加以区分。

上述所有标识符会分别以一个个字段的形式，出现在路由宣告消息的"开头"，而实际的路由信息则"位居"那些字段之后。这样一来，在路由宣告消息的泛洪过程中，路由器不必解析其"全身"，只需解析其"头部"。

在路由宣告消息的头部（开头）设立若干标识符字段，还有另一个好处。那就是当一

---

[12] 本章后文会介绍其他几种路由宣告消息的标识符，比如，链路状态 ID 和链路状态类型。

台路由器向邻居路由器"展示"本机数据库里的内容，或请求邻居路由器发送本机需要的某条路由宣告消息的拷贝时，无需把整条路由宣告消息发送给邻居路由器，只需发送相应路由宣告消息的头部，就能完整地"表达"自己的意图了。下一节会解释路由器为什么需要（向邻居路由器）"展示"存储在本机数据库里的路由宣告消息，或从邻居路由器请求路由宣告消息的拷贝。

2.2.4 数据库同步

读至本节，读者应对链路状态（LS）数据库有了充分的理解。所有路由器生成的路由宣告消息都会在网络中泛洪，每台路由器都会将自身及其他所有路由器生成的路由宣告消息，存储在本机 LS 数据库内。读者也应当了解了如何利用老化（aging）机制，来确保"无主"的路由宣告消息（生成路由宣告消息的路由器已失效）不再"残留"于数据库。每条路由宣告消息的"寿命（字段值）"都会受到路由器的"跟踪"，若路由宣告消息在"寿终正寝"（寿命字段值达到上限）之前，还未被生成它的路由器刷新，便会从网络内所有路由器的数据库里"退位"。

现在，来谈一谈另一桩与链路状态数据库有关的事宜。在运行链路状态路由协议的网络中，新路由器上线运行时，会泛洪自生成的路由宣告消息，更新其他路由器的 LS 数据库。但这台"新"路由器如何构建本机 LS 数据库呢？当然可以让其他路由器在收到了"新"路由器发出的路由宣告消息时，重新泛洪自生成的路由宣告消息，但这种方法不但低效，而且也不具备任何可扩展性。

请不要忘记，只有网络内的每台路由器都持有内容完全相同的 LS 数据库，链路状态路由协议才能正常运行。如 2.2.2 节"泛洪"所述，人们制定了各种各样的机制，来确保网络内所有路由器都能拥有内容相同的 LS 数据库。可对某些机制加以利用，好让新加入网络的路由器在无需大范围泛洪的情况下，也能构建本机 LS 数据库。"新"路由器与一或多台路由器建立邻接关系之后，会发起数据库同步（database synchronization）过程。当相邻的两台路由器之间进行数据库同步时，会互发某种协议报文，向对方"展示"本机数据库的内容。若在邻居路由器的数据库"展示"中（即通过解析邻居路由器发出的协议报文），发现了本机所缺的一条或多条路由宣告消息，（那台"新"路由器）便会发出另外一种协议报文，请求邻居路由器发送这条（些）路由宣告消息的完整拷贝。对于新上线运行的路由器而言，只要其邻居路由器拥有完整而又一致的 LS 数据库，那么经过数据库同步，"新"路由器也必定会拥有与网络中的每一台路由器完全相同的 LS 数据库。

现在,再来谈一谈上一节提到的路由宣告消息的头部。由于单凭头部(所包含的信息),就能完全区分整条路由宣告消息,因此在数据库同步期间,向邻居路由器"展示"本机 LS 数据库的内容,或请求邻居路由器发送本机缺少的路由宣告消息的拷贝时,只需在协议报文中"纳入"相关路由宣告消息的头部。

2.2.5 SPF 计算

有了完整的 LS 数据库,路由器才能开始计算通向网络内所有其他路由器的最短路径。只要掌握了通向所有路由器的路径,也就等于掌握了通向任何一台路由器的直连子网的路径。以图 2.10 所示网络为例,根据存储在数据库中的信息,应该不难想象出该网络的拓扑结构。人是视觉动物,做到这一点并不难。即便如此,只要数据库所"描述"(通告)的网络更为复杂(比如,图 2.12 所示网络),要想根据存储在其中的信息,"勾勒"出网络的拓扑结构,便没那么容易了。路由器的路由处理器并没有视觉,只是计算机芯片,因此需要一套明确的数学规则,基于数据库(所含信息),计算最短路径树。

这套数学规则来源于图论,由 Edsger W. Dijkstra 制定。根据这套数学规则,网络将被视为一幅节点图,路由器就是其中的节点。由于所要计算的是最短路径,因此需要通过某种方法,为两节点间的互连链路分配一个开销值。流量转发路径沿途所有链路的开销值之和,就是与此路径相对应的路由的距离值。当然,也可单凭流量转发路径沿途路由器的跳(台)数之和,来作为相应路由的距离值。按这种方法来计算,每条链路的开销值都为 1 跳。但单凭跳数,会使得最短路径的计算方法受到限制,从而会进一步限制网络中流量的流动模式。理想的做法是,让网络中(路由器的接口连接的)每一条链路都与一个无计量单位的数字挂钩,如图 2.14 所示。图中的每个数字都用来表示与链路直连的路由器接口的数据包外发成本。前面所说的最短路径就是,数据包从源端到目的端所"走"的转发成本最低(或"过路费"最便宜)的路径。

然后,就可以通过调整与每条链路挂钩的数字,进而控制数据包转发的最短路径了。请注意,在图 2.14 所示的网络中,跟同一条链路的两个端点"挂钩"的数字并不相同。跟每条链路的每个端点"挂钩"的数字,表示的是与此链路直连的路由器接口外发数据包的成本,因此,那两个数字也没有必要相同。也就是说,在网络中任意两个节点间相互传送的流量所"走"的路线,很可能是非对称的。

在一幅由 n 个节点所组成的图中,对于计算任意两个节点间最短路径的 Dijkstra 算法的最简洁的描述,来自于该算法的发明人 Dijkstra。要是读者对描述该算法的文字一头雾水的话,望稍安勿躁,当后文对该算法举例加以说明(利用该算法所描述的规则,来计算最短路径树）时，读者就会豁然开朗了。

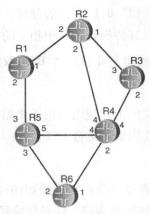

图 2.14 在运行链路状态路由协议的网络中，分配给流量转发路径沿途各条链路的数字（也称为链路开销值），会成为用来计算最短路径的 Dijkstra 算法的参数

构造一棵树[a]，使其在 N 个节点间总长最短（这颗树也将构成一幅图，由每两个节点间唯一的一条路径构成）。

在此处呈现的"造树"过程中，树枝被分为下面三个集合。

集合Ⅰ：由"造树"过程中，明确"嫁接"给该树的树枝构成（这些树枝将会形成一颗子树）。

集合Ⅱ：由跟集合Ⅰ中的树枝"紧邻"的分枝构成。

集合Ⅲ：由其余的分枝构成（被抛弃或不予考虑）。

所有节点也被划分为下面两个集合。

集合 A：由与集合Ⅰ中的分枝直连的节点构成。

集合 B：由其余的节点构成（集合Ⅱ中有且只有一个分枝将通向该集合中的每一个节点。）

现在，开始"造树"。先随便选择一个节点作为集合 A 中的唯一成员，再把终结于该节点的所有树枝放入集合Ⅰ。开始造树时，集合Ⅰ为空。然后，请重复执行以下两个步骤。

步骤 1： 把集合Ⅱ中最短的分枝移入集合Ⅰ。其结果是，一个节点将会从集合 B 转移至集合 A。

步骤 2：考虑在步骤 1 中刚转移至集合 B 的节点，关注其仍与集合 B 中的节点"相通"的分枝。若"造树"时所关注的分枝，长于集合Ⅱ中相应的分枝，便弃之不用；否则，便以其替换集合Ⅱ中相应的分枝，后者将弃之不用。

重复执行上述两个步骤，直到集合Ⅱ和集合 B 双双为空。此时，集合Ⅰ中的树枝构成了所要构造的树[a][13]。

现在，作者把 Dijkstra 所定义的上述规则应用于由路由器构成的网络。首先，要定义集合。Dijkstra 定义了三个由树枝构成的集合：集合Ⅰ、Ⅱ、Ⅲ。作者也照葫芦画瓢，定义以下三个集合。

■ 集合Ⅰ：树数据库——存储的是：构成最短路径树的链路（树枝）。算法执行完毕时，该数据所包含的树枝将构成一棵最短路径树。

■ 集合Ⅱ：临时数据库——存储的是：按规定的顺序，从链路状态数据库中"提取"的链路。该数据库中的链路将成为构成最短路径树的候选"树枝"。该数据库一空，算法也就执行完毕了。

■ 集合Ⅲ：链路状态数据库——即每台路由器通过路由宣告消息收集到的整个网络的完整路由信息数据库，库中存储的是通向每个目的网络的最短路径。

其次，还要根据 Dijkstra 所定义的规则，来定义以下两个节点集合——集合 A、B。

■ 集合 A——包含的是与树数据库中的链路直接相连的路由器。

■ 集合 B——包含了除集合 A 以外的所有路由器。算法执行完毕时，该集合将会为空。也就是说，所有路由器都得连接到存储在树数据库中的那棵最短路径树。

图 2.15 再次显示了出现在图 2.14 中的网络，以及根据该网络构造的链路状态（LS）数据库。存储在该数据库中的每一条记录被称为 LS 记录，都以"起始路由器-邻居路由器（表示邻接关系或链路），开销（意指起始路由器通过先前列出的邻接关系或链路，访问邻居路由器的成本，或将数据包转发至邻居路由器的开销）"的形式"露面"。现以 R1 和 R2 为例，来解读存储在 LS 数据库中的 LS 记录。与 R1 有关的 LS 记录有两条"R1-R2，1"和"R1-R5 ，2"。这表示，R1 生成了一条路由宣告消息，"自称"连接了两台邻居路由器：一台为 R2，访问成本为 1（即将数据包转发至 R2 的开销为 1）；另一台为 R5，访问成本为 2。与 R2 有关的 LS 记录有三条，即 R2 也生成了一条路由宣告消息，"自称"连接了三台邻居路由器：一台为 R1，访问成本为 2；另一台为 R3，访问成本为 1；最后

---

[13] E. W. Dijkstra, "A Note on Two Problems in Connexion with Graphs". Numerische Mathematik Vol.1, 1959 年，269~271 页。

一台为 R4，访问成本为 2。只要拿实际的网络拓扑跟 LS 数据库中的记录做一番比较，便会发现，该数据库已将每台路由器与邻居路由器所建立起的所有邻接关系一一记录在案。

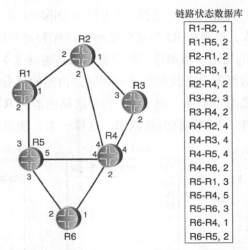

链路状态数据库
R1-R2, 1
R1-R5, 2
R2-R1, 2
R2-R3, 1
R2-R4, 2
R3-R2, 3
R3-R4, 2
R4-R2, 4
R4-R3, 4
R4-R5, 4
R4-R6, 2
R5-R1, 3
R5-R4, 5
R5-R6, 3
R6-R4, 1
R6-R5, 2

图 2.15　LS 数据库里存储了每一台路由器与邻居路由器所建立的邻接关系，以及相应的访问成本

有了链路状态数据库之后，每台路由器都会据其来创建树数据库和临时数据库，并执行以下步骤。

1. 路由器将自身作为（最短路径）树的树根，并添加进树数据库。这表明该路由器将本机视为邻居路由器，访问成本为 0。

2. 路由器把 LS 数据库中的描述从树根（本机）到邻居路由器的所有 LS 记录，添加进临时（候选）数据库。

3. 路由器（在临时数据库中）计算从树根（本机）到每个节点（每台邻居路由器）的访问成本。在临时数据库中计算出的访问成本最低的链路，以及与其相对应的访问成本将会入驻树数据库。若有两条或多条链路的访问成本同为最低，则选择其中的一条。只要有一条连接了邻居路由器的链路入驻了树数据库，路由器便会从临时数据库中"擦"去存储该链路的相关记录。

4. 路由器检查添加进树数据库的链路所连邻居路由器的 router-ID，把由此邻居路由器生成的 LS 记录（从 LS 数据库中）添加进临时数据库，但若其 router-ID 已经在树数据库的记录中"露面"，则忽略相关记录。

5. 只要临时数据库中还有记录存在，就重新执行步骤 3。否则，便终止计算。计算终止时，对执行 Dijkstra 算法的那台路由器来说，网络中的每台路由器都应被表示为存储在树数据库中的某条链路所连接的邻居路由器，且每台路由器只能在树数据库中出现一次。

以图 2.15 所示的网络为例。假如，选择 R2 来执行 Dijkstra 算法。图 2.16 所示为由图 2.15 移植过来的 LS 数据库，以及由 R2 生成的临时数据库和树数据库。由图可知，R2 已经将自身作为最短路径树的树根，添加进了树数据库，其访问成本为 0。此时，步骤 1 完成。然后，R2 会在其 LS 数据库里查找本机通向邻居路由器的所有链路，并同时将包含这些链路的 LS 记录添加进临时数据库。由于 R2 的邻居路由器为 R1、R3 和 R4，因此 LS 数据库里有三条 LS 记录将"进驻"临时数据库。这样一来，便完成了步骤 2。

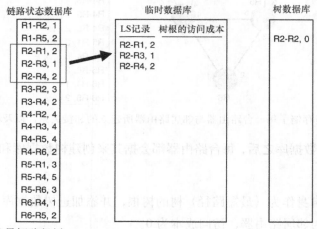

图 2.16   R2 开始构建最短路径树

图 2.17 所示为 R2 完成步骤 3 的第一次迭代的过程。由图可知，R2（已经在临时数据库里）计算出了从树根（本路由器）到链路上每台邻居路由器的访问成本。对于本例，由于邻居路由器 R1、R3 和 R4 都与 R2 直接相连，因此访问成本也就等于存储在 LS 记录里的访问（链路）成本。然后，R2 会在临时数据库里把访问成本最低的链路挑出来，转移进树数据库。于是，R2 把通向 R3 的那条链路转移进了树数据库。

图 2.18 所示为 R2 执行步骤 4 的过程。在上一步，由于 R2 把本机通向 R3 的链路"登记"进了树数据库，因此 R2 还需在 LS 数据库里查找由 R3 生成的所有 LS 记录。R3 生成了 2 条 LS 记录，分别包含了通向 R2 和 R4 的链路。因为其中一条记录（包含了 R3 通向 R2 的链路）已"进驻"了树数据库，所以 R2 只会把另外一条记录（包含了 R3 通往 R4 的链路）添加进临时数据库。

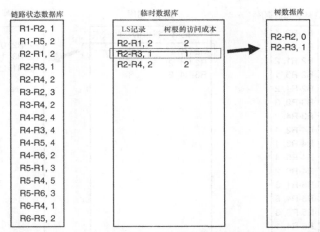

图 2.17 R2 把访问成本最低的链路，以及与此链路相关联的访问成本，从临时数据库转移进树数据库

　　步骤 5 提到，只要临时数据库中有记录存在，就得重新执行步骤 3。因此，R2 需再次执行步骤 3，如图 2.19 所示。R2 要根据临时数据库中新增的那条记录（包含了 R3 通往 R4 的链路），计算从树根（本机）到 R4 的访问成本。R2 到 R3 的访问成本为 1（已存储进了树数据库），而 R3 到 R4 的访问成本为 2（LS 记录自带），所以 R2 到 R4 的访问成本为 2+1=3。然后，R2 要在临时数据库中选择一条访问成本最低的链路。这次，有两条链路的访问成本最低：R2-R1 和 R2-R4。步骤 3 规定，若有两条或多条链路的访问成本同为最低，则选择其中的一条。于是，R2 随机选择了 R2-R1，并将其从临时数据库移入树数据库。

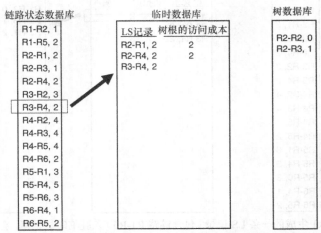

图 2.18 R2 把包含了 R3 与 R4 间直连链路的 LS 记录添加进了临时数据库；因包含了 R3 与 R2 间直连链路的 LS 记录已经入驻了树数据库，故 R2 对其"视而不见"

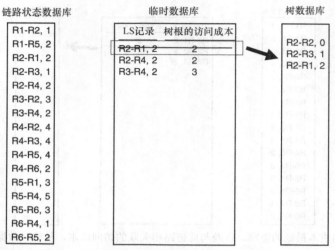

图 2.19 在有两条或多条链路的访问成本同为最低的情况下，路由器会把其中的一条从临时数据库移入树数据库

图 2.20 所示为 R2 完成步骤 4 的第二次迭代的过程。上一步，因 R2 把本机通向 R1 的链路"登记"进了树数据库，故其需要在 LS 数据库中查找由 R1 生成的所有 LS 记录。包含 R1-R2 和 R1-R5 这两条链路的 LS 记录，由 R1 生成。由于包含第一条链路的 LS 记录已经"登记"进了树数据库，因此只有包含第二条链路的 LS 记录会"入住"临时数据库。

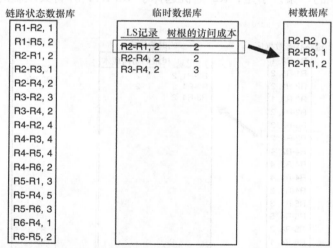

图 2.20 R2 只会让 R1 生成的一条 LS 记录（包含链路 R1-R5）入驻临时数据库，会忽略包含链路 R1-R2 的 LS 记录，因为链路 R1-R2 已经入驻了树数据库

图 2.21 所示为 R2 第三次执行步骤 3 的过程。由图可知，R2 计算出了从树根（本机）

到 R5 的访问成本为 4（拿 R2 到 R1 的访问成本，与 R1 到 R5 的访问成本相加）。随后，R2 要在临时数据库中选择一条访问成本最低的链路，并将其移入数数据库，这条链路是 R2-R4。一旦将最短路径 R2-R4 登记进树数据库，R2 就会发现临时数据库中的另外一条更长的路径 R3-R4 不再有用，于是便将其删除。

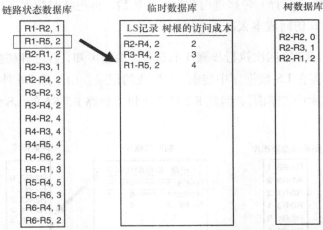

图 2.21 从树根（R2）到 R5 的访问成本等于：从 R2 到 R1 的访问成本（2）加上从 R2 到 R5 的访问成本

包含 R4 的链路一入驻树数据库，R2 就得在 LS 数据库里检查由 R4 生成的所有记录。R4 一共生成了 4 条记录，其中有两条（包含 R4 通向 R2 和 R3 的链路）已经登记进了树数据库，R2 会把另外两条（包含 R4 通向 R5 和 R6 的链路）添加进临时数据库。

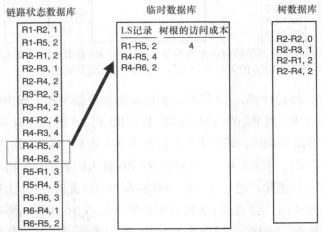

图 2.22 R2 只会让 R4 生成的 4 条 LS 记录中的两条（包含 R4 通向 R5 和 R6 的链路）入驻临时数据库，会忽略另外两条 LS 记录（包含 R4 通向 R2 和 R3 的链路），因为那两条链路已入驻了树数据库

　　R2 会继续基于临时数据库中的记录，计算从树根（本机）到相关路由器的访问成本，如图 2.23 所示。经过计算，R2 得知，通过 R4，访问 R5 的成本为 6（从 R2 到 R4 的访问成本加上从 R4 到 R5 的访问成本=2+4），访问 R6 的成本为 4（从 R2 到 R4 的访问成本加上从 R4 到 R6 的访问成本=2+2）。现在，临时数据库中有两条链路的成本都是 4，R2 选择将链路 R1-R5（随机选择）转移进树数据库。然后，再把临时数据库中通过 R4 访问 R5 的链路删除，因为其访问成本太高。

　　图 2.23 所示为 R2 第四次执行步骤 3 的过程。由图可知，新进驻树数据库的链路包含了 R5，于是，R2 需在 LS 数据库中搜索 R5 生成的记录。由于除 R6 外，与 R5 相邻的路由器都已在树数据库中"露面"，因此 R2 只会让包含链路 R5-R6 的 LS 记录，入驻临时数据库。

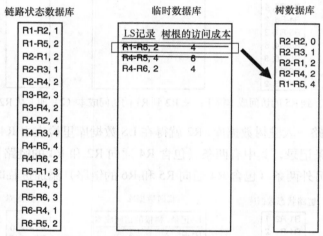

图 2.23　R2 的临时数据库中有两条访问成本同为最低的链路，R2 让其中的一条入驻树数据库。R2 还从临时数据库中把包含了链路 R4-R6 的记录"抹去"，因为其访问成本更高

　　由图 2.25 可知，经过计算，R2 得知，通过新添加进临时数据库中的链路 R5-R6，访问 R6 的成本为 7（从 R2 到 R5 的访问成本加上从 R5 到 R6 的访问成本=4+3）；而通过临时数据库中原有的链路 R4-R6，访问 R6 的成本为 4（从 R2 到 R4 的访问成本加上从 R4 到 R6 的访问成本=2+2）。于是，R2 先把链路 R4-R6 移入树数据库，再从临时数据库里把包含链路 R5-R6 的记录删除，这也使得临时数据库为空。此时，R6 为树数据库中的"新贵"，当 R1 执行步骤 4 时，会发现 LS 数据库中所存储与 R6 相邻的所有邻居路由器，都已在树数据库中"露面"。因此，R2 不会将任何一条 LS 记录添加进临时数据库。那么，根据步骤 5 的规定，SPF 计算圆满完成。

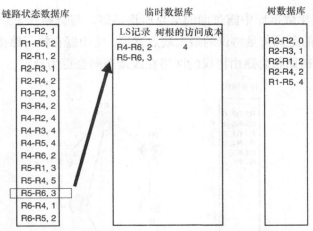

图 2.24 由于与 R5 相邻的路由器中只有 R6 还未在树数据库中露面，因此 R2 把 LS 数据库中包含链路 R5-R6 的记录，添加进了临时数据库

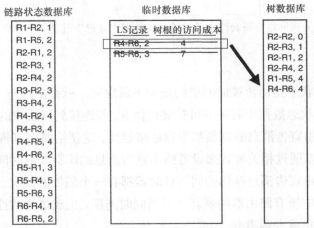

图 2.25 R1 先把临时数据库中的链路 R4-R6 转移进了树数据库，再删除临时数据库中的另一条链路 R5-R6，因其访问成本高于前者

现在，R2 已通过树数据库掌握了从树根（R2 自己）到网络中每一台路由器的最短路径（访问成本最低的路径）。图 2.26 所示为 R2 构建的树数据库的内容，以及 R2 根据树数据库所"勾勒"的能触及网络中每一台路由器的最短路径树。

能否避免环路是前述 SPF 计算的一个重要方面。从树根（执行 SPF 计算的路由器）延展开来的最短路径树由一条条"分枝"（链路）构建而成。在 SPF 计算过程中，最短路径树上绝不可能出现任何环路，这是因为网络中的任何一个节点都只能在树数据库中"露面"一次。路由器会在执行下一次迭代计算之前，把临时数据库中的相关链路删除，这里的相关记录是指在树数据库中露过面的节点所连链路。与链路状态路由协议相比，运行 Bellman-Ford 算法的距离矢量协议的最大缺点就是，路由器在执行路由计算时，不能避免环路。因此，运行链路状态路由协议的网络在改造期间会更为稳定。

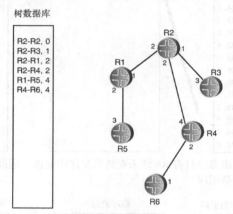

图 2.26   从树根（R2）到网络中每台路由器的最短路径都"登记"进了（R2 的）树数据库

2.2.6   区域

随着运行链路状态路由协议的网络的规模不断发展，就会出现与（路由宣告消息的）泛洪机制以及链路状态数据库有关的可扩展性问题。若连接到网络中的路由器的台数越来越多，则意味着路由宣告消息的刷新频率也越来越高，这便给路由宣告消息的泛洪提出了新的挑战。虽然可以通过相关参数来设置路由宣告消息的刷新间隔时间，但在网络中的每台路由器上，与路由宣告消息挂钩的刷新计时器都有一个随机的偏差。此乃必要之举，因为谁都不想让网络中所有路由器的刷新计时器同时到期，生成过量的控制平面流量，会使得路由器和链路的负载大幅攀升。

在大型网络中，链路状态数据库自身也会存在可扩展性问题，因为链路状态数据库包含的是网络中所有路由器生成的所有路由宣告消息，每一台路由器都要基于这一数据库来执行 Dijkstra SPF 计算。前几节，作者花了很多笔墨不厌其烦地介绍 SPF 算法，但路由器执行该算法却非常之快。不过，要是 LS 数据库中所保存的记录数以千计，那么 SPF 计算执行起来，将会路由器带来承重的压力。

部署链路状态路由协议时，还要考虑另外一个与可扩展性有关的因素，那就是网络中的所有路由器都要维护并处理规模完全相同的链路状态数据库。举个例子，若有一个运行链路状态路由协议的网络，其中绝大多数都是高端路由器（内存容量大，CPU 主频高），只有一台路由器超级低端，则该网络的整体性能将受到那台"超低端"路由器的限制。也就是讲，一粒老鼠屎会弄坏一锅粥。

可通过对网络进行区域划分的方法，来规避链路状态路由协议所涉及的可扩展性问题。有了对网络分区的概念，就能够对 LS 数据库的构成规则以及路由宣告消息泛洪规则做如下修改。

- 隶属于同一区域的所有路由器必须维护相同的链路状态数据库，并不要求整个路由进程域内的所有路由器都如此行事。
- 将某几种路由宣告消息的泛洪范围限制在区域之内。

网络内的路由器也会根据功能被划分为好几种，某种路由器（按 OSPF 的行话，称为区域边界路由器）将用来行使互连多个区域的功能。根据经过修改的链路数据库的构造规则：隶属于同一区域的所有路由器必须维护相同的 LS 数据库，区域边界路由器必须分别为本机所连接的每个区域，单独维护一个 LS 数据库。每个区域内的路由器计算出的最短路径树所"触及"的范围，形成了该区域的边界。边界路由器会针对本机所连接的每一个区域，分别计算出一棵最短路径树。

在运行链路状态路由协议的网络中，之所以要让路由器泛洪各自生成的路由宣告消息，是要让网络内的所有路由器都拥有内容相同的 LS 数据库。要是只要求一个区域内的所有路由器拥有完全相同的 LS 数据库，那么泛洪的范围就被限制在了区域的边界[14]。区域边界路由器对本机所连每个区域的目的网络都一清二楚，故而会在区域之间通告目的网络信息。区域边界路由器并不会在路由进程域内泛洪每个区域内的路由器生成的所有路由宣告消息，而是会单独生成另外一种路由宣告消息，在一个区域内通告隶属于其他区域的目的网络。对网络进行区域划分之后，将能最大限度地缓解前面提到的"一粒老鼠屎会弄坏一锅粥"的问题。可把那些"超低端"路由器部署在小型区域，如此一来，该路由器所要存储的 LS 数据库的规模，以及所要处理的路由宣告消息的泛洪流量，势必会骤减至其"能力"范围之内。

2.3 复习题

1. 怎样才能说网络已经收敛?
2. 什么是分布式路由计算?

---

[14] 本书后续章节会提到，该规则也会适当放宽，以允许某些种类的路由宣告消息（尤其是用来通告路由进程域之外的外部目的网络的路由宣告消息）跨区域泛洪。

3．运行距离矢量路由协议的网络问题一大堆（比如，路由环路、收敛缓慢、路由更新消息易遭破坏）要拜赐于此类协议的三种共性，请问是哪三种共性？

4．什么是水平分割？

5．什么是计数为无穷大，如何降低其对网络的负面影响？

6．holddown 计时器是如何有助于避免路由环路的？它对网络有任何负面影响吗？

7．请说出链路状态路由协议的 4 大基本概念。

8．Hello 消息起什么样的作用？

9．路由器是如何用 Hello 消息来"发现"只与本机直连的邻居路由器的？

10．什么是握手（handshaking）机制？对于链路状态路由协议而言，三次握手机制起什么样的作用？

11．链路状态路由协议有哪 3 种机制用来确保路由信息泛洪的可靠性？

12．什么是数据库同步？

13．什么是区域？请站在链路状态数据库和 SPF 树的角度，给它下个定义，并说出区域划分给运行链路状态路由协议所带来的好处。

14．什么是区域边界路由器，其所存储的链路状态数据库与别的路由器有何不同，其所执行的 SPF 计算与别的路由器有何不同？

第 3 章

消息类型

为了让读者更加全面地理解 OSPF 和 IS-IS，按理讲，应首先对这两种协议的各种消息类型分别加以比较。但这却面临着一个"先有鸡还是先有蛋"的问题。也就是说，要想让读者弄清以上两种协议的消息类型，需要先说明每种消息所具备的功能；而那些功能本身则需要更多的篇幅来描述，甚至可以独立成章。作者相信，阅读完上一章的内容之后，读者应对链路状态路由协议的基本功能有了一般性的认识，但可能尚不清楚链路状态路由协议的两种实现——OSPF 和 IS-IS 的具体功能。因此，作者决定先"下蛋"（先介绍 OSPF 和 IS-IS 的各种消息类型），再"孵鸡"（再介绍每种消息所具备的功能）。

3.1 术语比较

在本章第一节里，作者暂时不准备介绍 OSPF 和 IS-IS 的消息类型，会先带读者过一遍两种路由协议的背景知识。OSPF 由 IETF 开发，而 IS-IS 则起源于 ISO；在那两个组织的技术规范里，经常会用不同的技术术语来指代同一件事物。因此，在介绍协议的消息类型之前，需要让读者先熟悉一下相关技术术语。

有一个最重要的技术术语，按 IETF 的话来说，它叫"路由器"（router）（很久以前则被称为"网关"[gateway]）；在 ISO 的技术规范里，它被称为"中间系统"（Intermediate System，IS）。同理，IETF 的技术名词"主机"（host），用 ISO 的行话来说叫作"端系统"（End System，ES）；于是，可据此判断出 ES-IS 协议是一种端系统和中间系统（主机和路由器）之间"互通有无"的协议。ES-IS 协议只为 CLNP 所用，对 IP 全无半点用处，故而后文不会再次提及。本节之所以会提及这一协议，是因为要用它来引出 IS-IS 协议——一种运行在中间系统

（路由器）之间的路由协议。在大多数情况下，本书都会用术语"路由器"来称呼 OSPF 和 IS-IS 节点；而 ES 这样的名词则绝不会出现，作者总会用术语"主机"来指代相同的事物。

　　术语 Router ID 和 System ID（一般都简称为 Sys ID）分别是路由器和中间系统的标识符。Router ID 和 Sys ID 虽然用处相同，但作者在提及 OSPF 和 IS-IS 路由器时，还是会分别使用这两个术语。

　　IS-IS 技术规范中有一个术语"子网附接点"（subnetwork point of attachment，SNPA），其所指为由一台接入子网（此处所言的"子网"是指 IETF 的称谓"数据链路层"）的设备所提供的子网服务的位置。读者可把 SNPA 视为（一台设备）连接到一条数据链路的逻辑（并非物理）接口，它由一个数据链路层地址来表示，比如 MAC 地址。

　　按 IETF 的行话来讲，IOS 术语网络层数据单元被称为数据包（packet），有时，也称为数据报（datagram）。在数据链路层，数据单元则被称为数据帧（frame）。ISO 标准在描述各层的数据单元时要更灵活一点，使用的术语叫做"协议数据单元"（Protocol Data Unit，PDU）。说其灵活，是因为可以在 PDU 之前加一个定语，比如：子网 PDU（对应于 IETF 的称谓"数据帧"）、网络 PDU（对应于 IETF 的称谓"数据包"）等。作者比较爱用 PDU 这一称谓，在介绍 OSPF 时，甚至也会使用这一称谓。

　　在上一章的内容里，作者把构成链路状态路由信息的基本组件，称为链路状态声明（Link State Announcement）。用 OSPF 和 IS-IS 的术语来讲，构成 OSPF 路由信息的基本组件叫做链路状态通告（Link State Aadvertisement，LSA），构成 IS-IS 路由信息的基本组件则名为链路状态 PDU（Link State PDU，LSP）。尽管 LSA 和 LSP 的基本用途一致——都是链路状态数据库的填充物，但两者也有非常明显的差异，这也就是两种路由协议之间的差异。本章第 5 节会简要介绍 LSA 和 LSP，对它们的详细介绍则安排在了第 5 章。

　　自治系统（Autonomous System ，AS）是 IETF 的术语，而 ISO 则称其为路由进程域（routing domain）。作者喜欢用第二种说法。如今，在 BGP 网络中，AS 有特殊含义，用来区分不同的自治管控区域（area of autonomous administrative control），可把每个 AS 都视为一个实体，实体之间会通过 EBGP 来实现"互联互通"。在一个 AS 内部，可运行多种 IGP 或同一种 IGP 的多个实例。相比较而言，路由进程域则总是指相互之间只通过同一种路由协议来"互通有无"，从而连成一气的一组路由器。在本书中，除非在特殊的地方（比如，在提到 OSPF 术语自治系统边界路由器[autonomous system boundary router]时），否则作者一般都会用术语"路由进程域"来指代由 OSPF 或 IS-IS 路由器所构成的网域。

术语"区域"（area）为 OSPF 和 IS-IS 共用，但在用法和称谓上也存在差异。如上一章所述，OSPF 和 IS-IS 网络都可以被划分为若干区域，区域之间的层级也都是 2 层。OSPF 的高层区域名为"骨干区域"（backbone area），或按其区域 ID 简称为区域 0。区域 0 总是表示 OSPF 骨干区域。OSPF 的低层区域则用一个比较晦涩的术语"非骨干区域"（nonbackbone area）来表示。IS-IS 的高、低层区域分别叫做 Level 2（L2）区域和 Level 1（L1）区域。实际上，在 IS-IS 的规范中，并不把 L2 区域视为一个区域，而是将其称为 L2 子域（L2 subdomain）。IS-IS 区域与子域之间的细微差别将放到第 7 章进行讨论。

表 3.1 列出了 ISO（IS-IS）和 IETF（OSPF）对同一事物的不同称谓。只有弄清了 ISO 和 IETF 的行话，才算是为研究 IS-IS 和 OSPF 的各种消息类型做好了准备。

表 3.1　　　　　　　　ISO 和 IETF 分别所使用的"切口"

IETF 或 OSPF 术语	ISO 或 IS-IS 术语
路由器	中间系统（IS）
主机	端系统（ES）
Router ID（RID）	System ID（Sys ID）
MAC 地址	子网附接点（SNPA）
数据包	网络层协议数据单元（NPDU）
数据帧	子网层协议数据单元（SNPDU）
链路状态通告（LSA）	链路状态 PDU（LSP）
自治系统（AS）	路由进程域
骨干区域	Level 2（L2）子域
非骨干区域	Level 1（L1）区域

3.2　消息封装方式

OSPF 直接操作于 IP 层之上，OSPF 消息的 IP 协议号为 89（即 OSPF 协议数据包的 IP 包头中的 IP 协议字段值为 89）。OSPF 协议数据包（OSPF 消息）的源 IP 地址总是本路由器发送路由协议消息的接口的 IP 地址，而目的 IP 地址则要么是两个预留的多播 IP 地址（224.0.0.5 和 224.0.0.6）之一，要么是（与本机）建立邻接关系的对端路由器的单播 IP 地址。OSPF 消息绝不可能以广播方式发送（即 OSPF 协议数据包的目的 IP 地址绝不可能是广播地址）。至于 OSPF 协议数据包的目的 IP 地址什么时候是单播地址，什么时候是多播地址，而那两个预留的多播 IP 地址又表示什么，后文再叙。现在，读者只需要知道

OSPF 消息的发送方式即可。

IS-IS 并不像 OSPF 那样直接运行在网络层之上，而是操作于数据链路层之上。IS-IS 消息总是以单播或多播方式发送，这一点与 OSPF 相同。IS-IS 消息的源地址总是已形成邻接关系的本端路由器的数据链路层地址（如，路由器以太网接口的 MAC 地址），而目的地址则要么是（与本机）建立邻接关系的对端路由器的数据链路层地址，要么是两个预留的多播 MAC 地址（0180:c200:0014 和 0180:c200:0015）之一，后一种情况都会发生在诸如以太网之类的广播介质网络环境中。IS-IS 消息的目的 IP 地址什么时候是单播地址，什么时候是多播地址，而那两个预留的多播 MAC 地址又表示什么，与 OSPF 一样都会在后文中讲解。

分别用 IP 层和数据链路层头部来封装 OSPF 和 IS-IS 消息可谓各有利弊。先来比较一下安全性。由于 OSPF 直接运行于 IP 层之上，因此将会成为（也已经成为了）欺骗（spoofing）和拒绝服务（DoS）攻击的目标。有数款现成的攻击工具（比如，IRPAS 和 Nemesis）可针对 OSPF 发动欺骗和拒绝服务攻击。正因如此，作者强烈建议，OSPF 网络只要暴露给了非受信实体，就应该开启认证功能，并对路由信息加以有效过滤。IS-IS 由于不属于 IP 协议，且直接运行于数据链路层之上，故而不会为基于 IP 的外部网络攻击所乘。要想对 IS-IS 路由协议发动攻击，就必须能够直接"接触"到网络链路或路由器。本书第 9 章将会详细介绍 OSPF 和 IS-IS 的安全加固措施。

OSPF 和 IS-IS 消息在网络中传递时的优先级，是另一个需要考虑的问题。网络一旦发生拥塞，数据包就有可能得不到即时发送，路由器会在接口队列里对数据包做排队处理。拥塞严重时，路由器的接口队列会被占满，后继抵达的数据包将惨遭丢弃。由于各种应用程序对数据包丢包的敏感程度不同，因此许多路由器都支持在接口上安置多个队列，并可根据一项或多项参数，把不同的数据包安排进不同的队列。然后，路由器会以某种方式来调度各个队列，让某些队列里的数据包有更多的发送机会。这一先给数据包分类，然后根据类别安置进不同的接口队列，最后再根据队列的"贵贱"程度进行调度的机制称为服务类别（CoS）。

显而易见，网络发生拥塞时，路由协议数据包应享受"贵宾级"待遇，因为在控制层面，若连路由协议消息都无法得以传递，路由协议本身必将发生故障，进而会（在数据层面）影响到路由器对数据包的转发（路由）。OSPF 进程会把 OSPF 协议数据包包头中的优先级字段值设置为 110（二进制）（即把 OSPF 协议数据包标记为网络控制[network control]级数据包），意在让已经预设了 CoS 队列的路由器，把此类数据包安置进高优先级队列。某些厂商的路由器出厂就预设了这一高优先级队列，并会自动把网络控制级数据包（IP

包头中优先级字段值为 110 的数据包）安置进该队列。

　　IS-IS 消息并非 IP 数据包，要想让其在网络中同样享受"贵宾级"待遇并非易事。某些路由器厂商（如 Cisco 和 Juniper）都使用一种私有的内部机制来标记 IS-IS 消息，再安置进与 OSPF 消息相同的网络控制级数据包队列。在任何 IS-IS 网络中，要想充分保证路由选择的稳定性，就应该部署能自动或通过人工配置，让 IS-IS 消息享受"贵宾级"待遇的路由器。

　　在某些 ATM 网络环境中，IS-IS 在运作方面也可能会存在问题。说具体一点，若采用了 ATM 的 AAL5MUX 封装方式（也叫做 null 封装或 VC 多路复用），则每一种单独的第三层协议流量都会通过某一条虚电路（VC）来传递。由于 IS-IS 消息并非 IP 数据包，因此承载这种（控制平面）流量的 VC 与承载有待路由的（数据平面）IP 流量的 VC 并不一致，此时，就必须采用 AAL5SNAP 封装（也叫做 LLC/SNAP 封装）或 AAL5NLPID 封装方式。

　　问题在于，SNAP 和 NLPID 封装一经采用，封装进 AAL5 帧内的数据包就会多出一个头部，用来标识其身后的数据包的协议类型，此举的用意是，让接收端系统在读取过 SNAP 或 NLPID 头部之后，就能将经过封装的数据包"推送"进正确的协议栈。对于常规 IP 流量而言，大约有 40% 都是那种 40 字节长的小型 TCP 确认（acknowledgement，ACK）数据包（IP 包头和 TCP 头部各 20 字节）。追加过 8 字节的 AAL5 头部之后，TCP ACK 数据包将达到 48 字节，刚好等于一个 ATM 信元的"净含量"（数据净载）的长度。可惜，再算上 8 字节或 2 字节的 LLC/SNAP 和 NLPID 头部，经过 AAL5SNAP 或 AAL5NLPID 封装的 TCP ACK 数据包会达到 56 或 50 字节长。这就意味着每个 TCP ACK 数据包要由两个信元来承载，而第二个信元只包含了极少的有效数据。最终的结论是，只要采用 AAL5SNAP 或 AAL5NLPID 封装方式，用来承载占常规 IP 流量 40% 的 TCP 确认数据包的信元将会成倍增长，这就大大降低了网络传输效率。

　　采用 AAL5MUX 封装方式时，数据包和 AAL 头部会"缩编"进一个信元，不会添加其他类型的头部。对 48 字节的 TCP ACK 数据包而言，再加上一个 5 字节的 AAL5 头部，刚好等于一个信元所能承载的数据量，这样一来，势必会显著提高网络传输效率。但也同样意味着接收端系统不能凭借头部信息，来识别经过封装的数据净载的协议类型。相反的是，AAL5MUX 封装方式一经启用，就得通过 VC 自身来标识协议类型。也就是说，不能用同一条 VC 来承载（控制平面的）IS-IS 协议流量和（数据平面的）IP 流量，理由很简单：接收端系统没有足够的信息来完成多路分解（demultiplex）操作，把那两种不同协议类型的流量分别交付给正确的协议栈。

　　Cisco 公司的 Henk Smit 提出了一套解决上述问题的方案。他指出，采用 AAL5MUX 封装方式时，虽然没有在经过封装的数据净载之前添加报头，让端系统据此来识别数据净载的协议类型，但端系统只需要对数据净载的首字节进行解析，就能够判断出相关协议类型了。每个 IP 数据包包头的第 1 个字节都是由 4 位版本号字段和 4 位包头长度字段组成。考虑到 IP 包头可能会包含长度不等的选项字段，IP 数据包的首字节值将介于 0x45~0x4f（十六进制）之间（其中，"4" 表示 IP 协议的版本号为 4，"5~f"×4 表示 IP 包头的可能长度值，IP 包头的长度总是介于 20~60 字节之间，即 4×"5~15（0xf）"之间）。而每条 IS-IS 消息的首字节则是其"域内路由协议鉴别符"（Intradomain Routing Protocol Discriminator）字段，此字段的值总是 0x83。综上所述，接收端系统可根据数据净载的首字节值，来判断出接收到的是（数据平面的）IP 流量还是（控制平面的）IS-IS 消息，而不用再依靠由 ATM 层完成的多路分解操作了。但事实证明，还从未有厂商实现过上述解决方案，究其原因，主要是因为没有这方面的需求。除了 Ineternet 服务提供商（ISP）网络之外，几乎再无别的网络会选用 IS-IS 来路由 IP 数据包，而近几年来，绝大多数 ISP 都对自己的网络进行过改造，逐步淘汰了 ATM 技术。于是，可以得出一个很明显的结论：只要用户不采用 ATM 技术组网，IS-IS 涉及的 AAL5MUX 封装问题，对那些用户来说就不再是问题。

3.3　消息结构

　　OSPF 消息（协议数据包）和 LSA 在构造上都以 4 字节（32 位）为界。其本意是想让消息更容易得到解析，从而显著提升效率。但随着网络设备的 CPU 主频越来越高，内存容量越来越大，这种消息构造方式对加快解析帮助不大。由于 OSPF 消息的格式都是固定的，因此要想为 OSPF 协议增加新的功能，那就只能定义新的 LSA 类型。

　　IS-IS 消息不设"边界"，其构造方式为某种 PDU 专有头部（type-specific）外加多个"类型/长度/值"（type/length/value，TLV）结构的组合形式[1]。TLV 结构的类型（T）和长度（L）字段各为一个字节，分别用来指明值（V）字段中所含数据的类型和长度（单位为字节）。由于长度字段只有 1 字节，因此值字段的长度将介于 1～254 字节。TLV 结构之间还能相互嵌套，也就是讲，一个 TLV 可能会存在于另一 TLV 之内。

　　图 3.1 所示为 OSPF 和 IS-IS 消息的构造方式。读者可以暂时不用理会图中示出的具

---

[1] ISO 把这种数据结构称为"代码/长度/值"（code/length/variable，CLV）。但 TLV 这一称谓说的人更多，本书会坚持使用这一简称。

体是哪一种 OSPF（或 IS-IS）消息，以及其中各字段的含义。现在，读者只需要知道本书在描绘每一种协议的消息类型时，其格式都与图 3.1 所示完全相同。作者在描绘 OSPF 消息时，总会以 4 字节（32 位）为界；描绘 IS-IS 消息时，则总会在最右边明确标注相关可变长字段的长度（单位为字节）。如 Dave Katz 所言，OSPF 消息总是以 4 字节为界，其数据包结构图绘制起来极为方便，图片效果自然也更加一目了然。

图 3.1　本书 OSPF 和 IS-IS 消息结构图的一贯绘图"技法"

消息结构的可扩展性

　　由于构成 OSPF 消息的各个字段的长度都已固定，而且意义明确，因此只有 LSA 的类型还有一点可扩展的余地，意为只能在必要时，定义新的 LSA 类型。所以说，要想对 OSPF 进行改良非常困难。定义新的 LSA 类型到底有多难，此处暂且不提。若要在网络中启用新的 LSA 类型，难度就不小：运行在所有路由器上的 OSPF 进程之间还得相互协商，来确定是否能接纳新的 LSA 类型。举一个这方面的例子，要想改良 OSPF，令其支持 IPv6 路由选择，则需开发出一个全新版本的 OSPF。在某些情况下，可借助于不透明 LSA（Opaque LSA）（将在本书第 10 章介绍）来规避上述可扩展性问题。

　　包括 LSP 在内的各种 IS-IS 消息都是由一个个 TLV 结构组装而成，这也使得

IS-IS 易于扩展。比方说，要想让 IS-IS 支持 IPv6 路由选择，只需在现有的消息元素中简单"添加"两个 TLV 结构。本书第 10 章将对这两种路由协议的可扩展性做全面的比较和详尽的分析，从第 11 章到第 13 章将会介绍这两种协议经过改良之后所具备的某些扩展功能。

3.4 消息类型

OSPF 消息类型分为以下 5 种：

- Hello；

- 数据库描述（DD）；

- 链路状态请求（LSR）；

- 链路状态确认（LSack）；

- 链路状态更新（LSU）。

IS-IS 有以下 4 种基本消息类型：

- IS-IS Hello（IIH）；

- 完全序列号 PDU（CSNP）；

- 部分序列号 PDU（PSNP）；

- 链路状态 PDU（LSP）。

与 OSPF 不同，每一种 IS-IS 消息还分子类。比如，IS-IS Hello 消息分为 LAN Hello 消息和 Point-to-Point Hello 消息两个子类，顾名思义，这两个子类的 Hello 消息会分别在广播介质和点对点介质上发送。而 LAN Hello 消息则又进一步分为 Level 1 和 Level 2 两种，分别在建立了 Level 1 和 Level 2 邻接关系的路由器之间发送。类似地，序列号 PDU（CSNP 和 PSNP）和 LSP 也分为 Level 1 和 Level 2 两种。因此，尽管 IS-IS 消息的基本类型只有 4 类，但若根据功能来分，可划分为以下 9 种：

- Level 1 LAN IIH；

- Level 2 LAN IIH；

- Point-to-Point IIH；

- Level 1 CSNP；

- Level 2 CSNP；

- Level 1 PSNP；

- Level 2 PSNP；

- Level 1 LSP；

- Level 2 LSP。

对 OSPF 和 IS-IS 来讲，两种协议的 Hello 消息都起三个相同的作用：一、发现邻居路由器；二、协商并建立邻接关系；三、邻接关系"保活"（keepalive）。在官方文档里，虽把 IS-IS Hello 消息简称为 IIH（如先前所列），但出于简化，本书将 OSPF 和各类 IS-IS Hello 消息统称为 Hello 消息。本书第 4 章除了会介绍各种 Hello 消息的格式以外，还会对两种路由协议 Hello 消息的用途做详尽对比。

OSPF 数据库描述消息、链路状态请求消息，以及链路状态确认消息分别在 OSPF 数据库同步过程中起不同的作用。同理，IS-IS 序列号 PDU 也会在 IS-IS 数据库同步过程中使用。这些消息的格式以及其各自用途的对比，请见本书第 6 章。

表 3.2 所列为各类 OSPF 和 IS-IS 消息在功能性方面的比较。读者应重点关注 OSPF 链路状态更新（LSU）和 IS-IS 链路状态 PDU 在功能性方面的异同点。在本章第一节，作者把 LSP 和 LSA 等同视之，但在此表中，作者却把 IS-IS LSP 与 OSPF LSU 相提并论。凭心而论，LSA 和 LSP 之间并不能划等号，在下一节会对此加以讨论。

表 3.2　　　　各类 OSPF 和 IS-IS 消息在功能性方面的对比

OSPF 消息	IS-IS 消息	功能
Hello	Hello	邻居发现
		邻接关系协商
		邻接关系保活
数据库描述	完全序列号 PDU（CSNP）	数据库同步
链路状态请求	部分序列号 PDU（PSNP）	数据库同步
链路状态确认	无等价的消息，当然，在某些情况下，PSNP 消息也作 ACK（确认）之用	数据库同步

续表

OSPF 消息	IS-IS 消息	功能
链路状态更新	链路状态 PDU	数据库同步及泛洪

3.5 LSA 和 LSP

如读者所知，OSPF LSA 是构成 OSPF 链路状态数据库的"填充物"。也就是说，OSPF 路由器的 LS 数据库全都是由一条条 LSA 构成，这些 LSA 要么是路由器本机生成（自生成），要么是由其他路由器所通告。OSPF 邻居路由器之间会通过互发更新消息的方式，相互交换 LSA，一条更新消息可以"携带"多条 LSA。图 3.2 所示为一台路由器的 OSPF 链路状态数据库的内容，不难发现，其中包含了多条 LSA，图 3.3 所示为该数据库中第一条 LSA 所含的完整信息。

```
jeff@Juniper7> show ospf database
     OSPF link state database, area 0.0.0.0
 Type       ID              Adv Rtr         Seq        Age   Opt  Cksum  Len
 Router     192.168.254.5   192.168.254.5   0x80000007  809  0x2  0xf59e 36
 Router     192.168.254.6   192.168.254.6   0x80000006  881  0x2  0xfe53 72
 Router    *192.168.254.7   192.168.254.7   0x80000005 1280  0x2  0xeba3 36
 Network    192.168.3.2     192.168.254.5   0x80000003 1034  0x2  0x9e02 32
 Network    192.168.4.1     192.168.254.6   0x80000002  886  0x2  0xb1ec 32
 Summary    192.168.1.0     192.168.254.5   0x80000005 1634  0x2  0x8df2 28
 Summary    192.168.2.0     192.168.254.5   0x80000005 1409  0x2  0x82fc 28
 Summary    192.168.254.2   192.168.254.5   0x80000004 1334  0x2  0x91ef 28
 Summary    192.168.254.4   192.168.254.5   0x80000003 1709  0x2  0x7f01 28
 Summary    192.168.254.6   192.168.254.5   0x80000004  134  0x2  0x6916 28
 Summary   *192.168.254.7   192.168.254.7   0x80000003 1788  0x2  0x4b31 28

     OSPF link state database, area 0.0.0.10
 Type       ID              Adv Rtr         Seq        Age   Opt  Cksum  Len
 Router    *192.168.254.7   192.168.254.7   0x80000007 1188  0x2  0x7388 36
 Summary   *172.16.1.0      192.168.254.7   0x80000004  980  0x2  0x140e 28
 Summary   *192.168.1.0     192.168.254.7   0x80000004  888  0x2  0x97e5 28
 Summary   *192.168.2.0     192.168.254.7   0x80000004  680  0x2  0x8cef 28
 Summary   *192.168.3.0     192.168.254.7   0x80000004  588  0x2  0x7705 28
 Summary   *192.168.4.0     192.168.254.7   0x80000004  380  0x2  0x621a 28
 Summary   *192.168.254.2   192.168.254.7   0x80000004  288  0x2  0x99e3 28
 Summary   *192.168.254.4   192.168.254.7   0x80000004   80  0x2  0x85f5 28
 Summary   *192.168.254.5   192.168.254.7   0x80000003 2088  0x2  0x7309 28
 Summary   *192.168.254.6   192.168.254.7   0x80000003 1880  0x2  0x5f1d 28
     OSPF external link state database
 Type       ID              Adv Rtr         Seq        Age   Opt  Cksum  Len
 Extern    *192.168.100.0   192.168.254.7   0x80000002 1580  0x2  0xafe4 36
 Extern    *192.168.200.0   192.168.254.7   0x80000002 1488  0x2  0x5fd0 36
```

图 3.2 一台 OSPF 路由器的 LS 数据库中所有 LSA 的汇总信息

IS-IS 路由器的 LS 数据库同样由一条条 LSP 构成——要么是路由器本机生成（自生成），要么由其他路由器通告。在这一点上，IS-IS LSP 等同于 OSPF LSA。但一台 OSPF 路由器能生成好几类 LSA；而一台 IS-IS 路由器则只能生成最多两种 LSP：会分别针对 L1 和 L2 邻接关系，各生成一条 L1 LSP 和 L2 LSP[2]。若 IS-IS 路由器需"传达"各种不同类型的链路或目的网络信息，相关信息就会被编码进一条 LSP 的 TLV 结构之内。图 3.4 所示为一台 IS-IS 路由器的 LS 数据库示例。图 3.5 所示为该数据库中的一条 LSP 所含的完整信息。OSPF LSA 和 IS-IS TLV 的若干基本类型，以及各自的用途将在第 5 章做详细讨论。

```
jeff@Juniper7> show ospf database router lsa-id 192.168.254.5 extensive

    OSPF link state database, area 0.0.0.0
 Type      ID              Adv Rtr        Seq        Age  Opt  Cksum  Len
Router   192.168.254.5  192.168.254.5  0x80000007  1264  0x2  0xf59e  36
  bits 0x1, link count 1
  id 192.168.3.2, data 192.168.3.2, type Transit (2)
  TOS count 0, TOS 0 metric 1
  Aging timer 00:38:56
  Installed 00:21:00 ago, expires in 00:38:56, sent 12w1d 10:01:09 ago
```

图 3.3　图 3.2 所示 LS 数据库内第一条 LSA 所含的完整信息

此外，IS-IS 并没有像 OSPF 那样，把路由更新消息单独列为协议消息的一种（链路状态更新消息[LSU]是五种基本类型的 OSPF 消息之一）。相反的是，LSP 本身就是 IS-IS 协议消息的一种，起更新路由信息的作用。因此，在一点上，可把 LSP 与 OSPF LSU 等同视之。有人可能会争辩，应该把 LSP 所包含的各种 TLV 结构与各类 OSPF LSA 等同视之，这是因为各类 LSA 会分别用来传达各种各样的链路或目的网络信息，而各类 TLV 结构的用途也与之相仿。可惜，这样的比较并不恰当：构成 IS-IS LS 数据库的并不是一个个 TLV 结构，而是一条条 LSP。总而言之，要想对 OSPF 和 IS-IS 的每一方面做清楚的一对一的比较是不可行的。

```
jeff@Juniper7> show isis database
IS-IS level 1 link-state database:
LSP ID                     Sequence Checksum Lifetime Attributes
Juniper7.00-00              0xa      0x84c1   1056 L1 L2 Attached
  1 LSPs

IS-IS level 2 link-state database:
LSP ID                     Sequence Checksum Lifetime Attributes
Juniper5.00-00             0x8      0xaec6    652 L1 L2
Juniper5.04-00             0x7      0xf9a3    737 L1 L2
Juniper6.00-00             0xb      0xd8e8    866 L1 L2
Juniper7.00-00             0xa      0x21d6   1193 L1 L2
Juniper7.02-00             0x7      0x5841    440 L1 L2
  5 LSPs
```

图 3.4　一台 IS-IS 路由器的 LS 数据库中所有 LSP 的汇总信息

---

[2] 必须承认，如此描述有点绝对。IS-IS 路由器会对"大型"LSP 做分片处理，LSP 泛洪期间，经过分片的 LSP 被视为一条单独的 LSP。但在路由接收方，IS-IS 进程会对经过分片的 LSP 进行重组，并将重组后的 LSP 重新视为单条 LSP。本书第 8 章会详细讨论 LSP 的分片。

```
jeff@Juniper7> show isis database Juniper5.00-00 extensive
IS-IS level 1 link-state database:

IS-IS level 2 link-state database:

Juniper5.00-00  Sequence: 0xa, Checksum: 0xaac8, Lifetime: 842 secs
     IS neighbor:                    Juniper5.04  Metric:       10
     IP prefix:             192.168.254.5/32 Metric:       0 Internal
     IP prefix:              192.168.3.0/24 Metric:      10 Internal
     IP prefix:              192.168.2.0/24 Metric:      10 Internal
     IP prefix:              192.168.1.0/24 Metric:      10 Internal
```

```
  Header: LSP id: Juniper5.00-00, Length: 177 bytes
    Allocated length: 177 bytes, Router ID: 192.168.254.5
    Remaining lifetime: 842 secs, Level: 2,Interface: 3
    Estimated free bytes: 0, Actual free bytes: 0
    Aging timer expires in: 842 secs
    Protocols: IP

  Packet: LSP id: Juniper5.00-00, Length: 177 bytes, Lifetime : 1196
          secs
    Checksum: 0xaac8, Sequence: 0xa, Attributes: 0x3 <L1 L2>
    NLPID: 0x83, Fixed length: 27 bytes, Version: 1, Sysid length: 0
          bytes
    Packet type: 20, Packet version: 1, Max area: 0

  TLVs:
    Area address: 47.0002 (3)
    Speaks: IP
    Speaks: IPv6
    IP router id: 192.168.254.5
    IP address: 192.168.254.5
    Hostname: Juniper5
    IP prefix: 192.168.1.0/24, Internal, Metric: default 10
    IP prefix: 192.168.2.0/24, Internal, Metric: default 10
    IP prefix: 192.168.3.0/24, Internal, Metric: default 10
    IP prefix: 192.168.254.5/32, Internal, Metric: default 0
    IP prefix: 192.168.1.0/24 metric 10 up
    IP prefix: 192.168.2.0/24 metric 10 up
    IP prefix: 192.168.3.0/24 metric 10 up
    IP prefix: 192.168.254.5/32 metric 0 up
    IS neighbor: Juniper5.04, Internal, Metric: default 10
    IS neighbor: Juniper5.04, Metric: default 10
       IP address: 192.168.3.2
No queued transmissions
```

图 3.5   图 3.4 所示 LS 数据库内某条 LSP 所含的完整信息

3.6   子网无关和子网相关功能

ISO 10589[3]把 IS-IS 的所有功能归为两类：子网无关功能和子网相关功能。这一在功能性上的归类方式，或许能在排除网络故障时起一点警示作用，可以提醒网管人员：不同

---

[3]其正式名称为 ISO/IEC 10589（国际标准组织/国际电工委员会标准 10589）。

类型的数据链路会对路由选择功能有着特殊的影响。不过，这样的归类无疑对理解 IS-IS 路由协议本身并没有什么帮助。作者之所以非要在此处提到它，是因为它在 IS-IS 规范文档中占据核心地位，只是这些"核心"内容并非必读内容。本节提及并简单介绍的所有子网相关和子网无关的功能还会在本书后续内容中做深入探讨。

虽然只有 IS-IS 规范文档对 IS-IS 的各项功能进行了归类（OSPF 标准并未做相关的归类），但其所归类出的绝大多数功能对 OSPF 同样适用。

RFC 1195（"改造"IS-IS 使之具备 IP 路由选择功能的标准文档）所定义的 IS-IS 的各项功能要比 ISO 10589 更加全面，此外，其中还定义了未列入 ISO 原始规范的某些 IP 专有功能。以下两小节内容就是 ISO 10589 和 RFC 1195 对 IS-IS 各项功能的归类。

3.6.1 子网相关功能

子网相关功能是指（路由协议在）相邻两台路由器之间所行使的功能，如下所列。只要两台路由器间的子网类型（数据链路层协议类型）发生变化，路由协议的这些功能也会随之而变。

- 链路的多路分解（Link demultiplexing）功能。

- 每个路由器接口可配置多个 IP 地址的功能。

- LAN、指定路由器、伪节点功能。

- 维护路由器间邻接关系的功能。

- 向不兼容的路由器转发数据的功能。

链路的多路分解（Link demultiplexing）功能与 IS-IS 属于 ISO 协议有关，IS-IS 并非 IP 协议。邻居路由器间的互连链路必须具备标识 IS-IS 消息和 IP 数据包的能力，只有如此，接收端路由器才能区分这两种类型的流量，并把流量正确交付给相应的进程。本章第二节已经提到过涉及 IS-IS 的多路分解问题——若采用 ATM 上的 AAL5MUX 封装方式，就没办法在同一条虚电路上区分不同协议类型的流量（无法区分 IS-IS 协议消息和 IP 数据包）。尽管本书不会讲解太多与链路的多路分解功能相关的内容，但在第 4 章会讨论 OSPF 和 IS-IS 对链路类型的一般性分类。

因为 IS-IS 支持为单个路由器接口分配多个 IP 地址，所以才有了"每个路由器接口可配置多个 IP 地址的功能"这一说。而对于点对点链路，甚至根本都不用为路由器接口分配 IP 地址。路由器必须设法将其接口所设 IP 地址"告知"邻居路由器。这些内容将在第 4 章讨论。

LAN、指定路由器、伪节点功能是指：在 SPF 树上，把广播网络以及接入该网络的所有路由器，表示为单个节点的功能，其目的是降低路由泛洪所引发的流量，并同时加强对邻接关系的控制。IS-IS 和 OSPF 推举指定路由器的过程将放在第 4 章讨论。

维护路由器间邻接关系的功能属于子网相关功能，主要适用于 IS-IS。对 IS-IS 而言，在点到点链路上发送的 Hello 消息类型要少于在广播介质上发送的 Hello 消息类型。对 OSPF 而言，也有某些邻接关系功能会因某几种介质类型（比如，按需电路[详见第 8 章]）而发生变化。本书第 4 章会讨论邻居关系以及对它的维护。

在双 IS-IS 网络环境（即利用 IS-IS 协议同时执行 CLNP 和 IP 路由选择的网络环境）中，把 IP 数据包转发给纯 OSI 路由器，或把 CLNP 数据包转发给纯 IP 路由器时，就会涉及向不兼容的路由器转发数据的功能（详见 RFC 1195）。由于本书只涉及如何用 IS-IS 协议执行 IP 路由选择，因此该功能并非重点内容。不过，该功能同样有助于 IS-IS 和 OSPF 应对某些特殊局面，比如，当某台路由器支持某个特定的计时器值或某些扩展功能，但邻居路由器却不支持时。该功能主要放在第 4 章讨论，在第 10 章也略有提及。

3.6.2　子网无关功能

子网无关功能所描述的路由协议功能，不随支撑路由协议运行的子网类型（数据链路层协议类型）而变。

ISO 10589 定义了以下子网无关功能：

- 寻址功能；
- 决策处理功能；
- 更新处理功能；
- 转发处理功能；
- 路由选择参数。

上述所有功能是任何一种路由协议都应具备的基本功能，无需做进一步描述。RFC 1195 以此为基础，又增加了以下若干功能，需对其中的某些功能做进一步描述：

■ 路由信息交换功能；

■ 层次化的 IP 可达性信息汇总功能；

■ 在 IS-IS 消息中标识路由器的功能；

■ 通告外部链路的功能；

■ 服务类型路由选择功能（Type of Service routing）；

■ 纯 IP 的操作功能（IP-only operation）；

■ 封装；

■ 认证功能；

■ 选择最优路由 / Dijkstra 计算功能。

路由信息交换功能是指将必要的 IP 路由信息"纳入"IS-IS 协议消息（并进行传播）的功能。与此有关的内容将分摊在本书介绍 LSP 的多个章节内。

层次化的 IP 可达性信息汇总功能是指将低层区域（L1 或 OSPF 非骨干区域）的 IP 可达信息向高层区域（L2 或 OSPF 骨干区域）汇总的功能。这些内容将在第 7 章介绍。

在 IS-IS 消息中标识路由器的功能定义了标识路由器的方法。由于 IS-IS 是 ISO 协议，故而会使用 NSAP 地址来标识路由器。实际上，不单是 IS-IS，该功能同样适用于 OSPF，每台 OSPF 路由器都有一个 32 位 IP 地址，作为标识自身的 Router-ID[4]。定义 Router-ID 的规程将在第 4 章讨论。

通告外部链路的功能定义了如何把学自外部路由进程域（即 OSPF 或 IS-IS 路由进程域之外的）的路由信息，以（本路由进程域内的路由器）可以理解的方式，发布进本方（OSPF 或 IS-IS）路由进程域。该内容将在第 5 章讲解。

服务类型路由选择功能是指为路由分配度量值的功能，将在第 5 章讨论。

纯 IP 的操作功能只适用于 IS-IS 路由器，涉及在 ISO 10589 中定义，用来执行 OSI 路由选择，且与 IP 路由选择无关的 TLV 结构。也就是说，在纯 IP 网络环境中，IS-IS 路由器可以对那些 TLV 结构视而不见。与 IP 路由选择无关的 TLV 结构包括：端系统邻

---

[4] 其实，32 位 OSPF RID 不见得非得是一个 32 位 IP 地址（可按点分十进制的格式，手动指定任何一个 32 位的数字，作为 OSPF RID），但人们一般都把设在 OSPF 路由器某个接口上的 IP 地址作为其 OSPF RID。

居 TLV 和前缀邻居 TLV。再说一遍，由于本书的主题是 IP 路由选择，因此不会再提及上述 TLV。

与封装有关的内容请见本章第二节。

OSPF 和 IS-IS 的认证功能将在第 9 章讲解。

选择最优路由功能涉及：根据所配置的最长 IP 前缀、根据路由的度量值、根据服务类型值以及根据生成路由的区域，来选择最优路由的一整套规程。本书第 5 章、第 6 章会介绍这方面的内容。

3.7 复习题

1．请说出 OSPF 协议数据包 IP 包头中的协议类型字段值。

2．OSPF 和 IS-IS 在消息封装方式上的主要差别是什么？

3．经过封装的 OSPF 和 IS-IS 消息，在源和目的地址方面的主要差异是什么？

4．列举 OSPF 消息的 5 种类型。

5．哪种（几种）类型的 OSPF 消息用来完成 OSPF 数据库的同步？

6．哪种类型的 OSPF 消息用来完成 OSPF 路由泛洪？

7．列举 IS-IS 消息的 4 种类型。这 4 类 IS-IS 消息是如何被进一步划分为 9 个子类的？

8．哪种（几种）类型的 IS-IS 消息用来完成 IS-IS 数据库的同步？

9．哪种类型的 IS-IS 消息用来完成 IS-IS 路由泛洪？

10．子网相关功能和子网无关功能之间的差异是什么？

第 4 章

寻址、邻居发现和邻接关系

三章过后，让我们暂时把一般性的概念抛开，来探究一下两种路由协议的机制。而最佳切入点则应该是路由协议开始"发力"的地方。也就是说，要先研究一下路由协议刚被激活时的"所作所为"。首先，路由协议（进程）需要发现事关自身，以及其自身所驻留的路由器的基本信息，比如，（其所驻留的路由器的）Router-ID、区域配置信息、接口配置参数，以及接口所连链路信息等。然后，路由协议进程还会驱使（其所驻留的）路由器去"探索"邻居路由器；在未能与任何邻居路由器"正常沟通"的情况下，就不能说路由协议运转正常。探索到邻居路由器之后，还要与其建立邻接关系，并以此来"互通有无"（相互交换路由信息）。

4.1　路由器和区域 ID

如第 2 章所述，要想让链路状态路由协议正常运转，基本前提就是，其所驻留的路由器必须能在路由进程域内唯一地标识自身。这正是 OSPF Router-ID（RID）和 IS-IS System-ID（SysID）的功能。此外，在路由进程域内，（运行链路状态路由协议的）路由器还要能标明自己的大体位置，Area ID（AID）起的正是这个作用。

4.1.1　OSPF Router-ID

OSPF Router-ID 的表现形式为一个 32 位的二进制数字，在写法上等同于 IPv4 地址。OSPF 路由器可通过两种方式来获取其 RID：一、取自本机 OSPF 配置——可在路由器配置中手工指明 OSPF RID；二、取自本机某个接口的 IP 地址——配置在 OSPF 路由器上某个接口的 IP 地址，可作为 OSPF RID。由于 RID 与 IP 地址的格式完全相同，加之设在路由器接口上的 IP 地址在路由进程域内所具备的唯一性，故而使得 OSPF 路由器能够采用第二种方法来获取 RID。

OSPF 路由器采用哪一种方式来获取 RID，要取决于具体厂商的 OSPF 实现。对于某些厂商的 OSPF 实现来说，以上两种方式都可以使用。比方说，Juniper 公司和 Cisco 公司的 OSPF 实现会按下列步骤的先后顺序，让 OSPF 进程获取其 RID。

步骤 1 若 RID 已由管理员手工配置，则采用之。

步骤 2 若管理员未手工配置 RID，但路由器上已创建了设有 IP 地址的 loopback 接口，则采用该 IP 地址作为 RID。

步骤 3 若未在路由器上创建任何 loopback 接口，或已创建的 loopback 接口未设 IP 地址，则 RID 取自物理接口的 IP 地址。

步骤 4 若路由器上既无任何接口设有 IP 地址，管理员也未手工配置 RID，OSPF 进程将无法启动。

步骤 2——把路由器的 loopback 接口 IP 地址选为 OSPF RID——是有一定道理的，这是因为 loopback 接口属于逻辑接口，在路由器上只以软件的形式存在，不会像物理接口那样容易发生故障。也就是说，当 RID 取自 loopback 接口的 IP 地址时，就不太可能因路由器接口故障或宕掉（shutdown），而导致 OSPF 进程去获取一个新 RID，并用这一新 RID，重新通告 LSA。要是真这样的话，将会引发区域内的所有路由器执行 SPF 计算，从而影响整个网络的稳定性。

对某种具体的 OSPF 实现而言，可通过以下两种方法来应对贡献 RID 的"来源"失效问题。第一种方法是，在 OSPF 进程选妥了 RID 之后，便认为贡献 RID 的接口出不出故障都关系不大。毕竟，OSPF 进程只需要知道一个 32 位的二进制数值，且能确定这一数值在整个 OSPF 进程域内具有唯一性，然后在启动时将该数值选定为 RID 即可。RID 一旦选定，OSPF 进程就会"牢牢记住"，至于贡献这一 RID 的路由器接口后来出不出故障也没有必要去关心了。采用这第一种方法有一个重大"隐患"，那就是贡献 RID 的路由器接口可能会"失去"先前所配置的 IP 地址，但这未必都是意外事故（比如，接口故障）所致。倘若有人把贡献 RID 的路由器接口的 IP 地址删除，然后设在另一台路由器的接口上，而这台路由器却偏偏将此 IP 地址选为 OSPF RID，将会发生什么情况呢？只要第一台 OSPF 路由器"抱定"原先的 IP 地址作为 OSPF RID，那么网络中势必会发生 OSPF RID 冲突故障。

第二种方法则是"两害相权取其轻",能避免之前提到的 OSPF RID 冲突。这种方法是，只要贡献 RID 的来源（接口）失效，就会迫使 OSPF 路由器从其余有效接口所设 IP 地址中再选一个，作为 OSPF RID。

4.1.2 故障排除：OSPF RID 冲突

让网络内的多台路由器使用相同的 OSPF RID，重则会让网络彻底瘫痪，而这样的故障还很不好查。现举例说明，如图 4.1 所示，网管人员给 R4 和 R7 都配置了相同的 OSPF RID 192.168.254.7。图中显示了 R6 各个物理接口的具体名称、设于各物理接口上的 IP 地址，以及 R6 各台 OSPF 邻居的 IP 地址。作者将围绕 R6 的路由表输出，来演示 OSPF RID 冲突给网络造成的危害。

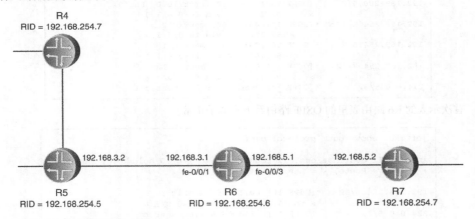

图 4.1 R4 和 R7 的 OSPF RID 冲突

图 4.2 到图 4.6 所示为短短几分钟内，在 R6 上多次执行 show route protocol ospf 命令，观察到的路由表中的 OSPF 路由。显而易见，于不同时间点，在 R6 上执行上述命令，看到的 OSPF 路由差别会很大。图 4.2 所示的 OSPF 路由看上去似乎没有什么问题。由于图 4.1 所示的网络拓扑只是整个真实网络的"冰山一角"，因此单凭此图根本就摸不准大多数目的网络的实际位置。换句话说，只能假定图 4.2 所示的 OSPF 路由正确无误（其实，其中某些 OSPF 路由的下一跳地址有误）。

由图 4.3 可知，网络现在有麻烦了（有没有用户投诉暂且不论）。在获得图 4.2 所示的输出后不久，再次在 R6 上执行 show route protocol ospf 命令，得到了图 4.3 所示的 R6 路由表内的 OSPF 路由。不难发现，出现在图 4.2 中的大半 OSPF 路由都"不翼而飞"了。片刻之后，之前部分"不翼而飞"的路由又"卷土重来"，如图 4.4 所示。但没过一会，大半 OSPF 路由再次消失不见，如图 4.5 所示。在 R6 上每执行一次 show route protocol ospf

命令，通过其输出，都可以发现路由表内的 OSPF 路由在不停地发生变化，也就是说，大半 OSPF 路由"时隐时现"。

```
jeff@R6> show route protocol ospf

inet.0: 19 destinations, 19 routes (18 active, 0 holddown, 1 hidden)
+ = Active Route, - = Last Active, * = Both

192.168.1.0/24        *[OSPF/10] 00:00:00, metric 3
                       > to 192.168.5.2 via fe-0/0/3.0
192.168.2.0/24        *[OSPF/10] 00:00:00, metric 2
                       > to 192.168.3.2 via fe-0/0/1.0
192.168.4.0/24        *[OSPF/10] 00:00:00, metric 2
                       > to 192.168.5.2 via fe-0/0/3.0
192.168.6.0/24        *[OSPF/10] 00:00:00, metric 2
                       > to 192.168.5.2 via fe-0/0/3.0
192.168.100.0/24      *[OSPF/150] 00:00:00, metric 0, tag 0
                       > to 192.168.5.2 via fe-0/0/3.0
192.168.200.0/24      *[OSPF/150] 00:00:00, metric 0, tag 0
                       > to 192.168.5.2 via fe-0/0/3.0
192.168.254.2/32      *[OSPF/10] 00:00:00, metric 2
                       > to 192.168.5.2 via fe-0/0/3.0
192.168.254.5/32      *[OSPF/10] 00:16:27, metric 1
                       > to 192.168.3.2 via fe-0/0/1.0
192.168.254.7/32      *[OSPF/10] 00:00:00, metric 1
                       > to 192.168.5.2 via fe-0/0/3.0
224.0.0.5/32          *[OSPF/10] 2w3d 06:59:07, metric 1
```

图 4.2   首次示人的 R6 路由表里的 OSPF 路由看上去似乎正常

```
jeff@R6> show route protocol ospf

inet.0: 11 destinations, 11 routes (10 active, 0 holddown, 1 hidden)
+ = Active Route, - = Last Active, * = Both

192.168.254.5/32      *[OSPF/10] 00:16:36, metric 1
                       > to 192.168.3.2 via fe-0/0/1.0
224.0.0.5/32          *[OSPF/10] 2w3d 06:59:16, metric 1
```

图 4.3   此时，路由表内的大半 OSPF 路由"不翼而飞"

```
jeff@R6> show route protocol ospf

inet.0: 15 destinations, 15 routes (14 active, 0 holddown, 1 hidden)
+ = Active Route, - = Last Active, * = Both

192.168.4.0/24        *[OSPF/10] 00:00:02, metric 2
                       > to 192.168.5.2 via fe-0/0/3.0
192.168.100.0/24      *[OSPF/150] 00:00:02, metric 0, tag 0
                       > to 192.168.5.2 via fe-0/0/3.0
192.168.200.0/24      *[OSPF/150] 00:00:02, metric 0, tag 0
                       > to 192.168.5.2 via fe-0/0/3.0
192.168.254.5/32      *[OSPF/10] 00:16:49, metric 1
                       > to 192.168.3.2 via fe-0/0/1.0
192.168.254.7/32      *[OSPF/10] 00:00:02, metric 1
                       > to 192.168.5.2 via fe-0/0/3.0
224.0.0.5/32          *[OSPF/10] 2w3d 06:59:29, metric 1
```

图 4.4   部分"不翼而飞"的 OSPF 路由又"卷土重来"

　　某些网管人员可能会认为这一路由表内的 OSPF 路由"时隐时现"的现象，是拜网络中某个地方的某条链路翻动所赐。图 4.6 所示为在 R6 上观察到的路由表内 OSPF 路由的诸多变化之一。由图可知，某些 OSPF 路由又重新在路由表中"露面"，但下一跳地址却都发生了改变。图 4.6 所示的所有 OSPF 路由的下一跳地址都是 192.168.3.2，即图 4.1 中的路由器 R5。在图 4.2 和图 4.4 所示的路由表中，那些目的网络相同的 OSPF 路由的下一跳却都是 192.168.5.2，也就是 R7。这样的状态可能又会使得某些网管人员认为网络中发生了路由环路。

```
jeff@R6> show route protocol ospf

inet.0: 11 destinations, 11 routes (10 active, 0 holddown, 1 hidden)
+ = Active Route, - = Last Active, * = Both

192.168.254.5/32    *[OSPF/10] 00:16:55, metric 1
                    > to 192.168.3.2 via fe-0/0/1.0
224.0.0.5/32        *[OSPF/10] 2w3d 06:59:35, metric 1
```

图 4.5 大半 OSPF 路由再次"不翼而飞"

```
jeff@R6> show route protocol ospf

inet.0: 17 destinations, 17 routes (16 active, 0 holddown, 1 hidden)
+ = Active Route, - = Last Active, * = Both

192.168.1.0/24      *[OSPF/10] 00:00:00, metric 4
                    > to 192.168.3.2 via fe-0/0/1.0
192.168.2.0/24      *[OSPF/10] 00:00:15, metric 2
                    > to 192.168.3.2 via fe-0/0/1.0
192.168.6.0/24      *[OSPF/10] 00:00:00, metric 3
                    > to 192.168.3.2 via fe-0/0/1.0
192.168.254.2/32    *[OSPF/10] 00:00:00, metric 3
                    > to 192.168.3.2 via fe-0/0/1.0
192.168.254.4/32    *[OSPF/10] 00:00:00, metric 2
                    > to 192.168.3.2 via fe-0/0/1.0
192.168.254.5/32    *[OSPF/10] 00:22:08, metric 1
                    > to 192.168.3.2 via fe-0/0/1.00
192.168.254.7/32    *[OSPF/10] 00:00:00, metric 2
                    > to 192.168.3.2 via fe-0/0/1.0
224.0.0.5/32        *[OSPF/10] 2w3d 07:04:48, metric 1
```

图 4.6 部分"不翼而飞"的 OSPF 路由"卷土重来"之后，下一跳却有所改变

　　由本例可知，OSPF RID 冲突不但会对网络造成严重的影响，而且还很不好排查。要快速定位此类故障的根本原因，其实也不难：一、要熟悉自己的网络；二、要对 OSPF 链路状态数据库摸得"门清"。要想彻底杜绝 OSPF RID 冲突的发生，除了在配置路由器时要小心谨慎之外，还要确保让路由器运行内置有稳定 OSPF 代码的操作系统。

RID 配置技巧

　　虽然让路由器自动把 loopback 接口的 IP 地址选为 OSPF RID 的做法非常常见，但作者却喜欢手工配置 RID，即便其值与 loopback 接口的 IP 地址相同。毫无疑问，

这既可以确保 OSPF RID 为期望值，还能让其他人读过路由器配置之后，就能迅速得知 OSPF RID。当然，有些网络设计师肯定会有异议。作者要说，用哪一种方法让 OSPF 路由器获取 RID 并不重要，但难就难在坚持使用同一种方法。也就是说，网管人员必须为 RID 如何设置制定一个标准，并以文档的形式呈现。该标准文档理应成为网络编址方案的一部分，此外，还应确保在分配 RID 时，不"一女二嫁"（不把同一个 RID 分配给两台路由器）。

让 OSPF RID 与整个路由进程域内在用的 IP 地址保持明显的差异，是作者一贯坚持的另一种做法。比方说，作者喜欢把 RID 中的某个字节设置为 255，例如，192.168.255.X 或 10.255.X.Y。作者同样喜欢让 RID 以 0 打头，例如，0.0.0.X。所有的方法除了贵在坚持以外，还应为全体网络运维人员所熟知。这一标准做法一旦确立，排除网络故障时，RID 不但非常好认，而且还可以很容易地跟 IP 地址区分开来。此外，该做法还能根除 RID 对隶属于路由进程域的合法 IP 地址的"征用"。

4.1.3 OSPF 区域 ID

OSPF 区域 ID 也是一个 32 位的二进制数字，其表示方法为点分十进制，绝大多数 OSPF 实现都支持用一个简单的十进制数字来表示，比如 1、5、218 等。对于后一种表示方法，路由器会自动在相关的十进制数字前用 0 来填充前导位。某些厂商的路由器会在配置中显示出用来填充的前导 0，而另一些厂商的路由器则是"所配即所见"。现举例加以说明，图 4.7 所列为为路由器分配相同的 OSPF 区域 ID 时，在 Juniper JUNOS 和 Cisco IOS 命令行中输入的命令。请注意，由最终的 JUNOS 配置可知，在实际输入进命令行的 AID 编号之前都自动填充了 0，而 IOS 配置显示出的 AID 编号却跟实际输入进命令行的一模一样。读者千万不要被这些表象所蒙蔽，在 Juniper 和 Cisco 路由器生成的 OSPF 消息中，AID（的表示方式）肯定完全相同。

要是输入进命令行的 AID 编号大于 255，JUNOS 会先将其转换为二进制数，然后再以点分十进制的格式来显示。还是以图 4.7 为例，其中输入进命令行的第三条命令的 AID 为 1547。JUNOS 会先把 1547 转换为二进制数 11000001011，其点分十进制的表示方式恰好是 0.0.6.11。

OSPF 骨干区域总是用一个全 0（0.0.0.0）的 ID 来表示。由于 ID 为全 0 已被 OSPF 骨干区域"预定"，故而无需通过特殊配置，来指明骨干区域。与其他区域的 AID 相同，OSPF 骨干区域 的 AID 也能简写为 0，如图 4.7 所示。

AID 配置技巧

只要网络的 IP 编址架构合理，隶属于一个 OSPF 区域的所有 IP 地址肯定可以用一条 IP 前缀来引用（即可汇总或可聚合），在此情形，把该 IP 前缀作为此 OSPF 区域的 AID 将会既方便又实用。试举一例，倘若隶属于某 OSPF 区域的所有 IP 地址都从 10.1.8.0/21 里分出，那么就可以把 10.1.8.0 作为该区域的 AID。这是一种公认的最佳做法，可使得网络设计简洁、易懂。

```
JUNOS CONFIGURATION:

[edit]
jeff@Juniper6# set protocols ospf area 145 interface fe-0/0/0

[edit]
jeff@Juniper6# set protocols ospf area 0 interface so-1/2/0

[edit]
jeff@Juniper6# set protocols ospf area 1547 interface fe-1/0/0

[edit]
jeff@Juniper6# show protocols ospf
area 0.0.0.145 {
    interface fe-0/0/0.0;
}
area 0.0.0.0 {
    interface so-1/2/0.0;
}
area 0.0.6.11 {
    interface fe-1/0/0.0;
}


IOS CONFIGURATION WITH SAME AREA IDs:

Cisco5#conf t
Enter configuration commands, one per line.  End with CNTL/Z.
Cisco5(config)#router ospf 1
Cisco5(config-router)#network 192.168.1.254 0.0.0.0 area 145
Cisco5(config-router)#network 192.168.2.1 0.0.0.0 area 0
Cisco5(config-router)#network 192.168.3.0.0.0.0 area 1547
Cisco5(config-router)#^Z
Cisco5#

Cisco5#wr t
Current configuration:
!
[Non-OSPF portions of configuration not shown]
!
router ospf 1
 network 192.168.1.254 0.0.0.0 area 145
 network 192.168.2.1 0.0.0.0 area 0
 network 192.168.3.150 0.0.0.0 area 1547
!

Cisco5#
```

图 4.7 当输入进命令行的 OSPF AID 编号为一个十进制数时，路由器会自动以点分十进制的方式来表示，并同时填充前导 0

4.1.4   IS-IS System-ID 和区域 ID

　　IS-IS AID 和 SysID 不像 OSPF AID 和 Router-ID 那样会分开表示,而是会结合在一起,以网络实体名称（Network Entity Title,NET）的面目示人。NET 是一种特殊形式的 ISO 网络服务访问点（NSAP）地址,接触过 ISO 协议或与 ATM 打过交道的网管人员对它一定不会感到陌生。图 4.8 所示为 NET 的基本格式。

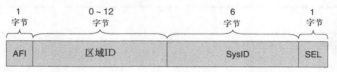

图 4.8　NET 的格式

　　以下所列为配置 NET 的几条硬性规定。

- AFI 字段必须是 1 字节。

- 随后的 Area ID 字段可介于 0~12 字节不等。

- SysID 字段必须为 6 字节。

- SEL 字段必须为 1 字节。

　　NET 总是十六进制数的形式来表示。

　　授权和格式标识符（Authority and Format Identifier,AFI）实际上是区域 ID 的一部分,但因其特殊的配置规则,故会被单独定义。在一个 ISO 地址中,AFI 用来标识分配地址的权威机构,以及除其之外的其余地址的格式。但在纯 IP 网络中,将 NET 分配给路由器时,AFI 的含义与除其之外的其余地址的格式无关。

　　NET 的最后一个字节为 NSAP 选择符字段（NSAP Selector,SEL）,对 ISO 协议而言,该字段用来标识整个 NSAP 地址所指向的上层功能,有那么点 IP 协议中（TCP/UDP）端口号的意思。若 SEL 值为 0x00,则 NET 所指向的就是路由器自身。在纯 IP 网络中,不存在什么上层 ISO 协议层,路由器绝不会检查该字段,可将其设置为任意 1 字节值。然而,一般的做法都是将 SEL 设置为 0x00。

　　NET 配置技巧

　　与某些 OSPF 实现（意指能自动让路由器选择并“获取”Router-ID 的 OSPF 实现）不同,无论 IS-IS 协议如何实现,NET 总是需要手工配置,不支持任何自动选择机制。NSAP 地址格式的复杂性可能会使得网管人员在配置 NET 时"忙中出错"，因此在纯 IP 网络环境中，应该尽量让 NET 的格式保持简单[1]。

配置 AID 的最简单的方法就是只用其中的 AFI 字段。在下面这个 NET 中，其 AID 被设置为 5，SysID 和 SEL 字段分别被设置为 00d0.b775.ff31 和 00：

05.00d0.b775.ff31.00

有许多网管人员还喜欢用一种与 NSAP 格式标准相兼容的方法，来配置 NET。具体做法是，将 AFI 设置为 49（此值用来标识可供本地分配的 NSAP 地址，即私网地址），然后再明确指定一个 AID，列于 AFI 之后。在下面这个 NET 中，AFI 字段和 AID 字段被分别设置成 49 和 0005，其 SysID 和 SEL 字段跟上例相同：

49.0005.00d0.b775.ff31.00

设置 SysID 的常用方法也有好几种。第一种方法是，在需要配置 NET 的路由器上，把某个接口的 MAC 地址选定为 NET 的 SysID 字段值。由于 MAC 地址和 SysID 都是 48 位，因此 MAC 地址完全适合充当 SysID。此外，路由器接口的 MAC 地址肯定具备全球唯一性，所以基于 MAC 地址来生成 SysID，可确保 NET 在 IS-IS 路由进程域内的唯一性。不过，要是有人把"贡献"SysID 的路由器接口（模块）从一台路由器上移除，再安装到另一台路由器上，那可就麻烦了。在这种情况下，网管人员可能会在"无意之间"把同一路由器接口（模块）的 MAC 地址，配置为多台路由器上的 NET 中的 SysID。使用该方法还有一个缺点，那就是有些路由器或许不会安装任何广播介质类型的接口模块，自然也就没有 MAC 地址可供使用。

设置 SysID 的第二种方式是，将基于 IP 地址的 32 位 loopback 接口地址或 RID 改编为 48 位 SysID。例如，可对路由器上的 loopback 接口 IP 地址 192.168.255.15"重新构造"，作为其 IS-IS SysID：

1921.6825.5150

还可以把 IP 地址 192.168.255.15"重新构造"成如下十六进制格式的 IS-IS SysID：

c0a8.ff0f.0000

0000.c0a8.ff0f

然而，在配置 NET 时，将点分十进制的 IP 地址转换为十六进制的形式，再作

---

[1] 在 RFC 1237（"Guidelines for OSI NSAP Allocation in the Internet"，R. Colella、E. Gardner 和 R. Callon，1991 年 7 月）中，有几个构造复杂的 NSAP 地址的例子。即便在非用不可 NET 的场合中，结构非常复杂的 NET 也很少能够碰到。

为其 SysID 字段，实在太过复杂，不利于记录的保存和故障的排除。

所有方法中最简单的一种是，从 1 开始分配 SysID 值，如下所示：

0000.0000.0001

0000.0000.0002

0000.0000.0003

.0000.0000.0157

在 IS-IS 网络中管理和分配 SysID 时，只要能像对待 IP 地址和 32 位 OSPF RID
那样，做到精心规划、合理分配，且能一一记录在案，那么 SysID 冲突的情况就不
太可能会发生。IS-IS SysID 冲突所造成的后果，跟 4.1.2 节所述的 OSPF Router-ID
冲突一样严重，不但会使得路由表中的路由 "时隐时现"，还会造成 LSP 的序列号
飞速递增。

有人认为，与那种简单的按序分配 SysID 的方法相比，用基于 IP 地址的 RID
来 "构造" SysID，能缩短网络的排障时间。本章稍后将要介绍的 IS-IS 动态主机名
交换特性也能在排障时帮到网络管理员。至于应该选用哪一种 IS-IS SysID 配置方案，
只有熟悉网络的网管人员才能定夺。

4.2 Hello 协议

在路由器上激活了 OSPF 或 IS-IS 协议之后，只有先通过路由协议消息 "探索" 到了
邻居路由器，才能与其建立邻接关系。为能探索到邻居路由器，运行这两种协议的路由器
会同时发送并侦听 Hello 消息。就功能性而言，两种路由协议的 Hello 消息并没多大区别，
只有细节方面的差异。如第 3 章所述，Hello 协议消息所起的作用如下所列。

■ 发现相邻的 OSPF 或 IS-IS 路由器。

■ 让相邻路由器之间执行 "三次握手"，以确保彼此具备双向连通性。

■ 向邻居路由器传达是否可以建立邻接关系的必要信息。

■ 邻接关系建立之后，作为一种 "保活" 机制，用来 "监控" 邻居路由器或邻接关
系是否发生了故障。

Hello 协议还起发现和推举指定路由器的作用。本章的其余内容将介绍 OSPF 和 IS-IS

在 Hello 消息实现方面的异同点，同时会探究 Hello 消息所行使的与具体协议有关的功能（比如，推举指定路由器的功能）。

4.2.1 OSPF Hello 协议基础知识

图 4.9 所示为 OSPF Hello 消息的格式。

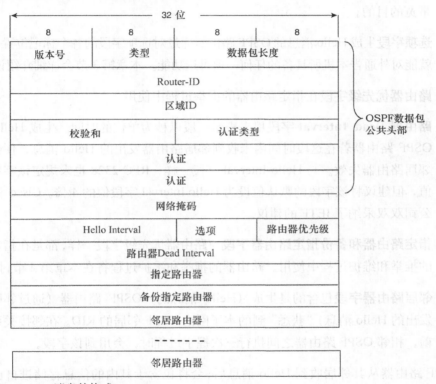

图 4.9 OSPF Hello 消息的格式

- **网络掩码字段**用来表示路由器发包接口（发送 OSPF Hello 消息的接口）所处 IP子网的网络掩码（IP 前缀长度）。比方说，若路由器发送 OSPF Hello 消息的接口所处 IP 子网为 192.168.18.0/24，则此 OSPF Hello 消息的网络掩码字段值就应该是 0xffffff00（ffffff 转换成二进制，将会是 24 个 1，即该 IP 子网的子网掩码为/24）。若 IP 子网为 10.1.0.0/16，则 Hello 消息的网络掩码字段值就应该是 0xffff0000，以此类推。

- **Hello Interval 字段**用来表示生成（Hello 消息的）OSPF 路由器会每隔多长时间发送一次 Hello 消息，单位为秒。RFC 2328 并未规定 Hello Interval 字段的默认

值，只是建议在 LAN 和非广播网络（如 X.25 网络）环境中，将该字段的默认值
分别设为 10 秒和 30 秒。在广播网络环境中，Cisco 和 Juniper 公司都采纳了 IETF
建议的默认值（10 秒）。但对于非广播网络环境，Cisco 和 Juniper 公司使用的默
认值分别为 30 秒和 120 秒。Hello Interval 字段的默认值在非广播网络环境中之
所以会更高，是要降低通过相关链路发送 Hello 消息的频率，从而达成节省链路
带宽的目的。

■ **选项字段**生成 Hello 消息的 OSPF 路由器通过对选项字段的各个标记位置 0 或置 1，
就能对外通告本机所具备的任何一项可选功能。本章第 3 节会详细介绍该字段。

■ **路由器优先级字段**在指定路由器的推举过程中使用。

■ **路由器 Dead Interval 字段**用来表示一段以秒为单位的时间。生成 Hello 消息的
OSPF 路由器若在这段时间内未收到邻居路由器发出的 Hello 消息，便会宣布该
邻居路由器失效。与 Hello Interval 字段一样，RFC 2328 也未规定该字段的默认
值，但建议将该字段的默认值设为 Hello Interval 字段值的 4 倍。Cisco 和 Juniper
公司双双采纳了 IETF 的建议。

■ **指定路由器和备份指定路由器字段**与路由器优先级字段一样，都是在指定路由器
的推举和维护过程中使用。路由器的推举和维护过程将在本章第 4 节讨论。

■ **邻居路由器字段**包含的是生成（Hello 消息的）OSPF 路由器（通过邻居路由器
发出的 Hello 消息）"获悉"到的本子网内 OSPF 邻居的 RID。在邻接关系建立之
前，相邻 OSPF 路由器之间执行三次握手过程时，会用到该字段。

OSPF 路由器从其邻居收到 Hello 消息后，会将包含于其内的信息存储进自己的邻居
路由器数据库。图 4.10 所示的第一段输出展示的便是这样一个数据库。由第一段输出可
知，该路由器探索到了三台 OSPF 邻居路由器。图 4.10 所示的第二段输出则示出了 RID
为 192.168.254.2 的 OSPF 邻居路由器的信息。通过第二段输出，可以观察到那台 OSPF
邻居路由器发出的 Hello 消息中包含的所有信息，包括：（该邻居路由器的）路由器优先
级、（由该邻居路由器）通告的路由器 Dead Interval 到期前的剩余时间、该邻居路由器
的 RID 和（发送 Hello 消息的接口所处区域的）AID（在 OSPF Hello 消息的头部中，分
别设有 RID 和 AID 字段）、选项字段值，以及（该邻居路由器获悉到的）指定路由器与
备份指定路由器的 IP 地址。邻居路由器数据库以及各种 OSPF 邻接关系状态在第 6 章再
做讨论。

```
jeff@Juniper5> show ospf neighbor
  Address        Interface          State        ID             Pri  Dead
  192.168.3.1    fe-0/0/3.0         Full         192.168.254.6  128   34
  192.168.1.1    fe-0/0/1.0         Full         192.168.254.2  128   39
  192.168.2.1    fe-0/0/2.0         Full         192.168.254.4  128   39

jeff@Juniper5> show ospf neighbor 192.168.254.2 extensive
  Address        Interface          State        ID             Pri  Dead
  192.168.1.1    fe-0/0/1.0         Full         192.168.254.2  128   37
   area 0.0.0.2, opt 0x42, DR 192.168.1.1, BDR 192.168.1.2
   Up 5w3d 02:09:26, adjacent 5w3d 02:09:26
```

图 4.10　OSPF 路由器会将其邻居路由器发出的 Hello 消息中所含信息，存储进自己的邻居路由器数据库

4.2.2　IS-IS Hello 协议基础知识

OSPF 只有一种 Hello 消息，而 IS-IS 有三种。IS-IS 路由器会发出哪一种 Hello 消息，要取决于其接口所连链路是点到点（非广播）链路还是 LAN（广播）链路。在 LAN 链路上，待发的 Hello 消息的类型应随潜在的邻居路由器（跟本路由器）是否隶属于同一区域而定（即 LAN Hello 消息有 Level 1 和 Level 2 之分）。IS-IS 路由器到底会在特定的 LAN链路上发出哪种类型的 Hello 消息，要由与此链路相连的接口的配置来决定。可把与此LAN 链路相连的接口配置为 L1-only（只发送 Level 1 LAN Hello 消息）、L2-only（只发送 Level 2 LAN Hello 消息）或 Level 1-2（同时发送 Level 1 和 Level 2 LAN Hello 消息）。在配置方面之所以会有这么多变化，是因为在同一条广播链路上（即在同一个 LAN 内），可能会接入多台 IS-IS 邻居路由器。其中的某些邻居路由器可能（跟本路由器）隶属于同一区域（即 AID 跟本路由器相同），故而需要建立 Level 1 邻接关系；而另一些邻居路由器可能隶属于另外的区域（即 AID 跟本路由器不同），因此需建立 Level 2 邻接关系。在点到点链路上，只可能会有一台邻居路由器，所以只能与之建立一个 Level 1 或一个 Level 2邻接关系，最多也只能同时建立 Level 1 和 Level 2 邻接关系各一个。应根据需求对用来连接点到点链路的路由器接口做相应配置。通过点到点链路发送的 Hello 消息只有一种，可同时用来建立 Level 1 和 Level 2 邻接关系。

图 4.11 所示为 IS-IS LAN Hello 消息的格式。请注意，IS-IS PDU 头部中的类型字段值会指明 LAN Hello 消息的类型是 Level 1 还是 Level 2。L1 LAN Hello 消息和 L2 LANHello 消息的 PDU 头部中的类型字段值分别为 15（0x0f）和 16（0x10）。

■　**电路类型字段**长 2 位，用来表示生成 Hello 消息的 IS-IS 路由器所能接受的邻接关系类型。表 4.1 所列为电路类型字段值的含义。电路类型字段之前的 6 位全都预留，总是置 0。接收 Hello 消息的 IS-IS 路由器会对那 6 位"略过不读"。

图 4.11 IS-IS LAN Hello PDU 的格式

表 4.1   对电路类型字段各种置位方式的解释

值	电路类型
0	预留。若电路类型字段为 0，接收 Hello 消息的 IS-IS 路由器会对整个 PDU "视而不见"
1	Level 1-only
2	Level 2-only
3	Level 1-2（生成 Hello 消息的 IS-IS 路由器为 L2 中间系统，将会在本 LAN 链路上建立 L1 和 L2 邻接关系）

* Level 1 LAN Hello 消息中的电路类型字段值不是 1 就是 3；Level 2 LAN Hello 消息中的电路类型字段值不是 2 就是 3

表 4.1 所列电路类型字段的各种置位方式还蕴含着某些深意，读者需要仔细体会。首先，发出 L2 LAN Hello 消息的 IS-IS 路由器能同时建立 L1 和 L2 邻接关系。其次，AID 相同（隶属于同一区域）的相邻两台 L2-only 路由器之间可以只建立 L2 邻接关系，交换 L2 信息。对此，将会在第 7 章与 IS-IS 区域设计有关的内容中加以讨论。

■ **源（路由器）ID 字段**表示生成 Hello 消息的 IS-IS 路由器的 SysID。

■ **保持计时器字段**用来定义一段时间，所指为生成 Hello 消息的 IS-IS 路由器让邻居路由器等待其发出的下一条 Hello 消息的最大时长，若后者（在保持时间字段值所指定的）这段时间内等不到 Hello 消息，便会宣布前者失效。虽然保持时间计时器字段在功能上等同于 OSPF 路由器 Dead Interval 字段,但是读者只需看一眼图 4.11,就应该能够发现,在 IS-IS Hello 消息中,并未包含与 OSPF Hello 消息中的 Hello Interval 字段起相同作用的字段。这就表示,单就灵活性而言,IS-IS 协议在 Hello 消息间隔时间的处理方面,要比 OSPF 协议更胜一筹。对此,本章第 3 节会有更为完整的讨论。虽然也能在 IS-IS 路由器上配置 Hello Interval 参数,但实际上邻居路由器无需得知由这一参数所定义的时长,只需要知道最长要等多久就能等来下一条 Hello 消息(即只需在保持计时器到期之前等来下一条 Hello 消息)即可。一般而言,保持计时器的默认值应为 Hello Interval 参数的配置值或默认值的 3 倍,但未必非要按此行事。

- **PDU 长度字段**指明了包含 IS-IS PDU 头部在内的 Hello 消息的长度,单位为字节。该字段非常重要,因为包含在 Hello 消息内的 TLV 结构长度可变。

- **优先级字段**长度为 7 位,在推举指定路由器的过程中使用,详见本章第 4 节。该字段与 OSPF Hello 消息中的路由器优先级字段起相同的作用。紧邻优先级字段的前一位为预留位,总是置 0,接收 Hello 消息的 IS-IS 路由器会对该位"视而不见"。

- **LAN ID 字段**长度为 7 字节,由广播网络上的指定路由器的 SysID(6 字节)和由指定路由器分配的标识符(1 字节)组成。本章第 4 节会讨论 LAN ID 的用途。

图 4.12 所示为 IS-IS Point-to-Point Hello 消息的格式(IS-IS PDU 头部中类型字段值为 17 或 0x11)。这种 Hello 消息看上去与 LAN Hello 消息非常相似,但有以下两处不同。

- 不含 LAN Hello 消息中包含的优先级字段,因为点对点链路上无需推举指定路由器。

- 不含 LAN Hello 消息中所包含的 7 字节 LAN ID 字段,而是用一个 1 字节本端电路 ID 字段来代替。本端电路 ID 字段包含了为点对点链路每端路由器所知晓的电路编号(电路 ID)。每台 IS-IS 路由器都会为自己所连接的点到点链路分配一个本机唯一的本端电路 ID。由本端路由器分配的本端电路 ID 字段值,外加最低的源(路由器)ID 字段值,构成了为点对点电路两端路由器所共知的(点对点)电路 ID。

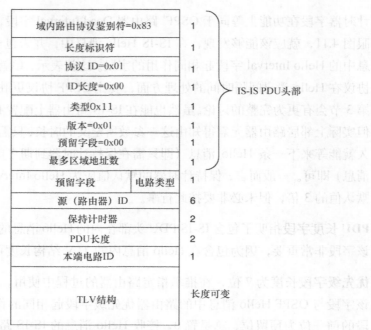

图 4.12 IS-IS Point-to-Point Hello PDU 的格式

1. TLV 结构

在 IS-IS Hello PDU 的公共字段之后，或许还会"下挂"几个 TLV 结构。可能出现在 Hello PDU 中的 TLV 结构及其类型编号（TLV 结构的类型字段值）如下所列：

- 区域地址 TLV（类型 1）；
- 中间系统（IS）邻居 TLV（类型 6）；
- （本机）所支持的协议 TLV（类型 129）；
- IP 接口地址 TLV（类型 132）；
- 认证信息 TLV（类型 10）；
- 填充 TLV（类型 8）。

LAN Hello PDU 可包含以上所有或任一 TLV 结构，Point-to-Point Hello PDU 可包含除 IS 邻居 TLV 之外的所有 TLV 结构。所支持的协议 TLV 和 IP 接口地址 TLV 都是 IETF 对 IS-IS 协议改进之后的产物，定义于 RFC 1195。其余的 TLV 结构都是"标准"TLV，在 IS-IS 的原始规范中都有定义。还有一两种 TLV 结构也有可能会在 IS-IS Hello 消息中"露面"，后文在介绍与协议扩展有关的内容时，将一并介绍。

图 4.14 所列为区域地址 TLV 的格式，其值（Value）字段所包含的是配置在生成此 Hello 消息的路由器上的若干 AID，这些 AID 必须要通告给邻居路由器。由图 4.14 可知，该 TLV 结构中可包含多个 AID，也就是说，可为一台 IS-IS 路由器分配多个 AID。在网络改造期间，这一可为单台 IS-IS 路由器分配多个 AID 的特性，能有助于平滑地更换 IS-IS 路由器所隶属的区域（即能使 IS-IS 路由器的 AID 更改起来更加容易）。第 7 章将会讨论在单台 IS-IS 路由器上配置多个 AID 的用途。

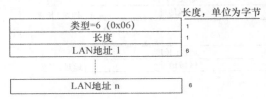

图 4.13 中间系统邻居 TLV

图 4.13 所示为中间系统（IS）邻居 TLV，生成 Hello 消息的 IS-IS 路由器会利用其来列出（与本机发送 Hello 消息的接口共处同一）链路的 IS-IS 邻居路由器，亦即会在其值字段中包含与此链路相连的 IS-IS 邻居路由器接口的 MAC 地址，或 IS-IS 邻居路由器的子网附接点（SNPA）地址。就功能性而言，IS 邻居 TLV 结构跟 OSPF Hello 消息中的若干邻居路由器字段相仿，都是用来履行邻居路由器间的三次握手机制，以确保两者间具备双向连通性。生成 IS-IS Hello 消息的路由器要想把邻居路由器（接口）的 MAC 地址填入该 TLV 结构，需要在最近一次保持计时器到期之前，收到邻居路由器发出的 IS-IS Hello 消息。果真如此的话，本路由器跟邻居路由器之间的邻接关系将会呈 "Up" 或 "Initializing" 状态（更多细节，请见本章第 4 节）。Level 1 LAN Hello 消息和 Level 2 LAN Hello 消息所包含的 IS 邻居 TLV 结构，将分别用来 "列出" L1 和 L2 邻居路由器。Point-to-Point Hello 消息不会包含该 TLV 结构，意即通过点到点链路互连的 IS-IS 邻居路由器之间要通过其他机制来完成三次握手。对此，将在本章第 4 节讨论。

图 4.15 所列为（本机）所支持的协议 TLV，顾名思义，生成 Hello 消息的 IS-IS 路由器会利用其来 "通报" 本机所支持的（网络层）协议。在这种 TLV 结构的值字段中，会包含一个或多个网络层协议标识符（NLPID），NLPID 跟具体的网络层协议之间的对应关系请见 ISO/TR 9577，或某些经过修订的标准文档。IS-IS 协议的设计初衷是要用来路由 CLNP 数据包，因此是在协议设计人员改进过 IS-IS，令其支持 IP 路由选择之后，才定义了这一 TLV 结构。生成 IS-IS Hello 消息的路由器会利用这种 TLV 结构，（向邻居路由器）

通告本机所支持的协议（比如，向邻居路由器通告，本路由器只支持 IP 协议、CLNP 协议，或同时支持两种网络层协议）。在协议设计人员对 IS-IS 协议做深度"改进"，令其支持 IPv6 路由选择(详见第 13 章)之后，具备 IPv6 路由选择功能的路由器在生成 IS-IS Hello 消息时，自然也能通过该 TLV 结构，告知邻居路由器：本机支持 IPv6 协议。IPv4 协议的 NLPID 是 129（0x81），IPv6 协议的 NLPID 是 142（0x8e）。

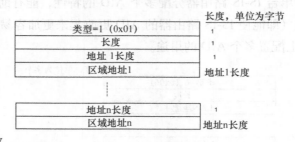

图 4.14 区域地址 TLV

图 4.15 所支持的协议 TLV

图 4.16 所列为接口 IP 地址 TLV，IS-IS 路由器会利用其来列出生成 Hello 消息的接口所设的全部 IP 地址。每个路由器接口虽然一般只会设一个 IP 地址，但也有配置多个 IP 地址的可能性。由于该 TLV 结构的长度有限（其长度字段为 1 字节），而每个 IP 地址都是 4 字节长，因此该 TLV 结构最多只能"容纳"63 个 IP 地址（255/4）。

图 4.16 接口 IP 地址 TLV

当需要让 IS-IS 路由器对收自或送达邻居路由器的 IS-IS PDU 进行认证时，就会用到认证信息 TLV。本书第 9 章在讨论路由协议的安全性时，会介绍认证信息 TLV。

互为邻居的两台 IS-IS 路由器彼发现之后，会在建立邻接关系之前，对一项参数进行验证，要验证互连接口的 MTU（最大传输单元）[2]值参数是否一致。比方说，要是那两台 IS-IS 路由器互连接口的 MTU 值一高一低（一为 1500 字节，一为 1000 字节），前者通告的路由信息或许会因为（封装它的数据包）过"长"而无法被后者接收。这将导致路由信息丢失，进而破坏两台路由器间的邻接关系。因此，IS-IS 路由器在建立邻接关系之前，必须要通过一种机制来验证邻居路由器（发送 Hello 消息的）接口的 MTU 值与本方接口是否一致（即 IS-IS 邻居双方要验证互连接口的 MTU 值是否一致）。OSPF 路由器会通过 DD（数据库描述）消息来通告本方接口的 MTU 值，只有在 OSPF 邻居双方（互连）接口的 MTU 值匹配的情况下，邻接关系才能得以建立。第 5 章将会对此加以介绍。IS-IS 路由器会利用填充 TLV（如图 4.17 所示），将本机发出的 Hello 消息填充至邻居路由器可接受的最大长度，以此来测试邻居路由器接口的 MTU 值。

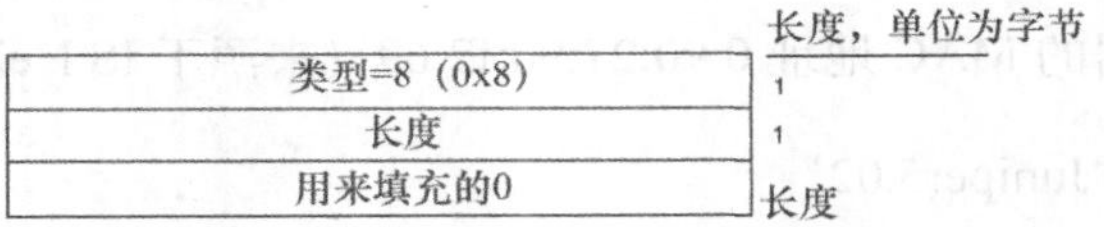

图 4.17 填充 TLV

在填充 TLV 结构的值字段内，包含的全都是 0，接收 Hello 消息的路由器会对其"视而不见"。这种 TLV 的唯一用途就是增加包含其的 IS-IS PDU 的长度。ISO 10589 规定，IS-IS 路由器（上无论接口类型如何）至少也要能接收 1492 字节的 IS-IS PDU。1492 字节也被称为 ReceiveLSPBufferSize（接收 LSP 缓存大小）。发送 Hello 消息时，IS-IS 路由器会在消息内"封装"填充 PDU 结构，将消息长度增加至 1492 字节，或（发送 Hello 消息的）接口所连链路的 MTU 值（以较高值为准）。换言之，只要 IS-IS 邻居路由器（接收 Hello 消息）的接口的 MTU 值较低，便会丢弃那些经过填充的 Hello 消息，IS-IS 邻接关系自然也建立不了。

由于填充 TLV 结构的长度字段为 1 字节，因此其值字段最长也只能达到 255 字节。也就是讲，要让 Hello 消息达到必要的长度，IS-IS 邻居路由器会在其内"封装"多个填充 TLV 结构。读者还应留意的是，只有当 IS-IS 邻居路由器之间为建立邻接关系，进行首次"磋商"时，才会互发经过填充的 Hello 消息。从另一方面来说，设计精良的 IS-IS 实现只会让路由器在建立邻接关系之初发送经过填充的 Hello 消息。邻接关系一旦建立，邻居双方就不应该再把填充 TLV 结构封装进 Hello 消息了。

图 4.18 所示为 IS-IS 邻居表，此表的作用与图 4.10 所示的 OSPF 邻居表相似。由此图

---

[2] 这又是一个 IETF 和 ISO "各说各话"的典型案例，在 ISO 10589 中，"MTU"被称为数据链路块长度（dataLinkBlocksize）。但本书在介绍 OSPF 和 IS-IS 时，只会使用术语"MTU"，因其早已为人所熟知。

的上半部分输出可知,该路由器有三个 IS-IS 邻居。图 4.18 的下半部分所示为其中某台 IS-IS
邻居路由器的具体信息。不难发现,这些信息都来源于该 IS-IS 邻居路由器发出的 Hello
消息。

- 邻接关系类型为 L1。

- 保持计时器会在 22 秒内到期。

- (接口的)优先级 64。

- 电路类型为 1(Level 1-only)。

- 该 IS-IS 邻居同时支持 IPv4 和 IPv6 协议。

- 该 IS-IS 邻居的 MAC 地址 0:90:27:9d:f2:69(来源于 IS Neighbors TLV 结构)。

- LAN ID 为 "Juniper5.02"。

- 该 IS-IS 邻居的接口 IP 地址 192.168.1.1(来源于 IP 接口地址 TLV 结构)。

```
jeff@Juniper5> show isis adjacency
Interface            System        L State    Hold(secs)      SNPA
fe-0/0/1.0           Juniper2      1 Up        25            0:90:27:9d:f2:69
fe-0/0/2.0           Juniper4      1 Up        24            0:90:27:5b:87:f8
fe-0/0/3.0           Juniper6      2 Up        20            0:90:27:9f:34:2d

jeff@Juniper5> show isis adjacency Juniper2 extensive
Juniper2
 Interface: fe-0/0/1.0, Level: 1, State: Up, Expires in 22 secs
 Priority: 64, Up/Down transitions: 1, Last transition: 8w0d 14:29:16
          ago
 Circuit type: 1, Speaks: IP, IPv6, MAC address: 0:90:27:9d:f2:69
 Topologies: Unicast
 Restart capable: No
 LAN id: Juniper5.02, IP addresses: 192.168.1.1
 Transition log:
 When                    State            Reason
Tue Mar  8 23:13:25      Up               Seenself
```

图 4.18   收到邻居路由器发出的 Hello 消息之后,IS-IS 路由器会存储其中所含信息

4.2.3   IS-IS 动态主机名交换

读者可能会对图 4.18 所示输出中的某些细节感到惊讶——在图中上半部分的
"System" 一栏下,和下半部分的 "LAN id:" 的第一个字段中,并未出现大家一直期待
的(IS-IS 邻居路由器的)SysID——出现在那两个地方的都是(IS-IS 邻居路由器的)主

机名。这要拜赐于 IS-IS 的一种扩展功能，该功能名叫动态主机名交换特性，定义于 RFC 2763。IETF（在 ISO 10589 的基础上）定义了一种新的 TLV 结构，称为动态主机名 TLV（类型 137），IS-IS 路由器可将其封装进（本机发出的）LSP。在这种 TLV 结构的值字段中，会以 ASCII 文本的形式存入本路由器的名称（一般都是给路由器配置的主机名）。IS-IS 路由器进程域内的其他路由器收到包含有动态主机名 TLV 结构的 LSP 之后，会提取该 TLV 结构中所含信息（路由器主机名），然后再让路由器主机名跟生成 LSP 的路由器的 SysID 之间建立起对应关系，并把映射（对应关系）信息存储进本机主机名映射关系表。

图 4.19 所示的主机名映射关系表的输出与图 4.18 所示的相同，出自同一台路由器。由图 4.19 可知，该路由器握有 5 条 SysID 到路由器主机名的映射信息，其中一条为本机所有（此条映射信息的类型[type]为 static[静态]配置，并非 dynamic[动态]获悉）。这一在令人费解的十六进制 SysID 和一目了然的路由器主机名之间建立对应关系的手段，不但能显著提高网络的运维和管理效率，而且还能缩短排障时间。

```
jeff@Juniper5> show isis hostname
IS-IS hostname database:
System ID      Hostname                        Type
0192.0168.0002 Juniper2                        Dynamic
0192.0168.0004 Juniper4                        Dynamic
0192.0168.0005 Juniper5                        Static
0192.0168.0006 Juniper6                        Dynamic
0192.0168.0007 Juniper7                        Dynamic
```

图 4.19 在 IS-IS 主机名映射表中，会记录下 SysID 与路由器主机名之间的映射关系

4.2.4 OSPF 域名查询

某些（厂商的）OSPF 实现支持一种类似于 IS-IS 动态主机名交换的特性。虽然这两种特性所起的作用全都相同——都是以一目了然的名称（路由器主机名），来取代令人费解的地址，以达成简化网络管理的目的——但运作方式却截然不同。启用 OSPF 域名查询特性时，路由器并不会在其所发的 OSPF 协议消息中包含本机配置的主机名，而是会尝试通过 DNS 服务器来解析与 OSPF 相关的 IP 地址。只要把所有 OSPF 路由器的 loopback 接口地址、物理接口地址以及 RID，以 DNS 记录的形式，存储进了本地 DNS 服务器，当登录进 OSPF 路由器，执行有关 OSPF 的 show 命令时，在输出中露面的将不再是 IP 地址，而会是（DNS 记录中所包含的与那些 IP 地址相对应的）名称。与 IS-IS 动态主机名交换特性不同，IS-IS 并没有对 OSPF 进行扩展，令该协议支持 OSPF 域名查询特性，相反的是，只有某些厂商会在其 OSPF 实现中添加该特性。

OSPF 的这一特性一经启用，就会存在隐患：该特性在运作上要依赖于 DNS 服务器，

而 DNS 查询功能与 OSPF 本身并无半点 "瓜葛"。因此，只要 DNS 服务器故障，或不能快速（基于 IP 地址）解析出名称信息时，那么路由器上执行与 OSPF 有关的 show 命令时，其输出响应将会奇慢无比，因为路由器需要等待 DNS 服务器的回应。当网络出现故障时，网管人员一定会第一时间登录路由器，执行与 OSPF 有关的 show 命令，以了解 OSPF 的运行情况，要是 DNS 服务器 "恰巧" 也在受故障的影响范围之内，那么后果将不堪设想。作者想要说的是，只有对上述场景有了充分考量之后，才能决定是否需要在网络中启用 OSPF 域名查询特性。在大多数情况下，OSPF 域名查询特性在网络日常运维方面所带来的好处，足以抵消其潜在的危害性。当 DNS 服务发生故障，导致 OSPF 域名查询特性失效，影响到了 OSPF show 命令的使用时，只需在 OSPF 路由器上禁用 DNS 名称查询功能，便能轻而易举地摆脱 "烦恼"。

4.3　邻接关系

　　随着对本书的深入阅读，读者将会了解到，OSPF 和 IS-IS 还具备颇多可选功能（optional capability），而 OSPF 所支持的可选功能更多。相邻两台（OSPF 或 IS-IS）路由器彼此发现之后，需确保能够理解对方所开启的可选功能，才能开始路由信息的交换。否则，便会 "误读" 或 "拒收" 对方传递的某些路由信息，从而会影响路由器 "选路" 的精确性，甚至会对整个网络的路由选择产生严重影响。此外，邻居路由器之间还得互相验证各自所配置的基本参数（如 IP 子网、接口 MTU 值，以及期待的 Hello 消息的发送频率等），以求匹配。

　　IS-IS 或 OSPF 路由器之间之所以要建立邻接关系，是为了确保路由信息的可靠交换。可把邻接关系视为邻居路由器间的 "谈判"。当两台路由器的基本子网参数匹配，且能正确解读对方所传信息时，便可认为两者 "谈判成功"，建立起了邻接关系。若互为邻居的两台路由器在 "谈判" 之后，不能就本机所设参数和开启的可选功能达成一致，两者便建立不了邻接关系，自然也不会将对方视为数据包转发的下一跳路由器。

4.3.1　OSPF 邻接关系

　　OSPF 路由器在 "探索" 到一台邻居路由器之后，需借助于一种名为三次握手的机制，来验证本机与邻居路由器之间是否具备双向连通性。图 4.20 更为详细地描述了本书第 2 章例举的三次握手机制示例。如图 4.20 上部所示，RB 在自己与 RA 所共处的子网内上线运行，但还不为 RA 所知。因此，在 RB 发出的首条 Hello 消息内，邻居路由器字段为空。收到 RB 发出的这条 Hello 消息之后，RA 也会发出 Hello 消息。请注意，在 RA 发出的这条 Hello 消息的邻居路由器字段内，RB 的 RID 会"赫然在列"。当 RB 收到 RA 发出的 Hello 消息之后，就知道自己不但成功"探索"到了 RA，而且还与 RA 之间具备双向连通性。此时，如图 4.20 下部所示，RB 会在其发出的 Hello 消息的邻居路由器字段内"填入" RA 的 RID。RA 收到了这条 Hello 消息之后，同样会认定自己与 RB 之间具备双向连通性。

验证过双向连通性之后，若用来互连邻居路由器的网络介质类型为广播类型或非广播多路访问类型（NonBroadcast Multi-Access，NBMA），则会进行指定路由器（DR）和备份指定路由器（BDR）的选举。DR 和 BDR 的选举机制详见本章第 4 节。

接下来，邻居路由器之间会决定是否彼此建立邻接关系。若互连邻居路由器的网络介质类型为点到点类型、点到多点（point to multipoint）类型或虚链路（virtual link）类型（详见 4.2.3 节），邻接关系就应该能够建立。若为广播类型或 NBMA 类型，邻居关系的建立还有一点讲究——一台 OSPF 路由器只会与 DR 和 BDR 建立邻接关系。

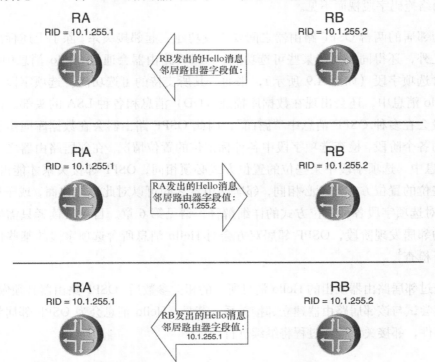

图 4.20 用三次握手机制，来验证 OSPF 邻居路由器之间是否具备双向连通性

只要两台互为邻居的 OSPF 路由器决定建立邻接关系，便会开始同步各自的链路状态数据库信息。信息同步之后，才能说那两台路由器之间建立起了状态为 FULL 的 OSPF 邻

接关系。对 OSPF 协议而言，邻接关系的建立和邻居间数据库的同步都是由状态机（state machine）来驱动的。对此，第 6 章会做深入探讨。

在整个 OSPF 邻接关系建立过程（从邻居发现到数据库同步）中，互为邻居的两台 OSPF 路由器会验证对方（通过 Hello 消息传递过来的）某些参数与本方所设是否匹配。只要其中有一项不匹配，OSPF 邻接关系便无从建立。上述参数中的大多数都包含在 OSPF Hello 消息中。邻居路由器收到 Hello 消息之后，会提取信息，执行检查。首先，会验证 Hello 消息的 IP 包头和 OSPF 头部是否有效。然后，会检查 Hello 消息中的 Hello Interval 和路由器 Dead Interval 字段值。若这两个字段值跟本机接口所发 Hello 消息中相应的字段值不匹配，OSPF 邻接关系将不可能建立。要是邻居路由器之间通过除点到点和虚电路类型以外的网络介质互连，还会验证 Hello 消息中的网络掩码字段值与本机接口所设网络掩码是否匹配。若通过点到点和虚电路类型的网络介质互连，OSPF 路由器则会对 Hello 消息中的网络掩码字段视而不见。

互为邻居的两台 OSPF 路由器之间要想成功建立起邻接关系，除了上述标准参数必须匹配之外，还得同时支持某些可选功能。OSPF 路由器会通过 Hello 消息中的 OSPF 头部所含选项字段（如图 4.9 所示），来通告其所支持的可选功能。选项字段不但会出现在 Hello 消息中，还会出现在数据库描述（DD）消息和各种 LSA 的头部之内。由于选项字段会在多种 OSPF 消息中"露面"，因此 OSPF 路由器会在数据库同步和邻接关系建立的各个阶段，检查选项字段中各种标记位的置位情况。在邻居路由器之间互发的 Hello 消息中，选项字段中某些位的置位方式必须相同，OSPF 邻接关系才能得以建立；而另一些位的置位方式却不必相同，邻居路由器之间可以对此进行协商，或干脆"视而不见"。对选项字段各种置位方式的详细解释，请见第 6 章。目前，读者只需要知道，在最初的邻居发现阶段，OSPF 邻居双方会对 Hello 消息所含选项字段的某些位的置位情况进行检查[3]。

检查过邻居路由器发出的 Hello 消息所含的相关参数后，OSPF 路由器必须做出决定，是否继续尝试与该邻居路由器建立邻接关系。若是，Hello 消息会为 OSPF 邻居状态机提供输入事件，邻接关系建立过程将继续进行。

---

[3] 读者要是急性子，作者现在就可以告诉你们，在最初的邻居发现阶段，OSPF 邻居路由器之间互发的 Hello 消息所含选项字段中的 E（外部路由功能，External Routing Capability）位必须匹配。E 位置 0 时，表示发送 Hello 消息的 OSPF 路由器身处 stub 区域，不能接受类型 5 LSA（详情请见第 7 章）。倘若互为邻居的两台 OSPF 路由器所发 Hello 消息选项字段中的 E 位不匹配，OSPF 邻接关系将无法建立。

> **相邻的 OSPF 路由器之间怎样才算建立起了邻接关系**
>
> 　　在 OSPF 相关标准文档中，对术语"邻接关系"一词的定义并不是那么明确。有些文档是这样定义的：只要相邻的两台 OSPF 路由器能彼此发现，就算建立了邻接关系。而另一些文档则说，建立 OSPF 邻接关系的先决条件是：邻居路由器之间顺利完成了 LS 数据库的同步。哪种说法是正确的呢？
>
> 　　当相邻的两台 OSPF 路由器彼此发现之后，是可以说两者建立了邻接关系，但在进行完第 6 章将要介绍的 LS 数据库同步的过程之前，还不能说两者"完完全全"建立起了邻接关系。实战中，邻居路由器的各种状态之间会有很大差异，但在相关术语的定义方面只有细微差别，这就是作者在此提及邻接关系这一术语的原因所在。

4.3.2　IS-IS 邻接关系

　　单凭阅读相关标准文档，只怕是弄不清 IS-IS 邻接关系的具体含义的。ISO 10589 把邻接关系定义为："本机路由信息库中与特定邻居路由器相关的信息子集"。ISO 10589 对路由信息库下的定义是："链路状态信息库和转发数据库的结合体"。言下之意为，只有当互为邻居的两台 IS-IS 路由器同步过各自的数据库之后，才能说 IS-IS 邻接关系成功建立，这在说法上跟 OSPF 一样。然而，只要进一步阅读这份 ISO 规范，就会很容易地从字里行间体会出另外一层含义：就操作层面而言，互为邻居的两台 IS-IS 路由器只要验证过彼此之间具备了双向连通性，便会认为邻接关系已成功建立，在这之后，将会同步各自的链路状态数据。不过，可不能说 ISO 10589 对 IS-IS 邻接关系的定义自相矛盾。如第 6 章所述，OSPF 路由器之间会借助于一种复杂的、由状态机驱动的过程，来同步各自的链路状态数据库；而 IS-IS 链路状态数据库的同步过程要简单得多。只要相邻的两台 IS-IS 路由器之间具备双向连通性，双方就一定能同步各自的链路状态数据库。OSPF 路由器在接受由邻居路由器生成的 LSA 之前，会进行严格的检查，而 IS-IS 路由器在接受邻居路由器生成的 LSP 时则会更加灵活，更为"宽容"。

　　因此，完全可以说，相邻的两台 IS-IS 路由器在验证过彼此之间具备了双向连通性之后，也就建立起了 IS-IS 邻接关系。

　　IS-IS 路由器之间会建立两种类型的邻接关系：L1 邻接关系，即相邻的两台 IS-IS 路由器的区域 ID（AID）相同；L2 邻接关系，即相邻的两台 IS-IS 路由器的区域 ID（AID）可能相同，也可能不同。请读者回忆一下本章之前针对表 4.1 的讨论，IS-IS Hello 消息中的电路类型字段值可以是以下 3 个值：

- ■　1，表示生成 Hello 消息的 IS-IS 路由器只接受 L1 邻接关系；
- ■　2，表示生成 Hello 消息的 IS-IS 路由器只接受 L2 邻接关系；
- ■　3，表示生成 Hello 消息的 IS-IS 路由器同时接受 L1 和 L2 邻接关系。

本章前文还提到过，IS-IS Hello 消息分两种：LAN Hello 消息和 Point-to-Point Hello 消息。路由器在处理这两种 Hello 消息时，会有所不同。让我们先来讨论广播网络环境中的 IS-IS 邻接关系的建立过程，然后再去探究点到点链路上的 IS-IS 邻接关系的建立过程。

1．广播网络内 IS-IS 邻接关系的建立

如前所述，IS-IS LAN Hello 消息可分为 L1 Hello 消息和 L2 Hello 消息两种。可把路由器上参与 IS-IS 路由进程的接口（以下简称为 IS-IS 接口）配置为 L1-only、L2-only、L1-2。如此配置，不但指明了 IS-IS 接口发出的 LAN Hello 消息的类型，还明确了其所要侦听的 LAN Hello 消息的目的 MAC 地址（可选择侦听 AllL1ISs 地址[0180.c200.0014]、AllL2ISs 地址[0180.c200.0015]或同时侦听这两个地址）。

包含在 Hello 消息内的两种 TLV 结构是（IS-IS 路由器用来）建立邻接关系的基础，这两种 TLV 结构为：IS 邻居 TLV（见图 4-13）和区域地址 TLV（见图 4-14）。IS 邻居 TLV 用来完成（IS-IS 邻居路由器间的）三次握手；区域地址 TLV 与（Hello 消息中的）电路类型字段值共同决定了所要建立的邻接关系类型。

IS-IS 路由器会对邻接关系数据库内的邻接项进行跟踪，通过 SysID 来区分各邻接项。邻接关系的初始状态应为 Down。在该状态下，就表明路由器已通过（LAN）接口外发了 LAN Hello 消息，但还未收到邻居路由器发出的任何 Hello 消息。只要收到 LAN Hello 消息，IS-IS 路由器就会将 LAN Hello 消息的源 MAC 地址录入邻接关系数据库，作为（邻居路由器的）SNPA 地址，并把（与此邻居路由器之间的）邻接关系状态调整为“Initializing”。“Initializing”状态表示：本机已收到邻居路由器发出的 Hello 消息，但并不能确保与此邻居路由器之间具备双向连通性。此后，该 IS-IS 路由器会把邻居路由器的 SNPA 地址，“填入”本机所发 LAN Hello 消息的 IS 邻居 TLV 结构。只要该 IS-IS 路由器能在邻居路由器所发 LAN Hello 消息的 IS 邻居 TLV 内，“见到”本机（外发 Hello 消息）接口的 MAC 地址，它就“知道”双向连通性已然具备。此时，便会把（与邻居路由器间的）邻接关系状态调整为“UP”。但调整之前，相邻的 IS-IS 路由器之间必须对所要建立的邻接关系类型达成一致“意见”。

收到 L1 LAN Hello 消息后，IS-IS 路由器会拿 Hello 消息的区域地址 TLV 中的 AID(可能不止一个)，跟本机所设 AID（也可能不止一个）进行比对。若有一或多个 AID 成功匹配，便会与生成 Hello 消息的邻居路由器建立 L1 邻接关系。否则，将会拒绝与该邻居路由器建立邻接关系。收到 L2 LAN Hello 消息后，IS-IS 路由器则不会检查区域地址 TLV 中的 AID，只会跟这台生成 Hello 消息的邻居路由器建立 L2 邻接关系。

两台互为邻居的 IS-IS 路由器到底会建立哪种类型的邻接关系，还要取决于两者互连接口以及 AID 的配置。作者以两台通过以太网接口互连的 IS-IS 路由器（R1 和 R2）为例，来演示两者之间可能建立起的各种 IS-IS 邻接关系。首先，把两台路由器的互连接口都配置为 L1-only，并为两者分配相同的 AID。R1 和 R2 最终会建立起 L1 邻接关系：

```
jeff@R1> show isis adjacency
Interface        System          L State       Hold (secs)    SNPA
fe-0/0/2.0       R2              1 Up          19             0:90:27:5b:88:51
```

若更改其中一台路由器的 AID，使得两台路由器的 AID 不再相同，之前建立起的 L1 邻接关系将不再生效：

```
jeff@R1> show isis adjacency
Interface        System          L State       Hold (secs)    SNPA
fe-0/0/2.0       R2              1 Rejected    22             0:90:27:5b:88:51
```

若把两台路由器的互连接口配置为 L2-only，不一致的 AID 配置保持不变，则两台路由器将会建立起 L2 邻接关系：

```
jeff@R1> show isis adjacency
Interface        System          L State       Hold (secs)    SNPA
fe-0/0/2.0       R2              2 Up          19             0:90:27:5b:88:51
```

若让两台路由器的 AID 再度相同，但保留互连接口的 L2-only 的配置，则 L2 邻接关系仍然生效：

```
jeff@R1> show isis adjacency brief
Interface        System          L State       Hold (secs)    SNPA
fe-0/0/2.0       R2              2 Up          20             0:90:27:5b:88:51
```

若把其中一台路由器的互连接口配置为 L1-only，而另一台则为 L2-only，无论两者的 AID 是否相同，都建立不了任何邻接关系：

```
jeff@R1> show isis adjacency
Interface        System          L State       Hold (secs)    SNPA
fe-0/0/2.0       R2              2 Down        23             0:90:27:5b:88:51
```

接下来，为两台路由器分配相同的 AID，但把 R1 的互连接口配置为 L1-only，把 R2 的互连接口配置为 L1-2。此时，R2 只能收到 R1 发出的 L1 LAN Hello 消息，只会接受建立 L1 邻接关系：

```
jeff@R2> show isis adjacency
Interface         System L         State          Hold (secs)        SNPA
fe-0/0/2.0        R1               1 Up           8                  0:90:27:9d:f1:38
```

因 R2 的互连接口被配置为了 L1-2，故会同时发出 L1 和 L2 LAN Hello 消息。而 R1 的互连接口被配置为 L1-only，于是会接受建立 L1 邻接关系，拒绝建立 L2 邻接关系，如其邻接关系数据库所示：

```
jeff@R1> show isis adjacency
Interface         System L         State          Hold (secs)        SNPA
fe-0/0/2.0        R2               1 Up           23                 0:90:27:5b:88:51
fe-0/0/2.0        R2               2 Rejected     18                 0:90:27:5b:88:51
```

让 R1 和 R2 互连接口的配置维持不变，但为两者分配不同的 AID，R1 和 R2 将建立不了任何邻接关系。R1 不能接受建立 L1 邻接关系，是因为两台路由器的 AID 不同；R2 不能接受建立 L2 邻接关系，则要拜本机互连接口的 L1-only 的配置所赐。

```
jeff@R1> show isis adjacency
Interface         System L         State          Hold (secs)        SNPA
fe-0/0/2.0        R2               1 Rejected     8                  0:90:27:5b:88:51
fe-0/0/2.0        R2               2 Rejected     9                  0:90:27:5b:88:51
```

下例与前两例类似，只是把 R1 的互连接口配成了 L2-only。跟之前一样，R2 仍会同时发出 L1 和 L2 LAN Hello 消息。无论 R1 和 R2 的 AID 是否相同，R1 都将拒绝建立 L1 邻接关系，但会接受建立 L2 邻接关系。

```
jeff@R1> show isis adjacency
Interface         System L         State          Hold (secs)        SNPA
fe-0/0/2.0        R2               1 Rejected     12                 0:90:27:5b:88:51
fe-0/0/2.0        R2               2 Up           22                 0:90:27:5b:88:51
```

若把 R1 和 R2 的互连接口都配置接受建立 L1 和 L2 邻接关系，且为两台路由器分配相同的 AID，则两者将同时建立起 L1 和 L2 邻接关系：

```
jeff@R1> show isis adjacency
Interface         System L         State          Hold (secs)        SNPA
fe-0/0/2.0        R2               1 Up           21                 0:90:27:5b:88:51
fe-0/0/2.0        R2               2 Up           21                 0:90:27:5b:88:51
```

不过，只要为 R1 和 R2 分配不同的 AID，那么 L1 邻接关系将无从建立：

```
jeff@R1> show isis adjacency
Interface         System L         State          Hold (secs)        SNPA
fe-0/0/2.0        R2               1 Rejected     10                 0:90:27:5b:88:51
fe-0/0/2.0        R2               2 Up           25                 0:90:27:5b:88:51
```

表 4.2 总结了以上所举示例。

表 4.2   相邻 IS-IS 路由器之间可能建立起的邻接关系汇总

R1 类型	R1 AID	R2 类型	R2 AID	邻接关系类型
L1-only	47.001	L1-only	47.001	L1
L1-only	47.001	L1-only	47.002	无法建立
L2-only	47.001	L2-only	47.002	L2
L2-only	47.001	L2-only	47.002	L2
L1-only	47.001	L2-only	47.002	无法建立
L1-only	47.001	L2-only	47.001	无法建立
L1-only	47.001	L1、L2	47.001	L1
L1-only	47.001	L1、L2	47.002	无法建立
L2-only	47.001	L1、L2	47.001	L2
L2-only	47.001	L1、L2	47.002	L2
L1、L2	47.001	L1、L2	47.001	L1、L2
L1、L2	47.001	L1、L2	47.002	L2

上述所有示例只涉及两台 IS-IS 路由器之间邻接关系的建立。但在以太网或其他类型的 LAN 内，多台路由器同时接入同一广播介质的情况也屡见不鲜。这些接入公共链路的路由器或许会被分配不同的 AID，其接口也有可能会被配置为不同的电路类型，也就是讲，在同一条链路上，多台路由器之间可能会建立不同类型的 IS-IS 邻居关系。在实战中，这种情况虽不常见，但也时有发生。因此，要想弄清在各类网络环境中 IS-IS 路由器间邻接关系的建立方式，就有必要站在每一台路由器的角度，来观察它是怎样"看待"本机与链路上其他所有路由器建立起的邻接关系的。

2. 点到点网络中 IS-IS 邻接关系的建立

两台 IS-IS 路由器不论是跨 LAN 链路还是跨点到点链路建立 IS-IS 邻接关系，其规则都大体相同，只有一点不同。跨 LAN 链路建立 IS-IS 邻接关系时，路由器会发出 LAN Hello 消息；跨点到点链路建立邻接关系时，路由器则会发出 Point-to-Point Hello 消息。而后一种消息不含 IS 邻居 TLV 结构，该 TLV 结构的作用是：验证邻居路由器间是否具备双向连通性。ISO 10589 中的 IS-IS 原始规范并没有对（点到点链路上邻居路由器间的）三次握手作任何硬性规定，只要求底层介质具备可靠性。

如此行事，未免太过"冒险"。于是，IETF 对 IS-IS 协议做了改进，定义了点到点链路上邻居路由器间的三次握手机制，相关标准请见 RFC 3373。为实现该机制，IETF 又新定义了一种叫做点到点三次握手邻接关系（Three-Way Adjacency）的 TLV 结构，如图 4.21 所示。

长度，单位为字节

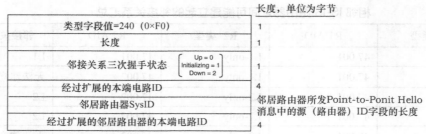

类型字段值=240（0×F0）	1
长度	1
邻接关系三次握手状态 〔Up = 0 Initializing = 1 Down = 2〕	1
经过扩展的本端电路ID	4
邻居路由器SysID	邻居路由器所发Point-to-Ponit Hello
经过扩展的邻居路由器的本端电路ID	消息中的源（路由器）ID字段的长度 4

图 4.21 点到点三次握手邻接关系 TLV

收到邻居路由器发出的 Point-to-Point Hello 消息后，支持三次握手机制的 IS-IS 路由器会检查其中是否包含三次握手邻接关系 TLV 结构。若未包含，则表示邻居路由器不支持点到点链路上的三次握手机制。此时，该 IS-IS 路由器便会履会行点到点链路上的两次握手过程。一般而言，IS-IS 路由器收到 IS-IS PDU 时，若发现其中包含了自己所无法识别的 TLV 结构，则会"掠过不读"。因此，当不支持三次握手机制的 IS-IS 路由器，收到支持该机制的邻居路由器发出的 Point-to-Point Hello 消息时，会对消息中所包含的三次握手邻接关系 TLV 结构"视而不见"。

若支持三次握手机制的 IS-IS 路由器通过特定的接口，收到了包含有效的三次握手邻接关系 TLV 的 Point-to-Point Hello 消息，便会把该接口（与邻居路由器）的三次握手邻接关系状态置为"Down"。也就是说，在该接口外发的 Point-to-Point Hello 消息所包含的三次握手邻接关系 TLV 结构中，"邻接关系三次握手状态"字段值将会是"2"（即状态为"Down"），"经过扩展的本端电路 ID"字段值将会是该接口所连电（链）路的电路 ID。

若 IS-IS 路由器在收到的 Point-to-Point Hello 消息中，"发现"了有效的三次握手邻接关系 TLV，但未在该 TLV 的"邻居路由器 SysID"和"经过扩展的本端电路 ID"字段中，"发现"本机 SysID 和本机接口所连本端电路 ID，便会将接收 Hello 消息的接口（与邻居路由器间的）邻接关系状态置为"Initializing"。该 IS-IS 路由器能够从（邻居路由器发出的）Hello 消息的源（路由器）ID 字段中，获悉到邻居路由器的 SysID；从 Hello 消息的相关字段或三次握手邻接关系 TLV 的"经过扩展的本端电路 ID"字段中，获悉到邻居路由器（用来建立邻接关系的接口）的本端电路 ID。然后，该 IS-IS 路由器会将获悉到的上述信息，分别填入本机随后发出的 Hello 消息所包含的（三次握手邻接关系 TLV 的）"邻居路由器 SysID"和"经过扩展的邻居路由器的本端电路 ID"字段，并同时把"邻接关系三次握手状态"字段值调整为 1，表示（发送 Hello 消息的接口与邻居路由器之间的邻接关系状态为）"Initializing"。

若 IS-IS 路由器在收到的 Point-to-Point Hello 消息所包含的三次握手邻接关系 TLV

中，发现"邻居路由器 SysID"和"经过扩展的邻居路由器的本端电路 ID"字段值，跟本机 SysID 和（接收 Hello 消息的接口所连电路的）本端电路 ID 相吻合，就会把（接收 Hello 消息的接口与邻居路由器之间的）三次握手邻接关系状态调整为 UP。这就意味着，在该 IS-IS 路由器随后发出的 Point-to-Point Hello 消息所包含的三次握手邻接关系 TLV 中，"邻接关系三次握手状态"字段值将会是 0。

细心的读者或许已经发现，（点到点链路上相邻路由器间）可能存在的三种三次握手状态：Down、Initializing 和 Up，这跟 ISO 标准中规定的三种 IS-IS 邻接关系状态完全一致。但请读者千万不要把两者混为一谈。一台 IS-IS 路由器既可以有邻接关系状态，也可以有三次握手状态，并以此来向后兼容（点到点链路上）不支持三次握手机制的邻居路由器。因此，只要收到了不含三次握手邻接关系 TLV 的 Point-to-Point Hello 消息，（支持三次握手机制的）IS-IS 路由器就会把（本机与邻居路由器之间的）邻接关系状态调整为"Up"，但仍会让（相应的）三次握手状态保持在"Down"状态。

读者一定想知道，为什么在三次握手邻接关系 TLV 中，只要与本端电路 ID 有关的字段名称都被冠之以形容词"经过扩展的"（extended）。请注意，这种 TLV 中涉及本端电路 ID 的那 2 个字段的长度都是 4 字节。这种新近定义的 TLV 规避了 IS-IS 原始规范中的某些"瑕疵"——在 Point-to-Point Hello 消息（其格式如图 4.12 所示）中，"本端电路 ID"字段的长度只有 1 字节（从而导致一台 IS-IS 路由器最多只能有 256 个接口）。第 8 章会对 IS-IS 协议的扩展功能展开深入探讨。

最后，还有一个地方可能会让读者感到困惑，那就是完成三次握手时，邻居路由器之间为什么要利用三次握手邻接关系 TLV，通告各自的本端电路 ID（即为什么要在三次握手邻接关系 TLV 中设立"经过扩展的本端电路 ID"字段），难道知道对端路由器的 SysID 还不够吗？请考虑当点到点链路（的一端）被"割接"到另外一个接口的情况（无论是割接到另外一台路由器上的某个接口，还是割接到同一台路由器的另一个接口）。在链路"割接"期间，要是点到点链路另一端的路由器并没有从接口的物理层"感知"到链路宕，且在"割接"之后，该链路所连"新"接口的电路 ID 跟"老"接口相同，或新接口所在路由器的 SysID 跟"老"路由器相同，那该怎么办呢？这种情况一般不会发生，可要是读者经常跟大型网络打交道，就会知道"一般不会发生"并不意味着"绝不可能发生"。在三次握手邻接关系 TLV 结构中，同时设立"邻居路由器 SysID"和"经过扩展的本端电路 ID"字段，就能让路由器更容易感知到上述"割接"操作，从而迫使其拆除通过相关点到点链路建立起来的邻接关系。

与邻居路由器建立邻接关系时，IS-IS 路由器会对其设置一个保持时间，保持时间值取自邻居路由器所发 Hello 消息的"保持计时器"字段值。在广播网络中，IS-IS 路由器还会根据（邻居路由器所发）LAN Hello 消息中的优先级字段值，排定邻居路由器的"座次"（确立其优先级）。最后，IS-IS 路由器会把（邻居路由器发出的 Hello 消息中的）区域地址 TLV 中所包含的区域地址，跟录入进邻接关系数据库中的邻居路由器建立起关联。若在邻居路由器随后发出的 Hello 消息中，以上三个字段中的任何一个字段值发生了改变，IS-IS 路由器就会更新邻接关系数据库，以反映出相关字段值有变。IS-IS 路由器的上述"举动"跟 OSPF 路由器大不相同：相邻的 IS-IS 路由器之间可以相互交换保持时间（对应于 OSPF Hello 数据包的路由器 Dead Interval 字段值）、优先级（对应于 OSPF Hello 数据包的路由器优先级字段值）和区域地址（对应于 OSPF Hello 数据包的区域 ID 字段值）不同的 Hello 消息。

而两台 OSPF 路由器之间要想建立起邻接关系，则通过 OSPF Hello 数据包通告的 Hello 时间间隔和路由器优先级必须匹配[4]。更为重要的是，在不对已建立起的 IS-IS 邻接关系造成任何影响的情况下，还能"随时调整" IS-IS 路由器所发 Hello 消息中的那三个字段值。拜 IS-IS 协议的这一灵活性所赐，IS-IS 相关参数可以随时在线调整，而要调整 OSPF 相关参数就必须安排宕机时间，因为此类操作势必会导致 OSPF 邻接关系中断。

4.4　指定路由器

诸如以太网介质之类的广播网络介质会给链路状态路由协议的运作制造"麻烦"，尤其是在路由器执行数据库同步和 SPF 计算时。请考虑一下 6 台路由器共处同一广播链路的场景，如图 4.22 所示。若链路上的那 6 台路由器都要两两之间建立邻接关系，则邻接关系的数量将会是 15，如图 4.22 下半部分所示。在图 4.22 所示的场景中，邻接关系数量的计算公式是：$(n^2-n)/2$，其中 n 为路由器的台数。也就是讲，只要接入同一广播链路的路由器的台数增加，路由器间所要建立的邻接关系的数量将会呈指数级递增。

对路由协议邻接关系自身而言，其数量多少，通常都不是问题。只要网络设计合理，一条链路也不可能同时接入那么多台路由器，而现代化的新型路由器所能维护的邻接关系的数量也颇为可观。效率低下才是关键问题。要想建立图 4.22 中的每一个邻接关系，两

---

[4] 译者注：1. OSPF Hello 数据包中的"Hello Interval（Hello 时间间隔）"字段，跟 IS-IS Hello 消息中的"保持计时器"字段并不算是等价字段。2. 对于相邻的两台 OSPF 路由器而言，互发的 Hello 数据包的路由器优先级字段值无需匹配，邻接关系也能建立。

端的路由器之间都必须完成数据库的同步。如读者所知，（在 OSPF 或 IS-IS 网络的）一个
区域（area）内，所有路由器的链路状态数据库的内容都必须相同，因此可设法让一台路
由器为该区域内的所有其他路由器提供链路状态数据库的信息（内容），如图 4.23 所示。
要是接入广播链路的所有路由器都与那台路由器建立邻接关系，那么用来完成数据库同步
的邻接关系的数量将会从（n^2-n）/2 递减为 n-1。

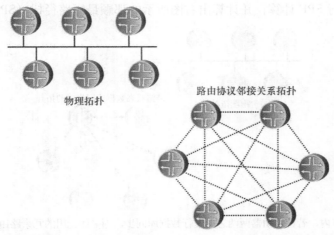

物理拓扑   路由协议邻接关系拓扑

图 4.22　按照本书目前所描述的邻接关系建立机制，接入同一广播网络的所有路由器两两之间所要建立
的邻接关系的数量

　　图 4.22 所示的网络还存在另外一个问题，那就是 SPF 计算的表示方法，即如何确定
任意两个节点间的最短路径。要是图中的每一台路由器（节点）都向一个更大的网络（未
与该广播网络直接相连的路由器集合），通告其自身以及跟其他 5 个节点所建立的邻接关
系，那么大量无用的冗余信息将会在网络中泛滥，SPF 计算也会变得无比复杂。

　　相反的是，可把该广播网络视为一个伪节点（pseudonode），如图 4.24 所示[5]。这样一
来，便可通过（让伪节点）泛洪单条链路状态通告消息，来通告那条广播链路，并列出接
入该链路的所有节点；而不应让每台路由器都去通告自己所接入的广播网络，以及接入该
广播网络（链路）的所有邻居路由器。所以说，接入该广播网络的每一台路由器都只会通
告（本机）与该伪节点所建邻接关系，不再通告（本机）与网络内所有其他路由器建立的
邻连关系了。

　　图 4.25 描绘了伪节点是如何参与 SPF 计算的。左图中连接到广播网络的每一台路由

---

[5]　伪节点是 IS-IS 技术术语，在有关 OSPF 的 RFC 中根本查阅不到。但这一术语非常形象，作者会在讨论 IS-IS
　　和 OSPF 时经常使用。

器（路由器 B、C、D、E、F 和 G）会分别发送常规的链路状态通告（消息），其中会包含路由器本机接口通往该广播链路的开销值。然而，用来表示（代表）伪节点的一台路由器同样会生成一条链路状态通告。这条链路通告也会有属于自己的 ID，在图 4.25 中，用路由器 H 来表示。在"节点"（路由器）H 看来，邻居路由器 B、C、D、E、F 和 G 都跟本机直连，链路开销为 0。于是，每一台路由器上所运行的 SPF 进程只会把 H 视为另一个节点，然后执行 SPF 计算，并计算出右图所示的那颗最短路径树（SPF 树）。

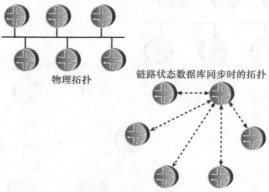

物理拓扑   链路状态数据库同步时的拓扑

图 4.23   在广播网络内，若让路由器两两之间进行数据库同步，则多而无用的冗余路由信息将会泛滥成灾

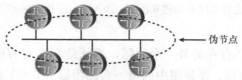

伪节点

图 4.24   引入了伪节点的概念，SPF 进程就能把广播链路及接入该链路的所有路由器，视为单一节点

图 4.25 所示为如何通过引入伪节点机制，来简化 SPF 树的构造。此处需要强调的是，虽把伪节点视为 SPF 树上的一个节点，但从流量转发的角度来看，不应将其算作额外的一跳路由器，因此在伪节点发出的链路状态通告中，会把（本节点）通向直连邻居节点的开销置为 0。现假定图 4.25 中的所有路由器，在链路状态通告中都把直连（该广播网络的）接口的开销值设置为 1。那么，从路由器 A 通向路由器 I 的开销（即流量转发成本）将会是 3，即将流量从路由器 A 转发到 B、从路由器 B 转发到 H、从路由器 H 转发到 F、从路由器 F 转发到 I 的成本分别是 1、1、0、1。换言之，虽把伪节点 H 视为一个节点，但它并不会增加路由的开销（即不会增加流量的转发成本）。

在广播网络中，推举出一台指定路由器（designated router），是简化数据库同步过程，方便伪节点运作的关键。指定路由器也是接入广播链路的一台路由器，接入该链路的其他所有路由器，都会借助其来同步各自的链路状态数据库，这台指定路由器会负责生成表示伪节点的链路状态通告。OSPF 和 IS-IS 协议都不约而同地采用了指定路由器机制，只是实现方式在概念上有很大的区别。本节其余的内容将会探讨两种路由器协议的指定路由器选举机制，以及对指定路由器的使用。

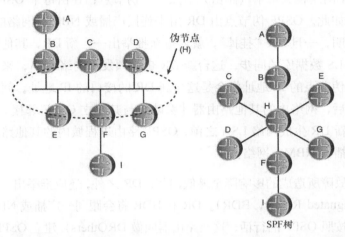

图 4.25　引入伪节点的概念后，（每一台路由器上所运行的）SPF 进程就可以把广播链路视为 SPF 树上的一个节点

4.4.1　OSPF 指定路由器

只要在接入多路访问介质（广播网络或 NBMA 网络）的路由器上运行 OSPF，路由器之间就必须推举出一台指定路由器（DR）。DR 会跟接入同一链路的所有其他路由器建立 OSPF 邻接关系，而这些路由器也只会借助 DR，来完成链路状态数据库的同步。DR 会生成一种特殊的 LSA（名为网络 LSA，第 5 章会详细介绍各类 OSPF LSA），向本 OSPF 区域中其他网络内的 OSPF 路由器，描述其所身处的多路访问网络。

接入同一广播链路的多台路由器跟 DR 进行链路状态数据库同步时，会对链路带宽和接口资源造成极大浪费，因为 DR 会针对已建立的每一个邻接关系，向每台路由器发送重复的链路状态更新消息。为避免这样的浪费，可让 DR 以多播的形式来发送链路状态更新消息。为此，需让 DR 向（共处广播网络的）其他路由器发送 OSPF 协议数据包时，用多播地址 224.0.0.5（该多播地址被称为 AllSPFRouters 地址）作为 IP 包头的目的地址；而其他路由器向 DR 发送 OSPF 协议数据包时，则包头的多播目的地址为 224.0.0.6（该多播地址被称为 AllDRouters 地址）。根据定义，NBMA 网络不支持广播和多播，因此在此类网络中，DR 需要借助于单播通信机制，跟与其建立邻接关系的每一台邻居路由器互发 OSPF 协议数据包（真实情况并不像听起来那么复杂。实际上，在 NBMA 网络中，OSPF 之间即便通过单播来通信，DR 的选举也是非常迅速）。

如前所述，对运行在每一台 OSPF 路由器上的 OSPF 进程而言，都会把由 DR 所代表的广播或 NBMA 网络视为单个（路由）节点——伪节点；在由每个 OSPF 进程派生出的节点图中，也是如此。OSPF 伪节点由 DR 用来连接广播或 NBMA 网络的接口的 IP 地址来表示。这就表明，一旦 DR "挂掉"，就得重新推举出一台新 DR，其他路由器必须再跟这台新 DR 进行 LS 数据库的同步，这台新 DR 也必须发出网络 LSA，来表明伪节点的存在，但此时表示伪节点的 IP 地址将会是这台新 DR 的接口的 IP 地址。问题在于，只有在推举出新 DR 之后，网络内的其他路由器才会陆续与其建立 OSPF 邻接关系，进行 LS 数据库的同步；在新 DR 生成网络 LSA 之前，OSPF 路由进程域内的其他路由器将访问不到该 DR 所处的广播或 NBMA 网络。

为了将 DR 故障所造成的影响降至最低，除了 DR 之外，还应推举出一台备份指定路由器（Backup Designated Router，BDR）。DR 和 BDR 将会跟同一广播或 NBMA 网络内的所有其他路由器（按照 OSPF 的行话，这些路由器叫做 DROthers）建立 OSPF 邻接关系。DR和 BDR 之间也会建立 OSPF 邻接关系，BDR 同样会像 DROthers 那样跟 DR 进行 LS 数据库的同步。图 4.26 所示为上述 OSPF 邻接关系。BDR 也会在广播链路上侦听目的地址为多播地址 ALLDRouters 的 OSPF 协议数据包。除此之外，BDR 的任务就跟美国副总统一模一样了：专等 "一把手" 殉职。也就是说，BDR 会默默地监视 DR，DR 一有 "闪失"，就会立刻取而代之。此时，由于 BDR 早就和 DROthers（除 DR 和 BDR 之外的 OSPF 路由器）建妥了 OSPF 邻接关系，且与 DROthers 一样，也已经跟 DR 同步过了各自的 LS 数据库，因此网络内每一台 OSPF 路由器所持有的 LS 数据库的内容应该完全相同，压根就没有重新同步 LS 数据库的必要。综上所述，有了 BDR，即便 DR "遇难"，网络也会很快恢复原状。

请读者回头看一下图 4.9 所示的 OSPF Hello 消息的格式，应注意其中的三个字段：路由器优先级字段、指定路由器字段和备份指定路由器字段。这三个字段专门用来推举DR 和 BDR。可为 OSPF 网络类型为 broadcast 或 NBMA 的路由器接口分配一个优先级，其值可为 0~255 之间的任一数字。路由器接口的 OSPF 优先级值可以手工指定，如未手工指定，大多数厂商的路由器都会启用一个预先设定的默认值。不过，RFC 2338 并未明确规定该默认值到底应该是多少，因此该值将会随不同厂商的 OSPF 实现而异。比方说，在Cisco 路由器上，接口的默认 OSPF 优先级值为 1，而 Juniper 路由器则为 128。若把某台路由器的接口的 OSPF 优先级值设置为 0，则表明该路由器不可能成为该接口直连网络内的 DR 和 BDR。指定路由器字段和备份指定路由器字段所包含的自然是 DR 和 BDR 的 IP地址，前提条件是：（发出 Hello 消息的 OSPF 路由器）知道 DR 和 BDR 的 IP 地址。若

DR 和 BDR 的 IP 地址未知，那两个字段值将会是 0.0.0.0。

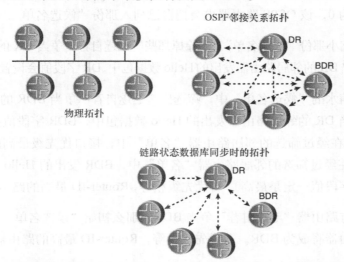

图 4.26 在多路访问网络环境内，DR 和 BDR 会跟其他所有 OSPF 路由器建立邻接关系，但那些路由器只跟 DR 进行 LS 数据库的同步

OSPF DR 发现过程的步骤如下所列。

1. OSPF 路由器上连接到多路访问网络的接口一经激活，接口数据结构中的 DR 和 BDR 的值就会被设置为 0.0.0.0，表示 DR 和 BDR 未知。OSPF 路由器还会根据该接口（所要发送的 Hello 数据包中的）路由器 Dead Interval 字段值，来启动一个等待计时器。

2. 该 OSPF 路由器启动邻居发现过程，并通过那个连接到多路访问网络的接口外发 Hello 数据包，其所包含的 DR 和 BDR 字段值都为 0.0.0.0。

3. 若（通过那个连接到多路访问网络的接口）收到了 Hello 数据包，其所包含的 DR 和 BDR 字段值分别指明了现存的 DR/BDR，OSPF 路由器让那个等待计时器停止计时，同时认可 Hello 数据包所通告的 DR/BDR。

4. 若等待计时器到期，OSPF 路由器仍未发现 DR，则发起 DR 推举过程。

OSPF DR 推举过程的步骤如下所列。

1. 跟接入同一链路的所有邻居路由器彼此验证过具备双向连通性之后，OSPF 路由器会列出有资格参与 DR/BDR 选举的邻居路由器"候选名单"（检查那些邻居路由器发出的 Hello 数据包，只要优先级字段值大于 0，发包路由器就有资格参与

DR/BDR 选举，即有资格在那份"候选名单"中露面）。只要本机接口的优先级未被配置为 0，该 OSPF 路由器也会把自己列入那份"候选名单"。

2．进一步缩小那份"候选名单"，剔除掉那些"毛遂自荐"争当 DR 的邻居路由器（在那些争当 DR 的邻居路由器发出的 Hello 数据包中，DR 字段值会设置为本机 IP 地址）。

3．从那份缩水的"候选名单"中，筛选出"毛遂自荐"争当 BDR 的邻居路由器（在那些争当 DR 的邻居路由器发出的 Hello 数据包中，BDR 字段值会设置为本机 IP 地址）。在经过筛选的邻居路由器"名单"中，接口优先级最高的路由器将成为 BDR（在经过筛选的邻居路由器"名单"中，BDR 发出的 Hello 数据包所包含的优先级字段值一定是最高）。若优先级相等，Router-ID 最高的路由器将成为 BDR。

4．要是没有路由器"毛遂自荐"争当 BDR，那么初始"候选名单"中接口优先级最高的路由器将成为 BDR。若优先级相等，Router-ID 最高的路由器将成为 BDR。

5．从初始"候选名单"中圈定"毛遂自荐"争当 DR 的邻居路由器，采用跟选举 BDR 相同的标准来选举出 DR（先通过接口优先级再通过 Router-ID 来一决高下）。

6．若没有路由器"毛遂自荐"争当 DR，新近选举出的 BDR 将"拔擢"为 DR，重新执行步骤 2~4，再选举出一台 BDR。

上述 DR/BDR 选举（及发现）过程不仅会在 OSPF 路由器刚上线运行时执行，在 DR "挂掉"时，也会执行。读者应不难发现，从普通的 OSPF 路由器到 BDR 直至 DR 都是逐级"拔擢"。此外，该选举过程还虑及了某些极端情况，可以防止不应该担当 DR 的流氓路由器"毛遂自荐"争当 DR。

单凭上述 DR/BDR 选举（及发现）过程的复杂性，就可以轻易判断出，该过程一定不可能经常执行。在多路访问网络环境中，一台路由器上线运行时，DR 和 BDR 肯定早已"恭候多时"了，即便该路由器接口的优先级更高，也不会发生 DR 和 BDR 选举。换言之，DR 和 BDR 一旦就位，就稳如泰山。该规则可增强多路访问网络环境中 OSPF 运行的稳定性，因为新路由器无论何时上线运行，都顶不掉 DR 和 BDR 的位置。话又说回来，这也意味着在稳定的多路访问网络环境中，DR/BDR 选举过程作用不大：最先上线运行，且具备 DR 选举资格的两台 OSPF 路由器会分别成为相关链路上的 DR 和 BDR[6]。

---

[6] 此话还有一个前提条件，那就是在该广播链路上那两台 OSPF 路由器的等待计时器到期之前，没有新的 OSPF 路由器加入网络。倘若同时有多台 OSPF 路由器上线运行，比如，交换机重启或链路故障后恢复，上述 DR/BDR 选举过程仍会进行。

4.4.2 IS-IS 指定中间系统

IS-IS 指定路由器（按 IS-IS 行话来讲，应该叫指定中间系统[Designated Intermediate System，DIS]）所起的作用跟 OSPF DR 相同。接入同一广播网络（IS-IS 没有 NBMA 网络一说）的 IS-IS 路由器会推举出一台 DIS，DIS 会生成表示伪节点的伪节点 LSP。该广播网络内的其他路由器会跟 DIS 进行 LS 数据库的同步。在广播网络环境中，DIS 和其他 IS-IS 路由器之间尽管也利用多播来互发路由协议消息，但与 OSPF 不同，并没有为发往 DIS 的 IS-IS PDU 专门分配一个目的多播地址。比之 OSPF DR，IS-IS DIS 虽然所起的作用基本基本相同，但在运作方式上却有所不同。

以下所列为 IS-IS DIS 和 OSPF DR 在运作方式上的不同之处。

- IS-IS 不设备份 DIS。

- 接口优先级最高的 IS-IS 路由器可立刻"顶替"现有的 DIS。

- 接口优先级为 0，并不意味着 IS-IS 路由器没资格参与 DIS 选举。

- 在广播网络环境中，IS-IS 路由器之间依旧两两建立 IS-IS 邻接关系（全互连的 IS-IS 邻接关系），并不是只跟 DIS 建立邻接关系。

- 在特定的广播网络环境中，L1 和 L2 邻接关系分别有各自的 DIS。

与 OSPF 相同，可为连接到广播网络的 IS-IS 路由器的接口分配优先级。由图 4.11 可知，IS-IS LAN Hello 消息的优先级字段的长度为 7 位，因此优先级的取值范围为 0~127（Cisco 路由器和 Juniper 路由器的默认值都是 64）。可分别针对 L1 和 L2 邻接关系，为 IS-IS 路由器接口分配优先级，也就是讲，在同一广播网络内，可能会出现甲路由器为 Level 1 DIS，乙路由器为 Level 2 DIS 的局面。若把路由器的接口配置为 Level 1-only，则其将只参与 Level 1 DIS 的选举，同理，若把路由器的接口配置为 Level 2-only，则其也只会参与 Level 2 DIS 的选举。若把路由器的接口配置为 Level1-2，则其会同时参与 Level1 1 和 Level 2 DIS 的选举。

IS-IS 路由器执行 L1 DIS 选举时，会把与其建立 L1 邻接关系的所有邻居路由器，外加本机包括在内。同理，IS-IS 路由器执行 L2 DIS 选举时，会把与其建立 L2 邻接关系的所有邻居路由器，外加本机考虑在内。请别忘了，一对 IS-IS 路由器之间只要彼此验证过具备双向连通性，就算邻接关系已经建立；而 OSPF 路由器之间在同步完各自的 LS 数据库之前，并不能算"完完全全"地建立了邻接关系。这充分说明，在执行 DR/DIS 选举之前，OSPF 邻居路由器之间和 IS-IS 路由器之间所处的邻接关系状态必然有所不同。

若接入广播网络的 IS-IS 路由器未与任何邻居路由器建立起邻接关系，便不会"毛遂自荐"争当 DIS。这是为了避免出现这样一种情况：当 IS-IS 路由器只能发包但不能收包时，仍旧以 IS-IS DIS 自居。网络部件或路由器配置存在瑕疵，都有可能会导致这种情况的发生。

IS-IS DIS 推举过程非常简单：在建立 L1 和 L2 邻接关系的所有路由器中，接口优先级值最高的路由器将分别成为 L1 DIS 和 L2 DIS。若接口优先级值全都相同，接口（指连接到该广播网络的接口）SNPA（MAC）地址最高的路由器将成为 DIS。与 OSPF 不同，接口优先级值为 0 的 IS-IS 路由器仍有资格参与 DIS 选举，也就是说，若另一台路由器的接口优先级值为 1，则前者将不会成为 DIS。这也同时意味着，绝不会发生类似于 OSPF 的极端情况：接入同一链路的路由器都没有资格参与 DIS 的选举（只要把接入同一链路的所有 OSPF 路由器的接口的优先级全都配置为 0，那么该链路上将绝不会出现 DR 和 BDR）。

选举 DIS 时，IS-IS 路由器不像 OSPF 路由器那样会启动一个等待计时器，并与发生变化的邻接关系状态相关联。IS-IS 路由器只要从与其建立邻接关系的邻居路由器收到 LAN Hello 消息，或向与其建立邻接关系的邻居路由器（哪怕只有一台）发出 LAN Hello 消息，就会执行 DIS 选举。在 OSPF DR 推举过程中，由于需要保证普通路由器到 BDR 再到 DR 的逐级"拔擢"，因此便增加了推举过程的复杂性。而 IS-IS 网络中不选举备份 DIS 就是为了降低 IS-IS DIS 选举过程的复杂性，除此之外，还有另一个合理原因，那就是 DIS 选举过程进行的非常快，即便推举出备份 DIS，好处也不明显。

只要收到 Hello 数据包，IS-IS 路由器就会执行 DIS 推举过程，这也意味着，同一广播网络内，只要有 IS-IS 路由器发出了优先级字段值更高的 Hello 消息（或优先级字段值相等，但生成 Hello 消息的 IS-IS 路由器（接口）的 MAC 地址更高），现有的 DIS 就会"让贤"。当原有的 DIS 被"顶替"（或因调低了优先级字段值，而主动"让贤"）时，"新" DIS 会清除"老" DIS 生成的伪节点 LSP，同时自行生成伪节点 LSP，其他所有 IS-IS 路由器都将与这台"新" DIS 同步 LS 数据库。乍一看，这似乎会影响网络的稳定性，而某些优秀的网络工程师毕生追求的就是让网络永远保持稳定。请读者好好想一想，在一个共享式的广播网络中，会不会经常新增或移除路由器？答案肯定是"不经常"。即便是在网络的割接期间，需要新增或移除路由器，IS-IS DIS 的抢占或"让贤"也不会对网络的稳定性造成严重影响。

通过以太网建立起的点到点邻接关系

路由器的以太网接口模块，无论速率如何（10Mbit/s、100Mbit/s、1Gbit/s 或 10Gbit/s），其造价都低于同等速率的其他类型的接口模块。因此，同一机房（同一大厦、同一园区、同一城域网）内的网络设备之间常会用以太网接口来实施点到点互连。当两台 OSPF 或 IS-IS 路由器通过以太网接口实施点到点互连时，在互连接口所在以太网络内，选举 DR 或 DIS 将毫无用处。然而，在默认情况下，由于 OSPF 或 IS-IS 路由器都把以太网接口视为广播类型接口，因此在互连接口所在以太网络内，即便只有两台路由器，也还是要推举出一台 DR 或 DIS。

称职的网络工程师总会尽其所能地保证网络的简单性、高效性和清晰性。对那些称职的网络工程师而言，让 OSPF 或 IS-IS 路由器执行"多此一举"的 DR 或 DIS 选举过程，不但会生成不必要的网络流量，徒增链路状态数据库的规模，而且还会让 SPF 树派生出多余的节点。退一万步来讲，这也破坏了网络的美感。虽然有人会说，作者是在鸡蛋里挑骨头，但在维护超大型网络时，就是要始终如一地在"鸡蛋"里挑出"骨头"，只有如此，才能让网络运行得更加稳定。在某些大型网络中，点对点以太网链路的数量可能会过千。更要命的是，某些以太网链路还是承载 VLAN（虚拟 LAN）的 Trunk 链路。要是跨此类链路运行 OSPF 或 IS-IS，执行 DR 或 DIS 的选举，会使得网络更加复杂。

在某些厂商的路由器上，可将以太网接口的 OSPF 或 IS-IS 网络类型，从默认的"broadcast"修改为"point-to-point"。当路由器以点对点方式通过以太网链路互连时，把以太网互连接口的 OSPF 或 IS-IS 网络类型配置为 point-to-point，不但能使网络更为简单，更容易管理，而且还能使用无编号 IP 编址方案（IP unnumbered），从而达到节省 IP 地址的目的。

4.5　介质类型

之前针对 DR 或 DIS 的讨论，应该让读者对 OSPF 和 IS-IS 在各种物理介质上的不同运作方式有了清晰的认识。理解这两种协议在各种物理介质上运作方式之间的差异，将有助于读者正确设计网络，加快故障的排除。

4.5.1　OSPF 网络类型

OSPF 路由器会把自身的各种（逻辑或物理）接口（所连链路）视为以下 5 种网络类型之一：

- 广播网络；

- 点到点网络；

- 非广播多路访问（NBMA）网络；

- 点到多点网络；

- 虚链路。

确切来说，广播网络应称为广播多路访问网络。在此类网络中，可以同时接入超过两台以上的网络设备，一台网络设备发出的数据包可以被网络中其他所有设备接收。近来，广播网络一般都是指以太网。令牌环网和 FDDI，如今都被认为是过时的 LAN 技术，它们也属于广播网络。OSPF 标准规定，在同一广播网络内，所有 OSPF 邻居路由器之间必须具备双向连通性，亦即 OSPF 要想在广播网络内运转正常，所有 OSPF 路由器一定要能够收到以多播方式发送的 OSPF 路由协议数据包（即目的 IP 地址为 AllSPFRouters[224.0.0.5] 和 AllDRouters[224.0.0.6]的多播数据包）。在广播网络内，还必须推举 OSPF DR/BDR。

点到点网络总是用来互连两台路由器，其物理拓扑与 SPF 树的分枝相吻合，故而不用推举 DR 和 BDR。只要在路由器连接点到点链路的接口上配置了 IP 地址，该接口发出的 OSPF 数据包的目的 IP 地址将会是 AllSPFRouters。然而，点到点网络还有其特殊性，那就是数据包由链路一端的路由器发出之后，除了被电路对端路由器接收，它将"走投无路"。因此，OSPF 也能跨无编号点到点链路（即不为邻居路由器间的点到点互连接口明确指定 IP 地址）运行。

帧中继和 ATM 都属于 NBMA 网络，要是读者还在与古老的 X.25 打交道，那它也算 NBMA 网络。利用上述技术组建而成的网络有一个共同特征，那就是网络内的路由器之间肯定得通过虚电路（Virtual Circuit，VC）来互连。与广播网络一样，OSPF 进程也会把 NBMA 网络"描绘"为一个 IP 子网，外加接入进来的两台或两台以上的路由器。OSPF 标准并未要求 NBMA 网络中隶属同一 IP 子网的所有邻居路由器之间必须具备双向连通性（即在 NBMA 网络中，不要求一台 OSPF 路由器发出的数据包都能被隶属于同一子网的所有其他 OSPF 路由器接收），这也是在广播网络和 NBMA 网络上运行 OSPF 的最主要的差别。若接入 NBMA 网络的路由器之间通过 VC 建立了全互连拓扑结构，如图 4.27 左侧所示，那么该网络内任何一台路由器都可以直接向所有其他路由器发送数据包（即网络中一台路由器发出的数据包能够被所有其他路由器接收）。然而，电路成本决定了人们一般都会采用部分互连拓扑，如图 4.27 右侧所示。NBMA 中"NB"（NonBroadcast，非广播）

的含义是：此类网络中一台路由器发出的数据包未必能被所有其他路由器接收。综上所述，在 NBMA 网络内，要想让 OSPF 运转正常，就必须让 OSPF 路由器以单播方式，分别向各台已知邻居路由器发送 OSPF 路由协议数据包。

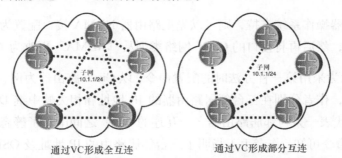

通过VC形成全互连　　　　　　　　　　通过VC形成部分互连

图 4.27 在 NBMA 网络中，路由器之间可通过 VC 组建全互连或部分互连的网络拓扑。也就是说，并不能保证路由器两两之间都通过 VC 直连

　　由于 NBMA 网络一般都用来接入隶属于同一 IP 子网的两台或两台以上的路由器，因此只要在其内运行 OSPF，就一定要选举 DR/BDR。不过，NBMA 网络内的 OSPF 路由器之间大都不会通过 VC 来实施全互连，故需精心控制 DR 的选举过程。可采用以下两种做法。

■　确保在 OSPF 路由器之间通过 VC 来构建全互连网络拓扑，使得任一路由器发出的数据包都能被其他所有路由器接收。这种组网方式代价不菲，其成本包括 VC 的电路成本和管理成本。随着接入 NBMA 网络的路由器不断增加，VC 的数量也会呈几何级数增长。此外，只要 VC 中断或配置有误，这一全互连网络拓扑将会"退化"至部分互连网络拓扑。利用帧中继或 ATM 技术来组件 NBMA 网络时，大多数网络工程师都会选择 hub-and-spoke（中心-分支）网络拓扑，而非全互连拓扑。

■　若 NBMA 网络中有路由器跟其余所有路由器之间都开通了直连 VC，那就将此路由器选定为 OSPF DR，具体做法是：将其 NBMA 接口的 OSPF 优先级设成最高，让网络内的所有其他路由器都没有"资格"担当 DR。

　　在拓扑结构为部分互连的 NBMA 网络中配置 OSPF 时，还需要考虑另外一项因素，那就是有些路由器的 NBMA 接口（比如，帧中继接口）默认不支持发送广播及多播数据包。这会导致 OSPF 路由器之间不能以多播方式交换 Hello 数据包，以至于不能彼此发现。如要通过单播方式交换 Hello 数据包，则必须事先知道邻居路由器的 IP 地址。同样有两种方法来解决这一问题。

- 在网络中的每台 OSPF 路由器上，手工指定各邻居路由器的 IP 地址和 OSPF 优先级。此外，还应在各邻居路由器的 IP 地址和相关数据链路层标识符（比如，帧中继 DLCI 编号）之间建立明确的对应关系。

- 若路由器操作系统支持，则可以先把路由器 NBMA 接口配置为支持收、发多播及广播，然后再将接口的 OSPF 网络类型从"NBMA"更改为"broadcast"。

图 4.28 所示为采用第一种方法时的配置命令，以 Cisco 路由器为例。由图中的接口配置模式命令可知，作者分别在三台邻居路由器的 IP 地址和相关帧中继 DLCI 编号（每个 DLCI 编号分别代表一条与邻居路由器之一互连的 VC）之间配置了静态映射。由图中的 router 配置模式命令可知，作者手工指明了三台邻居路由的 IP 地址及 OSPF 优先级。这三台邻居路由器的 OSPF 优先级都是 0，则意味着三者都不可能成为该 NBMA 网络中的 DR。本路由器的 OSPF 优先级为默认配置值。此外，作者还在那三台邻居路由器的 router 配置模式下，以 neighbor 命令指明本路由器的 IP 地址时，分配了一个大于 0 的 OSPF 优先级值。因此，本路由器将会成为该 NBMA 网络中的 DR。

```
interface Serial0
  encapsulation frame-relay
  ip address 10.1.1.1 255.255.255.0
  frame-relay map ip 10.1.1.2 17
  frame-relay map ip 10.1.1.3 19
  frame-relay map ip 10.1.1.4 18
!
router ospf 1
  network 10.1.1.0 0.0.0.255 area 0
  neighbor 10.1.1.2 priority 0
  neighbor 10.1.1.3 priority 0
  neighbor 10.1.1.4 priority 0
```

图 4.28　一份涉及帧中继网络的 OSPF 配置，在这份配置中，通过 neighbor 命令指明了邻居路由器的 IP 地址和 OSPF 优先级值

图 4.29 所示为采用第二种方法时的配置命令，还是以 Cisco 路由器为例。由接口配置模式命令可知，作者用 frame-relay map 命令，配置三台邻居路由器的 IP 地址和帧中继 DLCI 编号的映射时，添加了 broadcast 关键字，让与 DLCI 编号相对应的帧中继 VC 支持广播和多播数据包的转发。这样一来，就可以把帧中继接口（s0 接口）的 OSPF 网络类型配置为 broadcast。图中配置一经应用，该 NBMA 网络内的 OSPF 邻居路由器之间就能以多播方式交换 Hello 数据包了，因此只需要在邻居路由器间的互连接口上配置 OSPF 优先级值。于是，作者在本路由器用来互连邻居路由器的接口（s0 接口）上，将 OSPF 优先级设成了 50；在邻居路由器的互连接口上，则将 OSPF 优先级设置为 0，以确保本路由器成为该 NBMA 网络内的 DR。

　　在 NBMA 网络中运行 OSPF 时，还有一种略微简单的配置方法，需要利用一下第 4 种 OSPF 网络类型：point-to-multipoint。只要在路由器的 NBMA 接口上配置这种 OSPF 网络类型，OSPF 进程就会把 NBMA VC 视为多条点到点链路，这样也就不用选举 DR 了。图 4.30 所示为采用这种 OSPF 网络类型的配置示例。请注意，图中并未包含 OSPF 优先级的配置，因为根本就不需要。此外，图中也未包含邻居路由器的 IP 地址与帧中继 DLCI 编号之间映射关系的配置，路由器 s0 接口会借助于逆向 ARP 功能，在邻居路由器的 IP 地址和帧中继 DLCI 编号之间自动建立映射关系。

```
interface Serial0
   encapsulation frame-relay
   ip address 10.1.1.1 255.255.255.0
   ip ospf network broadcast
   ip ospf priority 50
   frame-relay map ip 10.1.1.2 17 broadcast
   frame-relay map ip 10.1.1.3 19 broadcast
   frame-relay map ip 10.1.1.4 18 broadcast
!
router ospf 1
   network 10.1.1.0 0.0.0.255 area 0
```

图 4.29　一份涉及帧中继网络的 OSPF 配置，在这份配置中，把路由器 NBMA 接口的 OSPF 网络类型从 NBMA 改成了 broadcast

```
interface Serial0
   encapsulation frame-relay
   ip address 10.1.1.1 255.255.255.0
   ip ospf network point-to-multipoint
!
router ospf 1
   network 10.1.1.0 0.0.0.255 area 0
```

图 4.30　一份涉及帧中继网络的 OSPF 配置，在这份配置中，把路由器 NBMA 接口的 OSPF 网络类型配成了 point-to-multipoint

　　最后，再来介绍一种在 NBMA 网络中运行 OSPF 的最简单的部署方式，它借鉴了当前 NBMA 网络中最为常见的 VC 的配置方法。其配置思路是：先把路由器的物理接口划分为多个虚拟接口（也称为子接口），再分别将虚拟接口与 VC "挂钩"；也就是说，不再把 NBMA 网络视为与路由器的物理接口相连的单个 IP 子网了。说透一点，就是把每条 VC 视为一条点到点链路，可在与 VC "挂钩"的虚拟接口（子接口）上单独配置 IP 地址，或将其配置为无编号接口。搞定了上述二、三层配置之后，配置 OSPF 时，只需把路由器逻辑接口（子接口）的 OSPF 网络类型设为 "point-to-point"，便可以达到在 NBMA 网络中避免 DR 选举的目的了（如图 4.31 所示）。

虚链路是第 5 种 OSPF 网络类型，但在向读者细述什么是 OSPF 区域之前，还不方便介绍这种 OSPF 网络类型。因此，将会在第 7 章探讨 OSPF 虚链路。

```
interface Serial0
  no ip address
  encapsulation frame-relay
interface Serial 0.17 point-to-point
  ip address 10.1.1.1 255.255.255.254
  frame-relay interface-dlci 17
interface Serial 0.18 point-to-point
  ip address 10.1.1.5 255.255.255.254
  frame-relay interface-dlci 18
interface Serial 0.19 point-to-point
  ip address 10.1.1.9 255.255.255.254
  frame-relay interface-dlci 19
!
router ospf 1
  network 10.1.1.0 0.0.0.255 area 0
```

图 4.31　一份在帧中继网络中运行 OSPF 的配置，在这份配置中，不但把每条 VC 视为一条点到点链路，还让每条 VC 都单独隶属于一个 IP 子网

4.5.2　IS-IS 网络类型

与 OSPF 相比，IS-IS 支持的网络类型（用 IS-IS 的行话来说，叫子网类型[subnetwork type]）较少，只支持以下两种：

- 广播网络（LAN）；

- 常规拓扑网络。

广播网络在 IS-IS 标准和 OSPF 标准中都有着相同的定义，是指同时具备以下特征的网络：一、可同时接入两个以上的节点；二、任何一个节点发出的 PDU 都能被其他所有节点接收。IS-IS 路由器在广播网络中运作时所表现出的主要特征也与 OSPF 路由器相同，都需要推举出一个"代表"（DIS），以便把整个广播网络表示为一个伪节点。IS-IS 标准规定，在广播网络中，目的 MAC 地址为 IS-IS 多播 MAC 地址之一（即 AllL1ISs[0180.c200.0014] 或 AllL2ISs [0180.c200.0015]）的 PDU 应能被网络内所有 IS-IS 路由器接收。这一点，同样与 OSPF 相同。

常规拓扑网络是指点对点链路。IS-IS 规范虽把该网络类型又细分为几种子类型，但读者只需要知道，在本书中该术语只用来指代点对点网络。

ISO 10589 定义了与 IS-IS 虚链路有关的规范，但 IS-IS 虚链路不作为一种单独的网络类型，这与 OSPF 有所不同。不过，读者大可不必在意这样的差别，因为还没有任何一家

路由器厂商的 IS-IS 实现能支持虚链路。第 7 章会稍微提及 IS-IS 虚链路。

就网络类型而言，OSPF 和 IS-IS 之间最引入关注的差异是，IS-IS 并不像 OSPF 那样有 NBMA 和 point-to-multipoint 之类的网络类型，来支撑自己在 NBMA 网络中运行。但如本章之前的内容所述，除极个别特例之外，如今的帧中继和 ATM 网络设计都不会让整个 NBMA "网络云"隶属于同一 IP 子网，而是会为每条 VC 所连链路分配一个单独的 IP 子网，或将此类链路配置为 IP 无编号链路。正因如此，在 NBMA 网络中运行 OSPF 和 IS-IS 时，人们通常都会把与 VC 挂钩的虚拟接口的网络类型配置为 point-to-point。

图 4.32 所示为一份在 NBMA 网络中运行 IS-IS 的配置示例。由配置可知，该路由器是 Juniper 路由器，而非 Cisco 路由器，其所连 NBMA 网络则是通过 ATM PVC 来组建。与图 4.31 所示的配置相比，虽然路由器的操作系统变了，但配置原理未变，都要在路由器上将与 VC 挂钩的每个逻辑接口分别"划入"一个单独的 IP 子网。

```
interfaces {
        at-3/1/0 {
                atm-options {
                        vpi 0 maximum-vcs 512;
                }
                unit 101 {
                        encapsulation atm-snap;
                        point-to-point;
                        vci 0.101;
                        family inet {
                                address 10.1.1.1/30;
                        }
                        family iso;
                }
                unit 102 {
                        encapsulation atm-snap;
                        point-to-point;
                        vci 0.102;
                        family inet {
                                address 10.1.1.5/30;
                        }
                        family iso;
                }
                unit 103 {
                        encapsulation atm-snap;
                        point-to-point;
                        vci 0.103;
                        family inet {
                                address 10.1.1.9/30;
                        }
                        family iso;
                }
        }
}
protocols {
        isis {
                interface at-3/1/0.101;
                interface at-3/1/0.102;
                interface at-3/1/0.103;
        }
```

图 4.32 一份在 ATM 网络中运行 IS-IS 的配置示例，在这份配置中，每条 ATM PVC 都以一条点对点链路的面目示人，且分别隶属于一个单独的 IP 子网

4.6　接口数据库

OSPF 和 IS-IS 路由器会利用接口数据库和邻居数据库，来存储本机所感知到的与当前网络环境有关的信息。OSPF 和 IS-IS 路由器的接口数据库会记录：路由器参与路由协议进程的接口，以及与路由协议有关的接口参数信息。邻居数据库则会记录：所有已经"探测"到的邻居路由器，以及与此有关的参数信息，这些信息主要是从接收到的 Hello 消息中"提取"。

本节会带读者研究一下 OSPF 和 IS-IS 路由器的接口数据库。由于相邻两台 IS-IS 路由器之间只要验证过双方具备双向联通性，便认定彼此之间建立起了 IS-IS 邻接关系，因此可以把 IS-IS 邻居数据库放到本章来介绍。但对于相邻两台 OSPF 路由器而言，只有同步完各自的 LS 数据库之后，才会认定彼此间"完全"建立了 OSPF 邻接关系。而 OSPF 邻居数据库所记录下的各种 OSPF 邻接关系状态，都会与数据库同步过程中的一系列步骤一一对应。出于以上原因，作者将会在第 6 章介绍 OSPF 和 IS-IS 邻居数据库。

4.6.1　OSPF 接口数据结构

路由器上每个参与 OSPF 进程的接口（简称 OSPF 接口）都与一个接口数据结构（interface data structure）紧密关联，OSPF 接口数据库正是用来存储那些（OSPF 接口的）接口数据结构的"容器"。图 4.33 所示为存储在 OSPF 接口数据库中的某特定 OSPF 接口的大部分数据。

```
jeff@Juniper6> show ospf interface fe-0/0/2.0 extensive
Interface        State     Area        DR ID           BDR ID          Nbrs
fe-0/0/2.0       BDR       0.0.0.0     192.168.254.7   192.168.254.6   1
Type LAN, address 192.168.4.1, mask 255.255.255.0, MTU 1500, cost 1
DR addr 192.168.4.2, BDR addr 192.168.4.1, adj count 1, priority 128
Hello 10, Dead 40, ReXmit 5, Not Stub
```

图 4.33　存储在 OSPF 接口数据库中的某特定 OSPF 接口的数据

虽然 OSPF 接口数据的显示格式随路由器厂商而异（图 4.33 所示的接口数据来源于一台 Juniper 路由器），但其所包含的基本内容不会有太大的出入，如下所列。

- "Type（类型）"表示该接口（所连链路）的 OSPF 网络类型（包括 broadcast、nonbroadcast、NBMA、point to multipoint 或 virtual link）。在图 4.33 中，接口（interface fe-0/0/2.0）的 OSPF 网络类型为 LAN（broadcast）。

- "State（状态）"是指接口的运行级别，将在下一章讨论。路由器会决定能否在此接口（所处）状态下建立 OSPF 邻接关系。在图 4.33 中，接口（interface fe-0/0/2.0）（所处）状态为 BDR，表示本路由器是此接口所在 LAN 内的 BDR。

■ "IP Interface Address（接口的 IP 地址）"，表示为该接口分配的 IP 地址，这一 IP 地址同时也是该接口所发 OSPF 数据包的源 IP 地址。当然，若该接口为无编号接口，则会因为没有为其明确分配 IP 地址，而导致该字段值为空。在图 4.33 中，接口（interface fe-0/0/2.0）的 IP 地址为 192.168.4.1。

■ "IP Interface Mask（IP 接口掩码）"，表示接口的 IP 地址的一部分，即该接口所处 IP 子网的网络前缀（子网掩码）。由于对于虚电路或某些点到点链路，并不会定义子网掩码，因此 "IP Interface Mask" 可能也不会在与上述链路有关的接口数据中 "露面"。在图 4.33 中，接口（interface fe-0/0/2.0）的 "IP 接口掩码" 是 255.255.255.0。

■ "area ID（区域 ID）"，其值用来指明该接口所连网络隶属于哪个 OSPF 区域。在该接口生成的 OSPF 消息中也会包含区域 ID 字段。如图 4.33 所示，该接口（interface fe-0/0/2.0）（所连网络）隶属于区域 0.0.0.0。

■ "Hello Interval（Hello 间隔时间）"，其值用来表示该接口外发 OSPF Hello 数据包的间隔时间（这一间隔时间值可继承自默认配置值，当然，也可以单独为某个接口配置一个具体的值）。该接口会按照默认配置或手工配置所 "规定" 的间隔时间（单位为秒）来外发 Hello 数据包。此外，路由器还会在由该接口发出的 Hello 数据包的 Hello Interval 字段中，填入这一间隔时间值。如图 4.33 所示，该接口（interface fe-0/0/2.0）会每隔 10 秒外发一次 OSPF Hello 数据包。

■ "Dead（路由器 Dead Interval）"，表示由该接口所发 Hello 数据包的路由器 Dead Interval 字段值，该值既可以专门为某个接口单独配置，也可以继承自默认配置。如图 4.33 所示，由该接口（interface fe-0/0/2.0）发出的 Hello 数据包的路由器 Dead Interval 字段值将会是 40 秒。

■ "InfTransDelay" 是一个时间值，单位为秒，表示该接口发送链路状态更新（LSU）数据包所花费的大致时间。在该接口外发 LSU 数据包之前，OSPF 路由器会用该值作为增量，来增加包含在 LSU 数据包内的 LSA 的 "LSA 寿命" 字段值（InfTransDelay 值的用途及 LSA 的老化机制将会在第 5 章讨论）。图 4.33 中并未示出 InfTransDelay 值，但是，该值是 OSPF 接口数据结构的重要组成部分。

几乎所有常见的 OSPF 实现都把 InfTransDelay 值设置为 1。

- "Router Priority（路由器优先级）"，其值将在 DR 选举中派上用场，会在由该接口外发的 Hello 数据包的"路由器优先级"字段中"露面"。如图 4.33 所示，该路由器的路由器优先级值为 128，这是 Juniper 路由器采用的默认值。

- "Hello Timer（Hello 计时器）"，在图 4.33 中，其值为 10 秒，它明确规定了该接口（interface fe-0/0/2.0）向其所处网络定期发送 Hello 数据包的间隔时间。该接口所发 Hello 数据包的"hello interval"字段值将会被设置为该值。[7]

- "Wait Timer（等待计时器）"，OSPF 接口一经激活，路由器就会在该接口所处网络内侦听 OSPF 数据包，以发现网络内现有的 DR。该计时器值所规定的时间，就是路由器在（该接口所处）网络内"等待"已推举出的 DR "露面"的时间。在图 4.33 中，并未示出 Wait Timer 值，因为该值不可手工配置。对所有常见的 OSPF 实现而言，该值都与路由器 Dead Interval 值相同。

- 邻居路由器列表（List of Neighboring Routers），OSPF 路由器只要收到其邻居发出的 Hello 数据包，就会在这份列表里记录下邻居路由器的 IP 地址。不过，OSPF 路由器未必会跟录入进这份列表里的所有邻居路由器都建立邻接关系。图 4.33 所示的输出中（出自一台 Juniper 路由器）并未显示这份列表，这份输出显示的是 interface fe-0/0/2.0 所处网络内一台已知邻居路由器（Nbrs）的详细信息。显示 OSPF 邻居路由器列表的命令是 show ospf neighbors（JunOS 命令）和 show ip ospf interface（Cisco IOS 命令）。

- 指定路由器，该字段由两部分信息组成：DR 的 RID（"DR ID"）；DR 连接该网络的接口所设 IP 地址（当然，DR 的这一接口必须明确设有 IP 地址）（"DR addr"）。由图 4.33 可知，DR 的 RID 为 192.168.254.7，其连接该网络的接口所设 IP 地址为 192.168.4.2。

- 备份指定路由器，同样由两部分信息组成：BDR 的 RID（"BDR ID"）；BDR 连接该网络的接口所设 IP 地址（当然，BDR 的这一接口必须明确设有 IP 地址）（"BDR addr"）。由图 4.33 可知，BDR 的 RID 为 192.168.254.6，其连接该网络的接口所设 IP 地址为 192.168.4.1。如前所述，根据图 4.33 示出的路由器本机接口的 IP 地址（address 192.168.4.1），可以判断出本路由器（jeff@Juniper6）担当

---

[7] 译者注：这跟之前提到的"Hello Interval（Hello 间隔时间）"参数似有重复之嫌。

BDR 一职。

- 接口外发数据包的成本（Interface Output Cost），由图 4.33 可知，其值为 1，这也是由本路由器生成的路由器 LSA 的"度量"（metric）字段值。

- "RxmtInterval"，其值用来指明路由器通过该接口发出 LSA 之后，等待（邻居路由器发出的）确认消息的时间，单位为秒。若在该字段所指明的时间内，未收到（邻居路由器发出的）确认消息，便会通过该接口重新发送 LSA。由图 4.33 可知，该接口的 RxmtInterval 值（ReXmit）为 5 秒，这也是 Juniper 和 Cisco 路由器的默认值。

- "AuType"，其值用来指明该接口所启用的 OSPF 认证类型。OSPF 认证功能将在第 9 章介绍。

- "Authentication Key（认证密钥）"，启用 OSPF 简单密码认证或加密认证功能时，该字段会包含用来执行认证的安全信息（详见第 9 章）。由图 4.33 可知，在该接口上并未启用 OSPF 认证功能。

4.6.2   OSPF 接口状态

与许多 OSPF 组件一样，路由器上参与 OSPF 进程的接口（以后简称 OSPF 接口）所处的状态，也要由 OSPF 状态机根据指定事件来决定。以下所列为各种可能存在的 OSPF 接口状态：

- Down

- Loopback

- Waiting

- Point-to-Point

- DR Other

- Backup

- DR

- OSPF 接口状态为 Down，意谓接口的底层链路介质尚未就绪，其表象为：接口的物理层/数据链路层状态为 Down，或接口被管理性地禁用。处于 Down 状态下的 OSPF 接口既不能接收也不能发送 OSPF 协议数据包，所有参数都是初始值，所有计时器都被停用，绝不会建立任何邻接关系。

- OSPF 接口状态为 Loopback，表示有人以软件或硬件的方式把接口"打了环"（looped back），如此行事，通常都是出于网管的目的。在此状态下的 OSPF 接口不能发送任何 OSPF 协议数据包，但 OSPF 路由器会把该接口的 IP 地址信息"填入"路由器 LSA，并通过其他 OSPF 接口向外泛洪，以起到网管监控和运维的目的（比如，让网管主机能 ping 通该接口的 IP 地址）。

- OSPF 接口状态为 Waiting 状态，表示 OSPF 路由器正尝试"探索"该接口所处网络内的 DR 和 BDR（通过解析该接口收到的 OSPF Hello 数据包，来确定网络内的 DR 和 BDR）。如本章前文所述，OSPF 接口在 Waiting 状态逗留的时长等于（其所发 Hello 数据包中的）"路由器 Dead Interval"（字段）值。当 OSPF 接口处于 Waiting 状态时，路由器会通过该接口外发 OSPF Hello 数据包（其中的 DR 和 BDR 字段都设置为 0.0.0.0），但不会尝试在该接口所处的网络内发起 DR/BDR 选举。

- OSPF 接口状态为 Point-to-Point，表示该接口的 OSPF 网络类型为"point-to-point"或"point-tomultipoint"，且此接口已被完全激活。在此状态下，该 OSPF 接口可正常收、发 OSPF 协议数据包，只要在所连链路上检测到了 OSPF 邻居路由器，本路由器便会尝试与其建立邻接关系。

- OSPF 接口状态为 DR Other，表示该接口在广播或 NBMA 网络上被完全激活，但本路由器既非（该广播或 NBMA 网络内的）DR 也非 BDR。在此状态下，该 OSPF 接口可正常收、发 OSPF 协议数据包，本路由器将会与 DR 或 BDR（若存在）建立邻接关系，并尝试与 DR 完成 LS 数据库的同步。

- OSPF 接口状态为 Backup，表示该接口在广播或 NBMA 网络上被完全激活，本路由器也被推举为（该广播或 NBMA 网络内的）BDR。在此状态下，本路由器会尝试与（该 OSPF 接口所处）网络内的其他所有路由器建立邻接关系，但不会进行 LS 数据库的同步。

- OSPF 接口状态为 DR，表示该接口在广播或 NBMA 网络内已被完全激活，本路由器也被推举为（该广播或 NBMA 网络内的）DR。在此状态下，本路由器会尝试与（该 OSPF 接口所处）网络内的其他所有路由器建立邻接关系，并与这些路由器进行 LS 数据库的同步。然后，还会生成网络 LSA，把（该 OSPF 接口所处）网络表示为一个伪节点。

图 4.34 所示为 OSPF 接口状态机。以下所列为会导致 OSPF 接口状态"变迁"的各种事件。

- InterfaceUp（接口被激活）——接口的底层协议状态为 Up。在启用了 OSPF 虚链路的情况下，该事件由 SPF 计算来触发。

- WaitTimer——等待计时器到期。

- BackupSeen（BDR/DR 出现）——在验证过双向连通性的情况下，收到了邻居路由器发出的 Hello 数据包，在 Hello 数据包中，邻居路由器"自称"BDR；或以 DR"自居"，但同时指出不存在 BDR。

- NeighborChange（邻居状态改变）——该事件由下列因素之一导致：

  - 已证实与邻居路由器之间具备了双向连通性；

  - 已证实与邻居路由器之间丧失了双向连通性；

  - 某邻居路由器（该邻居路由器与本机之间已具备了双向连通性）开始以 DR 或 BDR"自居"；

  - 某邻居路由器（该邻居路由器与本机之间已具备了双向连通性）不再以 DR 或 BDR"自居"；

  - 某邻居路由器（该邻居路由器与本机之间已具备了双向连通性）在其发出的 Hello 数据包中调整了路由器优先级字段值；

  - NeighborChange 事件触发了 DR/BDR 选举。

- LoopInd—接口被打环。

- UnLoopInd—打了环的接口被"松绑"。

- InterfaceDown—接口的底层协议状态为 Down。该事件发生之前，OSPF 接口可处于任何状态。

在 RFC 2328 的 9.3 节里，对导致 OSPF 接口状态发生变化的各种事件和原因进行了详细讨论。

图 4.35 所示为一台路由器因接口故障和故障恢复（作者更换了一块以太网接口模块）而生成的日志消息。由图 4.35 可知，WaitTimer 事件（event Wait Timer）指出：直到 Wait Timer（等待计时器）超时，该以太网接口所处网络内都没有其他路由器以 DR 或 BDR 自居，于是，本路由器（接口）便成为该网络内的 DR。从日志消息中的时间戳可以看出，当接口状态由 Down 变为 Waiting 之后，WaitTimer 事件刚好持续了 40 秒钟，这也正是"路由器 Dead Interval"参数的默认值。

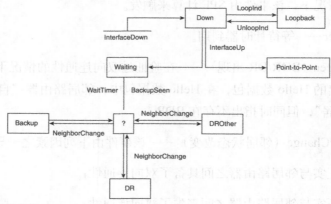

图 4.34　OSPF 接口状态机

```
jeff@Juniper6> show log interface_state
Nov 22 22:40:13 OSPF Interface fe-0/0/3.0 event Down
Nov 22 22:40:13 OSPF interface fe-0/0/3.0 state changed from DR to Down
Nov 22 22:40:17 OSPF Interface fe-0/0/3.0 event Up
Nov 22 22:40:17 OSPF interface fe-0/0/3.0 state changed from Down to Waiting
Nov 22 22:40:57 OSPF Interface fe-0/0/3.0 event WaitTimer
Nov 22 22:40:57 OSPF interface fe-0/0/3.0 state changed from Waiting to DR
```

图 4.35　Juniper 路由器生成的与 OSPF 接口状态"变迁"有关的日志消息

图 4.36 所示为与 OSPF 接口状态"变迁"有关的另外一份日志消息的输出。路由器之所以会生成这些日志，同样是因为有人更换了以太网接口模块。更换硬件之前，该路由器接口所处的网络内就已经有了一台 OSPF 邻居路由器。由图 4.36 可知，一共发生了两次 NeighborChange 事件，第一次是因为与邻居路由器之间丧失了双向连通性（以太网模块被拔出），第二次是则是由于与那台邻居路由器之间恢复了双向连通性（以太网模块被插回）。当接口进入 Waiting 状态后仅 1 秒，便收到了邻居路由器发出的 Hello 数据包，从而触发了 BackupSeen 事件，于是本路由器就成为了（该以太网接口所处）网络内的 BDR。请注意，该接口进入 Waiting 状态后，WaitTimer 事件同样不多不少持续了 40 秒钟，直到 Wait Timer 超时；由于该路由器已成为该网络内的 BDR，因此 WaitTimer 事件并未导致接口的状态发生改变。

```
Nov 22 22:41:44 OSPF Interface fe-1/1/1.0 event Down
Nov 22 22:41:44 OSPF interface fe-1/1/1.0 state changed from BDR to Down
Nov 22 22:41:44 OSPF Interface fe-1/1/1.0 event NeighborChange
Nov 22 22:41:48 OSPF Interface fe-1/1/1.0 event Up
Nov 22 22:41:48 OSPF Interface fe-1/1/1.0 state changed from Down to Waiting
Nov 22 22:41:49 OSPF Interface fe-1/1/1.0 event NeighborChange
Nov 22 22:41:49 OSPF Interface fe-1/1/1.0 event BackupSeen
Nov 22 22:41:49 OSPF Interface fe-1/1/1.0 state changed from Waiting to BDR
Nov 22 22:42:28 OSPF Interface fe-1/1/1.0 event WaitTimer
```

图 4.36 Juniper 路由器生成的与 OSPF 接口状态 "变迁" 有关的日志消息

4.6.3 IS-IS 接口数据结构

与 OSPF 路由器相同，IS-IS 路由器上也会维护一个接口参数数据库，其中保存了与路由器上所有参与 IS-IS 进程的接口（以后简称 IS-IS 接口）紧密关联的参数（数据结构）。图 4.37 所示为保存在 IS-IS 接口数据库中的某特定接口的数据结构示例。

```
jeff@Juniper6> show isis interface fe-0/0/2.0 extensive
IS-IS interface database:
fe-0/0/2.0
 Index: 3, State: 0x6, Circuit id: 0x3, Circuit type: 3
 LSP interval: 100 ms, CSNP interval: 10 s
 Level 1
   Adjacencies: 0, Priority: 64, Metric: 10
   Hello Interval: 9 s, Hold Time: 27 s
 Level 2
   Adjacencies: 1, Priority: 64, Metric: 10
   Hello Interval: 9 s, Hold Time: 27 s
   Designated Router: Juniper7.02 (not us)
```

图 4.37 保存在 IS-IS 接口数据库中的某特定接口的数据结构。

以下是对图 4.37 所示输出中某些字段的解读。

- Index（索引号），由 JUNOS 分配，用来跟踪 IS-IS 接口，与开放的 IS-IS 实现无关。

- State（状态），同样与 Juniper 公司的 IS-IS 实现有关，并非 IS-IS 开放标准的一部分。其实，与 OSPF 不同，在 IS-IS 标准文档（ISO 10589）中，并没对路由器上的 IS-IS 接口应与何种类型的状态机 "挂钩" 做明文规定。IS-IS 接口的状态为 Down 还是 Up，取决于接口物理层和数据链路层协议的状态。

- Circuit ID（电路 ID），是 IS-IS 进程分配给路由器上所有 IS-IS 接口的标识符，用来区分不同的接口。尽管 Circuit ID 会在 Point-to-Point Hello 消息的 "本端电路 ID 字段" 中 "露面"，但通常只是对本路由器有意义。

- Circuit Type（电路类型），与 Hello 消息中的 "电路类型" 字段值相匹配（如

表 4.1 中所列）：1 表示电路类型为 Level 1-only，2 表示电路类型为 Level 2-only，3 表示电路类型为 Level 1-2。由图 4.37 可知，与该接口（interface fe-0/0/2.0）"挂钩"的电路类型为 3，即其能同时支持（建立）Level 1 和 Level 2（邻接关系）。

- LSP Interval（LSP 的发送间隔时间），表示路由器通过 interface fe-0/0/2.0 连发两条 LSP 的间隔时间。由图 4.37 可知，LSP Interval 值为 100 毫秒。

- CSNP Interval（CSNP 的发送间隔时间），若本路由器担当该接口所处 LAN 内的 DIS，则用来表示 CSNP PDU（用于链路状态数据库同步，详见第 6 章）的定期发送间隔时间。由图 4.37 可知，CSNP Interval 值为 10 秒，这也是默认值。

因图 4.37 中 interface fe-0/0/2.0 的"Circuit type"值为 3，故表示该接口可同时建立 L1 和 L2 邻接关系。图 4.37 所示 show isis interface 命令的其余输出内容，则分别与本路由器通过 interface fe-0/0/2.0 所建立起的 L1 和 L2 邻接关系有关。

- Adjacencies（邻接关系数），表示本路由器通过该接口建立起的邻接关系的数量。由图 4.37 可知，该路由器通过 interface fe-0/0/2.0 已建立起了一个 Level 2 邻接关系，未建立任何 Level 1 邻接关系。

- Priority（优先级），以太网接口会将其值填入有待外发的 LAN Hello 消息的"优先级"字段，在推举 DIS 时会用到。由图 4.37 可知，在 interface fe-0/0/2.0 所处 LAN 内，无论是 Level 1 和 Level 2，该路由器的 Priority 值都是 64。

- Metric（度量值），其值用来表示本路由器通过该接口外发数据包的"成本"。由图 4.37 可知，interface fe-0/0/2.0 无论是执行 Level 1 路由选择还是 Level 2 路由选择，其外发数据包的成本（Metric 值）都是 10。

- Hello Interval（Hello 消息的发送间隔时间），单位为秒，用来表示本路由器通过该接口定期外发 Hello 消息的间隔时间。由图 4.37 的下半部分可知，interface fe-0/0/2.0 会每隔 9 秒外发一次 Hello 消息。

- Hold Time（邻居路由器所发 Hello 消息的保持时间），单位为秒，其值会"填入"本路由器通过该接口发出的 Hello 消息的"保持计时器"字段。其作用是，告知该接口所连链路上的邻居路由器：若在"保持计时器"字段所指明的时间内，本路由器仍等不到"贵路由器"发出的 Hello 消息，便会宣布"贵机"失效。由图 4.37 的下半部分可知，interface fe-0/0/2.0 无论是在 Level 1 还是在 Level 2，其所通告的 Hold Time 值都是 27 秒，为 Hello Interval 值的 3 倍，这也是常规的默认设置。

此外，由图 4.37 中的最后一行可知，该路由器通过 interface fe-0/0/2.0 所建立起的 L2 邻接关系中，已推举出了一台 DIS。

图 4.38 所示为作者在更换路由器 jeff@Juniper6 的以太网模块时，该路由器生成的与 IS-IS 邻接关系建立有关的日志消息。由图可知，interface fe-1/1/0.0 所处的 IS-IS 状态不是 Up 就是 Down，这不同于图 4.35 中 interface fe-0/0/3.0 所处的 OSPF 状态（在图 4.35 中，interface fe-0/0/3.0 还经历了 Waiting 状态）。仔细观察图 4.38，还可以发现 interface fe-1/1/0.0 所经历的 IS-IS 邻接关系状态，但只有简简单单的三步状态切换过程（"state Down -> New"、"state New -> Initializing"、"state Initializing -> Up"）。

```
jeff@Juniper6> show log isis_state
Nov 23 01:44:31 ISIS link layer change on interface fe-1/1/0.0
Nov 23 01:44:31 ISIS interface fe-1/1/0.0 down
Nov 23 01:44:31 Adjacency state change, Juniper5, state Up -> Down
Nov 23 01:44:31     interface fe-1/1/0.0, level 2
Nov 23 01:44:31 ISIS interface fe-1/1/0.0 down
Nov 23 01:44:34 ISIS link layer change on interface fe-1/1/0.0
Nov 23 01:44:34 ISIS interface fe-1/1/0.0 up
Nov 23 01:44:37 Adjacency state change, Juniper5, state Down -> New
Nov 23 01:44:37     interface fe-1/1/0.0, level 2
Nov 23 01:44:38 Adjacency state change, Juniper5, state New -> Initializing
Nov 23 01:44:38     interface fe-1/1/0.0, level 2
Nov 23 01:44:40 Adjacency state change, Juniper5, state Initializing -> Up
Nov 23 01:44:40     interface fe-1/1/0.0, level 2
```

图 4.38　Juniper 路由器生成的有关 IS-IS 接口状态"切换"的日志消息

4.7　复习题

1．请说出 OSPF RID 和 AID 的格式。

2．OSPF AID 0.0.0.0 表示什么？

3．请说出 IS-IS AID 和 SysID 的构造方式。

4．请说出 IS-IS NET 的格式。

5．请说出 OSPF Hello 数据包所传达的信息。

6．根据 RFC 2328 的建议，路由器 LAN 接口一般会每隔多久发出 OSPF Hello 数据包？

7．根据 RFC 2328 的建议，OSPF 路由器 Dead Interval 值一般是多少？

8．请说出 IS-IS LAN Hello 消息所传达的信息。

9．IS-IS Point-to-Point Hello 消息与 LAN Hello 消息所含信息有那些不同？

10. IS-IS Holding Timer（保持计时器）与 OSPF OSPF RouterDeadInterval（路由器失效间隔时间）有哪些异同点？一般而言，上述两个计时器的值是多少？

11. 哪些 TLV 结构会随 IS-IS Hello 消息一并传播，这些 TLV 结构各自有什么用途？

12. IS-IS 有一项名为动态主机名交换（Dynamic Hostname Exchange）的扩展功能，请说出其用途。

13. 怎样才能说 OSPF 邻居路由器之间"完全"建立起了 OSPF 邻接关系？

14. 请说出 IS 邻居 TLV 在 IS-IS 邻接关系建立过程中所起的作用。

15. 收到 L1 LAN Hello 和 L2 LAN Hello 消息时，IS-IS 路由器是如何分别对待这两种消息中所包含的区域地址 TLV 结构的？

16. 三次握手邻接关系 TLV 会在什么地方用到，为什么？

17. 请解释一下这样一种现象：本路由器与同一台邻居路由器间的 IS-IS 邻接关系状态和三次握手邻接关系分别为 Up 和 Down。

18. 什么是伪节点，它在 SPF 树中起什么重要作用？

19. 什么是指定路由器（指定 DIS），其基本功能是什么？

20. 路由器优先级和 Router-ID 是如何影响 OSPF DR/BDR 选举的？在什么样的情况下，这两个值不会影响到 OSPF DR/BDR 选举？

21. 就广播网络上的运作方式而言，IS-IS DIS 和 OSPF DR 之间有哪 5 处不同？

22. 路由器优先级和 SNPA 地址是如何影响 IS-IS DIS 选举的？

23. 请说出有哪 5 种 OSPF 网络类型？

24. IS-IS 支持哪几种网络类型？

25. 路由器会在接口数据库中为本机参与 OSPF 进程的每个接口记录哪些信息？

26. 为什么参与 OSPF 进程的接口要在 Waiting 状态逗留一段时间，其时长为多少？

27. 若参与 OSPF 进程的接口身处 DR Other 状态，则表示什么？

28. 路由器会在接口数据库中为本机参与 IS-IS 进程的每个接口记录哪些信息？

泛洪

作者在组织本书各章内容、安排各章顺序时，曾遇到过一个难题：《泛洪》和《链路状态数据库同步》这两章应该谁先谁后？只要运行链路状态路由协议的路由器上线运行，与邻居路由器建立邻接关系，就会发生（路由信息的）泛洪，而 LS 数据库同步也会同时进行。但在邻接关系建立之后，为了维护 LS 数据库，泛洪仍会在状态稳定的网络中继续发生。此时，泛洪所起的作用等同于 LS 数据同步。到底应该让这两章中的哪一章作为第 5 章，作者纠结了很长一段时间（这也恰好成为老婆大人数落作者的理由之一，她说作者总爱"疑神疑鬼"，没去当特工简直太屈才了）。

作者之所以最终决定把《泛洪》安排在《链路状态数据库同步》之前，作为在第 5 章，是因为在作者看来，邻居路由器之间即便不相互同步各自的 LS 数据库，泛洪也依旧会发生，但要是不发生泛洪，LS 数据库将永远都不能同步。有些读者可能不太同意作者这样的安排，偏要先了解 LS 数据库同步。果真如此的话，那就请这些读者先阅读第 6 章，回过头再来看第 5 章好了。千万别为这事儿跟自己过不去啊。

5.1 泛洪组件

第 2 章曾说过，泛洪是一种机制，藉此机制，由一台 OSPF 或 IS-IS 路由器通告的拓扑信息可被本区域内的其他所有路由器接收，此后，拓扑信息会进驻那些路由器的链路状态数据库。第 2 章同样提到，要想让链路状态路由协议运转正常，隶属于同一区域的每台路由器所保存的链路状态数据必须完全相同。因此，泛洪不但是一种传播（路由信息的）机制，其可靠性也需要得到保证。为满足上述需求，OSPF 和 IS-IS 路由进程会利用下列组件来执行（路由信息的）泛洪。

- 利用某种控制平面的协议数据包（或 PDU），在路由器之间传递路由信息。

- 利用下列机制来保证路由信息传播的可靠性：

  - 老化（Aging）机制；

  - 在某些协议数据包中设立序列号字段（Sequencing）；

  - 校验和机制。

- 收到泛洪信息之后，要通过某种机制来进行确认。

- 通过一套规则来控制路由器应该（向外）泛洪什么样的信息；把握（向外）泛洪路由信息的时机；掌握在什么情况下应该接受泛洪（而来）的信息；设定路由信息泛洪的范围等。

5.1.1　OSPF 泛洪

读者应该已经知道，OSPF 链路状态数据库是由拓扑信息构成，而 OSPF 拓扑信息的基本单位是 LSA。在路由泛洪过程中，OSPF 路由器之间会交换包含 LSA 的链路状态更新数据包，如图 5.1 所示。LSA 的泛洪范围可以是一个 OSPF 区域（甚至为整个 OSPF 路由进程域），但链路状态更新数据包的"活动区域"却被严格限制在两台彼此直连的 OSPF 路由器之间。也就是说，链路状态更新数据包的发送范围为本地链路。收到链路状态更新数据包之后，路由器若要将其中的 LSA 通告给另一台路由器，就必须（把所要通告的 LSA）重新装载进一个新的链路状态更新数据包，然后（将新生成的链路状态更新数据包）转发给跟自己直连的邻居路由器。读者一定要牢牢记住下面这句话：OSPF 协议数据包的基本类型虽有 5 种，但"活动区域"都是本地链路（都不能被转发到本地链路之外）。

由图 5.1 可知，OSPF 链路状态更新数据包（即第四类 OSPF 协议数据包）的净载部分是由一条或多条 LSA 构成，而净载之前的"LSA 条数"字段则指明了"装载"进 OSPF 链路状态数据包的 LSA 的条数。下列任一事件都会导致 OSPF 路由器向其一个或多个邻居发送 LSA。

- 从邻居路由器那儿收到了一条新的、此前未知的 LSA。

- 从邻居路由器那儿收到了一条 LSA 的最新拷贝（LSA 的新旧程度由 LSA 的"寿命"和/或"序列号"来决定）。

■ 与自生成的 LSA "挂钩" 的刷新计时器到期。

■ 邻接关系或链路的状态发生改变。

■ 与链路 "挂钩" 的度量值或可达目的网络发生改变。

■ 本路由器的 RID 发生改变。

■ 本路由器被推举为 DR，或让出了 DR 的 "宝座"。

■ 本路由器接口所处 OSPF 区域的 AID 发生改变。

■ 收到了邻居路由器发出的链路状态请求消息，其目的是向本机 "索要" 一条已知 LSA 的拷贝。

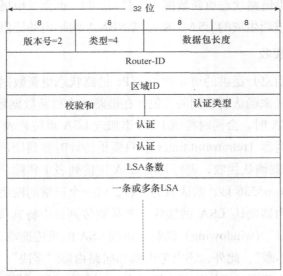

图 5.1　OSPF 链路状态更新数据包的格式

　　事件 1～3 是 OSPF 路由器维护链路状态数据包的 "常规动作"，将在本节讨论。事件 4 是 OSPF 路由器之间 "互通有无" 的正常行为。事件 9，发送 LSA，以响应邻居路由器发出的链路状态请求数据包，是数据库同步过程的一部分，将在第 6 章讨论。

　　OSPF 链路状态更新数据包的发送方式，要随承载其的网络链路的类型而异。

■ 若网络链路的类型（即 OSPF 网络类型）为 point-to-point、point-to-multipoint 或虚链路，OSPF 链路状态更新数据包将以单播方式送达邻居路由器。

- 若 OSPF 网络类型为 broadcast，且（发送 OSPF 链路状态更新数据包）的接口状态为 "DROther" 或 "Backup"，OSPF 链路状态更新数据包将以多播方式发送，其目的 IP 地址为 AllDRouters（224.0.0.6）。若接口状态为 "DR"，OSPF 链路状态更新数据包仍以多播方式发送，但其目的 IP 地址将会是 ALLSPFRouters（224.0.0.5）。以多播方式发送 OSPF 链路状态更新数据包，是为了遵守并贯彻执行指定路由器机制，只有如此，方能确保唯有 DR 和 BDR 收到链路上除 DR 以外的路由器泛洪的所有 LSA，这同时是要保证唯有 DR 才能向链路上的所有其他路由器重新泛洪（先前接收的）LSA。

- 若 OSPF 网络类型为 NBMA，则仍要遵守指定路由器机制。但由于 NBMA 网络的性质决定其无法传播广（多）播流量，因此除 DR 以外的路由器必须以单播方式向 DR 泛洪链路状态更新数据包。然后，DR 也会以单播方式向其他所有路由器泛洪本机重新生成的 LSA，来完成 NBMA 网络内的泛洪过程。

1. 确认 LSA 的接收

为了确保（路由信息）泛洪的可靠性，OSPF 链路状态更新数据包一旦发出，邻居路由器就必须以某种方式来确认所收到的（包含在链路状态更新数据包内的）LSA。路由器在链路上泛洪某条 LSA 时，会同时将该 LSA 添加进 LSA 重传列表（retransmit list），并随之启动一个重传计时器（retransmit timer）。只要重传计时器到期，便会重传该 LSA。若那条 LSA 被邻居路由器确认接收，则将其从 LSA 重传列表中移除。重传计时器的值可人工配置，取值范围为 1~65536 秒，默认值为 5 秒。对一个正常的网络来说，有 5 秒钟的时间，已足够让邻居路由器确认 LSA 的接收，并从重传列表中将其移除了。优良的 OSPF 实现应内置 "滑动窗口"（windowing）机制，协调 LSA 的重传速率，以免让比较 "低端" 的邻居路由器 "应接不暇"。此外，还应考虑到邻居路由器 "坚决" 不对收到的 LSA 进行确认的极端情况，在此情形，应该让路由器从重传列表中移除（得不到确认的）LSA，并生成与泛洪失败有关的日志消息。

在广播链路上泛洪 LSA 时，若只有一台邻居路由器未对 LSA 的接收进行确认，则向所有邻居路由器重传 LSA 肯定是没有任何道理的。合理的选择应该是，只把 LSA 重传给那台未进行确认的邻居路由器。因此，不管网络链路的类型如何，只要链路状态更新数据包中 "装载" 有重新传送的 LSA，都会以单播方式发送。

OSPF 路由器在确认 LSA 的接收时，分好几种方式，如下所列：

- 可直接（explicit）或间接（implicit）确认；

■ 可推迟（delayed）或立即（direct）确认。

直接确认是指，收到 LSA 之后，向发出相应链路状态更新数据包的邻居路由器回发一个链路状态确认数据包。图 5.2 所示为链路状态确认数据包的格式，其净载部分包含了一个或多个 LSA 的头部。凭借 LSA 头部中所包含的信息，发送链路状态更新数据包的路由器即可判断出邻居路由器收到的是某条特定的 LSA 还是某条 LSA 的特定实例。

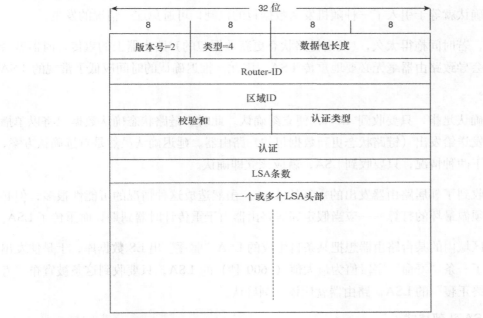

图 5.2　OSPF 链路状态确认数据包的格式

间接确认是指，向邻居路由器通告 LSA 之后，便接收到了该邻居路由器发出的链路状态更新数据包，其中包含了本路由器通告的同一条 LSA 的相同实例。据此，本路由器就能判断出该邻居路由器顺利接收了相关 LSA 的拷贝，于是会从重传列表中删除（有待确认的）LSA，这跟直接得到邻居路由器的确认没什么不同。间接确认极有可能发生在：一、LS 数据库同步期间，此时，OSPF 邻居双方会互相"交换"链路状态更新数据包；二、LSA 泛洪期内的某些特殊情况下，比方说，相邻的两台路由器各自收到了由其他邻居路由器发出的某条 LSA 的拷贝，然后又几乎同时彼此互发链路状态更新数据包。

推迟确认是指，OSPF 路由器在发出链路状态确认数据包（对收到的 LSA 进行确认）之前，先"静候"片刻。以下所列为推迟确认的好处。

■ 让一条确认消息（一个链路状态确认数据包）一次性确认更多条 LSA，这可以降低链路状态确认数据包对链路带宽的占用，以及路由器处理 OSPF 协议数据包所消耗的资源。

- 在广播网络内，可通过多播方式发出单条确认消息，"一次性"对接收自多台邻居路由器的 LSA 进行确认。

- 在多路访问网络内，可能会出现几台路由器同时尝试发送确认消息的情况，推迟确认就等于引入了一种随机发送数据包的机制，可避免这一情况的发生。

然而，若时间拖得太久，（发出链路状态更新数据包的）路由器上的重传计时器就会到期，将会导致路由器毫无必要地重传 LSA。因此，推迟确认的时间应低于常规的 LSA 重传周期。

立即确认是指，只要收到 LSA，便立刻确认。此时，链路状态确认数据包将以单播方式直接发送给发出（链路状态更新数据包的）路由器。延迟确认虽然是首选确认方案，但对于以下两种情况，只要收到 LSA，就应该立即确认。

- 收到了邻居路由器发出的重复的 LSA。虽然造成这种情况的可能性很多，但必须做最坏的打算——应当假定邻居路由器由于重传计时器到期，而重传了 LSA。

- 区域内的某台路由器想把某条自生成的 LSA"驱逐"出 LS 数据库，于是便发出了一条"寿命"字段值为最大值（3600 秒）的 LSA。只要收到这条被宣布"寿终正寝"的 LSA，路由器就应该立刻确认。

2. LSA 头部格式

OSPF 链路状态确认数据包只包含 LSA 的头部，并不包含完整的 LSA，因为单凭 LSA 的头部就能完完全全地标识一条 LSA 了。OSPF LSA 不论何种类型，头部的格式都完全相同，如图 5.3 所示。类型、链路状态 ID 以及通告（路由的）路由器字段加在一起，即能标识一条特定的 LSA。而寿命、序列号以及校验和字段放到一块，则能标识出那条 LSA 的特定实例，于是，当网络中存在某条 LSA 的多个实例时，根据那三个字段值，就能识别"最新出炉"的 LSA 的实例了。长度字段用来指明 LSA 的长度（包括 LSA 的头部）。

- 选项字段，其每一位都代表一个标记，分别用来表示生成（LSA 的）路由器所具备的可选功能。该字段与 OSPF Hello 数据包的选项字段相同，详情请见 6.1.2 节。

- 类型字段，用来指明 LSA 的类型。表 5.1 所列为几种最为常见的 OSPFv2 LSA，以及相应的类型字段值（类型编号）。之前已经介绍了路由器 LSA 和网络 LSA 的功能。表 5.1 所列的 1~5 类 LSA（类型字段值为 1~5 的 LSA）是支撑 OSPFv2 运行的 5 种最重要的 LSA，本章会对此做深入探讨。其他几类 LSA，比如，NSSA 外部 LSA、组成员 LSA 以及不透明 LSA，都用来支撑 OSPF 可选功能，随后几章会分别介绍这些可选功能。用来行使 IPv6 路由选择的 OSPFv3 有若干种专有的 LSA，对它们的介绍详见第 13 章。

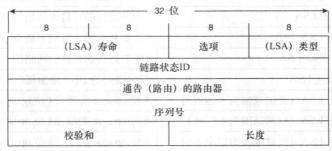

图 5.3　LSA 头部格式

表 5.1　　　　　　　　常见的几种 OSPFv2 LSA

LSA 类型编号	LSA
1	路由器 LSA
2	网络 LSA
3	网络汇总 LSA
4	ASBR 汇总 LSA
5	AS 外部 LSA
6	组成员 LSA
7	NSSA 外部 LSA
8	外部属性 LSA
9	不透明 LSA（泛洪范围为本地链路）
10	不透明 LSA（泛洪范围为本区域）
11	不透明 LSA（泛洪范围为整个 AS）

- 链路状态 ID 字段，长 32 位，其值为某个能标识本 LSA 的 IP 地址。这一 IP 地址到底从何而来，则要随 LSA 的类型而定，如表 5.2 所列。因为如此，作者将会在本章和随后几章介绍 LSA 的具体分类时，再详谈与链路状态 ID 字段值有关的内容。

表 5.2   各类 OSPFv2 LSA 头部中链路状态 ID 字段值的"由来"

LSA 类型编号	LSA	头部中的链路状态 ID 字段值
1	路由器 LSA	生成（LSA 的）路由器的 RID
2	网络 LSA	网络中 DR 的接口 IP 地址
3	网络汇总 LSA	（所要通告的）目的网络的 IP 地址
4	ASBR 汇总 LSA	所要描述的 AS 边界路由器的 RID
5	AS 外部 LSA	（所要通告的）目的网络的 IP 地址
6	组成员 LSA	（所要通告的）目的多播 IP 地址
7	NSSA 外部 LSA	（所要通告的）目的网络的 IP 地址
8	外部属性 LSA	经过编码的 BGP 路由属性
9	不透明 LSA（泛洪范围为本地链路）	8 位 opaque 类型+24 位 opaque ID(详见第 10 章)
10	不透明 LSA（泛洪范围为本区域）	8 位 opaque 类型+24 位 opaque ID(详见第 10 章)
11	不透明 LSA（泛洪范围为整个 AS）	8 位 opaque 类型+24 位 opaque ID(详见第 10 章)

- 通告（路由的）路由器字段，其值总是生成 LSA 的路由器的 RID。

- 序列号字段，其值为一个有符号的 32 位整数。OSPF 采用的是线性序列号。路由器首次生成 LSA 时，会将该字段值设置为 0x80000001，此值也被称为 OSPF 初始序列号常数。随后，只要路由器每次生成 LSA 的新实例，序列号字段值就会增 1，直至其最大值 0x7fffffff。若路由器生成了某条 LSA 的新实例，且这条现有的 LSA（头部中）的序列号字段值为 0x7fffffff，则此路由器会通过提前老化（premature aging）机制，将该现有的 LSA"驱除"出 LS 数据库。只要所有的邻居路由器都对原先那条"寿终正寝"的 LSA 进行了确认，新生成的 LSA（的实例）将会被迅速泛洪。

有时，路由器在递增 LSA 的序列号字段值时，增量值或许会大于 1。比如，OSPF 路由器在重启过后，可能会"发现"区域数据库内依旧存在本机重启之前生成的 LSA。若此路由器想要在数据库中保留此前生成的 LSA，就必须用大于 1 的增量来"调整"相关 LSA 的序列号字段值，令其超过那些 LSA 的当前序列号字段值，然后向外泛洪。

- 校验和字段，长度为 16 位，校验和的计算方法为"IP 风格"，涵盖除寿命字段以外的整个 LSA，意在检测出 LSA 在泛洪期间是否发生过损坏。在计算 LSA 的校验和时，之所以未涵盖寿命字段，是因为该字段会时刻发生改变，一旦改变，校验和就得重新计算。路由器每次收到 LSA，将其安装进 LS 数据库前，都会执行校验和计算。此外，每隔 5 分钟，路由器还会对保存在本机 LS 数据库里的 LSA 执行校验和计算[1]。

- ■ 寿命字段，表示 LSA 的"存活时间"（寿命），单位为秒。其值为 16 位无符号整数，范围为 1~3600 秒（1 小时）。在路由器为每个（参与 OSPF 进程的）接口所保存的 OSPF 数据结构中，都有一个叫做"InfTransDelay"（接口发送延迟）的参数，大多数 OSPF 实现都允许配置该参数值，但普遍将默认值设定为 1 秒。路由器在生成 LSA 时，会把寿命字段值设置为 0。路由器每次泛洪 LSA 时，都会用外发（包含该 LSA 的链路状态更新数据包的）接口所设 InfTransDelay 值作为增量，来增加寿命字段值。寿命字段值还会随 LSA 在路由器的 LS 数据库内的驻留时间而增加。寿命字段的上限值为 3600 秒，按 OSPF 的行话，这一常量叫做"MaxAge"。只要 LSA 的寿命字段值达到 3600，便表示该 LSA"寿终正寝"，不再有效。这就意味着，生成 LSA 的路由器必须定期（在 3600 秒之内）"刷新"，并向外泛洪新的拷贝。LSA 的刷新周期（LSRefreshTime）为 MaxAge 的一半，也就是 1800 秒（半小时）。

当路由器想把自生成的 LSA"驱除"出区域数据库时，也会在寿命字段上"做文章"。为此，路由器可提前发出 LSA 已"寿终正寝"的"讣告"，具体做法是：把相关 LSA 的寿命字段值设置为 MaxAge，并同时向外泛洪。邻居路由器只要收到了该 LSA 的"讣告"（收到了寿命字段值为 MaxAge 的 LSA），便会立即确认，然后继续"传播"该 LSA 的"讣告"（继续向其他路由器泛洪寿命字段值为 MaxAge 的 LSA）。

3. 一条 LSA 的多份拷贝

由于一条 LSA 的某个实例会在整个 OSPF 区域内泛洪，因此路由器有可能会收到同一条 LSA 的多份拷贝，这些 LSA 的拷贝只是寿命字段值各不相同而已。图 5.4 解释了这种情况是如何发生的。如图所示，R1 收到一条 LSA 之后，会进行复制，然后向邻居路由器 R2、R5 泛洪。R5 将收到这条 LSA 的两份拷贝，但寿命字段值各不相同，因为有两条路由传播路径（即 LSA 泛洪路径）直通 R5。也就是讲，R5 收到的那两条 LSA 序列号字段值相同，但寿命字段值不同。要是 R5 在接受过这条 LSA 的一份拷贝之后，却发现第二份拷贝比第一份更"新"，其效率之低可想而知。为了解决这一效率低下的问题，人们针对上述情况定义了一个名为 MaxAgeDiff 的常量，其值为 15 分钟。若同一条 LSA 的两份拷贝的寿命字段值之差低于 MaxAgeDiff，且其余字段值全都相同，则可

---

[1] OSPF LSA 的校验和计算方法跟整个 TCP/IP 协议族所用的校验和计算方法完全相同。

将两者同等视之。

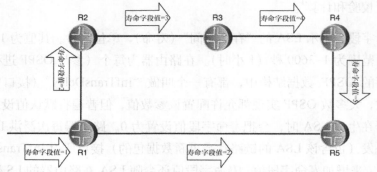

图 5.4 一台路由器可能会收到同一条 LSA 的多个实例，只是寿命字段值各不相同

图 5.5 所示为一台 OSPF 路由器的链路状态数据库的汇总信息。如读者所见，该 LS
数据库内的所有 LSA 都以其头部中各个字段值来"示人"。

```
jeff@Juniper6> show ospf database

    OSPF link state database, area 0.0.0.0
Type     ID              Adv Rtr         Seq         Age    Opt   Cksum   Len
Router   192.168.254.5   192.168.254.5   0x80001802  1375   0x2   0xadd4  36
Router  *192.168.254.6   192.168.254.6   0x800000c1  2774   0x2   0x1205  84
Router   192.168.254.7   192.168.254.7   0x800014a3  173    0x2   0xee6d  48
Network *192.168.3.1     192.168.254.6   0x8000000c  2774   0x2   0x8c0b  32
Network  192.168.4.2     192.168.254.7   0x800000d9  80     0x2   0xedd6  32
Summary  192.168.1.0     192.168.254.5   0x800001c0  1729   0x2   0x13b0  28
Summary  192.168.2.0     192.168.254.5   0x800001bf  1675   0x2   0xab9   28
Summary  192.168.254.5   192.168.254.5   0x800017e0  175    0x2   0x6a21  28
Summary  192.168.254.7   192.168.254.7   0x80001481  980    0x2   0x12d7  28
    OSPF external link state database
Type     ID              Adv Rtr         Seq         Age    Opt   Cksum   Len
Extern   192.168.100.0   192.168.254.7   0x80001480  773    0x2   0x768b  36
Extern   192.168.200.0   192.168.254.7   0x80001480  680    0x2   0x2677  36
```

图 5.5 通过 LSA 头部中某些字段的值就能清楚的标识一个 LSA

当路由器收到类型、链路状态 ID 以及通告路由器字段值相同的多条 LSA 时，就得对
寿命、序列号以及校验和字段值进行比较，来决定"谁新谁旧"。路由器只应该把最新的
LSA 安装进 LS 数据库。以下所列为比较那三个字段值的具体步骤。

1．"出炉"越"晚"的 LSA 的序列号字段值越"新"。

2．若序列号字段值相同，但校验和字段值不同，则把校验和字段值较高的 LSA 视为
最新。

3．若序列号和校验和字段值全都相同，且只有一条 LSA 的寿命字段值为 MaxAge，

则将其视为最新。

4. 若序列号字段值、校验和字段值全都相同，且寿命字段值全都不为 MaxAge，但两条 LSA 的寿命字段值之差超过了 MaxAgeDiff（15 分钟），则把寿命字段值较低的 LSA 视为最新。

5. 若序列号字段值、校验和字段值全都相同，且寿命字段值全都不为 MaxAge，但两条（或多条）LSA 的寿命字段值之差未超过 MaxAgeDiff（15 分钟），则认为那两条（或多条）LSA 并无区别。

4. OSPF 泛洪的局限性

路由器收到 LSA，确定其校验和字段值有效，并判断出该 LSA 为新近获悉的 LSA（或为一已知 LSA 的最新实例）时，需"圈定"向外泛洪的本机接口。一般而言，路由器在收到 LSA 后，不会通过同一接口重新向外泛洪。但若该接口直连广播或 NBMA 网络，且此路由器为（该广播或 NBMA 网络内的）DR 时，则另当别论。另外一个 OSPF 泛洪方面的限制则与路由器上的接口所隶属的 OSPF 区域有关。若 LSA 的类型决定其泛洪范围为单一 OSPF 区域，则路由器就不能把从隶属于区域 A 的接口收到的 LSA，通过隶属于区域 B 的接口向外泛洪。有了上述规则，无论网络结构再怎么复杂，只要 LSA 传遍了其泛洪范围内的所有路由器，便意味着泛洪的终结。

5.1.2 IS-IS 泛洪

初学 IS-IS 的人都普遍认为，既然 LSP 是 IS-IS 协议消息中的一种，那么 OSPF 也一定有与之相对应的"等价物"，殊不知，这正是让他们"犯浑"的真正原因。请问，LSP 与 OSPF 链路状态更新数据包的用途一致吗？与链路状态更新数据包相同，LSP 也算是一种协议"数据包"，用来在路由器之间传达（路由）信息。两者的不同之处在于，LSP 的传播范围不止是本地链路（OSPF 链路状态更新数据包的传播范围只限于本地链路），它会在一个 IS-IS 区域内"原封不动"地泛洪。此外，单条 LSP 中所包含的信息"完完全全"由发出该 LSP 的路由器生成（而单个 OSPF 链路状态更新数据包中所包含的信息[LSA]则未必是发包路由器生成）。

有人可能会说，LSP 很像 OSPF LSA，因为 LSA 和 LSP 分别是构成 OSPF 和 IS-IS 链路状态数据库的基本数据结构。但是，如本章前文所述（后文也会提及），LSA 分若干种类型，每一种 LSA 传达的信息各不相同。相比较而言，LSP 只根据邻接关系的类型（L1 和 L2）来分类，每种邻接关系只"配备"一种 LSP。由各种 OSPF LSA 承载的各类信息全都是由同一种 LSP 来承载，只是 LSP 中能包含形形色色的 TLV 结构。

那么，能不能把 OSPF LSA 和 IS-IS TLV 等同视之呢？答案是：不能。理由是，与 TLV 相比，LSA 要更为"自成一体"。LSA 单独"享有"寿命、校验和以及序列号字段，而 TLV 则不然。LSA 能提供与路由选择有关的全套信息（比如，路由器信息、伪节点信息，或外部目的网络信息）。而每一种 TLV 所包含的信息则比较"单纯"（比如，邻居路由器的地址列表或认证信息），总需与其他 TLV 中的信息结合使用。

无论如何，在 OSPF 和 IS-IS 的各构建块之间，都不能单独画等号。最多也只能说，LSP 有那么点 OSPF LSA 的"味道"，同样是构成 LS 数据库的基本数据单元，由网络中的每台路由器生成并泛洪。由于 IS-IS 协议运行于数据链路层而非网络层之上，LSP 本身就是（三层）数据包，不像 LSA 那样要先封装进链路状态更新数据包，然后才能传播。

以下所列任一事件都会导致 IS-IS 路由器生成并泛洪新的 LSP：

- 路由器上线运行；
- 周期性的重刷新计时器到期；
- 新建了 IS-IS 邻接关系；
- 邻接关系或链路状态发生改变；
- 与链路挂钩的度量值或可达目的地址发生改变；
- 路由器的 SysID 发生改变；
- 路由器被推举为 DIS，或让出了 DIS 的"交椅"；
- 在路由器上新增或删除了区域地址；
- 数据库的过载状态发生改变（第 8 章将讨论 IS-IS 过载机制）。

1. LSP 的格式

IS-IS 路由器会单独针对 L1 和 L2 邻接关系生成 LSP。在广播网络内，L1 和 L2 LSP 的目的（MAC）地址分别为多播 MAC 地址 AllL1IS（0180.c200.0014）和 AllL2IS（0180.c200.0015）。图 5.6 所示为 IS-IS LSP 的格式。

长度，单位为字节

	长度
域内路由协议鉴别符=0x83	1
长度标识符	1
协议ID=0x1	1
ID长度=0x0	1
PDU类型=0x12（L1）或0x14（L2）	1
版本=0x01	1
预留字段=0x01	1
最多区域地址数	1
PDU长度	2
剩余生存时间	2
源（路由器）ID	6
伪节点ID	1
LSP编号	1
序列号	4
校验和	
P ATT OL IS类型	1
多个TLV结构	长度可变

IS-IS PDU头部

LSP ID

图 5.6 IS-IS 链路状态 PDU

- 在 IS-IS PDU 头部中，类型字段值为 18（0x12）或 20（0x14）时，就表示整个 IS-IS PDU 为 L1 LSP 或 L2 LSP。

- PDU 长度字段值指明了整个 LSP 的长度（包括 IS-IS PDU 头部在内）。该字段值可帮助路由器确定 LSP 中包含了多少个 TLV 结构。

- 剩余生存时间字段，是一个 16 位的无符号整数，表示 LSP 在"寿命到期"之前尚能存活的时间，单位为秒。该字段的作用虽然跟 OSPF LSA 中的寿命字段相同，但两者之间差异明显：从两个字段值的名称就能看出，"寿命"字段值是由 0 开始递增，而"剩余生存时间"字段值却是起始于某个值，一直递减至 0。究其原因，是协议设计人员为 OSPF LSA 的寿命字段值定义了一个常量 MaxAge 值（3600 秒），该字段的初始值为 1，也就是说，LSA 的"寿命"总是介于上述两个常量（1~3600 秒）之间。相形之下，IS-IS LSP 只有一个与"寿命"有关的常量——0，LSP 的剩余生存时间字段值为 0，便表示其"阳寿已尽"。IS-IS LSP 的剩余生存时间字段也有一个 MaxAge 值，但该值并非常量，表示的是剩余生存时间字段的初始值，其上限值为一个 16 位字段所能允许的最大值，即 65,535 秒（18.2 小时）。由于 IS-IS LSP 的 MaxAge 值可手工配置，因此与 OSPF 协议相比，IS-IS 协议无论是管理 LSP 的重新泛洪，还是控制非本机 LS 数据库中 LSP 的老化，在灵活性方面都更胜一筹。

一般而言，默认的 MaxAge 值都是 1200 秒（20 分钟）。在 LSP 的泛洪过程中，每台路由器只要通过接口外发 LSP，LSP 的剩余生存时间字段值便会减 1。此外，该字段值还会随 LSP 在 LS 数据库中所驻留的秒数而递减。因此，与 OSPF LSA 相同，LSP 也会"定期"被生成自己的路由器重刷新，其时长也自会低于手工配置或默认的 MaxAge 值。LSP 的重刷新间隔时间既可以手工配置（已"根植"于 Cisco IOS 的 IS-IS 实现），也可以根据 MaxAge 值来自动"确定"。比方说，Juniper 公司的 IS-IS 实现会自动设置重刷新计时器值，该值为 317 秒，低于 MaxAge。

跟 OSPF 路由器一样，IS-IS 路由器也能把"阳寿未尽"的 LSP 提前"驱除"出所有（路由器的）链路状态数据库，并重新进行泛洪。当然，在处理方式上肯定会有所区别：IS-IS 路由器会把 LSP 的剩余生存时间字段值设置为 0，让其"寿终正寝"。

- 校验和字段，长度为 16 位，其值根据 Fletcher checksum 算法[2]得出。收到 LSP 时，路由器会利用这一字段值来检测 LSP 是否损坏。此外，路由器还会每隔 30 秒对存储在 LS 数据库内的 LSP 重新执行校验和计算。"剩余生存时间"字段之后的整个 LSP 都会包括在校验和计算当中。由于剩余生存时间字段值并非固定不变，因此未将其纳入校验和计算。

- 序列号字段，其值为一 32 位整数。与 OSPF LSA 不同的是，LSP 的序列号字段值为无符号整数值，这就意味着其取值范围为 $1 \sim 2^{32} - 1$（SequenceModulus - 1）。虽说在一个正常的网络内，LSP 的序列号字段值绝不可能高达 $2^{32} - 1$，但读者必须知道这种情况一旦发生，后果将会相当严重。若某条 LSP 当前的序列号字段值为 SequenceModulus - 1（$2^{32} - 1$），IS-IS 路由器则需要对其进行刷新，但在刷新之前还得等待 MaxAge + 60 秒的时长，以确保该 LSP 在所有（路由器的）LS 数据库内"过期"。然后，IS-IS 路由器才能泛洪该 LSP 的新拷贝，并同时将其序列号字段值设置为 1。这意味着，在坐等那条 LSP（在其他路由器的数据库里）"过期"，到新 LSP 被完全泛洪开的那段时间内，生成（那条 LSP 的）IS-IS 路由器会被网络内其他路由器视为无法访问（不可达）。

---

[2] 定义于 ISO 8473。

LSP 的序列号字段值一定会"起步"于 1，于是，可在"0"身上做一做"文章"。而"0"总是低于正常递增的 LSP 的序列号字段值，那么，IS-IS 路由器要是想从邻居路由器接收某条 LSP 的最新拷贝，就可以把那条 LSP 的序列号字段值设置为 0，然后向外泛洪。收到此序列号字段值为 0 的 LSP 之后，邻居路由器如握有此 LSP 的"最新"拷贝（说一条 LSP"新"，实际上是指其序列号字段值比另外一条"内容相同"的 LSP 高），便会将其发送给那台 IS-IS 路由器（所指为泛洪 LSP 时，将序列号字段值设置为 0 的 IS-IS 路由器）。

与 OSPF 路由器相同，在某些情况下，IS-IS 路由器也会以大于 1 的增量来增加 LSP 的序列号字段值。最常见情况当属一台重启后的路由器"发现"本机重启之前生成的 LSP 仍驻留在其他路由器的 LS 数据库内。在此情形，该路由器就会把那条 LSP 的序列号字段值调整为（本机重启之前生成的 LSP 的）当前序列号字段值+1，然后重新向外泛洪。

还有一种极端情况，那就是一台重启后的路由器在泛洪一条 LSP 的同时，其重启之前生成的另一条 LSP 仍旧驻留于其他路由器的数据库内，这两条 LSP 包含的信息虽然不同，但序列号字段值却完全相同。对于这种情况，收到（新近）泛洪的那条 LSP 后，（网络中的其他）路由器会发现两条 LSP 的校验和字段值不同，便会在 LS 数据库中安装那条新生成的 LSP，但会将其剩余时间字段值设置为 0，然后重新向外泛洪。

IS-IS 路由器会根据以下规则，对同一条 LSP 的多份拷贝进行比较，以确定拷贝的新旧。

1. 剩余生存时间字段值为 0 的 LSP 的拷贝为最新。

2. 若同一条 LSP 的多份拷贝的剩余生存时间字段值都不为 0，则序列号字段值高的拷贝为最新。

3. 若同一条 LSP 的多份拷贝的剩余生存时间字段值都不为 0，序列号字段值也全都相同，且都通过了校验和检查，则可把多份拷贝同等视之。

一条特定的 LSP 由 LSP ID 所包含的三个字段值来共同标识。

■ 源（路由器）ID 字段，其值为生成 LSP 的路由器的 SysID。ISO 10589 对于可包含在各种与地址有关的字段（源[路由器]ID 字段就是一种与地址有关的字段）中的地址类型考虑的非常周全，地址类型的确定会取决于 IS-IS PDU 头部中的 ID 长度字段值。若 ID 长度字段值介于 1~8 之间，则表示源（路由器）ID 字段的长度为 1~8 字节之间。若 ID 长度字段值为 255，则表示本 IS-IS PDU 不含源（路由器）ID 字段（长度为 0）。若 ID 长度字段值为 0，则表示源（路由器）ID 字段的长度为 6 字节。如图 5.6 所示，使用 IS-IS 执行 IP 路由选择时，IS-IS PDU

头部中的 ID 长度字段值总是为 0，表示源（路由器）ID 字段的长度为 6 字节，其值为 6 字节的 SysID。

- 伪节点 ID 字段，只有当本 LSP 为 DIS 生成时，该字段值才不为 0，用来表示伪节点自身。伪节点 ID 字段为非 0 时的 LSP 在功能性上大致与 OSPF 网络 LSA 相当。伪节点 ID 字段长度为 1 字节，其值跟生成 LSP 的 DIS 为广播链路分配的本地电路 ID 相同（即 LAN Hello 消息所含 7 字节 LAN ID 字段中的 1 字节部分）。

- LSP 编号字段，只有路由器把 LSP 分成好几片时，该字段值才不为 0。ISO 10589 规定，单个（片）LSP 最长不能超过 1492 字节[3]。因此，若路由器生成的 LSP 所含 TLV 结构过多，以至于超出了 1492 字节时，便会对 LSP 进行分片：第一片 LSP 的 LSP 编号字段值为 0x00，第二片为 0x01，第三片为 0x02，依此类推。作者需要强调的是，即便 LSP 的每一个分片都有自己的序列号、剩余生存时间以及序列号字段值（实际上也必须如此，因为在 LSP 泛洪期间，并不能保证 LSP 的每一个分片在传递时都"走"相同一条路径），且在显示 LS 数据库的内容时，LSP 的每一个分片也单独"露面"，但路由器在执行 SPF 计算时，依据的仍然是由各个分片拼凑而成的 LSP 所包含的信息。若 LS 数据库中包含了 LSP 的若干分片，但只要缺了 LSP 编号字段值为 0 的分片，执行 SPF 计算时，路由器将对其余分片视而不见。

图 5.7 所示为一个包含了 6 条 LSP 的 LS 数据库，图中示出了每条 LSP 的 LSP ID、序列号、校验和以及剩余生存时间字段值。LSP ID 的结构是源（路由器）ID 后加一个点，然后紧跟伪节点 ID，再加一横杠，最后露面的是 LSP 编号。由图 5.7 可知，源（路由器）ID 是用路由器的主机名来表示的，这要拜动态主机名交换特性所赐。

- 出现在图 5.6 中的 P 位是指区域修复位。该位置 1 时，表示（发出本 LSP 的路由器）支持 ISO 10589 中记载的区域修复功能。不过，还没有任何一种商用 IS-IS 实现支持该功能，因此该位通常应置 0。

- ATT 字段，紧随 P 位，长度为 4 位。L1 区域内的路由器会通过 LSP 中该字段的置位情况，来识别已建妥 L2 邻接关系的 L1/L2 路由器。7.4.3 节会介绍该字段中每一位的含义，以及所起的作用。

---

[3] 说准确点，所有 IS-IS 路由器至少也要能接收 1492 字节的 LSP。

- OL 位，为过载（overload）位，紧随 ATT 字段[4]。该位用来表示（路由器的）LS 数据库处于过载状态，第 8 章会介绍其用途。

- LS 类型字段，长 2 位，紧随 OL 位，用来指明生成（本 LSP 的）路由器的运行 层次为 L1（LS 类型字段值=1）还是 L2（LS 类型字段值=3）。尚无对该字段值 为 0 和 2 时的具体定义。

```
jeff@Juniper6> show isis database
IS-IS level 1 link-state database:
  0 LSPs

IS-IS level 2 link-state database:
LSP ID                Sequence Checksum Lifetime Attributes
Juniper5.00-00        0x3743   0x5ca6   769 L1 L2
Juniper5.04-00        0x3732   0xfd3d   769 L1 L2
Juniper6.00-00        0x380b   0x8526   984 L1 L2
Juniper7.00-00        0x37f4   0xee08   517 L1 L2
Juniper7.02-00        0x37cd   0x2576  1127 L1 L2
Juniper7.03-00        0x37d5   0xe84    520 L1 L2
  6 LSPs
```

图 5.7　LSP 头部（这里的头部是指 LSP 专有字段，并非 IS-IS PDU 公共头部）里的内容总能标识一条 LSP

　　IS-IS 路由器在发送 LSP 时，会为其打上一种"内部"标记，名为发送路由消息（Send Routing Message，SRM）标记。IS-IS 路由器会基于每条链路（每个接口），为存储在 LS 数据库内的每条 LSP 创建并分配一组 SRM 标记。比方说，若一台 IS-IS 路由器有 5 个接口（连接了 5 条链路），其 LS 数据库内有 20 条 LSP，则每条 LSP 需与 5 个 SRM 标记"挂钩"，共需创建并分配 100 个 SRM 标记。当 IS-IS 路由器决定要通过某特定接口（链路）发出 LSP 时，便会让相关 LSP 打上为该接口（链路）分配的 SRM 标记。IS-IS 路由器会每隔一段时间（这段时间被称为 LSP 最短发送间隔期[minimum LSP transmission interval]），扫描一次 LS 数据库。只要 LSP 打上了为点到点链路分配的 SRM 标记，IS-IS 路由器就会通过相应的点到点链路外发。IS-IS 路由器通过广播链路外发 LSP 的行为要稍微复杂一点：路由器会每隔"LSP 最短发送间隔期"扫描一次 LS 数据库，然后从一组 LSP（这组 LSP 都打上了为此广播接口[链路]分配的 SRM 标记）中随机选择一条，然后外发[5]。通过广播网络传送 LSP 时，IS-IS 路由器之所以会有上述表现，要归咎于 IS-IS 路由器之间在此类网络上的（数据库）同步方式，6.2.2 节会对此做进一步解释。

　　总而言之，IS-IS 路由器（在广播链路上）随机"抽选"LSP，然后外发，可大大降低多台路由器同时向 DIS 发送同一条 LSP 的概率。

---

[4] 该位的正式名称为"LSPDBOL"，意即"链路状态数据库过载"（Link State PDU DataBase OverLoad），对这区区 1 位而言，这一称谓显得太过拗口。"OL"（OverLoad）这一简称足以反映出其用途了。

[5] 某些厂商的 IS-IS 实现可能会在每次扫描时，随机选择（发送）不止 1 条 LSP，但条数不能过多。ISO 10589 的建议是：数不过十。

ISO 10589 建议的"LSP 最短发送间隔期"为 5 秒。与诸多 IS-IS 计时器相同，这一扫描 LS 数据库的间隔期也会有最多 25%的随机偏差，以防止计时器同步。

2. 确认 LSP 的接收

为确保（LSP）泛洪的可靠性，IS-IS 邻居路由器之间必须对 LSP 的接收进行相互确认。不过，IS-IS 不像 OSPF 那样有一种专门用来行使确认功能的协议消息。IS-IS 有两种 PDU 可用来合力完成确认功能，分别是：部分序列号 PDU（Partial Sequence Number PDU，PSNP）和完全序列号 PDU（Complete Sequence Number PDU，CSNP）。但在一般情况下，这两种 PDU 都用来完成 LS 数据库同步功能，6.2.1 节会做详细论述。由于以上两种 PDU（统称为序列号 PDU）会包含一或多条 LSP 的剩余生存时间、LSP ID、序列号以及校验和字段值，进而起到了标识或展示 LSP 的作用，因此可用来确认 LSP 的接收，这也符合本节所要讨论的内容。这两种 PDU 的差别在于：CSNP 用来（向邻居路由器）"展示"存储在本机 LS 数据库里的所有 LSP；PSNP 则用来（向邻居路由器）通告、展示或请求存储在本机 LS 数据库里的部分 LSP。

跟 OSPF 路由器一样，IS-IS 路由器在确认 LSP 的接收时，也使用直接确认和间接确认两种方式，但在细节方面还是有所差异。从点到点链路（接口）收到 LSP 时，IS-IS 路由器总是会"直接确认"，具体确认方法是：通过该（点到点）接口，向通告 LSP 的邻居路由器发送一条 PSNP，在其中"注明"本机收到的 LSP。可用单条 PSNP 来确认收到的一条或多条 LSP。若 IS-IS 路由器发现本机 LS 数据库里的实例要新于收到的 LSP，则会向（通告 LSP 的）邻居路由器回发那条 LSP 的新拷贝，而不是发出 PSNP 进行确认。

从点到点链路（接口）外发 LSP 时，只要没有得到邻居路由器的确认（确认方式包括：邻居路由器发出 PSNP，发出该 LSP 的新实例或寿命字段值相同的同一条 LSP），IS-IS 路由器就不会清除"烙在"LSP 上，为那条点到点链路分配的 SRM 标记。这种机制类似于 OSPF 所采用的（接口）重传列表机制。只要（发出的）LSP 未得到确认，IS-IS 路由器会在最短发送间隔期之后，重新传送。

通过广播链路（接口）收到 LSP 时，IS-IS 路由器总是会"间接确认"。可把这一确认 LSP 的接收机制视为 LS 数据库同步和维护流程的一部分，6.2.3 节将对此加以介绍。在这里先简单介绍一下该机制：DIS 会定期（每隔 10 秒）通过广播链路（接口），用多播方式外发 CSNP，其目的是要"展示"存储在本机 LS 数据库里的所有 LSP。当一台路由器在该广播链路上通告了一条（新）LSP 时，DIS 收到之后，就应该将其在随后发出的 CSNP 中一并"展示"。若生成该 LSP 的路由器未在（DIS 发出的）CSNP 中发现那条 LSP，便会重新发送。

与点到点链路上的确认机制不同，IS-IS 路由器只要通过广播链路发出了 LSP，便会立刻清除"烙在"LSP 上，为那条广播链路分配的 SRM 标记。这是因为，间接确认用到的协议消息是 CSNP。若 DIS 在随后发出的 CSNP 中未能"展示"该 LSP 的新实例，通告该 LSP 的 IS-IS 路由器会再次为其"烙上"SRM 标记，然后适时重传。

5.2 区域类型和路由器类型

在本章中，作者提到的许多主题都会在第 6 章做深入探讨。完成了对 LSA 泛洪的讨论之后，我们离第 6 章也越来越近。但在讲解下一章之前，读者还得弄清几个基本概念，包括：（路由的）度量类型，以及在 LS 数据库同步过程中发挥重要作用的各种 OSPF LSA 和 IS-IS TLV。要想弄清这些基本概念，先得了解 OSPF 和 IS-IS 路由器的类型，而最佳切入点则是对 OSPF 和 IS-IS 区域概念的介绍。第 7 章会对 OSPF 和 IS-IS 区域的概念展开深入探讨，本节只会介绍其中最基本的概念（这些概念要比第 2 章中的内容深奥一点），以便为介绍 OSPF 和 IS-IS 路由器的类型进行铺垫。

读过第 2 章的读者应该已经了解了区域的用途，这里再重复一遍：将整个网络划分为一个个区域，便可对（路由信息）泛洪的范围做有效限制，从而能够扩大链路状态路由进程域的规模。只要限制住了（路由信息）泛洪的范围，就等同于限制住了 LS 数据库的容量，而且还能顺带降低 SPF 计算的复杂性。最终能达到的目的包括：1．可节省网络带宽资源（路由信息的泛洪量得到了控制）；2．可节省路由器的内存资源（链路状态数据库的规模得到了控制）；3．可节省路由器的 CPU 资源（因为降低了 SPF 计算的复杂性）。退一万步来讲，构造最短路径树时，也无需横跨整个链路状态路由进程域了，只需把整个路由进程域分解为一个个区域，然后再构造出多棵最短路径树。每个区域的边界也就是一棵最短路径树的"边界"。

就区域的层级而言，OSPF 和 IS-IS 都采用了两层架构，运行这两种协议的网络可由多个低层区域和一个高层区域构成。为了避免环路，低层区域间的流量必须穿高层区域而过。

5.2.1 OSPF 区域和路由器类型

图 5.8 所示为一个基本的 OSPF 区域架构图，图中多个低层区域全都上连至一个高层区域。按 OSPF 的行话来讲，高层区域称为骨干区域(backbone area)，总使用 AID 0.0.0.0（或 area 0）来标识。低层区域（非骨干区域）可用除 0.0.0.0 之外的任一 32 位 AID 来

标识。就整体结构而言，区域的边界是由互连骨干区域与非骨干区域的路由器来划定，把这样的路由器称为区域边界路由器（Area Border Router，ABR），自然也名副其实。OSPF 路由器行使 ABR 之职，即表明其起到了划定了区域边界的作用。在此类路由器上，应至少有两个接口，每个接口都连接到一个不同的区域。换言之，要是一台 OSPF 路由器上的所有接口都跟一个区域相连，则此路由器肯定不是 ABR。在 ABR 上，至少有一个接口要跟骨干区域相连。这也就保证了两个非骨干区域之间的流量，绝不会穿越第三个非骨干区域。

图 5.8 所示为一个在网络中部署 ABR 的简单示例。无论设计什么样的网络，都要遵守两条通则：一、需留有后备手段（部署备用设备、开通备用链路等）；二、让网络（设备、链路）发挥最大功效。现在，作者将围绕图 5.9 所示网络，来说明在部署 ABR 时，如何满足以上两条通则：一、为留有后备手段，应让一个区域通过一台以上的 ABR 连接到非骨干区域；二、为使网络设备和网络链路发挥最大功效，应让一台 ABR 把一个以上的非骨干区域连接到骨干区域。第 7 章会详谈与部署 ABR 及设计 OSPF 区域有关的内容，现在读者只需要了解 ABR 的两个基本功能。

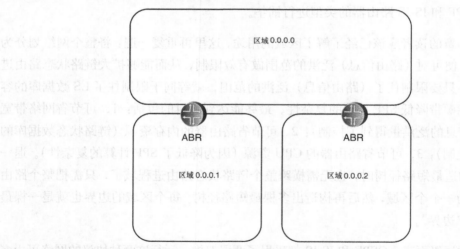

图 5.8　区域边界路由器的作用是把骨干区域和其他所有区域"连成一气"

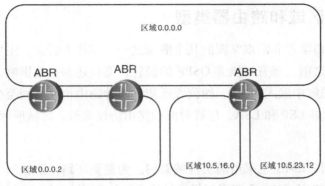

图 5.9 一个区域可以有不止一台 ABR，一台 ABR 可把一个以上的区域连接到骨干区域

　　某些 IP 网络属于"闭关自守"型，也就是说，此类网络绝不跟外部网络有任何"交流"。OSPF 非常适合在这样的网络内部署。但是，大多数网络还是会跟本 IGP 路由进程域之外的网络互连——要么连接到 Internet，要么跟另一个私有路由进程域互连。这样一来，就必须把外部路由（通向本路由进程域之外的目的网络的路由），通告进本路由进程域。其通告方式可以是在本路由进程域内注入一条默认路由，或部分全球 Internet 路由表路由[6]。外部路由既有可能是通过另一种路由协议学得，也有可能是手工配置的静态路由。把外部路由前缀通告进 OSPF 路由进程域的路由器称为区域边界路由器（Autonomous System Boundary Router，ASBR）。如图 5.10 所示，ASBR 可位于 OSPF 路由进程域内的任何一处。ASBR 既可以隶属骨干区域，也能身处非骨干区域，一台 ABR 亦可同时担当 ASBR（ASBR 不能出现在某种特定区域，比如，stub 区域。第 7 章会介绍 stub 区域）。

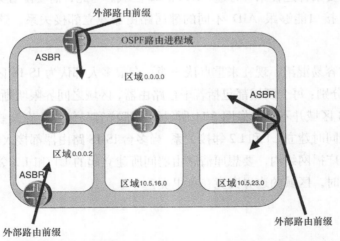

图 5.10 自治系统边界路由器的作用是通告通往 OSPF 路由进程域以外的目的网络

---

[6] 第 9 章将讨论如何把 Internet 路由注入 OSPF 或 IS-IS 路由进程域。

5.2.2   IS-IS 区域和路由器类型

区域是 IS-IS 初学者非常难掌握的几个概念之一。在作者看来，主要原因是：绝大多数人在接触 IS-IS 之前，都有过操弄 OSPF 的经验，而且还深受其影响。因此，这些人必须在对 OSPF 的理解中融入 IS-IS。如读者所知，两种路由协议之间至少有一个地方不能完全划等号，那就是 LSP 和 LSA。尽管对两种路由协议来说，区域所起的作用完全相同，但在架构上却不太一样。

与 OSPF 相同，IS-IS 也采用两层区域架构。为避免环路，区域间的所有流量也要穿高层区域而过。IS-IS 的"切口"起得同样比较恰当：高层区域叫做二层区域 (Level 2，L2)，低层（非骨干）区域叫做一层区域 (Level 1，L1)。然而，跟 OSPF 骨干区域不同的是，并没有为 IS-IS L2 区域预留"专用"的 AID。可为 IS-IS L2 区域分配任何合法的 AID。

读者应该知道，IS-IS AID 是 NET 地址的一部分，NET 归路由器整机所有，并不会配给路由器上的某个接口。这也就解释了为什么 IS-IS 路由器"整机"——路由器上的所有接口——只能隶属于单一区域[7]，而 OSPF 路由器上的不同接口则可以隶属不同区域。位于 L1 区域，只跟拥有相同 AID 的邻居路由器建立邻接关系的 IS-IS 路由器称为 L1 路由器。同理，位于 L2 区域，只跟拥有相同 AID 的邻居路由器建立邻接关系的 IS-IS 路由器称为 L2 路由器。IS-IS 路由器到底隶属于 L1 还是 L2 区域，要视配置而定：可把路由器上的所有接口配置为 L1-only 或 L2-only。

当然，还需要某种途径来"打通"L1 和 L2 区域。为此，需要配置某些路由器，令其（某个或某些）接口能够跟 AID 不同的邻居路由器建立邻接关系。这种路由器就称为 L1/L2 路由器。

有些概念常容易混淆，现在来重点谈一谈。有很多人都认为 IS-IS 区域的划分方式跟 OSPF 区域并无分别：每个区域都包括若干台路由器，区域之间界限明晰，如图 5.11 所示。但问题是，IS-IS 区域并不总是像图 5.11 所显示的那样容易解读。在某些情况下，两台路由器之间可能会同时建立 L1 和 L2 邻接关系。当多台 IS-IS 路由器都接入同一广播网络（链路）时，在这个广播网络内，要想厘清路由器间所建立起的 L1 和 L2 邻接关系可能就不那么容易了。此时，区域的边界究竟在哪里呢?

---

[7] 凡事都有特殊情况，第 8 章会对此加以讨论。

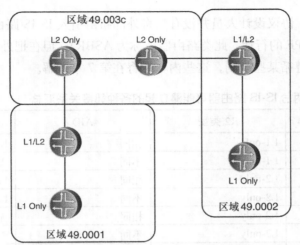

图 5.11 由于 IS-IS L1/L2 路由器提供区域间的连通性，因此其在功能性方面大致等同于 OSPF ABR

要想更好地解读图 5.12 所示的网络，应重点考量路由器间的邻接关系，而不应该老想着不同 IS-IS 区域之间的物理链路和逻辑边界。对 IS-IS 网络而言，虽然仍旧是若干台路由器都配置同一 AID，但 AID 更多涉及的是个别路由器，而非逻辑上固定不变的某一类路由器。也就是说，可把一个 IS-IS 区域视为 AID 相同的路由器之间建立起的一组不间断的邻接关系。尽管 IS-IS 区域在架构上要比 OSPF 区域抽象一点，但灵活性则不可同日而语，对此，将在 7.4.1 节详述。

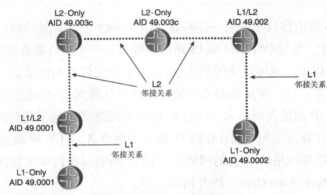

图 5.12 理解 IS-IS 区域的最好方式就是把它想象为一组邻接关系

要是把一个 IS-IS 区域视为一组不间断的邻接关系，那么还得充分理解邻接关系如何建立，何时建立。表 5.3 是对表 4.2 进一步的总结，显示了两台 IS-IS 路由器在 AID 相同或不同的情况下，建立邻接关系时出现的各种可能性。第 7 章对区域的架构和设计做进一步探讨时，还会再次列出该表。

与 OSPF 不同，协议设计人员并没有为将外部路由引入 IS-IS 路由进程域的那一类路由器起名（按照 OSPF 的行话，此类路由器被称为 ASBR）。但在把外部路由引入 IS-IS 路由进程域时，仍需遵循某些规则，这些内容也将在第 7 章讲解。

表 5.3 两台 IS-IS 路由器可能建立起的各种邻接关系汇总

R1 类型	R2 类型	AID	邻接关系
L1-only	L1-only	相同	L1
L1-only	L1-only	不同	无法建立
L2-only	L2-only	相同	L2
L2-only	L2-only	不同	L2
L1-only	L2-only	相同	无法建立
L1-only	L2-only	不同	无法建立
L1-only	L1、L2	相同	L1
L1-only	L1、L2	不同	无法建立
L2-only	L1、L2	相同	L2
L2-only	L1、L2	不同	L2
L1、L2	L1、L2	相同	L1、L2
L1、L2	L1、L2	不同	L2

5.3 度量类型

OSPF 和 IS-IS 路由协议都使用一种叫做开销（cost）的无计量单位的数值来度量路由的优劣。在路由器上，参与 OSPF 和 IS-IS 路由进程的每一个接口都会被分配一个度量（开销）值（可以手工指定，也可以使用默认值）。对于确定任意两个节点（路由器）间的最短（最优）路由而言，这一度量值必不可缺。在评判从源网络 A 通往目的网络 Z 的路由的优劣（即评判源 IP 地址为网络 A、目的 IP 地址为网络 Z 的流量的转发成本）时，路由度量（开销）值的计算方法为：统计在源 IP 地址为网络 A、目的 IP 地址为网络 Z 的流量转发路径沿途中（即源网络 A 和目的网络 Z 之间），所有承担流量转发任务的路由器上的流量外发接口（outgoing interface）的开销值之和。

5.3.1 OSPF 路由度量值

RFC 2328 及其前身并未对路由器接口上的 OSPF 路由开销值如何设置有过明文规定，甚至都未给出过任何建议，只要求该值大于 0。这就使得这一默认开销值可能会随路由器厂商的不同而千变万化。不过，许多厂商都沿用了 Cisco 公司的方法来确定这一默认开销值，因此即便网络中部署了不同厂商的路由器，也很少会发生路由器之间对 OSPF 路由度量值看法不一的情况。

Cisco 公司采用的计算 OSPF 路由默认度量值的方法是：10^8/接口带宽（单位为 kbit/s），而不是为所有路由器接口统一分配一个默认度量值。比方说，10Mbit/s 以太网接口的 OSPF 路由默认度量值$=10^8/10^7=10$，而带宽为 56kbit/s 的拨号链路的 OSPF 路由默认度量值$=10^8/56000=1785$（小数部分忽略不计）。10^8 这一常量被称为参考带宽（reference bandwidth）。

如今，这一计算路由度量值的方法面临着一个缺陷，那就是该度量算法发明时，速率为 100Mbit/s 的链路还属于"极速"链路。无论什么类型的路由器接口，只要速率为 100Mbit/s，其 OSPF 路由开销值就是 1，这也是可能存在的最小值。当接口的带宽超过 100Mbit/s 时，OSPF 路由开销值的计算结果仍然为 1。对于当今的大型网络而言，路由器接口的速率超过 1000Mbit/s 实在是太正常不过，即便是小型网络，使用 1000Mbit/s 的链路也不新鲜。为与当前的大型网络实际情况相吻合，应酌情调高参考带宽值。

可基于路由器上的每个接口，手动设置 OSPF 路由度量值，以取代上述"动态"路由度量值计算方法。若网络规模较大，明智的做法应该是制定一套完备的、能真实反映出流量流动模式的 OSPF 路由度量（开销）值规划方案，并根据该方案为每个接口手工分配路由开销值。比方说，可根据站点间的目测距离或电缆/光缆距离，（为路由器接口）手工指定 OSPF 路由开销值。

可为区域内路由前缀分配的度量值的长度为 16 位（二进制）。把区域外路由前缀（即隶属于同一路由进程域的其他区域，或其他路由进程域的路由前缀）通告进本区域时，可为之分配的度量值的长度为 24 位。两种路由前缀的 OSPF 度量值之所以一高一低，是因为通向其他路由进程域所辖目的网络的（流量转发）路径可能会更"长"，（流量）转发成本自然也更高，相应路由的度量值也就越大。

把外部路由前缀通告进 OSPF 路由进程域时，对 OSPF 路由进程而言，是不可能识别其他路由协议进程分配给路由前缀的度量值的。因此，负责将外部路由前缀通告进 OSPF 路由进程域内的 ASBR 应为外部路由前缀分配 OSPF 路由度量值。当 ASBR 将外部路由前缀重分发进 OSPF 时，让其顺带指明外部路由前缀的 OSPF 路由度量值，应作为路由策略配置的一部分来完成。

可为外部路由前缀分配以下两种类型的 OSPF 度量值。

- 类型 1 外部路由（E1）度量值——同时"兼顾"由 ASBR 分配的路由开销值，以及通往（即将流量转发到）ASBR 的路由开销值。

■ 类型 2 外部路由（E2）度量值——只保留由 ASBR 分配的路由开销值，当外部
路由前缀在整个 OSPF 路由进程域内传播时，这一开销值保持不变。

图 5.13 所示为外部路由的 E1 和 E2 度量值的不同之处。由图 5.13 可知，ASBR1、2
同时通告通往目的网络 192.168.1/24 的外部路由前缀。ASBR1 在通告此路由前缀时为其
分配的开销值为 10，ASBR2 则分配了开销值 20。图中左侧的路由器能各通过一条路径"访
问"（将流量转发）到 ASBR1 和 ASBR2，但流量转发成本（开销）分别为 20 和 30。若
两台 ASBR 为外部路由前缀分配的度量值类型为 E1，则对图中左侧那台路由器而言，通
过 ASBR1 将流量转发到目的网络 192.168.1/24 的成本（开销）为 30（20+10）；通过 ASBR2
将流量转发到目的网络 192.168.1/24 的成本（开销）为 35（30+5）。因此，该路由器会把
ASBR1 通告的那条外部路由视为最优路由（路由开销值最低）。

若两台 ASBR 为外部路由前缀分配的度量值类型为 E2，对图中左侧那台路由器而言，
在转发目的网络为 192.168.1/24 的流量时，将不考虑通往 ASBR 的路由开销（即不考虑将
流量转发到 ASBR 的成本）。因此，该路由器会握有两条通往目的网络 192.168.1/24 的路
由：一条由 ASBR1 通告，开销为 10；另一条由 ASBR2 通告，开销为 5。ASBR2 通告的
那条路由将会成为最优路由。

能为 OSPF 外部路由分配不同类型的度量值，就给网络工程师留有很大的余地，能让
他们自由选择将流量送达外部目的网络的"线路"（转发路径）。要想选择离本 OSPF 路由
器最近的自治系统边界路由器（ASBR），来转发流出本 OSPF 路由进程域的流量，可为相
应外部路由分配 E1 度量值。然而，在大多数情况下，无论是出于经济还是性能方面的考
虑，都应该选择离外部目的网络最近的自治系统边界路由器（ASBR），来转发流出本 OSPF
路由进程域的流量。在此情形，应为相应外部路由分配 E2 度量值。

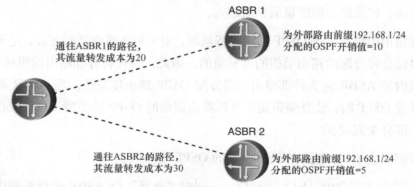

图 5.13　左边那台路由器选择哪一条链路来转发目的网络为 192.168.1/24 的流量，要取决于 ASBR 为通
往目的网络 192.168.1/24 的外部路由分配哪一种类型（E1 和 E2）的路由度量值

（外部路由的）E1 和 E2 路由度量值可在同一 OSPF 路由进程域内同时存在，甚至可由不同的 ASBR 分配给通往同一目的网络的多条外部路由。因此，为防选路冲突，协议设计人员制定了以下两条规则。

■ 若一台 ASBR 在通告一条外部路由时，为其分配了类型为 E1 的度量值，而另一台 ASBR 为通往同一目的网络的外部路由分配了类型为 E2 的度量值，则（OSPF 路由进程域内的路由器）会优选那条度量值类型为 E1 的路由。

■ 若两台 ASBR 在通告通往同一目的网络的外部路由时，都分配了类型为 E2 的度量值，则（OSPF 路由进程域内的）路由器在转发相应目的网络的流量时，只会考虑本机通往 ASBR 的路由的度量值，即优选离本机最"近"的 ASBR 通告的那条外部路由。

5.3.2 IS-IS 路由度量值

ISO 10589 所规定的 IS-IS 路由度量值，跟实战中所使用的 IS-IS 路由度量值还不太一样。ISO 10589（针对 IS-IS 路由协议消息）定义了 4 种不同类型的路由度量字段，长度都是 6 位，其值可分配给参与 IS-IS 进程的路由器接口，如下所列。

■ 默认度量字段，IS-IS 路由进程域内的所有路由器必须都能解读该字段。这一度量值没有特定含义，可由用户自行定义。在实战中，该字段值通常表示路由器的 IS-IS 接口开销值（通过 IS-IS 接口外发数据包的成本），类似于 OSPF 路由度量值。

■ 延迟度量字段，表示（路由器上的 IS-IS 接口）所连链路的（数据包）发送（传输）延迟。

■ 费用（expense）度量字段，表示（路由器上的 IS-IS 接口）所连链路在使用时的货币成本。

■ 错误（error）度量字段，表示网络出故障的可能性，换言之，即用来表示链路的相对可靠性。

默认度量字段是非用不可，其他 3 个度量字段则不然。定义以上 4 种度量字段的用意是，在运行 IS-IS 协议的网络中引入简单的（按当今标准）、基于 QoS 的流量工程机制。IS-IS 路由器会针对本机所支持的每一种路由度量类型（字段），来单独执行 SPF 计算，分别计算出基于每一种度量类型的路由。

目前，尚无支持后 3 种可选度量字段的商业 IS-IS 实现。针对每一种度量类型单独执行 SPF 计算，并把计算结果一一记录在案，不但会消耗路由器的内存，影响其性能，而且也没有用户向网络设备供应商提出过这样的要求。因此，在实战中只使用默认度量字段。

默认情况下，Cisco 和 Juniper 路由器上所有 IS-IS 接口的度量值都是 10。网管人员应该为自己的 IS-IS 网络制定合理的、能真正反映出链路容量和网络物理拓扑结构的 IS-IS 接口度量（开销）值规划方案。要是只使用默认设置来评判 IS-IS 路由的优劣，那么路由器在选择最优路由时，所依据的实际上将会是（本路由器）距目的网络的跳数。

I/E（内部路由/外部路由）位会跟 IS-IS 默认度量字段结合使用。I/E 位用来区分路由器前缀是隶属于 IS-IS 路由进程域之内还是之外。

IS-IS 默认度量字段的长度为 6 位，这意味着分配给路由器接口的 IS-IS 路由开销值会介于 0~63 之间。按照当初的想法，只有把 IS-IS 路由开销值定义的小一点，路由器在执行 SPF 算法时，效率才能提高，所占用的 CPU 周期也会更短。但对于新型路由器而言，上述观点根本不值一提。在大型网络中，要是路由度量值的取值范围受到限制，则很有可能无法精确地度量路由的优劣（IS-IS 路由度量值只有 64 个可能的值，而 OSPF 路由器度量值则有 65535 个）。为了规避上述问题，如今许多厂商都对 IS-IS 的实现进行了"改进"，支持 32 位长度的默认度量字段。为便于区分，原始的 6 位度量字段被称为窄度量字段；32 位度量字段被称为宽度量字段。5.5.8 节将会介绍支持宽度量字段的 TLV 结构——经过扩展的 IP 可达性 TLV。

多厂商路由器组网时，IS-IS 路由的宽度量值和窄度量值

尽管有好几家路由器厂商都支持 IS-IS 宽度量值字段（主要是为了做运营商的生意或为了支持流量工程），但似乎支持的情况各不相同。比方说，Cisco 路由器默认只支持窄度量字段，但可以将其配置为只支持宽度量字段（metric-style wide），或同时支持两种类型的度量字段（metric-style wide transition）。而 Juniper 路由器则默认支持两种类型的度量字段，但可以配置为只支持宽度量字段（wide-metrics-only）。此外，若把 Cisco 路由器配置为只支持窄度量字段或宽度量字段，则它只会生成含相应度量字段的 IS-IS 协议报文。然而，若把 Juniper 路由器配置为只支持宽度量字段，则它会生成含宽度量字段的 IS-IS 协议报文，但仍旧会接收含两种度量字段的 IS-IS 协议报文。

还有一种 Avici（Avici Systems）路由器，可被配置为只支持窄度量字段（use-metric-style narrow）、只支持宽度量字段（use-metric-style wide）、同时支持两种度量字段但宽度量字段优先（use-metric-style prefer-narrow），或同时支持两种度

量字段但窄度量字段优先（use-metric-style prefer-wide）。默认情况下，Avici 路由器只支持窄度量字段。

在由多家厂商的路由器构成的 IS-IS 网络中，若要让所有路由器都支持宽度量字段，则必须对每家厂商的路由器能生成或接收包含哪一种度量字段的 IS-IS 协议报文了然于胸。由于路由器的随机文档大都写得不清不楚，因此必须与厂家的工程师直接沟通。

5.4 LSA 的基本类型

本节和下一节（介绍 IS-IS TLV 结构）会详细介绍构成 OSPF 和 IS-IS 路由信息的基本数据元素。必须承认，这两节的内容实在枯燥无味，是仔细阅读还是走马观花，取决于读者的毅力。不过，若读者真想熟练掌握 OSPF 和 IS-IS，对各种 LSA 和 TLV "烂熟于心" 是最起码的要求。

在作者看来，所谓 "LSA 的基本类型"，是指能满足 OSPF 正常运行的 5 种 LSA。要是网络中还需要启用流量工程，需要设立 not-so-stubby 区域，或开启其他 OSPF 扩展特性，那就免不了还要和另外几种 LSA 打交道。这另外几种 LSA 将会在随后几章介绍它们各自所支持的扩展功能时再做讨论。

LSA 的 5 种基本类型如下所列：

- 路由器 LSA；
- 网络 LSA；
- 网络汇总 LSA；
- ASBR 汇总 LSA；
- 外部 LSA。

5.4.1 路由器 LSA

每台 OSPF 路由器都会生成路由器 LSA（其格式如图 5.14 所示）。路由器 LSA 的用途包括：通告生成（本 LSA 的）路由器及其所连链路；通告这些链路转发数据包的成本（OSPF 开销）；通告跟生成（本 LSA 的）路由器建立了邻接关系的邻居路由器。路由器 LSA 的泛洪范围为本 OSPF 区域，即只能在生成它的区域内泛洪，决不能被泛洪到其他区域。

- 路由器 LSA（头部）的类型字段值为 1。

- V（Virtual Link）位置 1 时，表示生成（本 LSA 的）路由器为虚链路端点。第 7 章将介绍虚链路。

- E（External）位置 1 时，表示生成（本 LSA 的）路由器为 ASBR。

- B（Border）位置 1 时，表示生成（本 LSA 的）路由器为 ABR。

- 链路数量字段，指明了（本 LSA）所要描述（通告）的路由器链路的数量，即定义了该字段之后的其余字段重复出现的次数。

- 链路类型字段，表示紧随其后的字段所要描述的路由器链路类型。表 5.4 所列为可能的链路类型字段值，以及那些值分别表示的路由器链路类型。

- 链路 ID 字段，其内容随链路类型字段值而变。表 5.5 所示为与链路类型字段值相对应的链路 ID 字段的内容。若（所要通告的）链路连接的是另外一台路由器（即链路类型字段值为 1、2 或 4），则表中所示链路 ID 字段值同样也是由该邻居路由器生成的 LSA 的链路状态 ID 字段值。这也说明了在 SPF 计算期间，由（相邻）两台 OSPF 路由器（生成的）LSA 是如何相互关联的。

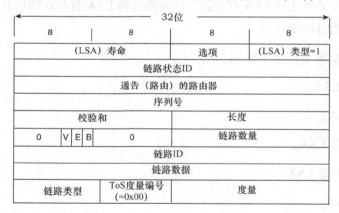

图 5.14　路由器 LSA 的格式

- 链路数据字段，该字段所含内容同样随链路类型字段值而变。接收 LSA 的 OSPF

路由器可利用该字段的内容来"推导"出传播于相关链路上的下一跳地址（这里的相关链路是指，由路由器 LSA 所通告的链路）。表 5.6 所示为对应于 4 种路由器链路类型的链路数据字段所包含的内容。

■ ToS 度量编号字段，用来跟 OSPFv2 规范之前的标准（RFC1853 及前身）相兼容。若 ToS 度量编号字段值为非 0，则度量字段之后就会多出 N 个 32 位字段（N 为 ToS 度量字段值）。这些 32 位字段会包含（与本路由器 LSA 所要通告的）链路有关的各种 ToS 度量值，以及相关联的 ToS 度量编号。然而，如今的 OSPF 实现根本就用不上那几种 ToS 度量值，因此该字段值总是为 0。图 5.14 所示的路由器 LSA 的格式未包含 ToS 度量字段（因为 ToS 度量编号字段值为 0）。

表 5.4 链路类型字段值及其含义

链路类型字段值	含义
1	通向另一台（对端）路由器的点对点连接（所通告的链路为点对点链路）
2	通向一个穿越（transit）网络的连接（所通告的网络为一个穿越网络）
3	通向一个 stub 网络的连接（所通告的网络为一个 stub 网络）
4	虚链路

表 5.5 对应于 4 种路由器链路类型的链路 ID 字段所含内容

链路类型字段值	链路 ID 字段所含内容
1	邻居路由器的 RID
2	DR 的（接口）IP 地址
3	IP 网络号
4	邻居路由器的 RID

表 5.6 对应于 4 种路由器链路类型的链路数据字段所包含的内容

链路类型字段值	数据链路字段所含内容
1	对于有编号（numbered）点到点链路，本字段包含的内容是：生成（本路由器 LSA 的）路由器（连接这条有编号点到点链路的）接口的 IP 地址 对于无编号（unnumbered）点到点链路，本字段包含的内容是：生成（本路由器 LSA 的）路由器（连接这条无编号点到点链路的）接口的 MIB-II ifIndex 值
2	生成（本路由器 LSA 的）路由器（连接该穿越网络的）接口的 IP 地址
3	stub 网络的 IP 网络号或子网掩码（主机路由也属于类型 3 链路，该字段会包含一个 255.255.255.255 的子网掩码）
4	生成（本路由器 LSA 的）路由器连接该虚链路的接口的 MIB-II ifIndex 值

　　图 5.15 所示为一台 OSPF 路由器所持 LS 数据库里的一条路由器 LSA 示例。由图 5.15 可知，在这条 LSA 的头部之后，V、E、B 位全都置 0（"bits 0x0"），链路数量字段值为 5（"link count 5"）。这条 LSA 所描述（通告）的各条链路的链路 ID、链路数据、链路类型、ToS 度量编号以及度量字段值也都分别在列。"TOS 0"是指老的 TOS 度量字段所包含的度量（值），其 ToS 度量类型值为 0（详见 Routing TCP/IP，Volume/（2nd Edition）P404～P406）。

```
jeff@Juniper6> show ospf database router lsa-id 192.168.254.6 extensive

    OSPF link state database, area 0.0.0.0
 Type   ID             Adv Rtr         Seq         Age   Opt  Cksum Len
Router *192.168.254.6  192.168.254.6   0x800001c8  1458  0x2  0x10e  84
  bits 0x0, link count 5
  id 172.16.1.0, data 255.255.255.0, type Stub (3)
  TOS count 0, TOS 0 metric 10
  id 192.168.3.1, data 192.168.3.1, type Transit (2)
  TOS count 0, TOS 0 metric 1
  id 192.168.4.2, data 192.168.4.1, type Transit (2)
  TOS count 0, TOS 0 metric 1
  id 192.168.5.0, data 255.255.255.0, type Stub (3)
  TOS count 0, TOS 0 metric 1
  id 192.168.254.6, data 255.255.255.255, type Stub (3)
  TOS count 0, TOS 0 metric 0
  Gen timer 00:25:42
  Aging timer 00:35:42
  Installed 00:24:18 ago, expires in 00:35:42, sent 00:24:18 ago
  Ours
```

图 5.15　OSPF 路由器所持 LS 数据库里的一条路由器 LSA 示例

5.4.2　网络 LSA

　　网络 LSA（其结构如图 5.16 所示）由 DR 生成，用来表示伪节点。与路由器 LSA 相同，网络 LSA 的泛洪范围也是本 OSPF 区域。网络 LSA（头部中）的类型字段值为 2，链路状态 ID 字段值为 DR 连接到伪节点（广播或 NBMA 网络）的接口的 IP 地址。请注意，网络 LSA 不含度量字段。这是因为，从伪节点到所有与之相连的路由器的开销值都是 0，对此，上一章已多次提及。

- 网络掩码字段，其值为该网络 LSA 所要描述的网络的子网掩码。

- 接入（本广播或 NBMA 网络）路由器字段，其值为与伪节点（广播或 NBMA 网络）相连的各台路由器的 RID。该字段会在网络 LSA 中多次出现，其内容除了包含接入伪节点（跟 DR 相连）的各台路由器的 RID 之外，还会包括 DR 自身的 RID。根据网络 LSA 的长度字段值，就能够推算出接入（本广播或 NBMA 网络的）路由器字段在该网络 LSA 中出现的次数。

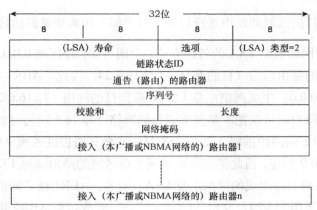

图 5.16 网络 LSA 的格式

图 5.17 所示为一台 OSPF 路由器所持 LS 数据库里的一条网络 LSA 的内容。由图可知，这条 LSA 所要描述的（广播或 NBMA）网络的子网掩码为 255.255.255.0，有两台路由器接入了这一网络。在那两台路由器中，可以很容易看出 DR 是 192.168.254.7，因为"192.168.254.7"同样出现在了"Adv Rtr"（通告本 LSA 的路由器）字段下。

```
jeff@Juniper6> show ospf database network lsa-id 192.168.4.2 extensive

    OSPF link state database, area 0.0.0.0
 Type      ID            Adv Rtr         Seq         Age  Opt  Cksum  Len
Network  192.168.4.2   192.168.254.7   0x80000251   926  0x2  0xf852  32
   mask 255.255.255.0
   attached router 192.168.254.7
   attached router 192.168.254.6
   Aging timer 00:44:34
   Installed 00:15:25 ago, expires in 00:44:34, sent 00:15:25 ago
```

图 5.17 OSPF 路由器所持 LS 数据库里的一条网络 LSA 的内容

5.4.3 网络汇总 LSA

网络汇总 LSA 由 ABR 生成，会传播进某个（某些）区域，用途是通告另外一个区域的路由前缀。只要认清了网络 LSA 的作用，自然就会明白 OSPF 路由协议在区域间传播路由信息的手段，其实跟距离矢量路由协议也颇为相似。对于所连接到区域 A 的一台 ABR 而言，之所以能学到区域 B 的路由前缀，是因为此 ABR（还有一个或多个接口）跟区域 B 相连，或是收到了另一台 ABR 发出的网络汇总 LSA，其中通告了隶属于区域 B 的路由前缀。随后，这台 ABR 将会向区域 A 生成网络汇总 LSA，"告知"归属该区域的所有路由器"要想把数据包转发至由本网络汇总 LSA 所通告的目的网络，请先转发给本路由器，转发成本为 X"。凭借本机计算所得最短路径树，完全归属区域 A 的路由器便知道如何将数据包转发给该 ABR，但单凭那棵最短路径树，却无法将数据包转发至隶属于本区域之外的目的网络。这样的区域间路由选择行为非常类似于距离矢量路由协议。

　　图 5.18 所示为网络汇总 LSA 的传播方式。由图可知，跟区域 0.0.0.1 相连的 ABR1 学到了隶属于该区域的路由前缀（目的网络）172.16.6/24。因此，ABR1 将会向与其相连的其他区域（区域 0.0.0.0）生成网络汇总 LSA，通告目的网络 172.16.6/24（即向区域 0 内的路由器宣布，本路由器可以把流量转发到目的网络 172.16.6/24）。同理，ABR2 也能学到隶属于区域 0.0.0.2 的路由前缀 172.16.113/24，并将其通告进区域 0.0.0.0。此外，两台ABR 都跟区域 0.0.0.0 相连，因此都能学到隶属于该区域的路由前缀 172.16.25/24。那两台ABR 同样能够收到由对方生成的网络汇总 LSA，于是，ABR1 就"知道"：要想把数据包转发至目的网络 172.16.113/24，交给 ABR2 去"办"就成；而 ABR2 也"明白"：若要把数据包转发至目的网络 172.16.6/24，交给 ABR1 去"办"即可。最后，ABR1 和 ABR2 会各自生成相应的网络汇总 LSA，并分别通告进区域 0.0.0.1 和 0.0.0.2。这样一来，那两个区域内的路由器就能访问到本区域之外的目的网络了。

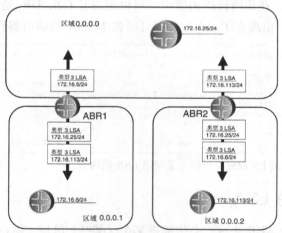

图 5.18　ABR 会生成网络汇总 LSA，通告区域外的目的网络，网络汇总 LSA 会在"相关"区域内泛洪

　　图 5.19 所示为网络汇总 LSA 的格式。网络汇总 LSA（头部）的类型字段值为 3，这种 LSA 只能在某个（或某些）OSPF 区域内泛洪。有待通告的区域间路由前缀会成为网络汇总 LSA 的链路状态 ID 字段值。由于在网络汇总 LSA 内，链路状态 ID 字段只会出现一次，因此 ABR 就需要把隶属于 A 区域的路由前缀，"逐条"通告进 B 区域。ABR 还能通过网络汇总 LSA，把默认路由（0.0.0.0/0）通告进某个区域。

- 网络掩码字段，其值为（有待通告的）网络前缀的子网掩码。

- 度量字段，其值为 ABR 将流量转发至有待通告的目的网络的成本。请注意，跟路由器 LSA 的 16 位度量字段不同，网络汇总 LSA 的度量字段的长度为 24 位，这是为了更加精准地反映出离 ABR 更"远"的目的网络的"距离"（即转发成本）。

■ ToS 类型和 ToS 度量字段，跟路由器 LSA 相同，这两个字段的作用也是为了与 RFC 2328 之前的标准相兼容。新的 OSPFv2 实现不使用 ToS 度量，因此 ToS 类型和 ToS 度量字段总是为 0。

图 5.20 所示为一台 OSPF 路由器所持 LS 数据库里的一条网络汇总 LSA 的输出，这条网络 LSA 用来通告目的网络 192.168.5.0/24。

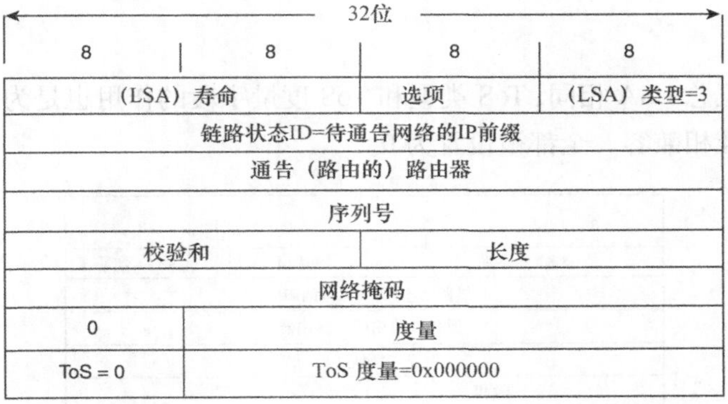

图 5.19 网络汇总 LSA 的格式

```
jeff@Juniper4> show ospf database netsummary lsa-id 192.168.5.0
               extensive

    OSPF link state database, area 0.0.0.2
 Type    ID            Adv Rtr        Seq        Age    Opt  Cksum  Len
Summary  192.168.5.0   192.168.254.5  0x800001dd 1389   0x2  0xb6ea 28
   mask 255.255.255.0
   TOS 0x0, metric 2
   Aging timer 00:57:53
   Installed 00:02:06 ago, expires in 00:36:51, sent 00:02:06 ago
```

图 5.20 OSPF 路由器所持 LS 数据库里的一条网络汇总 LSA

5.4.4 ASBR 汇总 LSA

ASBR 汇总 LSA 的格式（见图 5.21）跟网络汇总 LSA 完全相同，其用途是通告本区域外的 ASBR（之所在），并不用来通告任何路由前缀。由 ASBR 泛洪的外部路由前缀会传遍整个 OSPF 路由进程域，ASBR（的 IP 地址）会以那些外部路由的下一跳的面目示人。对于跟 ASBR 分属不同 OSPF 区域的路由器而言，只有依靠 ASBR 汇总 LSA，才能知道如何访问到 ASBR。只有如此，流量才能被正确转发至最终的外部目的网络。与网络汇总 LSA 相同，ASBR

汇总 LSA 也是由 ABR 生成，并会在常规 OSPF 区域内泛洪。ABR"定位"ASBR 的方法，与其学习各区域内路由前缀的方法相同：ABR 本身要么跟 ASBR 都隶属于同一区域，要么则通过其他 ABR 通告的 ASBR 汇总 LSA，来"掌握"驻留于其他区域的 ASBR 的行踪。

ASBR 汇总 LSA（头部）的类型字段值为 4，其链路状态 ID 字段的内容为 ASBR 的 RID。ABR 必须为通告进每个区域的每一台 ASBR 单独生成一条 ASBR 汇总 LSA。

- 网络掩码字段，对 ASBR 汇总 LSA 没有意义，被设置为 0。

- 度量字段，其值为（通告本 ASBR 汇总 LSA 的）ABR 将流量转发至 ASBR 的成本。

- 与网络汇总 LSA 相同，ToS 类型和 ToS 度量字段的作用也是为了与 RFC 2328 之前的标准相兼容，全都被设置为 0。

图 5.21 ASBR 汇总 LSA 的格式

图 5.22 所示为一条 ASBR 汇总 LSA 的示例，其作用是通告一条通往 ASBR 192.168.254.7 的路径。

```
jeff@Juniper4> show ospf database asbrsummary lsa-id 192.168.254.7
               extensive

   OSPF link state database, area 0.0.0.2
 Type    ID              Adv Rtr          Seq        Age Opt Cksum Len
ASBRSum 192.168.254.7   192.168.254.5   0x800001df  1234 0x2 0xa0fc 28
 mask 0.0.0.0
 TOS 0x0, metric 2
 Aging timer 00:39:25
 Installed 00:20:31 ago, expires in 00:39:26, sent 00:20:31 ago
```

图 5.22 OSPF 路由器所持 LS 数据库里的一条 ASBR 汇总 LSA

5.4.5 外部 LSA

ASBR 会为有待通告进 OSPF 路由进程域的每一条外部路由前缀，单独生成一条外部

LSA（其格式见图 5.23）。与之前介绍的 4 种 LSA 不同，外部 LSA 会在整个 AS（OSPF 路由进程域）内泛洪。亦即这种 LSA 会传遍 OSPF 进程域内的所有非 stub 区域（stub 区域是指不允许外部 LSA 存在的区域，将在 7.3.4 节介绍）。外部 LSA 也可以通告用来访问 OSPF 路由进程域之外的目的网络的默认路由（0.0.0.0/0）。

图 5.23 外部 LSA 的格式

外部 LSA（头部）的类型字段值为 5，其链路状态 ID 字段的内容为有待通告的外部目的网络前缀。ASBR 会为每一条有待通告的外部目的网络前缀，单独生成一条外部 LSA。这就给 OSPF 协议的运行留下了“隐患”。如果有待通告进 OSPF 路由进程域的外部路由前缀的条数过多，那么相同数量的外部 LSA 就会传遍整个路由进程域。处理并存储数量众多的 LSA，势必会给路由器带来沉重的负担。在某些情况下——比如，当把全套 Internet 路由前缀重分发进 OSPF 路由进程域时，所产生的“负担”甚至能“压垮”某些路由器（使路由器 crash）。更多与这一“隐患”有关的话题，以及如何消除类似“隐患”将分别在第 7 章、第 9 章讨论。

- 网络掩码字段，其内容为有待通告的外部路由前缀的子网掩码。

- E 位，用来表示有待通告的外部路由前缀的度量值类型，置 0 表示 E1 路由，置 1 表示 E2 路由。

- 度量字段，该字段值用来表示 ASBR 将数据包转发至其所通告的外部目的网络（即外部 IP 前缀）的成本。外部路由前缀的度量值（即通告该外部路由的外部 LSA 的度量字段值）既可以在 ASBR 上通过配置命令来“随意”分配，也可以基于通告此外部路由前缀的（外部）路由协议所分配的度量值来分配（由路由策略来定义）[8]。与网络汇总 LSA 相同，外部 LSA 中度量字段的长度也是 24 位。

- 转发地址字段，其内容为一 IP 地址。拥有这一 IP 地址的路由器能够将发往（本外部 LSA 所通告的）外部目的网络的流量送达其"归宿"。该字段的作用是，告知 OSPF 路由进程域内的其他所有路由器，要想把（由本 LSA 所通告的）外部目的网络的流量送达其"归宿"，应先把流量发送到转发地址字段所包含的 IP 地址。请注意，该字段的内容并不是（由本 LSA 所通告的）外部目的网络的下一跳地址，所包含的是能够把发往这一外部目的网络的流量送达其"归宿"的一台（中间）路由器的 IP 地址。当该字段值为 0.0.0.0 时，发往（由本 LSA 所通告的）外部目的网络的流量，会被（先）转发到生成（该外部 LSA 的）ASBR。因此，有了该字段，就能让 ASBR 在通告外部目的网络时，把另一台设备的 IP 地址设置为转发地址。请注意，在图 5.23 所示的外部 LSA 的格式中，有两个转发地址字段。

与 OSPF 早期标准（RFC 1583）不同，OSPFv2 LSA 的格式有了稍许改变，其外部 LSA 中第二个转发地址字段只是为了与早期的标准相兼容。

- 外部路由标记字段，其作用是让传播于 OSPF 路由进程域内的外部路由前缀，携带与 OSPF 自身无关的信息。一般情况下，这样的信息都会是 BGP 路由属性，但也可以是另外一种路由协议在某台 ASBR 上添加且提取自另外一台 ASBR 的任何信息。OSPF 进程本身会忽略该字段的内容。

- 与其他几种 LSA 一样，外部 LSA 的 ToS 度量字段以及与其相关联的 E 位都是用来跟早期 OSPF 标准相兼容，一般都设置为 0。

图 5.24 所示为一条用来通告外部目的网络 192.168.200.0/24 的外部 LSA。由图可知，这条外部 LSA 的度量类型为 E2（Type 2）；通告该外部 LSA 的 ASBR 将数据包转发到目的网络 192.168.200.0/24 的成本为 250（metric 250）。这条外部 LSA 的转发地址字段为 0.0.0.0（fwd addr 0.0.0.0），这表示 OSPF 路由器进程域内的路由器要想把数据包转发至目的网络 192.168.200.0/24，就得先转发给通告这条外部 LSA 的 ASBR。巧合的是，此 ASBR 正是图 5.22 中 ASBR 汇总 LSA 所通告的那台 ASBR。

---

[8] 译者注：原文是 "Metric is the cost to the prefix from the ASBR, and is assigned by the ASBR based on an arbitrary configuration or on the value (as specified by a configured routing policy) of the metric of the protocol from which the prefix was learned"。

```
jeff@Juniper4> show ospf database extern lsa-id 192.168.200.0 extensive
    OSPF external link state database
Type    ID                  Adv Rtr          Seq        Age  Opt  Cksum  Len
Extern  192.168.200.0       192.168.254.7    0x8000160c  739  0x2  0xd43f  36
  mask 255.255.255.0
  Type 2, TOS 0x0, metric 250, fwd addr 0.0.0.0, tag 0.0.0.0
  Aging timer 00:47:41
  Installed 00:12:14 ago, expires in 00:47:41, sent 00:12:14 ago
```

图 5.24 OSPF 路由器所持 LS 数据库里的一条外部 LSA

图 5.25 所示为由同一台 ASBR 生成的另一条外部 LSA，它所通告的外部目的网络为 192.168.100.0。请注意，这条外部 LSA 的度量类型为 E1（Type 1）。图 5.26 所示为外部 LSA 的两种度量类型对 OSPF 路由器的路由表产生的影响。图中，最先显示的是路由器 jeff@Juniper4 学到的通往 ASBR（192.168.254.7）的路由，不难发现，这条路由的开销值为 3（即路由器 jeff@Juniper4 把数据包转发到 ASBR 的成本为 3）。接下来显示的是路由器 jeff@Juniper4 学到的通往外部目的网络 192.168.200.0/24 的路由，192.168.200.0/24 正是图 5.24 所示外部 LSA 所通告的外部目的网络。因这条外部 LSA 的度量类型为 E2，故此条路由的开销值为 250——与图 5.24 所示相同。最后显示的是路由器 jeff@Juniper4 学到的通往外部目的网络 192.168.100.0/24 的路由，192.168.100.0/24 为图 5.25 所示外部 LSA 所通告的外部目的网络。因这条外部 LSA 的度量类型为 E1，故导致最后一条路由的开销值为 253，即 ASBR 将数据包转发到目的网络 192.168.200.0/24 的成本（250），加上路由器 jeff@Juniper4 把数据包转发到 ASBR 的成本（3）。

```
jeff@Juniper4> show ospf database extern lsa-id 192.168.100.0 extensive
    OSPF external link state database
Type    ID                  Adv Rtr          Seq        Age  Opt  Cksum  Len
Extern  192.168.100.0       192.168.254.7    0x8000160e  484  0x2  0x9f58  36
  mask 255.255.255.0
  Type 1, TOS 0x0, metric 250, fwd addr 0.0.0.0, tag 0.0.0.0
  Aging timer 00:51:55
  Installed 00:08:00 ago, expires in 00:51:56, sent 00:08:00 ago
```

图 5.25 OSPF 路由器所持 LS 数据库里的一条外部 LSA。这条 LSA 在通告外部目的网络时，所设置的度量类型为 E1

```
jeff@Juniper4> show route 192.168.254.7

inet.0: 19 destinations, 20 routes (18 active, 0 holddown, 1 hidden)
+ = Active Route, - = Last Active, * = Both

192.168.254.7/32   *[OSPF/10] 02:34:38, metric 3
                    > to 192.168.2.2 via fxp1.0

jeff@Juniper4> show route 192.168.200.0

inet.0: 19 destinations, 20 routes (18 active, 0 holddown, 1 hidden)
+ = Active Route, - = Last Active, * = Both

192.168.200.0/24   *[OSPF/150] 00:13:21, metric 250, tag 0
                    > to 192.168.2.2 via fxp1.0

jeff@Juniper4> show route 192.168.100.0

inet.0: 19 destinations, 20 routes (18 active, 0 holddown, 1 hidden)
+ = Active Route, - = Last Active, * = Both

192.168.100.0/24   *[OSPF/150] 00:13:31, metric 253, tag 0
                    > to 192.168.2.2 via fxp1.0
```

图 5.26　把 OSPF 外部路由的度量类型设置为 E1 或 E2，会影响到 OSPF 路由器最终生成的路由表

5.5　TLV 结构的基本类型

　　与 LSA 的基本类型相同，作者所认为的 TLV 结构的基本类型也是指能满足 IS-IS 在 IP 网络中正常运行的那几种 TLV 结构。还有几种 TLV 结构对 IS-IS 在 CLNS 网络中的正常运行不可或缺，但由于跟 IS-IS 在 IP 网络中的运行干系不大，因此本书不予介绍。本节还会介绍几种能支持宽度量字段的 TLV，这几种 TLV 虽然并非 IS-IS 正常运行所必不可缺，但由于本书涵盖了与 IS-IS 路由宽度量有关的内容，因此将顺带提及。还有其他若干种 TLV 结构都将放在本书后面几章介绍，因为那几章的内容分别涉及这些 TLV 结构所支撑的 IS-IS 新特性或扩展功能。

　　以下所列为几种最基本的 TLV 结构：

- 区域地址 TLV；

- IS 邻居 TLV；

- 本机所支持的协议 TLV；

- 接口 IP 地址 TLV；

- IP 内部可达性信息 TLV；

- IP 外部可达性信息 TLV。

以下所列为支持宽度量字段的 TLV 结构：

- 经过扩展的 IS 可达性信息 TLV；

- 经过扩展的 IP 可达性信息 TLV。

5.5.1 区域地址 TLV

区域地址 TLV 会包含一份列表，其内容为分配给生成（本 TLV 的）路由器的区域地址。该 TLV 所含列表中的 AID 的数量，受 PDU 报头中最多区域地址数字段值的限制。

- 若最多区域地址数字段值=0，则该 TLV 结构中最多可包含 3 个 AID。

- 若最多区域地址数字段值为 1~255，则该 TLV 结构中可包含相应数量的 AID。

正常情况下，一台 IS-IS 路由器只会有一个 AID，因此区域 TLV 结构一般只会包含一个 AID。不过，可为 IS-IS 路由器分配一个以上的 AID，以应对网络割接。7.4.8 节会介绍为一台路由器分配多个 AID 的用途。

图 5.27 所示为区域地址 TLV 结构的格式，其类型字段值为 1。L1 和 L2 LSP 都会包含这种 TLV。在 LSP 中，区域地址 TLV 总是"位居"其他 TLV 之前。也就是说，即便 LSP 发生了分片，区域地址 TLV 也会在"0 号"LSP 内"露面"，决不会出现在编号为非 0 的 LSP 之内。此外，这种 TLV 也不会在表示伪节点的 LSP 内"现身"。

图 5.27 区域地址 TLV 的格式

5.5.2 IS 邻居 TLV

IS 邻居 TLV（其格式见图 5.28）包含的是与生成（本 TLV 的）路由器建立了邻接关

系的邻居路由器的信息。这种 TLV 的类型字段值为 2，L1 和 L2 LSP 都会包含这种 TLV。

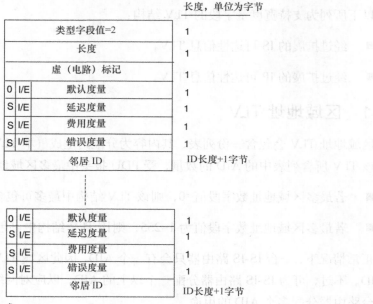

图 5.28 IS 邻居 TLV 的格式

- 虚（电路）标记字段，长度虽为 1 字节，但其值只可能是 0 或 1。该字段值为 1，表明（发出包含本 TLV 的 IS-IS 协议消息的）链路为虚链路。由于没有任何一种 IS-IS 商业实现支持虚链路，因此该字段值总应为 0。

- I/E 位也叫作内部/外部（Internal/External）标记位，表示与之相关联的路由（链路）度量值类型是内部（置 0）还是外部（置 1）。由于 IS-IS 邻居路由器不可能"身处"IS-IS 路由进程域之外，因此 IS 邻居 TLV 中与各种度量字段相关联的 I/E 位总应置 0。

- 默认度量字段，此乃标准的 6 位 IS-IS 度量字段，其值用来表示连接邻居路由器的链路的开销值（即通过与邻居路由器间的互连链路，将数据包转发给邻居路由器的成本）。

- 延迟度量、费用度量以及错误度量已在 5.3.2 节做过了讨论。总体而言，设立这 3 个度量字段的本意是为了让网络支持基于度量类型的服务质量，可惜的是，任何一种 IS-IS 商业实现都不支持这 3 个度量字段。在这个 3 个度量字段以及与之相关联的 I/E 位之前，还有一个 S 位，分别用来表示支持（Support）（置 0）还是不支持（置 1）这 3 种度量。这 3 个 S 位应总是置 1。

- 邻居 ID 字段，若邻居为一台路由器，则邻居 ID 字段值就应该是邻居路由器的 SysID，再紧跟一个所有位为全 0（0x00）的 1 字节字段值。若邻居为伪节点，则邻居 ID 字段值则应该为 L1 或 L2 DIS 的 SysID，再紧跟一个由 DIS 为该伪节点分配的 1 字节字段值。

5.5.3　所支持的（网络层）协议 TLV

请别忘了，开发 IS-IS 路由协议的初衷，是要在 CLNS 网络环境中行使路由选择功能。而定义于 RFC 1195 的（本机）所支持的（网络层）协议 TLV，则是对原始 IS-IS 协议的改进，意在让 IS-IS 协议在其他网络环境（比如，IP 网络）中行使路由选择功能。这种 TLV 的类型字段值为 129，会在 L1 和 L2 LSP 中"露面"。在这种 TLV 的值字段中，会包含一份网络层协议标识符（Network Layer Protocol Identifier，NLPID）列表，用来指明生成该 TLV 的路由器所支持的网络层协议（网络层协议与 NLPID 间的对应关系列表，请见 ISO/TR 9577）。比如，IPv4 协议的 NLPID 是 204（0xCC），IPv6 协议的 NLPID 则为 142（0x8E）。

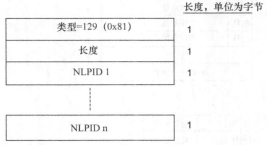

图 5.29　所支持的（网络层）协议 TLV

5.5.4　接口（所配置的）IP 地址 TLV

接口 IP 地址 TLV（其格式见图 5.30）定义于 RFC 1195，其包含的内容为：IS-IS 路由器外发（包含本 TLV 的 LSP 的）接口所设 IP 地址。包含在本 TLV 的值字段内的 IP 地址都与 IS-IS 路由器的 SNPA 相关联。接口 IP 地址 TLV 的类型字段值为 132，会在 L1 和 L2 LSP 中"露面"。

图 5.30　接口 IP 地址 TLV

5.5.5　IP 内部可达性信息 TLV

IP 内部可达性信息 TLV（其格式见图 5.31）定义于 RFC 1195，其所包含的内容为：生成（本 TLV 的）路由器所直连的每一个子网的 IP 前缀。这种 TLV 的类型字段值为 128，会在 L1 和 L2 LSP 中"露面"，但不会在表示伪节点的 LSP 中"现身"。

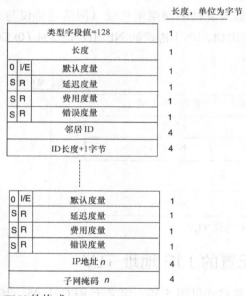

图 5.31　IP 内部可达性信息 TLV 的格式

- 与默认度量字段挂钩的 I/E 位，其值总应为 0，因为 IP 内部可达性信息 TLV 所通告的 IP 网络总是隶属于本 IS-IS 路由进程域。

- 与前面介绍过的几种 TLV 结构一样，延迟、费用及错误度量字段都弃之不用，因此分别与这 3 个字段相关联的 S 位总置 1；与这 3 个度量字段挂钩的 R 位为预留位，总应置 0。

- IP 地址和子网掩码字段包含的是有待通告的 IP 目的网络和子网掩码。为了通告多个 IP 目的网络，IP 地址字段、子网掩码字段以及与之相关联的度量字段可在一个 TLV 结构内出现多次。

5.5.6 IP 外部可达性信息 TLV

图 5.32 所示为 IP 外部可达性信息 TLV 的格式，看起来跟 IP 内部可达性信息 TLV 的格式完全一样，只是类型字段值为 130。这种 TLV 所包含的信息是：IS-IS 路由进程域之外的目的网络及其子网掩码。RFC 1195 规定，只有 L2 LSP 才能包含 IP 外部可达性信息 TLV，但大多数厂商的 IS-IS 实现都能让路由器生成包含这种 TLV 的 L1 LSP（需要配置）。

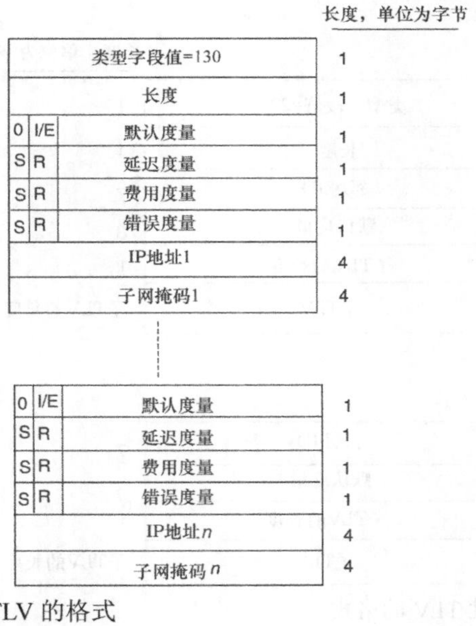

图 5.32 IP 外部可达性信息 TLV 的格式

读者可能会认为，在 IP 外部可达性信息 TLV 中，与度量字段挂钩的 I/E 位一定会置 1（表示外部度量类型），因为这种 TLV 通告的都是 IS-IS 路由进程域之外的目的网络。实际上，I/E 位既有可能会置 1，也有可能会置 0（表示内部度量类型）。I/E 位有不同的置位方式，外加还可配置 IS-IS 路由器，令其在 L1 LSP 中包含 IP 外部可达性信息 TLV。有了这么多选择，网络工程师便能在必要时，让外部路由前缀传遍整个 IS-IS 路由进程域（不单是 L2 子域）。这一做法被称为 IS-IS 路由进程域范围级别的前缀发布(domain-wide prefix distribution)，将在 7.4.6 节和 7.4.7 节进行深入探讨。

5.5.7　经过扩展的 IS 可达性（信息）TLV

经过扩展的 IS 可达性 TLV 以及经过扩展的 IP 可达性 TLV 都是被提议用来支持流量工程的 TLV 结构，因为两者都能用来承载与链路有关的更为详尽的信息。因此，这两种 TLV 都将在第 11 章详细介绍。现在，读者只需要知道这两种 TLV 还能"传达"更高的 IS-IS 路由开销值或度量值（分配给链路或路由器接口）即可。

就用途而言，经过扩展的 IS 可达性 TLV（其格式见图 5.33）近似于 IS 邻居 TLV，生成（该 TLV 的）路由器也会通过该 TLV 来通告直连的邻居路由器，以及将数据包转发至邻居路由器的成本（度量或开销）。不过，IS 可达性 TLV 中却包含了 3 个从未使用的 ToS 度量字段，而经过扩展的 IS 可达性 TLV 则"充分利用"了这 3 个字段，支持长度为 24 位的默认度量字段。

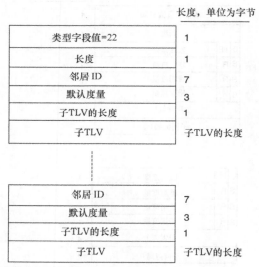

图 5.33　经过扩展的 IS 可达性 TLV 的格式

- 类型字段值为 22，经过扩展的 IS 可达性 TLV 可在支持宽度量字段的 L1 或 L2 LSP 中"露面"。

- 邻居 ID 地址，其内容由邻居路由器的 SysID（6 字节）和伪节点编号（1 字节）构成。

由于只有 MPLS 流量工程才会用到子 TLV 字段，因此本节不加以介绍，第 11 章会介绍该字段。

5.5.8 经过扩展的 IP 可达性（信息）TLV

跟 IP 内部可达性信息和 IP 外部可达性信息这两种 TLV 一样，经过扩展的 IP 可达性 TLV（其格式见图 5.34）也用来通告 IP 前缀信息，只是其度量字段的长度为 32 位，而前两者的度量字段的长度只有区区 6 位。经过扩展的 IP 可达性信息也是被提议用来支持流量工程的 IS-IS TLV 之一（另外一种是经过扩展的 IS 可达性 TLV），因此第 11 章会详细介绍。

■ 类型字段值为 135，这种 TLV 可在 L1 和 L2 LSP 中"露面"。

■ U/D 位是指 Up/Down 位。通过改变该位的置位方式，就能做到在避免路由环路的情况下，把路由从 L2 泄露进 L1，在 IS-IS 的原始规范中并没有对此进行定义。Up/Down 位的用法以及与此有关的 IS-IS 路由进程范围的前缀发布将在 7.4.6 节讨论。

■ S 位，该位置 1 时，表示本 TLV 还包含子 TLV。

■ 前缀长度字段，紧随该字段之后的是 IP 前缀字段，前缀长度字段值用来指明这一字段所含 IP 前缀的子网掩码中的有效位（即置 1 的高位）数。

■ IP 前缀字段，包含了有待通告的 IP 前缀。

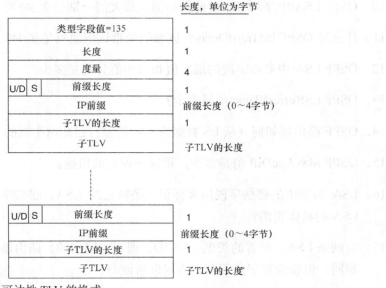

图 5.34 经过扩展的 IP 可达性 TLV 的格式

本节不对子 TLV 字段做任何介绍，会放到第 11 章介绍。

5.6　复习题

1．请说出 OSPF 和 IS-IS 用来确保路由信息泛洪可靠性的 4 种机制。

2．发生什么事件会导致 OSPF 路由器向其一个或多个邻居路由器发送 LSA？

3．OSPF 路由更新数据包的目的 IP 地址在什么样的情况下是单播地址，在什么样的情况下是多播地址？

4．请说出 OSPF 路由更新数据包的泛洪范围。

5．在收到 OSPF LSA 或 IS-IS LSP 之后，直接确认和间接确认有什么区别？

6．请说一说立即确认和推迟确认各自的优缺点。

7．在哪两种情况下，OSPF 路由器会立即对收到的 LSA 进行确认？

8．OSPF 重传列表和重传计时器的用途是什么？

9．为什么不论何种 OSPF 网络类型，总是通过单播方式来重传 LSA？

10．OSPF LSA 中序列号字段的初始值和最大值分别是多少？

11．什么是 OSPF InfTransDelay？该参数的默认值通常是多少？

12．OSPF LSA 中寿命字段的最大值和最小值分别是多少？

13．OSPF LSRefreshTime 值是多少？

14．OSPF 路由器如何（从 LS 数据库中）清除自己此前生成的 LSA？

15．OSPF MaxAgeDiff 值是多少，请说一说它的用途。

16．LSA 头部中的哪些字段用来标识一条特定的 LSA，哪些字段用来标识一条特定 LSA 的具体实例？

17．有两条 LSA，两者的类型、LS ID、通告（路由的）路由器以及序列号字段全都相同，但校验和字段不同，请问谁新谁旧？

18．在 LSA 泛洪期间，运行于路由器上的 OSPF 进程严格履行水平分割规则吗，会不会发生从某路由器接口泛洪出去的 LSA，又从同一接口被通告回来的情况？

19．发生什么事件会导致 IS-IS 路由器生成并泛洪 LSP？

20．请说出 IS-IS LSP 跟 OSPF 链路状态更新数据包的异同之处。

21．请说出 IS-IS LSP 跟 OSPF LSA 的异同之处。

22．IS-IS LSP 中的剩余生存时间字段与 OSPF LSA 的寿命字段有哪些不同？

23．IS-IS LSP 中的剩余生存时间字段的最大值和最小值是多少，一般的默认值是多少？

24．IS-IS 路由器如何刷新一条此前自生成的 LSP？

25．IS-IS 的非线性序列号空间与 OSPF 的线性序列号空间有何差别？

26．IS-IS 路由器在什么样的情况下会生成序列号字段值为 0 的 LSP？

27．有两条 LSP，序列号字段值分别为 0 和 10，请问两条 LSP 是否是等效 LSP，哪一条被认为是最新？

28．有一条 LSP，其 LSP 编号字段值为 3，这意味着什么？

29．什么是 IS-IS SRM 标记？

30．哪一种（几种）IS-IS PDU 是用来确认 LSP 的接收的？

31．路由器通过点到点接口收到 LSP 后，其确认方式为直接确认还是间接确认？

32．ABR 和 ASBR 有何不同？

33．什么是 L1/L2 路由器？

34．若相邻的两台 IS-IS 路由器都是 L1-only，且所配置的 AID 各不相同，两者能否建立邻接关系？

35．在什么样的情况下，一对 IS-IS 邻居路由器之间能同时建立起 L1 和 L2 邻接关系？

36．什么是 OSPF 参考带宽？

37．OSPF 外部路由的 E1 和 E2 度量值有何不同？

38. 若一台路由器收到了两条通往同一目的网络的外部路由，一条为 E1 度量类型，另一条为 E2 度量类型，哪一条将成为最优路由？

39. 与 IS-IS 度量字段相关联的 I/E 位表示什么？

40. 什么是 IS-IS 路由的宽度量值，哪几种 TLV 支持宽度量字段？

41. 请说出 5 种最基本的 LSA、它们各自的类型编号以及所起的作用。

42. 类型 1 LSA 中的 E 位和 B 位分别表示什么？

43. 一条类型 3 LSA 能承载多少条路由前缀？一条类型 5 LSA 能承载多少条路由前缀？

44. 请说出类型 5 LSA 的泛洪范围。

45. 在只利用 IS-IS 执行 IP 路由选择的网络中，会用到哪几种基本的 TLV 结构，如何使用？

第 6 章

链路状态数据库同步

有一句话作者此前曾反复提及，现在再说一遍：链路状态路由协议的"精髓"在于，隶属同一区域的每台路由器都会根据存储在一个公共拓扑数据库里的信息，执行本机路由计算。因此，在同一区域内，每台路由器所存储的拓扑数据库的内容必须完全一样。路由器之间相互同步链路状态数据库的目的正是为此。在 OSPF 或 IS-IS 网络中，路由器只要上线运行，就必须与邻居路由器进行数据库同步，以确保各自所持数据库的内容完全相同。若路由器刚接入点到点链路，便会与链路对端的邻居路由器互相同步数据库。若路由器刚接入多路访问网络，则会跟 DR 或 DIS 进行数据库同步。在执行完最初的数据库同步任务之后，还有必要采取某些措施，让本机数据库与邻机数据库一直保持同步状态。

请注意，除了跟（直连）邻居路由器同步数据库以外，任何一台路由器都不会与区域内的其他（非直连）路由器进行数据库同步。在每一个区域内，邻居路由器之间就是用"薪火相传"的方式，来执行数据库同步任务。这足能让同一区域内的所有路由器都拥有内容相同的数据库了。当然，这一同步数据库的方式还得有一个前提，那就是区域内的任意两台路由器之间都有路径相连。在一个区域内，只要有一台或多台路由器因"路径中断"而被孤立，便不能确保该区域内的所有路由器都拥有内容相同的数据库。人们把这种情况称为区域分割（partitioned area），第 7 章会对此加以讨论。目前，读者有必要知道，在某特定区域内，确保所有路由器都拥有内容相同的数据库的一些前提条件。这些条件包括：先通过链路来"串连"所有路由器；再配置路由器，令它们彼此之间建立起"连成一气"的 OSPF/IS-IS 邻接关系。此外，还要确保不能因单点故障（单条物理链路或单个接口故障）而导致区域内的某台（或某些）路由器与所有其他所有路由器分割开来。

6.1 OSPF 数据库同步

读至本章，读者想必知道，OSPF 协议是一种结构性很强的路由协议。既然读者都清楚 OSPF 数据库同步的可靠性和精确性是如此重要，那么也就不会对用来管理 OSPF 数据库同步过程的状态机（名为邻居状态机）的复杂程度感到惊讶了。简而言之，在数据库同步过程中，邻居状态机会驱动（OSPF 路由器）采取以下"行动"。

1. 当相邻的两台路由器决定彼此建立邻接关系时，会进行分工：一台起"主导"作用，另外一台会进行"配合"，这便是所谓的主（master）/从（slave）路由器机制。主路由器会掌控数据库同步的其余过程（即数据库交换过程）。

2. 邻居路由器之间会以互发某种 OSPF 协议数据包的方式，彼此"展示"本机数据库里存储了哪些 LSA（即数据库"展示"过程，也有人称其为数据库描述过程）。

3. 在数据库"展示"过程中，若一台路由器得知邻居路由器拥有本机所没有的 LSA，或得知邻居路由器所持 LSA 的"版本"新于本机，就会请求邻居路由器发送相关 LSA 的完整拷贝。

4. 邻居路由器之间交换完各自数据库里的 LSA，且两者都认为本机数据库与对方相同，则结束数据库同步过程，于是，便建立起了状态为 Full 的 OSPF 邻接关系。

本节首先会介绍数据库交换过程中用到的 OSPF 协议数据包，然后会深入探讨邻居状态机。

6.1.1 数据库同步过程中所使用的 OSPF 协议数据包

在数据库同步过程中，会用到 5 种"常规"OSPF 协议数据包中的 4 种：

- 数据库描述（类型 2）数据包；

- 链路状态请求（类型 3）数据包；

- 链路状态更新（类型 4）数据包；

- 链路状态确认（类型 5）数据包。

上一章已经介绍了 OSPF 路由器之间如何利用链路状态更新数据包，来泛洪"整条"LSA。此外，上一章还提到，为确保 LSA 泛洪的可靠性，OSPF 路由器如何通过包含 LSA 头部的链路状态确认数据包，来"直接确认"（explicitly acknowledge）收到的 LSA。虽然上一章给出过链路状态更新数据包和链路状态确认数据包的格式，但为方便读者参考，图 6.1 和图 6.2 再次显示了两者的格式。

　　与链路状态确认数据包一样，数据库描述（DD）数据包（其格式见图 6.3）也只含可完全标识某条 LSA 或 LSA 实例的 LSA 头部。OSPF 路由器会以生成 DD 数据包的方式，向与其建立邻接关系的邻居路由器"展示"本机数据库内包含有哪些 LSA。

图 6.1 OSPF 链路状态更新数据包的格式

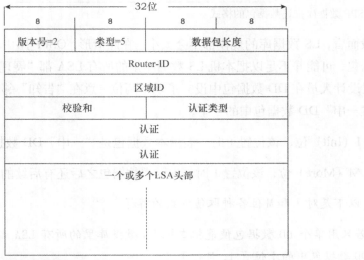

图 6.2 OSPF 链路状态确认数据包的格式

- 接口 MTU 字段，其值指明了生成（DD 数据包的）路由器接口所能发送的不分片数据包的最大长度。若（邻居路由器间互连接口的）MTU 值不匹配，则不能建立邻接关系。否则，邻居双方中的一方就有可能会发出对方无法接收的"大型" OSPF 协议数据包。

- 选项字段，与 Hello 数据包以及 LSA 中的选项字段相同，都用来通告生成（OSPF 协议数据包的）路由器所具备的 OSPF 可选功能。在本章之前的内容中，已经简要介绍过了该字段，下一节会详细介绍其格式与用途。

图 6.3   OSPF 数据库描述数据包的格式

　　一般而言，LS 数据库的规模都不会太小，在此情形，OSPF 路由器只生成一个数据库描述数据包，可能并不足以把本机 LS 数据库里的所有 LSA 都"展现"给邻居路由器。因此，协议设计人员在 DD 数据包中设立了以下两位，意在"告知"邻居路由器：本数据包是否是"一串"DD 数据包中的一个。

- I（Init）位，该位置 1 时，表示本数据包是"一串"DD 数据包中的第一个。

- M（More）位，该位置 1 时，表示本数据包之后还有后续的 DD 数据包"跟进"。

　　以下是对 I 和 M 位各种取值方式的解释。

　　若只用单个 DD 数据包便能把本机 LS 数据库里的所有 LSA 都"交代清楚"，则该 DD 数据包中的 I 位置 1，M 位置 0。

若要用"一串"DD 数据包才能把本机 LS 数据库里的所有 LSA"交代清楚",则"一串"当中的首个 DD 数据包的 I 位和 M 位要同时置 1;"一串"当中的最后一个数据包的 I 位和 M 位需同时置 0;首尾之间的数据包 I 位应置 0,M 位则要置 1。

■ MS(主/从,Master/Slave)位,其值用来表示生成(DD 数据包的)OSPF 路由器在数据库交换过程中是起主导(Master)(MS 位置 1)作用,还是起配合(Slave)(MS 位置 0)作用,即标明生成(DD 数据包的)OSPF 路由器是主(Master)路由器还是从(Slave)路由器。主/从路由器之间的关系将在 6.1.5 节介绍。

■ DD 序列号字段,当用"一串"DD 数据包才能把本机 LS 数据库里的所有 LSA 都"交代清楚"时,该字段会跟 I、M 位结合使用。DD 序列号字段的用途也将在 6.1.5 节介绍。

在数据库交换过程中,若 OSPF 路由器在收到的 DD 数据包中发现了未知 LSA 或已知 LSA 的最新版本,便会发出链路状态请求数据包(其格式见图 6.4),请求邻居路由器把相关 LSA 的完整拷贝发给自己。可发出单个 LS(链路状态)请求数据包,向邻居路由器"请求"多条 LSA,倘若所要"请求"的 LSA 的条数过多,则可以发出多个 LS 请求数据包。邻居路由器可以把多条"受到请求"的 LSA,装载进单个链路状态更新数据包,然后外发。

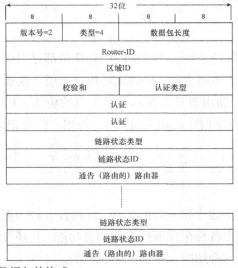

图 6.4 OSPF 链路状态请求数据包的格式

请注意,LS 请求数据包并不包含完整的 LSA 头部,只是包含了 LSA 头部中的 LS 类型、LS ID，以及通告（路由的）路由器字段。也就是说，路由器发出 LS 请求数据包，是要从邻居路由器那儿"实打实"地请求某条（或多条）LSA，而不是某条（或多条）LSA 的某个具体实例。收到 LS 请求数据包的邻居路由器，自然会发出"受到请求"的 LSA 的最新实例。LS 请求数据包的格式之所以会如此设计，其目的是要把这样一种情形也考虑在内，那就是：在某台路由器从生成 DD 数据包（向邻居路由器"展示"本机数据库里的 LSA），到收到（邻居路由器发出的）LS 请求数据包，向其请求某条（或多条）LSA 的这段时间内，邻居路由器可能已经收到（自己所要请求的）LSA 的最新实例，并将之安装进本机数据库了。 总而言之，只要收到 LS 请求数据包，OSPF 路由器必会发出"受到请求"的 LSA 的最新拷贝。

6.1.2 选项字段

（某几种）OSPF（协议数据包所携带的）选项字段是一个 8 位的标记集合，每一位都代表着生成（该 OSPF 协议数据包的）路由器所具备的某项 OSPF 功能。在上一节介绍过数据库描述数据包之后，含选项字段的各种 OSPF 协议报文（或信息元素）都已在本书中介绍过了，它们是：

- Hello 数据包；

- 数据库描述数据包；

- LSA 头部。

图 6.5 所示为选项字段的格式。选项字段中有 7 位都是当前已启用的标记位，最高位在图中被标记为"*"，写作本书之际，还尚未启用。选项字段那 7 位中的每一位都表示一种与 OSPF 有关的功能，路由器只有在具备了相应的功能之后，才会把（自生成的某些 OSPF 协议数据包的）选项字段中的相关位置 1。否则，便会把选项字段中的相关位置 0。

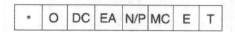

图 6.5　OSPF 选项字段

本节会简单介绍选项字段中每一位的用途，以供读者做一般性的了解。本书后文会专辟几章分别介绍选项字段中各标记位所代表的相关功能。在还没有学过这些内容之前，读者在阅读本节对选项字段的介绍时，可能会略感吃力。

- O 位，表示（生成相关 OSPF 协议数据包的）路由器是否具备解读不透明（Opaque）LSA 的功能，第 10 章会介绍不透明 LSA。如本书第 1 章所述，有了不透明 LSA，就能对 OSPF 的功能进行扩展，令该协议支持其原本所不能支持的应用，比如，流量工程。O 位只会在 DD 数据包中置 1，也只有能解读不透明 LSA 的路由器才能将该位置 1，也就是说，路由器是否支持与 O 位"挂钩"的 OSPF 功能，只有在数据库交换过程中才能显现出来。此后，不透明 LSA 将被泛洪给支持不透明功能的路由器（Opaque-capable router）。

- DC 位，该位置 1 时，表示（生成相关 OSPF 协议数据包的）路由器支持按需电路（Demand Circuit）功能，并能够"解读"与该功能有关的"DoNotAge LSA"，这些内容将在第 8 章讨论。当互连（OSPF 路由器的）链路要按流量或时间来计费时，就可以（在 OSPF 路由器上）开启按需电路功能。此时，可以配置 OSPF 路由器上的相关接口（比如，ISDN 或拨号接口），令这些接口将其所连链路视为按需电路，这样一来，通过按需电路互连的 OSPF 邻居路由器之间，既不会定期互发 Hello 数据包，也不会定期刷新 LSA，这就避免了按需电路被毫无必要地"接通"，去传递"控制层面"流量，从而起到节省通信成本的目的。能"解读"DoNotAge LSA 的路由器，会在自生成的所有 LSA 中将 DC 位置 1。此类路由器还会通过连接了按需电路的接口，外发 DC 位置 1 的 Hello 和 DD 数据包。若此类路由器收到了 DC 位置 0 的 Hello 或 DD 数据包，则表明邻居路由器不支持或未启用按需电路功能，于是便会改发"普通"的 Hello 数据包，并"正常"执行 LSA 的刷新机制。若不支持按需电路功能的路由器收到了 DC 位置 1 的 OSPF 协议数据包，则会对 DC 位置 1 的情况"视而不见"。

- EA 位，该位置 1 时，表示（生成相关 OSPF 协议数据包的）路由器能解读外部属性 LSA（这种 LSA 的类型字段值为 8）。与这种类型的 LSA 相关联的功能现已过时，且未得到广泛应用。

- N/P 位，用来支持 Not-So-Stubby 区域（详见 7.3.4 节）。在 Hello 数据包的选项字段内，该位被称为 N 位，置 1 时，表示（生成 Hello 数据包的）路由器支持（连接）Not-So-Stubby 区域。在 Hello 数据包中，若选项字段的 N 位置 1，那么 E 位（表示支持类型 5 LSA）必须置 0。若邻居路由器之间不能对上述 N 位和 E 位的设置方式达成一致意见，便会丢弃对方发出的 Hello 数据包，OSPF 邻接关系自然也无从建立。在 NSSA LSA 头部的选项字段中，该位称为 P 位，同来"通知"NSSA ABR，令其执行 LSA 类型 7/5 间的转换。

- MC 位，该位置 1 时，表示（生成相关 OSPF 协议数据包的）路由器支持多播

OSPF（MOSPF）功能。MOSPF 路由器会在其生成的所有 Hello 数据包、DD 数据包以及 LSA 的选项字段中将 MC 位置 1。然而，在 Hello 数据包中，选项字段的 MC 位只起"通知"作用。在数据库交换过程中，路由器才会真正检查 DD 数据包中选项字段的 MC 位，以了解邻居路由器是否支持 MOSPF 功能，MOSPF 组成员（类型 6）LSA 只会被泛洪给支持 MOSPF 功能的路由器。

- E 位，该位置 1 时，表示（生成相关 OSPF 协议数据包的）路由器支持外部路由功能。若路由器在自生成的相关 OSPF 协议数据包的选项字段中，将 E 位置 0，则表示其不接受外部（类型 5）LSA。只要在网络中开辟了 stub 区域（详见 7.3.4 节），就一定会有完全"委身"于此类区域的路由器，这些路由器会在自生成的相关 OSPF 协议数据包的选项字段中，将 E 位置 0。在外部 LSA 的选项字段中，E 位必定置 1；在隶属于区域 0 及非 stub 区域的路由器生成的 DD 数据包和 LSA 的选项字段中，E 位也总是置 1，但是只起"通知"作用。在 Hello 数据包的选项字段中，E 位的设置情况会影响到 OSPF 邻接关系的建立。交换于相邻路由器之间的 Hello 数据包中选项字段的 E 位设置不一致——一方置 1，另一方置 0——Hello 数据包便会遭到对方的丢弃，两者之间将建立不了 OSPF 邻接关系。

- T 位，该位置 1 时，表示（生成相关 OSPF 协议数据包的）路由器支持 ToS 路由功能。该功能现已过时，且未得到广泛应用。

6.1.3   OSPF 邻居数据结构

当 OSPF 路由器通过某接口收到 Hello 数据包，首次"探索"到邻居路由器时，会针对其创建邻居数据结构。邻居数据结构（也被称为邻居列表）会包含本路由器必须知道的有关邻居路由器的所有信息。其中的某些信息收集自邻居路由器发出的 Hello 和 DD 数据包，而另外一些信息则来源于本路由器跟邻居路由器挂钩的内部进程。以下所列为邻居数据结构表中的具体表项。

- 状态（State），记录了本路由器根据自身的邻居状态机（详见 6.1.6 节）识别出的邻居路由器的状态。请注意，千万别把此处所说的"状态"跟接口数据结构中的"状态"混为一谈，在接口数据结构中，"状态"字段表示的是 OSPF 接口的状态，以及该接口与邻居路由器（互连）接口之间的关系。

- 闲置计时器（Inactivity Timer），是一个周期为"RouterDeadInterval"（路由器失效间隔期）的计时器，针对路由器接口所连链路上的邻居路由器而定义。只要收到该邻居路由器发出的 Hello 数据包，闲置计时器就会归零（重置）。该计时器到期将会触发邻居状态机中的某些事件，这些事件会把该邻居路由器的状态改变为 "Down"。

■ 主/从关系（Master/Slave），表示主、从路由器的选举结果，详见 6.1.5 节。在数据库交换过程中，会牵涉到主、从路由器的选举。

■ DD 序列号（DD Sequence Number），表示在数据库交换过程中，（本路由器）当前发送给邻居路由器的 DD 数据包的序列号字段值。

■ 最新收到的数据库描述数据包（Last Received Database Description Packet），可根据该表项的内容来确定在数据库交换过程中（与邻居路由器交换数据库时），是否从邻居路由器那里收到了重复的 DD 数据包。该表项会记录下邻居路由器最近发出的 DD 数据包中的某些字段值，包括：序列号字段值、选项字段值以及 I、M、MS 位的设置情况。

■ 邻居 ID（Neighbor ID），这一项的内容为邻居路由器的 RID，取自邻居路由器发出的 Hello 数据包，在某些情况下（比如，在 NBMA 或某些虚拟网络环境中），也可以手工指定。

■ 邻居路由器的优先级（Neighbor Priority），这一项的内容取自邻居路由器发出的 Hello 数据包的路由器优先级字段值，执行 DR/BDR 选举时会用到。

■ 邻居路由器（接口）的 IP 地址（Neighbor IP Address），这一项的内容为邻居路由器用来跟本机互连的接口的 IP 地址，提取自邻居路由器发出的 Hello 数据包（包头）的源 IP 地址字段。当本路由器需以单播方式向邻居路由器发出 OSPF 协议数据包时，会用该地址作为 OSPF 协议数据包的目的 IP 地址。若邻居路由器是网络内的 DR，则这一 IP 地址还会成为本路由器针对该网络生成的路由器 LSA 的链路 ID 字段值。

■ 邻居路由器所支持的 OSPF 可选功能（Neighbor Option），这一项的内容取自邻居路由器发出的 Hello 数据包（的选项字段），以及在数据库交换过程中发出的 DD 数据包（的选项字段）。

■ 邻居路由器所知道的备份指定路由器（Neighbor's Designated Router），这一项的内容取自邻居路由器发出的 Hello 数据包的指定路由器字段值（即邻居路由器所认为的 DR 的 IP 地址）。只有在广播或 NBMA 网络环境中，其内容才有意义。

■　邻居路由器所知道的备份指定路由器（Neighbor's Backup Designated Router），这一项的内容取自邻居路由器发出的 Hello 数据包的备份指定路由器字段值（即邻居路由器所认为的 BDR 的 IP 地址）。同理，也只有在广播或 NBMA 网络环境中，其内容才有意义。

图 6.6 所示为一张 OSPF 邻居表的输出示例。显而易见，其中出现了之前介绍过的大多数邻居表表项及内容。

```
jeff@Juniper6> show ospf neighbor 192.168.7.2 extensive
  Address      Interface      State      ID          Pri Dead
192.168.7.2   fe-4/0/0.0     Full       192.168.254.8  1   35
  area 0.0.0.0, opt 0x42, DR 192.168.7.1, BDR 192.168.7.2
  Up 1w2d 00:47:03, adjacent 1w2d 00:47:03
```

图 6.6　OSPF 邻居表的输出示例

6.1.4　OSPF 路由器在数据库交换和泛洪期间用到的 LSA 列表

除了上一节所描述的内容之外，邻居数据结构还包括 3 张表格。这 3 张与 LSA 有关的表格，都只会在数据库交换或泛洪过程中"填写"。

■　链路状态发送列表（Link State Transmission List），列在表里的 LSA 都已泛洪而出，但尚未获得确认。

■　数据库汇总列表（Database Summary List），开始（与邻居路由器）执行数据库交换任务时，OSPF 路由器会将归属本机及邻机所在 OSPF 区域的所有 LSA，都填入此表。包含于此表的所有 LSA 都是 OSPF 路由器要通过 DD 数据包"秀"给邻居路由器"看"的 LSA。

■　链路状态请求列表（Link State Request List），此表所含 LSA 均获悉于邻居路由器发出的 DD 数据包，包含的不是本路由器未知的 LSA，就是本路由器已知 LSA 的最新拷贝。随后，本路由器会发出链路状态请求数据包，请求邻居路由器"传送"表中所包含的 LSA。收到邻居路由器发出相关 LSA 的完整拷贝之后（相关 LSA 是指，本机请求邻机发送的 LSA。邻居路由器会通过链路状态更新数据包，来传送本机请求发送的 LSA 的完整拷贝），本路由器会将收到的 LSA 从链路状态请求列表中删除。

6.1.5　管理数据库的交换：主（Master）/从（Slave）路由器机制

（邻居路由器之间）相互交换 OSPF 数据库的内容（LSA）时，（数据传送的）可靠性非常重要，但 LSA 的可靠交换并不可能一蹴而就。因此，当两台路由器（拿本机数据库里的 LSA，跟对方通过 DD 报文所"展示"的 LSA）进行比对时，其中一台路由器要负责管理 LSA（即 LS 数据库的内容）的交换过程[1]。应当由哪一台路由器来充当"管理者"（主路由器），其实并不重要，只要邻居双方一致同意就成。RID 更高的那台路由器会成为主路由器，从路由器则由 RID 较低的那台路由器充当。

以下所列为主路由器所肩负的责任。

- 发出首个 DD 数据包。

- 递增 DD 数据包的序列号字段值。从路由器则没有这个"权限"。

- 确保每次只能有一个 DD 数据包"在途"（outstanding）。

- 在必要时重传 DD 数据包。从路由器则不能重传 DD 数据包。

现在，作者以两台相邻的路由器 RA 和 RB 为例，来讲解主路由器是如何确定的。RA 在验证过本机与 RB 间具备了双向连通性之后，会立刻决定跟 RB 建立邻接关系。为此，RA 会向 RB 发出一个空 DD 数据包（不含 LSA 头部）。RA 会向 DD 数据包的序列号字段中填入一个独一无二的值；RFC 2328 的建议是，根据当日时间来赋值，但有些厂商的 OSPF 实现也会使用某些其他方法，向（DD 数据包的）序列号字段中填入一个起始值。在 RA 发出的这一空 DD 数据包中，I、M 以及 MS 位都将置 1，表示本数据包是"一串"DD 数据包当中的第一个，后面还会有别的数据包"跟进"，RA 还同时以主路由器自居（MS 位置 1）。

收到 RA 发出的空 DD 数据包后，RB 会检查其中的 RID 字段值。若 RA 的 RID 更高，RB 便知其为主路由器，反之，则视其为从路由器。接下来，会发生两件事情。

- 若 RB 认为本机为从路由器，便会发出包含本机所持 LSA 的头部的 DD 数据包进行回应，这便拉开了数据库交换的序幕。在 RB 发出的 DD 数据包中，头部的序列号字段值会跟（RA 发出的）DD 数据包相同；MS 位将置 0，这表示本路由器为从路由器，RA 为主路由器。在 RB 发出的首个 DD 数据包的头部中，I 位将会置 1，M 位置 1 还是置 0，则要取决于 RB 有没有通过本 DD 数据包，（一次性）向 RA "展示"完本机数据库所保存的所有 LSA。

- 若 RB 认为本机为主路由器，便会（向 RA）发出序列号字段值为自定义，且 I、M 以及 MS 位都置 1 的空 DD 数据包。收到之后，RA 会发出序列号字段值由 RB

---

[1] 译者注：原文是 "So when two OSPF neighbors are comparing LSAs, one of the neighbors manages the exchange"。

所定义，且 MS 位置 0 的 DD 数据包进行确认，表示本机为从路由器。在这一用来行使确认功能的 DD 数据包中，会包含 RA 所持 LSA 的头部，数据库交换过程也随即开始。在这一 DD 数据包的头部中，I 位将会置 0，因为这并非 RA 发出的第一个 DD 数据包；M 位置 0 还是置 1，则要取决于 RA 有没有通过该 DD 数据包，（一次性）向 RB "展示" 完本机数据库所保存的所有 LSA。

在验证过与对方具备了双向连通性之后，RA 和 RB 有可能会几乎同时发出空 DD 数据包，分别声称自己为主路由器。对于这种情况，相邻两台路由器只要一收到对方发出的 DD 数据包，就知道谁是 "主"，谁是 "从" 了。此时，会由从路由器来启动数据库的交换过程，具体做法是：发出包含 LSA 头部的 DD 数据包，并在其头部的序列号字段中填入邻居路由器所发 DD 数据包的序列号字段值，且把 MS 位置 0，对邻居路由器发出的空 DD 数据包进行确认。

6.1.6 节会细述（邻居路由器之间）进行数据库交换的完整过程。目前，读者只要知道在确立了主、从路由器之后，由主路由器负责 "管理" 数据库交换就够了。由于只有主路由器才能增加 DD 数据包的序列号字段值，因此当主路由器发出序列号字段值为 X 的 DD 数据包之后，只要从路由器能够收到，就会发出序列号字段值同为 X 的 DD 数据包（其中会包含本机所持 LSA 的头部），以 "间接" 的方式进行确认。同理，只有收到了从路由器发出的序列号字段值为 X 的 DD 数据包之后，主路由器才能继续发送序列号字段值为 X+1 的 DD 数据包。通过上述规则不难发现，（发生在邻居路由器间的）数据库交换行为就是一台路由器 "主导" 或 "主动轮询"（poll），另一台路由器 "配合" 或 "被动响应" 的过程，即主路由器轮询，从路由器响应（respond）。

DR 必会是主路由器吗

在 DR 推举过程中，若路由器的优先级全都相同，RID 最高的路由器将成为 DR。因此，有些读者势必以为，当 DROther 与 DR 进行数据库同步时，DR 一定会是主路由器。DR 在广播或 NBMA 网络中所承担的职责可能又进一步巩固了上述推理。但事实上，在 DROther 与 DR 进行数据库交换时，却颇有可能发生 DROther 为主，DR 为从的现象。请牢记，DR 在选定之后，如无意外不会 "逊位"。也就是讲，在以太网络中，新上线运行的路由器即便 RID 高于现有的 DR，也不能自动 "取而代之"。若此路由器与 DR 进行数据库交换，则必担当主路由器之职（此路由器的 RID 更高），而 DR 一定会成为从路由器。

6.1.6 OSPF 邻居状态机

在介绍过用来支撑（OSPF 路由器间）数据库交换的所有必要组件之后，现在是时候了解 OSPF 路由器的各种状态、导致 OSPF 路由器的状态发生改变的各种事件，以及状态发生改变时，OSPF 路由器所采取的动作了。OSPF 邻居状态机由一整套状态、事件和动作构成，详情请见 RFC 2328 的 10.8 节。

读者需要记住，OSPF 路由器会单独针对每一个邻居维护邻接状态信息，这些信息明确了本机与某特定邻居之间目前的关系。在相邻的两台路由器之间（尤其是在建立起状态为 Full 的邻接关系之前），可能会发生邻接关系状态认知度不统一的情况（比如，甲、乙两台路由器相邻，在甲路由器上，显示其与乙路由器之间为 A 状态；在乙路由器上，显示其与甲路由器之间为 B 状态）。以下所列为各种 OSPF 邻接关系状态。

■ Down（失效）状态，此乃邻居会话的最初状态。把邻居路由器的状态显示为 Down，即表明在最近一次路由器失效间隔期（RouterDeadInterval）内，未收到该邻居路由器发出的 Hello 数据包。OSPF 路由器不会向状态为 Down 的邻居路由器发送 Hello 数据包，但 NBMA 网络环境除外。在 NBMA 网络环境中，（OSPF 路由器）会按一定的频率（数据包的发送间隔时间要远高于一般的 Hello 间隔时间[Hello Interval]），（定期）向状态为 Down 的邻居路由器发送 Hello 数据包。这一在 NBMA 网络中向（失效的）邻居路由器发送 Hello 数据包的间隔时间称为 PollInterval（轮询间隔时间），其时长通常为 2 分钟。

■ Attempt（尝试）状态，此状态只限于 NBMA 网络环境。把通过 NBMA 接口相连的邻居路由器显示为 Attempt 状态，则表明在本机配置中已手工指明了邻居路由器的 IP 地址，本机会"力争"获得邻居路由器的响应。之所以说"力争获得邻居路由器的响应"，是因为本机在发送 Hello 数据包"联络"邻居路由器时，发包的间隔时间为 HelloInterval（Hello 间隔时间，一般为 30 秒），并非之前提及的 PollInterval（轮询间隔时间，一般为 2 分钟）。

■ Init（初始）状态，把邻居路由器显示为 Init 状态，则表明本机已收到邻居路由器发出的 Hello 数据包，但在其邻居路由器字段中未发现本机的 RID（即无法确定与邻居路由器之间是否具备双向连通性）。本路由器会把处于 Init 状态（或更高级别的状态）的所有邻居路由器的 RID，填入自生成的 Hello 数据包的邻居路由器字段，然后通过相关接口外发。

■ 2-Way（双向通信）状态，把邻居路由器显示为 2-Way 状态，则表明本机跟邻居路由器之间具备了双向连通性，亦即在邻居路由器发出的 Hello 数据包的邻居路由器字段中发现了自身的 RID。只有处于 2-Way 或更高级别状态的路由器才有资格参与 DR 选举。

■ ExStart（准备交换）状态，把邻居路由器显示为 ExStart 状态，则表明已经拉开了数据库交换的序幕。在此状态下，邻居路由器会确定"邻里之间"的主/从（Master/Slave）关系，以及用来执行数据库交换的 DD 数据包的初始序列号（即序列号字段的初始值）。只有把邻居路由器显示为 ExStart 或更高级别的状态，才能认为本机与邻居路由器建立了邻接关系，不过，在数据库同步进行完之前，还不能说邻接关系建立"齐备"（还未建立起状态为 Full 的邻接关系）。

■ Exchange（交换）状态，把邻居路由器显示为 Exchange 状态，则表明本路由器正在向邻居路由器"秀"（展示）自己的 LS 数据库，"展示"的方法是：向邻居路由器发出 DD 数据包，其中包含了存储在本机数据库里的所有 LSA 的头部。与此同时，本路由器还可以发出链路状态请求数据包，请求邻居路由器发送包含在链路请求列表里的 LSA（即在链路请求列表里由链路状态类型、链路状态 ID 和通告[路由]的路由器这三个字段共同标识的 LSA）。当 OSPF 路由器向邻居路由器泛洪 LSA 时，邻居路由器必须处于 Exchange 或更高级别的状态。

■ Loading（加载）状态，把邻居路由器显示为 Loading 状态，则表明本路由器已向邻居路由器"秀"完了自己的 LS 数据库，但还没有从邻居路由器那里"接收"完本机请求发送的 LSA，或邻居路由器还没有"接收"完它请求本机发送的 LSA。

■ Full（齐备）状态，把邻居路由器显示为 Full 状态，则表明本路由器跟邻居路由器之间的邻接关系状态已建立齐备，这样的邻接关系会同时在（双方发出的）路由器 LSA 或网络 LSA 中有所体现。

图 6.7 所示为两台路由器从彼此发现，到互相同步数据库，再到邻接关系建立齐备时，典型的邻居状态变迁的全过程[2]。图中两台路由器互连接口的 OSPF 网络类型为 broadcast。

---

[2] 本例扩充自 RFC 2328 10.10 节所举示例，以及 Routing TCP/IP, Volume I 445～447 页所载示例。

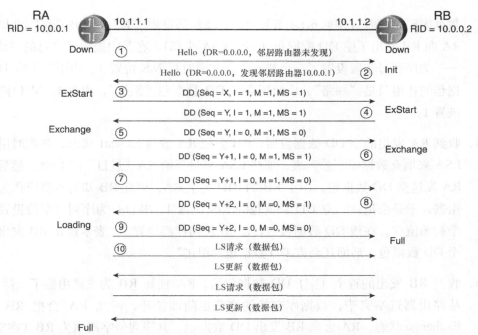

图 6.7 两台路由器从彼此发现，到互相同步数据库，再到邻接关系建立齐备时，邻居状态变迁的全过程

以下所列为出现在图 6.7 中的各个步骤。

1. RA 在广播网络内上线运行，发出 Hello 数据包，宣布自己上线运行。在 RA 发出的 Hello 数据包中，DR 字段值被设置为 0.0.0.0，邻居路由器字段为空，表示 RA 尚未发现任何邻居路由器。

2. RB 收到 RA 发出的 Hello 数据包后，会针对 RA 构建一套邻居数据结构。RB 会把 RA 置为 Init 状态，因为在 RA 发出的 Hello 数据包的邻居路由器字段内，未出现 RB 的 RID。RB 向 RA 发出 Hello 数据包时，会在邻居路由器字段内填入 RA 的 RID（10.0.0.1）。对于本例，由于 RB 是该广播网络内的 DR，因此会把本机用来连接该广播网络的接口的 IP 地址（10.1.1.2），填入（发送给 RA 的 Hello 数据包的）DR 字段。

3. 当 RA 收到 RB 发出的 Hello 数据包后，也会针对 RB 构建一套邻居数据结构。由于在此 Hello 数据包的邻居路由器字段中发现了自身的 RID，因此 RA 就知道跟 RB 之间已经具备了双向连通性。此时，RA 可以把 RB 置为 2-way 状态。但因 RB 是（该广播网络内的）DR，故 RA 必须与其进行数据库同步。于是，RA 把 RB 置为了 ExStart 状态，表示本机开启了主/从路由器的选择，并同时用 LSA 来填充数据库汇总列表（详见 6.1.4 节），那些 LSA 都是要"秀"给 RB"看"的 LSA。
RA 向 RB 发出了空 DD 数据包（不含 LSA 头部），在其中提出了自己的"建议"
——为序列号字段设置了一个初始值，并同时将 MS 位置 1。由于那个空 DD 数据包的作用只是"探路"，后面还会有 DD 数据包"跟进"，因此 I、M 位同样都被置 1。

4. 收到 RA 发出的空 DD 数据包后，RB 会把 RA 置为 ExStart 状态，并同时用某些 LSA 来填充数据库汇总列表，那些 LSA 都是要给 RA"过目"的 LSA。然后，向 RA 发送空 DD 数据包。由于 RB 的 RID 高于 RA，因此 RB 知道本机应作为主路由器，于是会把这一空 DD 数据包的 MS 位置 1，并自行为序列号字段设置了一个初始值 Y。在该 DD 数据包内，I、M 位同样都被置 1，表示这是 RB 发出的首个 DD 数据包，后面还会有 DD 数据包"跟进"。

5. 收到 RB 发出的首个（空）DD 数据包后，RA 便知 RB 为主路由器了。随着主/从路由器选举完毕，数据库交换的序幕也随即拉开，因此 RA 会把 RB 置为 Exchange 状态。RA 会向 RB 发送 DD 数据包，其序列号字段值为 RB（在空 DD 数据包内）设置的初始值 Y；MS 位则置 0，表示本机为从路由器。该 DD 数据包中会包含"刊登"在数据库汇总列表里的多个 LSA 的头部，"刊登"在数据库汇总列表里的 LSA 跟 RA 所持 LS 数据库里的 LSA 相同。对于本例，RA 要发多个 DD 数据包，才能向 RB 完整地展示本机 LS 数据库（里的 LSA），因此，该 DD 数据包的 M 位将会置 1，表示后面还有 DD 数据包会"跟进"；而 I 位则会置 0，因为这并不是 RA 发给 RB 的第一个 DD 数据包了。

6. 收到 RA 发出的（含 LSA 头部的）DD 数据包后，RB 会把 RA 置为 Exchange 状态。对于 DD 数据包中包含的本机所需要的任何一条 LSA，RB 都会录入进链路状态请求列表（见 6.1.4 节）。然后，RB 向 RA 发出 DD 数据包，其中会包含"刊登"在数据库汇总列表里的多个 LSA 的头部。身为主路由器，RB 要负责把该 DD 数据包的序列号字段值调整为 Y+1。跟 RA 相同，RB 也得发出多个 DD 数据包，方能向 RA 完整地展示本机 LSA 数据库（里的 LSA），当然，该 DD 数据包的 M 位将会置 1。此外，RB 还会将通过该 DD 数据包对外"展示"的 LSA 录入链路状态重传列表，并启动重传计时器。

7. 收到了 RB 发出的 DD 数据包后，RA 会先从数据库汇总列表中，将此前已向 RB 展示过的 LSA 清除，那些 LSA 的头部都包含在此前 RA 向 RB 发出的 DD 数据包内（详见步骤 5）。若 RB 在该 DD 数据包中"展示"的 LSA 有自己所需，RA 就会把那些 LSA 录入链路状态请求列表。然后，RA 将继续向 RB 发送 DD 数据包，其中会包含"刊登"在数据库汇总列表里的"下一批"LSA 的头部。RA 也会把该 DD 数据包中的序列号字段值设置为 Y+1。如此一来，RA 也就向 RB 确认了本机已收到其此前发出的 DD 数据包，以及包内所包含的 LSA 的头部。

8. 收到了 RA 发出的序列号字段值为 Y+1 的 DD 数据包后，RB 会停掉之前启动的重传计时器，该计时器是为之前发出的 DD 数据包中所要"展示"的 LSA 而启动。此外，RB 还会从链路状态重传列表中清除那些 LSA。然后，RB 会继续向 RA 发送新的 DD 数据包，其序列号字段值为 Y+2，其中包含了要"秀"给 RA"看"的下一批 LSA（的头部）。通过该 DD 数据包，RB 也"秀"完了"刊登"在数据库汇总列表里的 LSA，因此此包的 M 将置 0，表示后面没有 DD 数据包"跟进"。

9. 收到了 RB 发出的最后一个 DD 数据包（其 M 位置 0）后，RA 知道 RB"秀"完了自己的数据库。但由于 RA 的链路请求列表里还"刊载"有尚未请求 RB 发送的 LSA，因此 RA 会把 RB 置为 Loading 状态。然后，RA 再发出序列号字段值为 Y+2 的 DD 数据包，确认已经收到了 RB 发出的最后一个 DD 数据包。在此 DD 数据包中，包含了 RA 的数据库汇总列表里的最后一批 LSA 的头部，所以此包的 M 位会置 0。

10. 收到 RA 发出的最后一个 DD 数据包后，RB 会从链路状态重传列表中，清除已得到 RA 确认的 LSA。此时，在 RB 的链路请求列表中已无任何 LSA，这表示 RB 已对 RA 数据库里的所有 LSA"一清二楚"，于是，便将 RA 置为 Full 状态。但 RA 的链路状态请求列表中还"刊载"有 LSA，因此 RA 会发出链路状态请求数据包，请求 RB 发送相应的 LSA。RB 会以链路状态更新数据包进行回应，其中包含了 RA 所要请求的完整的 LSA。当 RA 的链路状态请求列表为空时，则表示其已从 RB 那里收到了自己需要的所有 LSA，于是，会把 RB 置为 Full 状态。

由图 6.7 可知，OSPF 路由器只有在收到（邻居路由器发出的）相关 OSPF 协议数据包后，才会改变邻居路由器的状态。导致 OSPF 路由器改变邻居路由器状态的事件包括：收到了邻居路由器发出的 OSPF 协议数据包，或邻居路由器发出的 OSPF 协议数据包里的内容发生了改变[3]。然而，并不是所有导致 OSPF 路由器改变邻居路由器状态的事件，都

---

[3] 译者注：原文是 "The actual events causing the state changes are discoveries or changes of information included in the packets"。

与自己收到（邻居路由器发出的）相关 OSPF 协议数据包有关。

以下所列为会让邻居路由器的状态呈"良性"发展的事件。

■ HelloReceived（收到 Hello 数据包）——收到了邻居路由器发出的 Hello 数据包。

■ Start（启动）——在 Hello 间隔时间（Hello Interval）内，应向邻居路由器发送 Hello 数据包。本事件只对位于 NBMA 网络中的邻居路由器生效。

■ 2-WayReceived（双向连通性具备）——在邻居路由器发出的 Hello 数据包（的邻居路由器字段）中，发现了本机 RID，这表示本机与邻机之间具备了双向连通性。

■ NegotiationDone（完成协商）——完成了主/从路由器的协商。

■ ExchangeDone（完成交换）——两台路由器都通过 DD 数据包，把本机数据库里的 LSA 完全展示给了对方。

■ BadLSRequest（链路状态请求出错）——收到了（邻居路由器发出的）链路状态请求数据包，但其所请求的 LSA 在本机数据库里没有，这表示在数据库交换过程中发生了错误。

■ LoadingDone（数据库加载完毕）——数据库交换过程完毕之后，链路状态请求列表也已清空。

■ AdjOK?（能建立齐备的邻居关系吗？）——这是一个决策点，表示（本路由器在决定）应不应该跟邻居路由器建立或维持邻接关系。

图 6.8 所示为邻居路由器的状态与事件（是指能使邻居路由器的状态呈"良性"发展的事件）间的关系图。

还有一些事件会使邻居路由器的状态呈"恶性"发展。这些事件大都因错误、故障或计时器到期所致。当邻居路由器处于以下任一状态时，就会发生这些事件。

■ SeqNumberMismatch（序列号不匹配）——收到了（邻居路由器发出的）DD 数据包，但其序列号字段值跟本机预期的不符（不是 N+1）、I 位设置有误，或选项字段值跟上一次收到 DD 数据包里的不一样。该事件会导致（本路由器）放弃或重新开始与处于 ExStart 状态的邻居路由器交换 LS 数据库。

■ 1-Way（单向连通性）——与邻居路由器之间丧失了双向连通性，其征兆为：在邻居路由器发出的 Hello 数据包的邻居路由器字段内，未发现本路由器的 RID。若邻居路由器处于 2-Way 或更高级的状态，则（本路由器）会将其置为 Init 状态。

■ KillNbr（邻居路由器"失踪"）——与邻居路由器完全失去了"联系"，（本路由器）会将其置为 Down 状态。

■ InactivityTimer（计时器闲置）—— 在最后一次路由器失效间隔时间（RouterDeadInterval）内，未收到邻居路由器发出的 Hello 数据包，（本路由器）会将其置为 Down 状态。

■ LLDown（底层协议状态为 Down）——底层协议（lower-level protocol）显示邻居路由器不可达，导致（本路由器）会将其置为 Down 状态。

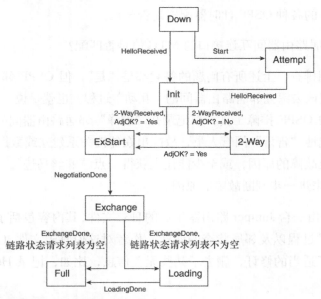

图 6.8　导致邻居路由器的状态呈"良性"发展的事件

6.1.7　OSPF 排障方法 1：学会解读路由器生成的日志记录及 Debug 输出信息

OSPF 路由器间的数据库交换过程，并不总是像上一节描述的那般"井然有序"。比方说，（OSPF 邻居之间）仍然在交换 DD 数据包的同时，可能还会互相发送链路状态请求和链路状态更新数据包。此外，（一台路由器）接口状态（的改变）也会对邻居路由器的状态产生影响。不管怎样，只要能弄清在建立起状态为 Full 的 OSPF 邻接关系的过程中，邻居路由器之间是如何"互动"的，肯定会对排除 OSPF 故障有极大帮助。

要是相邻两台 OSPF 路由器之间建立不了邻接关系，那么应首先从哪儿查起呢？

- 互连接口的 IP 地址配置正确吗？

- 能 ping 通邻居路由器的互连接口的 IP 地址吗？

- OSPF 邻居路由器间互连接口的 IP 地址都隶属于同一 OSPF 区域吗？

- 若启用了 OSPF 认证功能（详见第 9 章），两"边"的认证信息配置一致吗？密码或密钥匹配吗？

- 两"边"的 OSPF 可选功能配置是否一致？

- 两"边"的各种 OSPF 计时器配置是否一致？

- OSPF 邻居路由器间互连接口的 MTU 值是否匹配？

要是经过一翻排查，上述所有问题的答案都是"是"，但 OSPF 邻接关系仍"死活"建立不了，那就应该去深究邻居路由器间的"互动"过程。也就是说，需要在路由器上通过任何一款可用的 OSPF 排障工具，来记录并"破译"邻居路由器间的"会话"。此类排障工具不但能准确地"告诉"网管人员，故障出在邻接关系建立或数据库同步的哪一步，而且还能帮助定位故障的原因，或至少能让人获得一点"蛛丝马迹"。网管人员可根据这些"蛛丝马迹"，来进一步判断故障的原因。

图 6.9 所示为由一台 Juniper 路由器生成的日志文件，其内容包括了各种 OSPF 事件、协议数据包的收发过程以及邻居状态的变迁。作者对这份日志文件（以及图 7.10 中的 Debug 输出）做了适当的修订，删去了某些无关信息，比如，记录 Hello 数据包的收发情况的信息。

这份日志文件记录了（本路由器）与邻居路由器建立状态为 Full 的 OSPF 邻接关系的整个过程。乍一看，这份日志文件有好几页纸，让人望而生畏。但只要读者了解了与接口和邻居有关的各种状态，弄清了导致这些状态发生改变的各种事件，同时熟知构建邻接关系所涉及的协议数据包与各种表格（比如，邻居列表、链路状态发送列表、数据库汇总列表等），读懂这份日志文件却也不难。因此，作者并没有逐句解读这份日志文件，而是提出了一些问题，让读者自己寻找答案。以下所列为相关提示信息。

- 本路由器的 RID 为 192.168.254.6。

- 本路由器的接口 IP 地址为 192.168.7.1。

■ 本路由器的物理接口为 fe-4/0/0.0。

■ 邻居路由器的 RID 为 192.168.254.8。

■ 邻居路由器的接口 IP 地址为 192.168.7.2。

请读者在阅读日志文件的过程中，对时间戳多加注意，此外，请千万不要把接口状态的改变（interface state change）和邻居状态的改变（neighbor state change）混为一谈。以下为作者提出的要求或问题。

■ 首先，应根据状态的"变迁"，把这份日志文件分为几个部分来解读。

■ 从开始发现邻居路由器 192.168.254.8，到与其建立起状态为 Full 的邻接关系，一共经历了多长时间？

■ 请注意，日志文件显示的邻居状态的变化过程是从 Init 状态到 2-Way 状态，再到 ExStart 状态，而非上一节示例中所描述的从 Init 状态直接过渡到 ExStart 状态。请仔细阅读与上述邻居状态的改变有关的日志记录，看看能否找到"理论依据"。（提示：请留意与接口状态的改变有关的日志记录。）

■ 数据库交换过程实际要耗时多久？

■ 进行数据库同步时，网络内已经存在 DR 和 BDR 了吗？

```
jeff@Juniper6> show log ospf_state
Dec 28 05:28:49 OSPF Interface fe-4/0/0.0 event Up
Dec 28 05:28:49 OSPF interface fe-4/0/0.0 state changed from Down to Waiting
Dec 28 05:28:49 OSPF trigger router LSA build for area 0.0.0.0
Dec 28 05:28:49 OSPF built router LSA, area 0.0.0.0
Dec 28 05:28:50 OSPF sent Hello 192.168.7.1 -> 224.0.0.5 (fe-4/0/0.0)
Dec 28 05:28:50 Version 2, length 44, ID 192.168.254.6, area 0.0.0.0
Dec 28 05:28:50 checksum 0x3d70, authtype 0
Dec 28 05:28:50 mask 255.255.255.0, hello_ivl 10, opts 0x2, prio 128
Dec 28 05:28:50 dead_ivl 40, DR 0.0.0.0, BDR 0.0.0.0
Dec 28 05:28:51 OSPF rcvd Hello 192.168.7.2 -> 224.0.0.5 (fe-4/0/0.0)
Dec 28 05:28:51 Version 2, length 44, ID 192.168.254.8, area 0.0.0.0
Dec 28 05:28:51 checksum 0x3ded, authtype 0
Dec 28 05:28:51 mask 255.255.255.0, hello_ivl 10, opts 0x2, prio 1
Dec 28 05:28:51 dead_ivl 40, DR 0.0.0.0, BDR 0.0.0.0
Dec 28 05:28:51 OSPF neighbor 192.168.7.2 (fe-4/0/0.0) state changed from Down
    to Init
Dec 28 05:28:51 OSPF neighbor 192.168.7.2 (fe-4/0/0.0) state changed by event
HelloRcvd
Dec 28 05:28:52 OSPF neighbor 192.168.7.2 (fe-4/0/0.0) state changed from Init to 2Way
Dec 28 05:28:52 RPD_OSPF_NBRUP: OSPF neighbor 192.168.7.2 (fe-4/0/0.0) state changed
```

```
from Init to 2Way due to Two way communication established
Dec 28 05:28:52 OSPF neighbor 192.168.7.2 (fe-4/0/0.0) state changed by event
    2WayRcvd
Dec 28 05:28:52 OSPF Interface fe-4/0/0.0 event NeighborChange
Dec 28 05:29:29 OSPF Interface fe-4/0/0.0 event WaitTimer
Dec 28 05:29:29 OSPF interface fe-4/0/0.0 state changed from Waiting to DR
Dec 28 05:29:29 OSPF trigger router LSA build for area 0.0.0.0
Dec 28 05:29:29 OSPF trigger network LSA build for fe-4/0/0.0
Dec 28 05:29:29 OSPF DR is 192.168.254.6, BDR is 192.168.254.8
Dec 28 05:29:29 OSPF neighbor 192.168.7.2 (fe-4/0/0.0) state changed from 2Way to ExStart
Dec 28 05:29:29 OSPF neighbor 192.168.7.2 (fe-4/0/0.0) state changed by event AdjOK?
Dec 28 05:29:29 OSPF trigger router LSA build for area 0.0.0.0
Dec 28 05:29:29 OSPF sent DbD 192.168.7.1 -> 192.168.7.2 (fe-4/0/0.0)
Dec 28 05:29:29 Version 2, length 32, ID 192.168.254.6, area 0.0.0.0
Dec 28 05:29:29 checksum 0x881b, authtype 0
Dec 28 05:29:29 options 0x42, i 1, m 1, ms 1, seq 0xc0a0ae8e, mtu 1500
Dec 28 05:29:29 OSPF built router LSA, area 0.0.0.0
Dec 28 05:29:30 OSPF sent Hello 192.168.7.1 -> 224.0.0.5 (fe-4/0/0.0)
Dec 28 05:29:30 Version 2, length 48, ID 192.168.254.6, area 0.0.0.0
Dec 28 05:29:30 checksum 0xef65, authtype 0
Dec 28 05:29:30 mask 255.255.255.0, hello_ivl 10, opts 0x2, prio 128
Dec 28 05:29:30 dead_ivl 40, DR 192.168.7.1, BDR 192.168.7.2
Dec 28 05:29:31 OSPF rcvd DbD 192.168.7.2 -> 192.168.7.1 (fe-4/0/0.0)
Dec 28 05:29:31 Version 2, length 32, ID 192.168.254.8, area 0.0.0.0
Dec 28 05:29:31 checksum 0xdc16, authtype 0
Dec 28 05:29:31 options 0x42, i 1, m 1, ms 1, seq 0x1b32, mtu 1500
Dec 28 05:29:31 OSPF now slave for nbr 192.168.7.2
Dec 28 05:29:31 OSPF neighbor 192.168.7.2 (fe-4/0/0.0) state changed from ExStart to
Exchange
Dec 28 05:29:31 OSPF neighbor 192.168.7.2 (fe-4/0/0.0) state changed by event
NegotiationDone
Dec 28 05:29:31 In sequence
Dec 28 05:29:31 OSPF sent DbD 192.168.7.1 -> 192.168.7.2 (fe-4/0/0.0)
Dec 28 05:29:31 Version 2, length 192, ID 192.168.254.6, area 0.0.0.0
Dec 28 05:29:31 checksum 0x3a37, authtype 0
Dec 28 05:29:31 options 0x42, i 0, m 0, ms 0, seq 0x1b32, mtu 1500
Dec 28 05:29:31 OSPF rcvd DbD 192.168.7.2 -> 192.168.7.1 (fe-4/0/0.0)
Dec 28 05:29:31 Version 2, length 212, ID 192.168.254.8, area 0.0.0.0
Dec 28 05:29:31 checksum 0x34fe, authtype 0
Dec 28 05:29:31 options 0x42, i 0, m 1, ms 1, seq 0x1b33, mtu 1500
Dec 28 05:29:31 In sequence
Dec 28 05:29:31 Database copy is older
Dec 28 05:29:31 Database copy is older
Dec 28 05:29:31 OSPF rcvd LSReq 192.168.7.2 -> 192.168.7.1 (fe-4/0/0.0)
Dec 28 05:29:31 Version 2, length 84, ID 192.168.254.8, area 0.0.0.0
Dec 28 05:29:31 checksum 0xb70b, authtype 0
Dec 28 05:29:31 OSPF sent LSReq 192.168.7.1 -> 192.168.7.2 (fe-4/0/0.0)
Dec 28 05:29:31 Version 2, length 48, ID 192.168.254.6, area 0.0.0.0
Dec 28 05:29:31 checksum 0x3b5d, authtype 0
Dec 28 05:29:31 OSPF rcvd LSUpdate 192.168.7.2 -> 192.168.7.1 (fe-4/0/0.0)
```

```
Dec 28 05:29:31 Version 2, length 96, ID 192.168.254.8, area 0.0.0.0
Dec 28 05:29:31 checksum 0x9970, authtype 0
Dec 28 05:29:31 adv count 2
Dec 28 05:29:31 OSPF LSA Router 192.168.254.8 192.168.254.8 from 192.168.7.2 newer
than db
Dec 28 05:29:31 OSPF LSA Router 192.168.254.8 192.168.254.8 newer, delayed ack
Dec 28 05:29:31 OSPF LSA Network 192.168.7.1 192.168.254.6 from 192.168.7.2 newer
than db
Dec 28 05:29:31 Our LSA
Dec 28 05:29:31 Removed from LSREQ list
Dec 28 05:29:31 Removed from LSREQ list
Dec 28 05:29:31 OSPF sent DbD 192.168.7.1 -> 192.168.7.2 (fe-4/0/0.0)
Dec 28 05:29:31 Version 2, length 32, ID 192.168.254.6, area 0.0.0.0
Dec 28 05:29:31 checksum 0xdc1e, authtype 0
Dec 28 05:29:31 options 0x42, i 0, m 0, ms 0, seq 0x1b33, mtu 1500
Dec 28 05:29:31 OSPF sent LSUpdate 192.168.7.1 -> 192.168.7.2 (fe-4/0/0.0)
Dec 28 05:29:31 Version 2, length 200, ID 192.168.254.6, area 0.0.0.0
Dec 28 05:29:31 checksum 0xd628, authtype 0
Dec 28 05:29:31 adv count 5
Dec 28 05:29:31 OSPF rcvd DbD 192.168.7.2 -> 192.168.7.1 (fe-4/0/0.0)
Dec 28 05:29:31 Version 2, length 32, ID 192.168.254.8, area 0.0.0.0
Dec 28 05:29:31 checksum 0xdc1a, authtype 0
Dec 28 05:29:31 options 0x42, i 0, m 0, ms 1, seq 0x1b34, mtu 1500
Dec 28 05:29:31 In sequence
Dec 28 05:29:31 OSPF neighbor 192.168.7.2 (fe-4/0/0.0) state changed from Exchange
to Full
Dec 28 05:29:31 RPD_OSPF_NBRUP: OSPF neighbor 192.168.7.2 (fe-4/0/0.0) state changed
from Exchange to Full due to DBD exchange complete
Dec 28 05:29:31 OSPF trigger router LSA build for area 0.0.0.0
Dec 28 05:29:31 OSPF trigger network LSA build for fe-4/0/0.0
Dec 28 05:29:31 OSPF neighbor 192.168.7.2 (fe-4/0/0.0) state changed by event
ExchangeDone
Dec 28 05:29:31 OSPF sent LSUpdate 192.168.7.1 -> 224.0.0.5 (fe-4/0/0.0)
Dec 28 05:29:31 Version 2, length 60, ID 192.168.254.6, area 0.0.0.0
Dec 28 05:29:31 checksum 0xb25, authtype 0
Dec 28 05:29:31 adv count 1
Dec 28 05:29:31 OSPF rcvd LSUpdate 192.168.7.2 -> 224.0.0.5 (fe-4/0/0.0)
Dec 28 05:29:31 Version 2, length 140, ID 192.168.254.8, area 0.0.0.0
Dec 28 05:29:31 checksum 0x9f55, authtype 0
Dec 28 05:29:31 adv count 4
Dec 28 05:29:31 OSPF LSA Summary 192.168.254.9 192.168.254.8 from 192.168.7.2
newer than db
Dec 28 05:29:31 OSPF LSA Summary 192.168.254.9 192.168.254.8 newer, delayed ack
Dec 28 05:29:31 OSPF LSA Summary 192.168.9.0 192.168.254.8 from 192.168.7.2
newer than db
Dec 28 05:29:31 OSPF LSA Summary 192.168.9.0 192.168.254.8 newer, delayed ack
Dec 28 05:29:31 OSPF LSA Summary 192.168.8.0 192.168.254.8 from 192.168.7.2
newer than db
Dec 28 05:29:31 OSPF LSA Summary 192.168.8.0 192.168.254.8 newer, delayed ack
Dec 28 05:29:31 OSPF LSA ASBRSum 192.168.254.9 192.168.254.8 from 192.168.7.2
```

```
newer than db
Dec 28 05:29:31 OSPF LSA ASBRSum 192.168.254.9 192.168.254.8 newer, delayed ack
Dec 28 05:29:31 OSPF sent DbD 192.168.7.1 -> 192.168.7.2 (fe-4/0/0.0)
Dec 28 05:29:31 Version 2, length 32, ID 192.168.254.6, area 0.0.0.0
Dec 28 05:29:31 checksum 0xdc1d, authtype 0
Dec 28 05:29:31 options 0x42, i 0, m 0, ms 0, seq 0x1b34, mtu 1500
Dec 28 05:29:32 OSPF rcvd LSUpdate 192.168.7.2 -> 224.0.0.5 (fe-4/0/0.0)
Dec 28 05:29:32 Version 2, length 64, ID 192.168.254.8, area 0.0.0.0
Dec 28 05:29:32 checksum 0x60e6, authtype 0
Dec 28 05:29:32 adv count 1
Dec 28 05:29:32 OSPF LSA Router 192.168.254.8 192.168.254.8 from 192.168.7.2
newer than db
Dec 28 05:29:32 OSPF LSA Router 192.168.254.8 192.168.254.8 newer, delayed ack
Dec 28 05:29:32 OSPF sent LSAck 192.168.7.1 -> 224.0.0.5 (fe-4/0/0.0)
Dec 28 05:29:32 Version 2, length 124, ID 192.168.254.6, area 0.0.0.0
Dec 28 05:29:32 checksum 0x51dc, authtype 0
Dec 28 05:29:32 OSPF rcvd Hello 192.168.7.2 -> 224.0.0.5 (fe-4/0/0.0)
Dec 28 05:29:32 Version 2, length 48, ID 192.168.254.8, area 0.0.0.0
Dec 28 05:29:32 checksum 0xefe4, authtype 0
Dec 28 05:29:32 mask 255.255.255.0, hello_ivl 10, opts 0x2, prio 1
Dec 28 05:29:32 dead_ivl 40, DR 192.168.7.1, BDR 192.168.7.2
Dec 28 05:29:32 OSPF Interface fe-4/0/0.0 event NeighborChange
Dec 28 05:29:32 OSPF interface fe-4/0/0.0 state changed from DR to DR
Dec 28 05:29:32 OSPF DR is 192.168.254.6, BDR is 192.168.254.8
Dec 28 05:29:33 OSPF sent Hello 192.168.7.1 -> 224.0.0.5 (fe-4/0/0.0)
Dec 28 05:29:33 Version 2, length 48, ID 192.168.254.6, area 0.0.0.0
Dec 28 05:29:33 checksum 0xef65, authtype 0
Dec 28 05:29:33 mask 255.255.255.0, hello_ivl 10, opts 0x2, prio 128
Dec 28 05:29:33 dead_ivl 40, DR 192.168.7.1, BDR 192.168.7.2
```

图 6.9　记录了 OSPF 邻接关系建立全过程的日志文件（由 Juniper 路由器生成）

　　每一家厂商的路由器都有自己的一套排障信息生成（提供）方法，其基本原理全都相通，只是输出格式有所不同。只要能够理解底层协议及其运作机制，就应能不费吹灰之力地读懂任何一家厂商的路由器生成的路由协议相关的日志信息。

　　有一台 Cisco 路由器，与生成图 6.9 所示日志记录的那台 Juniper 路由器相邻，这台 Cisco 路由器接入该广播网络的物理接口为 E0。图 6.10 所示为该 Cisco 路由器生成的与 OSPF 邻接关系的建立、（邻接关系建立过程中发生的）事件以及协议数据包的收发有关的 Debug 输出。这份 Debug 输出所覆盖的时间范围跟图 6.9 所示的日志文件大致相同。

- 跟之前一样，也应根据状态的"变迁"，把这份 Debug 输出分为几个部分来解读。

- 从这份 Debug 输出中找出与图 6.9 所示的日志文件中相匹配的事件。

- 两台路由器的时钟并未同步，可能会有 1~2 秒的误差。对于两份输出中相匹配的事件，在发生的时间周期上也匹配吗？

- 根据图 6.9 和图 6.10 所提供的信息，像图 6.7 那样试着画一张图，来描绘出两台路由器之间协议数据包的交换情况，以及邻居状态的变迁过程。

```
Dec 28 05:28:50: OSPF: rcv. v:2 t:1 1:44 rid:192.168.254.6
aid:0.0.0.0 chk:3D70 aut:0 auk: from Ethernet0
Dec 28 05:28:50: OSPF: Rcv hello from 192.168.254.6 area 0 from Ethernet0 192.168.7.1
00:42: 40: %LINEPROTO-5-UPDOWN: Line protocol on Interface Ethernet0, changed
state to up
Dec 28 05:28:51: OSPF: Interface Ethernet0 going Up
Dec 28 05:28:51: OSPF: Build router LSA for area 0, router ID 192.168.254.8, seq
0x800001D9
Dec 28 05:28:51: OSPF: Build router LSA for area 20, router ID 192.168.254.8, seq
0x800001D4
Dec 28 05:28:52: OSPF: 2 Way Communication to 192.168.254.6 on Ethernet0, state 2WAY
Dec 28 05:28:52: OSPF: End of hello processing
Dec 28 05:29:01: OSPF: rcv. v:2 t:1 1:48 rid:192.168.254.6
aid:0.0.0.0 chk:7EBA aut:0 auk: from Ethernet0
Dec 28 05:29:29: OSPF: rcv. v:2 t:2 1:32 rid:192.168.254.6
aid:0.0.0.0 chk:881B aut:0 auk: from Ethernet0
Dec 28 05:29:29: OSPF: Rcv DBD from 192.168.254.6 on Ethernet0 seq 0xC0A0AE8E opt
0x42 flag 0x7 len 32 mtu 1500 state 2WAY
Dec 28 05:29:29: OSPF: Nbr state is 2WAY
Dec 28 05:29:30: OSPF: rcv. v:2 t:1 1:48 rid:192.168.254.6
aid:0.0.0.0 chk:EF65 aut:0 auk: from Ethernet0
Dec 28 05:29:30: OSPF: Rcv hello from 192.168.254.6 area 0 from Ethernet0 192.168.7.1
Dec 28 05:29:30: OSPF: End of hello processing
Dec 28 05:29:31: OSPF: end of Wait on interface Ethernet0
Dec 28 05:29:31: OSPF: DR/BDR election on Ethernet0
Dec 28 05:29:31: OSPF: Elect BDR 192.168.254.8
Dec 28 05:29:31: OSPF: Elect DR 192.168.254.6
Dec 28 05:29:31: OSPF: Elect BDR 192.168.254.8
Dec 28 05:29:31: OSPF: Elect DR 192.168.254.6
Dec 28 05:29:31: DR: 192.168.254.6 (Id) BDR: 192.168.254.8 (Id)
Dec 28 05:29:31: OSPF: Send DBD to 192.168.254.6 on Ethernet0 seq 0x1B32 opt 0x42
flag 0x7 len 32
Dec 28 05:29:31: OSPF: rcv. v:2 t:2 1:192 rid:192.168.254.6
aid:0.0.0.0 chk:3A37 aut:0 auk: from Ethernet0
Dec 28 05:29:31: OSPF: Rcv DBD from 192.168.254.6 on Ethernet0 seq 0x1B32 opt 0x42
flag 0x0 len 192 mtu 1500 state EXSTART
Dec 28 05:29:31: OSPF: NBR Negotiation Done. We are the MASTER
Dec 28 05:29:31: OSPF: Send DBD to 192.168.254.6 on Ethernet0 seq 0x1B33 opt 0x42
flag 0x3 len 212
Dec 28 05:29:31: OSPF: Database request to 192.168.254.6
Dec 28 05:29:31: OSPF: sent LS REQ packet to 192.168.7.1, length 60
Dec 28 05:29:31: OSPF: rcv. v:2 t:3 1:48 rid:192.168.254.6
```

```
aid:0.0.0.0 chk:3B5D aut:0 auk: from Ethernet0
Dec 28 05:29:31: OSPF: rcv. v:2 t:2 l:32 rid:192.168.254.6
aid:0.0.0.0 chk:DC1E aut:0 auk: from Ethernet0
Dec 28 05:29:31: OSPF: Rcv DBD from 192.168.254.6 on Ethernet0 seq 0x1B33 opt 0x42
flag 0x0 len 32 mtu 1500 state EXCHANGE
Dec 28 05:29:31: OSPF: Send DBD to 192.168.254.6 on Ethernet0 seq 0x1B34 opt 0x42
flag 0x1 len 32
Dec 28 05:29:31: OSPF: rcv. v:2 t:4 l:200 rid:192.168.254.6
aid:0.0.0.0 chk:D628 aut:0 auk: from Ethernet0
Dec 28 05:29:31: OSPF: rcv. v:2 t:4 l:60 rid:192.168.254.6
aid:0.0.0.0 chk:B25 aut:0 auk: from Ethernet0
Dec 28 05:29:31: OSPF: rcv. v:2 t:2 l:32 rid:192.168.254.6
aid:0.0.0.0 chk:DC1D aut:0 auk: from Ethernet0
Dec 28 05:29:31: OSPF: Rcv DBD from 192.168.254.6 on Ethernet0 seq 0x1B34 opt 0x42
flag 0x0 len 32 mtu 1500 state EXCHANGE
Dec 28 05:29:31: OSPF: Exchange Done with 192.168.254.6 on Ethernet0
Dec 28 05:29:31: OSPF: Synchronized with 192.168.254.6 on Ethernet0, state FULL
Dec 28 05:29:32: OSPF: Build router LSA for area 0, router ID 192.168.254.8, seq
0x800001DA
Dec 28 05:29:32: OSPF: rcv. v:2 t:5 l:124 rid:192.168.254.6
aid:0.0.0.0 chk:51DC aut:0 auk: from Ethernet0
Dec 28 05:29:33: OSPF: rcv. v:2 t:1 l:48 rid:192.168.254.6
aid:0.0.0.0 chk:EF65 aut:0 auk: from Ethernet0
Dec 28 05:29:33: OSPF: Rcv hello from 192.168.254.6 area 0 from Ethernet0 192.168.7.1
Dec 28 05:29:33: OSPF: Neighbor change Event on interface Ethernet0
Dec 28 05:29:33: OSPF: DR/BDR election on Ethernet0
Dec 28 05:29:33: OSPF: Elect BDR 192.168.254.8
Dec 28 05:29:33: OSPF: Elect DR 192.168.254.6
Dec 28 05:29:33: DR: 192.168.254.6 (Id) BDR: 192.168.254.8 (Id)
Dec 28 05:29:33: OSPF: End of hello processing
Dec 28 05:29:34: OSPF: rcv. v:2 t:4 l:120 rid:192.168.254.6
aid:0.0.0.0 chk:B658 aut:0 auk: from Ethernet0
```

图 6.10　对端路由器（Cisco 路由器）生成的建立同一个 OSPF 邻接关系的 Debug 输出

6.1.8　OSPF 排障方法 2：学会比较（不同路由器的）LS 数据库

在新型 OSPF 或 IS-IS 网络中，导致路由选择故障（数据包不能正确转发）的原因一般都非常常见，不是链路故障，就是路由器配置有误。通常，只要仔细观察路由器的路由信息表和转发信息表，便不难发现故障的根源。因某个区域内（OSPF 路由器间的）LS 数据库不一致，而造成的路由选择故障非常罕见。说其罕见，是因为倘若一对 OSPF 邻居路由器在同步过数据库之后，LS 数据库还不能保持一致，将会导致邻接关系的"破裂"。此外，区域内的路由器在做出路由决策时，也会将邻接关系建立出现问题的这对路由器之间的路径（链路）排除在外。

然而，（区域内 OSPF 路由器间）LS 数据库不同步的现象却绝对有可能发生。这多半要拜赐于糟糕的 OSPF 实现，或包含 OSPF 实现的 OS 出现了 bug。本节会展示如何比较（不同路由器的）LS 数据库，以帮助读者应对某些极端情况。所谓极端情况是指：明知网络中发生了路由选择故障，但不管怎么查，都查不出故障原因。

首先，应比较（不同路由器的）LS 数据库汇总信息，以验证存储在每台路由器的数据库里的 LSA 的类型和数量是否匹配。跟上一节所举示例相同，由不同厂商的路由器生成的 LS 数据库汇总信息的输出（格式）虽然各不相同，但所反映出的内容却大体相同。图 6.11 和图 6.12 分别显示了由 Juniper 和 Cisco 路由器（即上一节用来举例的那两台路由器）生成的 LS 数据库汇总信息。经过比较，可以发现两台路由器在区域 0 的 LS 数据库里存储的 LSA 至少在条数上相同：

```
jeff@Juniper6> show ospf database summary
Area 0.0.0.0:
    4 Router LSAs
    4 Network LSAs
    10 Summary LSAs
    1 ASBRSum LSAs
Externals:
    2 Extern LSAs
```

图 6.11　Juniper 路由器生成的 OSPF LS 数据库汇总信息

■ 4 条路由器 LSA；

■ 4 条网络 LSA；

■ 10 条网络汇总 LSA；

■ 1 条 ASBR 汇总 LSA；

■ 2 条外部 LSA（在 Cisco 路由器生成的 LS 数据库汇总信息里，这 2 条外部 LSA 出现在 "Process 1 database summary" 下的 "Type-5 Ext" 一栏）。

```
Cisco8#show ip ospf database database-summaty

            OSPF Router with ID (192.168.254.8) (Process ID 1)

    Area 0 database summary
    LSA Type        Count     Delete Maxage
    Router          4         0      0
    Network         4         0      0
    Summary Net     10        0      0
    Summary ASBR    1         0      0
    Type-7 Ext      0         0      0
    Opaque Link     0         0      0
```

```
        Opaque Area        0           0        0
        Subtotal          19           0        0

        Area 20 database summary
        LSA Type          Count       Delete Maxage
        Router             2           0        0
        Network            1           0        0
        Summary Net       12           0        0
        Summary ASBR       0           0        0
        Type-7 Ext         0           0        0
        Opaque Link        0           0        0
        Opaque Area        0           0        0
        Subtotal          16           0        0

        Process 1 database summary
        LSA Type          Count       Delete Maxage
        Router             6           0        0
        Network            5           0        0

        Summary Net 23 0 0
        Summary ASBR 1 0 0
        Type-7 Ext 0 0 0
        Opaque Link 0 0 0
        Opaque Area 0 0 0
        Type-5 Ext 2 0 0
        Opaque AS 0 0 0
        Total 37 0 0
Cisco8#
```

图 6.12　Cisco 路由器生成的 OSPF LS 数据库汇总信息

由于那台 Cisco 路由器（见图 6.12）担任 ABR 一职，固其还持有区域 20 的 LS 数据库。但区域 20 的 LS 数据库的信息跟本节所要讨论的内容无关，理由是那两台路由器的互连接口都隶属于区域 0。

虽然那两台路由器的 LS 数据库所保存的 LSA 的条数匹配，但会不会发生一条或多条 LSA 的实例不一致的现象呢？要想对此加以验证，就得先把那两个 LS 数据库里的所有 LSA 的校验和分别相加，然后再进行比较。只要那两个数据库里的 LSA 实例相同，校验和的相加结果也必定相等。否则，就得到两个数据库中分别比较每条 LSA 的校验和，以发现不一致的 LSA 的实例。

图 6.13 和图 6.14 分别显示了 Juniper 路由器和 Cisco 路由器生成的 LSA 头部的输出。作者分别把两个数据库里的所有 LSA（只限于区域 0，不含外部 LSA）的校验和累加，得到的结果都是 0xB4C0D。

- 所有路由器 LSA 的校验和相加：0x2938A。

- 所有网络 LSA 的校验和相加：0x24718。

- 所有网络汇总 LSA 的校验和相加：0x5F5AE。

- 所有 ASBR 汇总 LSA 的校验和相加：0x7BBD。

```
jeff@Juniper6> show ospf database
OSPF link state database, area 0.0.0.0
Type ID Adv Rtr Seq Age Opt Cksum Len
Router 192.168.254.5 192.168.254.5 0x80001d0b 2082 0x2 0x96dc 36
Router *192.168.254.6 192.168.254.6 0x80000772 932 0x2 0x826f 96
Router 192.168.254.7 192.168.254.7 0x80001945 1193 0x2 0x7acb 48
Router 192.168.254.8 192.168.254.8 0x800001ef 867 0x22 0xff74 36
Network 192.168.3.2 192.168.254.5 0x80000004 126 0x2 0x9c03 32
Network 192.168.4.2 192.168.254.7 0x80000004 1651 0x2 0x9901 32
Network 192.168.5.2 192.168.254.7 0x80000003 1335 0x2 0x900a 32
Network *192.168.7.1 192.168.254.6 0x80000010 846 0x2 0x820a 32
Summary 192.168.1.0 192.168.254.5 0x800006c9 1168 0x2 0xf1c3 28
Summary 192.168.2.0 192.168.254.5 0x800006c9 1025 0x2 0xe6cd 28
Summary 192.168.6.0 192.168.254.5 0x8000033f 883 0x2 0xe25a 28
Summary 192.168.8.0 192.168.254.8 0x8000001a 867 0x22 0x7cbb 28
Summary 192.168.9.0 192.168.254.8 0x80000018 867 0x22 0xd955 28
Summary 192.168.254.2 192.168.254.5 0x8000033b 1183 0x2 0x1a2d 28
Summary 192.168.254.4 192.168.254.5 0x8000033a 868 0x2 0x83e 28
Summary 192.168.254.5 192.168.254.5 0x80001ce3 725 0x2 0x552e 28
Summary 192.168.254.7 192.168.254.7 0x80001916 1351 0x2 0xd976 28
Summary 192.168.254.9 192.168.254.8 0x80000018 867 0x22 0x93a5 28
ASBRSum 192.168.254.9 192.168.254.8 0x80000018 867 0x22 0x7bbd 28
OSPF external link state database
Type ID Adv Rtr Seq Age Opt Cksum Len
Extern 192.168.120.0 192.168.254.9 0x800001d0 14 0x20 0x3a8d 36
Extern 192.168.220.0 192.168.254.9 0x800001d0 14 0x20 0xe979 36
jeff@Juniper6>
```

图 6.13　Juniper 路由器生成的 LS 数据库里的 LSA 头部信息

```
Cisco8# show ip ospf database
OSPF Router with ID (192.168.254.8) (Process ID 1)
Router Link States (Area 0)
Link ID ADV Router Age Seq# Checksum Link count
192.168.254.5 192.168.254.5 1969 0x80001D0B 0x96DC 1
192.168.254.6 192.168.254.6 819 0x80000772 0x826F 6
192.168.254.7 192.168.254.7 1079 0x80001945 0x7ACB 2
192.168.254.8 192.168.254.8 752 0x800001EF 0xFF74 1
Net Link States (Area 0)
Link ID ADV Router Age Seq# Checksum
192.168.3.2 192.168.254.5 12 0x80000004 0x9C03
192.168.4.2 192.168.254.7 1537 0x80000004 0x9901
```

```
192.168.5.2 192.168.254.7 1222 0x80000003 0x900A
192.168.7.1 192.168.254.6 733 0x80000010 0x820A
Summary Net Link States (Area 0)
Link ID ADV Router Age Seq# Checksum
192.168.1.0 192.168.254.5 1055 0x800006C9 0xF1C3
192.168.2.0 192.168.254.5 914 0x800006C9 0xE6CD
192.168.6.0 192.168.254.5 772 0x8000033F 0xE25A
192.168.8.0 192.168.254.8 754 0x8000001A 0x7CBB
192.168.9.0 192.168.254.8 754 0x80000018 0xD955
192.168.254.2 192.168.254.5 1072 0x8000033B 0x1A2D
192.168.254.4 192.168.254.5 756 0x8000033A 0x83E
192.168.254.5 192.168.254.5 614 0x80001CE3 0x552E
192.168.254.7 192.168.254.7 1240 0x80001916 0xD976
192.168.254.9 192.168.254.8 755 0x80000018 0x93A5
Summary ASB Link States (Area 0)
Link ID ADV Router Age Seq# Checksum
192.168.254.9 192.168.254.8 755 0x80000018 0x7BBD
Router Link States (Area 20)
Link ID ADV Router Age Seq# Checksum Link count
192.168.254.8 192.168.254.8 755 0x800001E9 0x2256 1
192.168.254.9 192.168.254.9 1173 0x800001D5 0xD4A6 3
Net Link States (Area 20)
Link ID ADV Router Age Seq# Checksum
192.168.8.1 192.168.254.9 1173 0x80000017 0x93CA
Summary Net Link States (Area 20)
Link ID ADV Router Age Seq# Checksum
172.16.1.0 192.168.254.8 756 0x80000016 0x6283
192.168.1.0 192.168.254.8 1004 0x80000003 0xC48
192.168.2.0 192.168.254.8 1004 0x80000003 0x152
192.168.3.0 192.168.254.8 1004 0x80000005 0xE769
192.168.4.0 192.168.254.8 237 0x8000000A 0xD278
192.168.5.0 192.168.254.8 1996 0x80000012 0xB78A
192.168.6.0 192.168.254.8 1004 0x80000003 0xDE6F
192.168.7.0 192.168.254.8 756 0x80000018 0x8BAF
192.168.254.2 192.168.254.8 1004 0x80000003 0xE46
192.168.254.4 192.168.254.8 1004 0x80000003 0xF958
192.168.254.5 192.168.254.8 1004 0x80000003 0xE56C
192.168.254.6 192.168.254.8 756 0x80000016 0xAB93
192.168.254.7 192.168.254.8 237 0x80000003 0xD17E
Type-5 AS External Link States
Link ID ADV Router Age Seq# Checksum Tag
192.168.120.0 192.168.254.9 1948 0x800001D0 0x3C8C 0
192.168.220.0 192.168.254.9 1949 0x800001D0 0xEB78 0
Cisco8#
```

图 6.14   Cisco 路由器生成的 LS 数据库里的 LSA 头部信息

Juniper 路由器和 Cisco 路由器的两条外部 LSA 的校验和之和分别为 0x12406 和
0x12804。当然，对于本例，逐一比对两个数据库里的那两条外部 LSA 的校验和，要比比较两条外部 LSA 的校验和之和简单得多。不过，要是数据库的规模一大，哪种比较方法更加简单，那就很难说了。让人头痛的是，对于大型网络，路由器控制台显示出的 LS 数据库的输出，肯定会比图 6.11 和图 6.12 长很多，无论使用哪种比较方法都既容易犯错，又枯燥无味。更悲催的是，要是读者在捕获两台路由器的 LS 数据库输出的间隔期，网络中有路由器刷新了自己的数据库，那么即便那两台路由器的 LS 数据库的内容一致，相比较的结果也肯定不匹配。

幸运的是，解决方案倒不是没有。无论读者管理什么样的网络，只要网络规模一大，多半都会部署基于 SNMP 的网管软件。利用以下所列 OSPF MIB，就能（通过网管软件）自动采集到 LSA 的校验和之和，可让网管人员免遭枯燥无味的十六进制数加法计算之苦。

- ■ ospfAreaLsaCksumSum 能用来获取一个区域内所有 LSA 的校验和之和（外部 LSA 除外）。

- ■ ospfExternLsaCksumSum 能用来获取外部（类型 5）LSA 的校验和之和。

然而，（两台路由器数据库里的）LSA 的校验和之和不匹配，只是表明存在数据库同步问题。单凭这些信息，既无法定位导致问题的原因，也肯定搞不清具体是哪条 LSA 不匹配。退一步来说，一般的网管人员能判断出网络存在 OSPF 数据库不同步问题，水平也算不俗。在判断出网络存在类似问题之后，网管人员可尝试先手工拆除，再重建邻接关系，让相关 OSPF 邻居路由器之间重新同步数据库。若症状还未消失，那就赶紧致电设备厂商的技术支持团队，需要由他们来深入分析，并判断 OSPF 软硬件实现方面是否存在问题。

6.2　IS-IS 数据库同步

OSPF 路由器要想启动数据库交换过程，不但需要其邻居路由器明确同意，还得依靠状态机来进行严格地管理；而 IS-IS 路由器交换数据库的过程要简单很多，邻居路由器之间会定期把自己的整个数据库"秀"给对方看[4]。

通过点到点链路互连的 IS-IS 路由器之间会定期互发 CSNP，向对方"展示"本机 LS 数据库里的内容。若一台路由器在收到的 CSNP 中发现了本机未知的 LSP，或本机已知的 LSP 的最新拷贝，便会发出 PSNP，请求邻居路由器发送相关 LSP 的拷贝。同理，该路由器若在收到的 CSNP 中发现，邻居路由器缺少本机数据库中的某条 LSP，或本机数据库里

---

[4] 实际上，ISO 10589 甚至都没有要求 IS-IS 邻居路由器之间通过点到点链路，定期向对方"展示"本机数据库，只是有些厂商为了优化自己的的 IS-IS 实现，在通过点到点链路互连的路由器之间引入了这一机制。

的某条 LSP 的拷贝要比邻居路由器的新，便会"主动"把相关 LSP 的拷贝发送给邻居路由器。

在广播网络内，DIS 会定期以多播方式发送 CSNP；跟点到点链路互连的 IS-IS 路由器一样，此类网络内的其他路由器也会拿 DIS 发出的 CSNP 中的内容，跟本机数据库里的内容进行比对，然后，根据比对结果，向 DIS 发出 PSNP（请求其发送本机所需的 LSP），或者向 DIS 发出（其数据库里没有的）LSP。

本节会详细介绍 CSNP 和 PSNP 的格式，并会详谈 IS-IS 路由器是如何利用两种协议消息，向邻居路由器展示（本机所持 LSP）、请求（本机所缺 LSP）以及间接确认（本机所收）LSP 的。

6.2.1 数据库同步过程中所使用的 IS-IS PDU

4 种基本类型的 IS-IS PDU 中，有 3 种都会在数据库同步过程中用到，如下所列。

- 链路状态 PDU（PDU 类型字段值为 18[L1]或 20[L2]）。

- 完全序列号 PDU（PDU 类型字段值为 24[L1]或 25[L2]）。

- 部分序列号 PDU（PDU 类型字段值为 26[L1]或 27[L2]）。

第 5 章已经介绍过了邻居路由器之间如何泛洪 LSP，以及 IS-IS 路由器如何利用序列号 PDU 来确认收到的 LSP，但是并未深入探讨序列号 PDU。序列号 PDU 为数据库同步过程中所不可或缺，本章会做详细讨论。

图 6.15 所示为完全序列号 PDU（CSNP）的格式，其作用是向 L1 或 L2 邻居路由器展示本机数据库的内容。L1 和 L2 CSNP 的（PDU）类型字段值分别为 24（0x18）和 25（0x19）。

- 源（路由器）ID 字段，由生成（LSP 的）路由器的 SysID（6 字节）和电路 ID（1 字节）组成。电路 ID 总是被设置为 0x00。

- 起始 LSP ID 和结束 LSP ID 字段，这两个字段共同定义了一个连续的 LSP ID 的范围，涵盖了本 CSNP 所能"展示"的所有 LSP ID。这两个字段值不必是真实的 LSP ID。比方说，若某台 IS-IS 路由器只需通过单条 CSNP 消息，便能完全"展示"其数据库里的 LSP，则这条 CSNP 消息中的起始 LSP ID 字段值和结束 LSP ID 字段值将分别为 0000.0000.0000.00.00 和 ffff.ffff.ffff.ff.ff。这两个字段值所定义的 LSP ID 的范围，涵盖了那条 CSNP 消息所能展示的所有 LSP ID。要是那台 IS-IS 路由器需发出多条 CSNP 消息，才能完全"展示"其数据库里的 LSP，那么在每条 CSNP 消息中，那两个字段值所定义的 LSP ID 的范围，将会涵盖本 CSNP 消息所要展示的 LSP ID。比如，该 IS-IS 路由器为完全展示本机数据库，需要发出两条 CSNP 消息。那么，若在第一条 CSNP 消息中，那两个字段值分别为 0000.0000.0000.00.00 和 0000.abcd.1234.00.00；则在第二条 CSNP 消息中，那两个字段值将会是 0000.abcd.1234.00.01 和 ffff.ffff.ffff.ff.ff。因此，接收（CSNP）的邻居路由器通过解读那两个字段，不但能识别出"一串"CSNP 中的"首尾"，而且还能发现"一串"CSNP 消息当中是否有一条或多条传丢。

有以下两种 TLV 结构可能会在 CSNP 中露面：

■ LSP 条目 TLV；

■ 认证信息 TLV。

认证信息 TLV 主要是起对 IS-IS 协议消息进行安全认证的作用，将在第 9 章讨论。LSP 条目 TLV 是 CSNP 中不可或缺的 TLV，其作用是唯一地标识（需通过 CSNP 消息展示的）LSP。该 TLV 结构标识 LSP 的方法是，在其值（V）字段中包含该 LSP 头部中的剩余生存时间、LSP ID、LSP 序列号以及校验和字段。图 6.16 所示为 LSP 条目 TLV 的格式，其类型字段值为 9（0x09）。

图 6.17 所示为部分序列号 PDU（PSNP）的格式，顾名思义，它所包含的内容就是本机数据库里部分 LSP 的序列号。利用 PSNP，IS-IS 路由器既可以直接确认本机（通过点到点链路）收到的 LSP，也可以向 L1 或 L2 邻居路由器请求本机所需要的 LSP。PSNP 的 PDU 类型字段值为 26（0x1A）（L1）和 27（0x1B）（L2）。

■ 源（路由器）ID 字段，由生成（LSP 的）路由器的 SysID（6 字节）和电路 ID（1 字节）组成。电路 ID 总是被设置为 0x00。

与 CSNP 一样，在 PSNP 内，也可以包含认证信息 TLV 和 LSP 条目 TLV，其中，后者是用来展示（本路由器所持）LSP 的基本 TLV 结构。

长度，单位为字节

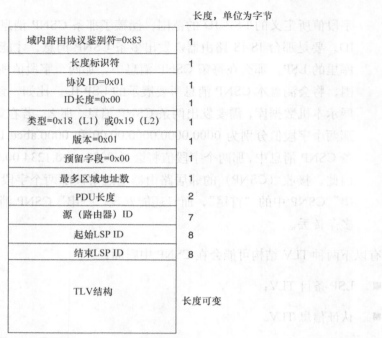

域内路由协议鉴别符=0x83	1
长度标识符	1
协议 ID=0x01	1
ID长度=0x00	1
类型=0x18（L1）或0x19（L2）	1
版本=0x01	1
预留字段=0x00	1
最多区域地址数	1
PDU长度	2
源（路由器）ID	7
起始LSP ID	8
结束LSP ID	8
TLV结构	长度可变

图 6.15　IS-IS 完全序列号 PDU 的格式

长度，单位为字节

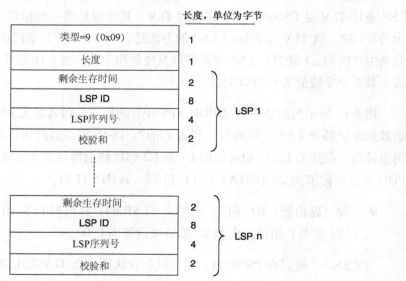

类型=9（0x09）	1
长度	1
剩余生存时间	2
LSP ID	8
LSP序列号	4
校验和	2
剩余生存时间	2
LSP ID	8
LSP序列号	4
校验和	2

（LSP 1：剩余生存时间、LSP ID、LSP序列号、校验和）
（LSP n：剩余生存时间、LSP ID、LSP序列号、校验和）

图 6.16　LSP 条目 TLV 的格式

长度，单位为字节

域内路由协议鉴别符=0x83	1
长度标识符	1
协议 ID=0x01	1
ID长度=0x00	1
类型=0x1A (L1) 或0x1B (L2)	1
版本=0x01	1
预留字段=0x00	1
最多区域地址数	1
PDU长度	2
源（路由器）ID	7
TLV结构	长度可变

图 6.17 IS-IS 部分序列号 PDU 的格式

6.2.2 设置路由消息标记和序列号消息标记

第 5 章已经简要介绍过在（LSP）泛洪过程中会用到的发送路由消息（Send Routing Message，SRM）标记。现在，来重新回忆一下。

SRM 标记是一种内部标记。IS-IS 路由器会基于（其接口所连）每条链路，为存储在 LS 数据库内的每条 LSP，创建一组 SRM 标记。也就是说，若一台 IS-IS 路由器有 5 个接口（连接了 5 条链路），其 LS 数据库内有 20 条 LSP，则每条 LSP 需与 5 个 SRM 标记"挂钩"，共需创建 100 个 SRM 标记。当 IS-IS 路由器决定要通过某特定接口（链路）发出 LSP 时，便会让相关 LSP "打上"为该接口（链路）分配的 SRM 标记。IS-IS 路由器会每隔一段时间（这段时间被称为 LSP 最短发送间隔期[minimum LSP transmission interval]），扫描一次 LS 数据库。只要"发现"有 LSP "打上"了为点到点链路分配的 SRM 标记，IS-IS 路由器就会通过相应的点到点链路向外发送。IS-IS 路由器通过广播链路外发 LSP 的行为要稍微复杂一点：路由器会每隔"LSP 最短发送间隔期"，扫描一次 LS 数据库，然后从一组 LSP（这组 LSP 都"打上"了为此广播接口[链路]分配的 SRM 标记）中随机选择一条，然后向外发送[5]。IS-IS 路由器（在广播链路上）随机选择 LSP，然后向外发送，可大

---

[5]某些 IS-IS 实现（即某些厂商的 IS-IS 路由器）可能会在每次扫描时，随机选择（发送）不止 1 条 LSP，但条数不能太多。ISO 10589 的建议是：数不过十。

大降低多台路由器同时向 DIS 发送同一条 LSP 的概率。

（设置或清除）SRM 标记，不单是（LSP）泛洪机制的一部分，同时也是 LS 数据库同步机制的一部分。当 IS-IS 路由器通过某特定接口（链路）发出 LSP 时，便会把相关 LSP "打上" 为该接口（链路）分配的 SRM 标记。对于广播链路（接口），IS-IS 路由器只要通过其发出了 LSP，就会立即清除相关 SRM 标记；而对于点到点链路（接口），只有当发出的 LSP 得到了（邻居路由器的）确认，IS-IS 路由器才会清除相关 SRM 标记。在这一块，SRM 标记所起的作用有点像 OSPF 链路状态发送列表。不过，两者之间有一处最主要的区别，那就是：OSPF 链路状态发送列表与邻居路由器 "挂钩"（作为 OSPF 邻居数据结构的一部分），而 SRM 标记只和接口（链路）"挂钩"。

在 LS 数据库的同步过程中，IS-IS 路由器还会（为 LSP）设置一种名叫发送序列号（Send Sequence Number，SSN）的内部标记。与设置 SRM 标记一样，IS-IS 路由器也会基于每个参与 IS-IS 进程的接口（IS-IS 接口），为每条 LSP 设置 SSN 标记。一条 LSP 被打上 SSN 标记，即表明在相关 IS-IS 接口（与该 SSN 标记相关联的 IS-IS 接口）外发的 PSNP 中，会 "展示" 这条 LSP。当这条 LSP 的 SSN 标记被清除时，则表示 IS-IS 路由器已经发出了 "展示" 该 LSP 的 PSNP。在 LS 数据库同步期间，IS-IS SSN 标记所起的作用类似于 OSPF 链路状态请求列表。再次重申，与 SSN 标记挂钩的是路由器接口，并非某台具体的邻居路由器。

在点到点网络环境和广播网络环境中，IS-IS 路由器对上述两种标记的使用，以及相互之间同步 LS 数据库的规程都各不相同。以下两节将详述在这两种类型的网络环境中，IS-IS 路由器之间同步 LS 数据库的规程。

6.2.3   点到点网络环境中的 LS 数据库同步

通过点到点链路新近建立起邻接关系时，两台 IS-IS 路由器都会基于与此链路相连的接口，为所有 LSP 设置 SRM 标记，然后发出 CSNP，相互 "展示" 本机 LS 数据库里的全部内容。至于发出的是 L1 CSNP 还是 L2 CSNP，则要视所建立的邻接关系类型（L1 或 L2）而定。收到邻居路由器发出的 CSNP 之后，每台 IS-IS 路由器都会拿 CSNP 中所 "展示" 的 LSP，跟本机数据库里的 LSP 进行比对。比对方式是，根据 CSNP 中 "起始 LSP ID" 和 "结束 LSP ID" 字段值所定义的 LSP ID 的范围，按序对 CSNP 的 LSP ID（即 CSNP 所含 LSP 条目 TLV 结构中的 LSP ID 字段值）和本机数据库里的 LSP ID 进行比对。每进行一次比对，IS-IS 路由器都会采取以下动作之一。

■ 若 CSNP 中有 LSP ID 与本机数据库所含 LSP 的 LSP ID 相同，则清除与相关接口（用来连接点到点链路的接口）"挂钩"的 LSP 的 SRM 标记。

- 若发现了本机未知的 LSP(即 CSNP 所含 LSP 条目 TLV 结构中的 LSP ID 字段值，未在本机 LS 数据库里"露面")，则针对此 LSP 在本机 LS 数据库创建一条序列号字段值为 0 的记录，表示"暂缺"该 LSP 的内容。IS-IS 路由器不会为序列号字段值为 0 的 LSP 设置 SRM 标记，这意味着，不能泛洪此类 LSP。然后，为这条新近创建的 LSP 的记录设置 SSN 标记。于是，一条"展示"该 LSP 的 PSNP 会发往（通告该 CSNP 的）邻居路由器，以请求其发送该新版 LSP。

- 若本机 LS 数据库里所含 LSP 的"版本"新于 CSNP 中所"展示"的 LSP，IS-IS 路由器会清除针对该 LSP 设置的 SSN 标记，并同时为其设置与（接收 CSNP 的）接口"挂钩"的 SRM 标记，然后以单播方式向（通告该 CSNP 的）邻居路由器发送这条新版 LSP（即这条 LSP 的最新版本）。

- 若存储在本机 LS 数据库里的 LSP 的"版本"要比 CSNP 所"展示"的 LSP"老"，IS-IS 路由器会清除针对该 LSP 设置的 SRM 标记，并同时为其设置与（接收 CSNP 的）接口"挂钩"的 SSN 标记。如此一来，本机数据库里老版 LSP 便不得泛洪而出。然后，IS-IS 路由器还会以单播方式向（通告该新版 CSNP 的）邻居路由器发送"展示"该 LSP 的 PSNP，以请求邻居路由器，发送该新版 LSP。

- 若存储在本机 LS 数据库里的 LSP，其序列号和生存时间都不为 0，其 LSP ID 也在包含在（收到的）CSNP 的"起始 LSP ID"和"结束 LSP ID"字段值所定义的 LSP ID 的范围之内，但该 CSNP 的条目 TLV 结构的 LSP ID 字段中却并没有包含该 LSP ID，则 IS-IS 路由器会基于（接收该 CSNP 的）接口，为这条 LSP 设置 SRM 标记，然后以单播方式向（通告该 CSNP 的）邻居路由器发送这条 LSP。

在点到点网络环境中，PSNP 还起对收到的 LSP 进行确认的作用。当 IS-IS 路由器向邻居路由器发送 LSP 时，便会将其"打上"为相关接口（外发 LSP 的接口）分配的 SRM 标记。IS-IS 路由器会每隔 5 秒钟（即 minimumLSPTransmissionInterval[LSP 最短发送间隔期]），重传已基于接口打上了 SRM 标记的 LSP，以及在 5 秒钟之前未发送成功的 LSP。收到了邻居路由器发出的 PSNP，表明已经收到了自己之前发出的 LSP 时，IS-IS 路由器便会清除为这条（些）LSP 设置的 SRM 标记，这意味着不再重传那条（些）LSP。

当 IS-IS 路由器（通过点到点链路）收到 LSP 时，会采取以下动作之一。

- 若收到的 LSP 的"版本"新于本机 LS 数据库里的 LSP（或本机数据库里包含了

一条序列号为 0 的该 LSP 的记录），则以这条新版 LSP 替换数据库里现有的 LSP。然后，基于所有接口（除接收该 LSP 的接口），为这条新版 LSP 设置 SRM 标记，同时清除为接收该 LSP 的接口设置的 SRM 标记，好让这条新版 LSP 能泛洪至所有邻居路由器（通告此 LSP 的邻居路由器不在泛洪之列）。

- 若本机 LS 数据库里的 LSP 的 ID 与收到的 LSP 的 ID 不匹配，则在数据库中安装收到的 LSP。然后与收到"新版"LSP 时相同（详见上一条所述），再基于所有接口（除接收该 LSP 的接口），为这条 LSP 设置 SRM 标记，同时清除为接收该 LSP 的接口设置的 SRM 标记，好让这条 LSP 能泛洪给所有邻居路由器（通告此 LSP 的邻居路由器除外）。

- 若收到的 LSP 的"版本"比本机 LS 数据库里的 LSP 要"老"，则基于接收（这条老版 LSP 的）接口，（为新版 LSP）设置的 SRM 标记，然后通过该接口，向（通告这条老版 LSP 的）邻居路由器发送本机数据库里的新版 LSP。最后，清除基于此接口为此 LSP 设置的 SSN 标记。

- 若收到的 LSP 的"版本"与本机 LS 数据库里的 LSP 相同，则清除基于接收（这条 LSP 的）接口为这条 LSP 设置的 SRM 标记；但会同时基于该接口为这条 LSP 设置 SSN 标记，其目的是，通过该接口发出 PSNP，向邻居路由器确认本机收到了这条 LSP。

如本节第一段所述，IS-IS 路由器之间邻居关系一经建立，双方都会基于（用来建立邻接关系的）接口，为存储在本机数据库里的所有 LSP 设置 SRM 标记。这样一来，即便邻居路由器未发出 PSNP，请求（本路由器）发送 LSP，本路由器仍会在 5 秒的 minimumLSPTransmissionInterval（LSP 最短发送间隔期）之后，向邻居路由器发出 LSP，若邻居路由器仍未收到，则会每隔 5 秒发送一次，直至邻居路由器确认收到为止。

这也意味着，IS-IS 路由器之间建立邻接关系时，由于 LSP 泛洪是由 SRM 机制所触发，因此即便（IS-IS 路由器之间）不互发 CSNP，数据库同步也照样会进行。发送 CSNP 只是对数据库同步过程进行了优化，好让邻居路由器之间只交换本机需要的 LSP。

6.2.4   广播网络环境中的 LS 数据库同步

在广播网络环境中，所有 OSPF 路由器都会跟 DR 相互同步 LS 数据库，与此相同，IS-IS 路由器也会跟 DIS 相互同步 LS 数据库。但相同之处仅限于此。

主要区别在于：发往 DR/BDR 和 DROthers 的 OSPF 路由协议数据包的目的多播地址各不相同，而发往 DIS 和其他所有路由器的 IS-IS 路由协议消息的目的多播地址却完全相同。当然，L1 和 L2 IS-IS 路由协议消息的目的多播地址还是会有所区分。CSNP、PSNP 以及 LSP 都以多播方式发送，能被接入同一广播网络的所有路由器同时接收。所以说，若路由器 A 发出 PSNP，请求（其邻居路由器 B）发送某条 LSP，则接入同一广播网络、同样"缺少"这条 LSP 的其他路由器也会"看见"这条 PSNP（即缺少这条 LSP 的其他所有路由器都会得知，请求该 LSP 的 PSNP 已经发出）。同理，只要任何一台邻居路由器发出了 LSP，接入同一广播网络的所有路由器都能收到这条 LSP，可视需求，将其拷贝存储进本机 LS 数据库。

DIS 会每隔 CompleteSNPInterval（CSNP 发送间隔期），发出"展示"其数据库完整内容的 CSNP。CompleteSNPInterval 通常为 10 秒，该值可以配置，取值范围为 1~65535 秒[6]。CSNP 会以多播而非单播方式发送，接入广播网络的所有路由器都能接收得到。通过广播网络接口收到 CSNP 时，路由器也会按序对 CSNP 的 LSP ID 与本机数据库里的 LSP ID 做一番比对，这跟 6.2.3 节所描述的通过点到点接口收到 CSNP 时，没任何区别。

不过，当 IS-IS 路由器通过广播接口，以多播方式发出 LSP 时，会清除基于该接口为 LSP 设置的 SRM 标记，并不会继续保留 SRM 标记（通过点到点接口发出 LSP 时，IS-IS 路由器会保留基于该接口设置的 SRM 标记）。这是因为接入广播网络的所有路由器都会以多播方式发送 CSNP，这也起到了"间接"对收到的 LSP 进行确认的效果。若某台非 DIS 路由器发出了 LSP，但却没有被 DIS 接收，只要该 DIS 在随后发出的 CSNP 中未能"呈现"出该 LSP，那台非 DIS 路由器就会得知。然后，便会重新发送这条 LSP。同理，若广播网络内的某台路由器未能收到（DIS 发出的）LSP，当（DIS）重新发送 CSNP 时，这台路由器必会得知，随即便会发出 PSNP，请求 DIS 发送这条 LSP。

（接入广播网络的 IS-IS 路由器）在收到 LSP 时的处理方式也跟 6.2.3 节所述基本相同，但有一处例外，那就是只要收到的 LSP 的"版本"不"老"于存储在本机数据库里的 LSP，便不会为此 LSP 设置 SSN 标记。这便表明，IS-IS 路由器不会发出 PSNP，来确认收到的此类 LSP。这一处理方式可避免这样一种情况的发生：接入广播网络的多台路由器同时对收到的同一条 LSP 进行确认。接入广播网络的所有路由器只要都定期发出 CSNP，

---

[6] 虽然 CompleteSNPInterval 的取值范围很大，但没有任何理由去改变其默认值。第 5 章曾经提到，IS-IS 与 OSPF 不同，前者并没有一种专门用来对 LSP 的接收进行确认的协议消息。在广播网络环境中，IS-IS 的替代解决方案是，让路由器发出 CSNP，以间接的方式对收到的 LSP 进行确认。因此，把 CompleteSNPInterval 设得过高，会降低路由器对所收 LSP 的确认频率，而将其值设得过低（低于 10 秒），也不会对性能有明显的改善。

就能在不降低可靠性的情况下，对收到的 LSP 进行间接确认。

　　5.1.2 节曾提到，IS-IS 路由器会每隔 minimumLSPTransmissionInterval（LSP 最短发送间隔期），扫描一次 LS 数据库，从一组 LSP（这组 LSP 都"打上"了为广播接口[链路]分配的 SRM 标记）中随机选择一条，然后通过广播接口向外发送[7]。该机制能够让（接入广播网络的）多台路由器尽可能去分摊 LSP 更新过程所带来的负担。由于在广播网络环境中，所有 IS-IS 路由协议消息都以多播方式发送，因此在数据库同步期间，网络内的每一台路由器都对（其他所有路由器的）数据库同步的进展情况一清二楚。也就是说，若一台路由器发出 PSNP，请求邻居路由器发送一条（或多条）LSP，则该路由器的"举动"会暴露在"众目睽睽"之下。假设该路由器所请求的是新版 LSP，而网络内所有其他路由器可能都持有该 LSP 的拷贝，但只有 DIS 会发出该路由器通过 PSNP 所请求的 LSP，这便避免了同一条 LSP 的多份拷贝在网络内"泛滥"。在数据库同步期间，OSPF 路由器只跟 DR 进行同步（亦即 DROthers 发出的 OSPF 路由协议数据包，只有 DR/BDR 才能收到），而定期发出 CSNP 的 DIS 所起的作用更像是一个参考点。同理，在广播网络环境中，以多播方式"冲着"某台路由器发出的 LSP（即这台路由器之前发出了 PSNP，请求邻居路由器发送这条 LSP），由于此类 LSP 以多播方式发出，因此能够被需要这条（些）LSP 的多台路由器接收。

6.2.5　IS-IS 排障方法 1：学会解读路由器生成的日志记录及 Debug 输出信息

　　排查 OSPF 故障时，若绞尽脑汁都查不出邻居路由器之间 LS 数据库不能同步的原因，那就有必要去解读路由器生成的与数据库同步有关的日志记录。这一排障思路同样适用于排除 IS-IS 路由器之间 LS 数据库不能同步的故障。图 6.18 和图 6.19 所示为两台 IS-IS 路由器同步各自的 LS 数据库时，生成的日志记录。

　　这两台路由器一台是 Cisco 路由器（Cisco8），另一台是 Juniper 路由器（Juniper6）。请读者在阅读这两台路由器生成的与数据库同步有关的日志记录时，回答以下问题。

- 两台路由器的互连接口（用来建立 IS-IS 邻接关系的接口）的 MAC 地址分别是什么？

- 两台路由器的互连接口（用来建立 IS-IS 邻接关系的接口）的 IP 地址分别是什么？

---

[7] 某些 IS-IS 实现（即某些厂商的 IS-IS 路由器）可能会在每次扫描时，随机选择（发送）不止 1 条 LSP，但条数不能太多。ISO 10589 的建议是：数不过十。

- 两台路由器的互连接口的电路类型分别是什么,是 L1-only、L2-only 还是 L1/L2?

- 两台路由器之间建立的是 L1 还是 L2 邻接关系?

- 每台路由器发出的 LSP 的 LSP ID 字段值分别是什么?

- 从每一台路由器的视角来看,首次验证邻居之间具备双向连通性的时间点是什么?

```
jeff@Juniper6> show log isis_sync
Dec 28 22:01:48 ISIS link layer change on interface fe-4/0/0.0
Dec 28 22:01:48 ISIS interface fe-4/0/0.0 up
Dec 28 22:01:48 ISIS interface fe-4/0/0.0 up
Dec 28 22:01:50 Received L2 LAN IIH, source id Cisco8 on fe-4/0/0.0
Dec 28 22:01:50 intf index 5 addr 0.e0.1e.60.a.3e, snpa 0:e0:1e:60:a:3e
Dec 28 22:01:50 max area 0, circuit type l112, packet length 1497
Dec 28 22:01:50 hold time 10, priority 64, circuit id Cisco8.01
Dec 28 22:01:50 speaks IP
Dec 28 22:01:50 area address 47.0020 (3)
Dec 28 22:01:50 IP address 192.168.7.2
Dec 28 22:01:50 1443 bytes of total padding
Dec 28 22:01:50 new neighbor for Cisco8
Dec 28 22:01:50 new adjacency for Cisco8 on fe-4/0/0.0, level 2
Dec 28 22:01:50 Adjacency state change, Cisco8, state New -> Initializing
Dec 28 22:01:50 interface fe-4/0/0.0, level 2
Dec 28 22:01:51 Sending L2 LAN IIH on fe-4/0/0.0
Dec 28 22:01:51 max area 0, circuit type l2
Dec 28 22:01:51 neighbor 0:e0:1e:60:a:3e
Dec 28 22:01:51 No candidates for DR
Dec 28 22:01:51 hold time 27, priority 64, circuit id Juniper6.05
Dec 28 22:01:51 speaks IP
Dec 28 22:01:51 speaks IPv6
Dec 28 22:01:51 IP address 192.168.7.1
Dec 28 22:01:51 area address 47.0103 (3)
Dec 28 22:01:51 1429 bytes of total padding
Dec 28 22:01:51 Received L2 LAN IIH, source id Cisco8 on fe-4/0/0.0
Dec 28 22:01:51 intf index 5 addr 0.e0.1e.60.a.3e, snpa 0:e0:1e:60:a:3e
Dec 28 22:01:51 max area 0, circuit type l112, packet length 1497
Dec 28 22:01:51 hold time 10, priority 64, circuit id Cisco8.01
Dec 28 22:01:51 speaks IP
Dec 28 22:01:51 area address 47.0020 (3)
Dec 28 22:01:51 IP address 192.168.7.2
Dec 28 22:01:51 neighbor 0:d0:b7:7f:d:5 (ourselves)
Dec 28 22:01:51 1435 bytes of total padding
Dec 28 22:01:51 updating neighbor Cisco8
Dec 28 22:01:51 Adjacency state change, Cisco8, state Initializing -> Up
Dec 28 22:01:51 interface fe-4/0/0.0, level 2
Dec 28 22:01:51 Updating LSP
Dec 28 22:01:51 Scheduling L2 LSP Juniper6.00-00 sequence 0x8a on interface
fe-4/0/0.0
```

```
Dec 28 22:01:51 Sending L2 LSP Juniper6.00-00 on interface fe-4/0/0.0
Dec 28 22:01:51 sequence 0x8a, checksum 0x3d2a, lifetime 1200
Dec 28 22:01:52 Received L2 LSP Cisco8.00-00, interface fe-4/0/0.0
Dec 28 22:01:52 from Cisco8
Dec 28 22:01:52 sequence 0x9, checksum 0xce83, lifetime 1199
Dec 28 22:01:52 max area 0, length 78
Dec 28 22:01:52 no partition repair, no database overload
Dec 28 22:01:52 IS type 3, metric type 0
Dec 28 22:01:52 area address 47.0020 (3)
Dec 28 22:01:52 speaks IP
Dec 28 22:01:52 dyn hostname Cisco8
Dec 28 22:01:52 IP address 192.168.7.2
Dec 28 22:01:52 IS neighbors:
Dec 28 22:01:52 IS neighbor Cisco8.01
Dec 28 22:01:52 internal, metrics: default 10
Dec 28 22:01:52 IP prefix 192.168.7.0 255.255.255.0
Dec 28 22:01:52 internal, metrics: default 10
Dec 28 22:01:52 Updating LSP
Dec 28 22:01:52 Received L2 LSP Cisco8.01-00, interface fe-4/0/0.0
Dec 28 22:01:52 from Cisco8
Dec 28 22:01:52 sequence 0x7, checksum 0xdcee, lifetime 1199
Dec 28 22:01:52 max area 0, length 52
Dec 28 22:01:52 no partition repair, no database overload
Dec 28 22:01:52 IS type 3, metric type 0
Dec 28 22:01:52 IS neighbors:
Dec 28 22:01:52 IS neighbor Cisco8.00
Dec 28 22:01:52 internal, metrics: default 0
Dec 28 22:01:52 IS neighbor Juniper6.00
Dec 28 22:01:52 internal, metrics: default 0
Dec 28 22:01:52 Updating LSP
Dec 28 22:01:52 Adding a half link from Cisco8.01 to Juniper6.00
Dec 28 22:01:52 Adding a half link from Cisco8.01 to Cisco8.00
Dec 28 22:01:55 Received L2 CSN, source Cisco8, interface fe-4/0/0.0
Dec 28 22:01:55 LSP range 0000.0000.0000.00-00 to ffff.ffff.ffff.ff-ff
Dec 28 22:01:55 packet length 163
Dec 28 22:01:55 LSP Juniper5.00-00 lifetime 672
Dec 28 22:01:55 sequence 0x4567 checksum 0x646c
Dec 28 22:01:55 Matched database, matching sequence numbers
Dec 28 22:01:55 LSP Juniper5.04-00 lifetime 752
Dec 28 22:01:55 sequence 0x1c checksum 0xcfb8
Dec 28 22:01:55 Matched database, matching sequence numbers
Dec 28 22:01:55 LSP Juniper6.00-00 lifetime 973
Dec 28 22:01:55 sequence 0x84 checksum 0xbbcc
Dec 28 22:01:55 Matched database, neighbor is out of date, sending LSP
Dec 28 22:01:55 LSP Juniper7.00-00 lifetime 474
Dec 28 22:01:55 sequence 0x466c checksum 0x415a
Dec 28 22:01:55 Matched database, matching sequence numbers
Dec 28 22:01:55 LSP Juniper7.02-00 lifetime 705
Dec 28 22:01:55 sequence 0x26 checksum 0x1a60
Dec 28 22:01:55 Matched database, matching sequence numbers
```

```
Dec 28 22:01:55 LSP Juniper7.03-00 lifetime 416
Dec 28 22:01:55 sequence 0x1f checksum 0x215f
Dec 28 22:01:55 Matched database, matching sequence numbers
Dec 28 22:01:55 LSP Cisco8.00-00 lifetime 1196
Dec 28 22:01:55 sequence 0x9 checksum 0xce83
Dec 28 22:01:55 Matched database, matching sequence numbers
Dec 28 22:01:55 LSP Cisco8.01-00 lifetime 1196
Dec 28 22:01:55 sequence 0x7 checksum 0xdcee
Dec 28 22:01:55 Matched database, matching sequence numbers
Dec 28 22:01:55 Sending L2 LSP Juniper6.00-00 on interface fe-4/0/0.0
Dec 28 22:01:55 sequence 0x8a, checksum 0x3d2a, lifetime 1198
Dec 28 22:02:00 Analyzing subtlv's for Cisco8.01
Dec 28 22:02:00 IP address: 192.168.7.1
Dec 28 22:02:00 Analysis complete
Dec 28 22:02:00 Scheduling L2 LSP Juniper6.00-00 sequence 0x8b on interface
fe-4/0/0.0
Dec 28 22:02:00 Sending L2 LSP Juniper6.00-00 on interface fe-4/0/0.0
Dec 28 22:02:00 sequence 0x8b, checksum 0x26e7, lifetime 1200
jeff@Juniper6>
```

图 6.18　Juniper 路由器生成的与 IS-IS 数据库同步有关的日志记录

```
Cisco8#
17:15:39: %LINEPROTO-5-UPDOWN: Line protocol on Interface Ethernet0, changed state to
up
Dec 28 22:01:50: ISIS-Adj: Sending L1 LAN IIH on Ethernet0, length 1497
Dec 28 22:01:50: ISIS-Adj: Sending L2 LAN IIH on Ethernet0, length 1497
Dec 28 22:01:51: ISIS-Adj: Rec L2 IIH from 00d0.b77f.0d05 (Ethernet0), cir type L2,
cir id 0192.0168.0006.05, length 1492
Dec 28 22:01:51: ISIS-Adj: New adjacency, level 2 for 00d0.b77f.0d05
Dec 28 22:01:51: ISIS-Adj: Sending L2 LAN IIH on Ethernet0, length 1497
Dec 28 22:01:51: ISIS-Upd: Received LSP from SNPA 00d0.b77f.0d05 (Ethernet0) without
adjacency
Dec 28 22:01:52: ISIS-Upd: Building L1 LSP
Dec 28 22:01:52: ISIS-Upd: Full SPF required
Dec 28 22:01:52: ISIS-Upd: Building L2 LSP
Dec 28 22:01:52: ISIS-Upd: Full SPF required
Dec 28 22:01:52: ISIS-Adj: Adjacency state goes to Up
Dec 28 22:01:52: ISIS-Adj: Run level-2 DR election for Ethernet0
Dec 28 22:01:52: ISIS-Adj: No change (it's us)
Dec 28 22:01:52: ISIS-Upd: Building L2 pseudonode LSP for Ethernet0
Dec 28 22:01:52: ISIS-Upd: Full SPF required
Dec 28 22:01:52: ISIS-Upd: Sending L2 LSP 0192.0168.0008.00-00, seq 9, ht 1199 on
Ethernet0
Dec 28 22:01:52: ISIS-Upd: Sending L2 LSP 0192.0168.0008.01-00, seq 7, ht 1199 on
Ethernet0
Dec 28 22:01:53: ISIS-Adj: Sending L1 LAN IIH on Ethernet0, length 1497
Dec 28 22:01:53: ISIS-Upd: Building L2 LSP
Dec 28 22:01:53: ISIS-Upd: No change, suppress L2 LSP 0192.0168.0008.00-00, seq A
Dec 28 22:01:55: ISIS-Snp: Sending L2 CSNP on Ethernet0
Dec 28 22:01:55: ISIS-Upd: Rec L2 LSP 0192.0168.0006.00-00, seq 8A, ht 1194,
```

```
Dec 28 22:01:55: ISIS-Upd: from SNPA 00d0.b77f.0d05 (Ethernet0)
Dec 28 22:01:55: ISIS-Upd: LSP newer than database copy
Dec 28 22:01:55: ISIS-Upd: Full SPF required
Dec 28 22:02:00: ISIS-Adj: Run level-2 DR election for Ethernet0
Dec 28 22:02:00: ISIS-Adj: No change (it's us)
Dec 28 22:02:00: ISIS-Upd: Rec L2 LSP 0192.0168.0006.00-00, seq 8B, ht 1198,
Dec 28 22:02:00: ISIS-Upd: from SNPA 00d0.b77f.0d05 (Ethernet0)
Dec 28 22:02:00: ISIS-Upd: LSP newer than database copy
Dec 28 22:02:00: ISIS-Upd: Full SPF required
Dec 28 22:02:03: ISIS-Upd: Building L1 LSP
Dec 28 22:02:03: ISIS-Upd: Important fields changed
Dec 28 22:02:03: ISIS-Upd: Full SPF required
Dec 28 22:02:03: ISIS-Snp: Sending L2 CSNP on Ethernet0
```

图 6.19　Cisco 路由器（跟生成图 6.18 所示日志记录的 Juniper 路由器相邻）生成的与 IS-IS 数据库同步有关的 Debug 输出

6.2.6　IS-IS 排障方法 2：学会比较不同 IS-IS 路由器的 LS 数据库

一般而言，同一区域内 IS-IS 路由器间的 LS 数据库不会发生不同步现象，需要 LS 数据库进行比较的情况可谓是凤毛麟角。6.1.8 节介绍的比较 OSPF LS 数据库的方法同样适用于比较 IS-IS 数据库：计算存储在每台 IS-IS 路由器的数据库里的 LSP 的校验和之和，然后加以比较，就能很快发现 LS 数据库是否同步。

图 6.20 和图 6.21 所示为前例中已经完成同步的那两台路由器的 LS 数据库的内容。请注意，Juniper 路由器为 L2-only；Cisco 路由器为 L1/L2，因此该路由器在 L1 和 L2 数据库里都分别存储了 LSP。

```
jeff@Juniper6> show isis database
IS-IS level 1 link-state database:
  0 LSPs

IS-IS level 2 link-state database:
LSP ID                    Sequence Checksum Lifetime Attributes
Juniper5.00-00             0x456b   0x5c70       528 L1 L2
Juniper5.04-00             0x1f     0xc9bb       528 L1 L2
Juniper6.00-00             0x9d     0x89e5      1134 L1 L2
Juniper7.00-00             0x4676   0x190        605 L1 L2
Juniper7.02-00             0x29     0x1463       480 L1 L2
Juniper7.03-00             0x23     0x1963       400 L1 L2
Cisco8.00-00               0xf      0x5f6f      1156 L1 L2
Cisco8.01-00               0xb      0xd4f2      1127 L1 L2
Cisco8.02-00               0x3      0x29a2      1150 L1 L2
Cisco9.00-00               0x6      0x49fc      1149 L1 L2
  10 LSPs

jeff@Juniper6>
```

图 6.20　存储在 Juniper 路由器的 LS 数据库里的 LSP 头部输出

```
Cisco8#show isis database

IS-IS Level-1 Link State Database:
LSPID            LSP Seq Num    LSP Checksum  LSP Holdtime    ATT/P/OL
Cisco8.00-00    * 0x00000003    0x3E07        1104            1/0/0
Cisco8.02-00    * 0x00000001    0x9DA7        1104            1/0/0
Cisco9.00-00      0x00000003    0x537F        1117            1/0/0
IS-IS Level-2 Link State Database:
LSPID            LSP Seq Num    LSP Checksum  LSP Holdtime    ATT/P/OL
Juniper5.00-00    0x0000456B    0x5C70        478             0/0/0
Juniper5.04-00    0x0000001F    0xC9BB        478             0/0/0
Juniper6.00-00    0x0000009D    0x89E5        1084            0/0/0
Juniper7.00-00    0x00004676    0x0190        555             0/0/0
Juniper7.02-00    0x00000029    0x1463        430             0/0/0
Juniper7.03-00    0x00000024    0x1764        1147            0/0/0
Cisco8.00-00    * 0x0000000F    0x5F6F        1110            0/0/0
Cisco8.01-00    * 0x0000000B    0xD4F2        1080            0/0/0
Cisco8.02-00    * 0x00000003    0x29A2        1104            0/0/0
Cisco9.00-00      0x00000006    0x49FC        1102            0/0/0
Cisco8#
```

图 6.21 存储在 Cisco 路由器的 LS 数据库里的 LSP 头部输出

6.3 复习题

1. 有哪几种 OSPF 路由协议数据包会为数据库同步所用，请分别说出每一种数据包的名称和类型字段值。

2. OSPF DD（数据库描述）数据包中 I 和 M 位的用途是什么？

3. 在哪些 OSPF 信息单元中会出现选项字段？

4. OSPF 选项字段中 E 位的含义是什么？

5. 请说出 OSPF 邻居数据结构的用途，这一数据结构存储了哪些信息？

6. 请说出 OSPF 链路状态发送列表（Link State Transmission List）的用途。

7. 请说出 OSPF 链路状态请求列表（Link State Request List）的用途。

8. OSPF 路由器之间交换数据库之前，如何确定主/从（Master /Slave）路由器？

9. OSPF 路由器之间进行数据库交换时，主路由器是如何对数据库的交换进行控制的？

10. 请说出 8 种 OSPF 邻居状态，以及每一种邻居状态的含义。

11. 在广播网络环境中，DROthers 之间经常会存在哪一种邻居状态？

12. 生成图 6.9 所示日志记录的那台路由器最终成为了 DR 还是 BDR？

13. 请仔细观察图 6.9 和图 6.10 所示的输出，然后说出在数据库同步期间，哪台路由器为主路由器，哪台路由器为从路由器。

14. 有哪几种 IS-IS 路由协议消息会为数据库同步所用？

15. 通过点对点接口收到 LSP 时，IS-IS 路由器的确认方式是什么？

16. 通过广播接口收到 LSP 时，IS-IS 路由器的确认方式是什么？

17. 接入广播网络的 IS-IS 路由器如何得知本机所需的 LSP 的拷贝，如何请求邻居路由器发送该 LSP 的拷贝？

18. 生成图 6.18 所示日志记录的路由器的 AID 是什么？其邻居路由器的 AID 是什么？

19. 生成图 6.18 和图 6.19 所示输出的那两台路由器是 L1-only、L2-only 还是 L1/L2？

第 7 章

区域设计

如第 2 章所述，在运行链路状态路由协议的网络内，划分区域（area）可起到两个作用：控制 LS 数据库的规模；降低因（路由信息的）泛洪和 SPF 计算而消耗的链路带宽和路由器（软、硬件）资源。通过把网络划分为一个个独立的 SPF 域，就实现了区域的划分。也就是说，并不是非要让网络内的每一台路由器都拥有完全相同的 LS 数据库，然后由（路由器内所运行的）SPF 进程基于整个路由进程域，计算出单一的最短路径树，而应该把一个路由进程域划分为多个 SPF 域，让每个 SPF 域内的路由器分别执行 SPF 计算。只有在划分出来的每个区域（SPF 域）内，（每台路由器的）LS 数据库才需要完全相同。每棵 SPF 树都是 OSPF 路由器基于每个区域数据库计算而得，并用来划定区域的边界。

为了在两个区域之间传播路由信息，应至少让一台路由器同时连接这两个区域，由其来保存这两个区域的 LS 数据库的拷贝，并分别基于每个区域执行 SPF 计算。用 OSPF 的行话来说，这样的路由器叫作区域边界路由器（Area Border Router，ABR）。就功能性而言，IS-IS L1/L2 路由器类似于 OSPF ABR，但 IS-IS 网络在区域的界定上跟 OSPF 网络不太一样，本章后文会对此加以介绍。

ABR（或 L1/L2 路由器）在从与己直连的每个区域学到路由信息之后，会负责在区域之间传播路由信息。ABR 的这一"举动"，对区域间路由信息的传播起着至关重要的作用，但也经常让人对 OSPF 和 IS-IS 的"本质"造成误解：这两种路由协议虽冠以链路状态路由协议之名，但"链路状态"这一基本特征只局限于划分出来的每个区域之内。

由于最短路径树不能逾越区域边界，所以对每个区域来说，其外部路由信息（区域间路由器信息）要靠 ABR 来通告："本 ABR 可以把数据包送达目的网络 X，转发成本（距离）为 Y"。每个区域内的路由器对整个网络的"能见度"绝不会超过 ABR，因而必须相信 ABR 能正确通告其所能通达的（区域外）目的网络。上述区域间路由信息的传播方式具备典型的距离矢量路由协议的特征，跟链路状态路由协议没半点干系。

第 2 章还曾提到，距离矢量路由协议的各种"先天不足"（每台路由器都会依次"告知"邻居路由器：只有通过本路由器，才能将数据包转发至最终目的网络。请向我发包!），导致其易受"非健康"路由信息的影响，也很容易形成路由环路。为了避免路由环路，人们针对距离矢量路由协议制定了若干种措施或机制，比如，水平分割和路由中毒等。在 OSPF 或 IS-IS 网络中，也必须采取某些措施，来避免当路由信息跨区域边界传播时，可能会引发的路由环路。

避免路由环路的最简单的方法是，在做区域设计时，就杜绝环路，如图 7.1（b）所示。按照图中所示区域拓扑，任意两个区域之间要想交换路由信息，只能"借道"骨干区域，非骨干区域之间不允许直接交换路由信息。掌握这一概念，是设计多区域 OSPF 和 IS-IS 网络的关键。除了这一概念以外，设计 OSPF 和 IS-IS 网络的区域拓扑时，需要考虑的因素还有很多，有些是两种协议都要遵循的，有些则是协议独有的，对此，本章会详加介绍。

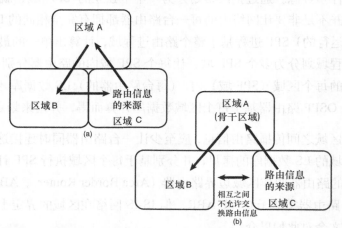

图 7.1 允许路由信息在区域之间自由发布（a），可能会导致路由环路；通过无环路径来交换机路由信息（b），则能避免路由环路

7.1 区域的可扩展性

一般人在刚接触 OSPF 或 IS-IS 协议时，都会问"一个区域最多可以容纳多少台路由器呢？"毫无疑问，很多网络工程师都会根据自己的经验来给出答案。不过，问的网络工程师越多，便会发现他们的"口径"越不统一，但答案一般都介于 10~100 台之间。在作

者看来，这些人的答案只有一个共同点——都是在"误人子弟"。

一个区域所能部署的路由器的台数取决于诸多因素，不可一概而论。区域内的链路数量就是其中的一个因素。每条链路都代表着一个子网地址。若一条链路连接两台路由器，路由器在执行 SPF 计算时，会将此链路视为节点间的路径。传播进区域内的外部路由前缀的条数则是另外一个因素，外部路由前缀是指区域之外及路由进程域之外的路由前缀。子网地址数和外部路由前缀数共同决定了（区域内所有路由器的）LS 数据库的规模。

LS 数据库到底能有多大，也是一个变数，要受路由器内存大小的制约。由于同一区域内的所有路由器都必须拥有内容完全一致的数据库，因此内存最低的那台路由器也就决定了 LS 数据库乃至整个区域的规模(请别忘了,路由器的内存不单是用来存储 LS 数据库)。

区域内链路的稳定性同样会影响到该区域所能容纳的路由器的台数。链路翻动不但会导致 LSA 或 LSP 的泛洪，而且还会触发 SPF 计算。若网络内的链路状况不佳（不稳定），链路翻动经常发生，则应适当降低各个区域的规模（即减少部署在各区域的路由器的台数），以限制链路翻动所带来的负面影响。

与内存最低的路由器一样，CPU 主频最低的路由器同样是影响区域规模的最弱一环（甚至可能出现这样一种情况，内存和 CPU 主频最低的是同一台路由器）。部署在网络中的路由器性能越高，其抗链路不稳定的能力也越强。但话又说回来，能买得起高性能路由器的单位，又怎会去使用（租用）不稳定的（低速）链路呢？所以，这种有钱的单位所建设的网络，也很少会发生与网络稳定性有关的故障。

低带宽链路是影响区域规模的另一个因素。然而，因低速链路必须承载为数众多的 LSU 或 LSP，从而严重影响（数据流量）可用带宽的情况，却并不多见。本章会在第 3 节和第 4 节分别对 OSPF 和 IS-IS 协议报文在链路带宽占用方面的问题，展开深入讨论。

区域的规模还会受某些潜在因素的制约，比如，未来的区域规模会发展为多大、网络是不是易于管理等。一般而言，制定网络实施（或改造）方案时，应考虑至少满足未来 5 年的发展需求（网络部件[比如，路由器]的折旧期一般为 3~6 年）。因此，在网络的设计阶段，就必须对未来 5 年内网络规模的发展做准确预估。网络内某些区块的规模或许会保持飞速增长，在网络建设之初，应将这些区块划入能适应快速增长需求的小型区域。而对网络内另外一些区块（比如，骨干区域）来说，其规模的发展可能不会太快，应按大型区域的思路来完成相应的设计。

对同一个网络而言，如何衡量网络管理方面的难度，不同的网管人员都会有不同的认知，因此，在做区域设计时，最难把握和最难预料的就是这一点。有一种极端的区域设计方法，那就是把运行某种 IGP 的大型网络全都归为一个区域，即整个路由进程域只分一个区域。按此设计，网络的架构非常简单，没有区域边界，ABR 也不复存在，熟悉起来便相当容易。但这种网络内的流量流动模式必定会十分复杂，而且很难预料。将一个大型网络划分为"无数"小型区域，是另外一种极端的区域设计方法。按此设计，随着网络的发展，不但要考虑是否应新增区域，或扩张现有的区域，而且还得兼顾因网络的扩张而对流量流动模式产生的影响。在做 IP 编址规划时，只要能坚持基于每个区域来分配 IP 前缀，然后在区域边界严格执行地址（路由）汇总，那么从 IP 编址的角度来看，会十分有益于排除网络故障。但由于路由汇总隐藏了被汇总区域的网络细节，因此只要涉及由 ABR 参与转发的流量，其流动模式势必会更加复杂。此外，若区域的规模过小，则进、出该区域的流量必将依赖于某一台 ABR。这台 ABR 也就成为了导致该区域被孤立的单点故障隐患。

本书其余内容会介绍执行 OSPF 和 IS-IS 区域规划，来满足某些特殊网络需求时，应当注意的原则和机制。第 8 章会继续讨论两种路由协议的可扩展性，但并不局限于区域，而是着眼于整个路由进程域。

7.2 区域的可靠性

一个区域是否可靠，要看当某个或某些网络部件出现故障时，该区域所辖网络区块是否会发生被大面积孤立的情况。一个区域所能承受的故障越严重，该区域也就越健壮。

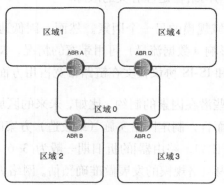

图 7.2 只要任何一台 ABR 发生故障，都会导致相应的非骨干区域与网络中的其他区域"失去联系"

网络区块被大面积孤立的表现形式有以下两种。

- 用来互连两个区域的路由器发生故障，导致一个区域跟网络中的其他区域完全隔离（如图 7.2 所示）。

■ 单台路由器或单条链路故障，导致某个（些）区域"与世隔绝"（如图 7.3 所示）。

显而易见，要想让区域不会因单点故障而成为"孤岛"，就必须部署多台 ABR，在 ABR 之间开通多条链路，如图 7.4 所示。在图 7.4 所示的网络中，区域 2 是不可能因为单点故障（单 ABR 整机故障或单接口故障）而成为"孤岛"的。同理，隶属于区域 2 的任何一台路由器，也不能因为任何一条甚至是两条链路故障，而被孤立开来。

骨干区域的健壮性应不亚于图 7.4 所示网络中的区域 2，只有如此，才能保证该区域不会被轻易地"一分为二"。骨干区域的重要性不言而喻，在设计网络时，就应充分考虑其冗余性，应确保在两条链路或两台路由器同时发生故障的情况下，都不能使其"一分为二"。此外，还应让每台 ABR（即互连骨干区域和非骨干区域的路由器）通过至少两条链路连接到骨干区域内的不同路由器。非如此，便不能显著降低非骨干区域成为"孤岛"的概率。

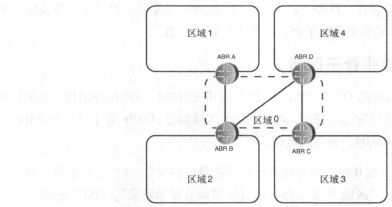

图 7.3 互连 ABR 的 3 条链路只要任何一条中断，就会把区域 0 "一分为二"，从而导致一或多个区域与网络中的其他区域"失去联系"

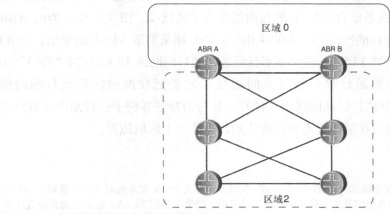

图 7.4 冗余程度较高的非骨干区域的设计

作者只是说可以把网络划分为多个区域，并没有说非得如此行事。为避免不良的多区域设计给网络带来的负面影响，许多网管人员都把整个 IGP 路由进程域"纳入"单一区域。在做网络设计时，除了要考虑能对网络的可扩展性产生影响的所有因素之外，还要考虑网络和 IGP 的主要用途，以及对网络未来的发展规划。应对多区域设计和单区域设计所能带来的好处仔细斟酌，细加比对。上述因素不仅仅会影响到网络的设计方案，还会影响到 IGP 的选择，本章后续内容及下一章会有所论述。

7.3   OSPF 区域

人们在构建多区域网络拓扑时，几乎总会优先选用 OSPF 路由协议。与多区域 IS-IS 网络相比，无论是设计、配置还是管理，多区域 OSPF 网络都要简单得多。就区域间和区域内路由选择的实现方面而言，IS-IS 和 OSPF 之间虽然几无差别，但只要一涉及路由策略，OSPF 所采用的机制显然更直截了当，因此也很容易理解。

7.3.1   骨干区域和非骨干区域

如本章开篇所述，常规的 OSPF 网络设计都会采用无环的区域间拓扑结构，以确保区域间的流量不是由骨干区域发起或终结，就是穿骨干区域而过。OSPF 骨干区域的 AID（的各个字节）全都为 0（0.0.0.0），骨干区域俗称区域 0。

在 OSPF 网络中，"区域 0 应该参与所有区域间流量的转发"，这一点几乎每个网络工程师都明白，但并不表示"区域 0 必须参与所有区域间流量的转发"。OSPF 标准也并未要求非得遵循其所建议的设计规程[1]。在图 7.5 所示的网络拓扑中，ABR R2 部署在两个非骨干区域（区域 1 和 2）之间。由图 7.6 可知，路由 10.1.3.0/24 已经进驻了 R3 的路由表，这表明 ABR R2 已经把这条学自区域 1 的路由通告进了区域 2。图 7.7 所示为由 ABR（10.10.10.2）生成的（与目的网络 10.1.3.0/24 相对应的）那条类型 3 LSA 的输出。对 R3 而言，即便获悉了这条类型 3 LSA，也弄不清其所通告的目的网络 10.1.3.0/24 "发源"于哪个区域，更无法得知要通过哪一条区域间路径，才能把数据包转发至目的网络 10.1.3.0/24。OSPF 路由器执行区域间路由选择时，其行为特征等同于运行距离矢量协议的路由器，对所学目的网络在链路状态方面的认知，将终止于区域边界。

---

[1] 虽然 OSPF 标准没有要求必须遵循其所建议的设计规程，但某些厂商的 OSPF 实现却对此有严格要求。比如，Cisco 路由器就不会把从直连本机的某个非骨干区域学到的路由，转换为类型 3 LSA，然后再通告进直连本机的另外一个非骨干区域。

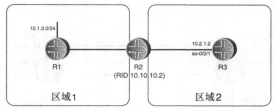

图 7.5 不含区域 0 的多区域 OSPF 网络示例

```
jeff@R3> show route 10.1.3.0 extensive

inet.0: 12 destinations, 14 routes (12 active, 0 holddown, 0 hidden)
10.1.3.0/24 (1 entry, 1 announced)
TSI:
KRT in-kernel 10.1.3.0/24 -> {so-0/2/1.0}
        *OSPF   Preference: 10
                Next hop: via so-0/2/1.0, selected
                State: <Active Int>
                Age: 8  Metric: 3
                Area: 0.0.0.2
                Task: OSPF
                Announcement bits (1): 0-KRT
                AS path: I
```

图 7.6 区域 2 内的 R3 对区域 1 "麾下" 的目的网络 10.1.3.0/24 的 "认知"

```
jeff@R3> show ospf database netsummary lsa-id 10.1.3.0 extensive

    OSPF link state database, area 0.0.0.2
Type    ID          Adv Rtr       Seq          Age  Opt  Cksum  Len
Summary 10.1.3.0    10.10.10.2    0x80000001   43   0x2  0xc069 28
  mask 255.255.255.0
  TOS 0x0, metric 2
  Aging timer 00:59:17
  Installed 00:00:41 ago, expires in 00:59:17, sent 00:30:24 ago
```

图 7.7 由 ABR （10.10.10.2）所生成的网络汇总（类型 3）LSA，并未 "详细说明" 把数据包转发至目的网络 10.1.3.0/24 所遵循的区域间路径

图 7.8 所示为一个包含了区域 0 的 OSPF 网络拓扑。由图 7.9 可知，R3 的 LS 数据库里有两条类型 3 LSA，一条由 R2 生成，另一条由 R4 （10.10.10.4）（通向区域 0 的 ABR）生成。这两条 LSA 看起来几乎完全相同，只有生成两者的 ABR 的 RID 不同。

图 7.10 所示为 R3 的路由表中与目的网络 10.1.3.0/24 相对应的路由。读者可能会认为，由于那两条 LSA 的内容几乎相同，因此在 R3 的路由表中会同时出现两条通往目的网络 10.1.3.0/24 的路由。仔细观察图 7.10 所示的输出，不难发现，R3 只是选择了由 ABR R4 通告的那条路由 （通过 interface so-0/2/0 学得），并未选择由 ABR2 R2 通告的另外一条路由 （通过 interface so-0/2/2 学得）。

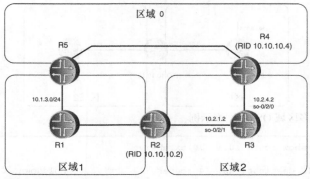

图 7.8   在图 7.5 所示的网络拓扑的基础上，新增了一个区域 0

```
jeff@R3> show ospf database netsummary lsa-id 10.1.3.0 extensive

    OSPF link state database, area 0.0.0.2
Type     ID              Adv Rtr          Seq        Age  Opt  Cksum   Len
Summary  10.1.3.0        10.10.10.2       0x80000001  660  0x2  0xc069  28
  mask 255.255.255.0
  TOS 0x0, metric 2
  Aging timer 00:49:00
  Installed 00:10:58 ago, expires in 00:49:00, sent 00:04:27 ago
Summary  10.1.3.0        10.10.10.4       0x80000001  208  0x2  0xa282  28
  mask 255.255.255.0
  TOS 0x0, metric 2
  Aging timer 00:56:32
  Installed 00:03:25 ago, expires in 00:56:32, sent 00:03:25 ago
```

图 7.9   有两条类型 3 LSA "进驻" 了 R3 的 LS 数据库，它们分别由 ABR R2 和 ABR R4 生成

```
jeff@R3> show route 10.1.3.0 extensive

inet.0: 15 destinations, 17 routes (15 active, 0 holddown, 0 hidden)
10.1.3.0/24 (1 entry, 1 announced)
TSI:
KRT in-kernel 10.1.3.0/24 -> {so-0/2/2.0}
        *OSPF    Preference: 10
                 Next hop: via so-0/2/1.0
                 Next hop: via so-0/2/2.0, selected
                 State: <Active Int>
                 Age: 2:54        Metric: 3
                 Area: 0.0.0.2
                 Task: OSPF
                 Announcement bits (1): 0-KRT
                 AS path: I
```

图 7.10   R3 在转发目的网络为 10.1.3.0/24 的数据包时，只会遵循由 ABR R4 通告的那条路由

　　再仔细观察一下 R3 存储在 LS 数据库里的那两条 LSA，可以发现，两者的度量（metric）值都为 2。那为什么 R3 只在路由表中安装了那条通向骨干区域的路由呢，莫非这是 R3 在两条通往目的网络 10.1.3.0/24 的等开销路径中随机选择的结果？回答这个问题并不难，

只需调整其中一条通往目的网络 10.1.3.0/24 的路由开销（度量）值，并观察调整后的结果。由图 7.11 可知，区域 0 内又新部署了一台路由器，目的是让 ABR R4 向 R3 通告那条 LSA 时，将度量值调整为 3，而 ABR R2 仍将向 R3 通告度量值为 2 的 LSA。图 7.12 所示为这两条 LSA 的输出。可以看出，R3 在转发目的网络为 10.1.3.0/24 的数据包时，若选择 R4 作为下一跳路由器，转发成本为 4，若选择 R2 作为下一跳路由器，转发成本为 3。由于对 R3 而言，有两条转发成本不一的路径（即两条开销值不同的路由），都能用来转发目的网络为 10.1.3.0/24 的数据包，因此该路由器只会把开销值最低的那条路由——R2 通告的那条路由安装进路由表（见图 7.13）。

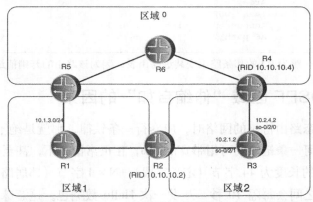

图 7.11 在区域 0 内通往目的网络 10.1.3.0/24 的流量转发路径中，又新部署了一台路由器

```
jeff@R3> show ospf database netsummary lsa-id 10.1.3.0 extensive

    OSPF link state database, area 0.0.0.2
Type    ID           Adv Rtr        Seq          Age  Opt Cksum  Len
Summary 10.1.3.0     10.10.10.2     0x80000002   821  0x2 0xbe6a 28
  mask 255.255.255.0
  TOS 0x0, metric 2
  Aging timer 00:46:18
  Installed 00:13:38 ago, expires in 00:46:19, sent 00:04:08 ago
Summary 10.1.3.0     10.10.10.4     0x80000001   252  0x2 0xbe68 28
  mask 255.255.255.0
  TOS 0x0, metric 3
  Aging timer 00:55:47
  Installed 00:04:08 ago, expires in 00:55:48, sent 00:04:08 ago
```

图 7.12 由 R4 生成的（用来通告目的网络 10.1.3.0/24 的）类型 3 LSA 的度量值被调整为 3

作者费了那么多笔墨，只是为了说明，在 OSPF 网络中，区域间的流量虽然应该流经区域 0，但要落实这一原则，却得仰仗合理的区域设计。OSPF 标准并未对区域间的流量必须流经区域 0 做任何硬性规定。

即便整个 OSPF 网络只是由两个区域构成，（区域间的流量）不可能形成任何环路，

也不应该像图 7.5 那样，把那两个区域都指定为非骨干区域。退一万步来讲，哪怕整个
OSPF 网络永远都不需要新增第 3 个区域，也不应如此行事。

```
jeff@R3> show route 10.1.3.2 extensive

inet.0: 17 destinations, 19 routes (17 active, 0 holddown, 0 hidden)
10.1.3.0/24 (1 entry, 1 announced)
TSI:
KRT in-kernel 10.1.3.0/24 -> {so-0/2/1.0}
        *OSPF    Preference: 10
                 Next hop: via so-0/2/1.0, selected
                 State: <Active Int>
                 Age: 6:20        Metric: 3
                 Area: 0.0.0.2
                 Task: OSPF
                 Announcement bits (1): 0-KRT
                 AS path: I
```

图 7.13   R3 只会把下一跳为 R2 的那条路由安装进路由表，因为该路由的开销值最低

7.3.2   影响 OSPF 区域"伸缩自如"的因素

在设计运行动态路由协议的网络时，应奉行一条铁律，那就是绝不要让"控制平面"
流量超过网络中任何一条链路的可用带宽的 5%，在正常情况下，甚至都不应该超过 1%。
OSPF Hello 数据包的长度为 44 字节（定长字段）+N×4 字节（邻居路由器字段）。通常，
相邻的两台路由器之间会每隔 10 秒，互发一次 Hello 数据包。这意味着，在点到点链路
上，Hello 数据包的发送速率为 76.8bit/s。即使这条点到点链路为速率极低的 56kbit/s 的拨
号链路，Hello 数据包也只会占用总带宽的 0.14%。

最耗链路带宽的并不是 Hello 数据包，而是 LSA，OSPF 路由器会在数据库同步和定
期刷新 LS 数据库时，通过链路状态更新数据包，在链路上泛洪 LSA。虽然网络中可能会
出现形形色色的 LSA，但在计算用来支撑 LSA 泛洪的链路带宽，以及用来存储 LS 数据
库的路由器内存大小时，只需考虑类型 1、类型 3 和类型 5 这三种 LSA。

首先，来看看类型 1 LSA。每条类型 1 LSA 都有 24 字节的字段（20 字节的头部外加一
个 4 字节字段）固定不变，此类 LSA 每通告一条 IP 路由前缀，便会多出 12 个字节。由于
每台 OSPF 路由器都会生成类型 1 LSA，因此在一个 OSPF 区域内，每台 OSPF 路由器生成
的每条类型 1 LSA 的字节数为 24+12×N，N 为该路由器需要通过 OSPF 通告的直连子网数。

其次，来研究一下类型 3 LSA。此类 LSA 的长度为 32 字节，ABR 会为其通告进一
个区域的每条路由前缀单独生成一条类型 3 LSA。因此，每台 ABR 通告进一个区域的所有
类型 3 LSA 的总字节数将会是：OSPF 路由进程域内其他区域的路由前缀条数×32。

最后，看一下类型 5 LSA。此类 LSA 的长度为 44 字节，ASBR 会为其通告进 OSPF 路由进程的每条外部路由前缀单独生成一条类型 5 LSA。因此，每台 ASBR 生成的所有 LSA 的总字节数将会是：外部路由前缀条数 × 44。

当然，各类 LSA 在 OSPF 路由器之间传播时，都会封装在 OSPF 链路状态更新 (LSU) 数据包内，因此还会增加 28 个字节(24 字节的 OSPF 数据包通用头部，外加 4 字节的"LSA 数量"字段)。不过，与 Hello 数据包一样，这 28 个字节对于总的带宽需求来说可谓微不足道，可忽略不计。

现举一个例子来说明因网络中的 OSPF 路由器生成以上三类 LSA，而产生的控制平面流量对链路带宽的影响。先假设某个 OSPF 区域有 50 台路由器，每台路由器要通过 OSPF 通告 20 条直连路由前缀。那么，类型 1 LSA 在每台路由器的 LS 数据库中所占存储空间为：

$$24 \times (50) + 12 \times [(50) \times (20)] = 13,200 \ \text{字节}$$

如前所述，OSPF 路由器会每隔 1800 秒（30 分钟），刷新一次自生成的 LSA。那么，每隔 30 分钟，每台路由器都会在这一 OSPF 区域内生成 13,200 字节的流量。这意味着，每 30 分钟，该区域内的每条链路平均要承载 13,200 字节的流量（即 58.7bit/s）。

接下来，假设区域间路由前缀（OSPF 路由进程域内其他区域的路由前缀）为 2000 条，且该 OSPF 区域有两台 ABR 连接到区域 0。倘若这两台 ABR 同时向此 OSPF 区域通告所有 2000 条区域间路由前缀，那么类型 3 LSA 在隶属于该区域的每台路由器的 LS 数据库内所占存储空间为：

$$32 \times (2000) = 64,000 \ \text{字节}$$

这 64,000 字节（或 512,000 bit）的流量会每隔 30 分钟生成一次，也就是说，泛洪一次类型 3 LSA，平均所要消耗的链路带宽为 248.5bit/s。

最后，假设通告进 OSPF 路由进程域的外部路由前缀有 5000 条。类型 5 LSA 在隶属于该路由进程域的每台路由器的 LS 数据库内所占存储空间为：

$$44 \times (5000) = 220,000 \ \text{字节}$$

每隔 30 分钟，ASBR 都会刷新这 5000 条类型 5 LSA，那么，泛洪一次类型 5 LSA，平均所要消耗的链路带宽为 977.8bit/s。

综上所述，该 OSPF 区域内的每条链路因 LSA 泛洪，平均所要消耗的链路总带宽为：

58.7 + 284.5 + 977.8 = 1321bit/s。

按常理，在如此规模的 OSPF 区域之内，路由器之间不太可能采用速率低于 T1 的链路互连，而 1321bit/s 也只占 T1 链路总带宽的 0.08%。即便在该 OSPF 区域内尚存 56kbit/s 的低速链路，因 LSA 泛洪所消耗的带宽也只占链路总带宽的 2.4%，虽说这超出了建议值 1%，但情况仍不算太糟。

当然，上述计算 LSA 泛洪所耗链路带宽的方法是基于这样一种假定：网络内每台路由器的 LSA 刷新计时器并不是同时到期，而是在 30 分钟的周期内"按序"先后到期。但实际上，多台路由器的 LSA 刷新计时器会以某种突发的方式在短时间之内同时到期，而其他少数几台路由器的 LSA 刷新计时器也会在不同的较短时间段内同时到期。饶是如此，在 30 分钟的周期内，LSA 泛洪所耗带宽也不会在任一时间点超出 T1 链路总带宽的 5%。

通过上述计算不难发现，只要链路的带宽与网络的规模相匹配，LSA 泛洪就不会对网络产生任何影响。一般而言，真正"拖后腿"的不是路由器用来存储 LS 数据库的内存的容量，就是用来处理 LSA 的 CPU 主频。此外，根据上述公式，还可以精确计算出每台路由器的 LS 数据库的大小，并据此得出每台路由器用来存储 LS 数据库的内存的容量。但是，每台路由器所耗 CPU 的主频可就不太好计算了。

在预估传播于 OSPF 网络的 LSA 的数量时，还得考虑另外一点，那就是相邻的两台路由器在 LS 数据库同步过程中，所交换的 LSA 的数量。7.3.3 节会举一个例子，来描述邻居路由器之间因所要交换的 LSA 数量有异，对 LS 数据库同步产生的潜在影响。

在不让路由器接口参与 OSPF 进程的情况下，通告与接口相对应的直连路由的方法：把接口设置为 OSPF Passive 模式 Vs. 将相应的直连路由重分发进 OSPF

一般来说，网管人员都希望在 OSPF 路由进程域中引入与外部接口（用来互连其他路由进程域的路由器接口）相对应的直连路由，这一般都为了方便网络管理，比如，为能 ping 通设在外部接口上的 IP 地址。不过，要想避免与相邻路由进程域内的路由器建立 OSPF 邻接关系所带来的风险，网管人员往往都不会让外部接口参与 OSPF 进程。要想在 OSPF 路由进程域内引入与外部接口相对应的直连路由，最常见的方法有两种：把外部接口设为 OSPF Passive 模式；将与外部接口相对应的直连路由重分发进 OSPF。

对于被配置为 OSPF Passive 模式的任一接口，OSPF 路由器都会为与其相对应的直连路由生成类型 1 LSA，但既不会通过该接口外发任何 OSPF Hello 数据包，也不会响应该接口收到的 OSPF Hello 数据包。在 OSPF 内重分发与外部接口相对应的直连路由，是指在 OSPF 路由器上，通过配置命令将本机直连路由引入 OSPF。尽管上述两种方法所起效果相同，但对 OSPF 网络产生的影响却大相径庭。在路由表里，设在 OSPF Passive 模式接口上的相关 IP 前缀会以 OSPF 内部路由的面目示人，其通告方式为类型 1 LSA；以直连路由重分发的方式注入 OSPF 的 IP 前缀，则会以 OSPF 外部路由的形式现身，其通告方式为类型 5 LSA。

那么，哪种方法更好呢？采用第一种方法，会稍稍降低 OSPF 路由器的 LS 数据库的规模（即 OSPF 路由器生成的控制平面流量会更低）；而采用第二种方法，对网络稳定性的影响会更小一点。

假设一台 OSPF 路由器上有 25 个接口通往"外部"，需要将与这 25 个接口相对应的直连路由全部引入 OSPF 路由进程域。倘若把这 25 个接口都配置为 OSPF Passive 模式，那么该路由器所生成的类型 1 LSA 的长度将会增加 300 字节。然而，若通过配置，以直连路由重分发的方式，将与这 25 个接口相对应的直连路由注入 OSPF，则该路由器将成为 ASBR，并为此而生成 25 条类型 5 LSA，从而共产生 1100 字节的流量。

让我们换个角度来分析，若采用第一种方法，只要外部接口的状态发生改变（Up/Down），或开通/拆除外部链路，那台 OSPF 路由器就会重新生成一条类型 1 LSA。也就是说，只要有一个外部接口（或一条外部链路）的状态发生改变，该 OSPF 路由器就会通过新的类型 1 LSA，重新向本区域内的其他路由器通告本机所有链路，而新的类型 1 LSA 还会导致本区域内的所有路由器执行 SPF 计算。若采用第二种方法，当那台 OSPF 路由器（即 ASBR）泛洪类型 5 LSA 时，则不会导致（该 OSPF 路由进程域内的所有路由器）执行 SPF 计算。此外，无论是外部接口的状态发生改变，还是新开通或拆除外部链路，那台 OSPF 路由器（即 ASBR）只需生成一条类型 5 LSA，便能反映出相应的变化。

对于小型 OSPF 网络，采用哪种方法都无关紧要。然而，在设计大型网络时，就得在降低 LS 数据库的规模和增强网络的稳定性之间仔细权衡了。

7.3.3 外部路由前缀和 OSPF 路由进程域的规模

OSPF 区域的稳定性和健壮性会受其 LS 数据库规模的制约。图 7.14 所示为一个超大型 LS 数据库对这两者的影响。图中所示的 OSPF 日志记录来源于一个真实的网络，展示了一次 OSPF 邻接关系的建立过程[2]。由图 7.14 可知，路由器 RT1 与其邻居路由器进行的

---

[2] 本书所举示例，只要是来源于真实的网络，那就一定会对任何有可能暴露当事人信息的细节（比如，IP 地址、路由器名等）"改头换面"。

这次 LS 数据库同步过程（即 RT1 将邻居路由器的状态从 ExStart 转变为 Exchange，直至最终的 Full 状态的过程）共耗时 95 秒。数据库同步耗时如此之久，显然不可接受。同时，这也是导致该网络的可靠性及性能下降的最主要的原因。

```
jdoyle@RT1> show log ospf-log
May 20 18:57:04 OSPF interface fe-0/3/11.0 (172.16.119.145) state changed from Down
      to Waiting
May 20 18:57:08 OSPF neighbor 172.16.119.146 (fe-0/3/11.0) state changed from Down to
      Init
May 20 18:57:08 OSPF neighbor 172.16.119.146 (fe-0/3/11.0) state changed from Init to
      2Way
May 20 18:57:08 OSPF interface fe-0/3/11.0 (172.16.119.145) state changed from
      Waiting to BDR
May 20 18:57:08 OSPF neighbor 172.16.119.146 (fe-0/3/11.0) state changed from 2Way to
      ExStart
May 20 18:57:08 OSPF neighbor 172.16.119.146 (fe-0/3/11.0) state changed from ExStart
      to Exchange
May 20 18:58:41 OSPF neighbor 172.16.119.146 (fe-0/3/11.0) state changed from
      Exchange to Loading
May 20 18:58:43 OSPF neighbor 172.16.119.146 (fe-0/3/11.0) state changed from Loading
      to Full
May 20 18:58:43 RPD_OSPF_NBRUP: OSPF neighbor 172.16.119.146 (fe-0/3/11.0) state
      changed from Loading to Full due to OSPF loading done
```

图 7.14　路由器 RT1 花了超过一分半钟的时间，才完成了与邻居路由器（172.16.119.146）之间的 LS 数据库同步

在 RT1 上执行 show route summary 命令，由输出可知，其路由表内的 OSPF 路由有 24,068 条（见图 7.15）。显而易见，RT1 要想存储那么多条 OSPF 路由，其 LS 数据库一定大的惊人。那么，这么多条路由到底都是从哪儿来的呢？在 RT1 上执行 show ospf database summary 命令，观察其输出，就可以很容易地知道答案（见图 7.16）。由图 7.16 可知，RT1 的 LS 数据库里存储了 23,349 条类型 5 LSA。也就是说，有人把数量惊人的外部路由前缀重分发进了 RT1 所隶属的 OSPF 路由进程域。

要想更进一步地了解 LS 数据库同步时发生的一切，还需要在 RT1 上执行 show ospf statistics 命令，并仔细观察输出，如图 7.17 所示。首先，需要注意的是，RT1 只向其邻居路由器发送了 176 条 LSA，这表示存储在 RT1 的 LS 数据库里的海量 LSA 都是由邻居路由器所通告(LSA 为非自生成)。需要注意的第二点是，RT1 正向其邻居路由器索要 58,596 条 LSA；并确认接收了 86,685 条 LSA，这一数字远高于图 7.16 所示的（RT1 的）LS 数据库里的 LSA。因此，可以得出结论，RT1 正尽其所有"功力"处理接收自邻居路由器的 LSA，但由于 LSA 条数实在太多，而 RT1 又"力有不逮"，于是便多次请求邻居路由器发送同一批 LSA，邻居路由器也多次向 RT1 重传同一批 LSA，而且"请求"和"重传"还多次超时。

```
jdoyle@RT1> show route summary
Router ID: 172.16.121.41

inet.0: 24073 destinations, 24075 routes (24072 active, 0 holddown, 1 hidden)
                Direct:      4 routes,        3 active
                 Local:      2 routes,        2 active
                  OSPF:  24068 routes,    24066 active
                Static:      1 routes,        1 active
```

图 7.15 RT1 的路由表里有 24,068 条 OSPF 路由

```
jdoyle@RT1> show ospf database summary
Area 0.0.0.5:
    12 Router LSAs
    2 Network LSAs
    2387 Summary LSAs
    153 ASBRSum LSAs
Externals:
    23349 Extern LSAs
```

图 7.16 在 RT1 学到的 24,068 条 OSPF 路由中，有 23,349 条是重分发进 OSPF 路由进程域的 OSPF 外部路由

本例的意图是要告知读者，当 OSPF（或 IS-IS）数据库的规模"失控"时，"罪魁祸首"通常都是数量庞大的外部路由前缀。对于运行 OSPF 路由协议的网络，只要设计合理，其规模再大，类型 1 和类型 2 LSA 的数量都不应该超过 500，类型 3 LSA 的数量则不应该过 5000。对于采用单区域拓扑结构的 OSPF 网络，类型 1 和类型 2 LSA 的数量最多也只应该有五、六百条。当然，类型 4 LSA 的数量要取决于 OSPF 路由进程域内执行路由重分发的 ASBR 的数量，但最多不应超过路由进程域内 OSPF 路由器的数量。

```
jdoyle@RT1> show ospf statistics

Packet type         Total                 Last 5 seconds
                Sent      Received      Sent      Received
       Hello     27           11          0            0
         DbD   1259         1212          0            0
       LSReq    523           12          0            0
    LSUpdate    114         4533          0            2
       LSAck   2121           16          0            0

DBDs retransmited        :     60, last 5 seconds :      0
LSAs flooded             :      5, last 5 seconds :      0
LSAs flooded high-prio   :      3, last 5 seconds :      0
LSAs retransmited        :      0, last 5 seconds :      0
LSAs transmited to nbr   :    176, last 5 seconds :      0
LSAs requested           :  58596, last 5 seconds :      0
LSAs acknowledged        :  86685, last 5 seconds :      0

Flood queue depth        :      0
Total rexmit entries     :      0
db summaries             :      0
lsreq entries            :      0

Receive errors:
  None
```

图 7.17 RT1 请求邻居路由器发送的 LSA 的条数，以及确认接收的 LSA 的条数远远高于其数据库里所存储的 LSA，亦即邻居路由器多次向 RT1 重传其请求发送的 LSA，这进一步延长了 LS 数据库同步的时间

导致 OSPF 路由进程域内类型 5 LSA "泛滥成灾" 的常见原因如下所列。

- 路由策略存在瑕疵，误把 BGP 路由重分发进了 OSPF。

- 将大批静态路由重分发进了 OSPF。

- 将大批直连路由重分发进了 OSPF。

把部分 Ineternet 路由从 BGP 重分发进 OSPF，会给网络带来与性能有关的形形色色的问题；要是把完整的 Internet 路由重分发进了 OSPF，则会给网络带来毁灭性打击。对于上述情形，只有一种补救措施，那就是找到设有导致问题的路由策略的路由器，然后调整相关路由策略。

在服务提供商网络中，最有可能会发生将大批直连及静态路由重分发进 OSPF（IGP）的情况。因为，此类网络不但会有成千上万条外部链路连接客户网络，而且还会在边界路由器上设置指向客户子网的静态路由。本节所举示例正是出自这样一种网络环境。

把外部路由前缀重分发进 BGP，是解决上述问题的最佳方案。与 OSPF 相比，BGP 则更适合处理海量路由前缀。在某些情况下，也可以启用 OSPF stub 区域，来规避 OSPF 路由进程域中外部路由前缀 "泛滥" 的问题。随后 3 节会介绍 stub 区域以及该区域的两个 "变种"，并分别讨论各自的用途。

7.3.4   stub 区域

若某 OSPF 区域内不存在 ASBR，则源于/发往外部目的网络（OSPF 路由进程域之外）的流量必然会途经该区域的 ABR。以图 7.18 所示的网络为例，该网络有两台 ASBR，分别隶属于区域 0 和区域 1。在区域 2 内，要想与外部目的网络建立起 IP 连通性，来自/发往外部目的网络的流量一定会途经该区域的 ABR。为此，ABR 必须在区域 2 内生成一条下一跳为自身的默认路由，于是，该区域内的所有路由器就能凭此路由，转发目的 IP 地址隶属于外部目的网络的流量了（默认路由是指目的网络前缀及前缀长度全为 0 的路由，可写成 0.0.0.0/0、0/0 或 0.0.0.0 0.0.0.0。在转发 IP 数据包时，若路由器未发现路由表内存在与 IP 包头的目的 IP 地址相匹配的明细路由，便会依据默认路由来执行转发任务）。可选择把区域 2 那样不存在 ASBR 的 OSPF 区域设置为 OSPF stub 区域。

OSPF 协议标准规定，类型 5 LSA 不得在 stub 区域内 "现身"。stub 区域的 ABR 不能将类型 5 LSA 泛洪进该区域，只能通过类型 3 LSA，向该区域通告一条下一跳为自身的默认路由。若隶属于 stub 区域的 OSPF 路由器只知道由 ABR 所通告的那条默认路由，对通往外部目的网络的明细路由不得而知，则也没有必要知道通告那些外部目的网络的 ASBR 的位置了。因此，除类型 5 LSA 之外，stub 区域的 ABR 也不会向该区域通告类型 4 LSA。

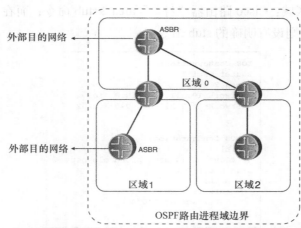

图 7.18 由区域 2 内的 OSPF 路由器转发的目的 IP 地址为外部目的网络的流量，一定会途经该区域的 ABR。这台 ABR 将会向区域 2 内的所有 OSPF 路由器通告一条下一跳为自身的默认路由，以代替与每个外部目的网络相对应的多条明细路由

为恪守 OSPF 标准对 stub 区域的定义，在实施 OSPF 网络时，需遵循以下规则。

- 由于类型 5 LSA 不准传播进 stub 区域，因此这种 OSPF 区域内也不可能存在 ASBR。

- 要让 ABR 知道自己连接了哪些 stub 区域，只有如此，ABR 才不会向相关区域泛洪类型 5 LSA，但会同时向那些区域（以类型 3 LSA 的方式）通告默认路由。

- 要让完全身处 stub 区域的所有路由器知道自己身在 stub 区域，以使得这些路由器拒绝接受因配置错误而"泄露"进 stub 区域的类型 5 LSA。否则，要是完全委身于 stub 区域的某些路由器接受了类型 5 LSA（而另一些路由器则不然），那么该区域内所有路由器的 LS 数据库的内容势必不能保持一致，这也就违背了链路状态路由选择的基本原则。

- 区域 0 不能成为 stub 区域，因为骨干区域内的路由器，以及（直连骨干区域的）ABR 必须掌握精确的外部路由信息。隶属于 OSPF 路由进程域的其他所有区域都可以成为 stub 区域。

- 不能跨 stub 区域建立并配置虚链路（本章稍后会做深入探讨）。

上述第二和第三条规则的意思是，隶属于 stub 区域的所有路由器，包括连接到该区域的 ABR，都必须知道自己身在（或身连）stub 区域。图 7.19 所示为让 Juniper 路由器和 Cisco 路由器归属 stub 区域的配置。如读者所见，在这两份配置中，本路由器都是被清楚地指定为归属 stub 区域：Cisco 路由器"身背"area 2 stub 命令；而在 Juniper 路由器上的 area 0.0.0.2 配置下，则设有明确的 stub 命令。

```
IOS Configuration:
router ospf 1
 area 2 stub
 network 10.2.1.2 0.0.0.0 area 2
 network 10.2.1.1 0.0.0.0 area 2
!

JUNOS Configuration:
[edit]
jeff@Juniper4# show protocols ospf
area 0.0.0.2 {
    stub;
    interface fe-0/1/1.0;
    interface so-0/0/0.0;
}
```

图 7.19   把 Juniper 路由器和 Cisco 路由器划入 stub 区域的配置

路由器一旦被划入（完全身处）stub 区域，就会将其所有接口外发的 Hello 数据包的选项字段（见图 7.20）中的 E 位置 0，以表示本路由器不支持外部路由功能，亦即本路由器既不会接受也不会生成类型 5 LSA。若此路由器收到选项字段中 E 位置 1 的 Hello 数据包，则表示发此 Hello 数据包的邻居路由器支持外部路由功能，于是，便会对那些 Hello 数据包"视而不见"。正因如此，若相邻的两台路由器彼此发出的 Hello 数据包中选项字段的 E 位设置不一，则不可能建立起 OSPF 邻接关系。此外，即便相邻的两台路由器之间已建立起了 OSPF 邻接关系，但只要有一台路由器所发 Hello 数据包中的选项字段的 E 位设置发生了改变，OSPF 邻接关系也势必会被拆除[3]。

在 OSPF 网络中设立 stub 区域，是为了把某个（些）区域的 LS 数据库的规模降至最低，意在简化网络管理、降低故障排除的难度，以及规避低端路由器给网络性能带来的负面影响。但若某 OSPF 区域跟多台 ABR 相连，则应仔细权衡，是不是非要将其设置为 stub 区域了。委身于 stub 区域的路由器不掌握与外部目的网络相对应的明细路由信息（包括明细路由的度量信息），在转发目的 IP 地址为外部目的网络的流量时，只能仰仗各 ABR 通告的默认路由。也就是说，那些路由器会优选由 ABR 所通告的度量值最低的默认路由，来转发目的 IP 地址为外部目的网络的所有流量。这样一来，对委身于 stub 区域的一台台

---

[3] 请注意，类型 5 LSA 的选项字段的 E 位总是置 1，而 OSPF 数据库描述（DD）数据包的选项字段的 E 位置 1 还是置 0，则要视情况而定。不过，OSPF DD 数据包的选项字段的各标记位只是起通知的作用。

路由器来说，尽管更"靠近"通告本机所优选的默认路由的 ABR，但若放眼整个 OSPF 路由进程域，则此 ABR 并不见得就是该 stub 区域离 ASBR 最"近"的一台 ABR。因此，在决定是否在 OSPF 路由进程域中设立 stub 区域时，必须仔细考虑如此行事会不会严重降低路由选择的精确性。

图 7.20 OSPF Hello 数据包中选项字段的 E 位置 1，表示发送此 Hello 数据包的路由器支持外部路由功能（且身处非 stub 区域）；若 E 位置 0，则表示该路由器不支持外部路由功能（且身处 stub 区域）

7.3.5 Totally stub 区域

在 stub 区域内，为降低该区域的 LS 数据库的规模，完全委身于 stub 区域的路由器会仰仗一条由 ABR 通告的默认路由，来转发目的 IP 地址隶属于 OSPF 路由进程域之外的流量。那么，能否仰仗同一条默认路由器，来转发目的 IP 地址隶属于本 stub 区域之外（但归属于同一 OSPF 路由进程域）的流量呢？要满足这一需求，就得设立 totally stub 区域，让连接到这种区域的 ABR 只向其内生成一条用来通告默认路由的类型 3 LSA，同时阻挡其他所有类型 3 LSA 以及全部类型 4 和类型 5 LSA 的通告。

图 7.21 所示为让 Cisco 路由器和 Juniper 路由器成为连接到 totally stub 区域的 ABR 的配置，其配置命令与前例几乎相同，只是分别在 area 和 stub 命令后添加了可选关键字 no-summary 和 no-summaries，作用是让 ABR 不向 totally stub 区域生成各类汇总 LSA（类型 3~5 LSA）。请注意，要创建 totally stub 区域，只需在直连此类区域的 ABR 上配置含 no-summary 或 no-summaries 关键字的相关命令即可，因为只有 ABR 才会生成类型 3 LSA。

回过头再来看图 7.16 所示的那个超大型 LS 数据库的汇总信息，不难发现，除 23,349 条类型 5 LSA 和 153 条类型 4 LSA 之外，该 LS 数据库还包含了 2387 条类型 3 LSA。只要把区域 5 更改为 stub 区域，存储在该区域的 LS 数据库里的 LSA 将会从 25903 条骤降为 15 条。

与其把一个只包含单台 ABR 的 OSPF 区域配置为 stub 区域，还不如做的彻底一点，把它配置为 totally stub 区域。但若此区域连接了多台 ABR，在配置之前就得考虑路由选择的精确性问题了。把一个区域配成 totally stub 区域，会使其内部路由器既不能依靠明细路由转发目的 IP 地址为 OSPF 路由进程域之外的流量，也不能仰仗精确路由转发目的 IP 地址为本区域之外的流量。

```
IOS Configuration:
router ospf 1
 area 2 stub no-summary
 network 10.0.0.5 0.0.0.0 area 0
 network 10.0.0.15 0.0.0.0 area 0
 network 10.2.1.2 0.0.0.0 area 2
 network 10.2.2.1 0.0.0.0 area 2
!

JUNOS Configuration:
[edit]
jeff@Juniper4# show protocols ospf
area 0.0.0.0 {
    interface so-0/0/1.0;
    interface so-0/1/0.0;
}
area 0.0.0.2 {
    stub no-summaries;
    interface fe-0/1/1.0;
    interface so-0/0/0.0;
}
```

图 7.21　要设立 totally stub 区域，需要在与其直连的 ABR 上配置含 no-summary（Cisco 路由器）或 no-summaries（Juniper 路由器）关键字的相关命令

7.3.6　Not-So-Stubby 区域

要是有人提出以下网络需求：一、要让 ASBR 在 OSPF 路由进程域内生成大量类型 5 LSA；二、要在网络中开辟一个 stub 区域，不让那些类型 5 LSA "踏足"该区域；三、还要在该 stub 区域内部署 ASBR，使之通告 OSPF 路由进程域之外的目的网络。只开辟 stub 区域，肯定满足不了需求，因为 OSPF stub 区域的特点就是"非此即彼"，不能有选择地在其内部通告外部目的网络。而 OSPF not-so-stubby（NSSA）区域则能提供更多的选择，可让 ABR 拒绝类型 5 LSA 传播进来的同时，还能在本区域内部署 ASBR，让其通告通往 OSPF 路由进程域之外的目的网络[4]。与普通的 stub 区域一样，在 NSSA 区域内同样不允许传播类型 5 LSA，但可部署 ASBR。这种"特殊"的 ASBR 将会在 NSSA 区域内泛洪另外一种类型的 LSA，通告通往外部目的网络的路由。这也就满足了上述网络需求。

NSSA ASBR 用来通告外部目的网络的 LSA 为类型 7 LSA，顾名思义，这种 LSA 也叫作 NSSA LSA。图 7.22 所示为这种 LSA 的格式。显而易见，类型 7 LSA 与类型 5 LSA 的格式（见图 5.23）完全相同，只是这两种 LSA 头部中的类型字段值分别为 7 和 5。

与类型 5 LSA 相比，类型 7 LSA 中转发地址字段的取值会略有区别。类型 5 LSA 中的转发地址字段值既可以设置为 0.0.0.0，表示（OSPF 路由进程域的其他路由器）在转发目的网络对应于类型 5 LSA 的数据包时，应先发送到 ASBR，再由 ASBR "转交"；也可

---

[4] Rob Coltun 和 Vince Fuller，1994 年 3 月，RFC 1587 "The OSPF NSSA Option"。

以设置为 OSPF 路由进程域之外跟 ASBR 直连的外部路由器的（互连）接口 IP 地址，倘若如此设置，就应该将 ASBR 通向外部路由进程域的直连链路子网，以内部路由的形式，通告进 OSPF 路由进程域[5]。此外，转发地址字段值还可以设置为起 "路由服务器" 功能的某些其他内部（OSPF 路由服务器的）IP 地址。在把 NSSA ASBR 通向外部路由进程域的直连链路子网，以内部路由的形式通告进 OSPF 路由进程域的情况下，类型 7 LSA 的转发地址字段值将会是 OSPF 路由进程域之外跟 NSSA ASBR 直连的外部路由器的（互连）接口 IP 地址；否则，即为 NSSA ASBR 上某个接口的 IP 地址（一般都是 NSSA ASBR 的 AID）。

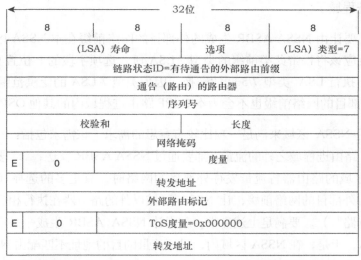

图 7.22 NSSA LSA 的格式

OSPF 协议数据包选项字段的第 5 位用来标识路由器是否支持 NSSA 功能。在图 7.20 中该位被记为 N/P 位。该位的名称之所以不固定，是因为选项字段既可以包含在 OSPF Hello 数据包中，也可以出现在类型 7 LSA（链路状态更新数据包）中，N/P 位所起的作用要视其出现在哪种 OSPF 协议数据包中。

在 Hello 数据包中，选项字段的第 5 位称为 N 位，表示（发包路由器）支持（N 位置 1）或不支持（N 位置 0）NSSA 功能。跟之前介绍过的选项字段中的 E 位相同，若交换于 OSPF 邻居路由器间的 Hello 数据包所含选项字段的 N 位不匹配，OSPF 邻接关系将无法建立。这便确保了隶属于同一区域的所有路由器能就是否身处 NSSA 区域达成一致。

在（链路状态更新数据包所包含的）类型 7 LSA 中，选项字段的第 5 位叫做 P

---

[5] 在 BGP 网络环境中，通过 EBGP 会话学得外部目的网络 IP 前缀时，也有可能遇到类似情况。在此情形，可以将 EBGP 路由的下一跳 IP 地址设置为通告此路由的 EBGP 邻居路由器的（互连）接口 IP 地址。

（Propagate，传播）位。该位的作用是，告知 NSSA ABR 应如何处理类型 7 LSA，可用它来提高 NSSA 区域的灵活性。类型 7 LSA 只能在 NSSA 区域内泛洪，同样不能被传播至生成它的区域之外，因为其他区域内的路由器可能解读不了此类 LSA。因此，要想把由 NSSA ASBR 通告的外部目的网络前缀传遍整个 OSPF 路由进程域，就应该将携带此类前缀的类型 7 LSA 所含选项字段的 P 位置 1。当 NSSA ABR 收到选项字段中 P 位置 1 的类型 7 LSA 时，会将其转换为类型 5 LSA，然后向本机连接的非 stub 区域泛洪。而类型 5 LSA 的泛洪范围为整个 AS，这么一来，由 NSSA ASBR 通告的外部目的网络前缀就能传遍 OSPF 路由进程域了。

有时，只需要让由 NSSA ASBR 生成的外部目的网络前缀在本 NSSA 区域内传播。对于这种情况，就应该将携带此类前缀的类型 7 LSA 所含选项字段的 P 位置 0，以此来告知 NSSA ABR，不执行 LSA 类型 7/5 间的转换。因为类型 7 LSA 的泛洪范围为本 NSSA 区域，所以那些外部目的网络前缀也不会为本 OSPF 路由进程域内的其他 OSPF 区域所知了。

还可以利用 NSSA 区域来满足一项比较有意思的需求，该需求包括：一、对于 NSSA 区域发往 OSPF 路由进程域之外的流量，都要通过 NSSA ASBR 发送；二、要让 OSPF 路由进程域内其他区域的路由器将流量发往外部目的网络时，有更多的选择（即需要让多台 ASBR 同时通告外部目的网络前缀，让 NSSA 区域以外的路由器在执行相应流量转发任务时，能择优"选路"）。要满足上述需求，就得让 NSSA ASBR 生成一条用来通告默认路由的类型 7 LSA。于是，在 NSSA 区域内，只要流量的目的地址不匹配由 NSSA ABR 以类型 3 LSA 所通告的内部目的网络前缀，都会由 NSSA ASBR 发送至外部路由进程。与（用来通告明细外部路由的）类型 7 LSA 相同，也可以把这条通告默认路由的类型 7 LSA 所含选项字段的 P 位置 1，让 NSSA ABR 将其转换为类型 5 LSA，进而将此默认路由传遍整个 OSPF 路由进程域，好让 OSPF 路由进程域内其他区域的路由器能"择优"转发相应外部目的网络流量。对于连接到 NSSA 区域的 ABR 而言，在通告路由时需遵循某些特定的规则。

首先，不能像 totally stub 区域 ABR 那样，不用类型 3 LSA 的形式通告任何明细路由，而应总是以类型 3 LSA 的形式，通告通往本 OSPF 路由进程域所辖所有目的网络的明细路由。否则，在 NSSA 区域内，对于本应发往 NSSA ABR，由其负责"转交"的区域间流量，极有可能会被 NSSA 区域内部路由器误以为是"外部流量"，而转发给了 NSSA ASBR。

其次，在 NSSA 区域内，应以类型 7 而非类型 3 LSA 的形式，通告默认路由。具体原因是，NSSA 内部路由器会把用类型 3 和类型 7 LSA 的形式通告的路由，分别视为内部路由和外部路由，而 OSPF 内部路由总是优于 OSPF 外部路由。对 NSSA 内部路由器而言，若默认路由以类型 3 LSA 的形式通告，则其总是优于以类型 7 LSA 的形式通告的明细路由和默认路由。这么一来，势必会发生路由选择故障。

最后，再来探讨一下 NSSA ABR 同时身兼 ASBR 的情况。对于这种情况，这台 NSSA ABR/ASBR 将会以类型 7 LSA 的形式，在 NSSA 区域内通告外部目的网络前缀；同时以类型 5 LSA 的形式，在骨干区域以及非 NSSA 区域内，通告相同的目的网络前缀。不过，绝不能让该 NSSA ABR/ASBR 把自生成的所有类型 7 LSA 所含选项字段的 P 位置 1。否则，连接到相同 NSSA 区域的其他 ABR 就会把那些类型 7 LSA 转换为类型 5 LSA，然后（在整个 OSPF 路由进程域内）泛洪，从而为路由选择故障埋下了隐患。

7.3.7　地址汇总

在 OSPF 网络中创建 stub 区域（或 totally stub 区域）的好处是，可在此类区域内用一条默认路由，来"替代"OSPF 路由进程域之外甚至是区域之外的多条明细路由，从而起到降低 LS 数据库规模的作用。默认路由是一条可用来汇总所有潜在的 IP 地址的前缀。

汇总地址（summary address）可用来表示开头若干位与其相符，但子网掩码位数更长的所有 IP 前缀的集合[6]。先来举个例子，请看下面这两条 IP 前缀：

- 192.168.1.0/25；
- 192.168.1.128/25。

可用一个 IP 汇总地址 192.168.1.0/24 来表示以上两条 IP 前缀。

用来表示"汇总"的前 24 位，与该汇总 IP 地址"麾下"所有 IP 前缀（这些 IP 前缀的子网掩码位数都长于 24 位）的头 24 位完全相同。路由器为转发数据包，在其 IP 路由表中查询路由时，总会按照"最长匹配"原则来选择路由。亦即，路由器会选择与数据包的目的 IP 地址的位数匹配最多（从左到右）的路由。例如，若路由器要转发目的 IP 地址为 192.168.1.135 的数据包，且 IP 路由表中存在路由 192.168.1.0/24，则这条路由将会被优选，因为 IP 地址 192.168.1.135 的前 24 位都与其匹配。但若路由表中同时存在路由 192.168.1.0/24 和 192.168.1.128/25，路由器便会优选后者了，因为 IP 地址 192.168.1.135 的前 25 位都与其匹配。

通过本例，便可发现汇总地址的子网掩码位数（前缀长度）总是要短于其"麾下"的 IP 前缀。这也解释了默认路由为什么能"代替"可能存在的所有 IP 前缀：任何 IP 前缀的

---

[6] 汇总地址也称为地址聚合（address aggregate）。

子网掩码位数都大于 0，而默认路由的子网掩码位数偏偏为 0。

可利用汇总路由，通过以下两种方法，来增强 OSPF 网络的可扩展性。

- 可配置 ABR，令其将非骨干区域的多条前缀，以一条汇总路由的形式通告进骨干区域。

- 可配置 ASBR，令其将多条外部路由以一条汇总路由的形式，通告进 OSPF 路由进程域。

需要注意的是，在同一区域内，由于所有路由器的 LS 数据库的内容必须完全相同，因此只能在区域边界或路由进程域边界执行路由汇总。区域内部路由器不能在本区域内对多条路由执行路由汇总操作，否则将会导致该区域内的路由器拥有内容不同的 LS 数据库。

根据定义，OSPF 骨干区域不能成为 stub 区域，因为所有非骨干区域间的流量都会穿骨干区域而过。可是，只要先"汇总"所有非骨干区域的路由前缀，然后再通告进骨干区域，便能显著降低所有骨干区域路由器的 LS 数据库的规模。LS 数据库的规模到底能降到多少，则要取决于一条汇总路由能"代替"多少条明细路由。理想情况是，用一条汇总路由就能"代替"一个区域的所有 IP 路由前缀。比方说，若从聚合地址块 172.16.0.0/16 中为 OSPF 路由进程域的每个区域分配地址，则可以把 172.16.0.0/24 分配给骨干区域，然后把 172.16.1.0/24、172.16.2.0/24、172.16.3.0/24…依次分配给其他非骨干区域。最后，再让所有 ABR 只以汇总路由的方式向骨干区域通告本区域的路由，且阻挡明细路由的通告，那么骨干区域路由器的 LS 数据库所包含的类型 3 LSA 的条数，将会跟网络中 ABR 的台数相吻合。

一旦使用上述方法分配 IP 地址，通常就可以把分配给每个（非骨干）区域的聚合地址作为各非骨干区域的 AID。比如，若把聚合地址块 172.16.5.0/24 分配给了某个 OSPF 区域，则该区域就可以用 172.16.5.0/24 作为其 AID。这有助于维护人员尽快熟悉网络。ASBR 也能以汇总路由的形式，通告外部目的网络——既可以用一条或几条汇总路由，表示多条外部明细路由；也可以用一条默认路由，来表示所有外部明细路由。只要让 ABR 合理通告汇总路由，同时让 ASBR 通告默认路由，那么骨干区域路由器的 LS 数据库的规模势必会接近于 stub 区域路由器的 LSA 数据库。

凡事都有代价，让多台 ABR 汇总同一区域的明细路由，将会丧失路由选择的精确性，这与让 stub 区域连接多台 ABR 的道理相同。若多台 ABR 对同一区域的路由执行路由汇总，那么该区域内的路由器将无法仰仗明细路由，选择离目的网络最"近"的 ABR，来转发流出本区域的流量。相反的是，只能选择离本机最"近"的 ABR，来转发流出本区域的流量。同理，若多台 ASBR 以汇总路由或默认路由的形式通告外部目的网络，则 OSPF 路由进程域内的路由器将会选择离本机最"近"的 ASBR，来转发流出路由进程域的流量，而该 ASBR 未必离外部目的网络最"近"。

7.3.8 虚链路

OSPF 支持一种名叫虚链路（virtual link）的特性，当 ABR 与骨干区域之间没法建立物理连接的情况下，可利用该特性来建立逻辑连接。虚链路的用途如下所列。

- 当非骨干区域与骨干区域之间无法通过物理链路直连时，可让两者之间通过这种逻辑链路互连。

- 可用来防止骨干区域的"分裂"，或可用来把发生"分裂"的骨干区域合二为一。

图 7.23 所示为虚链路的第一种用途。由图可知，区域 2 是后来添加进 OSPF 路由进程域的，但该区域的 ABR 没法通过物理链路直连区域 0。当两个 OSPF 路由进程域合而为一时，就有可能会发生这种情况。在 ABR A 和 ABR B 之间，建立一条穿区域 1 而过的虚链路，就能够把区域 2 连接到区域 0。虽然从区域 2 发往区域 0 的流量必须穿越区域 1 内的 RTC 和 RTD，但区域 0 和区域 2 都认为对方跟自己直接相连。

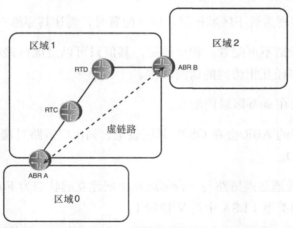

图 7.23 当某 OSPF 区域的 ABR 无法与区域 0 通过物理链路直连时，可借助于虚链路连接到区域 0

图 7.24 所示为虚链路的第二种用途。由图可知，只要 ABR A 到 RTE 或 ABR B 到 RTE 之间的任何一条链路中断，甚至是 RTE 单机故障，区域 0 就会"一分为二"。只要上述任一故障发生，区域 1 和区域 2 虽都能与区域 3 保持 IP 连通性，但前两个区域之间会丧失 IP 连通性，此时，区域 1 和区域 2 之间的互访流量是不能从区域 3 "绕道"的。只要在区域 3 的 ABR C 和 ABR D 之间建立起一条虚链路，那么这条虚链路将会被视为骨干区

域的"内部"链路，因而便增加了骨干区域的冗余性。虽然经虚链路转发的流量要穿越 RTF，但 ABR C 和 ABR D 会将此虚链路视为直连链路。

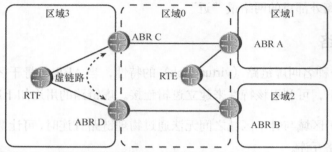

图 7.24 可利用虚链路来防止因不良的网络设计，而导致的区域"分裂"

在一对 ABR 之间配置虚链路时，双方会尝试建立虚拟邻接关系。邻接关系建立之后，运行在 ABR 上的 OSPF 路由进程会将此虚链路视为隶属于骨干区域的无编号点对点链路。此时，虚链路将承载 OSPF（协议）数据包，ABR 也会以类型 1 LSA 的形式来通告该链路。

部署及配置虚链路时，应熟记以下规则。

■ 虚链路只能穿越一个区域，亦即虚链路两端的 ABR 都必须附接到相同的区域。

■ 虚链路虽被视为骨干区域链路，但在配置时，需让其穿越一个非骨干区域。

■ 虚链路的开销不可配置。相反的是，其值只可以是虚链路端点的两台 ABR 通过区域内路径互相访问的访问成本。

■ 虚链路不能在 stub 区域内配置。

■ 虚链路一端的 ABR 会在 OSPF 邻居表里，列出虚链路对端与其建立邻接关系的 ABR 的 RID。

■ ABR 至少要通过虚链路与一台邻居路由器建立起状态为 Full 的邻接关系，才会在其生成的类型 1 LSA 中将 V 位置 1。

■ 若 ABR 要在类型 1 LSA 的"链路 ID"和"链路数据"字段中，描述一条虚链路，便会将与以上两个字段相对应的"链路类型"字段值设置为 4。

■ 在类型 1 LSA 中，用来描述虚链路的"链路 ID"字段的内容将会是（通过此虚链路建立起邻接关系的）邻居 ABR 的 RID。

■ 在类型 1 LSA 中，用来描述虚链路的"数据链路"字段的内容将会是生成（本

LSA 的）路由器上与虚链路相关联的接口的 IP 地址。

■ 在虚链路所贯穿的区域内，穿虚链路而过的 OSPF（协议）数据包将会以区域内数据包的形式来传送。只有在这种情况下，才不要求 OSPF（协议）数据包在相互直连的邻居路由器之间传送。

■ 对于穿虚链路而过的 OSPF 协议数据包而言，其 OSPF 头部中的"区域 ID"字段值为 0[7]。只有存在虚链路时，连接到非 0 区域的路由器接口才能接收得到"区域 ID"字段值跟其所连区域不同的 OSPF 协议数据包。

■ 通过虚链路建立 OSPF 邻接关系的 ABR 之间会以单播方式来交换 Hello 数据包，这与 IS-IS 路由器在点到点链路上的预期行为并无分别。

■ 由于虚链路本身不涉及任何网络掩码，因此在通过虚链路发送的 OSPF Hello 数据包中，"地址掩码"字段值将会是"0.0.0.0"。

■ 在通过虚链路发送的 OSPF 数据库描述数据包中，"接口 MTU"字段值将会为 0。

■ 由于类型 5 LSA 会在所有区域（stub 区域除外，建立虚链路时，不允许贯穿 stub 区域）内"现身"，因此绝不会通过虚链路这样的"渠道"来泛洪。

图 7.25 所示为一个需要建立虚链路的场景。由图可知，区域 1 连接到了两个不同的区域，但这 2 个区域的 AID 都是 0。当两个 OSPF 路由进程域进行合并，且两者之间只有区域 1 这么一个"连接点"时，便会发生图中所示场景。

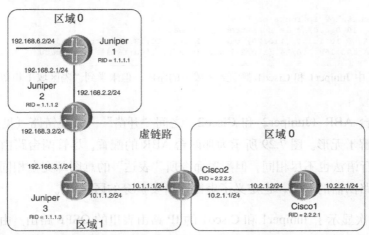

图 7.25 区域 1 跟另外两个不同的区域相连，但这两个区域的 AID 都是 0

---

[7] 译者注：原文是"The AID of packets sent over the virtual link is 0"。

图 7.26 所示为 Juniper2 和 Cisco2 的 OSPF 邻居表的输出。通过这两份输出，似乎没发现什么问题。这两台 ABR 都"表示"，跟另外两台路由器建立起了状态为 Full 的邻接关系。可是，只要检查一下 Juniper1 和 Cisco1 的 IP 路由表里的 OSPF 路由，便会发现，两者同时学到了区域 1 的路由，但都没有学到"隔区域 1 相望"的另外一个区域 0 的路由：Juniper 1 未学到路由 10.2.1.0/24 和 10.2.2.0/24；Cisco1 未学到 192.168.2.0/24 和 192.168.6.0/24。

```
jeff@Juniper2> show ospf neighbor
Address         Interface    State     ID       Pri        Dead
192.168.2.1     fxp2.0       Full      1.1.1.1   128        32
192.168.3.1     fxp3.0       Full      1.1.1.3   128        39

------------------------------------------------------------

Cisco2#show ip ospf neighbor

Neighbor ID     Pri  State     Dead Time   Address      Interface
1.1.1.3         128  FULL/DR   00:00:38    10.1.1.2     Ethernet0
2.2.2.1         1    FULL/DR   00:00:38    10.2.1.2     Ethernet1
```

图 7.26 图 7.25 中 Juniper2 和 Cisco2 的 OSPF 邻居表显示，两台路由器都按"原计划"建立起了状态为 Full 的 OSPF 邻接关系

```
jeff@Juniper1> show route protocol ospf

inet.0: 16 destinations, 17 routes (15 active, 0 holddown, 1 hidden)
+ = Active Route, - = Last Active, * = Both

10.1.1.0/24        *[OSPF/10] 00:15:28, metric 12
                    > to 192.168.2.2 via fxp1.0
192.168.3.0/24     *[OSPF/10] 02:44:11, metric 2
                    > to 192.168.2.2 via fxp1.0

------------------------------------------------------------

Cisco1#show ip route ospf
     10.0.0.0/24 is subnetted, 3 subnets
O IA    10.1.1.0 [110/20] via 10.2.1.1, 00:18:38, Ethernet0
O IA 192.168.3.0/24 [110/21] via 10.2.1.1, 00:18:38, Ethernet0
```

图 7.27 图 7.25 中 Juniper1 和 Cisco1 都学到区域 1 的路由，但未学到"隔区域 1 相望"的另外一个区域 0 的路由

只要在两台 ABR（Juniper2 和 Cisco2）之间"开凿"一条虚链路（见图 7.28），上述问题将会化解于无形。图 7.29 所示为那两台 ABR 的配置。尽管两台路由器并非出自同一厂商，命令行语法也不尽相同，但配置命令所"表达"的意图却完全相同：都是既指明了虚链路对端路由器的 RID，也定义了虚链路所要贯穿的区域 ID。

图 7.30 再次显示了 Juniper1 和 Cisco1 的 IP 路由表里的 OSPF 路由。由图可知，两者都学到了"隔区域 1 相望"的另外一个区域 0 的路由。

图 7.31 所示为与这条虚链路相对应的 Juniper2 和 Cisco2 的 OSPF 接口数据库里的内

容。从中可以观察到与这条点到点虚链路挂钩的 Hello interval（Hello 时间间隔）、router dead interval（路由器失效时间间隔）、retransmit interval（重传时间间隔）以及 transmit (transit) delay（OSPF 协议数据包发送延迟）的默认值。以上所有参数值都是可配置值，其配置方法与配置邻居路由器间的认证功能参数大同小异。

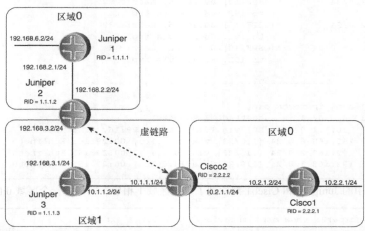

图 7.28 在两台 ABR 之间"开凿"了一条贯穿区域 1 的 OSPF 虚链路，让路由信息得以正确传播

```
Juniper2:

[edit]
jeff@Juniper2# show protocols ospf
area 0.0.0.0 {
    virtual-link neighbor-id 2.2.2.2 transit-area 0.0.0.1;
    interface fxp2.0;
}
area 0.0.0.1 {
    interface fxp3.0;
}

------------------------------------------------------------------------

Cisco2:

router ospf 1
 router-id 2.2.2.2
 area 1 virtual-link 1.1.1.2
 network 10.1.1.1 0.0.0.0 area 1
 network 10.2.1.1 0.0.0.0 area 0
!
```

图 7.29 在 Juniper2 和 Cisco2 之间"开凿" OSPF 虚链路的配置

```
jeff@Juniper1> show route protocol ospf

inet.0: 18 destinations, 19 routes (17 active, 0 holddown, 1 hidden)
+ = Active Route, - = Last Active, * = Both

10.1.1.0/24          *[OSPF/10] 00:38:28, metric 12
                     > to 192.168.2.2 via fxp1.0
10.2.1.0/24          *[OSPF/10] 00:26:15, metric 22
                     > to 192.168.2.2 via fxp1.0
10.2.2.0/24          *[OSPF/10] 00:26:15, metric 32
                     > to 192.168.2.2 via fxp1.0
192.168.3.0/24       *[OSPF/10] 00:38:42, metric 2
                     > to 192.168.2.2 via fxp1.0

------------------------------------------------------------------------

Cisco1#show ip route ospf
     10.0.0.0/24 is subnetted, 3 subnets
O IA    10.1.1.0 [110/20] via 10.2.1.1, 00:29:16, Ethernet0
O IA    192.168.6.0/24 [110/23] via 10.2.1.1, 00:29:16, Ethernet0
O IA    192.168.2.0/24 [110/22] via 10.2.1.1, 00:29:16, Ethernet0
O IA    192.168.3.0/24 [110/21] via 10.2.1.1, 00:29:16, Ethernet0
```

图 7.30　图 7.28 中的 Juniper1 和 Cisco1 都学到了"隔区域 1 相望"的另外一个区域 0 的路由

```
jeff@Juniper2> show ospf interface vl-2.2.2.2 extensive
Interface      State      Area        DR ID         BDR ID        Nbrs
vl-2.2.2.2     PtToPt     0.0.0.0     0.0.0.0       0.0.0.0          1
Type Virtual, address 192.168.3.2, mask 0.0.0.0, MTU 0, cost 11
  adj count 1
Hello 10, Dead 40, ReXmit 5, Not Stub

------------------------------------------------------------------------

Cisco2# show ip ospf virtual-links
Virtual Link OSPF_VL2 to router 1.1.1.2 is up
  Run as demand circuit
  DoNotAge LSA not allowed (Number of DCbitless LSA is 24).
  Transit area 1, via interface Ethernet0, Cost of using 11
  Transmit Delay is 1 sec, State POINT_TO_POINT,
  Timer intervals configured, Hello 10, Dead 40, Wait 40, Retransmit 5
   Hello due in 00:00:05
   Adjacency State FULL
   Index 2/1, retransmission queue length 0, number of retransmission 0
   First 0x0(0)/0x0(0) Next 0x0(0)/0x0(0)
   Last retransmission scan length is 0, maximum is 0
   Last retransmission scan time is 0 msec, maximum is 0 msec
```

图 7.31　虚链路在 Juniper2 和 Cisco2 的 OSPF 接口数据库中的表现形式

　　虚链路配置起来非常简单，但它会增加网络的复杂性，使得网络维护起来很难，出了故障也不易排查。因此，只有在万不得已的情况下，才应考虑"架设"虚链路。对于图 7.25 所示 OSPF 路由进程域合并的场景，应首先尝试以下解决方案。

　　■　能否从路由器 Cisco2 发起一条通往现有区域 0（左边的区域 0）的物理链路？

- 能否把区域 1 也配置为区域 0，以使得左、右两个区域 0 "连成一气"。

- 能否将合并进来的 OSPF 路由进程域，重新配置为现有 OSPF 路由进程域中的区域 1？

- 不把两个 OSPF 路由进程域合而为一，而是通过 BGP 或静态路由来实施互连。

对于合理的 OSPF 网络设计而言，区域 0 内的物理链路必须有足够的冗余性保障，至少应保证在两条物理链路中断的情况下，区域 0 不会 "各分东西"。合理的网络设计才是王道，虚链路只能作为亡羊补牢之策。在万不得已非得 "架设" 虚链路的情况下（不论是为了合并 OSPF 路由进程域，还是为了弥补骨干区域的设计缺陷），也只能将其视为正规解决方案落实到位之前的临时性应急措施。

7.4 IS-IS 区域

在 7.3 节的开始部分，作者曾提到，与 IS-IS 区域相比，OSPF 区域无论是设计、配置还是管理，都要更简单一点。这是因为，OSPF 协议内置有许多 "工具"，利用这些现成的工具，就能 "操纵" OSPF 路由器，完成路由选择任务；不过，要想让运行 IS-IS 的路由器也有类似 "举动"，可就没有现成的工具可以利用了，只能老老实实地配置路由策略。凡事有利有弊，虽然配置和管理 IS-IS 路由策略会更费事一点，但却能降低 IS-IS 的排障难度。那些从表面上看来都很容易操纵的东西（不论是汽车，还是家电，或是路由协议），其 "内在" 都极其复杂，只要出一点毛病，修理起来都费事的很。拿 OSPF 来讲，配置不同的区域类型只不过是一两条命令而已，但其背后却牵扯到设置 OSPF 路由协议数据包可选字段中的相关位，以及控制 OSPF 路由器生成的 LSA 的类型。OSPF 一旦发生比较棘手的故障，特别是在发生了配置范畴之外的故障时（比如，路由器运行的 OSPF 代码存在 bug），网管人员只有先 "吃透" 相关 RFC，了解该协议的运作原理，才能定位故障的根源。然而，在 IS-IS 路由器上，却能以配置路由策略的方式，来控制其在不同区域内的不同行为，虽然看起来麻烦，但只要看看配置，一般都能将故障查个水落石出。

7.4.1 骨干区域和非骨干区域

读者应该已经知道，IS-IS 和 OSPF 在区域的概念上有许多差别。AID 就是其中之一，IS-IS AID 是网络实体名称（NET）的一部分，NET 虽然也是（NSAP）地址，但只能基于 IS-IS 路由器整机来分配，而 OSPF 路由器的 IP 地址则要基于接口来分配。相邻的 IS-IS 路由器之间要建立哪种类型的邻接关系，要视分配给两者的 AID 而定。要建立 L1 邻接关系，两台路由器的 AID 必须相同，要建立 L2 邻接关系，两台路由器的 AID 可以相同，也可以不同。

这也使得情况更加复杂。默认情况下，对于大多数厂商的路由器而言，其参与 IS-IS 进程的接口能同时"接纳"L1 和 L2 Hello 消息。第 4 章曾经提到，只要相邻的两台 IS-IS 路由器都设有相同的 AID，且没有被配置为以 L1-only 或 L2-only 模式运行，则两者会同时建立起 L1 和 L2 邻接关系。表 7.1 所列为第 4 章曾列出过的相邻 IS-IS 路由器间邻接关系建立规则汇总表。

表 7.1   相邻 IS-IS 路由器间邻接关系建立规则列表

R1 类型	R2 类型	AID	邻接关系类型
L1-only	L1-only	相同	L1
L1-only	L1-only	不同	无法建立
L2-only	L2-only	相同	L2
L2-only	L2-only	不同	L2
L1-only	L2-only	相同	无法建立
L1-only	L2-only	不同	无法建立
L1-only	L1、L2	相同	L1
L1-only	L1、L2	不同	无法建立
L2-only	L1、L2	相同	L2
L2-only	L1、L2	不同	L2
L1、L2	L1、L2	相同	L1、L2
L1、L2	L1、L2	不同	L2

图 7.32 所示为 IS-IS 邻接关系建立规则所产生的实际影响。由图可知，RTR2 和 RTR3 之间、RTR4 和 RTR5 之间，建立的都是 L2 邻接关系，原因是 RTR2 和 RTR3 所设 NET 中的 AID 字段值各不相同，RTR4 和 RTR5 所设 NET 中的 AID 字段值也不相同。但只要相邻路由器的 AID 相同，两者就会默认建立起 L1 和 L2 邻接关系。那么，该如何区分图中的骨干区域和非骨干区域呢？

对于图 7.32 所示的网络，要想围绕 ABR 来界线分明地圈定 IS-IS 骨干区域和非骨干区域，可没那么容易。在区分骨干区域和非骨干区域时，千万不要把 IS-IS 网络和 OSPF 网络相提并论，应该将一个 IS-IS 区域想象为"连成一气"的一组邻接关系。因此，IS-IS 骨干区域就是一组"连成一气"[8]的 L2 邻接关系；而每个 IS-IS 非骨干区域则是一组"连成一气"的 L1 邻接关系。与 OSPF 网络相同，IS-IS 网络中的区域间流量也必须穿越骨干

---

[8] 亦即不可分割。

区域，那么，所有非骨干区域都要通过骨干区域来互连。其实，在 ISO 10589 中，根本就没有骨干区域（backbone area）一说，而是用术语"L2 次级路由进程域"（简称 L2 子域）（subdomain）来指代骨干区域。实战中，在绘制 IS-IS 网络拓扑图时，读者也应该像图 7.32 那样，把每台路由器所接受的邻接关系类型标注清楚。若路由器位于 L1 区域，且没有通往任何其他区域的链路，则应将其配置为以 L1-only 模式运行。若路由器位于 L2 子域，则应将其配置为以 L2-only 模式运行。若路由器位于 L1 区域，但有通往 L2 路由器的链路（这条链路所连的两台路由器的 AID 不同），则应将其配置为同时接受 L1 和 L2 邻接关系。可根据具体厂商的 IS-IS 实现，让相关路由器上的所有 IS-IS 接口同时接受 L1 和 L2 邻接关系（亦即在 L1 区域内，接受邻居路由器发出的 L1 Hello 消息，在 L2 子域中，接受邻居路由器发出的 L2 Hello 消息），或单独针对每个 IS-IS 接口进行配置，使特定的接口只建立特定类型（L1 或 L2）的邻接关系。

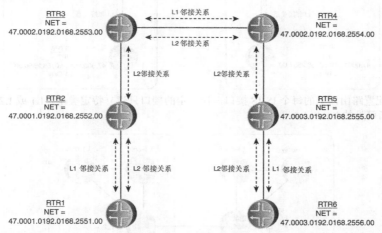

图 7.32 在默认情况下，具有相同 AID 的相邻路由器之间可同时建立 L1 和 L2 邻接关系；若相邻路由器间的 AID 不同，两者只能建立起 L2 邻接关系

图 7.33 所示为单独配置路由器上的每个 IS-IS 接口，让特定的接口只建立特定类型（L1 或 L2）的邻接关系时，所形成的区域拓扑。图 7.33 所示的区域拓扑看起来更为直观，可以用方框来更明确地圈定 IS-IS 区域。请注意，与之前的 OSPF 网络拓扑图中的方框不同，本图中的方框所圈定的"势力范围"，仍未能清晰地反映出骨干区域（L2 子域）和 L1 区域之间的界限，每个方框中的路由器只不过是 AID 相同而已。

IS-IS 骨干区域（L2 子域）包含的并不一定都是以 L2-only 模式运行的路由器。以图 7.34 所示网络为例。由图可知，L1/L2 路由器之间以最可靠的全互连连网方式，把各个 L1 区域连在了一起。在每个 L1 区域内，L1/L2 路由器与每台 L1 路由器之间同样以全互连的方式相接。对每台 L1/L2 路由器而言，连接每个 L1 区域的接口都要被配置为 L1 模式，彼此间的互连接口则要被配置为 L2 模式。这也再次印证了作者之前所言：IS-IS L2 子域不能像 OSPF 骨干区域那样，以方框来圈定，而应将其想象为一组"连成一气"的 L2 邻接关系。

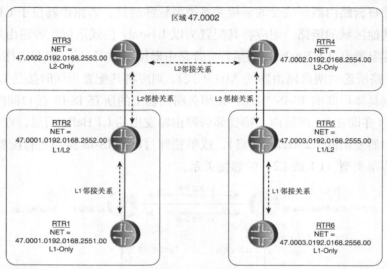

图 7.33　单独配置路由器上的每个 IS-IS 接口，让特定的接口只建立特定类型（L1 或 L2）的邻接关系，以此来创建清晰可见的 L1 和 L2 区域

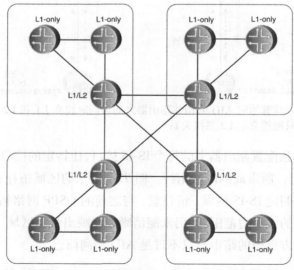

图 7.34　一个 L2 子域可以只是由 L1/L2 路由器间的 L2 邻接关系构成，可不包含任何以 L2-only 模式运行的路由器

　　最后，再来谈谈 L1/L2 路由器。由于 IS-IS 路由器的 AID 都是与整机而不是与每个接口

相关联，因此从区域地址（AID）来看，IS-IS L1/L2 路由器应隶属于每个 L1 区域。要是 IS-IS L1/L2 路由器只设有一个 AID，那就只能将一个 L1 区域连接到 L2 子域，而一台 OSPF ABR 则可以把多个非骨干区域连接到骨干区域。不过，如 7.4.8 节所述，可在 IS-IS 路由器上配置多个 AID。如此配置，既可以让一台 L1/L2 路由器把多个 L1 区域连接到骨干区域，还可以在网络割接（比如，更换 IS-IS 路由器的 AID 的网络改造）期间，保证网络的正常运行。

7.4.2 影响 IS-IS 区域"伸缩自如"的因素

要是把整台 IS-IS 路由器配置为接受建立 L1/L2 邻接关系，那么该路由器就会通过所有 IS-IS 接口外发 L1 和 L2 Hello 消息，因此需考虑单独配置其每个 IS-IS 接口，让特定的接口分别建立特定类型的邻接关系。如若不然，为正确建立 IS-IS 邻接关系，与此路由器相邻的 L1-only 和 L2-only 邻居路由器将会拒收 L2 Hello 消息和 L1 Hello 消息。也就是讲，那台 L1/L2 路由器生成的 Hello 消息有一半纯属多余，这会造成链路带宽资源的浪费。7.3.2 节说过，在正常情况下，网络控制流量不应超过链路带宽的 1%，最多也不能超过 5%。

如第 4 章所述，任何一种 IS-IS 协议消息都有一个 8 字节的公共头部。一条 LAN Hello 消息会在这个 8 字节的头部后再多出 19 个字节，而 Point-to-Point Hello 消息则要多出 12 个字节。此外，Hello 消息还可以包含一或多个下列 TLV 结构[9]。

- 区域地址 TLV（类型 1）。
- 中间系统邻居 TLV（类型 6）。
- 本机所支持的协议 TLV（类型 129）。
- IP 接口地址 TLV（类型 132）。
- 认证信息 TLV（类型 10）。
- 填充 TLV（类型 8）。

为求表述简洁，现以 Point-to-Point Hello 消息为例，来计算其字节数。若一条 Hello 消息只包含一个 AID 和一个接口 IP 地址，同时假设生成它的路由器只支持 IPv4 功能，不支持认证功能。那么，该 Point-to-Point Hello 消息将由以下几部分构成。

- IS-IS 消息公共头部，8 字节。

---

[9] 实际上，可包含进 Hello 消息的 TLV 结构并不止以下所列，那些 TLV 结构将会在后续章节介绍各自所支持的扩展功能时一并提及。

- Point-to-Point Hello 消息头部（或称为 Point-to-Point Hello 消息 PDU 专有字段），12 字节。

- 区域地址 TLV 结构 1 个，6 字节。

- 本机所支持的协议 TLV 结构 1 个，3 字节。

- IP 接口地址 TLV 结构 1 个，6 字节。

不难算出，这条 IS-IS Hello 消息的总长为 35 字节。就长度而言，IS-IS Hello 消息要比 OSPF Hello 数据包（48 字节）稍短一点。OSPF Hello 数据包是每隔 10 秒发送一次，而 IS-IS Hello 消息的发送间隔时间则要随具体厂商的路由器而定，但通常都是每隔 9 秒或 10 秒发送一次。两种路由协议 Hello 消息的发送频率都差不多。如 7.3.2 节所述，即便在速率只有区区 56kbit/s 的链路上，OSPF Hello 消息所占链路带宽的比例都非常低，那么 IS-IS Point-to-Point Hello 消息所占比例只会更低。

IS-IS LAN Hello 消息要比 OSPF Hello 数据包稍长一点。与 Point-to-Point Hello 消息相比，IS-IS LAN Hello 消息的 PDU 专有字段（Hello 消息头部）要多出 7 个字节，此外，LAN Hello 消息还会包含 IS 邻居 TLV 结构，这种 TLV 结构的长度为 $2+6 \times N$（"2"是指 TLV 中的"类型"和"长度"字段各 1 字节；"6"是指"值"字段的长度；"N"是指 LAN 链路上的邻居路由器的台数）。有某些厂商（比如，Juniper 公司）的 IS-IS 实现会让 DIS 每隔 3 秒发送一次 LAN Hello 消息。如今，LAN 链路就是以太网链路，而 10Mbit/s 以太网也早被 100Mbit/s 或 1000Mbit/s 以太网淘汰。因此，在以太网链路上，IS-IS 路由器因生成 Hello 消息而产生的控制平面流量可以忽略不计。

OSPF 路由器会通过泛洪 LSA 来传播路由信息，LSA 的泛洪会消耗路由器 CPU、内存，以及网络链路带宽的资源，而 IS-IS 路由器也有类似的"产物"——LSP。IS-IS LSP 也有一个 8 字节的 IS-IS 消息公共头部，紧随其后的是 19 字节的 LSP 头部（也称为 LSP PDU 专有字段）。以下所列为可附着于 LSP PDU 专有字段之后的各种 TLV 结构。

- 区域地址 TLV（类型 1）——长度=2+（1+"设在 IS-IS 路由器上的区域地址的实际长度"）×N 字节。其中，"2"是指该 TLV 中的"类型"和"长度"字段各 1 字节；"1"是指该 TLV 中的"地址长度"字段为 1 字节；"N"是指配置在路由器上的区域地址的个数。

- IS 邻居 TLV（类型 2）——长度=3+11×N 字节。其中，"3"是指该 TLV 中的"类型"、"长度"以及"虚拟标记"字段各 1 字节；"11"是指 4 种度量字段值各 1

字节+邻居 ID 字段值 7 字节；"N"是指该 TLV 通告的邻居路由器的台数。

- （本机）所支持的（网络层）协议 TLV（类型 129）——长度=2+1×N 字节。其中，"2"是指该 TLV 中的"类型"和"长度"字段各 1 字节；"1"是指"NLPID"字段值 1 字节；"N"是指（本路由器）所支持的网络层协议种类。

- IP 接口地址 TLV（类型 132）——长度=2+4×N 字节。其中，"2"是指该 TLV 中的"类型"和"长度"字段各 1 字节；"4"是指 IP 地址的长度；"N"是指 IS-IS 路由器上外发（LSP 的）接口所设 IP 地址的个数。

- 认证信息 TLV（类型 10）——长度=3+N 字节。其中，"3"是指该 TLV 中的"类型"、"长度"以及"认证类型"字段各 1 字节；"N"为"认证值"字段的长度，一般都是指配置在 IS-IS 路由器上的密码转换为 ASCII 码之后的字节数。

- IP 内部可达性信息 TLV（类型 128）——长度=2+12×N 字节。其中，"2"是指该 TLV 中的"类型"和"长度"字段各 1 字节；"12"是指该 TLV 中的 4 种度量字段各 1 字节+IP 地址字段 4 字节+子网掩码字段 4 字节；"N"是指生成(LSP 的）路由器要通过 IS-IS 通告的直连 IP 子网的个数。此外，对与 L1/L2 路由器，IP 内部可达性信息 TLV 的长度=2+12×N+12×S，其中，"S"是指生成（LSP 的）路由器通过 IS-IS 通告的汇总路由的条数。

- IP 外部可达性信息 TLV（类型 130）——长度=2+12×N 字节。其中，"N"是指生成（LSP 的）路由器通告进 IS-IS 路由进程域的外部路由的条数。

- 经过扩展的 IS 可达性（信息）TLV（类型 22）——若启用了宽路由度量值，则该 TLV 的长度=2+11×N 字节+所有子 TLV 的总字节数。其中，"2"是指该 TLV 中的"类型"和"长度"字段各 1 字节；"11"是指"邻居 ID"字段 7 字节+"默认度量"字段 3 字节+"子 TLV 长度"字段 1 字节。经过扩展的 IS 可达性 TLV 及其所含子 TLV 的用途，将在第 11 章详述。

- 经过扩展的 IP 可达性（信息）TLV（类型 135）——若启用了宽路由度量值，则该 TLV 的长度=6+6×N 字节+所有子 TLV 总字节数。其中，第一个"6"是指该 TLV 中的"类型"和"长度"字段各 1 字节+"度量"字段长度 4 字节；第二个"6"是指"U/D"位、"S"位以及"IP 前缀长度"字段共 1 字节+I"P 前缀"字段 4 字节+"子 TLV 长度"字段 1 字节；N 是指生成（LSP 的）路由器通过 IS-IS 通告内部 IP 前缀（直连 IP 子网/汇总路由）或外部 IP 前缀的条数。经过扩展的

IP 可达性 TLV 其所含子 TLV 的用途，将在第 11 章详述。

现在，来算一算在 IS-IS 区域内每台路由器的 LS 数据库所耗的存储空间，沿用 7.3.2 节中 OSPF 示例的假设条件，如下所列。

- 该 IS-IS 区域包含 50 台路由器。
- 每台路由器要通过 IS-IS 通告 20 条直连 IP 前缀。
- 区域间路由前缀（IS-IS 路由进程域内其他区域的路由前缀）为 2000 条。
- 通告进 IS-IS 路由进程域的路由前缀为 5000 条。

出于简化，假定每台 IS-IS 路由器只设一个 AID，只支持 IPv4 路由功能，路由器上参与 IS-IS 进程的接口只配一个 IP 地址，所有路由器都通过点到点链路互连，未启用宽度量值来度量路由的优劣。

这 50 台路由器生成的 LSP 头部的总字节数为：

$$50 \times (8 + 19) = 1350 \text{ 字节}$$

当然，8 字节的 IS-IS PDU 头部并不会存储进 LS 数据库，只是会"跟随"LSP 在网络中泛洪。由于这区区 400（8×50）字节可以忽略不计，因此在计算 LSP 的泛洪量以及 LS 数据库的规模时都不会将其考虑在内。

假设配置在每台路由器上的 AID 的长度为 3 字节，那么区域地址 TLV 的总字节数为：

$$50 \times (3 + 3) = 300 \text{ 字节}$$

在无法得知每台路由器有多少邻居路由器的情况下，很难精确计算出 IS 邻居 TLV 的总字节数。为求简化，现假设每台路由器都有 3 个邻居，那么 IS 邻居 TLV 的总字节数为：

$$50 \times [3 + 3 \times (11)] = 1800 \text{ 字节}$$

（本机）所支持的协议 TLV 的总字节数为：

$$50 \times (2 + 1) = 150 \text{ 字节}$$

IP 接口地址 TLV 的总字节数为：

$$50 \times (2 + 4) = 300 \text{ 字节}$$

若整个区域内的路由器都设有 6 个字符的认证密码，则认证信息 TLV 的总字节数为：

$$50 \times (3 + 6) = 450 \ \text{字节}$$

IP 内部可达信息 TLV 承载的是隶属于本区域的内部 IP 前缀，总字节数为：

$$50 \times [20 \times (2 + 12)] = 14,000 \ \text{字节}$$

若本区域为 L1 区域，则可以不"理会"那 2000 条路由进程域内其他区域的 IP 前缀，具体原因随后奉上。若本区域为 L2 区域，则与那 2000 条区域间路由相对应的 IP 内部可达信息 TLV 的总字节数为：

$$2000 \times (2 + 12) = 28,000 \ \text{字节}$$

若本区域为 L2 区域，就得算上那 5000 条外部 IP 前缀；若为 L1 区域，那 5000 条外部 IP 前缀算还是不算，则要取决于 8、9 两章所描述的区域间路由策略的实施情况。现假定需要将外部路由通告进本区域，则与那 5000 条外部路由相对应的 IP 外部可达信息 TLV 的总字节数为：

$$5000 \times (2 + 12) = 70,000 \ \text{字节}$$

于是，可以比较合理地估算出本 IS-IS 区域内每台路由器的 LS 数据库的规模，以及因 LSP 泛洪所生成的总流量，如下所列：

$$1350 + 300 + 1800 + 150 + 300 + 450 + 14,000 + 28,000 + 70,000 = 116,350 \ \text{字节}$$

与 7.3.2 节预估的 OSPF 区域 LS 数据库 220,000 字节的规模相比，IS-IS LS 数据库的规模要小很多。即便如此，这 116,350 字节中还包括了通告进 IS-IS 路由器进程域的外部 IP 前缀。下一节会解释为什么可以不把外部路由前缀通告进 L1 区域。

7.4.3　IS-IS L1 区域内默认的路由选择规则

本章前文已经介绍过了如何通过特殊的配置，不让 OSPF 路由进程域之外的所有 IP 前缀通告进某些区域（stub 区域），甚至还能做到不把 OSPF 路由进程域内其他区域的 IP 前缀，传播进某些区域（totally stubby 区域）。不过，在默认情况下，任何 OSPF 区域都能传播进本区域之外的 IP 前缀。

IS-IS 则反其道而行。在默认情况下，IS-IS L1 区域形同 OSPF totally stubby 区域，也就是说，不会从 L2 区域向 L1 区域通告任何路由前缀。现以图 7.35 中的网络为例。图 7.36 所示为图 7.35 中建立 L2 邻接关系的 3 台路由器 Juniper3、Juniper2 和 Cisco2 的路由表，不难发现，这 3 台路由器学全了所有区域的 IP 前缀。

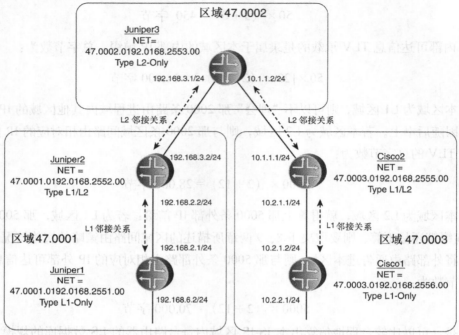

区域47.0002

Juniper3
NET=
47.0002.0192.0168.2553.00
Type L2-Only

192.168.3.1/24   10.1.1.2/24

L2 邻接关系   L2 邻接关系

192.168.3.2/24   10.1.1.1/24

Juniper2
NET =
47.0001.0192.0168.2552.00
Type L1/L2

Cisco2
NET =
47.0003.0192.0168.2555.00
Type L1/L2

192.168.2.2/24   10.2.1.1/24

L1 邻接关系   L1 邻接关系

区域47.0001   192.168.2.1/24   10.2.1.2/24   区域 47.0003

Juniper1
NET =
47.0001.0192.0168.2551.00
Type L1-Only   192.168.6.2/24

Cisco1
NET =
47.0003.0192.0168.2556.00
Type L1-Only   10.2.2.1/24

图 7.35　L1/L2 路由器 （Juniper2 和 Cisco2）未把学自 L2 邻居的路由通告给 L1 邻居

```
jeff@Juniper3> show route
inet.0: 21 destinations, 21 routes (20 active, 0 holddown, 1 hidden)
+ = Active Route, - = Last Active, * = Both
10.1.1.0/24 *[Direct/0] 1w0d 08:32:02
> via fxp4.0
10.1.1.2/32 *[Local/0] 1w0d 08:32:02
Local via fxp4.0
10.2.1.0/24 *[IS-IS/18] 23:33:41, metric 20, tag 2
> to 10.1.1.1 via fxp4.0
10.2.2.0/24 *[IS-IS/18] 00:35:34, metric 30, tag 2
> to 10.1.1.1 via fxp4.0
192.168.2.0/24 *[IS-IS/18] 23:26:55, metric 20, tag 2
> to 192.168.3.2 via fxp1.0
192.168.3.0/24 *[Direct/0] 12w5d 10:58:31
> via fxp1.0
192.168.3.1/32 *[Local/0] 16w2d 13:18:43
Local via fxp1.0
192.168.6.0/24 *[IS-IS/18] 23:26:31, metric 30, tag 2
> to 192.168.3.2 via fxp1.0
jeff@Juniper2> show route
inet.0: 18 destinations, 18 routes (17 active, 0 holddown, 1 hidden)
+ = Active Route, - = Last Active, * = Both
```

```
10.1.1.0/24 *[IS-IS/18] 23:30:04, metric 20
> to 192.168.3.1 via fxp3.0
10.2.1.0/24 *[IS-IS/18] 23:30:04, metric 30
> to 192.168.3.1 via fxp3.0
10.2.2.0/24 *[IS-IS/18] 00:38:21, metric 40
> to 192.168.3.1 via fxp3.0
192.168.2.0/24 *[Direct/0] 12w5d 11:22:42
> via fxp2.0
192.168.2.2/32 *[Local/0] 16w2d 13:48:54
Local via fxp2.0
192.168.3.0/24 *[Direct/0] 12w5d 11:22:42
> via fxp3.0
192.168.3.2/32 *[Local/0] 16w2d 13:48:54
Local via fxp3.0
192.168.6.0/24 *[IS-IS/15] 23:29:32, metric 20
> to 192.168.2.1 via fxp2.0
Cisco2#show ip route
Codes: C - connected, S - static, I - IGRP, R - RIP, M - mobile, B - BGP
D - EIGRP, EX - EIGRP external, O - OSPF, IA - OSPF inter area
N1 - OSPF NSSA external type 1, N2 - OSPF NSSA external type 2
E1 - OSPF external type 1, E2 - OSPF external type 2, E - EGP
i - IS-IS, L1 - IS-IS level-1, L2 - IS-IS level-2, ia - IS-IS inter area
* - candidate default, U - per-user static route, o - ODR
P - periodic downloaded static route
Gateway of last resort is not set
10.0.0.0/24 is subnetted, 3 subnets
C 10.2.1.0 is directly connected, Ethernet1
i L1 10.2.2.0 [115/20] via 10.2.1.2, Ethernet1
C 10.1.1.0 is directly connected, Ethernet0
i L2 192.168.6.0/24 [115/40] via 10.1.1.2, Ethernet0
i L2 192.168.2.0/24 [115/30] via 10.1.1.2, Ethernet0
i L2 192.168.3.0/24 [115/20] via 10.1.1.2, Ethernet0
```

图 7.36 建立 L2 邻接关系的那 3 台路由器学全了图 7.35 所示网络中所有区域的路由

图 7.37 所示为 L1-only 路由器 Juniper1 和 Cisco1 的路由表。由图可知，这两台路由器没有学到本区域之外的任何路由。相反的是，"学"到了一条指向本区域内 L1/L2 路由器的默认路由。仰仗这条默认路由，Juniper1 和 Cisco1 就能够把数据包转发至本区域之外的目的网络，如图 7.38 所示。

现在可以得出结论：L1/L2 路由器会把本机所连 L1 区域的路由，通告给 L2 邻居路由器；但不会把本机所连 L2 区域的路由，或学自 L2 邻居路由器的路由，通告进 L1 区域。

有趣的是，L1/L2 路由器并不会向本机所连 L1 区域通告默认路由，图 7-37 中 L1-only 路由器所"学"默认路由并非 L1/L2 路由器通告。相反的是，L1/L2 路由器会在自生成的 L1 LSP 中设置 ATT 位，告知 L1 区域内的路由器：本机已跟 L2 子域建立起了连通性（ATT

字段由 4 位构成，每 1 位分别与 IS-IS 的 4 种路由度量类型之一相关联。由于双 [dual]
IS-IS 实现只支持一种路由度量类型——默认度量，因此 ATT 位只与默认度量相关联）。
当 L1 路由器收到 ATT 位置 1 的 LSP 时，会自动在路由表中安装一条指向 L1/L2 路由器
（即生成该 LSP 的路由器）的默认路由。图 7.39 所示为由 Juniper2 生成的 LSP 在 Juniper1
的 IS-IS LS 数据库里的样子，不难发现，该 LSP 的 ATT 位已经置 1（Attributes: 0xb <L1 L2
Attached>）。图 7.40 所示为由 Cisco2 生成的 LSP 在 Cisco1 的 IS-IS LS 数据库里的样子，
虽然跟 7.39 所示输出的格式不太一样，但仍然可以看见 ATT 位已经置 1。

```
jeff@Juniper1> show route

inet.0: 10 destinations, 10 routes (9 active, 0 holddown, 1 hidden)
+ = Active Route, - = Last Active, * = Both

0.0.0.0/0          *[IS-IS/15] 00:51:52, metric 10, tag 1
                    > to 192.168.2.2 via fxp1.0
192.168.2.0/24     *[Direct/0] 12w5d 11:34:09
                    > via fxp1.0
192.168.2.1/32     *[Local/0] 16w2d 14:01:19
                       Local via fxp1.0
192.168.6.0/24     *[Direct/0] 12w5d 11:34:09
                    > via fxp2.0
192.168.6.2/32     *[Local/0] 16w2d 14:01:19
                       Local via fxp2.0



Cisco1#show ip route
Codes: C - connected, S - static, I - IGRP, R - RIP, M - mobile, B - BGP
       D - EIGRP, EX - EIGRP external, O - OSPF, IA - OSPF inter area
       N1 - OSPF NSSA external type 1, N2 - OSPF NSSA external type 2
       E1 - OSPF external type 1, E2 - OSPF external type 2, E - EGP
       i - IS-IS, L1 - IS-IS level-1, L2 - IS-IS level-2, ia - IS-IS inter area
       * - candidate default, U - per-user static route, o - ODR
       P - periodic downloaded static route

Gateway of last resort is 10.2.1.1 to network 0.0.0.0

10.0.0.0/24 is subnetted, 3 subnets
C        10.2.1.0 is directly connected, Ethernet0
C        10.2.2.0 is directly connected, Ethernet1
i*L1 0.0.0.0/0 [115/10] via 10.2.1.1, Ethernet0
```

图 7.37　图 7.35 中的 L1-only 路由器只能学到区域内部路由，外加一条指向本区域内 L1/L2 路由器的默认路由

```
jeff@Juniper1> ping 10.2.2.1
PING 10.2.2.1 (10.2.2.1): 56 data bytes
64 bytes from 10.2.2.1: icmp_seq=0 ttl=252 time=7.801 ms
64 bytes from 10.2.2.1: icmp_seq=1 ttl=252 time=3.170 ms
64 bytes from 10.2.2.1: icmp_seq=2 ttl=252 time=3.308 ms
^C
--- 10.2.2.1 ping statistics ---
3 packets transmitted, 3 packets received, 0% packet loss
round-trip min/avg/max/stddev = 3.170/4.760/7.801/2.151 ms


Cisco1# ping 192.168.6.2

Type escape sequence to abort.
Sending 5, 100-byte ICMP Echos to 192.168.6.2, timeout is 2 seconds:
!!!!!
Success rate is 100 percent (5/5), round-trip min/avg/max = 4/4/8 ms
```

图 7.38　在那两台 L1-only 路由器上能够 ping 通其他 L1 区域的目的 IP 地址，由此可知，L1-only 路由
器可仰仗默认路由，将流量转发到本区域之外

```
jeff@Juniper1> show isis database Juniper2.00-00 extensive
IS-IS level 1 link-state database:

Juniper2.00-00  Sequence: 0x75, Checksum: 0x8d18, Lifetime: 574 secs
   IS neighbor:             Juniper2.03  Metric:      10
   IP prefix:               192.168.2.0/24 Metric:      10 Internal

  Header: LSP id: Juniper2.00-00, Length: 137 bytes
    Allocated length: 157 bytes, Router ID: 1.1.1.2
    Remaining lifetime: 574 secs, Level: 1, Interface: 2
    Estimated free bytes: 0, Actual free bytes: 20
    Aging timer expires in: 574 secs
    Protocols: IP

  Packet: LSP id: Juniper2.00-00, Length: 137 bytes, Lifetime : 1198 secs
    Checksum: 0x8d18, Sequence: 0x75, Attributes: 0xb <L1 L2 Attached>
```

```
    NLPID: 0x83, Fixed length: 27 bytes, Version: 1, Sysid length: 0 bytes
    Packet type: 18, Packet version: 1, Max area: 0

  TLVs:
    Area address: 47.0001 (3)
    Speaks: IP
    Speaks: IPv6
    IP router id: 1.1.1.2
    IP address: 1.1.1.2
    Hostname: Juniper2
    IS neighbor: Juniper2.03, Internal, Metric: default 10
    IS neighbor: Juniper2.03, Metric: default 10
      IP address: 192.168.2.2
    IP prefix: 192.168.2.0/24, Internal, Metric: default 10
    IP prefix: 192.168.2.0/24 metric 10 up
  No queued transmissions
```

图 7.39   Juniper2 已在其生成的 L1 LSP 中，把 ATT 位（已做高亮显示）置 1

```
Cisco1#show isis database detail

IS-IS Level-1 Link State Database:
LSPID           LSP Seq Num      LSP Checksum  LSP Holdtime     ATT/P/OL
[…]
Cisco2.00-00    0x00000077       0xCF46        910              1/0/0
 Area Address: 47.0002
 NLPID:        0x81 0xCC
 Hostname: Cisco2
 IP Address:   192.168.254.2
 Metric: 10        IP 10.1.1.0 255.255.255.0
 Metric: 10        IP 10.2.1.0 255.255.255.0
 Metric: 10        IS Cisco2.03
 Metric: 10        IS Cisco2.02
 Metric: 10        IS Cisco2.01
 Metric: 0         ES Cisco2
[…]
```

图 7.40   Cisco2 同样在其生成的 L1 LSP 中，把 ATT 位（已做高亮显示）置 1

7.4.4　L1/L2 路由器冗余

但凡合理的网络设计,都会在 IS-IS L1 区域内部署至少两台 L1/L2 路由器,只有如此,方能确保该区域不会因一台路由器或一条链路的故障而"与世隔绝"。就此而言,跟设计 OSPF 网络时,在非骨干区域内要部署至少两台 ABR 是一个道理。即便 L1/L2 路由器收到了(别的路由器生成的)ATT 位置 1 的 LSP,也不会在路由表里安装一条指向生成(该 LSP 的)路由器的默认路由。请考虑图 7.41 所示的网络。由图可知,RT1 通往其 L2 邻居路由器的链路中断。这不会对 L1-only 路由器转发目的网络为本区域之外的流量产生任何影响,因为 RTR3 和 RTR4 已经同时安装了两条默认路由器,分别指向 RTR1 和 RTR2。

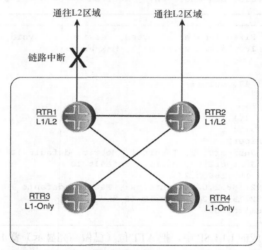

图 7.41　若 L1/L2 路由器与其 L2 邻居路由器所建的 L2 邻接关系中断,便会在 IP 路由表内安装一条指向同区域内另外一台 L1/L2 路由器的默认路由

然而,这似乎会对 RTR1 产生影响。因其本身就是 L1/L2 路由器,故而不会在 IP 路由表中安装指向同区域另一台 L1/L2 路由器(RT2)的默认路由。不过,对任何 L1/L2 路由器而言,只要之前建立起的 L2 邻接关系中断,便不再自认为是附接到 L2 区域的路由器("attached" router)。因此,只要一收到 RTR2 发出的 RTT 位置 1 的 LSP,RTR1 便会在 IP 路由表中安装一条指向 RTR2 的默认路由。此外,RTR1 还会把自生成的 LSP 中的 ATT 位置 0,然后重新泛洪。这样一来,同区域内的 L1-only 路由器就会让 IP 路由表中指向 RTR1 的默认路由"退位"。

当那条链路恢复时,RTR1 会再次成为附接到 L2 区域的路由器,于是,会先让 IP 路由表中指向 RTR2 的默认路由"退位",再重新泛洪 RTT 位置 1 的 LSP。

7.4.5 再谈地址汇总

与 OSPF 网络相同，在 IS-IS 网络中同样可以执行路由汇总，可通过汇总路由的形式，把 L1 区域的路由通告进 L2 区域，以此来降低 L2 LS 数据库的规模。路由汇总所能提高的效率完全取决于网络的编址方案：一条聚合 IP 前缀所能"代表"的 IP 目的网络数越多，执行路由汇总才能把效率提得更高。

不能让 IS-IS L1-only 路由器对 L1 区域的路由进行汇总，如此行事，将导致该区域内的路由器拥有内容不同的 LS 数据库，这跟不能让 OSPF 区域内路由器汇总本区域路由的道理相同。只能让 L1/L2 路由器对 L1 区域的路由进行汇总，然后通告进 L2 区域。

对外部 IP 前缀执行路由汇总时，可将多条 IP 路由前缀以几条聚合路由或一条默认路由的形式，通告进 IS-IS 路由进程域。把外部 IP 前缀通告进 IS-IS 路由进程域时，不但可以执行路由聚合，也能按其本来面目进行通告（通告明细路由）。

地址汇总与 BGP

执行路由汇总，不仅会丧失路由选择的精确性（本节和 7.3.7 节已做详细讨论），而且还有可能会给运行 BGP 且与外部 AS 建立了 EBGP 会话的网络带来以下两个问题。

第一个问题与通告进本 AS 的 BGP 路由有关。当通往外部目的网络的 BGP 路由传播进本 AS 时，与这些路由相关联的下一跳 IP 地址（next-hop 属性），不是邻居 AS 的 EBGP 路由器上通告相应 BGP 路由更新的接口的 IP 地址，就是把这些路由传播进本 AS 的本方 BGP 边界路由器的 loopback 接口 IP 地址。当本 AS 内的路由器收到本方 BGP 边界路由器通告的 BGP 路由时，会在 IGP 路由表中查找与 BGP 路由的下一跳 IP 地址相匹配的路由。若查询不到，便会把 BGP 路由视为无效路由，不会让其"进驻"IP 路由表。

换言之，若路由器发现有多条 IGP 路由通往 BGP 路由的下一跳 IP 地址，便会选择一条最优 IGP 路由，并作为 BGP 路由的一部分安装进 IP 路由表。要是在 AS 内执行了路由汇总操作，便会丧失 IGP 路由通告的精确性，此时，优选的与 BGP 下一跳相对应的 IGP 路由实际上未必就是通往 AS 出口点（本方 BGP 边界路由器）的最优路由。

第二个问题涉及 BGP 多出口鉴别符（MED）属性。当某 AS 通过多台边界路由器与邻居 AS 建立多条 EBGP 会话时，可能会让本方各台边界路由器在通告某些相同目的网络的 BGP 路由时，附着不同的 MED 值。这是为了方便邻居 AS 选择

最佳入口点，将某些流量注入本 AS，这样的流量既可以是终结于本 AS 的流量（流量的目的网络隶属于本 AS），也可以是穿越本 AS 的流量（流量的目的网络隶属于其他 AS）。一般而言，网管人员都会根据 IGP 路由（对应于终结于本 AS 的流量）的度量值或"穿越"路由（对应于穿越本 AS 的流量）的下一跳 IP 地址的 IGP 度量值，来设置通告给邻居 AS 的 BGP 路由的 MED 值。但只要在 AS 内执行了路由汇总，就会丧失 IGP 路由通告的精确性，此时，本方边界路由器就有可能会向邻居 AS 通告 MED 值设置有误的 BGP 路由，从而使得邻居 AS 将相关流量发往本 AS 时，选择次优入口点。

只要网络中还运行了 BGP，那么在权衡执行 IGP 路由汇总操作的利弊时，就得充分考虑 IGP 路由进程域内次优路由选择问题给 BGP 造成的上述影响。

7.4.6　L2 到 L1 的路由泄露

在 IS-IS L1 区域内，路由器在转发目的网络为本区域之外的流量时，只能遵循默认路由，因此跟执行路由汇总（并遵循经过汇总的路由转发流量）一样，同样会丧失"选路"（路由选择）的精确性。若 IS-IS L1 区域只部署了一台通往"外部世界"的 L1/L2 路由器，其实也并不影响路由选择的精确性。可要是部署了多台 L1/L2 路由器，L1-only 路由器在转发目的网络为本区域之外的流量时，将只能把流量交付离本机最"近"的 L1/L2 路由器。然而，这台 L1/L2 路由器离实际的目的网络可能最近，也可能不是最近。因为 L1-only 路由器只能仰仗默认路由，所以在转发目的网络为本区域之外的流量时，也只好如此行事了。

在设计 IS-IS 区域时，要想追求更高的灵活性，就得把更为精确的路由信息从 L2 区域泄露进 L1 区域，让 L1-only 路由器更好地了解"外部世界"。问题在于，RFC 1195 明文禁止把 L2 区域的 IP 前缀通告进 L1 区域。图 7.42 解释了 RFC 1195 的这一初衷。如图所示，IP 前缀 X（隶属于 L1 区域之外）由某台 L2 路由器通告给了 RTR1。RTR1 再把这条 IP 前缀置入自生成的 L1 LSP 的 IP 内部可达性信息 TLV，然后通告进 L1 区域。RTR2 收到了这条 L1 LSP 后，会认为该 IP 前缀隶属于本 L1 区域，然后再将其置入自生成的 L2 LSP 的 IP 内部可达性信息 TLV，并通告回 L2 区域，路由环路就此形成。

运行 OSPF 的网络则不存在类似问题，因为从区域 0 通告进非骨干区域的路由都以类型 3 LSA 的面目示人。收到来自非骨干区域的类型 3 LSA 后，ABR 是不会将其中所包含的 IP 前缀通告进区域 0 的。然而，对 IS-IS 而言，IETF 当初在 RFC 1195 中对 IS-IS IP 内、外部可达性 TLV 进行标准化时，并没有定义任何机制来区分这两种 TLV 中所含 IP 前缀的区域状态。

　　随着 IS-IS 作为 IP 路由协议的日益普及，协议设计者意识到，有时必须把更为精确的路由信息从 L2 区域注入 L1 区域，因此有必要对 RFC 1195 的规定做一些变通。于是，便诞生了 RFC 2966[10]。

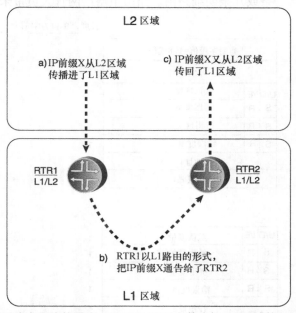

图 7.42　为防止图中所示路由环路的形成，RFC 1195 明文禁止把 L2 区域的 IP 前缀通告进 L1 区域

　　请仔细观察图 5.31 和图 5.32 所示的 IP 内部可达性 TLV 和 IP 外部可达性 TLV 的格式，这两种 TLV 的第 3 字节包含了 6 位默认度量字段，1 位 I/E（内/外部路由类型）位，还有 1 位（最高位）尚未使用，此位通常应被接收路由器视而不见。RFC 2966 将最高位定义为了 U/D（Up/Down）位，如图 7.43 所示。当 L1/L2 路由器将一条 IP 前缀从 L2 区域通告进 L1 区域时，会将与该 IP 前缀相关联的 Up/Down 位置 1。若 L1/L2 路由器从 L1 区域收到了一条 Up/Down 位置 1 的 IP 前缀，则不会将其通告给 L2 邻居路由器。有些老款路由器不支持 RFC 2966 所定义的这一扩展功能，若在收到的 LSP 中，发现了那两种 TLV 的第 3 字节的最高位置 1，则会"视而不见"，因此不存在任何兼容性问题。不过，请务必让在 L2 和 L1 区域之间执行"路由泄露"功能的所有 L1/L2 路由器，支持 RFC 2966 所定义的这一扩展功能。

　　要想把 L2 区域的路由"泄露"进 L1 区域，需要在 L1/L2 路由器上通过配置路由策

---

[10] Tony Li、Tony Przygienda 和 Henk Smit，"Domain-Wide Prefix Distribution with Two-Level IS-IS," RFC 2966，2000 年 10 月。

略来完成。之所以用"泄露"（leaking）这一术语，是因为凭借路由策略，就可以精确控制通告（泄露）进 L1 区域的 IP 前缀——既可以向 L1 区域通告学自 L2 邻居路由器的所有 IP 前缀，也可根据路由类型（内部或外部）这样的属性向 L1 区域通告部分 IP 前缀，甚至可以只向 L1 区域通告一条或几条明细路由。路由策略给网管人员带来了更多的灵活性。

			长度，单位为字节
类型字段值=128或130			1
长度			1
U/D I/E		默认度量	1
S	R	延迟度量	1
S	R	费用度量	1
S	R	错误度量	1
IP地址1			4
子网掩码1			4

U/D I/E		默认度量	1
S	R	延迟度量	1
S	R	费用度量	1
S	R	错误度量	1
IP地址n			4
子网掩码n			4

图 7.43 RFC 2966 把 IP 内、外部可达性 TLV 中默认度量字段所在字节的最高位，定义为了 Up/Down 位。L1/L2 路由器会根据此位的置位情况，来识别从 L2 区域通告进 L1 区域的 IP 前缀

图 7.44 所示为设在图 7.35 中 Juniper2 上的路由策略的配置。由配置可知，先在 Juniper 2 上创建了一条名为 L2_Leaking 的策略，用来识别并接受 IS-IS L2 IP 前缀。然后再把这条策略以输出策略（export policy）的形式应用于 IS-IS 配置，其作用是将 L2 区域的 IP 前缀通告进 L1 区域。现在，请对图 7.45 和图 7.37 所示 Juniper1 的路由表输出加以比较，可以看见，有数条其他区域的路由已经传播进了区域 47.0001。

由图 7.45 可知，Juniper1 的路由表里还少了一条出现在图 7.35 中的 IP 前缀 192.168.3.0/24。原因不难解释：这条 IP 前缀与 Juniper2 用来连接 L2 路由器的接口相对应，并不是通过 L2 邻接关系学得。只要在 Juniper2 的路由策略 L2_Leaking 中添加一个子句（term）（见图 7.46），就能让 Juniper1 学到那条 IP 前缀了，如图 7.47 所示。

IOS 路由策略的配法跟 JUNOS 完全不同，但只要配置思路正确，便能起到相同的效果。图 7.48 所示为在 Cisco2 上通过 IOS 命令，让 L2 区域的路由泄露进 L1 区域。在执行

此次路由泄露时，作者会控制地再严密一点，只让 IP 前缀 192.168.6.0/24 "泄露" 进 L1
区域。为此，在 redistribute 命令中调用了 distribute-list 100。distribute-list 100 的作用是，
只让匹配 access-list 100 的 IP 前缀从 L2 区域泄露进 L1 区域。图 7.49 所示为 Cisco1 的路
由表，由图可知，上述配置已经生效。

```
[edit]
jeff@Juniper2# show policy-options
policy-statement L2_Leaking {
    term 1 {
        from {
            protocol isis;
            level 2;
        }
        then accept;
    }
}

[edit]
jeff@Juniper2# show protocols isis
export L2_Leaking;
interface fxp2.0 {
    level 2 disable;
}
interface fxp3.0 {
    level 1 disable;
}
```

图 7.44 JUNOS 路由策略配置示例，该路由策略一经配置，就能让所有 IP 前缀从 L2 区域通告进 L1
区域

```
\jeff@Juniper1> show route

inet.0: 16 destinations, 16 routes (15 active, 0 holddown, 1 hidden)
+ = Active Route, - = Last Active, * = Both

0.0.0.0/0          *[IS-IS/15] 22:22:57, metric 10, tag 1
                    > to 192.168.2.2 via fxp1.0
10.1.1.0/24        *[IS-IS/18] 05:19:16, metric 30, tag 1
                    > to 192.168.2.2 via fxp1.0
10.2.1.0/24        *[IS-IS/18] 05:19:16, metric 40, tag 1
                    > to 192.168.2.2 via fxp1.0
10.2.2.0/24        *[IS-IS/18] 05:19:16, metric 50, tag 1
                    > to 192.168.2.2 via fxp1.0
192.168.2.0/24     *[Direct/0] 12w6d 09:05:14
                    > via fxp1.0

192.168.2.1/32     *[Local/0] 16w3d 11:32:24
                    Local via fxp1.0
192.168.6.0/24     *[Direct/0] 12w6d 09:05:14
                    > via fxp2.0
192.168.6.2/32     *[Local/0] 16w3d 11:32:24
                    Local via fxp2.0
```

图 7.45 由图 7.35 所示的 Juniper1 的路由表输出可知，区域 47.0001 内传播进了其他区域的路由

```
jeff@Juniper2# show policy-options
policy-statement L2_Leaking {
    term 1 {
        from {
            protocol isis;
            level 2;
        }
        then accept;
    }
    term 2 {
        from protocol direct;
        then accept;
    }
}
```

图 7.46　修改图 7.44 所示的路由策略，让对应于 Juniper2 直连接口的 IP 前缀传播进 L1 区域

```
jeff@Juniper1> show route

inet.0: 18 destinations, 19 routes (17 active, 0 holddown, 1 hidden)
+ = Active Route, - = Last Active, * = Both

0.0.0.0/0          *[IS-IS/15] 1d 00:08:06, metric 10, tag 1
                   > to 192.168.2.2 via fxp1.0
10.1.1.0/24        *[IS-IS/18] 07:04:25, metric 30, tag 1
                   > to 192.168.2.2 via fxp1.0
10.2.1.0/24        *[IS-IS/18] 07:04:25, metric 40, tag 1
                   > to 192.168.2.2 via fxp1.0
10.2.2.0/24        *[IS-IS/18] 07:04:25, metric 50, tag 1
                   > to 192.168.2.2 via fxp1.0
192.168.2.0/24     *[Direct/0] 12w6d 10:50:23
                   > via fxp1.0
192.168.2.1/32     *[Local/0] 16w3d 13:17:33
                     Local via fxp1.0
192.168.3.0/24     *[IS-IS/15] 00:00:30, metric 20, tag 1
                   > to 192.168.2.2 via fxp1.0
192.168.6.0/24     *[Direct/0] 12w6d 10:50:23
                   > via fxp2.0
192.168.6.2/32     *[Local/0] 16w3d 13:17:33
                     Local via fxp2.0
```

图 7.47　IP 前缀 192.168.3.0/24 在 Juniper1 的路由表中露面

```
router isis
 redistribute isis ip level-2 into level-1 distribute-list 100
 net 47.0002.0192.0168.2558.00
!
access-list 100 permit ip 192.168.6.0 0.0.0.255 any
```

图 7.48　Cisco IOS 配置示例：只让 L1/L2 路由器把学自 L2 区域的 IP 前缀 192.168.6.0/24 泄露进 L1
区域

```
Cisco1#show ip route
Codes: C - connected, S - static, I - IGRP, R - RIP, M - mobile, B - BGP
       D - EIGRP, EX - EIGRP external, O - OSPF, IA - OSPF inter area
       N1 - OSPF NSSA external type 1, N2 - OSPF NSSA external type 2
       E1 - OSPF external type 1, E2 - OSPF external type 2, E - EGP
       i - IS-IS, L1 - IS-IS level-1, L2 - IS-IS level-2, ia - IS-IS inter area
       * - candidate default, U - per-user static route, o - ODR
       P - periodic downloaded static route

Gateway of last resort is 10.2.1.1 to network 0.0.0.0

10.0.0.0/24 is subnetted, 3 subnets
C        10.2.1.0 is directly connected, Ethernet0
i L1     10.1.1.0 [115/20] via 10.2.1.1, Ethernet0
C        10.2.2.0 is directly connected, Ethernet1
i ia 192.168.6.0/24 [115/178] via 10.2.1.1, Ethernet0
i*L1 0.0.0.0/0 [115/10] via 10.2.1.1, Ethernet0
```

图 7.49 在 Cisco1 的路由表中，隶属于其他区域的 IP 前缀只有一条：192.168.6.0/24

7.4.7 将外部 IP 前缀重分发进 IS-IS

对 IS-IS 而言，外部 IP 前缀会都"组装"在 IP 外部可达信息 TLV 里进行传播。度量外部路由优劣的手段有两种，即为相应的外部 IP 前缀分配"外部"或"内部"两种度量类型。具体的实现方式是，在 IP 外部可达性 TLV 中，将与特定 IP 前缀相关联的"默认度量"字段所在字节的第七位置 1 或置 0，该位也称为"I/E"位[11]。这两种度量类型的常规定义分别是：若路由的度量类型为"内部"，则其所通向的目的网络为 IS-IS 路由进程域之内；若路由的度量类型为"外部"，则其所通向的目的网络为 IS-IS 路由进程域之外。不过，将（外部）IP 前缀重分发进 IS-IS 路由进程域时，却可以将度量类型设置为"内部"。若有两条目的网络相同的外部路由，一条外部路由的度量类型为"内部"，另一条度量类型为"外部"，则前者"优"，后者"劣"。网管人员可通过为 IS-IS 外部路由分配不同的度量类型，来更为灵活地操纵发往外部目的网络的流量的"行进路线"。在这一点上，可以说 IS-IS 外部路由的这两种度量类型有那么点 OSPF 外部路由 E1 和 E2 度量类型的味道。

RFC 1195 规定，只有 L2 LSP 才能承载 IP 外部可达信息 TLV。这条规定的意思是，只有 L2 区域内的路由器才能了解"外部世界"。好在 RFC 2966 对此做了相应的"变通"。由于 L1 LSP 也能承载 IP 外部可达信息 TLV（早在若干年前，某些厂商的 IS-IS 实现就能让 L1 LSP 承载 IP 外部可达信息 TLV 了），因此 RFC 2966 便对在 IS-IS L1 区域内外部路由的重分发操作进行了标准化。

图 7.50 所示为让图 7.35 中的 Cisco1 在 L1 区域内执行路由重分发的配置示例。由配

---

[11] IP 内部可达信息 TLV 虽然也有相应的"I/E"位，但该位总是置 0，表示"组装"在此类 TLV 中的所有 IP 前缀的度量类型都是"内部"。

置可知，先在 Cisco1 上配置两条静态路由，然后再将两者重分发进 IS-IS，在执行路由重分发时为那两条路由指定的度量类型为"内部"，度量值为 30。Cisco2 学到了这两条路由之后，便通告进 L2 区域，通告方式跟通告 L1 区域的其他所有路由完全相同。由于 Juniper2 还"身背"图 7.44 所示的路由泄露相关配置，因此，那两条路由又"泄露"进了 Juniper2 所处 L1 区域，如图 7.51 所示。

```
router isis
 redistribute static ip metric 30 level-1 metric-type internal
 net 47.0002.0192.0168.2557.00
 is-type level-1
!
ip route 192.168.120.0 255.255.255.0 Null0
ip route 192.168.220.0 255.255.255.0 Null0
```

图 7.50　在 IS-IS L1 区域内重分发静态路由的配置示例

```
eff@Juniper4> show route
inet.0: 20 destinations, 21 routes (19 active, 0 holddown, 1 hidden)
+ = Active Route, - = Last Active, * = Both
0.0.0.0/0 *[IS-IS/15] 1d 01:39:57, metric 10, tag 1
> to 192.168.2.2 via fxp1.0
10.1.1.0/24 *[IS-IS/18] 08:36:16, metric 30, tag 1
> to 192.168.2.2 via fxp1.0
10.2.1.0/24 *[IS-IS/18] 08:36:16, metric 40, tag 1
> to 192.168.2.2 via fxp1.0
10.2.2.0/24 *[IS-IS/18] 08:36:16, metric 50, tag 1
> to 192.168.2.2 via fxp1.0
192.168.2.0/24 *[Direct/0] 12w6d 12:22:14
> via fxp1.0
192.168.2.1/32 *[Local/0] 16w3d 14:49:24
Local via fxp1.0
192.168.3.0/24 *[IS-IS/15] 01:32:21, metric 20, tag 1
> to 192.168.2.2 via fxp1.0
192.168.6.0/24 *[Direct/0] 12w6d 12:22:14
> via fxp2.0
192.168.6.2/32 *[Local/0] 16w3d 14:49:24
Local via fxp2.0
192.168.120.0/24 *[IS-IS/18] 00:07:52, metric 70, tag 1
> to 192.168.2.2 via fxp1.0
192.168.220.0/24 *[IS-IS/18] 00:07:52, metric 70, tag 1
> to 192.168.2.2 via fxp1.0
```

图 7.51　经过重分发的路由在 Juniper1 的路由表中现身

本节和上一节是想说明，通过路由策略，也能像控制 OSPF 区域间路由的传播一样，控制 IS-IS 区域间路由的传播。只是在默认情况下，OSPF 非骨干区域对任何路由都完全敞开大门，但可以对某些路由加以过滤；而 IS-IS L1 区域则对其他区域完全封闭，但可通过配置，"泄露"进某些路由。

7.4.8 在一台路由器上配置多个 AID（多区域 ID）

第 5 章曾简要提及，一个区域地址 TLV 最多可容纳 255 个 AID。虽然在一台路由器上配置 255 个 AID 的可能性不大，但在某些情况下，让一台路由器"身背"多个 AID 也是必要之举。

假如，让相邻的两台 IS-IS 路由同时"身背" AID 47.0001 和 47.0002。这两台路由器虽然最多也只能建立起一个 L1 和一个 L2 邻接关系，但都知道对方跟自己一样，同时"身背"了两个 AID。若有人在一台路由器上更改或禁用了其中一个 AID，不会影响两者建立起的邻接关系，这要归功于另外一个 AID 还在发挥"效力"。在实战中，让一台路由器"身背"多个 AID，就能在重新划分 IS-IS 区域的同时，不对网络的正常运行生成任何影响，具体的应用场景如下所列。

- 为把路由器划入另一个区域，而更改其 AID。可以先在路由器上配置一个新 AID（即该路由器待"加盟"区域的 ID），等 IS-IS 邻接关系基于这一新 AID 建立妥当之后，再删除原先的 AID。

- 合并两个 IS-IS 区域，比如，把区域 47.0002 内的所有路由器"并入"区域 47.0001。可先在区域 47.0002 内的所有路由器上新配一个 AID 47.0001，等 IS-IS 邻接关系基于 AID 47.0001 建立妥当之后，再删除 AID 47.0002。

- 把一个现有的 IS-IS 区域中分为两半，将其中的一半组建为一个新的 IS-IS 区域（比如，把区域 47.0001 一分为二，让其中的部分路由器仍隶属于区域 47.0001，再新建一个区域 47.0002，把区域 47.0001 中的其余路由器划归该区域）。可在有待加盟区域 47.0002 的路由器上新配 AID 区域 47.0002，等 IS-IS 邻接关系基于 AID 47.0002 建立妥当之后，再删除原先的 AID 47.0001。

多区域 ID 特性很少有人会用，并非所有厂商的路由器都支持该特性。一般而言，路由器厂商会根据客户的需求，来决定是否让路由器支持该特性。

7.4.9 IS-IS 虚链路

ISO 10589 定义了虚链路（也称为虚拟邻接关系）特性，用来修复一分为二的 L1 区域。简而言之，具体的修复方法是，在 L1 区域的每个"半区"，先各选一台 L2 分区指定中间系统（Partition Designated Intermediate System）。然后，再在这两台 L2 IS 的虚拟网络实体名称（Virtual Network Entity Title）之间，创建一条贯穿 L2 子域，用来"修复"
L1 区域的路径，如图 7.52 所示。在 L1 区域的两个"半区"之间转发数据包时，那两台
L2 指定 IS 会把包先封装进 ISO 8473 NPDU，再放到虚链路上发送，这条虚链路的源和目
地地址分别为那两台 L2 指定 IS 的虚拟网络实体名称。

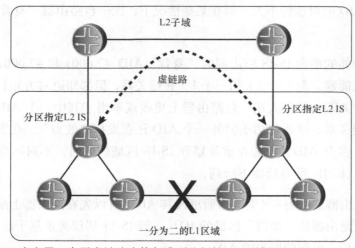

图 7.52   ISO 10589 定义了一套用虚链路来修复遭到分割的 L1 区域的流程

有意思的是，OSPF 虚链路的作用是修复遭到分割的骨干区域，建立虚链路的方法是：
贯穿非骨干区域来建立。OSPF 虚链路不能贯穿骨干区域而建。相反的是，搭建 IS-IS 虚
链路为的是修复遭到分割的 L1 区域，建立虚链路的方法是：贯穿 L2 子域来建。不能用
IS-IS 虚链路来修复 L2 区域。

对本书而言，讨论 IS-IS 虚链路并无实际意义。目前，在主流路由器厂商推出的基
于 IP 的 IS-IS 实现中，都未提供虚链路功能。这是因为 IS-IS 一般都部署在运营商或 ISP
网络中，而这样的网络要么不设 L1 区域，要么设计得当，根本就用不着区域修复功能。
既然没有客户能用得上区域修复功能，那路由器厂商何苦要浪费人力、物力去开发该功
能呢？

7.4.10   BGP 和 IGP 区域设计

读者应该知道，除了运营商和 ISP 网络之外，其他类型的网络一般都不会采用 IS-IS，
至少不会用它来执行 IP 路由选择。几乎所有的企业网络（少数特大型企业网络除外）都
离不开 IGP，在此类网络中，低端路由器（内存低、CPU 主频低）和低带宽链路都为数不
少，为了不让那些路由器和链路过载，网络设计人员就必须对网络进行区域划分。OSPF

内置了许多特性，可用来支持多区域拓扑，这正是这种 IGP 大受欢迎的原因所在。

运营商网络和 ISP 网络的主要用途并不是在本网络内任意两个节点之间 "路由"流量，而是要承载穿本网络而过的流量，亦即要高速转发源和目的地址均不隶属于本网络的流量。BGP 正是适用于此类网络的路由协议，BGP 的设计意图是：有效管理路由前缀，并围绕路由前缀的通告和接收来制定复杂的路由策略。

在运营商和 ISP 网络中，IGP 所起的作用要比在企业网络中简单得多。开启 IGP 主要是为了保障：IBGP 会话端点间的 IP 连通性，以及 IBGP 路由的下一跳 IP 地址的可达性（所谓需要保障连通性或可达性的 IP 地址，几乎总是内部 BGP 路由器上 loopback 接口所设的 IP 地址）。因此，根据 IGP 在运营商网络和 ISP 网络中所起的作用，在设计上，应遵循简单至上的原则。

确保 IGP 设计简单的一种做法是，将整个网络划分为单一区域。运营商网络和 ISP 网络一般都是由高端路由器和高带宽链路构成，这是由此类网络的使命所决定的[12]。选择 IGP 时，运营商和 ISP 通常都更青睐 IS-IS 而不是 OSPF，主要原因是，IS-IS 不但相对简单，而且其种种特性也使其在大型区域中能保持高稳定性，同时兼具高可扩展性。虽然本章是以多区域拓扑结构为例来深入探讨 IS-IS，但在实战中，只要用 IS-IS 执行 IP 路由选择，一般都会采用单区域拓扑结构的设计。

设计单区域网络时，无论 IGP 选用 OSPF 还是 IS-IS，作者都有一句金言相赠：请用 IS-IS L2 邻接关系或 OSPF 区域 0 来构建这一单 IGP 区域。这样一来，若日后有新的 IGP 区域"加盟"，只需将其配置为 IS-IS L1 或 OSPF 非骨干区域即可。

7.5 复习题

1．在 OSPF 和 IS-IS 网络中，为什么在区域之间要有无环的拓扑结构？

2．IGP 网络中区域的规模受哪些技术因素的限制？

3．在确定区域的规模时，应考虑那些实际因素？

4．什么是 stub 区域？stub 区域中为什么不能有 ASBR？

5．OSPF 路由器之间通过什么样的机制，来获知彼此身处的 stub 区域？

---

[12] 运营商网络和 ISP 网络的核心链路带宽再低也低不过 DS-3 或 OC-3，最高可达 OC-192。写作本书之际，高速核心链路带宽已向 OC-768 迈进。

6．能让区域 0 成为 stub 区域吗？

7．stub 区域和 totally stubby 区域有何不同？

8．totally stubby 区域内的路由器会在 LS 数据库中存储几条类型 3 LSA？

9．什么是 NSSA？哪一种 LSA 只能在 NSSA 中传播，它起什么作用？

10．OSPF 协议数据包选项字段中有一个 N/P 位，请问，它何时为 N 位，何时为 P 位？

11．N 位表示什么？

12．P 位表示什么？

13．ABR 向 NSSA 通告默认路由时，为什么要用类型 7 LSA 而不是类型 3 LSA？

14．为什么只有 OSPF ABR 和 ASBR 才能生成汇总路由？

15．什么是 OSPF 虚链路，请说说它的应用场合。

16．一条虚链路能否贯穿多个区域？

17．虚链路能否贯穿区域 0？

18．OSPF 路由器如何表示自己通过虚链路建立起了状态为 Full 的邻接关系？

19．当两台 IS-IS 路由器的 AID 相同时，可能建立起 L2 邻接关系吗？

20．当两台 IS-IS 路由器的 AID 不同时，可能建立起 L1 邻接关系吗？

21．有可能让两台 IS-IS 路由器通过同一条链路，同时建立 L1 和 L2 邻接关系吗？

22．在默认情况下，为什么把 IS-IS L1 区域跟 OSPF totally stubby 区域等同视之？

23．请说出 ATT 位的用途。

24．请说出执行路由汇总的主要优缺点。

25．请说出与 IS-IS 度量字段相关联的"I/E"位的用途。

26．请说出"U/D"位的用途。

27．被重分发进 IS-IS 路由进程域的前缀的度量类型为什么有可能会是"内部"？

第 8 章

伸缩自如

网络设计人员最关心的就是自己设计的网络能否伸缩自如（即能否具备可扩展性）。除设计网络以外，在设计协议、软件或操作系统架构时，都需要关注可扩展性。简而言之，如果上述设计对象的规模渐趋庞大，而系统却能保持原有的性能、稳定性和精确性，客户没有爆粗口，网络设计人员的职位也牢靠，这就叫"可扩展"。

截至目前，本书已经介绍过了数种 OSPF 和 IS-IS 特性，这些特性都有助于运行这两种协议的网络提高可扩展性。其中，最为突出的就是区域（area）特性。把运行 OSPF 和 IS-IS 的网络划分为若干区域，便能限制住路由信息的泛洪范围，这样一来，LS 数据库的规模以及 SPF 计算的复杂性都能得到进一步控制。最终，可减轻因运行 OSPF 和 IS-IS 协议，对路由器的内存资源、CPU 资源，以及对网络带宽资源的需求。

本书将还介绍了几种可用来提高 OSPF 和 IS-IS 协议稳定性的几种特性及扩展功能，比如，可配置的（LSA 或 LSP）刷新计时器，以及经过"扩容"的路由度量值。本章会对能提高 OSPF 和 IS-IS 协议可扩展性的这些特性和扩展功能展开深入探讨。

8.1 对 SPF 算法的改进

第 2 章简单介绍了 SPF 算法的运作方式。这虽能让读者对 SPF 计算有大致了解，但对于实际在用的链路状态路由协议的实现来说，还是太过简单。事实上，即使 SPF 算法符合 OSPF 和 IS-IS 标准，其实现也只能在小型网络里凑合一下，肯定不具备在大型网络中运行所必不可缺的稳定性、可扩展性和精确性。对路由器厂商而言，要想做大型网络运营商的生意，就必须开发出稳定而又可靠的 OSPF 和 IS-IS 实现。显而易见，只要能研发出可靠的 OSPF 和 IS-IS 实现，路由器厂商就会在市场竞争中占据压倒性优势，因此每家厂商都会把自己对 SPF 算法的"精雕细琢"，列为商业机密。所以说，要想彻底弄清每家厂商对 SPF 算法所做出的每一项改进，根本不太现实，但这并不妨碍我们对厂商的改进做一般性的探讨。

8.1.1　等开销多路径

路由器会按以下步骤，来执行第 2 章所描述的 Dijkstra 算法。

1. 路由器把自身作为（最短路径）树的树根，添加进树数据库。这表明路由器将本机视为邻居路由器，只是访问成本为 0。

2. 路由器从 LS 数据库中把树根（本机）生成的所有 LS 记录（包含了从本机到邻居路由器的链路，以及相应的访问成本），添加进临时（候选）数据库。

3. 路由器（在临时数据库中）计算从树根（本机）到每台邻居路由器的访问成本。访问成本最低的链路，以及与链路相关联的访问成本都会入驻树数据库。若有两条或多条链路的访问成本同为最低，则（随机）选择其中的一条。只要有一条通向邻居路由器的链路进驻了树数据库，路由器便会从临时数据库中抹去存储该链路的记录。

4. 路由器检查添加进树数据库的链路所连邻居路由器的 Router-ID，把由此邻居路由器生成的 LS 记录（从 LS 数据库中）添加进临时数据库，但若其 Router-ID 已经在树数据库的记录中"露面"，则"舍弃"相关记录。

5. 只要临时数据库中还有记录存在，就重新执行步骤 3。否则，便终止计算。计算终止时，对执行 Dijkstra 算法的那台路由器来说，网络中的每台路由器都应被表示为存储在树数据库中的某条链路所连接的邻居路由器，且每台路由器只能在树数据库中出现一次。

　　然而，效率低下的问题就发生在步骤 3。步骤 3 中提到"若有两条或多条链路的访问成本同为最低，则（随机）选择其中的一条。只要有一条通向邻居路由器的链路进驻了树数据库，路由器便会从临时数据库中抹去存储该链路的记录"。作者只要举一个例子，读者就能明白这里面为什么会存在效率低下的问题了。图 8.1 所示为一小型网络，以及根据其拓扑结构构建的链路状态数据库。与第 2 章解释 SPF 算法时用来举例的图 2.15 所示的网络不同，在本图所示的网络中，所有路由器互连链路的开销值全都相等，这一点非常重要。现在，来看看在 R1 上执行 Dijkstra 算法（SPF 计算）的过程。

图 8.1 所示为 R1 执行 Dijkstra 算法步骤 1 和步骤 2 的情形。由图可知，R1 已将自身添加进了树数据库，并将本机生成的所有 LS 记录添加进了临时数据库，同时在临时数据库中，计算出了从树根到邻居路由器的访问成本。

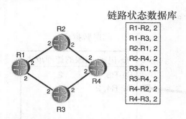

图 8.1　该网络内所有路由器间互连链路的开销（数据包转发成本）一概为 2

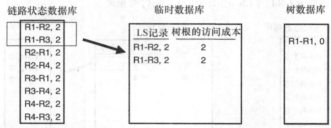

图 8.2　R1 把与本机有关的 LS 记录添加进了临时数据库

图 8.3 所示为 R1 执行 Dijkstra 算法步骤 3 的情形。由图可知，由于从树根（R1）到所有邻居路由器的访问成本全都相等，因此 R1 只会从临时数据库里随机选择一条记录，转移进树数据库。现在，还不太容易看出发生在步骤 3 中的效率低下的问题，需要等到 Dijkstra 算法执行完毕。

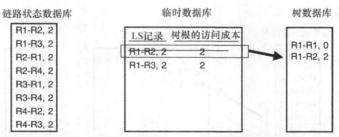

图 8.3　R1 将自身与 R2 之间的链路以及相应的链路开销，转移进了树数据库

图 8.4 所示为 R1 执行 Dijkstra 算法步骤 4 的情形。由图可知，在把包含 R2 的记录添加进树数据库之后，R1 将会在 LS 数据库中查找 R2 通向其邻居路由器的所有链路。由于

链路 R1-R2 已进驻了树数据库，因此 R1 会把包含链路 R2-R4 的 LS 记录，添加进临时数据库。R1 还在临时数据库中计算出了从树根（本机）到 R4 的访问成本为 4。

现在，因为临时数据库中还存在记录，所以按照步骤 5 的规定，R1 应重新执行步骤 3，如图 8.5 所示。在临时数据库中，与链路 R1-R3 相关联的树根的访问成本最低，R1 便把这条链路转移进了树数据库。

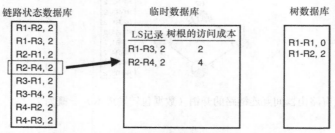

图 8.4 R1 把包含了链路 R2-R4 的 LS 记录添加进了临时数据库

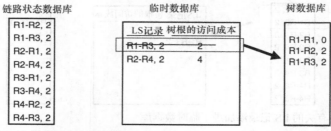

图 8.5 R1 把链路 R1-R3 转移进了树数据库

随着连接 R3 的链路进驻树数据库，R1 便会在 LS 数据库中查找 R3 通向其邻居路由器的所有链路。由于链路 R1-R3 已经进驻了树数据库，因此 R1 只会把包含链路 R3-R4 的 LS 记录添加进临时数据库，如图 8.6 所示。然后，R1 会据此计算出从树根（本机）到 R4 的访问成本为 4。

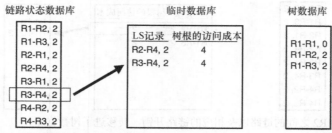

图 8.6 R1 把链路 R3-R4 添加进了临时数据库

现在，临时数据库中有两条通向 R4 的链路，对树根（R1）来说，无论选择哪一条链路，访问 R4 的成本都是 4。R1 只能随机选择其中的一条链路（R2-R4），然后将其移入树数据库。

图 8.8 所示为 R1 在 LS 数据库中检查由 R4 生成的记录时，发现了 R4 有两条通往邻居路由器的链路：R4-R2 和 R4-R3。但因这两条链路所连的邻居路由器 R2 和 R3 都已在树数据库中"露面"，故 R1 不会在临时数据库中新增任何记录。此时，R1 的临时数据库中仍有一条记录存在，而步骤 5 中有这样一句话：只有当临时数据库为空时，路由器才能停止执行 Dijkstra 算法（SPF 计算）。这是因为之前的步骤 3 就已经做过了规定：在临时数据库中，只要有任何一条通往邻居路由器的链路未被转移进树数据库，路由器便不能终止 SPF 计算。

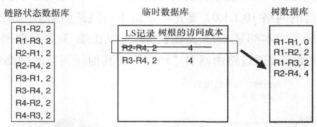

图 8.7 R1 把链路 R2-R4 从临时数据库转移进了树数据库

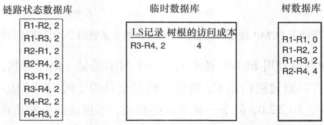

图 8.8 R1 只有把驻留于临时数据库中的最后一条记录（包含链路 R3-R4）移除，才能结束 SPF 计算

此外，对 SPF 计算规则而言，其效率低下还暴露在下面这一点上。若存在多条等开销路径（链路）可用来传递发往某特定目的网络的流量，但路由器在执行 Dijkstra 算法时，只选择其中一条链路，则意味着路由器也只会用该链路来转发相应流量。最终的结果是，即便那条用来发送流量的路径发生拥塞，其他等开销路径也派不上用场。于是，可对步骤 3 进行修改：若临时数据库中有多条通往同一节点，且转发成本同为最低的链路，则应一齐转移进树数据库。图 8.9 所示为 R1 将链路 R3-R4 也转移进了树数据库，这样一来，既清空了临时数据库，也停止了 SPF 计算。要想充分利用由 SPF 计算出的多条等开销路径，还需要改进运行于路由器上的转发进程，好让多条链路分摊发往同一目的网络的流量。这便是等开销多路径（equal-cost multipath，ECMP），或负载均衡（load balancing）技术的

由来[1]。

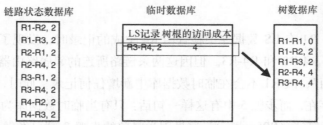

图 8.9 R1 并不会把链路 R3-R4 从临时数据库里删除,而是将其转移进树数据库,并以此来创建 SPF 树。在这棵 SPF 树上,存在从 R1 通往 R4 的两条等开销路径

图 8.10 所示为可让 ECMP 技术得到有效应用的一个网络场景。由图可知,路由器 A 要想把流量转发至目的网络 10.1.1.0,要先转发给下一跳路由器 B。路由器 A、B 间通过 3 条链路互连,流量转发成本都是 50。路由器 A 可以让那 3 条链路平均分摊目的网络为 10.1.1.0 的流量(以及需要通过路由器 B "转交"的其他任何目的网络的流量)。

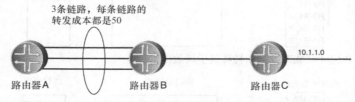

图 8.10 路由器 A 可借助于 ECMP 技术,让通往路由器 B 的 3 条链路平均分摊目的网络为 10.1.1.0 的流量

图 8.11 所示为有效利用 ECMP 技术的另一个网络场景。由图可知,路由器 A 既可以通过路由器 B,也可以通过路由器 C,将流量转发至目的子网 10.2.2.0。对路由器 A 而言,有两条目的子网都是 10.2.2.0,但下一跳不同的路由,不过这两条路由的开销值完全相同。因此,对于本例,路由器 A 可让下一跳路由器 B 和 C 来平均分摊发往目的子网 10.2.2.0 的流量(以及需要通过路由器 D 转发的其他任何目的网络的流量)。

可让路由器以若干种不同方法,在多条等价路由(等开销路径)之间 "平均" 分摊流量,无论这些等价路由的下一跳地址是否相同(下一跳地址相同,表示路由器有多条通往同一台下一跳路由器的等开销链路,如图 8.10 所示;否则,表示路由器有多条通往不同下一跳路由器的等开销链路,如图 8.11 所示)。逐包(per-packet)负载均衡模式是其中的一种方法,使用此法,路由器会以轮询或随机的方式,让多条链路同时 "分摊" 数据包,如图 8.12 所示。不过,对于不同的链路而言,哪怕 "开销" 相等,延迟也未必相等。任

---

[1] 负载均衡是一个比较通用的技术名词,同样适用于数据处理领域,比如,服务器负载均衡技术;而 ECMP 则专指网络流量的转发。

意两条等开销链路的传播延迟、（路由器的）转发延迟，以及与数据包分片有关的 MTU 值都不可能完全相同。正因如此，在多条等开销链路上，以逐包负载均衡模式发送的数据包，必然会在接收端失序到达。这会对 TCP 流量产生严重影响，因为 TCP 数据包一旦失序，发送端就得重传。这样一来，不但会使得网络的性能严重下降，而且还会极大地浪费链路带宽资源。

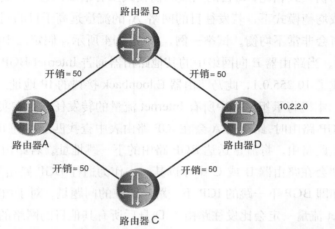

图 8.11　有了 ECMP 技术，路由器 A 就能仰仗两条"等价"路由，转发目的子网为 10.2.2.0 的流量

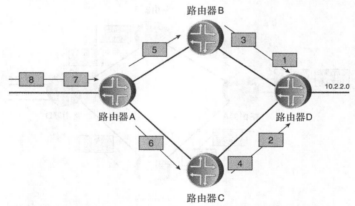

图 8.12　逐包负载均衡模式是指把数据包依次分摊在多条等开销路径上进行传送

　　每目的（per-destination）负载均衡模式则是另一种比较理想的在多条等开销路径之间分摊流量的方法，如图 8.13 所示。由图可知，路由器 A 可通过两条等开销路径，将流量转发到目的网络 10.1.1.0 和 10.2.2.0。在每目的负载均衡模式下，路由器 A 会把目的网络为 10.1.1.0 的数据包（全部）转发至下一跳路由器 B，把目的网络为 10.1.2.0 的数据包（全部）转发至下一跳路由器 C。若路由器 A 学到了通往路由器 D 身后其他目的网络的多条

路由，则在转发相应目的网络的流量时，会交替把路由器 B 和 C 作为下一跳路由器。基
于逐包负载均衡模式转发数据包时，路由器会把每条路由与所有 ECMP 下一跳相关联；
基于每目的负载均衡模式转发数据包时，路由器会从多个 ECMP 下一跳中选择一个（其
选择方式既可以是轮询也可以是随机），然后与通往特定网络的每一条路由进行绑定。

　　与逐包负载均衡模式相比，每目的负载均衡模式虽有诸多改进，但还不能让人完全满
意。在每目的负载均衡模式下，若发往目的网络 A 的流量远高于目的网络 B，则网络的
整体带宽利用率将会非常不均衡。试举一例，如图 8.14 所示，假定图中的路由器 E 负责
提供 Internet 访问。当路由器 E 向网络中的其他路由器通告 Internet BGP 路由时，将路由
的下一跳地址设成了 10.255.0.1，此乃路由器 E loopback 接口的 IP 地址。也就是讲，路由
器 E 已向外宣布，本机将承担网络中所有 Internet 流量的转发任务；在实战中，这种做法
非常普遍。收到 BGP 路由时，路由器 A 会在 IGP 路由表中查找匹配目的 IP 地址 10.255.0.1
的路由，以期遵循此路由，将流量送达 BGP 路由的下一跳地址。若路由器 A 执行的是每
目的负载均衡，则会在路由器 B 或 C 中任选其一，作为通往 BGP 路由下一跳 IP 地址的
下一跳路由器，亦即 BGP 下一跳的 IGP 下一跳。潜在的问题是，对于由路由器 A 转发的
流量而言，Internet 流量一定会比发往路由器 D 身后所有其他目的网络的流量高得多，如
此一来，等开销多路径负载均衡也就成了空谈。

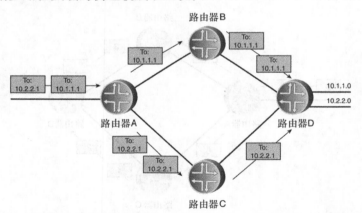

图 8.13　每目的负载均衡模式是指让路由器从多个 ECMP 下一跳中选择一个，然后与通往特定网络的每
一条路由进行绑定

　　逐流（per-flow）负载均衡模式是对以上两种负载均衡模式的改进。运行该负载均衡
模式的路由器会首先标识数据流，然后再把隶属于该数据流的所有数据包都转发至同一台
下游（下一跳）设备，或通过同一个接口向外发送。一条数据流最起码也应该是从同一源
IP 地址发往同一目的 IP 地址的所有数据包。而且，还能以更精确的方式来定义数据流

——不但可以根据源和目的 IP 地址，还可以根据 IP 协议号、源和目的端口号，甚至是 ToS 或 DSCP（区分服务代码点）值来定义[2]。实现对微流的负载均衡难度更高，因为需要路由器去解析的可不止是 IP 包头了。转发中的 IP 数据包的 IP 包头或（TCP/UDP）头部中的字段值将成为哈希算法的输入项（每家路由器厂商都有自己的一套哈希算法）。然后，路由器会根据计算出的哈希值将数据包与数据流"绑定"，隶属于同一条数据流的所有数据包都会被转发至相同的下一跳（设备）。

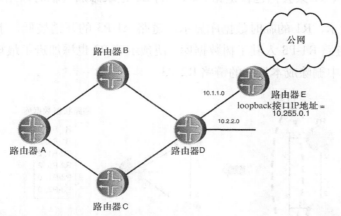

图 8.14 每目的负载均衡模式不能满足图中所示网络需求

8.1.2 伪节点和 ECMP

在同一个 ECMP 组中有部分链路为广播链路的情况下，"简易"的 SPF 实现就会出现"微妙"的问题。为帮助读者理解，下面再举一个执行 SPF 计算的例子。

由图 8.15 所示网络的物理拓扑可知，R1 和 R2 分别用一条点到点链路和一条以太网链路互连。对 R1 和 R2 来讲，通过这两条链路外发数据包的成本（开销）都是 2，因此这两条链路构成了等价路径，穿梭于 R1 和 R2 间的流量可以分摊在这两条等开销链路上。在该图所示网络的逻辑拓扑图中，需要把 R1 和 R2 间的那条以太网链路表示为伪节点，于是多出了一台路由器 P3。在 4.4 节，作者在介绍伪节点的基本概念时曾经提到，从伪节点到与其"直连"的任何一台路由器的成本都是 0，其目的是要规避伪节点对数据包的转发成本产生影响。图 8.16 所示为 R1 针对其所处小型网络，执行 SPF 计算的步骤 1。在这一步，R1 把自身作为树根添加进了树数据库，然后将与本机有关的记录（包含本机通往邻居路由器的所有链路），添加进了临时数据库。

---

[2] 定义数据流时，根据源、目端口号定义的流被称为微流（microflow）。

　　有两条自树根（R1）发起的链路会进驻临时数据库，这两条链路的数据包转发成本都是 2。与前例相同，R1 会随机选择其中的一条链路（链路 R1-R2），让其入驻树数据库（见图 8.17）。这样的随机选择将会导致与 ECMP 有关的问题，只是目前还不太明显。

　　链路 R1-R2 一入驻树数据库，就等于把 R2 添加进了最短路径树，因此 R1 需要在 LS 数据库中查询 R2 通向其邻居路由器的所有链路（见图 8.18）。因为链路 R2-R1 已经入驻了树数据库，所以 R1 只会把包含链路 R2-P3 的 LS 记录添加进临时数据库。

　　如图 8-19 所示，R1 的临时数据库显示，链路 R1-P3 的开销最低，于是，R1 将其转移进树数据库。链路 R1-P3 入驻了树数据库，便预示着 P3 也添加进了最短路径树。然后，R1 从临时数据库中删除成本最高的链路 R2-P3。

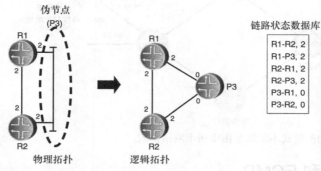

图 8.15　R1-R2 之间通过两条等开销链路互连，一条是点到点链路，一条是广播链路

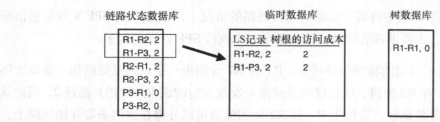

图 8.16　路由器将自身作为（最短路径）树的树根，添加进了树数据库，同时将本机相关记录（包含本机通往邻居路由器的所有链路），添加进了临时数据库

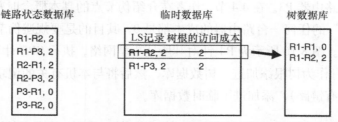

图 8.17　对于 R1（树根）而言，链路 R1-R2 和 R1-P3 都是等价链路，因此随机选择了一条链路，令其"入驻"树数据库

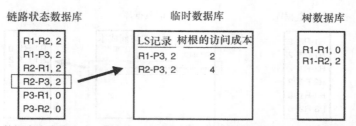

图 8.18 R1 在 LS 数据库中查询由 R2 生成的记录，并把包含链路 R2-P3 的 LS 记录添加进了临时数据库

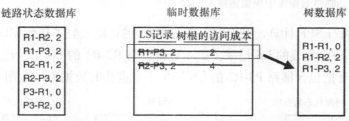

图 8.19 R1 先从临时数据库中把成本最低的链路 R1-P3 转移进树数据库，然后再把成本最高的链路 R2-P3 删除

　　随着将 P3 添加进最短路径树，R1 会在 LS 数据库中查询 P3 通向其邻居路由器的所有链路，可查出两条与 P3 有关的记录（包含链路 P3-R1 和 P3-R2）。由于那两条链路所连接的路由器 R1 和 R2 都已"身处"最短路径树，因此 R1 不会向临时数据库中添加任何记录。此时，临时数据库为空，R1 停止 SPF 计算。图 8.20 所示为 R1 计算出的最短路径树，让我们来分析一下与 ECMP 有关的问题。由图可知，树根（R1）有通往 R2 和 P3 的分枝各一。因此，R1 会让发往 R2（及其身后目的网络）的所有流量都"走"点到点链路，以太网链路派不上半点用场，负载均衡便成为了空谈。

　　问题就出在图 8.17 中 R1 的随机"二选一"上面（R1 在两条等开销链路中，让链路 R1-R2 入驻了树数据库），这在前面已经提到。因此，先回到这一步，让 R1 选择另一条链路（R1-P3），看看会怎样。图 8.21 再次显示了图 8.17 中 R1 的临时数据库，现在，让 R1 把链路 R1-P3 转移进树数据库，保留链路 R1-R2。

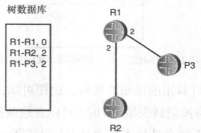

图 8.20 R1 最终计算出的最短路径树由于"舍弃"了分枝 P3-R2，因此不支持等价链路间的负载均衡

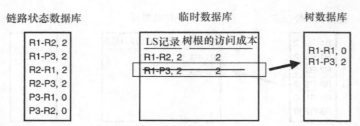

图 8.21 退回到 R1 在链路 R1-R2 或 R1-P3 中随机 "二选一" 那一步。现在，让 R1 选择将链路 R1-P3 转移进树数据库，在临时数据库中保留链路 R1-R2

R1 将继续执行 SPF 计算，因为这次是通往 P3 的链路入驻了树数据库，所以 R1 会在 LS 数据库中查找 P3 生成的 LS 记录。由于包含链路 R3-R1 的 LS 记录已经入驻了树数据库，因此 R1 只会把包含链路 P3-R2 的 LS 记录添加进临时数据库（见图 8.22）。

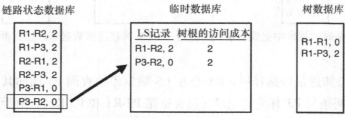

图 8.22 R1 把包含链路 P3-R2 的 LS 记录添加进临时数据库

由图 8.23 可知，R1 的临时数据库中有两条 LS 记录，各包含了一条通向 R2 的链路，这两条链路的开销相同。为适应 ECMP 场景，R1 执行的是 8.1.1 节中描述的经过修改的 SPF 算法。也就是讲，R1 不再会随机 "二选一"，而是会把那两条等开销链路同时转移进树数据库。现在，LS 记录涉及的所有路由器都在树数据库里露面，实时数据库也空空如也，R1 停止了 SPF 计算。

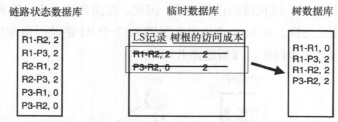

图 8.23 两条通向 R2 的链路 R1-R2 和 P3-R2 为等开销链路，R1 将它们双双转移进了树数据库

图 8.24 所示为 R1 最终计算出的最短路径树。由图可知，最短路径树包含了 R1 通往 R2 的两条等开销链路，R1 将流量转发给 R2 时，可以在这两条链路之间实现负载均衡了。在图 8.21 所示的步骤中，R1 放弃选择本机通往 R1 的链路，而是将通往伪节点的链路转

移进树数据库，是防止 ECMP 遭到破坏的关键。因此，要想在两条（或多条）等开销点到点链路和广播链路之间实现流量的负载均衡，就必须在 SPF 计算流程中引入下列规则：

若临时数据中有多条链路，访问成本也同为最低，且至少各有一条链路分别与伪节点和一台路由器相连，则应首先把连接到伪节点的链路转移进树数据库，不应随机选择。

并非所有路由器厂商都把上述对 SPF 算法的改进，融入了自己的 OSPF 或 IS-IS 实现。因此，若要在网络中仰仗 IGP（OSPF 或 IS-IS）实现流量的负载均衡，就得让路由器厂商确保其 IGP 实现所使用的 SPF 算法遵循上面提到的那些规则。

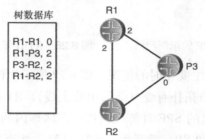

图 8.24   R1 最终计算出的最短路径树正确"纳入"了两条等价路径，多链路间的流量负载均衡得以实现

8.1.3 增量 SPF 计算

有很多网络工程师和网络管理员都认为，除非应用于超大型网络，否则距离矢量路由协议一定"完胜"链路状态路由协议。问他们为什么，得到的回答总是："SPF 算法太过复杂，极度消耗路由器的 CPU 资源，开启链路状态路由协议，会使路由器的性能大打折扣。"这些人的思维模式其实还停留在 20 世纪 90 年代。十几年前，关心路由器执行 SPF 计算会消耗多少资源或许还有一定道理，但如今，SPF 计算这茬根本就不是网管人员应该操心的事情（与运行距离矢量路由协议相比，新型路由器执行 SPF 计算所消耗的资源多不到哪里去）。有以下因素促成了上述转变：

- 路由器的整体性能（CPU 主频、内存容量）已有显著提高；

- 路由器的物理和逻辑架构更加健壮；

- 人们设计及运维大型复杂网络的经验在不断增加；

- 路由器厂商设计健壮的 SPF 算法的经验在不断增加。

增量 SPF 算法（Incremental SPF，iSPF）是对 SPF 原始算法的重大改进，已有多家路由器厂商将其纳入了自己 IGP（OSPF 或 IS-IS）实现。现以图 8.25 为例，来介绍什么是

iSPF。根据图中所给的链路开销，可以很容易地"替"R1 计算出最短路径树，如图 8.26 所示。

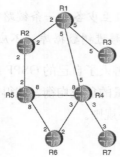
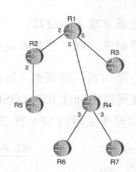

图 8.25　用来讲解何为 iSPF 的示例网络　　　　图 8.26　R1 计算出的最短路径树

现在来考虑网络拓扑发生变化时的情况。图 8.27 所示为该网络中有一台新路由器 R8 "上线运行"。为反映出网络拓扑有变（新路由器上线），R1 在最短路径树中加入了 R8，如图 8.28 所示。之前介绍过的 SPF 计算规程规定，区域内的所有路由器都会因新路由器的"加盟"而开始泛洪 LSA/LSP，重新执行 SPF 计算。然而，只要瞥一眼图 8.27 所示的新网络拓扑，就会发现与原来的网络拓扑差别不大，新"加盟"的 R8 只不过是 R5 下的一个"分枝"而已。

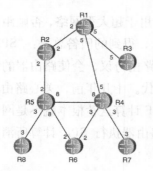
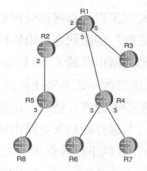

图 8.27　R8"加盟"后的网络拓扑　　　　图 8.28　R8"加盟"后，R1 计算出的新的最短路径树

图 8.29 所示为网络拓扑发生改变的另外一种情况。由图可知，这一次是 R4 和 R5 之间的链路中断（或链路一端的接口遭到禁用）。到目前为止，根据我们对 SPF 算法的了解，R4 和 R5 一定会把链路中断这样的情况，以 LSA 或 LSP 的形式向外传播，直至传遍整个区域，区域内的所有路由器都会重新执行 SPF 计算。不过，对 R1 来说，R4 和 R5 间的那条链路本就未出现在其先前计算出的最短路径树（见图 8.26）中，因此 R1 计算出的最短路径树将会和链路中断前计算出的一模一样。

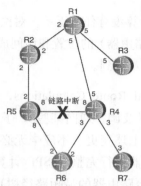

图 8.29 由于链路 R4-R5 原本就不是 R1 计算出的最短路径树上的树枝，因此该链路中断不会对 R1 造成任何影响

开发 iSPF 的目的，是为了应对网络拓扑发生改变。对于上述第一种情况（网络"多出"了一条链路和一台路由器，即一台叶路由器上线），由于只有那么一条链路"续接"上了最短路径树，因此 R1 无需重新计算通往其他所有路由器的最短路径。也就是讲，网络中只是多出了一条路径，该路径通向一台新上线的路由器。R1 不必为此执行完整的 SPF 计算，只需在计算好的最短路径树上"嫁接"一条从 R5 通向 R8 的树枝。

对于上述第二种情况，R4 和 R5 间的链路中断，并不会对 R1 计算出的最短路径树有任何影响，所以 R1 无需重新执行 SPF 计算。只有把 R4 和 R5 间那条链路的开销值调低，R1 才需要重新执行完整的 SPF 计算。

iSPF 算法能让路由器在网络拓扑发生变化（比如，之前提到的那两种情况）时，予以"变通"——只针对发生变化的那部分网络单独执行 SPF 计算。对于第一种情况，R1需要在最短路径树上追加一个类似于距离矢量的东西；对于第二种情况，R1 根本无需采取任何动作。经验表明，当第一种情况发生时（网络中有叶路由器上、下线时），iSPF 所起的作用最大。

8.1.4 部分路由计算

上一节描述的网络拓扑发生改变的种种情况，在 IGP 路由式网络中时有发生。因此，有必要对基本的 SPF 计算规程做相关改进，同时结合 iSPF 来提高计算效率。（在路由器上）添加、删除 IP 地址，以及调整通向某些 IP 子网的路由的访问成本，应属于比较常见的网络变更操作（跟上一节提到的那两种网络拓扑发生改变的情况一样常见）。回顾基本的 SPF 规程可以发现，路由器在执行最短路径计算时，与 IP 地址"沾边"的只有 RID。虽然记录每台路由器所通告（或直连）的 IP 前缀的距离和方向，是每一种路由协议的终极目标，但 IP 前缀本身与 SPF 计算没有任何干系。对执行 SPF 计算的路由器而言，只要确定了最短路径树上每个节点（路由器）的位置和访问成本，记录具体有哪个节点直连或通告了什么样的 IP 前缀，自然不难办到。

这就是部分路由计算（Partial Route Calculations，PRC）所要解决的基本问题。在路由器上添加、删除 IP 地址，以及调整通向某些 IP 子网的路由的访问成本时，最短路径树上的其他路由器只应该记录上述变更，不应毫无必要地重新执行 SPF 计算。当然，哪怕是在大型网络中，高端路由器执行完整的 SPF 计算，速度也非常快（可在 50~100 毫秒之内计算出涉及 500~1000 台路由器的最短路径树）。不过，要是执行 PRC，速度将会更快，可在极短时间之内完成对 IP 前缀的扫描（0.5~10 毫秒，具体时间视需要扫描的 IP 前缀数而定）。

与 OSPFv2 相比，PRC 可为 IS-IS 提供更高的效率，这主要是因为两种路由协议通告 IP 前缀的方式有所不同。IS-IS 路由器通过（包含在 LSP 中的）IP 可达性 TLV 来通告所有 IP 前缀，而执行 SPF 计算所需的邻居路由器的信息则由 IS 邻居 TLV 或 IS 可达性 TLV 来通告。这种把 IP 前缀信息的通告与拓扑信息的通告一分为二的做法，也使得 RPC 更容易应对 IP 前缀信息的任何改变。

然而，OSPF 却把 IP 地址语义整合进了类型 1 和类型 2 LSA。也就是讲，路由器或伪节点会共用同一种类型的 LSA，通告拓扑信息和 IP 前缀信息。因此，若一路由器所连（链路的）IP 地址发生改变，该路由器会生成类型 1 LSA，宣布 IP 地址有变。不过，类型 1 LSA 同时还包含了节点信息，所以只要泛洪类型 1 LSA，就会导致本区域内的所有路由器执行 "全套" SPF 计算，哪怕类似的 IP 地址变更根本就不会改变节点间的拓扑。综上所述，对于 OSPFv2 的路由器而言，只有在生成类型 3、4、5、7 LSA（这 4 种 LSA 的唯一用途就是通告 IP 前缀信息）的情况下，才会触发 PRC。

在 IS-IS 路由进程域内，RPC 对各类 IP 前缀（的增加、删除，以及访问成本的调整）全都适用，但在 OSPFv2 路由进程域内，RPC 只对本区域以外的 IP 前缀生效，这也正是单 IS-IS 区域比单 OSPF 区域更具备可扩展性的原因所在。OSPFv3 则在路由器（类型 1）和网络（类型 2）LSA 中删除了 IP 地址语义，且启用了一种新的 LSA 来通告本机直连 IP 前缀，这便显著提高了单 OSPF 区域的可扩展性。

8.1.5 SPF 延迟

虽然触发 iSPF 计算和 PRC 的网络事件种类不少，但未必会频繁发生。在大型网络中，会触发 RPC 的 IP 地址变更类事件一天也发生不了几次，而触发 iSPF 计算的网络拓扑变更类事件则一个礼拜都碰不到几回。而且，即便网络的规模非常大，执行"全套"SPF 计算也最多只会花几十毫秒的时间。有鉴于此，只有当网络中发生了异常状况时，才能体现出 iSPF 和 RPC 的主要价值。在那种大的 OSPF/IS-IS 区域中，由于路由器分散在各个角落，刷新计时器到期的时间并不统一，因此 LSA/LSP 泛洪会时常发生，SPF 计算也会频繁进行。当异常情况发生时，路由器会因处理频繁发生改变的 LSA/LSP 而应接不暇。倘若每收到一条 LSA/LSP，路由器便执行全套或增量 SPF 计算的话，那么只要 LSA/LSP 来得过快、过猛，其 CPU 资源将会被消耗殆尽。调度器决策缓慢，会导致路由器把重要任务暂时或完全搁置一旁，甚至其本身也会"摇摇欲坠"。

运行链路状态路由协议的大型网络都会面临一个难题，那就是在不让 SPF 计算独占路由处理器的同时，还要尽快通过 SPF 计算快速反映出网络中发生的变化。这也是 SPF 延迟机制（SPF delay，即让路由器推迟执行 SPF 计算）所要解决的问题，SPF 延迟也被称为 SPF 抑制（SPF holddown）或 SPF 节制（SPF throttling）。支持 SPF 抑制机制的路由器不会每次一收到新的 LSA/LSP 就执行 SPF 计算，而是会在（连续两次）执行 SPF 计算之间稍等片刻。若有大批 LSA/LSP 同时泛洪，在（连续两次）执行 SPF 计算之间稍等片刻，即表示在这段时间内，会有更多的 LSA/LSP "入驻" LS 数据库。正是因为等待了这段时间，才能尽可能多的把网络中发生的变化包括进下一次 SPF 计算，从而起到提升效率的目的。

SPF 延迟还能在其他方面提升一点效率。执行 SPF 计算时，路由器必须"冻结"LS 数据库，不让新的 LSA/LSP 进驻[3]。如此行事的原因显而易见：在 SPF 计算过程中，LS 数据库的内容一旦发生变化，就会导致计算出错。因此，在执行 SPF 计算期间，路由器会先缓存收到的所有 LSA/LSP，等到计算完成之后，再添加进 LS 数据库（此时，可能会触发新的 SPF 计算）。仰仗 SPF 延迟特性，不但能全面降低路由器执行 SPF 计算的频率，还能顺带降低其缓存 LSA/LSP 的次数。

当然，让路由器在连续两次执行 SPF 计算之间等待一段时间，也会付出一定的代价——会延长网络的收敛时间。因此，到底应等多长时间就很难确定：时间长了，网络迟迟得不到收敛；时间短了，LSA/LSP 来得过猛，路由器就会招架不住。最理想的方案是，在网络运行正常的情况下，路由器连续两次 SPF 计算的间隔时间应稍短一点，当网络不稳定时，间隔时间则应稍长一点。有好几家厂商的路由器都支持这种自适应型 SPF 计时器。

当网络运行正常时，Juniper 路由器连续两次执行 SPF 计算的间隔时间会比较短，默

---

[3] 还有一种比"冻结"整个 LS 数据库更高明的方法，那就是"锁定"路由器正在处理的 LSA/LSP。

认间隔时间为 200 毫秒。也就是讲，只要执行过一次 SPF 计算，Juniper 路由器在 200 毫秒内将不能再次执行。可通过 spf-delay 命令，来调整 Juniper 路由器的 SPF 计算间隔时间，取值范围为 50~1000 毫秒。该命令可针对 OSPF 和 IS-IS 来配置，且同时生效于完整和部分 SPF 计算。若 SPF 计算被连续触发 3 次，则表示网络不稳定，Juniper 路由器会自动把 SPF 计算间隔时间延长为 5 秒。这一"延长模式"下的 SPF 计算间隔时间不能通过配置命令来更改。在"延长模式"下，若 Juniper 路由器在执行过一次 SPF 计算后的 20 秒内"风平浪静"，则表示网络恢复稳定，于是，将会回归"正常模式"（将 SPF 计算间隔时间调整为 200 毫秒）。

最初，Cisco 公司也使用类似的线性"正常"／"延长"模式算法（可通过 timers spf 命令，针对 OSPF 来配置）。但最近，Cisco 公司采用了一种指数退避（exponential backoff）算法，让路由器自动处理 SPF 延迟。可在 Cisco 路由器上针对 SPF 计算间隔时间，配置 3 个计时器：initial delay（初始延迟）、delay increment（增量延迟）以及 maximum delay（最长延迟）[4]。Cisco 路由器在头两次执行 SPF 计算之前，会分别等待 initial delay 和 delay increment 计时器所指定的时间。此后，只要再次执行 SPF 计算，所等待的时间都将是上一次的 2 倍。试举一例，若 initial delay 和 delay increment 计时器值分别为 100 和 1000 毫秒，则 Cisco 路由器头两次执行 SPF 计算之前，会分别等待 100 和 1000 毫秒。若要执行第三次 SPF 计算，就得等待 2000 毫秒，执行第四次 SPF 计算，要先等 4000 毫秒，依此类推。maximum delay 计时器定义的是 delay increment 计时器值所能达到的极限值，单位为秒。该计时器的作用是，防止 SPF 延迟因网络的不稳定而增长的过快（即防止 delay increment 计时器值增加到无穷大），以至于路由器完全停止执行 SPF 计算。若在 2× maximum delay 计时器所指定的时间内未执行过 SPF 计算，Cisco 路由器便会切换回"正常"模式，重新启用 initial delay 计时器所定义的 SPF 延迟时间。

在 Cisco 路由器上，可在 router OSPF 配置模式下，执行 timers throttle spf 命令，来设置那 3 个计时器值；可执行 spf-interval 命令，针对完整的 IS-IS SPF 计算，设置那 3 个计时器值。要想针对部分 IS-IS SPF 计算设置那 3 个值，请执行 prc-interval 命令。

8.2　改进路由器泛洪 LSA/LSP 的机制

8.1.5 节曾数次提及，只要网络不稳定，就会引发 LSA/LSP 的泛洪，但此节内容主要

---

[4] 在 Cisco 路由器上配置指数退避算法时，IOS 命令中用来表示这 3 个计时器的具体参数名会随 OSPF 和 IS-IS 而异。虽然参数名称不同，但配置效果全都相同。

关注的是如何改进 SPF 算法，让路由器的处理器不会因频繁执行 SPF 计算而不堪重负。在这一小节，关注的是如何保护路由器自身。然而，不论身处哪个社会，只要人人循规蹈矩并互相监督，自我防护将会失去意义。也就是说，在运行链路状态路由协议的网络中，若能对 LSA/LSP 泛洪机制"精益求精"，则可降低每一台路由器在区域内因泛洪 LSA/LSP 而"骚扰"邻居路由器的机会，从而确保"邻里之间"相安无事。

与针对 SPF 算法的改进一样，针对 LSA/LSP 泛洪机制的改进也未列入公开的协议标准（IS-IS mesh group 特性是一个例外）。每家路由器厂商都或多或少地改进了 LSA/LSP 泛洪机制，以使自家的 OSPF/IS-IS 实现能适应大型网络的可扩展性需求。每家厂商都会根据客户的网络类型、路由器在网络中承担的功能，以及客户提出的具体需求和特定功能，对 LSA/LSP 泛洪机制做出适当改进。

8.2.1 控制路由器发送 LSA/LSP 的节奏（Transmit Pacing）

可对路由器连发两次 LSA/LSP 之间的间隔时间加以延长，这种机制被称为 LSA/LSP 的延迟发送、调节发送或节制发送[5]。无论该机制如何称呼，让路由器延迟发送 LSA/LSP，是为了防止其（在短时间内泛洪过量的 LSA/LSP）独占链路带宽，"骚扰"邻居路由器。对一台路由器而言，LSA/LSP 的延迟发送机制分为两个方面：延迟发送自生成的 LSA/LSP；在泛洪过程中，延迟"转发"非自生成的 LSA/LSP（由其他路由器生成的 LSA/LSP）。

要想理解 LSA/LSP 延迟发送机制如何提高 LSA/LSP 的泛洪效率，则有必要先了解一下较为"死板"的 OSPF/IS-IS 实现。运行此类"原汁原味"的 OSPF/IS-IS 实现的路由器会每隔特定的时间，刷新一次 LSA/LSP（每隔 30 分钟刷新一次 LSA，每隔 20 分钟刷新一次 LSP）。只要刷新计时器到期，路由器就会扫描 LS 数据库，泛洪所有自生成的 LSA/LSP。（LS 数据库里所有）LSA/LSP 泛洪的间隔时间全都由一个计时器来定义，会导致路由器定期"喷发"巨量的控制平面流量，但在"喷发"之后，却寂静如斯，如图 8.30 （a）所示。让每条 LSA/LSP 分别与一个刷新计时器挂钩，可以平滑路由器因刷新 LSA/LSP 而产生的控制平面流量，如图 8.30（b）所示，不会让邻居路由器"突然"面对汹涌而来的巨量 LSA/LSP。

不过，这一让每条 LSA/LSP 分别与一个刷新计时器挂钩的做法其实并不算高效，尤其是在 OSPF 路由器执行 LSA 泛洪时。因为如此行事，OSPF 路由器可能每次只会在链路状态更新（LSU）数据包里填入一两条 LSA，然后外发。可要是在某条 LSA 的刷新计时

---

[5] 译者注：原文是 "Increasing the interval between subsequent LSA/LSP transmissions is variously called delay,pacing,or throttling"。

器到期时，不让 OSPF 路由器立刻实施泛洪操作，而是坐等片刻，在这段等待时间内可能会有更多 LSA 的刷新计时器到期，这样就能在单个 LSU 数据包内一次性"装载"多条 LSA 了。图 8.30 所示为让 OSPF 路由器延迟泛洪所起到的"编组"效应。

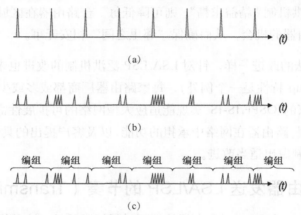

图 8.30   将整个 LS 数据库与一个刷新计时器挂钩，会让路由器定期（每隔 LSA/LSP 的刷新间隔期）一次性"喷发"大量的控制平面流量（a）；将 LS 数据库里的每一条记录分别与一个刷新计时器挂钩，会让路由器随机生成较小的控制平面流量（b）；让路由器在某条 LSA 的刷新计时器到期时稍等片刻，等一组 LSA 的刷新计时器一齐到期后，再在单个 LSU 数据包内一次性"装载"多条 LSA，以此来起到显著提升泛洪效率的目的（c）

　　Cisco IOS 内置有一个用来控制 LSA 泛洪节奏的计时器，其默认值为 4 分钟，取值范围为 10~1800 秒（30 分钟），具体时间可通过 timers pacing lsagroup 命令来手工指定[6]。利用该计时器，不仅能控制路由器刷新 LSA 的节奏，连路由器执行 LSA 老化和 LSA 校验和计算的节奏也能控制。若链路状态数据库的规模过于庞大（LSA 有数千条之多），且掌控 LSA 泛洪节奏的计时器仍采用默认值，则仍然会在 LSA 泛洪时造成图 8.30（a）所示的局面；因此，适当调低该计时器值，可使得 LSA 泛洪的节奏更平稳一些。

　　当路由器自身状态不稳定，特别是当直连链路发生翻动时，令其推迟泛洪自生成的 LSA，所能体现的好处也最大。让路由器不是一遇到链路翻动就泛洪一条新的 LSA/LSP，而是稍等片刻，多经历几次链路状态的变迁之后再泛洪 LSA/LSP，就能够起到降低由链路翻动而导致的泛洪次数。为此，OSPF 和 IS-IS 标准都有相关的时间参数定义。OSPF 标准定义了两个结构性的时间参数（都是固定值）：路由器不应在 5 秒（MinLSInterval）之内连续生成任何一条 LSA 的新实例；路由器不得在 1 秒（MinLSArrival）之内连续接收同一条 LSA 的新实例。IS-IS 标准也定义有类似的时间参数，但与 OSPF 标准不同是，

---

[6] 老版本的 IOS 要用 lsa-group-pacing 命令来调整该计时器的值。

ISO 10859 给出的是建议值并非某规定值：路由器连续生成新 LSP 的最短间隔时间
（minimumLSPGenerationInterval）——30 秒；连续泛洪由同一台路由器生成的 LSP 的最
短间隔时间（minimumLSPTransmissionInterval）——5 秒。每家路由器厂商通常都会以这
两个时间参数为基础，对自己的 IS-IS 软件加以优化，让运行它的路由器能更好的适应规
模不等的网络。

Cisco IOS 也采用 8.1.5 节所描述的指数退避机制，来调节 Cisco 路由器自生成的 LSA
的泛洪节奏：可执行 lsp-gen-interval 命令，来定义 initial delay、delay increment 以及
maximum delay 这 3 个时间参数。如前所述，initial delay 参数定义的是路由器在新生成一
条 LSP 之后，将其向外泛洪之前所要等待的时间，单位为毫秒。delay increment 参数值的
单位同样为毫秒，在定义之后，会保持指数级的增长。该参数值定义的是路由器在泛洪自
生成的第一条 LSP 之后，应等待多长时间，才能泛洪第二条自生成的 LSP。自打泛洪了
第二条 LSP 后，路由器要想再次泛洪自生成的 LSP，每次所要等待的时间都将是上一次
的两倍，直至等待时间达到 maximum delay 参数所定义的值。maximum delay 参数定义的
是 delay increment 参数所能达到的极限值，单位为秒。若在 2 × maximum delay 参数所定
义的时间内，路由器未生成新的 LSP，上述指数退避机制将会重新开始执行。

Juniper JUNOS 既没有采用指数退避机制，也没有提供任何配置选项让路由器延迟泛
洪 LSP，而是采用了 8.1.5 节介绍 SPF 延迟时提到的"正常模式"和"延迟模式"机制。
在"正常模式"下，Juniper 路由器泛洪自生成的 LSP 之前，会等待 20 毫秒。若一连 3 次
"快速"生成了 LSP，Juniper 路由器就会切换至"延迟模式"，在每次泛洪 LSP 之前，先
等待 10 秒，直至网络状态稳定。

控制路由器泛洪非自生成的 LSA/LSP，是 LSA/LSP 延迟发送机制的另一个目标。当
网络状态不稳时，在一个 OSPF/IS-IS 区域内泛洪的 LSA/LSP 可能会有成百上千条；这就
要求该区域内的每一台路由器都能够调节 OSPF LSU 或 IS-IS LSP 的发送节奏，以限制邻
居路由器对相关路由协议消息的接收速度。

对于 Cisco IOS，可执行 timers pacing flood 命令，来配置路由器连续传送两次 OSPF
LSU 数据包之间的最短间隔时间（单位为毫秒）。默认情况下，Cisco 路由器连传两次 OSPF
LSU 数据包之间的间隔时间为 33 毫秒，通过上述命令进行调整时，间隔时间的取值范围
可介于 5~100 毫秒。而 Juniper 路由器与此有关的间隔时间则以硬件编码来实现，不能通
过配置命令来调整。

在 Cisco 路由器上，可执行 isis lsp-interval 命令，来控制 LSP 的发送节奏。默认情况

下，Cisco 路由器连续发送两次 IS-IS LSP 之间的间隔时间也是 33 毫秒。对于 Juniper JUNOS，可执行 lsp-interval 命令，来配置路由器连续发送两次 IS-IS LSP 之间的间隔时间，默认值为 100 毫秒。

现在来举个例子，带大家算一道简单的算术题。若上述间隔时间为 100 毫秒，则路由器发送 OSPF LSU 或 IS-IS LSP 的最高频率为 0.1 秒一次，也就是讲，这台路由器每秒最多可以发出 10 个 OSPF LSU 或 IS-IS LSP；若间隔时间为 50 毫秒，则意味着路由器每秒最多可以发出 20 个 OSPF LSU 或 IS-IS LSP。

在任何情况下，上述命令都能基于路由器上的每个接口来配置。通过调整（特定接口）连发两次 LSA/LSP 之间的间隔时间参数，就能让相关参数作用于与此接口相连的邻居路由器。需要说明的是，在绝大多数情况下，默认（或硬编码）值已经够用了。归根结底，要想让网络中的低端路由器不受 LSA/LSP 泛洪的侵袭，最佳做法应该是制定合理的 OSPF/IS-IS 区域规划方案和数据包的"排队"方案。

8.2.2　控制路由器重传 LSA/LSP 的节奏（Retransmit Pacing）

把握好路由器重传 LSA/LSP 的节奏，还可以启到控制 LSA/LSP 泛洪的效果。第 5 章曾经提到，必须以可靠的方式泛洪 LSA/LSP，因此路由器会在特定时间内，重新传送未得到直接或间接确认的 LSA/LSP。为此，OSPF 路由器会把已经发出的 LSA 的拷贝，添加进 LSA 重传列表，并为其设置一个重传计时器（计时器值一般为 5 秒）。若该 LSA 得到了确认，便会从重传列表中"退位"。若重传计时器到期，仍未得到确认，路由器会重传 LSA 的拷贝，并重新激活针对其设置的重传计时器。

IS-IS 路由器在点到点网络环境和广播网络环境中重传 LSP 的过程是不太一样的。在点到点网络环境中，只有收到了（邻居路由器发出的）明确确认 LSP 已经接收的 PSNP，IS-IS 路由器才会清除基于点到点接口，针对相关 LSP 设置的发送路由消息（SRM）标记。当这台 IS-IS 路由器在下一次扫描 LS 数据库时（IS-IS 路由器会每隔 5 秒或 "minimumLSPTransmissionInterval"计时器设定的时间，扫描一次 LS 数据库），若发现了针对点到点接口，为某条 LSP 设置了 SRM 标记，则会（通过此点到点接口）重传那条 LSP。在广播网络环境中，DIS 会每隔 10 秒发出 CSNP，来间接确认（由非 DIS 路由器发出的）LSP。若一台（非 DIS）路由器在发出了某条 LSP 之后，未在收到的（由 DIS 发出的）CSNP 中发现该 LSP 的实例，便会重传这条 LSP。

我们所要研究的问题是，若在网络中传播的 LSA/LSP "泛滥成灾"，而此时恰巧有一台低端路由器忙于处理收到的 LSA/LSP，无暇立即确认，便会导致其邻居路由器重传 LSA/LSP。只要这台低端路由器总是"忙不过来"，LSA/LSP 的重传问题就会变得非常严重。可执行 IOS 命令 ip ospf retransmit-interval 或 JUNOS 命令 retransmit-interval，将 Cisco 路由器或 Juniper 路由器重传 LSA 的间隔时间，从默认值 5 秒调整为 1~65535 之间的任一时间值。这两条命令都可以基于接口来设置。

可执行 IOS 命令 isis retransmit-interval，把 Cisco 路由器通过点到点接口重传 IS-IS LSP 的间隔时间，从默认值 5 秒调整为 1~65535 之间的任一时间值。不过，这条命令实际上调整的是 Cisco 路由器扫描 LS 数据库的间隔时间(扫描 LS 数据库是为了发现库中是否还有 LSP 附着了基于点到点接口而设的 SRM 标记)。isis retransmit-throttle-interval 命令才是真正用来控制 Cisco 路由器重传 IS-IS LSP 的间隔时间（单位为毫秒）的命令。在 Juniper 路由器上，则不允许修改默认的 IS-IS LSP 重传间隔时间。

8.2.3　Mesh Groups

在链路冗余程度较高的网络环境中（比如，以纵横交错的 PVC 来构建的 ATM 或帧中继网络环境），运行 OSPF 或 IS-IS 之类的动态路由协议，可能会导致与 LSA/LSP 泛洪有关的特殊问题。让我们先重温一遍路由器泛洪非自生成的 LSA/LSP 的基本原则：收到 LSA/LSP 时，路由器会从除接收接口以外的所有接口（所有参与路由协议进程的接口）向外泛洪。这遵循了最基本的水平分割原则。然而，在链路冗余程度较高的网络环境中，路由器之间都通过多条链路形成网状连接；在图 8.31 所示的那个以全互连方式构建的网络中，任何一对路由器之间都有链路直接相连。在这种以网状拓扑结构搭建而成的网络中，路由器只要遵循常规的 LSA/LSP 泛洪流程，那么每台路由器都有可能会收到同一条 LSA/LSP 的多份拷贝。以图 8.32 所示的网络为例，假设其中有一台路由器生成并泛洪了一条 LSA 或 LSP。由于该网络内的任何一对路由器之间都有链路直接相连，因此其他所有路由器都会收到那条 LSA 或 LSP。但这些路由器并不知道自己的所有邻居路由器也都收到了那条 LSA 或 LSA，于是会将其从除接收接口以外的所有接口向外泛洪，如图 8.33 所示。由此可见，这第二步的泛洪纯属多余。

在以全互连方式构建的网络中，只要任何一台路由器生成并泛洪了一条 LSA/LSP，其他每一台路由器都得执行 n-2 次无谓的泛洪操作，其中 n 为网络中路由器的台数。于是，在此类网络中（由一条 LSA/LSP 触发的）不必要的 LSA/LSP 泛洪总次数=$(n-1)(n-2)$ 次或$(n2-3n+2)$次。在图 8.31 所示的网络中，（由一条 LSA/LSP 触发的）无谓泛洪次数只有区区 20 次而已，还不足以对网络的性能产生严重影响。但可以想象的出，只要该网络

的规模变大，因路由器无谓泛洪 LSA/LSP 所导致的资源浪费势必呈指数级增长态势。举
个例子，在由 50 台路由器构成的全互连网络中，只要任何一台路由器生成并泛洪了一条
LSA/LSP，就会导致 2352 次无谓泛洪操作；若路由器的台数增加到 100 台，则会导致 9702
次无谓泛洪操作。

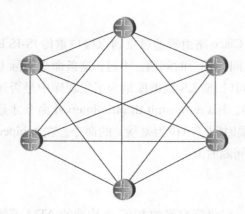
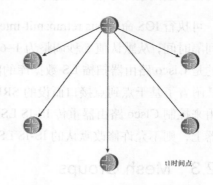

图 8.31   在以全互连方式构建的网络中，任何
一对路由器之间都有链路直接相连

图 8.32   在以全互连方式构建的网络中，只
要有一台路由器泛洪了一条 LSA/LSP，其他所有
路由器将会立刻收到该 LSA/LSP 的拷贝

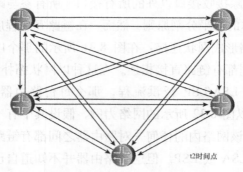

图 8.33   由于其他所有路由器并不知道自己的所有邻居路由器也都收到了那条 LSA 或 LSP，因此会毫
无必要地继续执行泛洪操作

IS-IS 支持一种名为 mesh groups 的特性[7]，可用来规避 IS-IS 路由器无谓泛洪 LSP 的
行为。mesh groups 特性可在 IS-IS 路由器的点到点接口上启用，该特性一旦启用，相应的
点到点接口将处于以下三种模式之一：

■   失效（Inactive）模式；

7 Rajesh Balay, Dave Katz 和 Jeff Parker, "IS-IS Mesh Groups," RFC 2973，2000 年 10 月。

- 阻塞（Blocked）模式；

- 分组（Set）模式。

处于失效模式时，表示接口未激活 mesh groups 特性，将会按正常方式泛洪 LSP。处于阻塞模式时，表示接口停止向外泛洪 LSP。图 8.34 所示为如何在以全互连方式构建的网络中启用阻塞模式的 mesh groups 特性。由图可知，网络中某些路由器间的互连链路以虚线来表示，现在，让所有路由器上与虚线链路相连的接口全都处于阻塞模式，处于阻塞模式的接口将不能泛洪 LSP。如此一来，图中的每台路由器上仍然还有两条链路未处于阻塞模式，在一条链路中断的情况下，另外一条链路照样可以泛洪 LSP。但有时，冗余性和稳定性是息息相关的。万一图 8.34 中某台路由器上那两个未处于阻塞模式的接口同时发生故障，即便剩下的三个接口都能正常运作（但都处于阻塞模式），该路由器也没法泛洪 LSP 了。

在以全互连方式搭建的网络中，将路由器的某些接口置入阻塞模式，还有可能会延长网络的收敛时间。以图 8.35 为例，图中任何一台路由器生成的 LSP 要想传遍整个网络，必须经历数次"转发"，即便生成 LSP 的路由器跟网络中其他任何一台路由器都有直连链路相连。

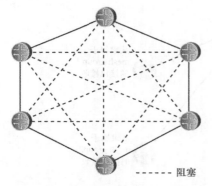

图 8.34　处于阻塞模式的路由器接口不能泛洪任何 LSP

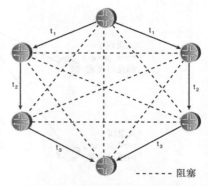

图 8.35　将路由器的某些接口置入阻塞模式，可能会延长整个网络的收敛时间

启用分组模式时，则既能阻止路由器执行不必要的 LSP 泛洪操作，也能让网络的收敛速度不至于太慢（要快于阻塞模式），只是会稍稍降低网络的冗余性。所谓分组模式，并不是单纯地将路由器上的所有接口划分为"阻塞"和"非阻塞"两种模式，而是对它们进行编组（mesh groups），并为每组接口分配一个编号。以图 8.36 为例，现对图中每台路由器上参与 LSP 泛洪的接口进行编组，让它们分别隶属于组 1（mesh group 1）和组 2（mesh group 2)。分组过后，路由器就只会把从隶属于组 1 的接口收到的 LSP，通过隶属于组 2 的接口向外泛洪，反之亦然。

假定图 8.36 所示的网络中有一台路由器生成了一条 LSP，如图 8.37 所示。由图可知，生成 LSP 的路由器已向所有邻居路由器泛洪了 LSP。请将此图与图 8.36 所示的接口分组情况进行比对，应该不难发现，某些邻居路由器通过隶属于 mesh group 1 的接口收到了 LSP，而另外一些邻居路由器则通过隶属于 mesh group 2 的接口收到了 LSP。

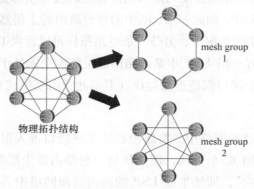

图 8.36　以分组模式来激活 mesh groups 特性时，需要对路由器上参与 LSP 泛洪的接口进行编组

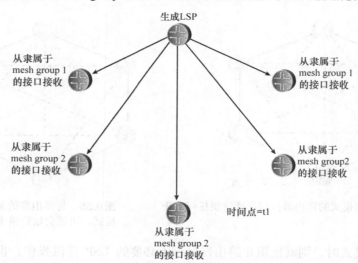

图 8.37　对于同一条 LSP，有些路由器通过隶属于 mesh group 1 的接口接收，另外一些路由器通过隶属于 mesh group 2 的接口接收

由图 8.38 可知，收到 LSP 之后，邻居路由器会向外泛洪。请继续将本图与图 8.36 所示的接口分组情况进行比对，同样不难发现，不论哪台路由器，只要是隶属于 mesh group

1 的接口收到了 LSP，就不会通过同属 mesh group 1 的其他接口向外泛洪；这种情况对隶属于 mesh group 2 的接口同样适用。此外，读者应该能够看出，与未启用 mesh groups 特性时相比，启用分组模式时，不必要的 LSP 泛洪会大大降低，但却明显高于图 8.35 所示的阻塞模式。然而，就网络的收敛速度而言，分组模式却要远快于阻塞模式。

要是网络结构比图 8.31 还要复杂，那就应该采用以上 3 种模式相结合的方法，来控制网络中路由器无谓泛洪 LSP 的行为。但无论怎样，只要在网络中启用了 mesh groups 特性，就必须以降低冗余性或延长收敛时间为代价（甚至会同时"牺牲"两者），来使得网络更具可扩展性。因此，在启用之前，必须仔细考量该特性是否适合自己的网络，即便适合，也应精心规划，以求在确保网络可靠性的同时，降低路由器无谓泛洪 LSP 的"举动"。

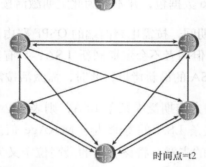

图 8.38 邻居路由器只会把从隶属于组 1 的接口收到的 LSP，通过隶属于组 2 的接口向外泛洪，反之亦然

mesh groups 特性只是 IS-IS 协议所独有，OSPF 协议并没有与之相似的特性。但有些厂商的 OSPF 实现支持 LSA 的过滤功能，能起到与 IS-IS mesh groups 特性相同的效果。比如，可在 Cisco 路由器上，针对特定端口应用 database-filter 命令，阻止其向外泛洪 LSA。不过，OSPF 网络一般都会划分为多个区域，在设计上已经有效避免了路由器无谓泛洪 LSA 的问题；而 IS-IS 网络大都不划分区域，整个路由进程域往往也就是一个超大型 IS-IS 区域，故而需要对路由器无谓泛洪 LSA 的行为进行控制。综上所述，mesh groups 特性对 IS-IS 网络非常重要，对 OSPF 网络则不然。

8.2.4 按需电路和泛洪抑制

一般而言，只有在相对大型的 IP 网络中才能见到 IS-IS 的身影，而在任意规模的 IP 网络中都能见到 OSPF。按需电路（demand circuit）出现在小型网络中的概率更高，它是指可在需要使用时接通，使用完毕后断开的电（链）路。如今，常见的按需电路的例子包括：拨号链路和低速 ISDN 链路，在此类链路上的数据交换都被称为"呼叫"（call）。任何一个用户都不希望此类链路永远处于接通状态，因为运营商会根据链路的接通时间，或所交付的流量来计费。

跨按需电路运行 OSPF 时，交换于邻居路由器之间的 OSPF Hello 数据包可能会让按需电路永远都处于接通状态，或每隔 10 秒接通/断开一次，在接通电路只为了交换 Hello 数据包。此外，即便网络拓扑丝毫未变，30 分钟一次的 LSA 定期刷新在还是会在按需电路上发生，这也会无谓接通按需电路，乃至发生费用。于是，为了让 OSPF 更好地跨按需电路运行，协议设计者对 OSPF 做出了如下改进[8]。

- 按需电路两端的 OSPF 路由器只会在首次建立邻接关系，执行 LS 数据库同步时，为了交换 OSPF Hello 数据包，而激活按需电路。LS 数据库同步一旦完成，双方便会停止交换 Hello 数据包，并不会为此定期激活按需电路。

- 在 LS 数据库同步期间，按需电路两端的 OSPF 路由器会因执行 LSA 泛洪操作，而激活按需电路，但两者不会定期刷新 LSA；只有当网络拓扑发生变化，才会跨按需电路泛洪 LSA 的最新拷贝，此时，需激活按需电路。

要是不打算在按需电路上定期泛洪某条 LSA，则表示必须让其在 LS 数据库里永不超时。也就是说，不能让这条 LSA 的寿命达到 MaxAge 值。为此，协议设计者打起了 LSA 头部中 16 位寿命字段的主意，将该字段的最高位定义为了 DoNotAge 位。LSA 的 DoNotAge 位置 1 时，其寿命字段值将会在泛洪期间照常增加，但只要进驻了 LS 数据库，便不再增加。

当然，能使上述机制生效的前提是，同一区域内的所有 OSPF 路由器都要能解读 DoNotAge 位置 1 的 LSA。只要区域内有一台路由器不能识别 DoNotAge 位置 1 的 LSA，进驻其 LS 数据库里的 LSA 的寿命会照常增加，只要达到 MaxAge 值，便会遭其删除，最终将导致同一区域内不同路由器的 LS 数据库内容不一。因此，为了让 OSPF 能在按需电路上可靠运行，同一区域内的所有路由器都必须"明确表示"自己支持按需电路特性，表达方式是：将本机生成的所有 LSA 的选项字段的 DC（按需电路）位置 1（见图 8.39）。只要发现某个区域的 LS 数据库里有任何一条 LSA 的选项字段的 DC 位置 0，OSPF 路由器就会将所有 DoNotAge 位置 1 的 LSA "清理"出那个 LS 数据库[9]。然后，生成（那些 LSA 的）OSPF 路由器必须重新泛洪 DoNotAge 位置 0 的 LSA 的新实例。LS 数据库同步

---

[8] John Moy, "Extending OSPF to Support Demand Circuits," RFC 1793, 1995 年 4 月。

[9] 请注意，OSPF 标准规定，任何一台路由器都不能从 LS 数据库中清理非自生成的 LSA，但这种情况是一个例外。

期间，按需电路两端的 OSPF 路由器会互发 DC 位置 1 的 OSPF Hello 和 DD 数据包，完成同步之后，便会达成停止交换 Hello 数据包的协议。

DN	O	DC	EA	N/P	MC	E	MT

图 8.39 路由器在发出 OSPF 协议消息时，将选项字段的 DC 位置 1，就表示自己能解读 DoNotAge LSA （DoNotAge 位置 1 的 LSA）

若要在拥有按需电路的 OSPF 区域内启用按需电路特性，则传播于该区域内的所有 LSA 的（选项字段的）DC 位都得置 1，故而应尽量把按需电路划入 stub、totally stubby 或 NSSA 区域。这样一来，ABR 或 ASBR 就不再需要把类型 3、4、5 LSA 的（选项字段的）DC 位置 1 了。

要是不能定期刷新 LSA，OSPF 的健壮性将会减弱。在决定是否启用 OSPF 虚电路特性时，需要对此仔细揣酌。

另外一处需要揣酌的地方是，若不能跨按需电路交换 Hello 数据包，则分处电路两端的 OSPF 路由器之间就不知道对方"是死是活"。也就是讲，即便电路一端的 OSPF 路由器"阵亡"，其对端也没法检测得到。RFC 3883 提出了一种叫做"邻居探测"（neighbor probing）的机制，可用来检测（按需电路对端的）邻居路由器是否出现了故障[10]。在启用了邻居探测机制的情况下，只要接通按需电路传输应用数据（即数据平面的数据），电路一端的 OSPF 路由器就会"借机"发出 LSU（其中会包含自生成或有待探测的邻居路由器所生成的 LSA），来探测电路对端的邻居路由器是否"健在"，只要邻居路由器"健在"，便会回之以 OSPF LSAck 数据包（直接确认）或 LSU 数据包（间接确认）。

不过，还得考虑邻居路由器"健在"，但按需电路出故障的情况。再说一遍，按需电路两端的 OSPF 由器之间不会定期交换 Hello 数据包，因而检测不出按需电路故障。为此，在必要时需要做出"可达性假定"（presumption of reachability），要假设按需电路"完好无损"。若按需电路因故无法接通，则电路两端的 OSPF 路由器不能将对方状态视为"宕"。相反的是，应将此电路视为过载（oversubscribed），同时丢弃有待推送至按需电路的数据包。

最后，再来说一个与网管软件有关的问题。对于按需电路两端的 OSPF 路由器而言，会在除按需电路以外的所有其他链路上定期刷新 LSA。这就意味着在那两台 OSPF 路由器的 LS 数据库里，同一条 LSA 的序列号字段值并不相同。若网络内部署有网管软件，且把

---

[10] Sira Panduranga Rao, Alex Zinin 和 Abhay Roy, "Detecting Inactive Neighbors over OSPF Demand Circuits (DC)," RFC 3883, 2004 年 10 月。

OSPF LSA 的序列号字段值作为了监控对象，那就有可能会导致网管软件误报：同一 OSPF 区域内不同路由器所持 LS 数据库的内容不一致。

总而言之，在当今的网络环境中，让 OSPF 运行于按需电路之上，绝对是一个馊主意。OSPF 按需电路功能开发于 20 世纪 90 年代中期，当时，按需电路还属于"主流"链路。但如今，即便拨号链路或低速 ISDN 链路仍在网络中"服役"，估计也不可能作为某个 OSPF 区域内的穿越链路来用，最多也只能用来连接接入层路由器。因此，不在按需电路一端的接入层路由器上运行 OSPF，而是配置静态路由，才是最简单也是最明智的选择。

在按需电路上运行 OSPF 虽然不太明智，但可以借用 OSPF 按需电路功能来全面抑制 LSA 的泛洪[11]。若 OSPF 路由器具备该草案中所描述的 OSPF 泛洪抑制功能（flooding-reduction-capable），则会在泛洪 LSA 时将 DoNotAge 置位 1，以使得自生成的 LSA 在邻居路由器的 LS 数据库里永不超时。当然，Hello 数据包仍会照常发送。可执行 IOS 命令 ip ospf flood-reduction，来激活 Cisco 路由器的 OSPF 泛洪抑制功能。与启用 OSPF 按需电路功能时相同，只有在网络拓扑发生改变的情况下，启用了 OSPF 泛洪抑制功能的路由器才会重新泛洪现有 LSA 的新实例。出现以下所列情况之一，启用了该功能的 OSPF 路由器将会重新泛洪现有 LSA 的新实例。

- LSA 的选项字段值发生改变。

- 收到了寿命字段值为 MaxAge 或 DoNotAge+MaxAge（DoNotAge 意谓寿命字段值的最高位置 1）的（自生成的）LSA 的新实例，才会反过来泛洪该 LSA 的新实例。

- LSA 头部中的长度字段值有变。

- 包括 20 字节 LSA 头部在内的 LSA 的内容发生改变（由于 LSA 头部中的序列号和校验和字段值本就会发生改变，因此这两个字段值发生改变，并不表示网络拓扑有变。所以说，这两个字段应该排除在外）。

启用 OSPF 按需电路功能和泛洪抑制功能都得付出相应的代价，也就是说，启用这两种功能都会减弱 OSPF 路由器在 LS 数据库维护方面的健壮性。因此，只有在网络拓扑十分稳定的情况下，才应启用 OSPF 泛洪抑制功能。

---

[11] Padma Pillay-Esnault, "OSPF Refresh and Flooding Reduction in Stable Technologies," draft-pillay-esnaultospf-flooding-07.txt, 2003 年 6 月。该 Internet 草案已升级为 RFC 4136。

8.3　分片

7.3.2 节和 7.4.2 节讨论了"超长"LSA 和 LSP 对 OSPF 和 IS-IS 区域的稳定性的影响，涉及以上两种信息元素在泛洪期间对链路带宽的占用问题，以及存储于 LS 数据库期间对路由器内存的占用问题。还有一个问题会影响到 LSA 和 LSP 的可扩展性，该问题与收发 LSA 或 LSP 的路由器接口的 MTU 值有关。也就是说，若路由器生成的 LSA 或 LSP 过"宽"，但其所要穿越的链路的 MTU 却过"窄"，对于这种情况，应如何处理呢？当泛洪路径中涵盖了 MTU 值过低的链路时，OSPF 或 IS-IS 实现可以进行以下三种选择。

- 让路由器控制自生成的信息单元的长度，使之不超过任何一种链路可能具有的最低 MTU 值。毫无疑问，该选择不具备任何可操作性。

- 让路由器执行 MTU 发现操作，适时调整本机发送的信息单元的长度。如此行事，将会使得泛洪机制更加复杂。

- 让路由器在必要时分片发送信息单元。

在 IP 网络中，数据包的分片发送不但十分常见，而且也很容易理解。因此，当 OSPF 或 IS-IS 协议数据单元的长度大于其所要穿越的链路的 MTU 值时，应该以分片的方式来发送。

有两个原因使得 IS-IS PDU 的分片比 OSPF 数据包的分片更应该引起关注。第一个原因是，为传达与链路有关的信息，一台 OSPF 路由器可以生成若干种不同类型的 LSA，这意味着，一条 LSA 再长也长不到哪儿去。类型 3、4、5、7 LSA 只能"装载"一条 IP 前缀，因此总是很短。类型 2 LSA 或许不会太短，但连接了大量路由器的伪节点并不多见。在各类 LSA 当中，只有类型 1 LSA 可能会很长——只要一台路由器连接了大量 OSPF 邻居，或让其众多接口参与了 OSPF 进程，由其生成的类型 1 LSA 就短不了（比方说，对于某些接入层路由器，只要其直连链路数众多，且全都参与了 OSPF 进程，那就会生成超长的类型 1 LSA）。一条 LSA 最长可以达到 64KB 字节。对类型 1 LSA 而言，包括头部在内的各个固定字段的总长为 24 字节，每条链路需用 12 字节来表示。因此，一条类型 1 LSA 最多可以通告 5331 条链路。只要网络设计合理，无论哪种 LSA 的"容量"都绰绰有余。

第二个原因是，LSA 不管有多长，都要封装进 LSU（链路状态更新消息），才能送达邻居路由器。此后，LSU 还要用 IP 包头来封装，以 IP 数据包的形式发送，而 IP 数据包自有一套分片机制。换言之，标准的 IP 数据包的分片机制同样适用于各类 OSPF 协议数据包的分片。

IS-IS 则是另一番天地：与 OSPF LSA 不同，每台 IS-IS 路由器都会针对每个路由层级（L1 和 L2）生成一条 LSP。所以说，一条 LSP 可能会非常"巨大"。加之 LSP 并非 IP 数据包，IP 数据包的分片机制也就派不上用场了。于是，LSP 非得有自己的一套分片机制不可。

要想以分片方式发送 LSP，必须让 IS-IS 路由器事先得知：由其泛洪而出的 LSP 所穿越的每条链路所能承载的单个 PDU 的最低字节数。也就是说，IS-IS 路由器需要知道在不超过网络中任何一条链路的 MTU 值的情况下，自己所要发出的单个 LSP 的最高字节数。4.2.2 节曾经提到，相邻 IS-IS 路由器之间在建立邻接关系时，会在 Hello PDU 内"封装"若干填充 TLV，将其长度增加至 1492 字节（ReceiveLSPBufferSize[接收 LSP 缓存大小]）[12]。只要任何一方互连接口的 MTU 值低于 1492 字节，便会拒收经过填充的 Hello PDU，邻接关系自然也无法建立。因此，一旦邻接关系成功建立，IS-IS 邻居双方便会知晓：只要本方发出的 IS-IS PDU 的长度不高于 1492 字节，就不会超过互连链路的 MTU 值。

LSP "装载"的 TLV 数量过多，以至于超出 1492 字节时，IS-IS 路由器便会以分片的方式来发送，但每一片（包括 IS-IS PDU 头部在内）都不会长于 1492 字节。LSP 专有字段（即 LSP 头部）中设有一个 LSP 编号字段（见图 8.40），长度为 8 位，作用是跟踪 LSP 的每个分片。对于第一条 LSP，无论分片与否，其 LSP 编号字段值都为 0x00。后继的 LSP 分片的 LSP 编号字段值将会是 0x01、0x02，依此类推。图 8.41 所示为一条分为 17 片的 LSP 在 LS 数据库里的"模样"。

请读者仔细体味本节中的某些说法。若读者阅读的都是 IETF 文档，在提到被分为多片的 LSP（比如，图 8.41 中的那条 LSP）时，一定会说这条 LSP 由多个分片（fragment）构成。不过，同样可以说，路由器 RTR1-SFO 生成了 17 条 LSP。当 LSP 因为太长而被分片传送时，可以说路由器在必要时生成了多条 LSP，LSP 编号用来区分由同一来源通告的多条 LSP。事实上，ISO 10589 更倾向于使用"多条 LSP"这一说法，而非"一条 LSP 的多个分片"。仔细观察图 8.41 所示 LSP 输出的每一行，可以发现，LSP 的每个分片都有属于自己的序列号、校验和以及剩余生存时间。在 LS 数据库中，这些分片也是以单条 LSP 的形式分开存储。虽然 LSP 的每个分片在泛洪和存储期间都保持独立，但

---

[12] IS-IS 标准中之所以会有 1492 字节的限制，是要满足 SNAP 封装的需求。实战中，很多厂商采用的都是 LLC 封装方式，这使得 LSP 的最大长度为 1497 字节。因此，IS-IS Hello PDU 被填充至 1497 字节的情况也屡见不鲜。

路由器在执行 SPF 计算时，却把由同一台路由器生成的所有 LSP 的分片都"认"做是同一条 LSP。因此，既可以将图 8.41 所示的 LSP 输出的每一行视为同一条 LSP 的一个分片，也可以视为由同一台路由器生成的多条 LSP。无论那种说法都不能算错，使用自己的习惯称谓就好。

读者应该知道，IS-IS 路由器不会对 LS 数据库里的每个 LSP 的分片做任何形式的"清点"或其他相关检测；倘若 LSP 分片有缺，路由器照样会执行 SPF 计算，只要 LSP 编号为 0 的分片不缺就成。若首个 LSP 分片"失踪"，路由器则会丢弃所有其他分片。之所以会有这么一项规定，是因为对执行 SPF 计算的路由器来说，LSP 编号为 0 的分片包含了与生成（该 LSP 的）路由器有关的重要信息，包括 ATT 位和过载（overload）位的置位方式（详见下一节）等。

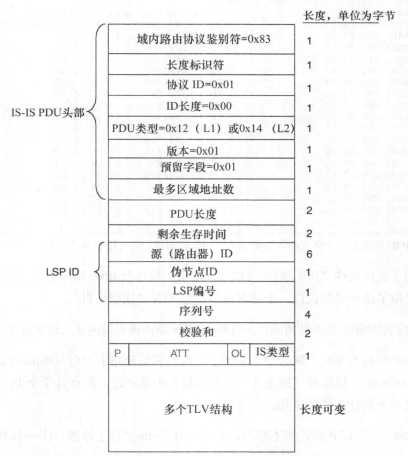

图 8.40　LSP 头部中设有一个 LSP 编号字段，作用是跟踪 LSP 的每个分片

再来说一个与 LSP 的可扩展性有关的问题，这与 LSP 编号字段的容量有关。由于该字段的长度为 8 位，因此 IS-IS 路由器最多只能将一条 LSP 分为 256 片。每"片"LSP 最多可拿出 1470 字节，用来存放各种 TLV 结构（1497 字节[以 LLC 封装的 LSP 的长度]-8 字节[IS-IS PDU 头部]-19 字节[IS-IS LSP 头部]=1470 字节），256"片"LSP 可用来存放 TLV 结构的空间共为 376,320（256 × 1470）字节。假设每个 TLV 结构都是 12 字节（这是一个保守的估计，许多 TLV 都非常短)，256"片"LSP 可装载的 TLV 结构的数量为 31000+。只要网络设计不是太"挫"，也应该绰绰有余。不过，根据以往网络规模的增速来看，一台 IS-IS 路由器最多只能生成 256"片"LSP，可能满足不了未来网络发展的需求。以下所列为网络规模日渐庞大的 ISP 的隐忧。

```
jeff@Juniper2> show isis database RTR1-SFO
IS-IS level 1 link-state database:
LSP ID                 Sequence Checksum Lifetime Attributes
RTR1-SFO.00-00         0x4298   0x8144   47193 L1 L2 Attached
RTR1-SFO.00-01         0x2c84   0x73c2   41078 L1 L2
RTR1-SFO.00-02         0x2919   0x72f4   41078 L1 L2
RTR1-SFO.00-03         0x21b2   0x1974   65420 L1 L2
RTR1-SFO.00-04         0x2213   0xdbc2   46671 L1 L2
RTR1-SFO.00-05         0x1e07   0x5036   65429 L1 L2
RTR1-SFO.00-06         0x1b63   0xe8e2   41078 L1 L2
RTR1-SFO.00-07         0x1624   0x7676   41078 L1 L2
RTR1-SFO.00-08         0x1598   0x4b2d   41078 L1 L2
RTR1-SFO.00-09         0x18c6   0xc7d7   41078 L1 L2
RTR1-SFO.00-0a         0x19a4   0x595d   65429 L1 L2
RTR1-SFO.00-0b         0x246b   0x3f98   65429 L1 L2
RTR1-SFO.00-0c         0xfe6    0x1a34   65429 L1 L2
RTR1-SFO.00-0d         0x1369   0x35e5   51739 L1 L2
RTR1-SFO.00-0e         0x81e    0xb82    41078 L1 L2
RTR1-SFO.00-0f         0x1211   0x8e7c   57266 L1 L2
RTR1-SFO.00-10         0x165a   0xca63   49398 L1 L2
   17 LSPs
```

图 8.41 LSP ID 的最后一个字节就是 LSP 编号，用来标识同一条 LSP 的各个分片

■ 为了支持某些"新生事物"（比如，流量工程以及 IPv6 等应用），人们对 IS-IS 协议做了进一步的改进，于是有许多新型 TLV"横空出世"。

■ 为了增加路由选择的精确性，需要在 IS-IS 路由进程域内注入越来越多的明细路由。

■ 在某些超大型核心网络中，部署了所谓的多机箱路由平台（multi-chassis routing platform）。用这种"巨无霸"设备连接几千条链路，建立几千个 IS-IS 邻接关系也并不是什么稀罕事儿。

无论 256"片"LSP 最终够不够用，人们都对 IS-IS 进行了改进，让一台 IS-IS 路由器

可以生成更多"片" LSP[13]。请读者再次观察图 8.41 所示 LSP 的分片，可以看出，每"片" LSP 只要由同一台 IS-IS 路由器生成，其 LSP ID（字段值）必然相同；LSP 编号只是用来区分同一条 LSP 的不同分片。当然，LSP ID 来源于分配给 IS-IS 路由器的 SysID。因此，只需为 IS-IS 路由器分配多个 SysID，便可以突破一台 IS-IS 路由器最多只能生成 256 "片" LSP 的限制了。后来分配的 SysID 将会被视为与生成（LSP 的）IS-IS 路由器相连的"虚拟系统"（virtual system）的标识符。因此，只要为 IS-IS 路由器每多分配一个 SysID，就能够让其多生成 256 "片" LSP。

网络内的路由器在执行 SPF 计算时，会把虚拟系统与实际生成 LSP 的 IS-IS 路由器分别对待。为了规避潜在的问题，虚拟系统并不被视为实际生成 LSP 的 IS-IS 路由器的叶节点，虚拟系统与后者间的开销值将按 0 来计算。在这方面，虚拟系统有那么点伪节点的味道。

分配给虚拟系统的 SysID 要放到类型字段值为 24 的 TLV 里来通告，这种 TLV 被称为 IS 别名 ID TLV，其格式如图 8.42 所示。只要该 TLV 存在，生成 LSP 的 IS-IS 路由器就一定会将其置入 LSP 编号为 0 的分片，以此来告知其他路由器：该 TLV 所通告的虚拟系统的 SysID 是本路由器的 SysID 之一。

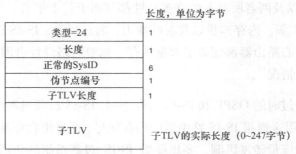

图 8.42 为突破一台 IS-IS 路由器只能生成 256 "片" LSP 的限制，人们发明了类型字段值为 24 的 TLV，让 IS-IS 路由器借助于额外的 SysID，生成更多"片" LSP

- 正常的 SysID：实际生成 LSP 的 IS-IS 路由器的 SysID。

- 伪节点编号：在虚拟系统的 SysID 与正常的 SysID 之间起"纽带"作用。

- 子 TLV：包含虚拟系统的 SysID（亦称为 IS 别名 ID[IS-Alias-ID]）。

---

[13] Amir Hermelin, Stefano Previdi, and Mike Shand, "Extending the Number of Intermediate System to Intermediate System (IS-IS) Link State PDU (LSP) Fragments Beyond the 256 Limit," RFC 3786, 2004 年 3 月。

8.4　过载（Overloading）

　　7.3.2 节和 7.4.2 节讨论了超长 LSA 和 LSP 对 OSPF 和 IS-IS 区域的稳定性的影响，涉及以上两种信息元素在泛洪期间对链路带宽的占用问题，以及存储于 LS 数据库期间对路由器内存的占用问题。对于后一种情况：路由器因内存不足，而无法存储在本区域内传播的所有 LSA/LSP，会出现什么后果呢？读者都知道，在同一区域内，所有路由器的 LS 数据库的内容应该完全相同。只要分配给 LS 数据库的内存空间耗尽，LS 数据库便"攒"不齐所有 LSA/LSP，路由器在执行 SPF 计算时必会出错。对网络中的其他路由器而言，就不应再认为那台路由器能依仗最短路径树正确地路由数据包了。因此，会在发送流量时，"绕开"那台路由器。

　　IS-IS 内置有一个特性，可用来应对上述情形。该特性一经启用，若分配给 LS 数据库的内存耗尽（过载），IS-IS 路由器就会在发送 LSP 时，将 OL 位（见图 8.43）置 1。收到 OL 位置 1 的 LSP 后，隶属于同一区域的所有邻居路由器便知其内存耗尽。于是，会把那台内存耗尽的路由器视为最短路径树上的叶路由器——只会通过直连链路与其建立连通性，并不会将其作为访问其他路由器的穿越路由器。

　　OSPF 和 IS-IS 以及两者所具备的许多特性都发明于若干年前，当时，路由器的性能还明显受制于 CPU 主频、内存容量以及吞吐能力，时过境迁，IS-IS 过载特性几乎已无用武之地。现代化的核心路由器都配备了大量内存，只要网络设计合理，IS-IS 路由器就绝不会出现内存耗尽的情况[14]。

　　与某些现在已经过时的 OSPF 和 IS-IS 特性不同，IS-IS 过载机制在现代化网络中仍旧极为有用，只是不再用来通报 IS-IS 路由器的内存耗尽，而是用在穿越型 BGP 网络中预防"不经意间"导致的流量转发黑洞。要想理解 IS-IS 过载机制的新用途，就得知道 BGP 的某些基本原理。图 8.44 所示为一个非常简单的穿越型 BGP 网络，其 AS 号为 65502。该网络开启 BGP 的目的，是要路由 AS 65501 和 AS 65503 之间的互访流量。BGP 是一种运行在 TCP 会话端点之间的路由协议。若 TCP 会话建立于分属不同 AS 的两个端点之间，就叫做 EBGP（外部 BGP）会话；若建立于同一 AS 的两个端点之间，则名为 IBGP（内部 BGP）会话。EBGP 会话一般都会建立在直接相连的两台 BGP 路由器之间[15]，而一对 IBGP 邻居路由器之间通常并不直接相连，需要在 AS 之内"隔着"若干台内部路由器来

---

[14]　可就是有些"二货"喜欢在大的核心网络中部署"双低"（内存低、CPU 主频低）路由器。像这样的低端路由器，要是还舍不得报废，则应置入 totally stubby 区域，或只应在其上开启静态路由。

[15]　在某些特殊的场合也会建立多跳 EBGP 会话，但这与本书的内容无关。

建立 IBGP 会话。在图 8.44 中，IBGP 会话建立于 RTR A 和 RTR E 之间，这两台 BGP 路由器并非直接相连，中间还隔着另外 3 台路由器。当 RTR A 和 RTR E 相互通告学自 EBGP 邻居的路由时，会将路由的下一跳地址设置为自身的 RID（亦即本机 loopback 接口的 IP 地址）[16]。IBGP 路由器要仰仗 AS 内所运行的 IGP，做下面两件事情：

- 与 IBGP 邻居用来与本机建立 IBGP 会话的 IP 地址，建立起 IP 连通性；

- 来访问由 IBGP 邻居所通告的外部路由的下一跳 IP 地址（即与 IBGP 邻居所通告的外部路由的下一跳 IP 地址，建立起 IP 连通性）。

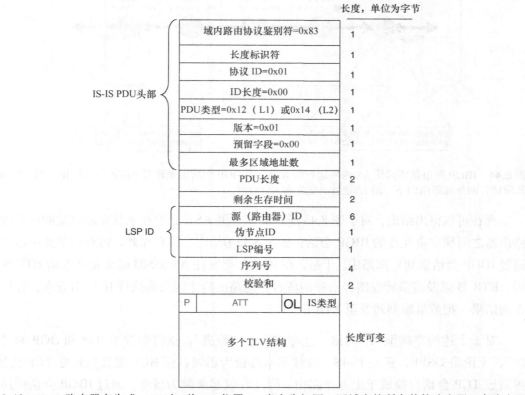

图 8.43 IS-IS 路由器在生成 LSP 时，将 OL 位置 1，意在告知同一区域内的所有其他路由器：本路由器内存耗尽

由图 8.44 可知，收到发往 AS 65503 的数据包时，RTR A 会执行路由查询，将查出相

---

[16] 默认情况下，运行 BGP 的边界路由器将 EBGP 路由通告给 IBGP 邻居时，会将路由的下一跳设置为 EBGP 邻居（用来互连本路由器的）接口的 IP 地址，但当前的最佳做法是，在边界路由器上设置路由策略，令其将路由的下一跳设置为本机 loopback 接口的 IP 地址。

应路由的下一跳 IP 地址为 10.1.1.5（RTR E）。于是，RTR A 再次针对目的 IP 地址 10.1.1.5
执行第二次路由查询，这次将查得与此目的网络（地址）相对应的路由的下一跳 IP 地址
为 10.1.1.2（RTR B）。最终，RTR A 会把那些数据包转发给 RTR B。在图 8.44 所示的网
络中，若 IBGP 会话只在 RTR A 和 RTR E 之间建立，势必会出现流量转发问题。由于 RTR
B 并未与 RTR E 建立 IBGP 会话，因此前者学不到后者通告的通往外部目的网络的路由。
当 RTR B 收到发往 AS 65503 的数据包时，会因为路由表里无相对应的路由而将其丢弃。

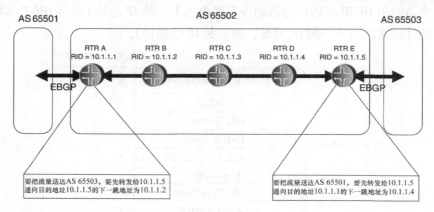

图 8.44 IBGP 路由器要仰仗 AS 内所运行的 IGP，与 IBGP 邻居用来建立 IBGP 会话的 IP 地址，以及由
其所通告的外部路由的下一跳 IP 地址，建立起 IP 连通性

现在可以得出结论，对于图 8.44 所示的穿越型 AS，必须在承载穿越流量的所有内部
路由器之间建立全互连的 IBGP 会话，如图 8.45 所示[17]。只有如此，每台内部路由器才能
通过 IBGP 会话学到外部路由。于是，在 RTR A 把发往 AS 65503 的流量转发给 RTR B 之
后，RTR B 以及流量转发路径沿途的所有其他路由器才能正确执行 IP 路由查询，并根据
查询结果，把流量顺利转发至 RTR E。

对于上述的穿越型 AS 网络，还存在一个"隐患"，这得归咎于 IGP 和 BGP 的"天
性"。无论是 OSPF，还是 IS-IS，收敛起来都极为迅速；而 BGP 则要先建立 TCP 会话，
再通过 TCP 会话交换成千上万条路由，因此收敛起来颇为缓慢。通过 IBGP 会话传递完
整的 Internet 路由时，BGP 要花好几分钟才能收敛完毕。现假设图 8.45 中的 RTR C 因故
重启。重启之后，IGP 路由"瞬间"便能交换完毕，因此 RTR A 和 RTR B 很快就会再
次得知，通过 RTR C 可以访问到 RTR E（即通过 RTR C 可以把流量转发至 RTR E）。此
时，IGP 已完成收敛，但对于 RTR C 来说，还没有通过 IBGP 会话收齐所有外部路由，

---

[17] 可借助于 BGP 路由反射或 BGP 联盟技术，来避免建立全互连的 IBGP 会话，但这与本书的话题无关。

所以 BGP 尚未完成收敛。要是 RTR A 和 RTR B 一看到 IGP 收敛完毕，便"迫不及待"地开始转发目的网络为 AS 65503 的流量，那么 RTR C 会因为 BGP 路由尚未收全（路由表里可能无相对应的路由），而对流量"忍痛割爱"。

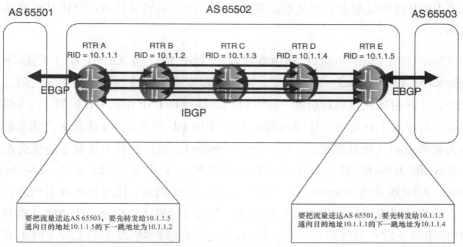

图 8.45　　只有在承载穿越流量的所有内部路由器之间建立全互连的 IBGP 会话，才能让源和目的网络均隶属于其他 AS 的流量穿本 AS 而过

现在，IS-IS 过载机制就有了用武之地。可通过手工配置的方式，让新上线运行或执行重启指令的 IBGP 路由器（其 IGP 运行的是 IS-IS），在接收 BGP 路由时，发出 OL 位置 1 的 LSP[18]。对网络中的其他路由器来讲，发出 OL 位置 1 的 LSP 的路由器虽然"内存耗尽"，但其所有（参与 IS-IS 进程的）接口所设 IP 地址（包括用来建立 IBGP 会话的 loopback 接口的 IP 地址）仍旧可以访问（即具备 IP 连通性），因此那台"内存过载"的路由器照样能够与其他路由器建立 IBGP 会话，并交换 BGP 路由信息。网络中的其他路由器会将"过载"路由器视为"末梢"路由器，不会向其转发"穿其而过"的流量（流量的源和目的 IP 地址均不为"过载"路由器自身）。对于设计得当的穿越型 AS 而言，其网络拓扑结构将绝不可能如图 8.45 所示，肯定会有多条承载穿越流量的冗余路径。"过载"路由器只要通过 IBGP 收齐了所有外部路由（BGP 收敛完毕），便会在发出的 LSP 中将 OL 位置 0，好让网络中的其他路由器再次向其转发"穿其而过"的流量。

在某些特殊情况下，可能需要让某台有特殊用途的路由器在其发出的 LSP 中，将 OL 位永久置 1。这样一来，即便这台"过载"路由器拥有全套路由，网络中的其他路由器也

---

[18] 译者注：原文是"When a new IBGP router is added to the network, or a router is restarted, the IS-IS OL bit can be manually set"。

会将其视为"末梢"路由器，绝不会向其转发"穿其而过"的流量。让一台路由器永远"过载"，一般都是想让这台"过载"路由器执行某些网络分析功能，而又不想让其参与转发实际的生产流量，比如，让"过载"路由器作为实验或网管路由器，或让"过载"路由器同时充当 IBGP 路由反射器，而又不让其承担实际流量的转发任务，只让其行使路由服务器的功能。

让 Cisco 路由器和 Juniper 路由器在发出 LSP 时，将 OL 位置 1 的命令分别为 set-overload-bit 和 overload。请别忘了，在路由器上线运行或执行重启指令之前，先执行上述命令，让路由器在重启过后的一段时间内，持续将 LSP 中的 OL 位置 1，等路由完全收敛之后，再删除上述命令，让路由器将 LSP 中的 OL 位置 0，操作起来会非常麻烦；若路由器为意外重启（计划外重启，unplanned restart），则连执行上述命令的机会都没有。为此，IOS 和 JUNOS 都支持在上述命令后紧跟一个选项（IOS 命令 set-overload-bit on-startup，JUNOS 命令 overload timeout），来指定一个时间，让路由器在重启之后的某段时间内自动将本机发出的 LSP 的 OL 位置 1。当这段时间（时长通常为 200~400 秒，这也是 BGP 路由的正常收敛时间）一过，路由器便会自动将本机发出的 LSP 的 OL 位置 0。在任何 IS-IS 网络中，只要有路由器运行 BGP，并与本 AS 内的其他路由器建立了 IBGP 邻居关系，就应该在那些 BGP 路由器上执行包含上述选项的 IOS 或 JUNOS 命令。

OSPF 并没有类似的可在 LSA 中设置 OL 位的特性。但某些路由器厂商在其 OSPF 实现中自创了一种机制，可让 OSPF 路由器在所属区域内表现出 IS-IS "过载"路由器的"特质"，具体的实现方法是：让"过载"OSPF 路由器在生成类型 1 LSA 时，将所通告的穿越链路的度量字段值设置为"0xFFFF"。这么一设，由"过载"OSPF 路由器所通告的穿越链路将会变得不再可达，其他路由器在执行 SPF 计算时，也不会将其列为 SPF 树上的穿越节点。当然，那台"过载"OSPF 路由器在泛洪类型 1 LSA 时，仍会将描述（通告）stub（末梢）链路的度量字段值设置为正常值，好让自己在"过载"期间，仍能与其他路由器建立起 IP 连通性（作为叶路由器）。JUNOS 就支持上述 OSPF 过载特性。与配置 IS-IS 过载机制一样，在运行 OSPF 的 Juniper 路由器上同样要执行 overload 命令，来激活 OSPF 过载特性，还可以执行 overload timeout 命令，来指定一个具体的时间，让 OSPF 路由器在重启之后的那段时间内自动进入"过载模式"。

8.5　复习题

1. 为了支持 ECMP，对第 2 章所介绍的简单的 SPF 算法做了什么样的修改？

2. 为什么说每目的（per-destination）负载均衡模式要强于逐包（per-packet）负载均衡模式？

3. 为什么逐流（per-flow）负载均衡模式要强于每目的（per-destination）负载均衡模式？

4. 当需要在点到点链路和广播链路之间平摊流量时，为避免 ECMP 失效，必须对 SPF 算法做出什么样的改进？

5. 什么是增量 SPF 计算，一般在哪两种情况下，使用增量 SPF 计算可以提高效率？

6. 什么是部分路由计算，它是如何提高 SPF 计算效率的？

7. SPF 延迟是如何提高 SPF 计算效率的？

8. SPF 延迟机制执行"过度"，会对网络性能造成怎样的影响？

9. 什么是自适应 SPF 延迟（adaptive SPF delay），它在哪些方面强于固定的延迟周期？

10. 为什么说让路由器为 LS 数据库中每一条自生成的 LSA/LSP 分别设置一个计时器，要好于为所有自生成的 LSA/LSP 设置一个统一的计时器？

11. 为什么说让路由器在连续两次刷新自生成的 LSA/LSP 之间稍等片刻，能起到改进泛洪效率的目的？

12. 在什么样的情况下让路由器在重传未经确认的 LSA/LSP 之前多等一会，能起到改进泛洪效率的目的？

13. 什么是 mesh groups 特性？

14. 请说出 mesh groups 特性阻塞模式的优缺点。

15. 请说出 mesh groups 特性分组模式的优缺点。

16. 可在同一个网络中同时启用 mesh groups 特性的 3 种模式吗？

17. 什么是按需电路特性？

18. 什么是 OSPF DoNotAge 位？

19. 为了支持按需电路特性，对 OSPF 路由器的运作方式要做哪两方面的改进？

20．请说出 LSA 选项字段中的 DC 位用途。

21．请说出 OSPF Hello 和 DD 数据包的选项字段中的 DC 位用途。

22．请说出与 OSPF 按需电路特性有关的可达性假定（presumption of reachability）。

23．为什么说开启 OSPF 按需电路特性，会导致两台 OSPF 路由器的 LS 数据库里，同一条 LSA 的序列号字段值不一致？可能会导致什么样的问题？

24．什么是 OSPF 泛洪抑制功能？

25．为什么说 IS-IS PDU 的分片比 OSPF 数据包的分片更应该引起关注？

26．什么是 IS-IS ReceiveLSPBufferSize？尝试建立邻接关系时，IS-IS 路由器为什么要把 Hello 数据包的长度填充为 ReceiveLSPBufferSize 值？

27．请说出 LSP 头部中 LSP 编号字段的用途。

28．若 LS 数据库中缺了 LSP 编号为 0 的 LSP 分片，将会发生什么情况？

29．请说出 IS 别名 ID　（类型 24）TLV 的用途。

30．什么是 IS-IS 路由器过载？

31．IS-IS 过载机制在穿越型 BGP 网络中能起什么样的作用？

32．在穿越型 BGP 网络中，执行相关命令启用 IS-IS 过载机制时，选择让路由器在重启后的一段时间内，自动将本机所发 LSP 的 OL 位置 1，有什么样的好处？

33．如何在 OSPF 区域内，让 OSPF 路由器表现出"过载"的特征？

第 9 章

安全性和可靠性

安全性和可靠性可谓是孟不离焦。对计算机网络而言，两者共同决定了整个系统的健壮程度是否偏离了预期的运行指标。可把性能、稳定性、精确性以及机密性都视为系统的运行指标。系统的安全性和可靠性分别关系到系统自身对抗恶意危害和防范无心之过的能力。

现举一个安全性和可靠性密不可分的例子，请考虑一下在服务器和路由器上开启的认证、授权和记账（AAA）功能。AAA 功能主要被视为一种安全机制，其作用是：控制谁可以登录系统，规定登录用户在系统内可以执行什么样的任务，记录每个登录用户的"所作所为"。然而，AAA 同样可以提升系统的稳定性，它可以防止用户误入系统；可确保授权用户不会在无意之间执行没有权限的危险命令；可记录授权用户"无心之过"时的系统状态，为日后安全策略的改进提供依据。

本章不但会详述能提升路由协议安全性和稳定性的各种 OSPF 和 IS-IS 特性，还会说明要确保网络的正常运行，优良的网络设计与完备的运维制度是何其重要。

9.1　路由协议的漏洞

如读者所知，路由协议可分为内部网关协议（IGP）和外部网关协议（EGP）两种。对于 IP 路由协议而言，BGP 是当今世界普遍使用的唯一一种外部网关协议；其他所有常用的路由协议——包括 OSPF 和 IS-IS——都属于内部网关协议。尽管 IGP 和 EGP 的作用都是（在路由器之间）交换路由信息，但交换路由信息的方法却截然不同。只要是不属于本机构所管辖的网络设备，比如，本方路由进程域之外的路由器，就得视其为非受信设备。

BGP 的设计意图是要结合复杂的路由策略，全面控制能从外部对等体接受什么样的路由信息，可与外部对等体共享什么样的路由信息。IGP 则完全不同，其设计初衷就是要在本方所管辖的区域之内运行，并假定本方区域内的所有路由器都是受信设备。因此，运行 IGP 的路由器间的对等关系建立机制和信息共享机制会尽可能地保持简单、开放[1]。

大多数针对路由协议的攻击总是把目标对准 BGP。由于 BGP 是一种"面向公众"的协议，因此攻击可以从外部发动。但切莫以为 IGP 只在本方网络内运行，安全性就一定会得到保证，针对 IGP 的攻击也时有发生。此外，拜赐于 IGP "力争"以最透明的方式交换路由信息的"天性"，也会导致意外事故频发。

9.1.1   恶意危害

针对路由协议的攻击总是会尝试用以下 4 种方法，来改变其正常运作方式。

- 搜集（disclosure）——攻击者从受攻击的路由协议"获取"网络信息。攻击者可对搜集到的信息加以研究，以求进一步发现网络的漏洞。

- 欺骗（deception）——受攻击的路由协议遭到"愚弄"，接受了攻击者发出的路由协议消息，并"相信"这些消息是由合法的邻居路由器所通告。

- 破坏（disruption）——攻击者阻挠路由协议的正常运行。具体的攻击方法有两种：一、拒绝服务攻击（比如，攻击者泛洪路由协议消息，耗尽路由器的资源，令其不能行使正常功能）；二、简单粗暴的破坏方式（比如，攻击者割断物理链路或破坏网络基础设施）。

- 入侵（usurpation）——攻击者先"潜入"一台或多台路由器，掌控路由协议进程。这样一来，就能随意执行以上 3 种攻击手段。比如，攻击者可设法将流量"重定向"至某台非法设备，加以分析（搜集），或干脆将流量"丢入"黑洞（破坏）。

攻击者只要能接入物理链路或能接触到路由器，发动针对路由协议的攻击可谓是轻而易举。不过，果真如此的话，攻击者发动的一般都是简单粗暴型的攻击，要不就是在网络（路由进程域）内部署"无赖"设备。连物理链路都能接入或甚至连路由器都能接触的到的攻击者，通常都是"内奸"。

还可以通过逻辑方式来攻击路由协议，攻击手段包括：攻击者发出伪造或畸形路由协

---

[1] Abbie Barbir、Sandy Murphy、Yi Yang，"Generic Threats to Routing Protocols"，draft-ietf-rpsec-routingthreats-06.txt，2004 年 4 月。

议消息，来攻击路由器；通过逻辑访问方式（比如，Telnet 或 SNMP）博得对路由器的控制权。能发动这种攻击的人既有可能是"内奸"，也有可能是"外贼"。

攻击者可以针对 OSPF 或 IS-IS 的一个或多个功能模块发动攻击。

- Hello 协议——攻击者可发出经过伪造的 Hello 消息（其某些字段值为非法），来拆除或劫持已建立的合法邻接关系。

- 泛洪过程——攻击者冒充路由进程域内的合法路由器，发出伪造的 LSP 或 LSA[2]，这既会加巨网络内 LSA 或 LSP 的泛洪量，也会增加路由器执行 SPF 计算的次数，因为（遭到冒充的）路由器会泛洪合法的 LSP 或 LSA，来"压阵"伪造的 LSP 或 LSA（为自己"正名"）。

- 链路状态数据库——攻击者利用"幻影"路由器，泛洪欺骗性的 LSA 或 LSP，糊弄网络内的合法路由器，令其在 LS 数据库中存储那些 LSA 或 LSP，从而达到破坏路由选择的目的。攻击者甚至还有可能会通过"暴力手段"，泛洪巨量 LSA 或 LSP，把合法路由器的 LS 数据库"喂饱"，使其内存消耗殆尽。

- 老化机制——攻击者冒充某台合法路由器发出欺骗性的 LSA 或 LSP，宣告由该路由器生成的合法的 LSA 或 LSP "寿终正寝"，这将会导致网络内的其他路由器将那些合法的 LSA 或 LSP 暂时清理出 LS 数据库。

- 序列号机制——攻击者冒充合法路由器发出欺骗性的 LSA 或 LSP，这些 LSA 或 LSP 的内容都与网络中合法的 LSA 或 LSP 相同，但"序列号字段"值都会被设置为上限值，这将会导致网络中合法的 LSA 或 LSP 的序列号"轮回"。

- DR 或 DIS 选举过程——攻击者发出伪造的 Hello 消息，让其 DR/BDR、DIS 字段值为空（或取某个非法值），要不然就将其优先级字段值设置为全网段最高，这将会触发 DIS 的选举，甚至会导致该网段内的路由器"认可"不存在的 DR 或 DIS，最终会使得与某些广播链路或 NBMA 链路相对应的路由无法通告。

- 选项字段——攻击者发出欺骗性的 OSPF 协议消息，并对其选项字段中的各个标记位做了"精心设置"。比如，攻击者利用"幻影"OSPF 路由器，发出选项字段中 E 位置 1 的 Hello 消息，凭空"捏造"出一台 ASBR，然后再通过这台 ASBR，注入虚假的外部路由信息。

---

[2] 译者注：LSA 不能单独发出，正确的说法应该是：包含 LSA 的 LSU。

"幻影"路由器（phantom router）既可以是一台非法路由器，也可以是攻击者主机内安装的某些工具软件，或是某台独立的流量生成设备。攻击者可以利用这些软硬件，"定制"并发送各式各样的路由协议消息，诱使网络中的合法路由器与那些软硬件建立邻接关系，或直接通过那些软硬件泛洪路由协议消息，发动针对控制平面的攻击。要想在网络中部署"幻影"路由器，就得先设法接入网络中的某条链路。

可用来探测并攻击路由协议的软件在互联网上随处可取。臭名昭著的互联网络路由协议攻击套件（Internetwork Routing Protocol Attack Suite，IRPAS）就是路由协议攻击软件中的翘楚。这款软件由一整套工具构成，不但能"主动"或"被动"探测到网络中运行路由协议的路由器之间的"交流过程"，而且还能定制出各式各样的路由协议数据包。

9.1.2 非恶意危害

配置有误或协议实现存在缺陷，也会影响路由协议的正常运作，并会给网络造成某种程度上的危害，但这都不属于恶意危害。不过，其所造成的后果可能会让恶意攻击有可乘之机。

在许多情况下，配置有误并不会直接给网络造成危害。比方说，当网络中有新路由器上线运行时，若配置有误，则只可能会导致其无法建立预期的路由协议邻接关系。显而易见，要是连邻居路由器都"探索"不到，故障则一定很容易发现，解决起来也并不棘手。但有些配置错误可就不难么容易发现了。若路由器接口上的路由协议开销值配置有误，便会引发次优路由选择问题；若与路由协议有关的计时器的值配置有误，在路由协议无法应对网络中发生的变故之前，根本就不会造成任何影响。

还有一些配置错误则会让网络彻底瘫痪。在未能正确启用认证和过滤功能的情况下，可能还会给攻击者大开方便之门。路由策略配置不当，则会妨碍路由协议自身的正常运作。最"弱智"的路由策略配置不当的例子当属把全套 Internet 路由从 BGP 重分发进 OSPF/IS-IS，搞笑的是，此类弱智级失误出现的频率之高却令人咋舌。这种路由策略配置错误或许只会发生在一台路由器上，但其后果会造成数万条外部路由前缀"涌入"IGP 路由进程域，最终可能导致全网瘫痪。此类故障解决起来到也不难，无非是删掉误配的路由策略，或拔掉边界路由器与 Internet 对等路由器互连接口上的光纤（网线）。在超大型网络中，要想让外部路由前缀从 IGP 路由进程域内所有路由器的 LS 数据库中"消失"，不但需要系统级宕机，而且还要在多台路由器上重新激活 IGP 进程。这意味着，不付出几个小时的艰苦努力，网络是无法恢复正常的。在此期间，网管人员的母亲估计也会受到客户和领导连珠炮似的问候，这种滋味可不好受。

路由协议在实现方面的缺陷大都要拜路由器厂商的路由协议软件编程人员所赐，这样的软件缺陷主要分两种情况：一是路由协议实现原本就比较差劲，这种情况比较普遍；二是路由协议实现原本比较稳定，但在版本升级过程中"引入"了 bug。其结果不但会引发无数网络故障，降低网络的整体性能，也有可能会让攻击者有机可乘。

9.2 安全特性与可靠特性

OSPF 和 IS-IS 协议包括有若干种特性，有些被列入了协议规范，有些是对具体协议的改进，还有一些则是这两种协议的固有特性，而这些固有特性却偏偏能起到增强协议安全性和稳定性的作用。

9.2.1 固有安全特性

与 OSPF 相比，IS-IS 的安全性要高很多，因为其协议消息并不是由 IP 数据包来承载。正因如此，攻击者若身处 IS-IS 网络之外，要想通过发送伪造的路由协议消息来直接攻击 IS-IS 路由协议，绝对是在痴人说梦。只有接入 IS-IS 网络中的链路，或接触到运行 IS-IS 的路由器（比如，通过 Console 口、Telnet 或 SNMP 访问到 IS-IS 路由器），才能发动针对 IS-IS 路由协议的攻击。

若穿梭于网络中的 OSPF 协议数据包的目的 IP 地址都是 AllSPFRouters 地址（多播地址 224.0.0.5），则 OSPF 一定不会受到来自外部网络的攻击，因为那些 OSPF 协议数据包 IP 包头的 TTL 字段值都是 1，路由器绝不会转发具有此类 IP 目的地址的数据包。可是，RFC 2328 只要求 OSPF 网络类型为 Point-to-Point 的接口必须接收这种多播目的地址的 OSPF 协议数据包。其他所有 OSPF 网络类型的接口都能接收单播目的地址的 OSPF 协议数据包，要是不用特殊手段加以防护，外部攻击者就能够攻击到 OSPF。

"反攻击"（fightback）特性是一种为人熟知的 OSPF 的固有安全特性，IS-IS 同样具备该特性[3]。只要 OSPF/IS-IS 路由器能够正常运作，便会"自然而然"地表现出"反攻击"的特质。比如，若一台 OSPF/IS-IS 路由器收到了"据称"是自己生成，但与本机 LS 数据库中的信息不符的 LSA/LSP，便会以生成新的 LSA/LSP 的方式，来尝试将伪造的 LSA/LSP "清理"出网络。也就是讲，即便攻击者假网络内某台合法路由器之名，发出了伪造的

---

[3] Feiyi Wang 和 S. Felix Wu，"OSPF 路由协议的安全漏洞及其防护"，1998 年 10 月发表于 IEEE 第七届计算机通信与网络国际会议（International Conference on Computer Communication and Network，IC3N）。

LSA/LSP，其危害程度也相当有限，因为那台合法路由器最终也会收到伪造的 LSA/LSP，并会采取措施将其"逐出"网络。此外，对于篡改 LSA/LSP 的序列号或寿命字段值，以及尝试注入虚假链路状态信息等攻击手段，OSPF/IS-IS 路由器也会"本能"地表现出"反攻击"的特质。

拜 OSPF/IS-IS 固有的反攻击特性所赐，向网络内泛洪区区几条伪造的 LSA/LSP，根本就达不到预期的攻击效果。要想达成预期的效果，攻击者必须"连绵不断"地发送伪造的 LSU/LSP，来压制 OSPF/IS-IS 的反攻击特性，但这反过来又会暴露自己。若攻击者不怕暴露，或可通过别的方式隐藏自己，则"连绵不断"的伪造的 LSU/LSP 将会压制住反攻击特性，摧垮 SPF 过程，破坏路由进程域内路由信息的传播，从而达成拒绝服务的目的。

此外，只要能成功部署"幻影"路由器，并令其生成 LSU/LSP，或在路由进程域被一分为二的情况下，诱使受攻击的路由器相信伪造的 LSU/LSP 由位于路由进程域另一分区的合法路由器生成，那么就可以让 OSPF/IS-IS 路由器的反攻击行为无法得以施展[4]。因此，要想让网络绝对安全，不能太过依仗 OSPF/IS-IS 的反攻击特性。

9.2.2   认证

运行任何路由协议，都应采取两项最重要的安全措施，启用路由协议的认证功能便是其中之一（另外一项安全措施是合理地过滤路由信息）。OSPF 和 IS-IS 都支持认证功能，相邻的两台 OSPF/IS-IS 路由器只要同时开启了这项功能，就可以通过预设共享密钥的方式，向对方证明自己的身份。在启用了认证功能的情况下，邻居路由器发出的路由协议消息只有通过了本机验证才会被"接纳"。因此，只要攻击者不知道预共享密钥，便发动不了伪造路由协议消息之类的逻辑攻击。

认证功能同样能防止某些"无心之失"。说准确一点，该功能可防止路由器"误打误撞"地加盟不该加盟的路由进程域。比方说，某 ISP 的网管人员一不小心，在下连某客户网络的外部路由器接口上激活了 OSPF 进程。与此同时，该客户的网管人员拜粗心或无知所赐，同样在本方上连 ISP 网络的外部路由器接口上激活了 OSPF 进程。只要这对互连接口所隶属的 AID 相同，ISP 和该客户的外部路由器之间就能建立起 OSPF 邻接关系，即等于把 ISP 和客户的 OSPF 路由进程域合而为一。要是 ISP 和客户都比较走运的话，其实也出不了什么事儿。可万一不太走运，IP 地址冲突、数据包选路错误、安全性问题，甚至是网络瘫痪，都会接踵而至。虽然上述场景看似有点荒谬，但类似的"无心之失"却时常发生。

---

[4] Emanuele Jones 和 Olivier Le Moigne, "OSPF Security Vulnerabilities Analysis," draft-ietf-rpsec-ospfvuln-00.txt, 2004 年 3 月。

1. 认证类型

启用路由协议认证功能的方法是：让相邻路由器之间共享明文密码或 MD5（消息摘要版本 5）[5]加密校验和。启用明文密码认证功能时，需要在相邻的两台路由器上配置相同的密码，交换于邻居双方的路由协议消息都会包含该密码。任何一台路由器只要在收到的路由协议消息中未发现正确的密码，都会将其丢弃。虽然这种认证方法要好过不认证，但其实并不安全。包含进路由协议消息的密码都会以明文方式传送，只要攻击者能接入 OSPF 网络内的链路，便能捕获路由协议消息，通过 sniff 之类的数据包解码工具，可以清楚地看见其中包含的密码。图 9.1 和图 9.2 分别所示为用协议分析工具捕获到的 OSPF 和 IS-IS Hello 消息，由图可知，这两种 Hello 消息包含的都是明文密码。协议分析工具可以清楚地显示出 OSPF 和 IS-IS Hello 消息中的明文密码。

启用 MD5 认证功能时，相邻路由器之间共享的密码名为密钥，但密钥本身则绝不会随路由协议消息传播。生成路由协议消息的路由器会基于消息的内容和密钥，运行一种数学算法，计算出一个 128 位的数字"指纹"，该"指纹"也被称为 hash 或消息摘要。随后，该 hash 会被路由器添加进路由协议消息，随之一起传播。设有相同密钥的邻居路由器收到路由协议消息后，也会基于数据包的内容和本机所设密钥，执行相同的计算。若计算出的 hash 与包含在路由协议消息中的 hash 相同，该邻居路由器会接受路由协议消息；否则，做丢弃处理[6]。

```
Frame 10 (82 bytes on wire, 82 bytes captured)
Ethernet II, Src: 00:90:27:9d:f1:33, Dst: 01:00:5e:00:00:05
Internet Protocol, Src Addr: 172.16.1.102 (172.16.1.102), Dst Addr: 224.0.0.5
    (224.0.0.5)
Open Shortest Path First
    OSPF Header
        OSPF Version: 2
        Message Type: Hello Packet (1)
        Packet Length: 44
        Source OSPF Router: 192.168.254.2 (192.168.254.2)
        Area ID: 0.0.0.0 (Backbone)
        Packet Checksum: 0x8ffc (correct)
        Auth Type: Simple password
        Auth Data: stan
    OSPF Hello Packet
        Network Mask: 255.255.255.0
        Hello Interval: 10 seconds
        Options: 0x2 (E)
        Router Priority: 128
        Router Dead Interval: 40 seconds
        Designated Router: 172.16.1.102
        Backup Designated Router: 0.0.0.0
```

图 9.1 利用网络协议分析工具，在以太网络内捕获到的启用了简单密码认证的 OSPF Hello 消息，消息中所包含的明文密码（"stan"）清晰可见

---

5 Ronald L. Rivest, "The MD5 Message-Digest Algorithm," RFC 1321, 1992 年 4 月。

6 Mihir Bellare, Ran Canetti 和 Hugo Krawczyk 所著论文《Keying Hash Functions for Message Authentication》，透彻地讨论了在消息认证中启用 MD5。该论文摘自 Advances in Cryptology – Crypto 96 Proceedings, Lecture Notes in Computer Science Vol. 1109, N. Koblitz, ed., Springer-Verlag, 1996, 第 1~15 页。互联网下载链接为 www.research.ibm.com/security/keyed-md5.html。

```
Frame 2 (72 bytes on wire, 72 bytes captured)
IEEE 802.3 Ethernet
Logical-Link Control
ISO 10589 ISIS InTRA Domain Routeing Information Exchange Protocol
    Intra Domain Routing Protocol Discriminator: ISIS (0x83)
    PDU Header Length  : 27
    Version (==1)      : 1
    System ID Length   : 0
    PDU Type           : L1 HELLO (R:000)
    Version2 (==1)     : 1
    Reserved (==0)     : 0
    Max.AREAs (0==3)   : 0
    ISIS HELLO
        Circuit type             : Level 1 only, reserved(0x00 == 0)
        System-ID {Sender of PDU} : 0192.0168.0002
        Holding timer            : 27
        PDU length               : 51
        Priority                 : 64, reserved(0x00 == 0)
        System-ID {Designated IS} : 0192.0168.0002.04
        Protocols Supported (2)
            NLPID(s): IP (0xcc), IPv6 (0x8e)
        IP Interface address(es) (4)
            IPv4 interface address    : 172.16.1.102 (172.16.1.102)
        Area address(es) (4)
            Area address (3): 47.0002
        Authentication (6)
            clear text (1), password (length 5) = ollie
```

图 9.2   通过协议分析工具，在以太网络内捕获到的启用了简单密码认证的 IS-IS Hello 消息，消息中所包含的明文密码（"ollie"）清晰可见

　　如 RFC 1231 所述，MD5 是一种算法，只能用来加密数据串。而真正用来执行消息认证功能的 HMAC-MD5（hash 运算消息认证码-MD5）则是利用 MD5 算法，并以一个密钥和一条消息作为输入，生成一个 hash 签名。密钥、原始消息外加 hash 签名共同组成了消息认证的架构[7]。对于利用 MD5 算法执行认证的做法，在 IS-IS 文档里，将其正确地称为 HMAC-MD5，但 OSPF 文档却总是称其为 MD5 认证（由此可见，OSPF 对加密认证功能的支持要比 IS-IS 早很多）。OSPF 和 IS-IS 所使用的加密认证方法都是 HMAC-MD5，请读者千万不要上标准文档的当，误以为两种协议使用的是不同的加密认证方法。

　　图 9.3 和图 9.4 分别所示为在启用了 MD5 认证的情况下，捕获到的 OSPF 和 IS-IS Hello 消息。其实，OSPF 和 IS-IS 的密钥还是"stan"和"ollie"，只是这两个"单词"不再随 Hello 消息传播了。包含在 Hello 消息里的是一个 16 字节（128 位）的消息摘要码，看起来就像是一串乱七八糟的十六进制数字。

```
Frame 6 (98 bytes on wire, 98 bytes captured)
Ethernet II, Src: 00:90:27:9d:f1:33, Dst: 01:00:5e:00:00:05
Intern et Protocol, Src Addr: 172.16.1.102 (172.16.1.102), Dst Addr: 224.0.0.5
(224.0.0.5)
Open Shortest Path First
OSPF Header
OSPF Version: 2
Message Type: Hello Packet (1)
Packet Length: 44
Source OSPF Router: 192.168.254.2 (192.168.254.2)
Area ID: 0.0.0.0 (Backbone)
Packet Checksum: 0x0000 (none)
Auth Type: Cryptographic
```

---

[7]   Hugo Krawczyk、Mihir Bellare 以及 Ran Canetti，"HMAC: Keyed-Hashing for Message Authentication," RFC 2104，1997 年 2 月。

```
Auth Key ID: 0
Auth Data Length: 16
Auth Crypto Sequence Number: 0x414764d7
Auth Data: 79744161070C2FAB6F0BFC85DA5ECB23
OSPF Hello Packet
Network Mask: 255.255.255.0
Hello Interval: 10 seconds
Options: 0x2 (E)
Router Priority: 128
Router Dead Interval: 40 seconds
Designated Router: 172.16.1.102
Backup Designated Router: 0.0.0.0
```

图 9.3 OSPF MD5 认证功能一经启用，在捕获到的 Hello 消息中就再也看不到认证密钥了

```
Frame 8 (83 bytes on wire, 83 bytes captured)
IEEE 802.3 Ethernet
Logical-Link Control
ISO 10589 ISIS InTRA Domain Routeing Information Exchange Protocol
    Intra Domain Routing Protocol Discriminator: ISIS (0x83)
    PDU Header Length  : 27
    Version (==1)      : 1
    System ID Length   : 0
    PDU Type           : L1 HELLO (R:000)
    Version2 (==1)     : 1
    Reserved (==0)     : 0
    Max.AREAs: (0==3)  : 0
    ISIS HELLO
        Circuit type              : Level 1 only, reserved(0x00 == 0)
        System-ID {Sender of PDU} : 0192.0168.0002
        Holding timer             : 27
        PDU length                : 62
        Priority                  : 64, reserved(0x00 == 0)
        System-ID {Designated IS} : 0192.0168.0002.04
        Protocols Supported (2)
            NLPID(s): IP (0xcc), IPv6 (0x8e)
        IP Interface address(es) (4)
            IPv4 interface address   : 172.16.1.102 (172.16.1.102)
        Area address(es) (4)
            Area address (3): 47.0002
        Authentication (17)
            hmac-md5 (54), password (length 16) = 0x2e60b26a5c1a5be4050e84318272d91f
```

图 9.4 启用了 IS-IS MD5 认证功能之后，在捕获到的 Hello 消息中，认证密码会被替换为一串 16 字节的十六进制数字

启用 MD5 认证还有另外一个好处，那就是可以提供比默认的 OSPF 消息校验和以及可选的 IS-IS 校验和更为全面的错误检测功能。更多详情请见 9.2.3 节。

保持有效的验证

MD5 发明于 1991 年，当时，被认为是不可能通过计算来破解的（"computationally infeasible"[RFC 1321] to break）。但如今，功能强大的 PC 和狡猾的黑客都已证明其不再牢不可催。网上随处可下的黑客工具，比如，BAK Scanner、John the Ripper、RainbowCrack 以及 Cain & Abel，都可以破解 MD5 hash 签名。这些工具不外乎都是基于两种基本方法来破解 hash 签名，这两种方法是：强力计算（brute-force calculation）和预计算表（precomputed table）。

强力计算方法是指反复猜测密钥，拿猜测的密钥作为输入，执行 MD5 计算，

再用计算而得的 hash 值跟截取的 hash 值进行比对。若两值匹配，则猜测的密钥就是正确的密钥。强力攻击通常也被称为字典攻击，因为其猜测密码的依据，就是一部由众多常用单词和名称构成的"字典"。

基于预计算表（俗称彩虹表[rainbow table]）的破解工具在运作方式上类似于强力破解工具，但会提前猜测密钥，用密钥作为输入，执行 MD5 计算，获取其 hash 值，再把一条条"密钥/hash 值"对存储在一张表内。需要破解密钥时，基于预计算表的破解工具会在表中直接查找 hash 值。这种工具的破解速度要远快于强力破解工具，但需要消耗大量内存来存放那张表。

要想堵住与路由协议认证有关的漏洞，在设置密钥时应循序两条原则。其实，要想确保其他任何基于密码的认证方案的安全性，都得遵循这两条原则。首先，绝不要使用容易猜到的单词或名称作为的密钥。只要使用常用单词或名称作为密钥（哪怕是外语单词），都极有可能会为字典攻击所乘。请使用由大小写字母、数字以及标点符号组合而成的无任何含义的字符串作为密钥。

其次，要定期更改密钥。铁打的营盘，流水的兵。要是密码不变，使用密码的人总在变，那么知道密码的人就会越来越多。包含加密密钥的路由器配置文件副本也有可能会落入歹人之手。此外，攻击者或许还精于社交之道，能赢得他人的信任，骗得密码。作者的建议是，应至少每 3 个月更改一次路由协议的认证密码。很多人都怕麻烦，在他们看来，使用新密码的好处与在一大堆路由器上更改密码的麻烦程度相比，根本不值一提。提前准备配置脚本，则可以使得密码变更操作更容易一点。启用密钥链（配置一组密码，定期自动轮换）则可以降低更改密钥的频率，可即便如此，也还是应该经常更换密码。

2. OSPF 认证

RFC 2178 发布之前，OSPF 认证功能只能基于区域范围来启用。也就是讲，要想启用认证功能，就得在区域内的所有路由器和所有链路上启用。要么，就干脆不启用。RFC 2178 改变了这一硬性规定，让 OSPF 认证功能可基于不同的链路来启用，亦即可以只在区域内的某条或某些链路上启用认证功能，无需在该区域的所有链路上启用。虽然作者强烈建议在所有链路上启用认证功能，但 RFC 2178 则赋予了网管人员更多的灵活性——可在一个启用认证功能的 OSPF 区域内，部署不支持认证功能的路由器（但反过来讲，这也会使得不支持 OSPF 认证功能的路由器在启用了认证功能的区域内"露面"，从而引发安全性问题）。

每一条 OSPF 协议消息中都会包含与认证类型和认证数据有关的信息，如图 9.5 所示。

认证类型（AuType）字段用来指明所启用的 OSPF 认证类型。

- AuType 字段值＝0：虚认证（不认证）。

- AuType 字段值＝1：明文密码认证。

- AuType 字段值＝2：MD5 加密认证。

未启用认证功能时，接收 OSPF 协议消息的路由器会忽略 64 位的认证字段。此时，该字段不应包含任何数据，大多数 OSPF 实现都会将该字段设置为全 0。若启用了明文密码认证，则认证字段包含的就是明文密码。由于认证字段的长度为 64 位，而一个 ASCII 字符的长度为 8 位，因此明文密码最长也只能是 8 个字符。若密码不到 8 个字符，则会以 0 填充至认证字段的末尾。

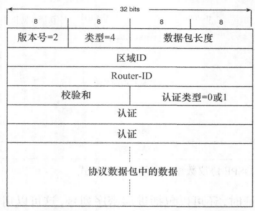

图 9.5 当未启用认证功能或只启用明文密码认证功能时，OSPF 协议数据包通用头部的格式

启用 MD5 认证功能时，OSPF 协议数据包通用头部的格式如图 9.6 所示。由图可知，有 128 位的消息摘要（hash 值）将会附着于协议数据包的末尾。认证数据长度字段指明了附在协议数据包末尾的消息摘要的长度，单位为字节。由于消息摘要的长度总是 128 位（16 字节），因此认证数据长度字段值也总是为 16。16 字节的 OSPF 消息摘要并不算作是 OSPF 协议数据包的一部分，在 OSPF 协议数据包通用头部中的数据包长度字段值不会对那 16 字节予以"考虑"。但 OSPF 消息摘要算作整个 IP 数据包的净载的一部分，因此 OSPF 协议数据包的 IP 包头的总长度字段值会将那 16 字节计算在内。

OSPF 有一个非常实用的特性，可用来在不破坏邻居路由器间邻接关系的情况下，更改认证密钥。有了该特性，就能在参与 OSPF 进程的接口上配置多个密钥，每个密钥都会与一个取值范围在 1~255 之间的数字标识符相关联。对于 OSPF 路由器通过该接口外发的

每一条 OSPF 协议消息，其中所包含的认证信息都是根据与密钥 ID 字段值相关联的密钥
计算而得，而密钥 ID 字段值就来源于密钥的数字标识符。收到 OSPF 协议消息之后，邻
居路由器会检查其密钥 ID 字段，若与本机所设密钥的标识符匹配，便启用该密钥来完成
认证；否则，做丢弃处理。因此，在更换密钥时，仍可以继续使用旧密钥对路由协议消息
进行认证。当所有 OSPF 路由器上都配置了新密钥之后，就可以用新密钥对路由协议消息
进行认证，然后便能回头删除旧密钥了。

图 9.6   启用 MD5 认证时，OSPF 协议数据包通用头部的格式

启用 OSPF MD5 认证时，还可以包括进加密序列号，这可以用来防范重放攻击（replay
attack）。重放攻击是指攻击者先从链路上捕获包含认证信息的 OSPF 协议消息，再适时重
新放到链路上发送，以达到干扰 OSPF 邻居路由器间通信的目的。加密序列号是一个长
32 位的数字，与特定的某台邻居路由器相关联；OSPF 路由器会定期增加该数值，只要将
OSPF 协议消息发送给邻居路由器，当前的加密序列号就会被添加进协议消息的加密序列
号字段。收到 OSPF 协议消息之后，邻居路由器便"记住"了加密序列号。只要随后收到
的 OSPF 协议消息的加密序列号字段值低于当前已知的加密序列号，邻居路由器便会做丢
弃处理。在 OSPF 协议消息中设立加密序列号字段的用意是，即便攻击者能接入链路，并
通过 sniffer 之类的工具，捕获到包含认证信息的 OSPF 协议消息，但当协议消息"重回"
链路时，会因为其中的加密序列号字段值不再有效，而遭到受攻击路由器的拒收。

RFC 2328 并未规定 OSPF 路由器递增加密序列号的间隔时间，允许各路由器厂商自
行掌握，但建议各厂商基于路由器的系统时钟或某种简单的计数器来指定这一间隔时间。

还有一个与加密序列号有关的潜在问题，那就是 RFC 2328 同样没有规定如何将其值从最高还原为 0。当加密序列号值达到最大值（2^{32}）时，路由器就要将其重置为 0。但自此以后，由于该路由器（路由器 A）发出的 OSPF 协议消息中的加密序列号字段值，低于邻居路由器（路由器 B）已知的加密序列号，因此将会遭到拒收。OSPF 协议消息（尤其是 OSPF Hello 消息）遭路由器 B 丢弃，便意味着 RouterDeadInterval 计时器最终会超时，此计时器一旦超时，邻接关系就会中断。当路由器 B 将路由器 A 的邻居状态调整为 Down 时，会一并将与路由器 A"绑定"的加密序列号的期待值归 0。于是，当路由器 A 发出 OSPF 协议消息，以期重建邻接关系时，路由器 B 自然会"照单全收"。可话又说回来，只要网络运行平稳，加密序列号"归零"也并不能算是问题。想想看，对于一个从 0 开始计数的 32 位序列号，要想达到极限值 2^{32}，哪怕每秒递增一次，也要等 135 年呢。

让 OSPF 协议消息"携带"加密序列号，虽能防范重放攻击，但该机制并非十全十美，可为某些破坏攻击所乘。请看图 9.3，图中清晰地显示了这一被捕获的 OSPF Hello 消息中的加密序列号字段值（0x414764d7）。攻击者可对捕获而来的 OSPF 协议消息"动手脚"，将其加密序列号字段值调整为一个很高的值；然后，再重新发送回原来的链路。受攻击的邻居路由器会接受这一"加密序列号"较"新"的 OSPF 协议消息，同时拒收合法路由器发出的 OSPF 协议消息，于是便会导致 OSPF 邻接关系中断。一旦 OSPF 邻接关系中断，攻击者便可以继续在链路上发送"动过手脚"的、加密序列号字段值更高的 OSPF 协议消息，破坏合法路由器之间正常 OSPF 邻接关系的建立。

OSPF 协议消息中的验证类型字段值和认证信息字段值都会被路由器存储在接口数据结构中（加密序列号字段值除外，当启用时，它会被存储在邻居数据结构中）。也就是讲，可以单独基于每个参与 OSPF 进程的接口来配置 OSPF 认证功能。不过，通常只有强迫症患者才会如此行事。除非特别不"信任"某台邻居路由器，否则为便于网络管理，应在整个 OSPF 路由进程域内使用相同的认证密钥。

3. IS-IS 认证

IS-IS 有一个认证信息 TLV 结构，专门用来"存放"认证类型和认证信息，如图 9.7 所示。该 TLV 结构的类型字段值为 10，可随所有类型的 IS-IS PDU 传播（RFC 1195 也定义了一种用来执行认证功能的 TLV 结构，其类型字段值为 135，但目前尚无任何一家厂商肯用）。ISO 10589 只是定义了明文密码认证方法，但由于该标准的制定者意识到了日后还会有更加"高明"的认证方法，因此很有远见地在认证信息 TLV 里设立了一个认证类型字段，用来指明所启用的认证方法，而值字段也可以很灵活地用来存放各式各样的认证数据。

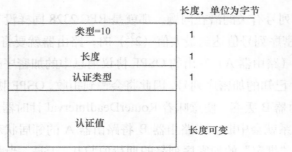

图 9.7　IS-IS 认证信息 TLV

认证类型字段值及具体含义如下所列。

- 认证类型字段值 = 1：明文密码认证。

- 认证类型字段值= 54：HMAC-MD5 认证。

- 认证类型字段值= 255：路由进程域内的私有认证方法。

认证类型字段其他可能的值都已被预留，以供将来使用。由于认证信息 TLV 并不一定会附着于 IS-IS PDU，因此没有为其认证类型字段分配一个值，用来指明认证类型为"虚认证"或"不认证"，这跟 OSPF 有所不同。在未启用 IS-IS 认证功能的情况下，任何一种 IS-IS PDU 都不会包含认证信息 TLV。当认证类型字段值为 255 时，顾名思义，则表明启用的是私自开发的认证方法。当启用类型 1 明文密码认证功能时，"认证值"字段包含的是以 ASCII 字符面目示人的密码。由于这种 TLV 的长度字段为 1 字节，因此"认证值"字段的最大长度为 255 字节（二进制"11111111"=十进制 255）。加之明文密码的每个 ASCII 字符为 1 字节，所以认证信息 TLV 最多可以包含由 255 个字符构成的密码，但大多数厂商的 IS-IS 实现都会对密码的长度加以限制。

认证类型为 54 的 IS-IS HMAC-MD5 加密认证方法定义于 RFC 3567[8]。与 OSPF 一样，IS-IS HMAC-MD5 认证也会用 IS-IS 协议消息和密钥作为输入，通过 MD5 计算生成一个 128 位的加密 hash。IS-IS 路由器会把该 hash 值填入认证信息 TLV 的"认证值"字段，然后让认证信息 TLV 随原始的 IS-IS 协议消息一起传播。收到包含认证信息 TLV 的 IS-IS 协议消息之后，邻居路由器会用本机所设密钥，以及原始的 IS-IS 协议消息作为输入，执行相同的 MD5 计算，再将计算而得的 hash 值与认证信息 TLV 的"认证值"字段值进行比对。若两值相等，则表明邻居双方都持有相同的密钥，通过认证的 IS-IS 协议消息将会被

---

[8]　Tony Li and Ran Atkinson, "Intermediate System to Intermediate System (IS-IS) Cryptographic Authentication", RFC 3567, 2003 年 7 月。

接受；否则，做丢弃处理。

对 IS-IS LSP 而言，其校验和字段值和剩余生存时间字段值会在传播途中改变，为消除这两个字段值的改变对 MD5 计算的影响，生成和接收 IS-IS LSP 的路由器会先将这两个字段值设置为 0，再执行 MD5 计算。IS-IS 路由器只有在执行认证计算时才会将那两个字段值更改为 0，那两个字段的实际值会分开存储。

启用 IS-IS HMAC-MD5 认证功能时，认证信息 TLV 的总长度将会是 19 字节（类型、长度、认证类型字段各 1 字节，外加 16 字节的"认证值"字段）。

与 OSPF 不同，IS-IS HMAC-MD5 认证功能没有认证序列号机制。因此，只要攻击者能接入 IS-IS 路由进程域内的链路，就能针对 IS-IS 协议发起重放攻击。此时，要对抗重放攻击，那就只有仰仗 IS-IS 所固有的反攻击特性了。

可基于以下 3 个范围来启用 IS-IS 认证功能：

- 链路范围；

- 区域范围；

- 路由进程域范围。

基于链路范围来启用 IS-IS 认证功能时，认证信息 TLV 会附着于 IS-IS Hello PDU；基于区域范围来启用时，认证信息 TLV 会附着于所有 IS-IS L1 LSP 和 SNP；基于路由进程域范围来启用时，认证信息 TLV 会附着于所有 IS-IS L2 LSP 和 NSP。某些厂商的 IS-IS 实现可能不单独支持链路范围的 IS-IS 认证，而是把附着了认证信息 TLV 的 L1 Hello PDU 用于区域范围的 IS-IS 认证，把附着了认证信息 TLV 的 L2 Hello PDU 用于路由进程域范围的 IS-IS 认证。

对于每一种范围的 IS-IS 认证，所使用的密钥既可以相同也可以不同。比方说，执行链路范围的 IS-IS 认证时，可以为每个接口配置单独的密钥；基于区域范围的 IS-IS 认证时，可针对每个区域配置单独的密钥。

任何厂商的 IS-IS 实现都应该支持上述 3 种认证范围，同时应该支持对所有类型的 IS-IS PDU 的认证，但实际的支持情况则要随厂商而异。为了便于互操作，某些厂商的 IS-IS 实现允许对认证对象（IS-IS PDU）做更加细致的控制。比如，有些网管人员希望对 IS-IS Hello PDU、LSP 以及 CSNP 进行认证，但 PSNP 除外。Juniper 公司的 JUNOS 为那些网管人员提供了以下认证选项，这些认证选项可基于 L1、L2 以及 L1/L2 邻接关系来启用。

■ no-hello-authentication（不认证 Hello PDU）。

■ no-csnp-authentication（不认证 CSNP）。

■ no-psnp-authentication（不认证 PSNP）。

只有在绝对必要时，比如，当 IS-IS 路由进程域内有路由器不支持"全套"IS-IS 认证功能时，才应简化认证手段。当然，最明智的做法是，只在网络内部署支持"全套"IS-IS HMAC-MD5 认证功能的路由器。

在不中断 IS-IS 邻接关系的情况下，也能启用认证功能，或执行认证信息的变更操作，这与 OSPF 极为相似。不过，IS-IS 认证信息 TLV 中并不包含密钥 ID 字段，因此只能在 IS-IS 协议的基本特性上动动脑筋。IS-IS 标准规定：路由器只要在收到的 IS-IS PDU 中发现了不能识别的 TLV 结构，便会略过不"读"，继续解析下一个 TLV 结构。因此，对于未启用认证功能的 IS-IS 路由器而言，倘若收到了包含认证信息 TLV（即类型字段值为 10 的 TLV）的 IS-IS PDU，将会接受该 IS-IS PDU，但对其所包含的认证信息 TLV"视而不见"。某些厂商的 IS-IS 实现有一个"开关"，只要开关一开，就能让路由器在发送包含认证信息 TLV 的 IS-IS PDU 的同时，接受所有 IS-IS PDU，不论其有没有包含认证信息 TLV。那么，当需要更换认证密钥时，就可以在"适当"范围内的所有路由器上打开这个"开关"。当认证密钥更换完毕之后，再将"开关"关闭，重新让该范围内的所有路由器只能接受包含认证信息 TLV 的 IS-IS PDU（在 Cisco 路由器和 Juniper 路由器上，可分别执行 isis authentication send-only 和 noauthentication-check 命令，来打开这个"开关"）。当需要在不能断网的 IS-IS 网络中启用认证功能，或更换认证密钥时，上述做法已被证明是非常行之有效。就密钥更换的可操作性而言，IS-IS 打开"开关"的做法似乎要比 OSPF 密钥 ID 的方法更麻烦一点；但如前所述，应通过事先编写脚本的方法，来执行密钥的定期更换，而 IS-IS 打开"开关"的做法可以很方便地与编写脚本结合使用。

9.2.3   校验和

OSPF 协议数据包的 OSPF 公共头部包含了一个校验和字段，用来验证 OSPF 协议数据包的完整性。OSPF 协议数据包的校验和计算方法，与 IP 包头的校验和计算方法完全相同：生成 OSPF 协议数据包的路由器要先把整个 OSPF 协议数据包（不包括 64 位认证字段，校验和字段值设置为 0）按 16 位分成若干等份，再计算每一等份的二进制反码之和，最后还要计算二进制反码之和的反码，也就是讲，最终的计算结果为"每等份"的反码之和的反码。这一计算结果将被存入 OSPF 协议数据包的校验和字段[9]。接收 OSPF 协议数据包的路由器会执行步骤相同的计算（执行计算时，要"算上"实际的校验和字段值），并判断最终的计算结果是否为 0。若不为 0，则表示 OSPF 协议数据包在传播途中发生了损坏。

与其他错误检测方法（比如，某些数据链路层协议使用的 CRC[循环冗余校验]算法）相比，OSPF 所使用的这种 IP 风格的校验和算法有许多不足之处。比方说，它检查不出多个取消位错误或字节的重新排序。

搞笑的是，用来验证 OSPF LSA 完整性的校验和算法却不是 IP 风格的反码校验和算法，而是 ISO 风格的 Fletcher 校验和算法[10]。Fletcher 校验和算法同样基于反码计算，但计算方法要比 IP 风格的校验和算法复杂，其检测效果等同于 CRC 算法。

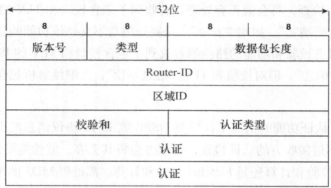

图 9.8 OSPF 协议数据包的通用头部中都包含了一个 IP 风格的校验和字段，长度为 16 位

与 OSPF 不同，IS-IS PDU 头部不设校验和字段。虽然可用 Fletcher 校验和算法检测 LSP 的完整性，但 Hello PDU 和 SNP 却只能依靠数据链路层的错误检测机制（前提是相关数据链路层协议的协议规程制定了错误检测机制）。为了不让 IS-IS 协议消息对数据链路层太过"依赖"，RFC 3358 为 IS-IS 新添加了一项可选的协议消息完整性检测功能[11]。只要路由器支持这一可选功能，在其生成的 Hello PDU 和 SNP 中就会包含一个校验和 TLV 结构（其格式如图 9.10 所示）。该路由器会针对整个 IS-IS PDU 执行 Fletcher 校验和计算，并将计算结果存储进校验和 TLV 结构的值（校验和）字段。这种 TLV 的类型字段值为 12，其值字段的长度为 2 字节。

---

[9] 二进制反码计算非常容易执行，特别是对计算机而言。读者可以通过任何一本书，来学习有关基本二进制计算方法的知识。

[10] 国际标准化组织，"Information Technology—Protocol for Providing the Connectionless-Mode Internetwork Service: Protocol Specification"，ISO/IEC 8473-1:1998, Annex C, 1998 年。

[11] Tony Przygienda, "Optional Checksums in Intermediate System to Intermediate System (IS-IS)"，RFC 3358, 2002 年 8 月。

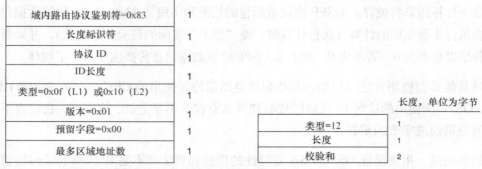

图 9.9 IS-IS PDU 通用头部中并未设立校验和字段   图 9.10 IS-IS 校验和 TLV 的结构

支持可选校验和功能的路由器若收到了包含校验和 TLV 的 IS-IS Hello PDU 或 SNP，但却通不过校验和检查，将会做丢弃处理；若收到了未含校验和 TLV 的 IS-IS Hello PDU 或 SNP，则会"笑而纳之"。如此"安排"，是要保持与不支持该功能的路由器之间的向后兼容性。不支持可选校验和功能的路由器若收到了包含校验和 TLV 的 IS-IS Hello PDU 或 SNP，也会"笑而纳之"，但对校验和 TLV "略过不读"，会继续解析包含于其中的下一个 TLV。

在启用 MD5 认证功能的情况下，只要 OSPF 或 IS-IS 协议消息的内容在传播途中因故被更改，就通不过接收方的认证检查，接收方会将其丢弃。就检测错误的完备性而言，不论是 IP 风格的校验和计算还是 Fletcher 校验和计算，都难望 MD5 的项背，这也是网管人员喜欢在 OSPF 或 IS-IS 网络中启用 MD5 认证功能的另外一个原因。因此，MD5 认证功能一旦启用，标准的 OSPF 校验和（检查）机制以及可选的 IS-IS 校验和（检查）机制都会发生改变。在启用 OSPF MD5 认证功能的情况下，路由器不会计算（协议数据包的）校验和，而是会把（协议数据包的）头部的校验和字段值设置为 0x0000。同理，若同时启用了 IS-IS HMAC-MD5 认证功能和可选的校验和计算功能，路由器也会把（协议消息的）校验和 TLV 的"校验和值"字段设置为 0x0000，或根本不让协议消息携带这种 TLV。校验和检查机制的改变对 IS-IS 尤其重要，因为生成 IS-IS PDU 的路由器在计算 MD5 hash 之前，会把校验和 TLV 的"校验和值"字段设置为 0x0000。要是接收端路由器不支持可选的校验和计算功能，则会接受 IS-IS PDU，但会对其中包含的校验和 TLV "视而不见"。不过，当随后接收端路由器针对 IS-IS PDU 执行 MD5 计算时，会"算上"校验和 TLV，这样一来，IS-IS PDU 肯定通不过 MD5 认证。

9.2.4 优雅重启动（Graceful Restart）

路由器在执行路由选择功能（routing）时，需要"做"两件事情：一、确定数据包的转发线路（在 IP 路由表中挑选一条用来转发数据包的路由）（path determination）；二、根据选定的线路（路由），在接口之间交换数据包（packet forwarding）。要是网管人员连这两点都不知道的话，请趁早转行。现代化高性能路由器在执行路由选择功能时，上述两项操作会由不同的物理部件来负责完成。完成这两项操作任务的物理部件都会配备属于自己的处理器和内存，如图 9.11 所示。收到路由协议消息时，路由器的数据包转发模块，会把消息传递给路由处理模块。运行在路由协议处理模块上的路由协议进程会创建路由信息数据库（RIB）。路由处理模块会根据 RIB 来"筛选"通向每个目的网络的最佳路径信息，并"积聚"成转发信息数据库（FIB），再"推送"给数据包转发模块。此后，收到（数据平面的）数据包时，数据包转发模块就可以在不直接跟路由处理模块"交互"的情况下，单凭 FIB 中的信息，执行转发任务了（所谓的转发数据包，说简单一点，就是路由器在不同接口之间交换数据包）。

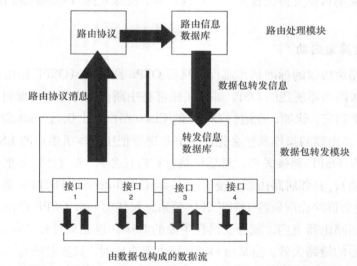

图 9.11 把数据包转发功能和路由信息处理功能"分而治之"的高性能路由器的总体模型

　　之所以要把路由选择分解为两个操作项，并分别交由路由器的不同物理部件来执行，是要确保路由器的性能在流量负载很高的情况下也不打折扣。换句话讲，是要在网络产生严重变化的时期，让路由处理模块处理成千上万条路由，却不占用数据包转发模块的任何资源；让数据包转发模块应对峰值流量负载，同样不占用路由处理模块的任何资源。

　　上述"分工"的特点是，只要网络拓扑结构不变，哪怕路由处理模块"停工"，数据包转发模块仍能持续转发数据包。这便是优雅重启动的基础，也有人把优雅重启动称为不停止转发（nonstop forwarding）：当路由协议（进程）因故停止运行或重新启动时（比如，因路由器的操作系统有缺陷而导致路由协议进程重新启动、导致主/备用路由处理模块的切换，或因日常运维需要而手工重启路由协议进程时），路由器可以根据路由协议重启（或停止运行）之前所创建好的 FIB，继续转发数据包。因此，有了优雅重启动，就可以提高 OSPF/IS-IS 网络内区域的稳定性，这具体表现在：一、在路由协议进程重启期间，数据包在区域内的转发路径仍能得以维系；二、可显著降低与路由器（或路由协议进程）重新启动相伴的 LSA/LSP 泛洪流量；三、可显著降低 SPF 计算的执行次数和 FIB 的更新次数。不过，倘若在路由器的路由协议进程停止运行时，网络拓扑结构发生了改变，FIB 的精确性将不再能够得到保证，此时，必须让流量绕开这台路由器，直到其路由协议进程重启完毕。

任何路由协议都可以支持优雅重启动特性；本节会深入探讨 OSPF 和 IS-IS 对优雅重启动特性的支持。

1. OSPF 优雅重启动[12]

根据 OSPF 路由协议的标准运作流程，只要 OSPF 路由器（OSPF 路由进程）重新启动，其与所有邻居路由器所建的 OSPF 邻接关系都将中断。若为计划内重启（意为路由器"知道"有人要重启它，比如，在运行 OSPF 的 Cisco 路由器上执行 reset 命令，或手工重启 OSPF 进程），路由器的操作系统会先让 OSPF 进程把所有本机生成的 LSA "清理"出网络，再拆除所有 OSPF 邻接关系，最后再执行重启任务）。若为计划外重启（路由器因意外事故重新启动），其邻居路由器只要（在 RouterDeadInterval 计时器到期之前）收不到 Hello 数据包，便会拆除先前所建 OSPF 邻接关系。对任何一台 OSPF 路由器而言，只要"觉察"到了邻居路由器重启，就会泛洪自生成的 LSA，以此来对外"宣布"：通向正在重启的邻居路由器的链路失效。当某台 OSPF 路由器重启时，只要其所有邻居路由器都遵循 OSPF 协议的标准运作流程，便能让流量"绕开"正在重启的那台路由器，从而能够避免因（同一 OSPF 区域内路由器间的 LS 数据库）不同步或 FIB 有误，而导致的路由环路或流量黑洞。一旦启用了 OSPF 优雅重启动特性，网络内的 OSPF 路由器将可在特定时间内（OSPF 路由器重启期间）不按 OSPF 协议标准运作流程的规定行事，其目的在于让执行重启指令的 OSPF 路由器仍然承担其重启之前所承担的流量转发任务。

以下所列为启用 OSPF 优雅重启动特性的几个关键条件。

■　　在路由器重启期间，网络拓扑必须保持稳定。

---

[12] John Moy、Padma Pillay-Esnault、Acee Lindem, "Graceful OSPF Restart", RFC 3623, 2003 年 11 月。

- 正在执行重启指令的路由器必需具备这样一种功能：在其重启期间，数据包转发模块（FIB）仍能正常运作。

- 在路由器重启期间，只要觉察到网络拓扑有变，所有邻居路由器都必须重新按之前提到的 OSPF 标准运作流程行事。

当 OSPF 路由器开始执行优雅重启动时，会泛洪 Grace（优雅）LSA，向邻居路由器通告两项关键信息：一、邻机在未来多长时间内（单位为秒）仍将保持与本机所建的 OSPF 邻接关系，亦即请求邻机，要求其在未来多长时间内仍然认定其 LS 数据库与本机完全同步；二、本机重新启动的原因。执行重启指令的 OSPF 路由器所通告的那段时长被称为重启宽限期（grace time），支持优雅重启动特性的邻居路由器被称为辅助路由器（helper），辅助路由器在重启宽限期内所处的状态名为辅助模式（helper mode）。在重启宽限期内，辅助路由器要负责检查网络拓扑是否有变，在拓扑发生变化时，需做出适当的反应。

（1）计划内重启（Planned Restart）

计划内重启是指出于运维方面的需求而重新启动路由器的 OSPF 进程。在这种情况下，运行于路由器的 OSPF 进程将有机会通知邻居路由器：本路由器需要执行优雅重启动。网管人员——作为优雅重启动指令的发起人——既可以手工指定一个重启宽限期（grace time），也可以使用标配的默认时间值。比如，Juniper 路由器的默认 OSPF 优雅重启动的宽限期为 180 秒。重启宽限期不论是手工指定，还是采用默认时间值，都必须低于 LSRefreshTime（LSA 重刷新时间）（1800 秒）。这是为了防止路由器重启完毕之前，其生成的 LSA 在（其他路由器的）LS 数据库里"过期"。

当网管人员发出优雅重启动指令时，有待重启的路由器会首先记录为每个重启接口（restarting interface）分配的加密序列号[13]。然后，再通过每个重启接口，向邻居路由器泛洪 Grace LSA。这台即将要重启的路由器不会遵循标准的 OSPF 运作流程，把自生成的 LSA "逐出" LS 数据库，而是会记录重启宽限期，执行重启指令。当符合以下条件之一时，优雅重启动结束。

- 执行重启指令的路由器（重启完毕），重新与所有邻居路由器建立了状态为 Full 的 OSPF 邻接关系，并同时收到了邻居路由器泛洪的本机重启之前生成的类型 1 LSA（若执行重启指令的路由器为 DR，则还会收到类型 2 LSA）。

---

[13] 译者注：本书完全不适合初学者阅读，不是内行，很难读懂。介绍优雅重启动的时候，作者就没有说清什么叫重新启动（restart）。这里所说的 restarting interface，应该是指在运行了 OSPF 多进程的情况下，针对其中一个 OSPF 进程发出优雅重启动指令时，路由器上参与这一特定 OSPF 进程的接口。也就是说，路由器上参与这一特定 OSPF 进程的接口都会 restarting。

■ 执行重启指令的路由器（重启完毕），收到了邻居路由器泛洪的类型 1 LSA，但与本机重启之前生成的类型 1 LSA 不一致，这表明邻居路由器不支持优雅重启动特性或未起到辅助路由器应起的作用（未进入辅助模式）。

■ 重启宽限期已过。

优雅重启动结束时，启动过后的路由器会重新生成类型 1 LSA，若其为 DR，还会生成类型 2 LSA。然后，会把重启之前生成的 Grace LSA 清理出网络，并继续执行路由计算，更新自己的 FIB。最后，再将失效的 FIB 表项删除，把自生成的无效 LSA "逐出" LS 数据库，重新泛洪类型 3、5、7 LSA（如有必要）。

在某些情况下，执行优雅重启动指令的路由器重启时，其邻居路由器具备"辅助"功能，但实未起到辅助路由器该起的作用（未进入辅助模式）。比方说，若邻居路由器的 LSA 重传列表里出现了新的 LSA（并非定期刷新的 LSA 的副本），要泛洪给执行重启指令的路由器（有新的 LSA 要泛洪，就表示网络拓扑发生了改变），则该邻居路由器将不会进入辅助模式。

一台路由器可以同时充当多台执行重启指令的邻居路由器的辅助路由器，但若其自身也要重启，则不能进入辅助模式。

若满足以下条件之一，辅助路由器将退出辅助模式。

■ 执行重启指令的路由器将其重启之前泛洪的 Grace LSA "逐出" 了 LS 数据库，这表示其已圆满完成重启任务。

■ 重启宽限期已过。

■ 网络拓扑有变，导致辅助路由器的 LS 数据库里 "入驻" 了新的 LSA，或原先的类型 1~5 或类型 7 LSA 发生了变化。这就意味着辅助路由器要按 "老规矩"，向正在执行重启指令的邻居路由器泛洪 "新" LSA。LSA 的定期重刷新并不会导致辅助路由器退出辅助模式，因为这预示着网络拓扑未发生改变，只是 OSPF 路由器在 "例行公事"。

一旦退出辅助模式，辅助路由器将会重新泛洪自生成的类型 1 LSA。若辅助路由器与执行重启指令的邻居路由器相连的链路为广播链路（即互连接口的 OSPF 网络类型为 broadcast），则该辅助路由器会重新计算（推举）DR，若本机为 DR，则泛洪自生成的类型 2 LSA。

若某路由器执行优雅重启动指令时，其邻居路由器不支持优雅重启动特性，则会忽略（执行重启指令的路由器生成的）Grace LSA。该邻居路由器会遵照标准的 OSPF 运作流程，重新泛洪类型 1 LSA，宣布通向那台执行重启指令的路由器的链路失效。根据之前所列条件，这一宣告 LSA 发生改变的行为，会导致进入辅助模式的所有邻居路由器一齐退出辅助模式，同时也会使得执行重启指令的路由器退出优雅重启动。如此规定，是为了保持向后兼容性，这也意味着，只有网络内的所有路由器都支持优雅重启动特性，才能完全发挥该特性的效力。

（2）计划外重启（Unplanned Restart）

计划外重启是指路由进程因故障或主、备路由处理器间的切换，而导致的重新启动。就 OSPF 优雅重启动所遵循的流程而言，"计划内"和"计划外"基本相同，只是当优雅重启动为计划外时，路由器会在重启之后而非重启之前通告 Grace LSA。路由器重启过后，需在发送 Hello 数据包之前，通过所有参与 OSPF 进程的接口泛洪 Grace LSA，其中会包含本路由器重新启动的原因（Grace LSA 的格式如图 9.12 所示）。

要想让一次计划之外的重新启动变为优雅重启动，需要满足一个基本条件：在重启期间，邻居路由器的 RouterDeadInterval 计时器没有到期。否则，邻居路由器将会生成新的 LSA，终结优雅重启动。

对于计划外重启，需要注意的是，若重启的罪魁祸首为软件 crash（崩溃），则路由器的 FIB 很可能也遭到了破坏。因此，RFC 3623 并未规定路由器厂商一定要支持计划之外的优雅重启动。

（3）Grace LSA

Grace LSA 属于类型 9 不透明 LSA（不透明 LSA 将在 10.1.2 节介绍）。这种不透明 LSA 的泛洪范围为本地链路（link-local scope），故其只能泛洪给直连的邻居路由器。它的不透明 LSA 类型字段值为 3，不透明 ID 字段值为 0。

图 9.12 所示为不透明 LSA 的格式。这种不透明 LSA 的信息包含在以下 3 种 TLV 结构内。

- 重启宽限期 TLV（Grace Period TLV）：其类型字段值为 1，长度字段值为 4。其"值字段"指明了邻居路由器应继续与生成（本 Grace LSA 的）路由器保持状态为 Full 的 OSPF 邻接关系的时长，单位为秒。为防止正执行重启指令的路由器所生成的 LSA"过时"，"值字段"的值不应超过 1800 秒（LS 刷新计时器的值）。

执行重启指令的路由器生成 Grace LSA 时，会将其头部中的 LS 寿命字段值设置为 0，该值会正常递增。Grace LSA 一经生成，便进入了重启宽限期；倘若 LS 寿命字段值超出了重启宽限期 TLV 中"值"字段的值，则意味着重启宽限期结束。

- 优雅重启动原因 TLV：其类型字段值为 2，长度字段值为 1。其"值"字段的值可为 0~3，这 4 个值分别表示一种重新启动的原因，如下所列。

  - 0 = 重启原因未知。
  - 1 = 软件重启。
  - 2 = 重新加载或升级软件。
  - 3 = 主、备控制处理器间的切换。

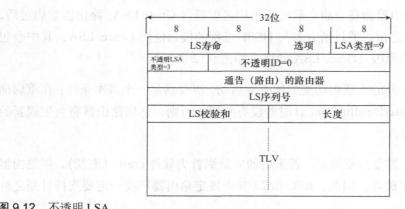

图 9.12 不透明 LSA

如上一小节所述，若优雅重启动为计划外时，在路由器生成的 Grace LSA 中，优雅重启动原因 TLV 的值字段值只能是 0 或 3。若为计划内，则可以是 4 个值中的任何一个。

- IP 接口地址 TLV：其类型字段值为 3，长度字段值为 4。其"值"字段包含的是通告该 Grace LSA 的接口所设 IP 地址。只有在多路访问型（如广播、帧中继或点到多点）网络中泛洪时，Grace LSA 才会附着此类 TLV。在多路访问型网络中，可能不止一台路由器同时执行优雅重启动操作，邻居路由器需要根据 IP 接口地址 TLV，来识别执行优雅重启动的路由器。

（4）Cisco NSF

Cisco 公司通过 3 份 Internet 草案 "OSPF Restart Signaling"[14]、"OSPF Link-Local

---

[14] Alex Zinin、Abhay Roy 和 Liem Nguyen, "OSPF Restart Signaling", draft-ietf-ospf-restart-01.txt, 2001 年 2 月。

Signaling" [15]和 "OSPF Out-of-Band LSDB Resynchronization" [16]，来宣布其（OSPF 实现）支持不停止转发（NSF）功能。在这 3 份草案中，只有第一份直接涉及 NSF。后两份草案描述的是可用来支持 NSF 的机制。

在 Internet 草案 "OSPF Link-Local Signaling" 中，描述了一种可附着于 OSPF Hello 数据包的扩展选项 TLV[17]。在扩展选项 TLV 中，扩展选项字段的倒数第二位表示 RS（Restart Signal，重启信号）位。当路由处理器发生主、备切换时，Cisco 路由器会将其所发 Hello 数据包中的扩展选项 TLV 的扩展选项字段值设置为 0x00000002（即把倒数第二位——RS——位置 1），意在告知邻居路由器：本路由器以 NSF 模式重启（类似于计划之外的优雅重启动），请贵机保留现有的 OSPF 邻接关系。

若支持 Cisco NSF 功能的邻居路由器收到了上述 Hello 数据包（即 Hello 数据包中包含了 RS 位置 1 的扩展选项 TLV），则会不解析其中的"邻居路由器"字段。这是为了防止接收 Hello 数据包的邻居路由器在解析 Hello 数据包时，未在"邻居路由器"字段中发现本机 Router-ID，而触发单向接收事件（1-Way Received event），拆除与正在重新启动的路由器所建的 OSPF 邻接关系。

不支持 Cisco NSF 功能但支持优雅重启动功能（简称 GR 功能）的其他厂商的路由器会对 Hello 数据包中的 RS 位置 1 "熟视无睹"，不做任何响应。因此，Cisco 路由器会把具备 GR 功能的其他厂商的邻居路由器视为不支持 NSF 功能，在执行重启指令之前，会遵循标准的 OSPF 运作规程，把自生成的 LSA "清理"出网络。

收到具备 GR 功能的邻居路由器泛洪的 Grace LSA 后，Cisco 路由器会进行确认，但不会成为 GR 辅助路由器。因此，具备 GR 功能的路由器在重启之前，若发现邻居路由器中有 Cisco 路由器，则会遵循标准的 OSPF 运作规程，把自生成的 LSA "清理"出网络。

---

[15] Alex Zinin、Friedman、Abhay Roy、Nguyen 和 Yeung, "OSPF Link-Local Signalling", draft-nguyen-ospf-lls-04.txt, 2004 年 1 月，现为 RFC 4812。

[16] Alex Zinin、Abhay Roy 和 Liem Nguyen, "OSPF Out-of-Band LSDB Resynchronization", draft-nguyen-ospfoob-resync-04.txt, 2004 年 1 月。

[17] 译者注：由于作者把本书的读者全都当成牛人，很多概念不加解释，信手拈来，好似写论文一样。因此，译者在此解释一下"扩展选项 TLV"的格式及其在 OSPF Hello 数据包中的"位置"。由于 OSPFv2 协议数据包的格式不够灵活，为了实现某些 OSPF 扩展功能，RFC 4813 定义了一种叫做 LLS（Link-Local Signaling，本地链路信令）的数据块，可附着于 OSPF Hello 和 DBD 数据包之后，其"作用域"为本地链路。一个含认证功能的 OSPF 协议数据包的格式应为：IP 包头+OSPF 协议数据包公共头部+OSPF 数据+认证数据。LLS 数据块就位列"认证数据"之后。LLS 数据块的格式为 2 字节的校验和字段+2 字节的 LLS 数据长度字段+多个 LLS TLV。作者提到的扩展选项 TLV 是 LLS TLV 的一种，其格式为 2 字节的类型字段（类型字段值为 1）+2 字节的长度字段+2 字节的扩展选项字段。

综上所述，虽然优雅重启动功能与 Cisco NSF 功能并不互相兼容，但由于具备每一种功能的路由器之间都有自己的一套信令交互方式，因此分别支持这两种功能的路由器之间"相互对等"并无任何问题。此外，具备每一种功能的路由器都可以支持已建立起邻接关系的同一类邻居路由器（NSF-NSF 或 GR-GR）的重启操作。

2. IS-IS 优雅重启动[18]

IS-IS 路由器在邻居路由器执行重启指令时的"反应"跟 OSPF 路由器非常接近：只要与执行重启指令的邻居路由器相关联的保持计时器到期，IS-IS 路由器就会认为与之建立的邻接关系失效，并泛洪 LSP，对外"宣布"邻接关系状态发生改变。这将会导致 L1 区域或 L2 子域中的路由器将执行 SPF 计算。执行 SPF 计算的路由器到底位于哪个区域，要视失效的邻接关系类型（L1 或 L2）而定。当邻居路由器重启过后，IS-IS 路由器再次收到该路由器发出的 Hello 数据包时，会重新与其建立邻接关系，再基于（Hello 数据包的接收）链路，为存储在本机 LS 数据库内的 LSP 设置 SRM 标记；若接收链路为点到点链路，则会通过这条链路向邻居路由器发出一或多条 IS-IS CSNP。然后，再次向其他邻居路由器泛洪 LSP，表示邻接关系又出现了新的变化，隶属于同一 L1 区域或 L2 子域内的路由器还得执行一次 SPF 计算。

跟 OSPF 相同，为 IS-IS"注入"了优雅重启动特性之后，运行此协议的路由器不但能突破 IS-IS 标准运作流程的局限性，还能充分利用上现代化路由器所拥有的路由处理模块和数据包转发模块相分离的体系架构。IS-IS 优雅重启动特性定义于 RFC 3847，在这份 RFC 中，定义了一种新的 TLV 结构，名为重启 TLV（Restart TLV），可附着于 Hello 消息，用来在相邻路由器间传递与（IS-IS 进程）重启有关的信息。OSPF 优雅重启动有计划内和计划外之分，而在 IS-IS 优雅重启动的规程中，则把执行重启（IS-IS 进程）的路由器分为冷启动（starting）路由器和热启动（restarting）路由器。

- 所谓路由器执行热启动，是指在重启路由器的 IS-IS 进程时，希望保留其 FIB，同时希望其数据包转发模块能正常运转。因此，邻居路由器需维系与执行热启动指令的路由器所建邻接关系，且不能对邻接关系进行重新初始化。

- 冷启动路由器是指 IS-IS 进程首次启动，或因某些"变故"而重启的路由器。对于冷启动路由器而言，邻居路由器在与其进行过 LS 数据库同步之前，是不可能确保其 FIB 的完整性和精确性的。因此，在冷启动路由器完成 LS 数据库同步之

[18] Mike Shand 和 Les Ginsberg，" Restart Signaling for Intermediate System to Intermediate System (IS-IS)"，RFC 3847，2004 年 7 月。

前，邻居路由器不能通告与其所建的邻接关系；若还"残存"着与该路由器重启之前的 IS-IS 进程所建的邻接关系，则必须重新初始化。

在 RFC 3847 里，虽未出现辅助路由器（helper）和辅助模式（helper mode）等字眼，但这两个 OSPF 术语同样可以套用在 IS-IS 优雅重启动身上。在本节，辅助路由器是指当邻居路由器执行优雅重启动指令时，能识别并予以支持的路由器。可把辅助路由器对热启动邻居路由器提供支持时所处的状态，称为辅助路由器处于辅助模式。RFC 3847 定义了一个术语——热启动模式（restart mode），读者一定会试图将其与辅助模式画上等号。其实，两者之间差别明显：辅助模式是指辅助路由器为执行优雅重启动指令的邻居路由器提供帮助时所处的状态；而热启动模式则是指正在执行热启动操作的路由器在其邻居路由器"眼里"的状态，即邻居路由器所认为的热启动路由器的邻居状态。

（1）重启 TLV

支持优雅重启动功能的 IS-IS 路由器在发出 Hello PUD 时，会在其中"内置"一个重启 TLV，以此来表明自己支持优雅重启动功能。不支持优雅重启动功能的 IS-IS 路由器收到这种 Hello PDU 之后，会对其中所含的重启 TLV"视而不见"。下面是对重启 TLV 各字段的解释。

- 类型字段，其值为 211。

- 热启动请求（Restart Request，RR）位，该位置 1 时，表示生成（包含该 TLV 的 Hello 消息的）路由器开始执行优雅重启动。

- 热启动确认（The Restart Acknowledgment，RA）位，该位置 1 时，表示生成（包含该 TLV 的 Hello 消息的）路由器不但收到了热启动邻居路由器发出的 Hello 数据包（其中包含了 RR 位置 1 的重启 TLV），而且也"情愿"担当辅助路由器（进入辅助模式）。

- 抑制邻接关系通告（Suppress Adjacency Advertisement，SA）位，该位置 1 时，表示生成（包含该 TLV 的 Hello 消息的）路由器正执行冷启动。接收（包含该 TLV 的 Hello 消息的）邻居路由器不应在其 LSP 中通告与冷启动路由器所建的邻接关系，或将该邻接关系包括进本机 SPF 计算，因为冷启动路由器的 FIB 和 LS 数据库的精确性不能得到保证。该机制还顺带修复了 IS-IS 的一个瑕疵：两台 IS-IS 路由器只要认为彼此相邻，便会"宣布"邻接关系已然建立，哪怕两者的 LS 数据库还未同步。

- 剩余时间（Remaining Time）字段，处于辅助模式的路由器会通过该字段，来告知热启动邻居路由器：本机会在该字段值所设定的时长（单位为秒）内，保持与贵机先前建立起的状态为 Up 的邻接关系。这一时长对下一小节将要介绍的 T3 计时器至关重要。

- 热启动邻居路由器 ID 字段，发出 RA（热启动确认）消息（所谓 RA 消息，是指包含 RA 位置 1 的重启 TLV 的 IS-IS Hello PDU）的路由器会利用该字段，来指明同一 LAN 内发出 RR（热启动请求）消息（所谓 RR 消息，是指包含 RR 位置 1 的重启 TLV 的 IS-IS Hello PDU）的邻居路由器的 SysID。同一 LAN 内可能会同时有多台路由器发出 RR 消息，生成 RA 消息的路由器可用该字段来表明本机确认的是哪台执行热启动请求操作的邻居路由器。

图 9.13　重启 TLV

（2）计时器

RFC 3847 定义了 3 个计时器，用来管理 IS-IS 优雅重启动。

- T1 计时器——用来控制冷启动或热启动路由器在发出下一条 RR 消息之前，等待 RA 消息的时长。由于 RA 和 RR 消息实际上都是冷/热启动路由器通过参与 IS-IS 进程的接口（IS-IS 接口）接收或发送的 Hello 消息，因此每个 IS-IS 接口都会与一个 T1 计时器单独"挂钩"。RFC 3847 建议把 T1 计时器的值设为 3 秒。

- T2 计时器——用来控制冷启动或热启动路由器等待与所有邻居路由器同步 LS 数据库的时间。T2 计时器到期，则意味着该路由器认为 LS 数据库同步完毕，本机可以可靠地参与数据包转发。T2 计时器将会与 LS 数据库"挂钩"，若冷启动或热启动路由器为 IS-IS L1/L2 路由器，则其 L1 和 L2 LS 数据库会分别与一个 T2 计时器"挂钩"。RFC 3847 建议把 T2 计时器的值设为 60 秒。定义 T2 计时器的目的，是要防止冷启动或热启动路由器因故未能与邻居路由器同步 LS 数据库，而导致 GR（优雅重启动）过程永久停顿。

- T3 计时器——只供热启动路由器使用，冷启动路由器不用这一参数，其作用是帮助前者应对这样一种局面：当前者启动完毕，尚未与邻居路由器同步好 LS 数据库时，邻居路由器（与其相关联的）保持计时器就已到期。T3 计时器的初始值虽为 65535 秒，但随后，热启动路由器会检查接收自所有有效邻居路由器的 RA 消息中的（重启 TLV 的）剩余时间字段值，并会选择其中的最低值作为 T3 计时器值。倘若 T3 计时器在热启动路由器同步完自己的 LS 数据库之前到期，便说明至少有一台邻居路由器（与其所建 IS-IS 邻接关系）的保持时间（在这台邻居路由器发出的 RA 消息中，剩余时间字段值就取自该保持时间值）到期，这台邻居路由器也已通过泛洪 LSP 的方式对外"宣布"：与该热启动路由器先前所建的 IS-IS 邻接关系失效。此时，该热启动路由器会泛洪自生成的 OL 置位 1 的 LSP，对外宣布：本路由器的 LS 数据库尚未完全同步。

（3）热启动

执行热启动指令时，路由器在重启（IS-IS 进程）之前，会通过自身所有参与 IS-IS 进程的接口外发 RR 消息（一种特殊的 IS-IS Hello PDU，其中包含了 RR 置位 1 的重启 TLV），同时让 T1、T2、T3 计时器开始计时。辅助路由器只要收到 RR 消息，便知道需要尝试维护与热启动路由器所建立的邻接关系。于是，辅助路由器会发出某种 Hello PDU（这种 Hello PDU 名为 RA 消息），并把其中所包含的重启 TLV 的 RA 置位 1，RR 置位 0；将"剩余时间"字段值设置为与所要维护的邻接关系挂钩的保持计时器的当前值；此外，若用来建立邻接关系的接口为 LAN 接口，还得把"热启动邻居路由器 ID"字段值设置为热启动路由器的 SysID。由于同一 LAN 内可能会有多台同时执行热启动指令的路由器，因此辅助路由器设置 RA 消息的"热启动邻居路由器 ID"字段值的目的是：指明该 RA 消息应与哪一台热启动路由器"对接"。倘若与热启动路由器相连的接口为点到点接口，或者为 LAN 接口，但本机担当 DIS 之职，则辅助路由器还有必要发出 CSNP，向热启动路由器"展示"本机 LS 数据库的内容。

热启动路由器会检查接收自所有有效邻居路由器（有效邻居路由器是指，与热启动路由建立了状态为 Up 的 IS-IS 邻接关系的邻居路由器）的 RA 消息中的（重启 TLV 的）"剩余时间"字段值，并选择其中的最低值作为 T3 计时器值。收到了（辅助路由器发出的）CSNP（或"一整套"PSNP）和 RA 消息后，热启动路由器会让与接收（上述 IS-IS 协议消息的）接口挂钩的 T1 计时器停止计时。

与所有邻居路由器同步过 LS 数据库之后，热启动路由器会让 T2、T3 计时器停止计时，然后执行 SPF 计算，按需更新 FIB，泛洪自生成的 LSP。

若在 T1 计时器到期之前，未能从与之相关联的接口收到（辅助路由器发出的）RA 消息和 CSNP，热启动路由器将会再发一次 RR 消息，并重新启动 T1 计时器。若 T3 计时器到期，热启动路由器会泛洪 OL 位置 1 的 LSP，"告知"所有邻居路由器：本机 LS 数据库内容不全。若 T2 计时器到期，热启动路由器会执行本机 SPF 计算，按需更新 FIB，泛洪自生成的 LSP。此外，若因为 T3 计时器到期而泛洪过 OL 位置 1 的 LSP，热重启路由器便会在新近泛洪的 LSP 中将该位置 0。

请注意，当路由器执行热启动指令时，重启 TLV 中的 SA 位并无任何用处。因此，在整个优雅重启过程中，不论是热启动路由器还是其邻居路由器，都不会在"相互交流"时，将 Hello 消息中的重启 TLV 中的 SA 位置 1。

热启动路由器圆满完成启动任务之后，会发出 RA、RR 以及 SA 位同时置 0 的 Hello 消息。

（4）冷启动

路由器遭遇冷启动时，会通过其所有 IS-IS 接口发出 SA 消息（一种特殊的 IS-IS Hello 消息，其中包含了 SA 位置 1，RA、RR 位同时置 0 的重启 TLV），告知所有辅助路由器：请不要通告贵机与本机所建的邻接关系。在外发 SA 消息的同时，冷启动路由器还会激活 T1 和 T2 计时器，但 T3 计时器却弃而不用。

当冷启动路由器与邻居路由器之间的邻接关系转换为 Up 时，前者将会向后者发送 OL 位置 1 的 LSP。收到邻居路由器发出的 CSNP 和 RA 消息之后，冷启动路由器会让与消息接收接口相关联的 T1 计时器停止计时。只要与所有邻居路由器完成了 LS 数据库同步，或等到 T2 计时器到期，冷启动路由器便会执行 SPF 计算，更新本机 FIB，泛洪自生成的 LSP（OL 位不再置 1）。此外，在冷启动路由器发出的 Hello 消息中，也会将重启 TLV 的 SA 位置 0，以此来告知辅助路由器：请贵机继续通告与本机所建的邻接关系。

请注意，冷启动路由器最初并不会在其发出的 Hello 消息中将重启 TLV 的 RR 位置 1。但若 T1 计时器到期，冷启动路由器就会重新激活该计时器，并在所发的 Hello 消息中将重启 TLV 的 RR 和 SA 位同时置 1。

与热启动路由器相同，冷启动路由器在启动完毕之后，也会在其发出的 Hello 消息中将重启 TLV 的 RR、RA 和 SA 位同时置 0。

（5）互操作性问题

不支持优雅重启动功能的路由器收到支持该功能的路由器（不论是冷启动还是热启动）发出的 Hello PDU 时，会对附着于 Hello PDU 的重启 TLV "视而不见"。因此，前者会遵照标准的 IS-IS 规程,把与后者所建邻接关系的状态更改为 Down,并泛洪相应的 LSP,然后尝试重新初始化邻接关系。通过点到点接口收到了未包含重启 TLV 的 Hello PDU 时,冷/热启动路由器就知道(该接口所连接的)邻居路由器不支持优雅重启动功能,于是,会立即让相应的 T1 计时器停止计时,并遵循标准的 OSPF 运作规程运作。遵循标准的 OSPF 运作规程,便意味着冷/热启动路由器(在重启之前)不一定能通过点到点接口收到邻居路由器发出的 CSNP,但无论怎样,此类路由器都会认为本机 LS 数据库已经与邻居路由器完全同步。

在 LAN 环境中,情况则有所不同。由于一个 LAN 接口可连接多台邻居路由器,因此可能会出现某些邻居路由器支持优雅重启动功能,而另外一些邻居路由器不支持该功能的情况。此时,若冷/热启动路由器(通过 LAN 接口)收到了未包含重启 TLV 的 Hello PDU,则会让 T1 计时器继续计时。但若 LAN 内确实存在不支持优雅重启动功能的邻居路由器,让 T1 计时器不停地到期/重启,似乎并不可取。因此,RFC 3847 建议,在 T1 计时器的到期次数累积到了一定程度之后,就应停止计时,自那以后,可(通过 LAN 接口)外发常规的 Hello PDU。该 RFC 并没有规定 T1 计时器最多到期几次,就停止计时,具体的次数可由路由器厂商自行决定。

9.2.5 双向转发检测

之前提及的路由处理模块与数据包转发模块相分离的路由器体系结构,促成了双向转发检测(Bidirectional Forwarding Detection,BFD)功能的诞生[19]。所谓 BFD,是指用一种 Hello 协议,来验证相邻两台路由器的数据包转发模块之间是否建立起了双向连通性。说白了,就是用它来检测数据包转发路径中的下一跳设备是否发生了故障。它可以在亚秒级(subsecond)范围内检测出故障,"通知"路由协议进程,同时还能顺带提高和改进路由协议固有的故障检测能力。

由于支持 BFD 功能的路由器之间可在毫秒以内交换 Hello 消息,因此为路由协议进程快速检测数据包转发模块、链路或路由器接口故障打下了基础。该功能对由某些物理介质(比如,以太网)搭建而成的网络尤为重要,因为在此类物理介质的数据链路规程中,根本就没有定义任何快速故障检查机制。此外,BFD 功能还能快速检测出以太网交换机之间经常发生的单向链路故障。

---

[19] Dave Katz 和 Dave Ward,"Bidirectional Forwarding Detection",draft-katz-ward-bfd-01.txt,2003 年 8 月。单独讨论 BFE 封装的 Internet 草案是"BFD for IPv4 and IPv6 (Single Hop)",draft-katz-ward-bfd-v4v6-1hop-00.txt,2003 年 8 月,作者同样为 Dave Katz 和 Dave Ward。

对于路由协议而言，要想提高其故障检测速度，那就只能增加本协议 Hello 数据包的发送频率（即调低本协议 Hello 数据包的发送间隔时间）。但此法受到诸多制约。比方说，OSPF 协议自身在架构方面的限制，使得 OSPF 路由器不能在 2 秒之内检测出是否与邻居路由器之间丧失了双向连通性。某些厂商的 IS-IS 实现允许把路由器发送 IS-IS Hello PDU 的时间间隔调低至 333 毫秒，但这并未得到厂商的普遍支持。加之包括 Hello 消息在内的路由协议消息都要由路由器的路由处理器来处理，增加 Hello 消息的发送频率，将会使得路由器的 CPU 利用率居高不下。

人们在设计 BFD 之初，就是要让其在路由器的数据包转发模块上运行。由于 BFD 的运行与路由处理器以及路由器所运行的每一种路由协议都毫无干系，因此 BFD 进程不仅可以与多种高层协议建立会话，而且还可以跨（同一对）路由器建立多条连接。此外，这一让 BFD 运行在路由器的控制平面之外的做法，也使得 DFD 能提升优雅重启动功能的健壮性。

1. BFD 的功能模型

BFD 有以下两种运行模式，外加一种可与这两种模式结合使用的附加功能。

- 异步（Asynchronous）模式：是 BFD 的主运行模式。运行于该模式下的设备之间会定期互发控制数据包。若一方发出的数据包有连续若干个未被另一方接收，会话将被宣布为失效。

- 需求（Demand）模式：当一设备能用某种方法去独立地验证本机与邻机间的连通性时，就可以说该设备运行于需求模式。BFD 会话一经建立，除非有设备明确要求验证本机与邻机间的连通性，否则邻居双方将不再交换控制数据包。启用该运行模式是为了防止相邻设备间的定期相互轮询，给网络的性能带来负面影响。

- echo（回声）功能：BFD 的一种附加功能，既可以在异步模式启用，也可以在需求模式启用。启用该功能时，设备会发出只用来进行参数协商的 BFD echo 数据包。BFD echo 数据包会"排好队"流向邻居设备，邻居设备再通过自己的转发路径把那些数据包"奉还"给发送方，就像形成了转发环路一样。只要有若干个数据包未被发送方接收，会话将被视为失效。在 BFD echo 数据包的发送期间，发送方会控制响应时间，可以主动对本设备通向远端设备的链路，以及远端设备将流量转发给本设备的路径进行测试。echo 功能的重要性也正是体现于此——当相邻的两台设备都以正常的异步模式运行时，若双方的计时器设置草率，且 BFD 控制数据包被一方延迟传送，则有可能会导致接收方误以为链路失效——若启用了 echo 功能，由一方发出并接收的 BFD echo 数据包会跟同一个计时器进行绑定，如此一来，便不会出现此类误检测现象了，即使 BFD echo 数据包被对方延迟发送。

BFD 使用隶属于 OSPF Hello 协议的三次握手机制，来验证设备之间的双向连通性。若交换于相邻设备之间的 BFD 控制数据包的 H 位都置 1，则可以说两设备之间已具备了双向连通性，并建立起了 BFD 会话。

由于在一条链路上可能会建立多条 BFD 会话，因此 BFD 协议数据包中设有"鉴别符"字段，用来标识 BFD 协议数据包属于哪个会话，以及执行相应的多路分解（demultiplex）操作。

交换于相邻设备间的 BFD 控制数据包受控于以下 3 个参数。

- 期待的最短发送间隔时间（bfd.DesiredMinTxInterval）：生成（BFD 控制数据包的）设备连续发送两个 BFD 控制数据包之间所要等待的最短间隔时间，单位为微秒。

- 所需的最短接收间隔时间（bfd.RequiredMinRxInterval）：生成（BFD 控制数据包的）设备连续接收两个 BFD 控制数据包之间所能等待的最短间隔时间，单位为微秒。

- 检测系数（bfd.DetectMult）：是一个非 0 的整数，由生成（BFD 控制数据包的）设备在 BFD 控制数据包里设置。该整数与经过协商的 BFD 控制数据包的发送间隔时间相乘所得的结果，将会成为邻居设备用来判断 BFD 会话是否失效的检查时间，要是在这段检查时间内未收到对方发出的 BFD 数据包，便会认为 BFD 会话失效。

相邻设备之间会（以互发 BFD 控制数据包的方式）持续协商以上 3 个参数值，这 3 个参数值都可以单向设置，随时改变。相邻设备之间可以相互通告本方收、发 BFD 控制数据包的间隔时间。为了防止多路访问链路中的同步问题，每一方都可以对商定的 BFD 控制数据包的收、发间隔时间做上下 25%的调整。

2. BFD 控制数据包

BFD 控制数据包会在相邻设备之间的发送链路上以适当的方式封装。当 BFD 控制数据包以 IPv4 或 IPv6 方式封装时，IPv4 数据包包头的 TTL 字段（或 IPv6 数据包包头的跳限制字段）值将被设置为 255。这有助于防范从链路之外发起的针对 BFD 协议的攻击。

由于 BFD 控制数据包总是以单播形式发送，因此 BFD 会话也总是以点到点的方式来建立。图 9.14 所示为 BFD 控制数据包的格式。

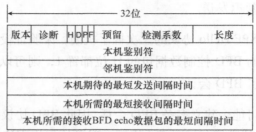

图 9.14　DFD 控制数据包的格式

- 版本字段：其值为 BFD 协议的版本号，该协议当前的版本号为 0。

- 诊断（Diagnostic）字段：用来指明系统从 Up 状态转换到其他状态的原因。以下是对由该字段通告的状态转换代码的解释。
  - 0=无诊断结果。
  - 1 =控制检测时间到期。
  - 2 = echo 功能故障。
  - 3 = 邻居系统示意会话失效。
  - 4 = 转发平面遭重置。
  - 5 = 路径失效。
  - 6 = 连接路径失效。
  - 7 = 遭管理性禁用。

- H（I Hear You，邻机发现）位：若发送（BFD 控制数据包的）系统未能收到邻居系统的 BFD 控制数据包，或正在拆除 BFD 会话，则会（在发出 BFD 控制数据包时）将该位置 0。

- D（Demand，需求）位：若发送（BFD 控制数据包的）系统希望以需求模式运行，则会（在发出 BFD 控制数据包时）将该位置 1。

- P（Poll，轮询）位：若发送（BFD 控制数据包的）系统请求验证连通性，或参数发生改变，则会（在发出 BFD 控制数据包时）将该位置 1。该位只有在按需模式下才会置 1。

- F（Final，最终）位：发送（BFD 控制数据包的）系统在响应 P 位置 1 的 BFD 控制数据包时，会将 F 位置 1。该位只有在按需模式下才会置 1。

- R（Reserved，预留）位：其值总是为 0，接收（BFD 控制数据包的）系统不会解析该位。

- 检测系数字段：其值为一整数。运行于异步模式的发送（BFD 控制数据包的）系统在计算（用来判断所建 BFD 会话是否失效的）检查时间时，会用该整数乘以经过协商的（BFD 控制数据包的）发送间隔时间。

- 长度字段：其值指明了 BFD 控制数据包的长度，单位为字节。BFD 控制数据包的长度固定，总是为 24 字节，因此长度字段值也总是为 24。

- 本机鉴别符字段：其值为非 0 且独一无二，由发送（BFD 控制数据包的）系统生成，用在同一对系统之间行使多条 BFD 会话的多路分解功能。

- 邻机鉴别符字段：其值取自邻居系统发出的 BFD 控制数据包的"本机鉴别符"字段，若未收到邻居系统发出的 BFD 控制数据包，则该值为 0。若在收到的 BFD 控制数据包的"邻机鉴别符"字段中，发现了本机鉴别符，就基于"邻机鉴别符"字段，对该 BFD 数据包多路分解到相应的 BFD 会话。由此可见，即便发送 BFD 控制数据包的路由器接口的 IP 地址发生了改变，也不会影响或中断已经建立的 BFD 会话。

- 本机期待的最短发送间隔时间字段：其值为发送（BFD 控制数据包的）系统希望启用的连续发送两个 BFD 控制数据包之间所要等待的最短间隔时间。

- 本机所需的最短接收间隔时间字段：其值为发送（BFD 控制数据包的）系统连续接收两个 BFD 控制数据包之间所能等待的最短间隔时间。

- 本机所需的接收 BFD echo 数据包的最短间隔时间字段：其值为发送（BFD 控制数据包的）系统连续接收两个 BFD echo 数据包之间所能等待的最短间隔时间，单位为微秒。若一台路由器在发出 BFD 控制数据包时，将该字段值设置为 0，则表示该路由器不支持接收 BFD echo 数据包（不支持 echo 功能）。

9.3 网络的安全性和可靠性设计

本章大半内容关注的都是能够提升 OSPF 和 IS-IS 安全性和稳定性的特性和扩展功能，但这些内容只是聚焦于如何防止上述两种路由协议给网络造成的负面影响。就一个网络的整体安全性而言，只专注于其所运行的 IGP，对其他方面置若罔闻，就等于是锁紧了门，但却忘关了窗。因此,本章其余内容会讨论如何从其他方面来提升网络的安全性和稳定性。本节和下一节会分别就网络设计和网络运维给出作者的经验之谈。

9.3.1 冗余性

近日,作者登上了一架从台北飞往香港的飞机。当飞机在滑行道上明显地停顿了一下之后,机长宣布:"很抱歉,本次航班暂时不能起飞,因为我觉得飞机的燃油控制系统出了一点故障。虽然这套系统具备三重冗余,但我觉得还是不飞为妙。"

抱怨之声弥漫了整架飞机,不外乎是赶不上预期的会议,或者是即将错过转机,但机上估计没有一位乘客希望机长继续起飞,哪怕燃油系统坏了一套,还有两套可用。

要是没有计算机网络,世上大多数大企业和大公司的业务只怕都难以开展。对运营商或 ISP 来说,计算机网络就是他们的业务。正因如此,网络设计人员在设计大型网络时,应该多往坏处想,而且要把事情想得越坏越好。为网络的"要害部位"做冗余性设计时,应该像飞机工程师设计可载数百人能飞越五大洲四大洋的飞机那样穷思竭虑。网络中断所产生的后果将会相当严重。

做网络的冗余性设计时,应重点考虑三大要务:网络设备部件、网络链路和网络节点。

一般而言,由于网络设备的电源模块会产生很高的热量,因此它是最容易出故障的网络设备部件之一。也就是讲,应该为网络中承载重要应用的网络设备配备冗余的电源模块。还有就是,不要去犯用同一路电为(同一台设备上)双电源模块供电这样的弱智级错误。应该用两路电分别为同一台设备上不同的电源模块供电。

考虑网络设备部件的冗余性时,第二重要的肯定要数路由器内的路由处理器了,值得一提的是,每家路由器厂商对该部件的称谓都各不相同——路由处理器、路由器引擎、路由控制器——叫什么的都有。甭管该部件如何称呼,只要在散热以及所运行的软件代码方面稍微出点纰漏,都有可能会导致其停止运作。9.2.4 节曾经提及,新型高端路由器的架构早已在物理层面上让路由处理模块与数据包转发模块"撇清干系"了,这样一来,就能够在同一台路由器内安装冗余的路由处理模块。果真如此的话,为确保主、备路由处理模块相互切换时,不影响数据包的正常转发,路由器对优雅重启动特性的支持就变得尤为重要。

由于散热问题是导致路由处理器故障的罪魁祸首,因此有必要为路由器配备冗余的散热系统。路由器上还有一些重要部件也应考虑冗余配备,这些部件包括:交换 fabrics 和时钟源（clock source）等。

即便路由器上的重要部件都配有"双份"，且运转正常，但路由器整机崩溃的情况仍有可能发生。因此，应确保部署在网络中要害部位的路由器的冗余性。图 9.15 所示为一个常见的部署冗余路由器的设计实例，一般的大型核心站点网络都会采用这一设计方案。由图可知，核心层路由器和汇聚层路由器全都是成对配备。这样的网络架构不仅可以防止任何一台路由器整机故障，而且也充分考虑到了网络中最容易出故障的各个部件（链路、路由器接口）的冗余性。按此设计，任何一台核心层或汇聚层路由器故障都不会使得该站点"与世隔绝"，此外，互连那 4 台高端路由器的任意两条链路或任意两个路由器接口故障，也不会使得其中一台路由器与另外 3 台失去联系。

图 9.15 所示的路由器或许就部署在同一个机房，甚至会安装在相同或相邻的网络机架内，它们之间的互连链路可能就是五（六）类双绞线跳线或光纤跳线。当然，就可靠性而言，用跳线互连肯定要强于从运营商租来的长途链路，但也并非万无一失。跳线每端的接头都是一个潜在的故障点。但人祸才是最大的安全隐患：机房运维人员很可能会在日常维护时不经意间把跳线碰松或弄断。

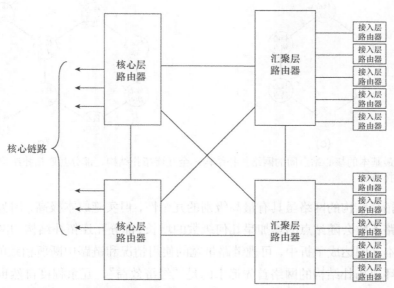

图 9.15 在一个大型核心站点网络中部署冗余的路由器

要说网络中最容易出故障的地方，长途链路应该算是其中之一。核心站点间的互连链路，以及分支站点接入核心站点的链路都属于长途链路。长途链路的可靠性和安全性在很多方面都不受网管人员的控制，自然灾害、人为因素甚至是动物都可以在物理层面对长途链路构成危害。因此，长途链路的冗余性就变得相当重要，尤其是核心站点间的长途链路。本书 5、7 两章已经介绍过了如何让 IGP 骨干区域内部的连通性，以及骨干区域与非骨干区域之间的连通性更加可靠。图 9.16 所示为 4 种最基本的核心站点间的网络拓扑结构：全互连拓扑结构、部分互连拓扑结构、环形结构以及环网混合拓扑结构。这同时也是对 5、7 两章相关内容的拓展。

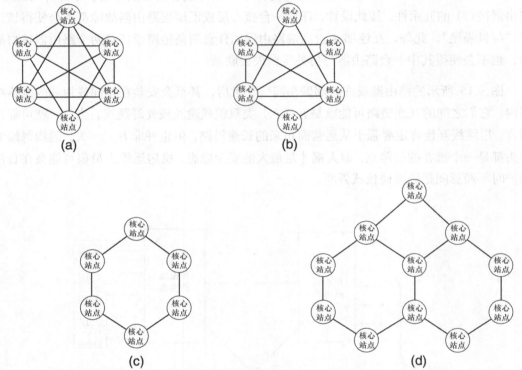

图 9.16 4 种最基本的核心站点间的网络拓扑结构：全互连拓扑结构、部分互连拓扑结构、环形结构以及环网混合拓扑结构

全互连拓扑结构的网络虽具有最高级别的冗余性，但实施成本极高，因为用来互连各个站点的链路条数会随站点的增加呈几何级数的增长。部分互连拓扑结构的网络则在冗余性和链路成本之间达成了折中，可视链路带宽的使用情况和链路中断所招致的风险，随时新增链路。环形拓扑结构的网络首先追求的是"经济效益"，冗余程度自然也最低：只要有任意两条链路同时中断，就会形成网络"孤岛"。此外，对于环形结构的网络，由于某些站点（节点）之间并非直接相连，因此这些站点（节点）之间互访流量的延迟可能会居高不下。环网混合拓扑结构的网络应算是高冗余性和低链路成本之间最完美的结合体，尤

其是对于覆盖了辽阔地理范围的网络。在此类网络中，虽然双链路同时故障仍就可能会导致某些站点网络"与世隔绝"，但因其在结构上糅合了网状的风格，故而能在降低风险的同时，把站点间的链路条数维持在一个较低的水平。

回到图 9.15，由图可知，接入层路由器与汇聚层路由器之间都是通过单链路互连。若接入层路由器跟汇聚层路由器都部署在同一机房，则增加链路的冗余性实施起来非常容易，只要购置两倍数量的路由器接口模块就成。显而易见，与分支站点因单点故障而"与世隔绝"相比，购置路由器接口模块所增加的那点成本可以说是不值一提。然而，接入层路由器更有可能会部署在远程站点，比如，客户站点或分支机构。即便远程站点都通过冗余的链路接入核心站点，也得考虑火灾、水灾、天气、大面积停电甚至是暴乱或恐怖袭击给核心站点造成的危害。因此，在条件允许的情况下，应考虑建设双核心站点，让需要确保冗余性的每个远程站点都与"双中心"直接相连。

9.3.2　路由进程域边界防护

OSPF 和 IS-IS 都属于 IGP，两者只适合部署在自治系统之内。请千万不要在自己管控不到的路由器上运行这两种路由协议，并与本方管控的路由器"互通有无"；只要部署了 OSPF 或 IS-IS，就一定要能控制到路由进程域的方方面面。若要让 OSPF 或 IS-IS 路由进程域与外部世界"沟通"，应首先考虑配置静态路由，因为静态路由可在本方路由进程域内受到全面控制。若确实需要以动态的方式与外部世界交换路由，则应启用 BGP，因为该协议支持复杂的路由策略，专为跟不受信的"外部世界"交换路由而设计。

此外，还应在路由进程域边界配置数据包过滤器，对入站流量加以过滤。尤其重要的是，应基于数据包的源 IP 地址来执行过滤，对于外部路由器发送的流量，只要其源 IP 地址不在允许范围之内，一概不予放行。这有助于防范源 IP 地址欺骗攻击，这也是拒绝服务攻击的一种常见的表现形式。

在本方网络与分支机构网络或客户网络边界基于源 IP 地址来过滤入站流量，极具实用价值，因为分支机构网络或客户网络的 IP 地址空间都早已登记在案。虽然这是防范地址欺骗攻击的最有效的手段，但有时在路由进程域边界，以配置源 IP 地址过滤器的方法来过滤入站流量，则根本行不通。多家路由器厂商都支持一种叫做单播逆向路径转发（Unicast Reverse Path Forwarding，uRPF）的特性，这是一种精确性稍差但仍然十分有效的过滤入站流量的手段。起初，开发 uRPF 特性是要用在多播网络环境中，避免多播流量转发环路。激活了该特性的路由器会拿入站数据包的源 IP 地址跟单播路由表进行比对。收到数据包时，若单播路由表表项表明，通向数据包的源 IP 地址的接口，跟接收数据包的接口不一致，路由器便会认为该数据包为欺骗数据包，然后将之丢弃。

9.3.3　路由器防护

需要与公网（Internet）互联互通时，在路由进程域边界基于源 IP 地址来过滤入站流量，是不切实际的；启用 uRPF 特性，也不太可能会有多大效果。接入公网，就等于让世界上所有狡猾的黑客直接面对自己的网络。因此，有必要部署防火墙或其他安全设备，来保护提供 Internet 服务的主机和服务器。此外，还要制定合理而又完善的措施，来避免路由器遭受由网外或网内发起的未经授权的访问，以及在获得访问权限之后，以此为"根据地"继续为非作歹。

1．路由器访问策略

博取路由器的访问权限，是黑客发动网络攻击的终极目标之一。控制住路由器之后，黑客既可以直接造成网络停运，也可以选择继续潜伏，顺藤摸瓜，以求对网络有更深层次的了解。因此，首先应确保路由器访问的绝对安全性。

只要是商业路由器，都会配备一个控制端口，用来对路由器做维护性的访问。一般而言，能接入控制端口，就等于能够接触到路由器本身，因此需要通过加固路由器自身的物理安全性，来提升控制端口的安全性。许多网管人员都会用终端服务器和/或拨号 Modem 与控制端口相连，以此来访问路由器。虽然如何加固这些设备的安全性超出了本书的范围，但作者还是想说，正是因为这些设备，才将对路由器的物理访问扩展到了远程级别，于是便给了未经授权的用户"钻空子"的机会，从而引入了一个重大安全隐患。

还可以通过逻辑的方式来访问路由器，比如，可以通过 Telnet、rlogin 或 Secure Shell （SSH）等工具来远程访问路由器。通过上述工具访问路由器所生成的流量既可以走专门的管理网络，也可以与生产网络合二为一。在上述工具中，SSH（特别是 SSHv2）的安全性最高。若选择开启对路由器的远程逻辑访问功能，则应只开启 SSH 访问，禁止 Telnet 及 rlogin 访问。此外，若路由器支持 SSH 访问，还应限制 SSH 会话的并发连接数，以及尝试发起 SSH 会话的频率。比如，可配置路由器，令其同时接收最多 10 条 SSH 会话，每条 SSH 会话的登录尝试次数为每分钟最多 5 次。

许多路由器都可以被配置为文件传输服务器（比如，TFTP 或 FTP 服务器），其作用是方便路由器软件升级。上述功能只有在进行系统维护时才应启用，平时应禁用。

对于好几种协议（比如，DNS、NTP、SNMP 等）的数据包，路由器都需要动用 CPU 资源来处理，应该尽一切可能对（路由器收到的）上述几种协议的数据包加以认证。应在路由器上配置数据包过滤器，令其只接纳由网络中提供正常（DNS、NTP、SNMP 等）服务的特定服务器发出的相关协议流量，以此来进一步提升路由器自身的安全性。"利用数据包过滤器来保护路由器"小节会介绍如何设置与路由器防护有关的数据包过滤器。

当然，路由器肯定得让应该访问它的人访问。因此，需要制定完备的 AAA（认证、授权、记账）策略，来严格控制因网络日常运维或改造对路由器的访问。

- 认证策略应包括，让试图访问路由器的任何人都提交一个密码，或（最好）是提交一个由 SecurID 系统生成的定期更换的强密码。

- 授权策略应规定，什么样的人能对路由器执行什么样的操作。比方说，日常运维人员应有权限去执行各种 show 命令，并观察命令输出，但不应赋予其修改路由器配置的权限。排障人员应具有运维人员的所有权限，但只应赋予其有限的修改路由器配置的权限。资深的网络专家则有权去执行路由器所支持的所有命令。

- 记账策略定义的是，如何对已授权的认证用户在路由器上所执行的操作进行记录。应记录下访问路由器的每个用户及具体访问时间，同时还应记录在路由器上执行过的每一条命令，及其由哪个用户执行外加执行命令的具体时间。记录下来的信息不但能增强安全性，还能有利于故障排除：在运维人员因修改路由器配置而导致了故障的情况下，排障人员可通过观察记账信息，来了解运维人员对路由器执行了哪些操作，从而能够快速定位故障原因，采取相应的排障措施。

AAA 策略可直接配置在路由器上，但在大中型网络中，一般都会部署基于 TACACS 或 RADIUS 协议的 AAA 系统。这样一来，就无需在每一台路由器上配置 AAA 策略，而是可以将其集中配置在一台或几台 AAA 服务器上了，如此行事，将有利于 AAA 策略的管理和变更。与网络中的其他部件一样，AAA 服务器也应该冗余配备。

2. login banner（登录提示）

大多数路由器都支持配置 login banner。配置之后，每一个用户在登录进路由器之前，都会看到一段由路由器生成的提示信息。不过，login banner 的作用却常被人忽视，提示信息的内容一般都会像这段文字那样："你已登录进 Acme Anvil 公司的网络，若未经授权，请即刻滚蛋。"其实，撰写此类提示信息的人根本就不知道 login banner 是什么东西。首先，login banner 应该是一份法律文件，明文规定了网络的所有者与使用者（用户）之间的协议。

对于一个网络而言，其所有路由器生成的提示信息（login banner）都应该一模一样，其中应包含强烈的措辞，告知非法访问本网络所要承担的法律责任。

一份措辞强烈的 login banner（登录提示信息）应包含以下内容。

- 应明文禁止对本网络未经授权的访问。

- 应明文禁止对本网络未经授权的使用。某些运维人员虽有权访问路由器，但其操作权限却可能受到了严格限制，向授权用户发出这样的警告，意在提醒其不要越权操作。

- 应告知路由器可能受到监控。请注意"可能"（may be）这两个字，这是事关日后打官司的重要措辞。请千万不要说路由器"即将"（will be）受到监控。

- 应在提示信息中明文列出，任何用户在使用网络时都不具有任何隐私权。这可以确保非授权用户以隐私受到侵犯为由，来进行法律上的辩护。

- 应声明可能会把监控记录提供给有关当局。

- 应声明要继续使用网络，就表示接受了提示信息中列出的条款和条件。

- 应告知如不接受提示信息中列出的条款和条件，应立刻退出登录。

以下所列为不应出现在 login banner 中的信息。

- 不应透露与设备类型或软件有关的信息。

- 不应出现与设备的安装地点有关的信息。

- 不应透露任何联系信息。

- 不应透露管理员的任何信息。

应配置网络中的所有路由器，令其在所有用户登录时生成并显示 login banner，不论用户是远程还是本机（通过控制端口）登录。

以下所列为一份措辞强烈的 login banner 示例[20]：

```
**************************************************************************
WARNING!
```

This is a private system, and is the property of Acme Anvil Corporation. Access is

---

[20] 这份 login banner 示例根据已公开发布的美国能源部网络的 login banner 修改而成。

restricted to authorized users and to authorized purposes. Users (authorized and unauthorized) have no explicit or implicit expectation of privacy.

Any or all uses of this system and all files on this system may be intercepted,monitored, recorded, copied, audited, inspected, and disclosed to authorized site,Acme Anvil Corporation, and law enforcement personnel. By using this system, the user consents to such interception, monitoring, recording, copying, auditing, inspection, and disclosure at the discretion of authorized site or Acme Anvil personnel.

UNAUTHORIZED OR IMPROPER USE OF THIS SYSTEM MAY RESULT IN ADMINISTRATIVE DISCIPLINARY ACTION AND CIVIL AND CRIMINAL PENALTIES.

By continuing to use this system you indicate your awareness of and consent to these terms and conditions of use. LOG OFF IMMEDIATELY if you do not agree to the conditions stated in this warning.

****

虽然上面给出的 login banner 示例可作为最佳做法来参照，但读者在撰写路由器的 login banner 时，还应咨询熟悉本国及国际电信法的专家，并根据本国当前的法律对其中的文字做相应的调整。

3. 利用数据包过滤器来保护路由器

要是路由器的 CPU 或路由处理模块接收不到某些"特殊类型"的数据包，路由器便无法正常运作。利用数据包过滤器，即可明确指定路由器可以接收（请注意，是"接收"不是"转发"）什么样的数据包。在定义此类数据包过滤器时，应同时指明数据包的源/目的 IP 地址、IP 协议号，以及源/目的（TCP/UDP）端口号。

以下所列为定义数据包过滤器，执行路由器防护功能时，应遵循的基本思路。

■ 应允许从本路由器发起建立任何 TCP 会话。如此一来，本路由器就能主动发起建立 BGP 会话,此外网管人员还可以从本路由器发起建立访问其他设备的 Telnet 或 SSH 会话。

■ 若部署了"带外"网管系统，应允许路由器接收发自这些网管系统（即源 IP 地址为相应网管系统主机）的数据包。

■ 应允许路由器接收本机运行的所有路由协议（如 OSPF、IS-IS、BGP 等）的协议数据包。若要让数据包过滤器更安全一点，则可以先定义一份清单，在其中列出与本路由器相邻，且运行上述路由协议的所有路由器的 IP 地址，然后再配置数据包过滤器，令路由器只接受源 IP 地址出现在那份清单中的路由协议数据包。此外，数据包过滤器还可与本章之前所描述的路由协议的认证功能配搭使用，以起到更为理想的防护效果。

- 应允许路由器接收本机所运行的信令协议（如 RSVP 和 LDP 等）的协议数据包。与路由协议的协议数据包一样，为了增加数据包过滤器的安全等级，可以先定义一份清单，在其中列出与本路由器相邻，且运行上述信令协议的所有路由器的 IP 地址，然后再配置数据包过滤器，令路由器只接收源 IP 地址出现在那份清单中的信令协议数据包。

- 应允许接收 ICMP 数据包。由 ping 产生的 ICMP 数据包（如 ICMP echo request、echo reply 数据包等）为网络日常运维所必不可缺，但并非所有类型的 ICMP 数据包都是如此。为了增加数据包过滤器的安全等级，应配置数据包过滤器，令路由器只接收某几类必要的 ICMP 数据包。

- 应允许接收由 traceroute 产生的数据包，当 traceroute 执行到最后一跳时，最后一跳路由器通常都要处理目的端口号范围为 33,434～33,523 之间的 UDP 数据包。

- 应允许接收在网络运维方面必不可缺的相关协议（如 SNMP、NTP、TACACS/RADIUS、DNS）的协议流量。为了增加数据包过滤器的安全等级，可以先定义一份清单，在其中列出提供上述服务的服务器的 IP 地址，然后再配置数据包过滤器，令路由器只接收源 IP 地址出现在那份清单中的相关协议数据包。

需要注意的是，按上述思路定义的数据包过滤器只能作用于需要路由器自身处理的数据包（即数据包的源或目的 IP 地址为路由器自身的 IP 地址），不应对由路由器正常转发的数据包（即穿路由器而过的数据包，数据包的源和目的 IP 地址均不为路由器自身）产生任何影响。

4．速率限制

上一节介绍了如何定义数据包过滤器，让路由器只接收（再说一遍，是"接收"，不是"转发"）本机正常运作所必不可缺的数据包，来提升路由器自身的安全性。但此类数据包由于会被路由器的 CPU 处理，因此风险极高。比方说，有一种拒绝服务攻击，其手段就是专门向目标路由器泛洪 ICMP 数据包，只要 ICMP 数据包在数量上超出了路由器

CPU 的处理能力，就会导致路由器拒绝（提供）服务。

若路由器支持（控制平面数据包的）速率限制特性，就能对发往路由器的路由处理器的某些（控制平面）数据包（尤其是 ICMP 数据包）进行速率限制。这样一来，便可以保护路由器，使其免于遭受以泛洪（控制平面）数据包为手段的拒绝服务攻击。在路由器上开启该特性之前，应评估维持网络正常运行所需的每一种控制平面数据包的最高发送速率。这一个预估值还可以适当放宽，因为利用控制平面流量来发动的泛洪攻击，所下的"剂量"会远超网络正常运行时的最高水平。对于一般的大型网络来说，把发往路由器 CPU 的 ICMP 和 traceroute 流量的速率限制为 500kbit/s，足能满足网络的正常运行、日常维护及故障诊断了；将路由协议流量和 SNMP 流量的速率分别限制为 2Mbit/s 和 5Mbit/s 应该也已足够。当然，确切的数字还需要通过对具体网络的具体分析才能得出。在路由器上配置该特性时，还应该为各种（发往 CPU 的）控制平面流量指定一个突发速率，其值应略高于网络正常运行时的最高水平（前提是路由器要支持如此配置）。只要（发往 CPU 的控制平面）流量的速率超出了（设在路由器上的）速率限制和突发限制，路由器就会认为网络中发生了异常情况，于是会丢弃超限流量。

9.4 与保障网络安全性和可靠性有关的运维经验

只要一提到军人、警察和消防员，很多人都知道他们从事的是"养兵千日，用兵一时"的特殊职业。在大企业的网络运维中心混饭的人，似乎也属于这种特殊职业。从事这个行当，既无生命之危，也无受伤之虞，但只要一出事，就有可能会给企业的经济和名誉造成损失，甚至会危及从业人员的职业生涯。由网络突发事件所引发的混乱局面，其本身就预示着该网络长期存在风险，当运维人员不顾一切地扭转"颓势"时，其做法则会与常规的运维流程背道而驰。

网管人员的各行其是也会使得网络的安全性和可靠性日益退化：每个网管人员都有自己的一套配置路由器及维护网络的"独门秘笈"，但却几乎没有一人愿意把自己的那点"玩意"形成书面文档。

有许多单位的网络似乎都存在上述未获觉察或未能解决的风险，其中有不少还是全球知名的大公司大企业。本节的内容会进一步偏离 OSPF 和 IS-IS 的细节，但所述主题的重要性却一点也不亚于如何配置那两种路由协议。本节主题虽分为三个小节——配置管理、变更管理及仿真网络环境（the network lab），但配置管理原则及仿真网络环境的维护其实都是完备的变更管理流程的必要组成部分。

9.4.1 配置管理

大家都知道变更管理是预防网络故障的主要措施之一，但重要的是，应同样认识到配置管理是有效变更管理的基本要件。有了变更管理，便可确保对所有网元的最新情况有着清晰而又精确的认知。否则，在制定网络变更方案时，将无据可依。只要对网络基础设施或网络的逻辑结构做出任何变动——不管是添加、移动或移除某些网元，还是变更网络的拓扑结构，都应及时更新所有受管理的配置元素，以反映出最新的变动。为此，需设立一套标准的流程。比如，应随时跟踪网络设备的配置文件——应部署开源或商业版配置采集工具，定期采集并保存所有网络设备的配置文件。配置文件应每天至少采集一次。此外，还必须及时了解其他配置元素（比如，物理设备的硬件配置）的最新情况，因此需定期盘点固定资产，以验证生产网络中的硬件配置与固定资产记录是否吻合。

1. 配置管理的内容

应当不厌其详地对网络的物理或逻辑元素进行跟踪并记录。需要被跟踪并记录的网络元素包括但不限于以下所列：

- 电路；

- （电路）类型；

- 电路编号；

- （电路）两端的物理位置；

- （与电路有关的）联系信息；

- 设备接口位置（device interface location）；

- 网络设备类型；

- 网络设备的安装位置（包括机架单元号）；

- 网络设备的访问信息；

- 网络设备的硬件序列号；

- 网络设备所安装的接口模块；

- 网络设备所运行的微码信息；

- 网络设备所运行的 OS 版本号；

- 每个机房的机架图（应在图中标注出所有网络设备）；

- 设备连接（连线）图（应在图中标注出所有互连端口或接口的名称）；

- 网络设备的配置文件；

- 网络的逻辑拓扑结构图和设备互连情况表；

- IP 地址表；

- BGP 对等关系以及路由器反射器相关信息；

- IGP 邻接关系信息以及区域划分情况；

- 路由策略（通过伪代码来描述）；

- 网络设备间的逻辑连接信息，包括 ATM/帧中继 VC 信息以及 MPLS 标签交换路径信息。

2.（命名）惯例及标准

建立网络运维标准，并对网络设备的配置实施文档化管理，既可以确保所有网络设备配置的一致性，也可以让所有网管人员都能理解配置的含义。比方说，可以为每个 PoP 机房内的同类型设备的机架安装位置设定设备安装标准（机架设计）。命名惯例也十分重要，无论是创建 DNS 名称还是为设备取名。还应该针对所有网络设备的常见特性，设定配置标准。比如，应明确规定激活或禁用某些特性的标准配置命令、与安全性有关的标准配置命令，以及与路由协议或网络设备接口有关的标准配置命令。

3. 配置留存

需配备专用服务器来存储配置文档，这样的服务器应至少在不同机房有一主一备。所有配置文档都应该以电子化的形式存档，不应以纸质形式存放。与电子化文档相比，纸质文档不但不易保存及修改，而且还容易乱丢乱放，以至于落入歹人之手。应设专人或专门的团队来负责配置文档的存放，并确保所有文档的内容为最新。

9.4.2 变更管理

严重的网络故障并非全都是由恶意行为所致，通常还会由许多其他原因而起，如下所列：

- 配置有误；

- 硬件故障；

- 软/硬件不兼容；

- 某些功能不为新版本软件所支持；

- 软件 bug。

除了硬件故障以外，网络改造也很容易触发网络中断。根据作者的经验，即便是硬件故障都极有可能是网络改造所致。随着网络的日趋稳定，出故障的几率也会大大降低。因此，要想最大限度地确保网络平稳运行，就应该设立一套完备的网络变更（改造）管理制度及流程。

网络变更管理制度及流程对网络日常运维的影响，类似于网络安全管理制度及流程：制度定得越完备，执行起来就会越麻烦。实施安全管理和变更管理的目的，是要防止网络中断，但在某些时候，其细则和流程反过来又会影响到网络的日常运维。因此，在制定网络变更管理制度和流程的具体细则时，应仔细斟酌，既要充分保证网络持续可靠的运行，还得适当减轻网络运维人员的负担，便于他们操作。否则，网络运维人员会为了图省事而不按流程行事。

1. 文档

建立并维护标准的网络运维文档是实施有效变更管理的关键。应制定以下专用表格：

- 维护申请表；

- 变更实施方法及流程表；

- 复原和升级测试申请表。

大的网络改造项目（比如，网络合并、更换路由协议等）一般很难用标准表格来做相关记录，因为其内容都是"独此一家"。虽然如此，在大项目的规划、设计和实施阶段内，也应该按照既定流程，进行全面而又仔细的记录。

2. 存档

应留存与网络改造（变更）有关的文档，以供随时查阅。通过这样的存档，便建立了一个有关网络改造的资料库，可利用其来检讨之前进行过的网络改造的得失，为更好地组织日后的网络改造打下基础。网络改造（变更）留存文档不但可以与配置文档都存储在同一台服务器上，而且还可以指派相同的人来维护。

3. 领导层的支持

若无领导层的理解与支持，变更管理制度根本不可能得到贯彻执行。网络运营人员必须认识到变更管理对网络稳定性所起的重要作用。中层管理人员要确保建立一套智能化变更管理制度，并要求其下属运维人员贯彻执行。中层管理人员也有责任去执行变更管理制度中的具体细则。一定要让高层管理人员相信，完备的变更管理制度必能带来可观的经济回报。此外，还应说服高层管理人员去颁布相应的政策，支持低层运维人员对变更管理制度和流程的有效执行。

4. 变更管理委员会

应设立变更管理委员会，来负责与变更管理有关的一切事宜，这包括从变更管理制度和流程的建立，到变更申请的评估和批复。委员会里的某些职位应为常设职位，而另一些职位则可以只在项目实施周期临时性设立。变更管理委员会应定期召开（比如，每周一次），如需紧急批复维护申请，则可以打破惯例。本小节会介绍变更管理委员会的组织结构，并探讨该委员会所履行的职责。

（1）委员会主任（Change Controller）

委员会主任既是变更管理委员会的一把手，也是变更管理制度与流程能否正确落实到位的最终责任人。委员会主任要负责判断与网络改造项目相对应的业务诉求和实施经费是否合理。该职位应为常设职位且由专人担任，其汇报对象为负责网络运维的高层分管领导。

（2）委员会成员（Process Enforcer）

在变更管理委员会中，应有一个或多个成员来直接负责评估每个网络改造项目或网络施工项目的申请，以确保变更管理制度中的所有细则，在项目所包含的每一项具体任务上都得到贯彻执行。委员会成员在变更申请人和委员会主任之间起协调人的作用，因此不但要熟悉变更管理制度的所有细则，还得理解有关具体网络改造的技术需求。委员会成员应为变更管理委员会中的常设职位，但无需专人担任。

应该从 IT 或网络运维部门中，挑选各个专业岗位（比如，路由和交换岗、网络管理岗、服务器管理岗、编程岗、安全或电路管理岗）的技术骨干担任变更管理委员委员一职。让各个专业技术岗位中的代表出任变更管理委员会委员，对每一次变更申请进行评估，可以对网络各个方面的改造更有把握。

（3）变更申请人（Process Owner）

变更申请人即为具体网络改造项目的发起人，但只是在其所申请的具体项目的实施期间任职于变更管理委员会。变更申请人负责判断提交给变更管理委员会的变更申请是否合理，在申请获批之后，负责监督项目的执行。对于简单的维护性变更申请，变更申请人可能就是执行具体变更操作的运维人员或工程师。对于大型网络改造项目，变更申请人则可能是负责项目实施的项目经理。

（4）变更前的评估

变更前的评估主要关注的是变更操作所带来的风险，以及如何使风险降至最低。网络改造获批之前，需就以下问题展开评估。

- 网络改造的技术和/或业务诉求是什么？

- 网络改造的实施经费为多少？这笔费用获批了吗？

- 网络改造的每一项具体任务由谁来负责实施？具体的实施人有相应的资质吗？

- 网络改造需要什么样的工具和设备？这些东西都已购置妥当了吗？

- 网络改造文档写得够细吗？

- 在非生产（仿真）环境中对网络改造的每个步骤和相关配置代码进行测试了吗？是不是对所有测试结果都做了充分的解释和正确的记录？

- 网络改造的具体执行时间。

- 网络改造的每一项具体任务的预计完成时间。

- 网络改造成功与否的标准是什么？

- 一旦"割接"失败，应当如何回退，回退方案是什么？

- 何时开始执行回退方案？

（5）变更后的总结

变更之后的总结通常都为人所忽视。可要想提高下一次网络改造的成功率，就必须在每一次网络改造之后总结得失。对于成功的网络改造，需将具体的步骤以标准维护手册（Methods of Procedure）的形式留存归档；若网络改造未能达到预期的目标，则需要进一步总结失败的教训，或归纳未能提高效率的原因，并把相关记录留存归档，以备日后参考。

5. 维护申请表

若对网络的改动相对较小（比如，添加、修改或移动一两条路由策略；移除路由器上的某个接口模块；让某台网络设备下线等），则可以由变更申请人向变更管理委员会提交维护（变更）申请表。维护申请表是指由变更管理委员会编制的一份标准化表格，变更申请人需要在其中填写与本次网络改造项目有关的重要内容，变更管理委员会借此了解变更申请人是否提前考虑到了项目执行过程中的所有变数。只有在掌握了足够的信息之后，变更管理委员会才能进行下一步的变更风险分析。

变更管理会员会应该设定一个标准的前导时间（lead time），这个前导时间是指维护申请表必须在项目实施之前的多少天以内提交，一般都为 5~10 天。这样一来，在开会正式评估变更申请之前，变更委员会成员便有时间去领会本次变更的具体内容了。此外，变更申请人也可以利用这段时间对变更方案做必要的修改。

当然，并非所有的网络改造都需要提前那么多天来安排。若网络遭遇变故，则有可能需要在短时间之内实施相关应急处置，要是情况特别紧急，就需要网管人员"先斩后奏"，立刻操刀。此时，去说什么提交维护报告，等变更管理委员会批复过后，再实施操作，只怕黄花菜都凉了。因此，变更管理委员会除了要制定正常情况下的变更管理制度以外，还得颁布应急处置预案，规定紧急情况下的网络变更流程。

还有些对网络的变更操作属于网络运维人员每天的"例行公事"。比方说，电信运营商的网管人员每天都要开通或撤销客户的电路。虽然电路的开通或撤销的确属于网络变更操作，但这只是网络日常运维的一部分。显而易见，除非是白痴，否则没有人会把对网络的日常变更操作也纳入维护请求，并提交给变更管理委员审批执行。但是，可以把对网络的日常变更操作的每个步骤都规范化、标准化，形成标准维护手册（Methods of Procedure），供日常运维人员参照。

6. 标准运维文档

标准维护手册（Method of Procedure ，MoP）是指一份措辞严谨、详尽描述某项具体网络变更操作的每个执行步骤的操作文档。MoP 既能作为某项特殊网络变更操作（比如，因特殊原因修改某条路由策略）的操作指南，也可以是一份通用的某一类网络变更操作（比如，更换路由器的接口模块）的操作手册。此外，对于网络运维人员每天的"例行公事"（比如，开通或撤销客户的电路），也应编制相应的 MoP，明文规定操作步骤。

在设立了变更管理委员会，并制定出相关制度之后的头一两年内，伴随着一次次的网络变更申请，新的 MoP 也将不断涌现。随着 MoP 的不断积少成多，性质相同的变更操作就可以参考之前写就的 MoP 了。

在 MoP 中，必须清晰地描述变更（日常运维）操作的方方面面，包括：操作对象、实施步骤、（实施完毕之后的）验证步骤、（割接不顺时的）退回方案等。对一份专门针对某项特殊的网络变更操作编写的 MoP 而言，只能在日后碰到性质相同的变更操作时，起一定的参考作用。不过，若 MoP 描述的是运维人员定期所要执行的某些操作（比如，部件更换或电路开通等），则其不但应成为流动性文档，而且还应定期更新内容，以包括进能反映出网络现状的、更加合理的操作步骤。

9.4.3　仿真网络环境（The Network Lab）

搭建并维持一个仿真网络环境的难度，要远胜于把变更管理的政策落实到位，只因前者需要投入重金。一个高度仿真的实验网络环境必须包含足够多的设备，来精确模拟出生产网络中的至少两个站点网络，只有如此，由仿真设备生成或供测量设备测量的流量才能尽可能地接近于生产网络的实际流量。要想针对一个大型生产网络，搭建其仿真网络环境，至少需要投入上百万美元，要说服领导花这么大笔钱，难度可想而知。不过，搭建仿真网络环境，能在以下 3 个方面起到重要作用，进而可以显著提高生产网络的安全性和稳定性。也就是说，投入这笔巨额费用还是值得的。

- 割接演练。

- 故障排除。

- 培训。

就针对网络的所有割接操作而言，有些操作不但一目了然，而且绝不会失手，不过，也有许多操作在动手执行之前很难判断其结果。这些操作包括：（网络设备整机或某块模块的）软件及微码升级、调整路由策略、调整（路由/数据包）过滤器、让新近中标的厂商的网络设备上线运行、启用（此前从未用过的）某种路由协议、激活（此前从未用过的）某种新特性等。对于此类操作，应将事态进展不顺时如何回退，也纳入正常的变更管理流程。因此，割接演练就变得异常重要。割接演练的步骤包括：在仿真网络环境中，搭建出本次割接操作所涉及的生产网络的拓扑结构，并确保模拟出来的网络环境与实际的生产网络环境具有相似性；根据割接方案，在模拟网络环境中激活新特性或执行相关操作，然后观察结果。通过割接演练，除了能摸索出激活新特性的正确方法，发现割接操作所造成的明显的网络故障之外，还可以验证新特性的启用是否会影响到网络中原先启用的所有特性的正常运作，并观察是否会对网络的性能产生影响。

有了一个"五脏俱全"的仿真网络环境，还能以非常安全的方式，排除生产网络中的

"疑难杂症"。若生产网络的性能或稳定性存在问题，是不好直接进行处置的，因为"轻率而为"可能会让网络"雪上加霜"。要是能在仿真网络环境中模拟生产网络的故障现象，网管人员就可以无所顾忌地施展各种排障措施，并反复加以测试、验证，而不用再去担心会影响到客户的正常业务或生产流量了。

仿真网络环境的最后一个重要作用是，可用来培训运维或工程人员。对一个新人来说，获取与网络技术有关的知识和经验的最佳途径应该是：亲自动手，反复实验。若没有仿真网络环境，在岗前培训期间，新人不可能有很多机会去直接接触生产网络，因此所能掌握的知识和经验将极为有限。

9.5 复习题

1. 链路状态协议有哪些组件或机制使其容易成为攻击者的目标？

2. IS-IS 的运作并不依赖于 IP 协议，其安全性也要高于 OSPF，请问这主要体现在哪几个方面？

3. 什么是 OSPF 和 IS-IS 的"反攻击"（fightback）特性？

4. 明文密码认证比 MD5 认证要差在哪里？

5. 什么是消息摘要，在执行认证功能时，如何利用其来包含密钥？

6. 请说出 OSPF 密钥 ID（Key ID）的好处。

7. 启用 OSPF MD5 认证功能时，加密序列号的用途是什么？

8. 为什么说 IS-IS 要比 OSPF 更容易受到重放攻击的威胁？

9. IS-IS 认证功能可基于哪 3 个范围来启用？基于这 3 个范围来启用认证功能时，IS-IS 协议消息在"携带"认证信息 TLV 方面有哪些不同？

10. MD5 认证功能的启用，是如何对 OSPF 和 IS-IS 协议消息的校验和计算产生影响的？

11. 什么是优雅重启动（graceful restart）？新型高端路由器有哪些特性"成就"了优雅重启动？

12. 请说出用来支持优雅重启动功能的 OSPF LSA 的类型。

13．什么是重启宽限期，有何用途？

14．什么是优雅重启动辅助路由器？

15．计划内重启和计划外重启有什么不同？

16．IS-IS 重启 TLV 中 RR 位和 RA 位的用途是什么？

17．IS-IS 重启 TLV 中 RR 位和 SA 位的用途是什么？

18．IS-IS 重启 TLV 中剩余时间字段值由什么来决定？

19．什么是双向转发检测特性？该特性是如何改进路由协议的 Hello 机制的？

第 10 章

可扩展能力

20 世纪八九十年代是 Internet 飞速发展的年代。是万维网（World Wide Web）把 Internet 从科研人员们的私人玩具推向了普通大众。那时，运营商和 ISP 主要关注的是网络的带宽、性能和可靠性。到了 21 世纪初，这些提供 Internet 业务的公司纷纷开始转移重心。由于提供类似业务的公司太多，因此相互之间只能低价竞争。于是，运营商和 ISP 开始推出新的业务，以弥补日益商品化的 IP 业务方面的损失。这些新的业务包括：IP 上的语音和视频业务、电子会议业务以及 VPN（虚拟专用网）业务等。

然而，那些新的业务全都依托于老掉牙的、尽力而为的 IP 业务。事实上，为了降低运营成本，大多数服务提供商都已将过去由帧中继或 ATM 提供的业务，迁移到了 IP 基础设施之上。因此，需要借助若干种"中间层"技术，让 IP 基础设施提供更高的服务质量（至少要高于"尽力而为"）。这些中间层技术包括：多协议标签交换（MPLS）技术、IP 多播技术，以及正在飞速发展的新版 IP——IPv6 技术。

此类中间层技术需"掌握"有关低层 IP 网络的信息，才能运转自如，而掌握信息的最佳途径就是 IGP。为了让那些中间层技术正常运作，人们在最近几年对 OSPF 和 IS-IS 进行了改进，添加了必要的功能，但并没有去开发新的 IGP。本章会探讨改进 OSPF 和 IS-IS，令两者支持新功能的基本概念。第 11 章~第 13 章会分别介绍几种新的 OSPF 和 IS-IS 扩展功能。

10.1　扩展 OSPF

要让 OSPF 支持新的功能，主要途径就是定义新的 LSA 类型。第 7 章曾经讲解过定义新的 LSA 类型（NSSA[类型 7]LSA），让 OSPF 支持新的可选功能的例子。本章及随后 3 章会介绍几种新的 LSA 类型。

10.1.1   OSPF 面临的可扩展性问题

OSPF 的两大特征使得该协议的可扩展性受到了限制。第一个特征是，OSPF 路由器只要收到了类型未知（不能识别）的 LSA，就会将其丢弃。比方说，NSSA 区域内的每一台路由器都必须能解读类型 7 LSA（即支持 NSSA 可选功能），否则便成为不了该区域内的一员，甚至连 OSPF 邻接关系都无法建立。在 NSSA 这样的区域内，OSPF 的这一特征并不会有任何问题，因为所有的区域内部路由器都会遵守相同的规则（不容许类型 5 LSA 的存在）。但有时，可能会出现只希望让路由进程域或某个区域内的部分 OSPF 路由器支持某种可选功能的情况。比如，只让某个区域内的部分 OSPF 路由器支持流量工程或 IP 多播功能。在这种情况下，网络中未开启（也不必开启）流量工程或 IP 多播功能的 OSPF 路由器就有可能会阻碍特殊类型的 LSA 的传播（泛洪）。有两种方法可避免这种现象的发生：让网络内的所有路由器都支持流量工程或 IP 多播功能，无论它们是否参与流量工程路径或 IP 多播流量的转发；精心规划 OSPF 路由器的布局，让未开启（或不支持）流量工程及 IP 多播功能的 OSPF 路由器，不影响特殊类型的 LSA 的传播。

OSPF 的第二个特征是，其 LSA 中包含的都是 IPv4 地址语义（IPv4 addressing semantics），这同样使其可扩展性受到了极大限制。以最基本的类型 1 LSA 为例，这种 LSA 提供了 OSPF 路由器执行 SPF 计算所必不可缺的大部分拓扑信息。第 5 章已经给出了类型 1 LSA 的格式，本节再显示一次，如图 10.1 所示。由图可知，类型 1 LSA 的链路 ID 和链路数据字段都是 32 位，通常都会包含一个 IP 地址。若（类型 1 LSA 所通告的）链路为广播链路，则链路 ID 字段应包含 DR 的 IPv4 地址，链路数据字段应包含生成（该 LSA 的）路由器连接该广播链路的接口的 IPv4 地址。若要用类型 1 LSA 通告其他网络类型的链路，也会采用相似的 IPv4 地址语义（以 IPv4 地址为基础的数据）。

可若要让 OSPF 支持其他类型的编址方案呢，比如，要改进 OSPF，令其支持 128 位地址的 IPv6 路由选择。要是每个 IPv6 网络都以双栈模式运行，即网络中的每个路由器接口都设有 IPv6 和 IPv4 地址各一，那么只要定义一种新的 LSA 类型，让这种 LSA "携带" IPv6 地址，OSPF 就可以支持 IPv6 路由选择了。也就是讲，路由器在执行 SPF 计算时，能继续从类型 1 LSA 获取与链路有关的信息，而这些链路信息仍基于 IPv4 地址。不过，这样一来，便违背了开发 IPv6 的初衷——逐步淘汰在地址数量上已 "捉襟见肘" 的 IPv4。要让 OSPF 执行 IPv6 路由选择，就得先让其能在纯 IPv6 网络中独立运行。因此，如第 12 章所述，实际的解决方案是专门针对 IPv6 开发一个 OSPF 新版本，从其 LSA 中删除 IPv4 地址语义。

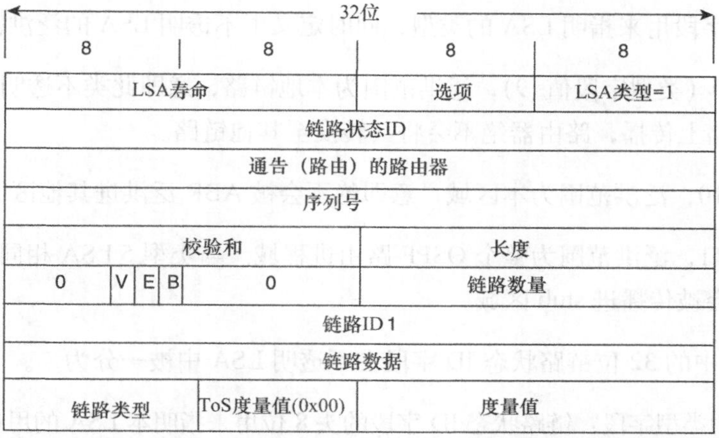

图 10.1 在一般情况下，OSPFv2 类型 1 LSA 中的链路 ID 和链路数据字段值都派生自 IPv4 网络地址

10.1.2 不透明 LSA（Opaque LSA）

之所以说 OSPF 难于扩展，原因之一是新功能难以预料。比如，制定 OSPF 标准时，还没有基于 MPLS 的流量工程这一说。在 OSPF 退出历史舞台之前，人们仍有理由要求其支持更多难以预料的功能。

发明不透明 LSA[1]的目的，是要通过这种通用型 LSA（即格式统一的 LSA），在路由器之间传播自定义数据，以此来全面提升 OSPF 的灵活性。自定义数据既可以是为 OSPF 自身所使用的某些新功能；也可以是某些应用所感兴趣的信息，这些应用只是要把 OSPF（的协议消息传播机制）作为信息发布"媒介"，所发布的信息与 OSPF 路由计算无关。就第二点来看，不透明 LSA 所携带的自定义数据与 10.3 节将要介绍的路由标记起相同的作用，但灵活性要更胜一筹。

单词"Opaque"意指"无法看透，不能看清"，这正符合这种 LSA 的主要用途之一：传播 OSPF 自身不能识别或不关心的信息。这个单词还有"obscure"（使……模糊不清）或"difficult to define"（难以定义）之意，这符合不透明 LSA 的另一个主要用途：支持当前难以预料的新功能。

不透明 LSA（其格式见图 10.2）共分 3 类，三种不透明 LSA 之间的差别仅限于泛洪范围：本地链路、区域、路由进程域。区分泛洪范围的目的，是要在满足功能需求时，追

---

[1] Rob Coltun, "The OSPF Opaque LSA Option", RFC 2370, 1998 年 7 月。

求更强的灵活性。

LSA 类型字段用来指明 LSA 的类型，同时定义了不透明 LSA 的泛洪范围。

- 类型 9（类型字段值=9），泛洪范围为本地链路，意即此类不透明 LSA 只能在某条链路上传播，路由器绝不会将其转发至其他链路。

- 类型 10，泛洪范围为本区域，意即绝不会被 ABR 泛洪进其他区域。

- 类型 11，泛洪范围为整个 OSPF 路由进程域。与类型 5 LSA 相同，类型 11 LSA 也不会被传播进 stub 区域。

常规 LSA 中的 32 位链路状态 ID 字段在不透明 LSA 中被一分为二。

- 不透明类型字段：链路状态 ID 字段的头 8 位用来指明本 LSA 的用途。不透明类型字段值 0~127 由 IANA 通过 OSPF 工作组来分配，128~255 则被预留以供私人或实验之用。写作本书之际，IANA 只分配了 4 个不透明类型字段值，如表 10.1 所示。

- 不透明 ID 字段：链路状态 ID 字段的后 24 位，其值与不透明类型字段值组合在一起用来标识某一种具体的不透明 LSA（即作为行使特定功能的不透明 LSA 的唯一标识符）。

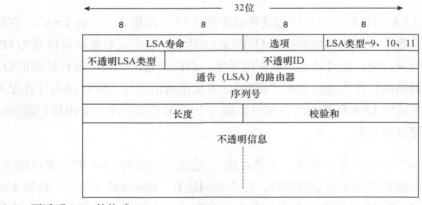

图 10.2　不透明 LSA 的格式

不透明信息字段的长度可变，该字段用来"装载"与特定功能或应用有关的数据。

相邻 OSPF 路由器之间在数据库交换过程中，会互发 DD（数据库描述）数据包，若路由器具备解读不透明 LSA 的能力，就会把 DD 数据包的选项字段中的 O 位（见图 10.3）置 1。OSPF 路由器会在邻居数据结构的邻居选项部分记录下（邻居路由器是否具备解读）

不透明 LSA 的能力。支持不透明 LSA 功能的路由器不会向不支持该功能的路由器泛洪不透明 LSA，也就是讲，前者不会把不透明 LSA 列入与后者挂钩的 LSA 重传列表（前者之所以知道后者不能解读不透明 LSA，是因为在 LS 数据库交换过程中，后者所发 DD 数据包的选项字段中的 O 位置 0，这就表示它不支持不透明 LSA 功能）。

表 10.1 　　　　　　　　　　　　　不透明 LSA 类型字段值

类型字段值	类型	描述
1	流量工程 LSA	用于 MPLS-TE，详见第 11 章
2	Sycamore 光拓扑描述	在光中继组以及环网混合型光网络中，用来传达与光拓扑有关的信息，比如，交换能力和流量工程参数等
3	Grace LSA	用于 OSPF 优雅重启动，详见第 9 章
4	路由器信息 LSA	用来通告（路由器所支持的）可选功能
5~127	未分配	可由 IANA 通过 OSPF 工作组分配给新的不透明 LSA 类型
128~255	预留	预留以作私人或实验之用

*	O	DC	EA	N/P	MC	E	T

图 10.3　相邻 OSPF 路由器之间会在交换 OSPF DD 数据包时，将选项字段中的 O 位置 1，向对方表示本机具备解读不透明 LSA 的能力

　　图 10.4 所示为路由器 Juniper6 的 OSPF 邻居表的输出。由输出可知，Juniper6 的 OSPF 邻居 Cisco8（192.168.7.2）发出的 OSPF DD 数据包的选项字段值为 0x42，其二进制值为 01000010，这表示 O 位已经置 1。图 10.5 和图 10.6 则分别示出了这对 OSPF 邻居 Cisco8 和 Juniper6 的 LS 数据库的汇总信息，不难发现，两个 LS 数据库中各"入驻"了 10 条类型 10（本区域）不透明 LSA。

```
jeff@Juniper6> show ospf neighbor 192.168.7.2 extensive
Address         Interface       State     ID              Pri Dead
192.168.7.2     fe-0/0/0.0      Full      192.168.254.8     1   35
  area 0.0.0.0, opt 0x42, DR 192.168.7.1, BDR 192.168.7.2
  Up 1w2d 00:47:03, adjacent 1w2d 00:47:03
```

图 10.4　由邻居路由器 192.168.7.2 发出的 OSPF DD 数据包的选项字段值可知，该路由器具备解读不透明 LSA 的能力

```
Cisco8#show ip ospf database database-summary
OSPF Router with ID (192.168.254.8) (Process ID 1)
Area 0 database summary
LSA Type Count Delete Maxage
Router 4 0 0
```

```
Network 4 0 0
Summary Net 9 0 0
Summary ASBR 1 0 0
Type-7 Ext 0 0 0
Opaque Link 0 0 0
Opaque Area 10 0 0
Subtotal 28 0 0
10.1 Extending OSPF
Doyle_
Area 20 database summary
LSA Type Count Delete Maxage
Router 2 0 0
Network 1 0 0
Summary Net 13 0 0
Summary ASBR 0 0 0
Type-7 Ext 0 0 0
Opaque Link 0 0 0
Opaque Area 0 0 0
Subtotal 16 0 0
Process 1 database summary
LSA Type Count Delete Maxage
Router 6 0 0
Network 5 0 0
Summary Net 22 0 0
Summary ASBR 1 0 0
Type-7 Ext 0 0 0
Opaque Link 0 0 0
Opaque Area 10 0 0
Type-5 Ext 2 0 0
Opaque AS 0 0 0
Total 46 0 0
Cisco8#
```

图 10.5　路由器 Cisco8 的 LS 数据库包含了 10 条类型 10（本区域）不透明 LSA

```
jeff@Juniper6> show ospf database summary
Area 0.0.0.0:
    4 Router LSAs
    4 Network LSAs
    9 Summary LSAs
    1 ASBRSum LSAs
   10 OpaqArea LSAs
Externals:
    2 Extern LSAs

jeff@Juniper6>
```

图 10.6　路由器 Juniper6 的 LS 数据库同样包含了 10 条类型 10 不透明 LSA

10.1.3　不透明 LSA（Opaque LSA）

　　由图 10.3 所示的选项字段的格式可知，只有最高位还可以用来表示尚未开发出的功能。其实，选项字段的第 1 和第 5 位也可以重新定义，因为两者所代表的 ToS 和外部属性功能并未获得厂商的普遍支持。但无论如何，区区 8 位选项字段已使得 OSPF 未来的可扩展能力受到了制约。

于是，有人建议，用一种新的不透明 LSA——路由器信息不透明 LSA[2]——来通告 OSPF 路由器所支持的可选功能，但在写作本书之际，该建议还尚未得到实现。有了这一新型 LSA，便可以在不启用选项字段新的置位方式的情况下，让 OSPF 路由器来通告对多达 32 种可选功能的支持（即只通过选项字段中的 O 位来表示本 OSPF 路由器是否具备解决不透明 LSA 的能力）。

图 10.7 所示为 RI 不透明 LSA 的格式。其不透明类型字段值为 4，其泛洪范围可以是本地链路、本区域和整个路由进程域。这种 LSA 可包含多个 TLV 结构，来指明（通告其的路由器所具备的）可选功能。

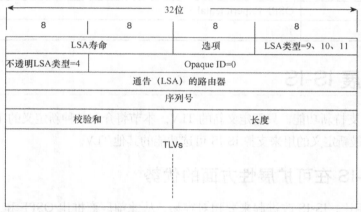

图 10.7 路由器信息（RI）不透明 LSA 的格式

包含在 RI LSA 内的首个 TLV 名叫 OSPF 路由器功能 TLV，其格式如图 10.8 所示。该 TLV 之后，可跟随携带附加功能信息的其他 TLV，具体跟随哪种类型的 TLV，则要视（通告 RI 不透明 LSA 的路由器）所支持的可选功能而定。

图 10.8 OSPF 路由器功能 TLV 的格式

---

[2] Acee Lindem、Naiming Shen、Rahul Aggarwal、Scott Shaffer 以及 J.P. Vasseur, "Extensions to OSPF for Advertising Optional Router Capabilities", draft-ietf-ospf-cap-01.txt, 2003 年 10 月（即如今的 RFC 4970）。

　　OSPF 路由器功能 TLV 的类型字段值为 1。功能字段长 32 位，其作用等同于 LSA 的选项字段：由 32 个标记位构成，每一位置 1 时，都表示（通告 RI 不透明 LSA 的路由器所支持的）一种可选功能。表 10.2 所列为用来表示可选功能的功能字段的相关位。尽管 OSPF 绝不可能拥有 32 种以上的可选功能，但启用 TLV 结构来表示可选功能，无疑会使 OSPF 的扩展性更强，因为扩展 OSPF 路由器 TLV 中的"功能字段"只是举手之劳而已。

表 10.2　用 OSPF 路由器功能 TLV 的功能字段的相关标记位，来表示 OSPF 路由器所具备的可选功能（译者注：下表译自 RFC 4970）

0	OSPF 优雅重启动功能
1	OSPF 优雅重启动辅助路由器功能
2	支持 Stub 区域
3	支持流量工程
4	LAN 上的 OSPF point-to-point(P2PLAN)
5	OSPF Experimental TE
6~31	预留

10.2　扩展 IS-IS

　　要让 IS-IS 支持新功能，只需定义新的 TLV。本节将介绍一种新定义的 TLV。第 11 章~第 13 章会介绍最新定义的用来支撑 IS-IS 可选功能的其他 TLV。

10.2.1　IS-IS 在可扩展性方面的优势

　　与 OSPF 相比，IS-IS 改进起来要相对容易，从此前厂商推出 OSPF 和 IS-IS 共同支持的新功能的时间上就可以看出端倪。比方说，在支持 MPLS TE 和 IPv6 的 IS-IS 实现诞生后的 6~12 个月，才出现支持这两项功能的 OSPF 实现。

　　之所以说 IS-IS 改进起来要相对容易，是因为只需让 LSP 携带新的 TLV，就能引入新功能，而 LSP 自身的结构却能维持不变，这通常要比定义新的 OSPF LSA 的类型省事得多。

　　IS-IS 路由器对不能识别的 TLV 的处理方式，也提高了 IS-IS 协议自身的可扩展性。OSPF 路由器会丢弃不能识别的 LSA，而 IS-IS 路由器在碰到 LSP 中不能识别的 TLV 时，则"跳过不读"，并"原封不动"地传递给邻居路由器。拜 IS-IS 路由器的这一"天性"所赐，在 IS-IS 网络中引入新功能可谓是方便之极，尤其是新功能只需在 IS-IS 路由进程域内的部分路由器上开启时。

在 IS-IS 协议中引入某些新的 IP 功能——特别是 IPv6 路由选择功能——最为简单，IS-IS 本身并非 IP 协议，故其没有任何功能依赖于 IP 地址语义。

10.2.2 （本机）所支持的协议 TLV

图 10.9 所示为（本机）所支持的协议 TLV。顾名思义，该 TLV 的作用是，指明生成（包含其的 IS-IS PDU 的）路由器所支持的网络层协议。在该 TLV 中会包含 ISO/TR 9577 以及在几份扩充文档中定义的网络层协议标识符（NLPID）。由于开发 IS-IS 协议的本意只是为了行使 CLNP 路由选择功能，因此这种 TLV 是人们在把 IP 路由选择功能加入 IS-IS 时，重新定义的。路由器会在发出相关 IS-IS PDU 时，包含（本机）所支持的协议 TLV。有了这种 TLV，IS-IS 路由器就可以很方便地通告本机所支持的网络层协议了（即通告本机是否具备 CLNP 路由功能、IP 路由功能或同时具备 CLNP 和 IP 路由功能）。如第 12 章所述，随着人们对 IS-IS 协议的继续改造，令其支持 IPv6 路由选择，当 IS-IS 路由器具备 IPv6 路由功能时，也会在生成这种 TLV 时，包含进 IPv6 协议的 NLPID。IPv4 协议和 IPv6 协议的 NLPID 分别为 204（0xcc）和 142（0x8e）。

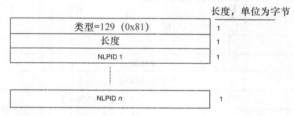

图 10.9 本机所支持的协议 TLV

10.3 路由标记

OSPF 和 IS-IS 协议都支持让外部 IP 路由前缀与一个名叫路由标记的数值相关联。可把路由标记视为路由协议的一项扩展功能，利用这一扩展功能，网管人员就可以自行为外部 IP 路由前缀分配一个具有管理意义的数值，并编入以其为组号的组。然后，便可根据已分配的路由标记，对成批的外部路由施以路由策略。在这一点上，IGP（RIPv2 和 Cisco EIGRP 路由协议同样支持路由标记）的路由标记所起的作用类似于 BGP 的团体属性。

OSPF 类型 5 和类型 7 LSA 都设立了路由标记字段（见图 10.10）。IS-IS 类型 1 子 TLV 也设有路由标记字段（见图 10.11），这种子 TLV 是经过扩展的 IP 可达性信息 TLV（类型字段值为 135）的一部分。在以上两种路由协议的信息元素中，外部路由标记字段都为 32 位，因此（OSPF 和 IS-IS 外部路由的）标记值可以为（4 字节范围内的）任一数值。

制定复杂的路由重分发策略时，经常会用到路由标记。当 IP 前缀无法用访问列表或前缀列表来标识时（比如，IP 前缀条数太多，用访问列表或前缀列表来标识不太现实，或不确定需要标识什么样的 IP 前缀时），路由标记尤其有用。此时，可以先在 IP 前缀的"起源之处"（比如，接收 IP 路由前缀的接口、通告 IP 路由前缀的路由器，或执行路由重分发的路由器），为 IP 前缀打上标记，然后再在网络中的其他位置，根据之前所打标记（而不是根据访问列表项或前缀列表项），来施以路由策略。

图 10.10 OSPF 类型 5 LSA 设有一个路由标记字段，其值为分配给外部 IP 路由前缀的任一 32 位二进制数字

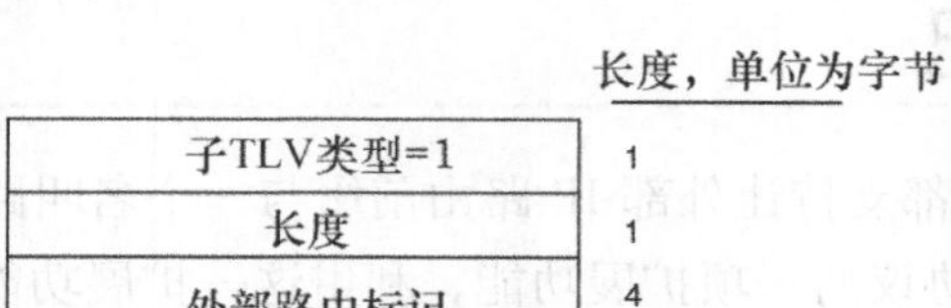

	长度，单位为字节
子 TLV 类型=1	1
长度	1
外部路由标记	4

图 10.11 IS-IS 类型 1 子 TLV（会"组装"进经过扩展的 IP 可达性信息 TLV）设有一个外部路由标记字段，其值为分配给外部 IP 路由前缀的任一 32 位二进制数值

图 10.12 所示为一个能够证明路由标记可堪大用的实例。图中，居中的 OSPF 路由进

程域作为另外 3 个外部路由进程域的穿越网络[3]。隶属于那 3 个外部路由进程域的每一条 IP 前缀都被重分发进了 OSPF，但在将这些 IP 前缀重新通告回外部路由进程域时，必须仔细"清理"：隶属于路由进程域 1 的 IP 前缀要通告回路由进程域 1，隶属于路由进程域 2 的 IP 前缀只能通告回路由进程域 2，以此类推。

IP 前缀被重分发进 OSPF 路由进程域之后，会携带一个标识符，这个标识符就是基于每个外部路由进程域而分配的路由标记。然后，便可以创建路由策略，根据所分配的路由标记，"精确无误"地将 IP 前缀通告回各自的外部路由进程域。

在 IS-IS 路由层级之间实施路由泄露，但只准备泄露部分 IP 前缀时，路由标记也能派上用场。此时，需要先在 IP 前缀的"起源之处"创建路由策略，让 IP 前缀携带路由标记，即基于路由标记对 IP 前缀进行编组。然后，再在 L1/L2 路由器上另行创建路由策略，根据之前打好的标记，基于 IP 前缀的编组来实施路由泄露。

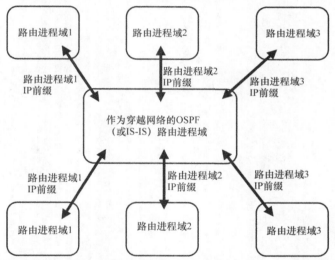

图 10.12 在作为穿越网络的 OSPF 路由进程域内，要想把另外 3 个外部路由进程的 IP 前缀分个"门清"，就得在将这批 IP 前缀重分发进 OSPF 之际，基于每个路由进程域为它们烙上"标签"

10.4 复习题

1．扩展 OSPF 有哪些难处?

---

[3] 有一个重要的假设是，在该穿越网络中既未启用也不能运行 BGP，尽管 BGP 更适用于此类基于路由策略的网络场景。

2．为什么扩展 IS-IS 要比扩展 OSPF 容易很多？

3．什么是 OSPF 不透明 LSA？

4．不透明 LSA 有哪 3 种？

5．请说出 OSPF 路由器信息不透明 LSA 所提供的好处。

6．请说出 IS-I 本机所支持的协议 TLV 的用途。

7．为什么说 IGP 路由标记的作用类似于 BGP 团体属性？

第 11 章

为支持 MPLS 流量工程所添加的扩展
功能

第 9 章讲过，如今的厂商在设计路由器的硬件架构时，都会把路由器的两个基本功能——路由处理功能和数据包转发功能——分解为两个操作项，分别交由路由器的不同物理部件来执行，这也是路由器设计的一个新趋势。这一新趋势的主旨是，让路由器把"细活"（即路由处理功能，该功能必需由 CPU 来干预，既耗时又耗力）和"粗活"（数据包转发功能，该功能无需 CPU 干预，可利用专门的芯片多快好省地执行）分开来干，并希望以此来同时提高执行这两项任务的效率。在当今的大型网络中，这一将"细活"和"粗活"分而治之的新趋势又全面与日渐流行的多协议标签交换（MPLS）技术"接轨"。MPLS 的基本理念也是将上面提到的"细活"和"粗活"分而治之，即尽量把需由路由器 CPU 干预的"细活"放到网络的边界设备上来执行，让网络的核心设备专门从事数据包转发之类的"粗活"。

20 世纪 90 年代中后期，当 MPLS 技术的前身（如标记交换技术）开始显现之时，把路由处理功能与数据包转发功能分而治之的目的，是要让路由器拥有不逊于 ATM 交换机的转发速度。为此，有必要让数据包再携带一个长度固定的地址，这一地址（也被称为标签 [label] 或标记 [tag]）刚好"夹在"数据包的链路层地址和网络层地址之间。然后，路由器则可以根据这一"2.5 层"地址，在收包和发包接口之间交换"打了标签"的数据包，其原理等同于 ATM 或帧中继交换机根据 VCI 或 DLCI 标签来交换数据包。由于标签的长度短小而固定，因此可建立一张以标签（值）为索引的表，供路由器在转发数据包时"查阅"，免去其解析长度可变的 IP 包头之苦。与 ATM 或帧中继交换机一模一样，支持 MPLS 的路由器也会根据一张预先确立（以 MPLS 标签为索引）的转发表，在接口之间交换数据包，无需执行复杂而又耗时的路由处理操作。

MPLS 技术虽不断发展，但路由器的性能也"水涨船高"。随着各厂商不断推出更为高效的 IP 地址查询算法，过去由软件来执行的数据包转发功能，已逐渐开始由 ASIC（特定应用集成电路）或其他高速硬件芯片所"把持"。正因如此，到了 21 世纪之初，高端路由器的数据包转发速度一般都能与 ATM 交换机相媲美，甚至还有所超越。高速交换技术的出现，使得 MPLS 的发明愿望落空。

然而，MPLS 并没有退出历史舞台，因为该技术展现了与 ATM 和帧中继极为相似的另一面：同样要由一系列转发表表项来构成一条虚电路（Virtual Circuit，VC），只有依仗那一条条转发表表项，数据包才能从入站路由器一跳一跳地被交换至出站路由器。因此，在路由式 IP 网络中，只要能构建 VC，就能提供以往只有 ATM 或帧中继才能提供的业务，而且还无需承担搭建相关基础设施的费用和管理成本。当前，服务提供商利用 IP MPLS 网络提供的主要业务包括：第二层和第三层 VPN（虚拟专用网络）业务。

在路由式 IP 网络中能创建 VC 的另一个好处是，可在其中启用流量工程（Traffic Engineering，TE）技术，这可以让 VC 的分布更为灵活，让流量自动绕开故障点，从而达到充分利用可用链路带宽资源的目的。

人们已对 OSPF 和 IS-IS 进行了改进，令两种协议都能支持 TE。为了理解 OSPF 和 IS-IS 有了哪些改进，以及为什么需要做这些改进，首先得掌握 MPLS 和 TE 的基本概念。

11.1   MPLS：概述

MPLS VC 被称为标签交换路径（Label-Switched Path，LSP）[1]。可把 LSP 视为隧道，数据包会先封以 MPLS 头部，然后再在"隧道"里传输。MPLS 的灵活性体现在其对"多种协议"（MultiProtocol）的支持，无论是对于数据链路层还是对于网络层。MPLS 操作于数据链路层之上，拜"多协议"特性所赐，以 MPLS 头部封装的数据包可直接在任何一种数据链路上传递。MPLS 操作于网络层之下，同样是拜"多协议"特性所赐，MPLS 头部可以封装任何一种网络层数据包。

11.1.1   标签和标签交换

MPLS 标签是一个长度为 20 位的地址，常以一个十进制数来表示。与 ATM VPI/VCI

---

[1] 此前，本书只要提到 LSP，指的都是"链路状态 PDU"（Link State PDU）。用相同的首字母缩写，表示不同的技术术语，在本书中曾出现多次。对于本章，通过"LSP"所处上下文，读者应该能够判断出其所表示的具体含义。在容易产生歧义的地方，作者会给出具体的称谓而非首字母缩写。

和帧中继 DLCI 一样，这一 20 位的地址对路由器本机才有意义，只要求在任意两台路由器之间具备唯一性。

启用了 MPLS 功能的路由器被称为标签交换路由器（LSR）。这种设备会保存一张标签交换表[2]，其中会记录入站标签与"出站标签/出站接口对"之间的对应关系[3]。收到 MPLS 数据包时，路由器会使用（附着于数据包的）标签作为查询标签交换表的依据。若发现匹配的标签交换表表项（即附着于数据包的标签与标签转发表中的入站标签匹配），便会将数据包的标签更改（更换[swap]）为（标签交换表表项中记载的）出站标签，然后再通过与出站标签相对应的接口外发。

图 11.1 所示为一台路由器以标签交换的方式转发数据包的过程。由图可知，路由器收到了一个 MPLS 数据包，其标签值为 800003。由于该路由器在标签交换表中发现了匹配的表项，于是会按其指示，将该 MPLS 数据包的标签值替换为 100056，然后再通过接口 7 外发。不难发现，上述路由器所执行 MPLS 标签交换的过程，跟 ATM 或帧中继交换机"走"的都是相同的"路数"。

图 11.1 中的 LSR 是一台穿越 LSR（transit LSR），是图中所示 MPLS 数据包将要穿越的标签交换路径中的一台路由器。当 MPLS 数据包"穿"那台 LSR 而过时，LSR 会根据 MPLS 交换表中的"记录"，更换 MPLS 数据包所携带的标签（值）。对于一条 LSP 而言，既要有出口，也要有入口，部署在 LSP 入口的 LSR 被称为 LSP 入口路由器（ingress LSR），部署在出口的自然叫 LSP 出口路由器了（egress LSR）[4]。入站 LSR 负责为（纯 IP）数据包"压入"（push）标签，然后将其转发"进"LSP。出站 LSR 负责弹出（pop）或删除 MPLS 数据包的标签，然后遵循标准的网络层转发流程，转发不带标签的数据包。图 11.2 所示为各种 LSR 之间的关系，以及每种 LSR 所要执行的转发动作。

1. IP 路由器遵循标准的 IP 转发流程，将纯 IP 数据包转发给入站 LSR。

2. 入站 LSR 查过转发表后得知，对于目的网络为 10.1.1.0/24 的数据包，应执行 MPLS 标签压入操作，压入的标签值为 800154。然后，通过相应的接口外发（出于简化，图中未显示路由器外发数据包的接口[outgoing interface]）。

---

[2] 一般情况下，标签交换表只是路由器的转发表的一部分，当然，并非每家厂商的路由器都是如此。

[3] 译者注：在译者看来，入站标签（Incoming Label）和出站标签（Outgoing Label）精确的译法应分别为"数据包流入路由器时带来的标签"和"数据包流出路由器时带走的标签"；而入站接口（Incoming Interface）和出站接口（Outgoing Interface）则应分别译为"路由器接收数据包的接口"和"路由器外发数据包的接口"。这样翻译的好处是，新手理解起来会容易很多，只是中文表达宜简不宜繁，后面的译文还是选择"直译"。

[4] 译者注：后文会遵循惯例，将 ingress LSR 和 egress LSR，分别译为"入站 LSR"和"出站 LSR"。

3．沿着 LSP 的下一台路由器是一台穿越路由器，它遵照 MPLS 交换表的指示，把 MPLS 数据包的标签值从 800154 更换为 100007，然后通过相应的接口外发。

4．第二台穿越路由器同样会进行标签更换，会把 MPLS 数据包的标签值从 100007 更换为 0。标签值 0 已作预留，有特殊用途，意在告知准备发送（MPLS 数据包的）路由器"弹出"（pop）其中的 MPLS 标签[5]。

5．SR 只要收到了标签值为 0 的 MPLS 数据包，会弹出标签，并遵循标准的 IP 转发流程，转发不含标签的纯 IP 数据包。

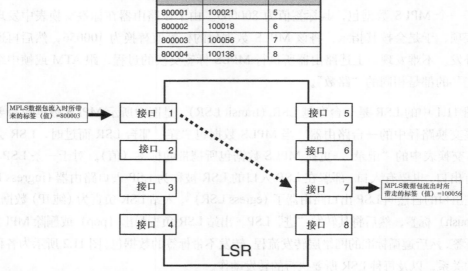

图 11.1　MPLS 交换表记录了入站标签与出站标签/接口对之间的对应关系

图 11.2 反映出了两个重点。第一个重点是，LSP 是单向的。若要把 MPLS 数据包从最右边的 LSR 转发至最左边的 LSR，则还得再建立一条 LSP。当然，果真如此的话，最右边的 LSR 将成为入站 LSR，最左边的 LSR 将成为出站 LSR。于是，便引出了第二个重点，无论 LSR 的类型为入站、出站还是穿越，都是只是针对某条特定 LSP 而言。也就是讲，图 11.2 中的穿越 LSR 可以作为其他 LSP 的出站或入站 LSR。

5　还有另外一个已做预留的标签值 3，可用其来完成与标签值 0 相同的任务。标签值 3 用来告知倒数第二跳 LSR（紧邻出站 LSR 的最后一台穿越 LSR）：在把 MPLS 数据包转发给出站 LSR 之前，先弹出其中的 MPLS 标签。上述过程有一个很帅气的名字——"倒数第二跳弹出"（penultimate hop popping）。

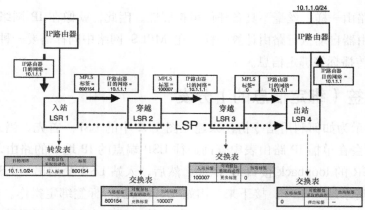

图 11.2 数据包在标签交换路径中的流动过程

11.1.2 转发等价类和标签绑定

图 11.2 所示的 LSP 并不以物理的形式存在，它只是一个概念性的东西，由包括出、入站 LSR 在内的多台路由器的转发表表项和交换表表项构成。如上一节所述，对于路由器而言，交换表就是一条条指令，用来识别并分类数据包，然后再以某种预先定义好的方式对数据包加以处理（比如，压入、更换或弹出标签，并从某个接口外发）。上一节还有一处没有说清，现在来澄清一下，那就是对于入站 LSR 收到的发往不同目的网络的数据包，或穿越 LSR 收到的携带不同标签的数据包，又或任何一种类型的 LSR 从不同接口收到的数据包，都有可能会携带同一个出站标签，从同一个路由器接口流入同一台下一跳路由器。在任何一台路由器上，以相同的方式分类，并在转发时享受相同待遇的数据包都隶属于同一个转发等价类（Forwarding Equivalence Class，FEC），比方说，附着了同一个出站标签、以相同的方式排队或从同一个接口外发的数据包都属于同一个转发等价类。路由器执行任何一种转发操作，都会涉及 FEC，但 FEC 的概念对没有"思维能力"只能干"粗活"的路由器（比如，P 路由器）执行 MPLS 转发尤为重要；路由器在执行 MPLS 转发操作时，只会遵照交换表列出的一系列指令行事。

当使用一个标签来标识数据包属于哪个 FEC 时，该标签就与 FEC 绑定在了一起。每台 LSR 都可以自行维护一个标签池。定义 FEC 时，会从池中取出一个或多个标签与之绑定（并作为数据包的入站标签）。LSR 执行这一标签绑定操作的前提是，必需假定上游路由器（将数据包转发给该 LSR 的邻居路由器）知道本机所绑定的（数据包的入站）标签值，只有如此，上游路由器才能将该标签值作为（数据包的）出站标签值。也就是说，创建 LSP 的方法之一是，在所有 LSR 的标签交换表中手工执行相关标签绑定操作。这种方法跟配置静态路由一样，丝毫不具备任何可扩展性。因此，就像在 IP 网络中需要启用路由协议，让路由器自动执行路由计算一样，在 MPLS 网络中同样需要一种信令协议，在 LSR 之间自动传播标签绑定信息。

11.1.3　标签（绑定信息的）分发

图 11.3 所示为如何利用信令协议来建立图 11.2 中的 LSP。首先，当入站 LSR 想要建立 LSP 时，会在单播 IP 路由表中查询通往 LSP 端点的 IP 地址的路由，这一 IP 地址通常为出站 LSR 的 loopback 接口 IP 地址。然后，入站 LSR 会向出站 LSR 发出路径建立请求消息，请求建立 LSP。接下来，出站 LSR 会执行标签绑定操作。由于出站 LSR（LSR 4）执行标签绑定，是为了要"弹出"标签，因此会向其上游路由器 LSR 3 发出路径建立消息，以此来告知 LSR 3：本机以标签值 0 与 FEC 相捆绑。收到 LSR 4 发出的路径建立消息之后，LSR 3 会根据标签值 0 以及消息接收接口来创建 FEC，然后从标签池中随机选择一个标签（本例为 100007），并将其与 FEC 绑定，作为其入站标签。当然，LSR 3 也会将这一绑定信息"放到"路径建立消息中发送给 LSR 2。LSR 2 会根据消息中的标签值创建 FEC，选择一个标签与之绑定，作为其入站标签，把绑定信息"置入"路径建立消息，发送给 LSR 1（入站 LSR）。收到 LSR 2 发出的路径建立消息之后，LSR 1 就知道，要想通过 LSP 将数据包发送给 LSR 4，就得封以标签 800154，再从连接 LSR 2 的接口外发。

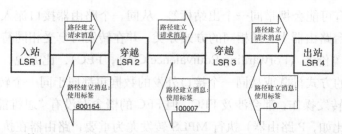

图 11.3　希望建立 LSP 的入站 LSR 会向出站 LSR 发送路径建立请求消息；收到消息之后，出站 LSR 会向通往入站 LSR 的上游路由器发送路径建立消息，好让参与 LSP 的路由器执行标签绑定操作

之前，只是从原理上概述了信令协议的运作方式，分发标签绑定信息的方法并非只有这一种，作者只是想通过这样的简单介绍让读者建立起自动构建 LSP 的基本概念。当前，有以下三种信令协议可用来分发（传播）标签绑定信息：

- 标签分发协议（LDP）；

- 基于约束的标签分发协议（CR-LDP）；

■ 用于流量工程的资源预留协议（RSVP-TE）。

LDP 是一种可扩展的轻量级标签分发协议，在某些基于 MPLS 的 VPN 类型的网络中得到了广泛应用。然而，利用 LDP 来建立 LSP 时，LSP 的"走向"总是要受 IP 单播路由表里的 IGP 最短路径的"控制"。如 11.2 节所述，MPLS 流量工程所使用的 LDP 应建立于非 IGP 预先确立的路径之上。因此，启用 MPLS 流量工程时，需选用 CR-LDP 或 RSVP-TE 作为建立这种路径的信令协议。

CR-LDP 和 RSVP-TE 这两种协议之间相互竞争，且互不兼容，但所起的作用相同。到底应该选择哪一种协议，则要随选购哪家厂商的网络设备而定。比如，Cisco 公司和 Juniper 公司一直都在提倡 RSVP-TE，而 Nortel 公司则鼓吹 CR-LDP。

对以上 3 种信令协议运作方式的介绍，已经超出了本书的范围，与此有关的书籍和文章多不胜数。对于本书读者而言，只要知道有这 3 种信令协议，以及信令协议的作用即可。

11.1.4　MPLS 头部

MPLS 封装数据包的方式是为其增加 4 字节的头部（见图 11.4）。封装之后的 MPLS 数据包可再次用传输其的链路的数据链路层协议来封装。由于 MPLS 头部位于数据包的网络层头部与数据链路层头部之间，因此，有人称其为垫片头。很多人之所以把 MPLS 称为 2.5 层协议，也正是因为 MPLS 头部处于二、三层头部的"夹缝"之间。

图 11.5 所示为 MPLS 头部的格式。由图可知，20 位的标签字段占了 MPLS 头部的大半壁江山。

数据链路层头部	MPLS 头部	网络层头部	数据

图 11.4　MPLS 头部位于其所要封装的网络层数据包之前，然后再被封装进数据链路层头部

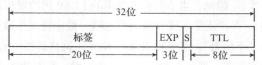

图 11.5　MPLS 头部的格式

实验（Experimental ，EXP）字段的名称现在听来似乎很"挫"，主要原因是该字段如今已经有了非常明确的用法：这一长度为 3 位的字段现在用来指明 MPLS 数据包在启用了服务类别（Class of Service ，CoS）应用的网络中的排队方式。一般而言，EXP 字段值都取自 IPv4 数据包包头的服务类型（Type of Service ，ToS）字段中的头 3 位（IP 优先级

部分）。

堆叠（S）位的作用与标签堆叠（label stacking）有关[6]，标签堆叠是指：把一个 MPLS 数据包封装进另一个 MPLS 数据包，亦即在现有 MPLS 数据包之前再添加一个 MPLS 头部。利用标签堆叠技术，就能用一条 LSP 隧道"续接"另一条 LSP 隧道。当 MPLS 头部中的 S 位置 0 时，就表示其身后又跟了另一个 MPLS 头部。若 S 位置 1，则表示本 MPLS 头部为堆叠中的最后一个 MPLS 头部，紧随其后的是网络层头部。

生存时间（TTL）字段长度为 8 位，其作用等同于 IPv4 包头中的 TTL 字段和 IPv6 包头中的跳限制字段。MPLS 数据包每穿越一台 LSR，其 TTL 字段值都会递减，递减为 0 时，MPLS 数据包会遭到丢弃。（入站 LSR）以 MPLS 封装 IP 数据包时，会把 IP 数据包的 TTL 字段值复制进 MPLS 头部的 TTL 字段。该值会随 MPLS 数据包在 LSP 中"游走"期间递减。出站 LSR 对 MPLS 数据包执行解封装操作时，会把 MPLS 头部的 TTL 字段值重新复制进 IP 包头的 TTL 字段。这也正是当 IP 数据包穿越 MPLS 网络时，仍能"跟踪"其 TTL 的原因所在。

启用 MPLS TTL（跟踪）选项的作用

可选择不让出站 LSR 把 MPLS 头部的 TTL 字段值写入（其所封装的）IP 数据包的 TTL 字段。如此行事的效果是，入站 LSR 会在以 MPLS 头部封装 IP 数据包之前，将 IP 包头的 TTL 字段值减 1，此后，由 MPLS 封装的 IP 数据包贯穿 LSP，直至出站 LSR 对其解封装，IP 包头的 TTL 字段值都不再更改。也就是说，对经过 MPLS 封装的 IP 数据包而言，整个"MPLS 云"（cloud）只算一跳。

许多服务提供商都会选择如此行事，原因是许多客户都会定期跟踪其数据包所要穿越的网络的跳数，而且还"很傻、很天真"地认为：数据包在服务提供商网络中穿越的路由器台数越多，延迟也就越高（其实，数据包的延迟与其所穿越的路由器台数多少关系不大。）因此，当（供客户使用的）LSP 因故发生改变（比如，切换到了流量工程隧道），客户流量所要穿越的路由器台数必将发生改变，有些客户就会误以为服务提供商"不给力"，服务提供商的 NOC（网络运维中心）就会受到投诉。因此，对服务提供商而言，把整个 MPLS 云算作一跳，可有效防止每次因 LSP 的切换，而招致的大面积客户投诉。如此行事的好处是，无论服务提供商内部再怎么变动，对喜欢跟踪数据包跳数的客户来说，只能"看见"一跳。

---

[6] 译者注：也有人将"label stacking"译为"标签栈"。

11.2 流量工程：概述

EGP 或 IGP 在计算通往目的网络的最优路径时，也会把 MPLS LSP 视为流量（转发）路径之一（来考虑），这也正是 MPLS 这项技术最具吸引力的地方。ATM 或帧中继 VC 同样具有 MPLS LSP 的这一优点：一条 ATM 或帧中继 VC 无论"途经"了多少个交换节点，路由协议也只是会将其视为出、入站节点间的单条链路。

截至目前，读者对 LSP 的认识应只限于图 11.2 和图 11.3 所举示例。示例中所描述的 LSP 太过简单，根本不能满足实战需求：入、出站 LSR 之间只有一条物理线路，无论 LSP 如何建立，LSR 上所运行的路由协议都会选择这条线路（路由）来转发流量。请考虑图 11.6 所示的网络。由图可知，该网络中的入、出站路由器之间有多条"路线"可用来发送流量。运行于该网络的 IGP 所能做的就是：根据预先设定的 IGP 路由度量值，在入、出站路由器之间挑选一条最优（度量值总和最低的）路径，来转发流量。若该网络中的所有路由器都分别作为某一类流量的出站或入站路由器，则网络的各条链路可能会均匀地"分摊"流量（即各条链路的带宽将得到充分利用）。但若"贯穿"该网络的绝大多数流量都从图中所示入站路由器和出站路由器"进出"，则拜 IGP 只选择最优路径转发流量所赐，该网络极有可能会发生某些链路拥塞，而另一些链路却得不到利用的情况。

请读者再考虑另外一种情况，假设图 11.6 所示网络为一承载多业务流量的网络（multiservice network）。网管人员可能会让（"贯穿"该网络的）"低贱"流量（best-effort traffic），走入、出站路由器之间最长的路径；让对延迟敏感的"高贵"流量（比如，语音流量），走入、出站路由器之间最短的路径。

正是因为种种上述需求，MPLS 流量工程才有了用武之地。利用 MPLS LSP，网管人员既可以合理安排流量在网络中穿行路线，让所有链路的带宽都得到充分利用；还可以让不同的路径承载不同类型的流量，以此来体现"高贵"流量和"低贱"流量的差别。此外，MPLS 流量工程技术还有任何 IGP 所不具备的拥塞检测功能，当某些链路发生拥塞时，能自动让流量"绕道"而过。

ATM 和帧中继网络早就具备了提供流量工程的能力。在 MPLS TE 诞生之前，若 IP 网络不是基于 ATM 或帧中继网络来构建，则唯一的流量工程手段就是去笨拙地调整与链路"绑定"的 IGP 度量值。更改分配给链路的 IGP 度量值，只是一种"全有或全无"的举措，无论怎么更改，流量还是会走 IGP 所"认为"的最优路径。有了 MPLS 流量工程技术，网管人员就可以利用这项技术在全网范围内，跟踪为路由器接口分配的各项参数，根据这些参数来指明如何选择流量的发送路径，以及用什么样的路径来发送什么类别的流量，最终实现对各类流量的流动路线进行全面而又周到的控制。

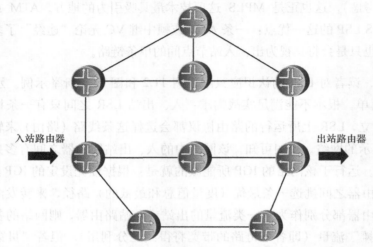

图 11.6　在这种拓扑结构的网络中，拜 IGP 的天性所赐，"穿越"流量只会"死走"入、出站路由器之间多条路径中的一条

11.2.1　TE 链路参数

正如读者所知，IGP 会根据为路由器接口分配的 IGP 度量值（用一个数值来表示），在全网范围内为发往特定目的网络的流量选择一条最优路径。而流量工程所依据的也是为路由器接口分配的某些参数值。对于某种实用而又灵活的流量工程应用而言，在选择流量转发路径时，必须要考虑各种各样的"变数"，为了反映出这些变数，就得让路由器接口与"五花八门"的参数建立关联，并分别为这些参数赋值。MPLS 流量工程用到的接口参数如下所示。

- 最高（可用）带宽（Maximum Bandwidth）。
- 最高可预留带宽（Maximum Reservable Bandwidth）。
- 未预留带宽（Unreserved Bandwidth）。
- 流量工程度量（Traffic Engineering Metric）。
- 管理组（Administrative Group）。

头 3 个接口参数共同形成了一套机制，网管人员可借此机制，来指明一条 LSP 所能占用的路由器接口带宽。比如，假定需要为某条 LSP 提供 10Mbit/s 的可用带宽。该 LSP 建立之时，它只会"途经"入、出站路由器之间具有 10Mbit/s 可用带宽的链路。然后，那些链路会专门为该 LSP 预留 10Mbit/s 的带宽，同时不为其他 LSP 所用。倘若一条带宽为 10Mbit/s 的 LSP 在建立之时，"途经"了一条总可用带宽为 15Mbit/s 的链路，那么在该 LSP 建立之后，那条链路只剩 5Mbit/s 的预留带宽。要是有第二条带宽同为 10Mbit/s 的 LSP 需要建立，它就不能"途经"那条链路，必须"途经"能提供足量带宽的其他链路。网络中若无其他链路能满足第二条 LSP 的带宽需求，则其将无法建立。

最高带宽是指路由器接口的带宽，既可以是路由器接口的实际带宽，也可以是手工配置的带宽。

最高可预留带宽指明了可预留给 LSP 的链路（接口）带宽。

未预留带宽是指尚未被 LSP 占用的最高可预留带宽总量。

流量工程度量是一个分配给路由器接口的 24 位值，可与接口的 IGP 路由度量值相同。与接口的 IGP 路由度量值不同时，则能够借助于 TE 度量来建立有别于 IGP 最短路径拓扑的 LSP 拓扑。

管理组也被称为亲和度（affinity），网管人员可把某个路由器接口"划归"32 个管理组中的一个或多个。管理组通常也被称为链路成色（link colors），因为网管人员通常会用颜色来为那 32 个管理组分别命名。比方说，网管人员可先把高速、中速和低速链路，分别按"黄金"、"白银"和"青铜"来命名（并分组）。然后，再明确规定某些 LSP 只能"途经""黄金"级或"白银"级链路，而另一些 LSP 只能"途经""白银"级或"青铜"级链路。当然，也可以反其道而行，明确指定某条 LSP 不能"途经"某个级别的链路，比如，可以指明某条 LSP 只能"途经"除"白金"级以外的所有链路。

图 11.7 所示为执行 Cisco IOS 命令，在 Cisco 路由器上显示接口的流量工程参数的输出。通过这份输出，可以了解到该接口的 TE 度量值、最高带宽、最高可预留带宽以及所隶属的管理组（"affinity bits"）。请注意，最高可预留带宽参数要高于该接口的最高带宽。如此行事的目的是，允许该接口过预定（oversubscription）。

再来解释一下出现在图 11.7 中，并冠之以"Priority 0~7"（优先级 0~7）的那 8 个"词条"。与那 8 种优先级相关联的数字表示的是未预留带宽（Unreserved Bandwidth）。当配置供 TE 使用的 LSP 时，可为其分配建立（setup）优先级和保持（hold）优先级各一，这两种优先级的取值范围都是 0~7。建立优先级表示一条 LSP 的"进攻"能力，亦即可凭此优先级抢占其他 LSP 的能力（优先程度）；保持优先级则表示一条 LSP 的"防御"能力，亦即可凭此优先级防止其他 LSP 抢占的能力。若一条新建 LSP 的建立优先级高于一条现有 LSP 的保持优先级，且无足够的资源（比如，带宽资源）来同时支撑两条 LSP，则前者会因"进攻"能力强，而取代"防御"能力弱的后者，后者必须另觅一条通向出站路由器的路径。因此，由图 11.7 可知，未预留带宽会单独分配给那 8 个建立优先级的每一个。优先级值为"0"表示"进攻"或"防御"能力越强，优先级值为"7"表示"进攻"或"防御"能力越弱。

```
Cisco7# show ip ospf mpls traffic-eng link
OSPF Router with ID (10.1.1.1) (Process ID 1)
  Area 0 has 1 MPLS TE links. Area instance is 14.
  Links in hash bucket 8.
    Link is associated with fragment 1. Link instance is 14
      Link connected to Point-to-Point network
      Link ID :192.168.5.4
      Interface Address :10.5.0.1
      Neighbor Address :10.5.0.2
      Admin Metric :84
      Maximum bandwidth :150000
      Maximum reservable bandwidth :250000
      Number of Priority :8
      Priority 0 :250000       Priority 1 :250000
      Priority 2 :250000       Priority 3 :250000
      Priority 4 :250000       Priority 5 :250000
      Priority 6 :250000       Priority 7 :212500
      Affinity Bit :0x3
```

图 11.7　IOS 命令所展示出的与一 Cisco 路由器接口相关联的 TE 参数

11.2.2　受约束的最短路径优先算法

只有入站路由器才会计算流量工程路径。这意味着入站路由器既需通过某种方式，来了解分配给网络中所有 MPLS 接口（MPLS 接口是指路由器上参与 MPLS 转发的接口）的所有 TE 参数，此外，还要有存储空间去存储相关信息。这也正是协议设计人员改进 OSPF 和 IS-IS，令两者支持 TE 功能的原因所在：经过改进之后，这两种协议不但能用来传播常规的路由器接口参数（比如，OSPF 和 IS-IS 度量值以及链路状态信息），而且还能用来传播 TE 接口参数。本章的真正主题就是为支持 TE 功能而对这两种协议的改进，具体内容详见 11.3 节和 11.4 节。

正如 OSPF LSA 和 IS-IS LSP 都存储在路由器的 LS 数据库里那样，由这两种经过"改良"的路由协议传播的流量工程参数信息也会存储在一个特殊的数据库里，该数据库被称为流量工程数据库（Traffic Engineering Database，TED）。图 11.8 所示为由 Juniper LSR 所保存的 TED 的输出。对于存储在 TED 里的每一条记录（INET node），都包含了一个管理组（组号）（在 TED 的输出中显示为 Color[链路成色]）、一个 TE 度量值，以及若干带宽参数。

```
jeff@Juniper3> show ted database extensive
TED database: 0 ISIS nodes 6 INET nodes
NodeID: 172.16.229.7
Type: Rtr, Age: 72166 secs, LinkIn: 1, LinkOut: 1
Protocol: OSPF(0.0.0.0)
To: 172.16.229.190-1, Local: 172.16.229.191, Remote: 0.0.0.0
Color: 0 <none>
Metric: 100
Static BW: 1000Mbps
Reservable BW: 1000Mbps
Available BW [priority] bps:
[0] 1000Mbps [1] 1000Mbps [2] 1000Mbps [3] 1000Mbps
Interface Switching Capability Descriptor(1):
Switching type: Packet
Encoding type: Packet
Maximum LSP BW [priority] bps:
[0] 1000Mbps [1] 1000Mbps [2] 1000Mbps [3] 1000Mbps
[4] 1000Mbps [5] 1000Mbps [6] 1000Mbps [7] 1000Mbps
NodeID: 172.16.229.8
Type: Rtr, Age: 72161 secs, LinkIn: 1, LinkOut: 1
Protocol: OSPF(0.0.0.0)
To: 172.16.229.189-1, Local: 172.16.229.188, Remote: 0.0.0.0
Color: 0 <none>
Metric: 100
Static BW: 1000Mbps
Reservable BW: 1000Mbps
Available BW [priority] bps:
[0] 1000Mbps [1] 1000Mbps [2] 1000Mbps [3] 1000Mbps
[4] 1000Mbps [5] 1000Mbps [6] 1000Mbps [7] 1000Mbps
Interface Switching Capability Descriptor(1):
Switching type: Packet
Encoding type: Packet
Maximum LSP BW [priority] bps:
[0] 1000Mbps [1] 1000Mbps [2] 1000Mbps [3] 1000Mbps
[4] 1000Mbps [5] 1000Mbps [6] 1000Mbps [7] 1000Mbps
NodeID: 172.16.229.9
Type: Rtr, Age: 10924 secs, LinkIn: 3, LinkOut: 3
Protocol: OSPF(0.0.0.0)
To: 172.16.229.190-1, Local: 172.16.229.190, Remote: 0.0.0.0
Color: 0 <none>
Metric: 100
Static BW: 1000Mbps
Reservable BW: 1000Mbps
Available BW [priority] bps:
[0] 1000Mbps [1] 1000Mbps [2] 1000Mbps [3] 1000Mbps
[4] 1000Mbps [5] 1000Mbps [6] 1000Mbps [7] 1000Mbps
```

```
Interface Switching Capability Descriptor(1):
Switching type: Packet
Encoding type: Packet
Maximum LSP BW [priority] bps:
[0] 1000Mbps [1] 1000Mbps [2] 1000Mbps [3] 1000Mbps
[4] 1000Mbps [5] 1000Mbps [6] 1000Mbps [7] 1000Mbps
To: 172.16.229.10, Local: 172.16.229.193, Remote: 172.16.229.192
Color: 0 <none>
Metric: 100
Static BW: 155.52Mbps
Reservable BW: 155.52Mbps
Available BW [priority] bps:
[0] 155.52Mbps [1] 155.52Mbps [2] 155.52Mbps [3] 155.52Mbps
[4] 155.52Mbps [5] 155.52Mbps [6] 155.52Mbps [7] 155.52Mbps
Interface Switching Capability Descriptor(1):
Switching type: Packet
Encoding type: Packet
Maximum LSP BW [priority] bps:
[0] 155.52Mbps [1] 155.52Mbps [2] 155.52Mbps [3] 155.52Mbps
[4] 155.52Mbps [5] 155.52Mbps [6] 155.52Mbps [7] 155.52Mbps
To: 172.16.229.10, Local: 172.16.229.195, Remote: 172.16.229.194
Color: 0 <none>
Metric: 100
Static BW: 155.52Mbps
Reservable BW: 155.52Mbps
Available BW [priority] bps:
[0] 155.52Mbps [1] 155.52Mbps [2] 155.52Mbps [3] 155.52Mbps
[4] 155.52Mbps [5] 155.52Mbps [6] 155.52Mbps [7] 155.52Mbps
Interface Switching Capability Descriptor(1):
Switching type: Packet
Encoding type: Packet
Maximum LSP BW [priority] bps:
[0] 155.52Mbps [1] 155.52Mbps [2] 155.52Mbps [3] 155.52Mbps
[4] 155.52Mbps [5] 155.52Mbps [6] 155.52Mbps [7] 155.52Mbps
```

图 11.8   由 Juniper 路由器生成的流量工程数据库示例

在入站 LSR 上配置一条 LSP 时，需事先指明该 LSP 所要满足的约束条件，包括：其所能占用的链路的成色（比如，只能占用黄金级链路）、其最多所能穿越的 LSR 的台数，以及所占用的带宽等。这台入站 LSR 会根据事先定义的约束条件，外加存储在 TED 里的信息，来执行一种经过改良的 SPF 算法（名为受约束的最短路径优先算法，Constrained Shortest Path First [CSPF]），计算出一条通往出站 LSR，且能满足约束条件的最短路径。在此之后，这台入站 LSR 将会把计算出的最短路径信息提交给用来建立 LSP 的信令协议——RSVP 或 CR-LDP。

11.3 为支持流量工程针对 OSPF 做出的改进

OSPF 和 IS-IS 在 MPLS TE 里所起的作用都是，传播 TE 接口参数信息，好让区域内的所有路由器都能拥有一模一样的流量工程数据库。在这一方面，这两种协议所起的作用跟两者作为 IGP 时并无任何区别；实际上，这只是对链路状态路由协议的基本功能做了一点改进。RFC 3630[7]记载了为支持 TE 功能而针对 OSPF 作出的改进。

OSPF 路由器会以泛洪流量工程 LSA（其格式如图 11.9 所示）的方式，来传播 TE 接口参数信息，流量工程（TE）LSA 是类型 10 不透明 LSA 的改进"版本"。如 10.1.2 节所述，不透明 LSA 是"通用型"LSA（即格式统一的 LSA），发明它的目的是为了支持难以预料的新功能。在不透明 LSA 的数据净载部分中，可"容纳"一系列 TLV，专门用来携带与具体的新功能有关的信息。

TE LSA 的基本功能与路由器（类型 1）LSA 相同，也是用来标识生成（自己的）路由器、标识邻居路由器，以及标识通向邻居路由器的链路的特征（主要是 TE 参数）。由于 TE LSA 能包含连接点到点链路和多路访问链路的路由器接口的 TE 参数，因此也就无需"TE 版本"的 OSPF 网络（类型 2）LSA 了。现成的 OSPF 类型 2 LSA 足能支撑 CSPF 计算。

由图 11.9 可知，TE LSA 的不透明类型字段值为 1。

实例字段用来区分不同的 TE LSA，所起作用等同于普通 LSA 中的链路状态 ID 字段。由于该字段的长度为 24 位（与普通 LSA 的链路状态 ID 字段不同，该字段的头 8 位被不透明类型字段占据），因此对一个特定的流量工程区域而言，TE LSA 的条数最多可以达到 16,777,216（2^{16}）。

TE LSA 的净载部分可包含一或多个 TLV，所能包含的 TLV 的类型如下所列。

- 路由器地址 TLV（类型[T]字段值为 1），其值（V）字段包含的是生成（TE LSA 的）路由器（以后简称生成路由器）的 loopback 接口所设的 IPv4 地址，网络内的其他路由器应总能够访问到这一 IP 地址。这一 IPv4 地址通常应该为生成路由器的 RID，更为重要的是，这一 IPv4 地址还同时作为以生成路由器为出站路由器的任何一条 LSP 的端点地址。

---

[7] Dave Katz、Kireeti Kompella 以及 Derek M. Yeung，"Traffic Engineering (TE) Extensions to OSPF Version 2"，RFC 3630, 2003 年 9 月。

- 链路 TLV（类型字段值为 2），用来承载单条链路的 TE 参数。该 TLV 的值字段包含了若干子 TLV。子 TLV 的格式等同于其他任何一种 TLV；子 TLV 的独特之处在于，可以出现在另一个 TLV 的值字段内。

可在链路 TLV 的值字段中"现身"的各种子 TLV，以及各自的类型字段值如下所列。

- 链路类型子 TLV（类型字段值=1），其值字段为 1 字节，用来指明有待描述的链路类型：点对点链路（值字段的值为 1）或多路访问链路（值字段的值为 2）。

- 链路 ID 子 TLV（类型字段值=2），不但与路由器 LSA 中的链路状态 ID 字段的作用相同，甚至连语义（所谓语义，即字段内容所表达的含义）也相同：供链路远端的 LSR 识别本路由器。若链路类型子 TLV 的值字段的值为 1（点对点链路），则链路 ID 子 TLV 的值字段所含为邻居路由器的 RID；若链路类型子 TLV 的值字段的值为 2（多路访问链路），则链路 ID 子 TLV 的值字段所含为 DR（接入该多路访问链路的）接口的 IP 地址。

- 本机接口 IP 地址子 TLV（类型字段值=3），其值字段的值指明了生成路由器连接该链路的接口的 IP 地址。若接口设有多个 IP 地址，则该子 TLV 的值字段可包含多个 IP 地址。

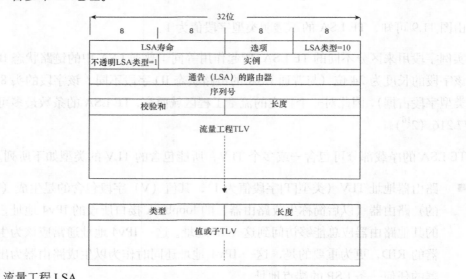

图 11.9　流量工程 LSA

- 远端（路由器）接口 IP 地址子 TLV（类型字段值=4），若链路类型为点对点，则其值字段所含为邻居路由器接入点对点链路的接口的 IP 地址；若链路类型为多路访问，则其值字段的值为 0.0.0.0，或根本就不用在链路 TLV 中包括该子 TLV。

- 流量工程度量子 TLV（类型字段值=5），其值字段包含的是 11.2.1 节介绍过的 TE 度量值，长度为 4 字节。

- 最高带宽子 TLV（类型字段值=6），其值字段包含的是 11.2.1 节介绍过的最高带宽值，长度为 4 字节，所表示的带宽单位为字节/秒（请注意，是 Byte/s 并非 bit/s）。

- 最高可预留带宽子 TLV（类型字段值=7），其值字段包含的是 11.2.1 节介绍过的最高可预留带宽值，长度同样为 4 字节，所表示的带宽单位为字节/秒。

- 未预留带宽子 TLV（类型字段值=8），其值字段包含的是分别与 8 种建立优先级（优先级值为 0~7）"挂钩"的未预留带宽值，这些内容都已在 11.2.1 节做过介绍。读者可在图 11.7 和图 11.8 中观察到该子 TLV 的值字段所含内容，那 8 个未预留带宽值会按优先级值（0~7）的顺序出现在该子 TLV 的值字段中。由于每种优先级的未预留带宽值都要用 4 字节来表示（带宽单位同样为字节/秒），因此未预留带宽子 TLV 的值字段的长度为 32 字节。

- 管理组子 TLV（类型字段值=9），用来指明链路所归属的一个或多个管理组（即用来指明链路的成色）。其值字段长 32 位，每一位都代表一个管理组（管理组的数量最多有 32 个）。当其值字段的某位置 1 时，就表示（链路 TLV 所通告的）链路隶属于与该位置 1 的位置相对应的管理组。与最高位相对应的管理组（的编号）为 31；与最低位相对应的管理组（的编号）为 0。图 11.7 所示链路的"affinity bit"（亲和度的置位方式）（亲和度[affinity]是管理组的另一个称谓）为 0x3（二进制为 11），也就是说，该链路所隶属的管理组（的编号）为 1 和 0（因此，该链路的成色也与网管人员分配给那连个组号的"颜色"相对应）。在图 11.8 中，用 Color 来表示管理组子 TLV 的值字段的值，由于（路由器 Juniper3 的）流量工程数据库里的所有链路都被标以"Color: 0 <none>"（即管理组子 TLV 的 32 位值字段无任何一位置 1），因此它们不属于任何一个管理组。

每个链路 TLV 都必须包含链路类型子 TLV 和链路 ID 子 TLV 各一，是否包含其他类型的子 TLV 则要视所指定的 TE 参数而定。

读者还应重点关注类型 10 不透明 LSA（TE LSA 基于其来构建）的泛洪范围，此类 LSA 的泛洪范围为 OSPF 区域。这就意味着，当基于 OSPF 来组建 TE 区域时，TE 区域的边界必须与某个 OSPF 区域的边界相对应。一般而言，TE 区域的"作业范围"都是网络的核心，因此其边界范围应与 OSPF 区域 0 的边界相对应。

此外，由于 TE LSA 会在生成其的整个 OSPF 区域内泛洪，因此该区域内的路由器无论是否参与 TE，都必须能识别并泛洪 TE LSA。

11.4　为支持流量工程而针对 IS-IS 做出的改进

RFC 3784 记载了为支持流量工程而针对 IS-IS 做出的改进[8]。就语义（即协议数据包的信息单元的内容所表达的含义）而论，对 IS-IS 所做的改进与 OSPF 基本相同：有待传达的 TE 参数信息相同，TE 参数的取值范围相同（比如，最高带宽参数为 4 字节值），字段值所表示的含义也相同（比如，带宽值的单位都是字节/秒）。此外，IS-IS 与 OSPF 一样，同样使用子 TLV（所谓子 TLV，就是可嵌套进其他 TLV 的值字段的 TLV）来传达 TE 参数信息。

IS-IS 路由器会把包含 TE 参数信息的子 TLV，封装进经过扩展的 IS 可达性信息 TLV（其类型[T]字段值为 22），这种 TLV 已在 5.5.7 节做了介绍[9]，其格式如图 11.10 所示。需要特别注意的是，跟 OSPF 一样，IS-IS 也是通过子 TLV 来承载 TE 参数信息。对于 OSPF TE LSA 中的链路 TLV 所包含的每一种子 TLV，都有一种可包含进 IS-IS 类型 22 TLV 的子 TLV 与之相对应。作者不再赘述这些 IS-IS 子 TLV 的作用，但会通过表 11.1 列出这些 IS-IS 子 TLV 的名称，外加作用域之相同的 OSPF 子 TLV 的名称。

经过改进后的 IS-IS 协议有一种流量工程 Router-ID TLV，其用途与上一节所描述的 OSPF 路由器地址 TLV 相同。流量工程 Router-ID TLV 的类型字段值为 134，其值字段用来包含生成（该 TLV 的）路由器的 Router-ID，长度为 4 字节。无论是 OSPF 路由器地址 TLV 还是 IS-IS 流量工程 Router-ID TLV，两者值字段的值都应该是设在路由器 loopback 接口上的 IP 地址，其作用是表示 LSP 的"出口点"。之所以要用 loopback 接口的 IP 地址作为路由器的 Router-ID，是要规避路由器上任一物理接口的单点故障。一条 LSP 是否稳定，要看能不能在某个（些）物理接口故障的情况下，仍能通过其他物理接口访问到作为 LSP 端点的路由器的 Router-ID（即路由器的 loopback 接口地址）。

在同时运行 OSPF 和 IS-IS 的网络中开启 TE 功能时，OSPF 路由器地址 TLV 和 IS-IS

---

[8] Henk Smit 和 Tony Li, "Intermediate System to Intermediate System (IS-IS) Extensions for Traffic Engineering (TE)", RFC 3784, 2004 年 6 月。

[9] 5.5.7 节在介绍经过扩展的 IS 可达性信息 TLV 时，着重介绍了它对宽路由度量字段的支持。也就是说，只要在 IS-IS 路由进程域内启用了流量工程，也就开启了对宽路由度量的支持。

Router-ID TLV 所起的作用一模一样。在这种情况下，当路由器通过 OSPF TE LSA 和 IS-IS 经过扩展的 IS 可达性信息 TLV 通告 TE 链路参数时，会同时生成包含同一个 IP 地址的 OSPF 路由器地址 TLV 和 IS-IS Router-ID TLV。

路由器会根据 OSPF 和 IS-IS TE TLV 中所含的信息，来构建单一的 TED。凭借 OSPF 路由器地址 TLV 和 IS-IS Router-ID TLV 中（值字段所包含）的独一无二的 IP 地址，路由器就知道那些信息是不是来源于同一台路由器了。

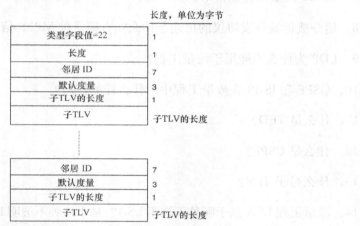

图 11.10 IS-IS 路由器会利用经过扩展的 IS 可达性信息 TLV，来传达 TE 链路参数

表 11.1 可包含在 IS-IS 经过扩展的 IS 可达性信息 TLV 中的各种子 TLV

子 TLV 名称	类型字段值	长度	与之对应的 OSPF 子 TLV 名称
管理组（链路成色）	3	4	管理组
IPv4 接口地址	6	4	本机接口 IP 地址
IPv4 邻居地址	8	4	远端接口 IP 地址
最高链路带宽	9	4	最高带宽
可预留链路带宽	10	4	最高可预留带宽
未预留带宽	11	32	未预留带宽
TE 默认度量	18	3	TE 度量

11.5 复习题

1. 为什么说 MPLS 有"多协议"之名？

2. 什么是 MPLS LSR？

3．什么是 MPLS LSP？

4．MPLS 标签与帧中继 DLCI 有何相似之处？

5．什么是 FEC？

6．MPLS 头部中 EXP 位的用途是什么？

7．MPLS 流量工程能带来哪些好处？

8．信令或标签分发协议的用途是什么？有哪 3 种 MPLS 信令协议？

9．LDP 为什么不能用于流量工程？

10．OSPF 和 IS-IS 在流量工程中起什么样的作用？

11．什么是 TED？

12．什么是 CSPF？

13．什么是子 TLV？

14．流量工程 LSA 基于哪种不透明 LSA？基于这种不透明 LSA 的设计用意是什么？

15．OSPF TE LSA 可包含哪两种顶层 TLV，各自的用途是什么？

16．有哪些 IS-IS TE 子 TLV？

17．请说出 OSPF 路由器地址 TLV 和 IS-IS 路由器 ID TLV 在确立 OSPF 和 IS-IS TE 拓扑方面的作用。

第 12 章

为支持 IPv6 所添加的扩展功能

作者在第 9 章~第 11 章曾多次提及，要想让 OSPF 和 IS-IS 支持更多的新特性和新功能，就得不断改进这两种协议，而 IS-IS 改进起来要比 OSPF 简单得多，这也是两种协议最主要的差别之一。改进两者以支持 IPv6 选择时，这一差异则体现的尤为明显。要想让 IS-IS 支持"下一代" IP 路由选择，只需定义两种新型 TLV，而对 OSPF 而言，则需重新为其开发一个全新版本——OSPFv3。

12.1　IPv6：概述

Internet 发迹之初，人们都将其视为科研性计算机网络；对此，第 1 章已有所阐述。那时，还没有人能够预料到这一用来互连大学、军队和某些公司的网络，会取得商业上的成功。因此，接入这一网络的大学、公司和政府机构乘机"霸占"了大批 IP 地址，并想当然地认为：IPv4 地址资源取之不尽、用之不竭。最初的 IP 地址分配几乎都发生在美国，分配 IP 地址的目的主要是为了满足早期的研究和开发需求。

后来的事情，应该世人皆知。美国的许多大学生在接触过这个网络之后，便知其蕴含巨大的商业价值，并趁势创办了公司。WWW（万维网）成为了第一个把 Internet 推向普罗大众的"杀手级"应用，同时使得新用户的规模呈爆发式增长。于是，原本认为极为富裕的 IPv4 地址很快就出现了消耗殆尽的趋势。到了 20 世纪 90 年代中期，一系列的分析表明，按目前的分配趋势，IPv4 地址资源将在数年之内枯竭。

要想彻底解决 IP 地址资源枯竭问题，就得开发出一个地址空间更大的新版 IP。这个 IP 的新版本最初被称为 IPng（ng 表示 next generation），现在，人们都称其为 IPv6，其地址位数为 128 位，是 IPv4 的 4 倍。地址位数越多，所能容纳的地址数也会呈几何级数的增长，IPv6 的地址数到底能多到什么程度，下一节即知。不过，在新版 IP 成熟之前，还需一套临时性解决方案，来缓解 IPv4 地址耗尽这一燃眉之急。这一临时性解决方案包括：一、通过 RFC 1918 定义了若干私有（private）IP 地址；二、创建了一套 NAT（网络地址转换）机制，可让多个私有 IP 地址，共享一个或少数几个全球唯一的公网 IP 地址，访问 Internet。

NAT+私有 IP 地址这一"黄金组合"以星火燎原之势得到了广泛应用，无论是在只有区区几台电脑的家庭网络中，还是在企业级大型网络中。写作本书之际，NAT 机制在抑制 IPv4 地址资源消耗方面取得了巨大成功，以至于人们对是否需要 IPv6 产生了质疑。然而，NAT 机制对许多新型应用程序的发展起到了阻挠的作用。比方说，若端系统都"隐匿"在 NAT 设备之后，就会阻碍 PtoP 型（Peer-to-peer）应用程序的交互。同理，只要有 NAT 设备"从中作祟"，像 VoIP、QoS、安全以及多播等应用在部署时也会变得愈发困难。因此，我们必须形成这样一种认识：对 IP 领域而言，NAT 机制只是一种缓解 IPv4 地址耗尽的应急方案，而 IPv6 才是让 Internet 重新焕发当年的活力，让意想不到的应用程序不断推陈出新的终极解决方案。

IPv6 已经在拥有庞大消费电子行业的亚洲得到了普遍推广。这些由政府支持的行业都已逐渐认识到，要想继续出售具备连网功能的新型设备，为广泛的客户群体提供一体化的服务，就必须拥有足量的全球唯一的公网 IP 地址。然而，在 Ineternet 建成之初，大量的 IPv4 地址空间都已在美国分出，对尚处于萌芽状态的亚洲 Internet 而言，获得满足自身发展需求的 IPv4 地址可谓是难上加难。在印度，甚至能看见 NAT 层级高达 5 层的网络，公网 IPv4 地址的匮乏可见一斑。

只需要一句话就可以道破亚洲各国政府为什么都对 IPv6 感兴趣：约有 65%的 IPv4 地址空间已被分配，只有 13 亿左右的公网 IP 地址尚未分配。事实证明，单中国一国的人口总数就有 13 亿之多。因此，尚未分出的公网 IPv4 地址似乎还不够每个中国人人手一个。

这并不是说公网 IPv4 地址将会被中国人、印度人或其他任何人耗尽。实际情况是，IPv4 地址绝不可能完全耗尽。读者还能记得自己的最后一个公网 IPv4 地址是如何获得的吗？

为确保全球可路由的公网 IPv4 地址不被胡乱分配，一系列硬性规定已经落实到位。无论是大型企业还是服务提供商，要想获得公网 IPv4 地址空间，需要提供一大堆证明材料。要是小型企业或家庭用户，那就只有在向服务提供商申请 Internet 电路时，付费购买公网 IPv4 地址了，除此别无它法。随着未分配 IPv4 地址数的不断下降，获取公网 IPv4 地址的难度和费用自然也水涨船高。可以预测，在某些时候，那些当年获取了大量 IPv4 地址空间的公司和机构将会意识到，自己用不上的 IPv4 地址会成为有价值的商品，而倒卖 IPv4 公网地址的"跳蚤市场"也会遍地开花。所以说，为了让 IP 地址资源充足，且降低获取 IP 地址的门槛，发展 IPv6 势在必行。

亚洲各个国家或地区政府——尤其是日本、韩国、中国——都把 IPv6 视为保障自身科技水平可持续发展的基石。出于同样的原因，欧洲各国政府对 IPv6 也抱有浓厚的兴趣。在 IPv4 地址资源相对丰富的北美，人们对 IPv6 的兴趣偏低，但预计政府（尤其是美国军方）会推动新的 IPv6 应用的发展，这反过来又会激发商业化的 IPv6 的部署。

本节并不会详细介绍 IPv6 的方方面面，但会在深入探讨如何改进 OSPF 和 ISIS，以支持 IPv6 路由选择之前，简要介绍一下这一新版 IP 最重要的特征。

12.1.1 IPv6 的特征和功能

地址长度为 128 位，是 IPv6 最重要的特征之一，这表示 IPv6 地址总数将达到不可思议的 340 万亿万亿万亿，而 IPv4 地址的总数只有 43 亿（4.3 billion）。为了充分说明 IPv4 和 IPv6 地址总数的差距，现假设每个 IPv4 和 IPv6 地址的重量都是 1 克。那么，整个 IPv4 地址空间的重量将会是帝国大厦的 1/17[1]，而 IPv6 地址空间的重量则是地球自重的 567 亿倍[2]。

除了地址空间巨大之外，IPv6 还具备以下重要特征。

- IPv6 节点之间可通过邻居发现协议来彼此发现。

- 能让 IPv6 节点以无状态的方式配置本机接口（网卡）的地址。

- 简化了包头的格式。

- 通过扩展包头来"丰富"包头的信息。

- 集认证和加密于一体。

随后几节会简要介绍上述 IPv6 的新特征。但首先需了解 IPv6 地址的格式及表示方法。

---

[1] 据 www.gibnet.org/heavy.htm 记载，帝国大厦的重量为 365,000 美吨（ton）（1ton=907.2kg）或 3285 亿克。
[2] 据 www.howstuffworks.com/question30.htm 记载，根据重力测量，地球的自重为 6.0×10^{27} 克。我得感谢 Brian McGehee，这个例子是来自他的创意。

12.1.2　IPv6 地址的格式

根据 RFC 3513 的定义，IPv6 地址分为三类。

- 单播地址，用于单台源主机和单台接收主机之间的通信。

- 多播地址，用于单台源主机和多台接收主机之间的通信。目的地址为多播地址的数据包应该被交付给同一多播组内的所有成员主机。

- 任播地址，可分配给多个接口，这些接口往往都隶属于不同的 IPv6 节点。与多播地址通信机制相比，目的地址为任播地址的数据包只能被交付给上述多个接口中的一个——该接口通常离发包（源）节点最"近"。比如，可利用任播通信机制，来架设功能性冗余的路由器。

与 IPv4 不同，IPv6 没有广播地址。

图 12.1 所示为公网 IPv6 单播地址的格式。与 IPv4 地址相同，IPv6 地址也分为主机部分（接口标识符）和网络部分（位置）两大块。但 IPv6 地址的格式要有序得多，也使其管理起来更为方便。IPv6 地址的主机部分被称为接口标识符（接口 ID），长度一般都为64 位（也有极少数例外）。接口 ID 之前的字段被称为子网 ID。IPv6 子网 ID 字段是 IP 前缀的一部分，长度一般为 16 位[3]。但许多大企业也可能会分得子网 ID 字段为 17 位的 IPv6地址空间（IP 前缀长度为 47 位），对于某些只需要一个子网的家庭网络，也有可能会分到不含子网 ID 字段的地址空间（IP 前缀长度为 64 位），而 IPv4 则全然不同，IPv4 地址的子网部分总是可以"借用"主机部分，因此长度可变。让 IPv6 地址中的子网 ID 字段的长度保持固定，看起来似有浪费地址的嫌疑。但毕竟只有超大型网络的子网数才有可能会突破 65535——这一由 2 字节子网 ID 字段所能表示的最高数值；而对于一般的小型网络，2 字节的子网 ID 已经够用了。让接口 ID 和子网 ID 的长度保持固定的目的，都是为了方便网络管理。

子网 ID 之前的 48 位为全球可路由前缀字段，用来标识 IPv6 前缀的全球唯一性。每个 IPv6 地址的头 3 位都是格式前缀（PF）字段，用来表示 IPv6 地址的类型。当前分配出去的公网 IPv6 单播地址的 PF 字段值总是 001。

读者可能会在别的 IPv6 地址格式图中见到，公网 IPv6 单播地址的全球可路由前缀字段被划分为了顶层聚合（Top-Level Aggregate，TLA）字段、第二层聚合（Next-Level Aggregate，NLA）字段以及本地子网聚合（Subnet-Local Aggregate，SLA）字段 3 个部

---

[3] 在绝大多数情况下，分配 IPv6 地址时，人们都会遵循 RFC 3177 所推荐 16 位子网 ID 的做法。

分。这一老的 IPv6 地址格式定义于 RFC 2374，但 RFC 2374 已被 RFC 3587 取代，图 12.1 所示为 RFC 3587 所定义的格式。除了在世界范围内唯一的公网 IPv6 单播地址以外，还有两种只需在特定范围内保持唯一性的 IPv6 地址。

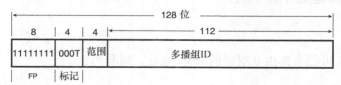

图 12.1　公网 IPv6 单播地址的格式

- 本地链路 IPv6 单播地址，需要在单链路范围内保持唯一性。路由器绝不会把目的地址为本地站点单播地址的 IPv6 数据包转发至其他链路。本地链路 IPv6 地址的头 10 位总是 1111111010 （FE80::/10）。

- 本地站点 IPv6 单播地址，需要在特定站点内保持唯一性。从这一点上来看，本地站点 IPv6 单播地址的作用等同于 RFC 1918 中定义的 IPv4 私网地址。本地站点 IPv6 地址的头 10 位总是 1111111011 （FEC0::/10）[4]。

图 12.2 所示为 IPv6 多播地址的格式。IPv6 多播地址的头 8 位总是全 1 （FF00::/8）。接下来的 4 位是标记字段，当前，只启用了其中的最后 1 位（T 位）。T 位用来指明该 IPv6 多播地址是属于永久分配（即众所周知的多播地址）（比如，OSPFv3 协议数据包的目的多播地址），还是临时性分配。紧随标记字段之后的是 4 位范围字段，用来指明多播地址的作用域（范围）。其余的 112 位为多播组 ID 地址，用来标识多播组。

			128 位	
8	4	4	←	112 →
11111111	000T	范围		多播组ID
FP	标记			

图 12.2　IPv6 多播地址的格式

IPv6 任播地址要根据应用来定义，没有固定的格式。因此，IPv6 任播地址与单播地址并无分别。然而，设有任播地址的 IPv6 节点必须知道所设地址为任播地址，否则将会产生 IPv6 地址冲突问题。

---

[4] 写作本书之际，IETF IPv6 工作组内部还存在是否应取消本地站点地址的争论，读者在阅读本书之时，本地站点 IPv6 单播地址想必已被取消了吧。

12.1.3 IPv6 地址的表示方法

如读者所知，IPv4 地址的表示方法是，以"."分隔的 4 个十进制数，每个十进制数都代表 IP 地址的一个字节（这也被称为点分十进制的 IPv4 地址表现形式）。IPv6 地址的表示方法为：以":"分隔的 8 组十六进制数，每组十六进制数都代表 IPv6 地址的两个字节。试举一例：

3ffe:3700:1100:0001:0210:a4ff:fea0:bc97

像上面这样的 IPv6 地址既难写又难记。不过，许多 IPv6 地址都会包含数字 0，可利用两种规则把"0"省略，以降低 IPv6 地址的复杂度。第一个规则是，可省略任何一组十六进制数的前导 0。请看如下 IPv6 地址：

fe80:0210:1100:0006:0030:a4ff:000c:0097

省略掉每一组十六进制数的前导 0 之后，上面这个 IPv6 地址可缩写为：

fe80:210:1100:6:30:a4ff:c:97

请注意，只有每组十六进制数的前导 0 才能省略，若省略的是其他位置的 0，则省略之后将无法弄清"0"原来的位置。

压缩 IPv6 地址的第二个规则是，若一组或多组十六进制数为全 0，则可以"::"来表示。请看如下 IPv6 地址：

ff02:0000:0000:0000:0000:0000:0000:0001

上面这个 IPv6 地址可缩写为：

ff02::1

根据规则 2，可把全部由 0 组成的 IPv6 地址，缩写为：

::

上面这个 IPv6 地址被称为未指定 IPv6 地址，当 IPv6 节点之间在执行本地链路范围内的"交互"（比如，执行邻居发现功能，企图彼此发现）时，会用到这一 IPv6 地址。

不过，在一个 IPv6 地址中，"::"只能出现一次。否则，将会造成歧义。以下面这个 IPv6 地址为例：

2001:0000:0000:0013:0000:0000:0b0c:3701

可把上面这个 IPv6 地址缩写为：

2001::13:0:0:b0c:3701

或

2001:0:0:13::b0c:3701

但绝不能缩写为：

2001::13::b0c:3701

最后一种缩写方法会造成歧义，使人弄不清应该如何安排被省略掉的"0"。上面这个经过缩写后的 IPv6 地址，可用来表示下面任何一个完整的 IPv6 地址：

2001:0000:0000:0013:0000:0000:3701

2001:0000:0000:0000:0013:0000:3701

2001:0000:0013:0000:0000:0000:3701

12.1.4　邻居发现协议

IPv4 的核心维护协议为 ICMP，而 IPv6 的核心维护协议则是 ICMP 的 V6 版本 ICMPv6（RFC 2463）。以上两个版本的 ICMP 协议所起的作用和所传递的信息有诸多相似之处，如下所列：

- ■　（都可以用来传达）目的网络不可达信息；

- ■　（都可以用来传达）与数据包过长有关的信息；

- ■　（都可以用来传达）TTL 到期信息；

- ■　（都可以用来传达）参数问题信息；

- ■　（都可以用来行使）回显请求（echo request）功能；

- ■　（都可以用来行使）回显应答（echo reply）功能。

为了让 ICMPv6 行使 IPv6 邻居发现协议的功能，人们又针对 ICMPv6 定义了 5 种（IPv4 ICMP 所没有的）消息类型：

- 路由器恳求（RS）消息；

- 路由器通告（RA）消息；

- 邻居恳求（NS）消息；

- 邻居确认（NA）消息；

- 重定向消息。

透过上述各类 ICMP 消息的名称，即可得知邻居发现协议的作用：IPv6 节点可藉此协议来获取与 IPv6 邻居节点或路由器有关的信息。IPv6 节点或路由器也可以借助于 IPv6 邻居发现协议，主动通告与本机有关的信息。无论哪种情况，相关协议消息的作用域都是本地链路，绝不会被任何一台路由器转发。

ICMPv6 重定向消息（类型编号为 137）所起的作用与 IPv4 ICMP 重定向消息（类型编号为 5，代码编号为 1）相同，但在 IPv6 中，将其归类在了邻居发现协议消息的名下，这是因为 IPv6 节点会根据 RA 消息中的信息，来构建本机的默认网关列表。

IPv6 邻居发现协议还要承担在 IPv4 中由其附属协议所承担的功能。比方说，IPv6 可不像 IPv4 那样有自己的附属协议——ARP。因此，IPv6 节点之间会交换 NS 和 NA 消息，来完成链路层地址解析。

以下所列为 IPv6 邻居发现协议的主要功能：

- 链路层地址解析；

- 路由器发现；

- 本地前缀发现；

- 地址自动配置；

- 链路参数发现；

- 确定下一跳；

- 邻居和路由器可达性检测；

- 地址冲突检测；

- 重定向。

上述功能虽然都非常重要，但几乎与本书的后续讨论无关。不过，其中的地址自动配置和地址冲突检测功能却事关本书的后续讨论，随后两节会分别介绍这两种功能。

12.1.5 无状态地址自动配置

可在主机上手工配置 IPv6 地址，这一点毫无疑问。但更重要的是，还能通过"有状态"和"无状态"两种方式，让主机自动配置 IPv6 地址。对 IPv6 而言，有状态地址自动配置跟 IPv4 一样，也要借助 DHCP[5] 服务器来完成，要是网管人员属于"控制狂"，那就应该使用这一自动地址配置机制。无状态地址字段配置则要借助网络发现协议来完成，其好处是既可以不用部署 DHCP 服务器，还可以使得移动 IP 基础设施的部署更加简单。

一台主机需通过以下 4 个步骤来执行无状态地址自动配置。

1．确定接口（网卡）ID（IPv6 地址的后 64 位）。

2．确定本地链路 IPv6 地址。

3．确定是否有别的 IPv6 节点也设有自己派生出的本地链路 IPv6 地址（IPv6 地址冲突检测）。

4．确定公网 IPv6 单播地址。

若主机的网卡有 MAC 地址（如今，几乎所有主机的网卡都有 MAC 地址），则主机会借助于一种名为"MAC-to-EUI-64 转换"的规程，来生成（该网卡的 IPv6 地址的）接口 ID。一般而言，这一接口 ID 应该具备全球唯一性。"MAC-to-EUI-64 转换"规程是指，主机通过某种方法，将网卡的 48 位 MAC 地址转换为（设于该网卡的 IPv6 地址的）64 位接口 ID。具体的转换方式是，先在 MAC 地址的正中间插入 16 位"0xFFFE"，再把首字节的第 7 位（Universal/Local 位）置 1，以此来得到 64 位接口 ID。

现以如下 MAC 地址为例：

000a:958b:3cba

先在上述 MAC 地址的中间插入"0xFFFE"，此 MAC 地址将会从 48 位扩容至 64 位：

000a:95ff:fe8b:3cba

再把上述地址首字节的第 7 位 U/L 位置 1，便得到了如下接口 ID：

---

[5] 用于 IPv6 的 DHCP，称为 DHCPv6，定义于 RFC 3315。

020a:95ff:fe8b:3cba

下一步，主机必须确定网卡的本地链路地址。如前所述，IPv6 本地链路地址的头 10 位总是 1111111010，其 IP 前缀的写法为 FE80::/10。只要将之前得到的接口 ID 追加到这一众所周知的 IP 前缀之后，主机就派生出了该网卡的 IPv6 本地链路地址：

fe80::20a:95ff:fe8b:3cba

现在，这台主机总算有了一个 IPv6 地址，可用来跟本地链路（该网卡所连链路）上的其他 IPv6 节点"互通有无"了。但在"互通有无"之前，那台主机还要验证接入链路的其他主机是否也设有这一 IPv6 地址。这是为防止本地链路上另一块主机网卡（或另一个路由器接口）也拥有相同的 MAC 地址，虽然发生这种情况的可能性不大，但为防患于未然，IPv6 主机必须如此行事。人们把 IPv6 主机的这一行为称为 IPv6 地址冲突检测。为此，IPv6 主机将会以多播方式发出邻居恳求消息，其中会包含（根据接口的 MAC 地址）派生出的新 IPv6 本地链路地址。若接入链路的其他主机也设有相同的地址，则会回复邻居通告消息，其中会包含两机都在"争夺"的 IPv6 地址。此时，需要通过其他手段，为发出邻居恳求消息的那台主机分配 IPv6 地址，比如，手工指定 IPv6 地址。

若经过 IPv6 地址冲突检测，在本地链路上未发现地址冲突，那台 IPv6 主机将会以多播方式，发出目的 IPv6 地址为 FF01::2 的路由器恳求消息，FF01::2 为众所周知的所有 IPv6 路由器多播地址（well-known All-Routers multicast address）。只要本地链路上至少部署了一台路由器，且该路由器的接口至少设有一个 IPv6 地址，并同时激活了邻居发现协议，那么该路由器将会发出路由器通告消息，来回复 IPv6 主机发出的路由器恳求消息。在路由器发出的路由器通告消息中，会包含为该链路分配的 IPv6 前缀。于是，IPv6 主机便可以将该 IPv6 前缀与之前派生自 MAC 地址的接口 ID 合二为一，构成本机的公网（或本地站点）IPv6 地址。 试举一例，假设路由器接口所设 IPv6 地址为：

3ffe:2650:1200:15::116/64

当之前那台 IPv6 主机收到由该路由器发出的路由器通告消息时，会将其中所包含的 IPv6 前缀 3ffe:2650:1200:15，与根据 MAC 地址派生出的接口 ID 合二为一，组合成以下 IPv6 地址：

3ffe:2650:1200:15:20a:95ff:fe8b:3cba

IPv6 邻居发现协议异常灵活，在 IPv6 地址自动配置方面，可给网管人员提供更多的选择。比方说，网管人员可让路由器在发出 RA 消息时，将其中的某些标记位置 1，以此向 IPv6 主机传达指令，令其从 DHCP 服务器获取所有 IPv6 地址参数，或只接受 RA 消息所通告的 IPv6 前缀，从 DHCP 服务器获取其他 IPv6 地址参数。

12.1.6 IPv6 包头格式

图 12.3 并排显示了 IPv4 和 IPv6 包头格式[6]，以方便读者自行比对。细心的读者或许会问，IPv6 地址的长度虽为 IPv4 地址的 4 倍，但 IPv6 包头看起来并不比 IPv4 包头 "大" 多少呀？ 这是因为，在 IPv6 包头中所设立的字段要比 IPv4 包头少得多。

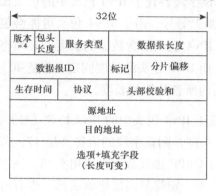

IPv4

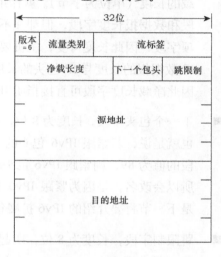

IPv6

图 12.3 IPv4 和 IPv6 包头

以下所列为对 IPv6 包头所含各字段的简要说明（源地址和目的地址字段未予说明，也无需说明）。

- 版本字段，长度为 4 位，与 IPv4 包头并无差别，但其值为 6 而不是 4。

- 流量类别字段，长度为 8 位，用于区分服务（DiffServ）。近来，为了支持 DiffServ，人们重新对 IPv4 包头所含 ToS 字段的用途进行了定义。因此，在这一点上，可以说 IPv6 流量类别字段与 IPv4 ToS 字段互为等价。欲知更多与区分服务代码点有关的信息，请阅读 RFC 2474。

- 流标签字段，只有 IPv6 包头才有，IPv4 包头中并无与之等价的字段。这一新字段长 20 位，在 IPv6 包头中设立该字段的本意是：标识隶属于同一通信流的数据包，好让网络设备在转发这些数据包时，给予有别于尽力服务（best-effort service）

---

[6] 读者可以读一读 RFC 2460，其中对 IPv6 包头和各种扩展包头做了深入详尽的介绍。

的待遇。也就是说，可借助于该字段，来执行 QoS（服务质量）转发任务。IETF 曾就如何使用该字段展开了多次讨论，但在写作本书之际，还没有达成一致意见。最终，无非有两种选择，一是遵循设立该字段的本意，二是对该字段的用法进行修改，留作将来使用。RFC 1809 详尽记录了设立流标签字段的初衷。

- 净载长度字段，长度为 16 位，显而易见，其值指明了由 IPv6 包头封装的数据净载的长度（单位为字节）。就作用而言，该字段替代了 IPv4 包头中的包头长度字段和数据报长度字段，但却并不能直接画上等号。由于 IPv4 包头可能会包含选项字段，因此长度可变，主机要想确定 IPv4 包头所含数据的长度，必须将整个 IP 数据报的长度与 IP 包头的长度相减。而 IPv6 包头的长度固定，总是 40 字节，因此净载长度字段可直接指明 IPv6 包头内所含数据的长度。

- 下一个包头字段，长度为 8 位，直接对应于 IPv4 包头中的 IPv4 协议（号）字段。也就是说，若紧跟 IPv6 包头的是 UDP 头部，则该字段的值将会是 17，若该字段的值为 89，则紧跟 IPv6 包头的将会是 OSPF 协议数据包通用头部。该字段之所以会改名，是因为紧跟 IPv6 包头的并不一定都是高层协议头部，也有可能会是下一节将要介绍的 IPv6 扩展包头。

- 跳限制字段，长度为 8 位，所起作用跟 IPv4 包头中的 IPv4 生存时间（TTL）字段相同。Christian Huitema（前 Internet 体系架构委员会主席，Internet 奠基人之一）的一句话：“实话实说”，使得该字段的名称发生了改变。在 IPv4 包头中设立 TTL 字段的本意是，当 IPv4 数据包向其目的网络“进发”的过程中，沿途的路由器每缓存其 1 秒钟，便要将其包头中的 TTL 字段值减 1。但并没有路由器会如此“操作”。路由器只会在 IPv4 数据包“穿心而过”的情况下，才会将包头中的 TTL 字段值减 1，无论 IPv4 数据包被缓存了多久。只要 IPv4 包头中的 TTL 字段值为 0，路由器就会把相应的 IPv4 数据包丢弃。由于 TTL 字段值实际表示的是 IPv4 数据包所能穿越的路由器台数（跳数）的上限值，因此在 IPv6 包头中，将该字段更名为了“跳限制”。

图 12.4 所示为 IPv4 包头和 IPv6 包头中功能相近的各字段之间的对应关系，之前，已经介绍过了这些字段。此外，还高亮显示了在 IPv4 包头中出现，但在 IPv6 包头中却无“一席之地”的字段。由图可知，这些字段包括：数据报 ID 字段、标记字段、分片偏移字段以及选项字段（同时还包括了之前已经提及的包头长度字段和数据报长度字段）。让这些字段不在 IPv6 包头中“露面”，虽可简化 IPv6 包头的结构，但当需要使用这些字段所提

供的功能时，该如何是好呢？比方说，只要数据包发生分片，就一定需要数据报 ID 字段、标记字段以及分片偏移字段的协助；而倘若需要源站路由（source routing）或路由记录（route recording）这样的功能，则同样离不开选项字段。IPv6 将以扩展包头的形式，来提供上述以及其他功能。

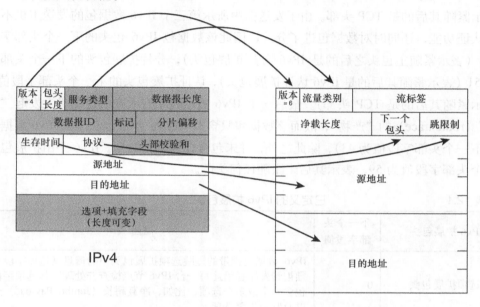

图 12.4 IPv4 包头和 IPv6 包头中功能相近的各字段之间的对应关系，以及在 IPv4 包头中出现，但在 IPv6 包头中却无"一席之地"的字段

12.1.7　扩展包头

为使 IPv6 包头的结构尽量保持简单，协议设计人员只在 IPv6 包头内设立了"刚需"字段[7]。当需要启用某些可选功能时，便需要让 IPv6 数据包（在主包头之后）携带可支持相应可选功能的扩展包头。与 IPv6（主）包头一样，每一种扩展包头都包含了一个下一个头部字段，其用意是，能在 IPv6（主）包头与高层协议头部之间，嵌入若干扩展包头。表 12.1 所列为当前（写作本书之际）已定义的 IPv6 扩展包头，以及为每一种扩展包头分配的下一个头部字段值，同时对各自的用途做了简要描述。

图 12.5 所示为 IPv6 扩展包头的"嵌套"方式。图中示出的第一个 IPv6 数据包不含任

---

[7] 当前，只有流标签字段是一个例外，但若根据设立该字段的本意——让网络设备高效处理 IPv6 包头——来看，该字段确实也属于"刚需"字段。

何扩展包头，出现在 IPv6 包头之后的是一个 TCP 段。对于这种情况，IPv6 包头中的下一个头部字段值将会是 6（TCP 的 IP 协议号）。图中示出的第二个 IPv6 数据包，是由一台启用了认证功能的主机发出。请注意，此包的 IPv6 包头的下一个头部字段值为 51，这表示位列主 IPv6 包头之后的是一个认证扩展包头。而认证扩展包头的下一个头部字段值为 6，则表示紧随其后的是 TCP 头部。由于发送图中所示第三个 IPv6 数据包的发送主机不仅启用了认证功能，还同时对数据包进了分片，因此该数据包 IPv6 包头的下一个头部字段值为 44（表示紧随主包头之后的是 IPv6 分片扩展包头），分片扩展包头的下一个头部字段值为 51（表示紧随其后的是 IPv6 认证扩展包头），认证扩展包头的下一个头部字段值为 6（表示紧随其后的是 TCP 头部）。最后一个 IPv6 数据包是有人在发送主机上发起"路由跟踪"（route trace）的"产物"，故而该数据包只含 IPv6 路由扩展包头（主 IPv6 数据包包头的下一个头部字段值为 43），除此之外，并未包含任何其他数据。IPv6 路由扩展包头的下一个头部字段值为 59，表示其后未跟随任何头部。

表 12.1　　　　　　　　　　　已定义的 IPv6 扩展包头

IPv6 扩展包头	下一个头部字段值	描述
逐跳选项扩展包头	0	IPv6 数据包携带的逐跳选项扩展包头中的信息（选项字段）必须被转发路径沿途每一台 IPv6 节点检查并处理，其选项字段可包含一个或多个选项，比如，净载超长（Jumbo Payload）选项以及路由告警选项
目的选项扩展包头	60	IPv6 数据包携带的目的选项扩展包头中的信息既可以由目的节点来检查，也可以由转发路径沿途中的某些指定节点来检查
路由扩展包头	43	源路由和路由记录
分片扩展包头	44	包含了"重新组装"经过分片的数据包所需要的信息
认证扩展包头	51	包含了 IPv6 节点间"互通有无"之前，执行相互认证的信息
封装安全净载（ESP）扩展包头	50	数据加密和解密（IPSec）

（让 IPv6 数据包携带）扩展包头有两个非常明显的好处。首先，如读者所见，可简化 IPv6（主）包头的格式。由选项字段所承载的可选信息只有在必要时才会"进驻"IPv6 数据包。其次，可根据未来的发展需求，定义新的扩展包头类型，执行新的可选功能，这就显著提升了 IPv6 协议的可扩展性和灵活性。

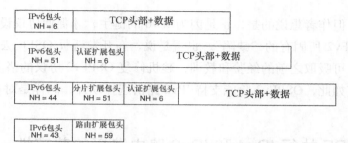

图 12.5 需要 IPv6 数据包中"纳入"扩展包头时，IPv6 节点会将其安排在 IPv6（主）包头和高层协议头部之间

IPv6 和数据包分片

既然前面提到了分片扩展包头，作者在此顺便说一说 IPv6 与 IPv4 之间的另一处显著差异。读者或许知道，转发路径沿途的任何一台路由器都可以对 IPv4 数据包进行分片，但前提是路由器接口的 MTU 值低要于其所发 IPv4 数据包的长度。该机制对 IPv6 数据包并不适用。只有生成 IPv6 数据包的主机才能决定是否需要进行分片；若 IPv6 路由器收到了长度超出其接口 MTU 值的 IPv6 数据包，即便此包必须要由其来转发，也只能"忍痛割爱"。

IPv6 主机会通过两种方法来把握分片的"火候"。第一种方法是，执行 MTU 路径发现，该机制定义于 RFC 1981。IPv6 主机可以先发送数据包，然后监控是否收到 ICMPv6 Packet Too Big（数据包过长）错误消息。只要收到了错误消息，IPv6 主机就会调低由其发出的数据包的长度，或对数据包进行分片，直到不再收到错误消息为止。

第二种方法是，借助已知 MTU 规则（known MTU rule）。RFC 2460 第 5 节规定，对于承载 IPv6 数据包的任何一条链路而言，其 MTU 值都不能低于 1280 字节（建议值为 1500 字节）。根据这条规则，若不想让 IPv6 主机执行 MTU 路径发现，只需确保其发送长度不超过 1280 字节的数据包即可（通过限长或分片的方法来完成）。

12.2 OSPFv3

IPv6 给网络带来了无限生机，所体现的最大好处是在该协议设计之初始料未及的——可让网管人员在割接过程中（即从纯 IPv4 网络与到纯 IPv6 网络的过渡期内），借机"治愈"得到公认且长期存在于 IPv4 协议以及 IPv4 网络中的某些"顽疾"。这些"顽疾"主要与多宿主（multihoming）和安全性有关。虽然如何"治愈"这些"顽疾"并不在本书探讨范围之内，但作者想说的是，正是因为 IPv6 的诞生，才促使协议设计者痛下决心，去"修复"OSPFv2 所固有的"缺陷"。也就是说，在开发新版 OSPF 去支持 IPv6 路由选择的过程中，可吸取之前的经验和教训，趁机修复 OSPFv2 协议的诸多"先天不足"。实际情况也确实如此，OSPFv3 除能支持 IPv6 路由选择以外，同样是对 OSPFv2 的全面升级。

12.2.1　OSPF 执行 IPv4 和 IPv6 路由选择的兼容性

OSPFv3 定义于 RFC 2740，其基本机制、LS 数据库、数据结构以及算法都照搬 OSPFv2，但 OSPFv3 并不向后兼容 OSPFv2。换言之，OSPFv3 只支持 IPv6 路由选择。因此，若想在同一网络中用 OSPF 来同时执行 IPv4 和 IPv6 路由选择，则需同时开启这两个版本的 OSPF 协议，如图 12.6 中的配置示例所示。由图 12.6 可知，OSPFv2 的配置跟本书前文中的示例相同：需要先明确定义 OSPF 区域的 AID，然后指明隶属于该区域的接口。请注意，OSPFv3 的配置看起来跟 OSPFv2 也没有任何区别（在 JUNOS 中，只是用关键字 ospfv3 取代了 ospfv2）。两个版本的 OSPF 配法之所以相同，可能是因为供 OSPFv3 所使用的 RID 仍为 32 位。其实，供 OSPFv3 所使用的 AID、RID 以及 LSA ID 全都维持为 32 位。如此行事的最大好处是，只要网络中运行 OSPFv3 的拓扑跟现有的 OSPFv2 拓扑保持一致，那么这两个版本的 OSPF 可以共用相同的标识符。当然，也可以选择让每个版本的 OSPF 使用不同的标识符。

```
[edit]
jeff@Juniper3# show protocols
ospf {
    area 0.0.0.0 {
        interface so-1/0/0.0;
    }
    area 192.168.51.0 {
        interface ge-0/0/0.0;
    }
    area 192.168.3.0 {
        interface ge-0/0/1.0;
        interface ge-0/0/2.0;
    }
}
ospf3 {
    area 0.0.0.0 {
        interface so-1/0/0.0;
    }
    area 192.168.51.0 {
        interface ge-0/0/0.0;
    }
    area 192.168.3.0 {
        interface ge-0/0/1.0;
        interface ge-0/0/2.0;
    }
}
```

图 12.6　若要用 OSPF 执行 IPv4 和 IPv6 路由选择，就必须同时运行 OSPFv2 和 OSPFv3

12.2.2 OSPFv2 和 OSPFv3 之间的区别

与 OSPFv2 相比，OSPFv3 在 LSA 上改进最大，这将在下一节介绍。除此之外，两个版本的 OSPF 之间在功能性和流程性方面也存在不同程度的差异，有些是协议设计者在刻意改进，有些则是为了支持 IPv6 路由选择的必要之举。对这些差异更为完整的描述请参阅 RFC 2740（现已更新至 RFC 5340）的第 2 节。

■ 消除了地址语义（addressing semantics），这在图 12.6 所示的配置示例中已有所体现。OSPFv3 的 AID、RID 以及 LSA 都是 32 位，并非 IPv6 地址。其实，这些标识符（用于 OSPFv2 时）也并非 IPv4 地址，只是人们习惯用点分十进制的形式来表示它们，或在配置 OSPFv2 时，喜欢根据 IPv4 地址来生成它们。消除地址语义的最大好处是，只要 OSPFv3 和 OSPFv2 路由进程域相互重叠，那么同一个 RID 和 AID 便可以为两个版本的 OSPF 所共用。此外，还意味着，除 OSPFv3 链路状态更新数据包所包含的 LSA 以外，其他所有类型的 OSPFv3 协议数据包都不会包含 IPv6 地址。通过 LSA 去通告 IPv6 网络地址的方式同样有所改变，详情请见下一节。

■ LSA 的泛洪范围多了"本地链路"级。如读者所知，OSPFv2 LSA 的泛洪范围分区域级和路由进程域（AS）级。某些 OSPFv2 LSA，如路由器 LSA 或网络 LSA，只能在生成自己的本区域内泛洪；而另外一些 LSA，如外部 LSA，则可以在整个路由进程域内泛洪。这两个 LSA 泛洪范围对 OSPFv3 同样适用，但某些 OSPFv3 LSA 还有第三个泛洪范围——本地数据链路。若 LSA 的泛洪范围为本地链路，则其只能被泛洪给接入同一链路的 OSPFv3 路由器。为了提高 LSA 泛洪效率，协议设计人员对 OSPFv3 LSA 通用头部中的 LS 类型字段做了精心规划，通过该字段值就能反应出 LSA 的泛洪范围。

■ 取消了 OSPFv2 自带的认证功能，借用了内置于 IPv6 数据包的认证和加密功能。由于 IPv6 协议本身就内置了认证和加密功能，因此单独针对 OSPFv3 开发一套认证机制，纯属多此一举[8]。

■ 支持单链路多实例。有时可能会出现多台 OSPF 路由器接入同一条链路，但却不隶属同一 OSPF 路由进程域的情况。试举一例，假如有 6 台路由器都接入同一以

---

[8] 写作本书之际，利用 IPv6 AH/ESP 扩展包头执行 OSPFv3 认证的规程只是以 Internet 草案的形式存在：Mukesh Gupta 和 Nagavenkata Suresh Melam, "Authentication/Confidentiality for OSPFv3", draft-ietf-ospf-ospfv3-auth-03.txt, 2003 年 8 月。现已升级为 RFC 4552。

太网网络。路由器 1 和 2 用来互连两个 OSPF 子域（subdomain），为此，应建立 OSPF 邻接关系。而路由器 3 和 4 则用来互连另外两个 OSPF 子域，也应该建立 OSPF 邻接关系；路由器 5 和 6 的用法也与之类似，同样应该建立 OSPF 邻接关系。然而，除了上述"三对"邻接关系之外，6 台 OSPF 路由器之间不应该再建立其他的邻接关系了。换而言之，通过那 6 台 OSPF 路由器互连的 6 个 OSPF 子域应该分属 3 个 OSPF 路由进程域，每个 OSPF 路由进程域之间不能彼此通信。要想实现上述需求，若运行的是 OSPFv2，则可通过开启认证功能来实现，而对于 OSPFv3，由于其协议数据包公共头部中设有一实例 ID 字段，因此实现起来更加容易。

■　路由协议进程基于每条链路来运行。OSPFv2 路由器会将参与 OSPF 进程的接口视为直连子网。因此，OSPFv2 进程基于每个子网来运行，每个子网都可以用一个 IPv4 子网地址来表示。而 OSPFv3 路由器则不把参与 OSPF 进程的接口视为子网，而是视为链路。如此一来，便消除了 OSPFv3 进程对 IP 地址的依赖性。对于 IPv6 路由器而言，每个接口都可以设置多个 IPv6 地址，只要两台 OSPFv3 路由器能接入同一条链路，即便两者的互连接口不隶属同一 IPv6 子网，也可以相互交换 OSPFv3 数据包。

■　调整了路由器在收到不能识别的 LSA 时的处理方式。收到不能识别的 LSA 时，OSPFv2 路由器会一丢了事，这便加巨了网络改造或网络割接的复杂性。OSPFv3 路由器在收到不能识别的 LSA 时，其处理方式跟 IS-IS 路由器收到不能识别的 TLV 一样——只会"透传"而不是丢弃。这在某些情况下，可降低 OSPF 网络改造的难度，尤其是针对 OSPF stub 区域的改造。

■　邻居路由器总是由 RID 来标识。OSPFv2 路由器对邻居路由器的标识方法不是很统一，对于通过点到点链路或虚链路相连的邻居路由器，总是会以其 RID 来标识；而对于通过广播链路、点到多点电路以及 MBMA 链路相连的邻居路由器，则是以其接入相应链路的接口的 IP 地址来标识。OSPFv3 路由器对此进行了统一，不论通过何种链路与邻居路由器相连，一律用 RID 来标识。

12.2.3　OSPFv3 LSA

　　OSPFv3 LSA 通用头部的格式（见图 12.7）看起来跟 OSPFv2 LSA 通用头部完全一样。唯一的差别是，OSPFv3 LSA 通用头部中的 16 位 LS 类型字段，在 OSPFv2 LSA 通用头部中被进一步划分为了两个字段：8 位选项字段和 8 位 LS 类型字段。

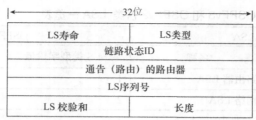

图 12.7　OSPFv3 LSA 通用头部

　　图 12.8 所示为在 OSPFv3 LSA 通用头部中"变长"了的 LS 类型字段的格式。U 位的作用是：告知接收方路由器，当识别不了经由本头部封装的 LSA 时，应当如何处理。若 U 位置 0，则接收方路由器会将该不能识别的 LSA 的泛洪范围限制在本地电路，亦即接收方路由器不对外泛洪；若 U 位置 1，则接收方路由器会存储并泛洪该不能识别的 LSA，这在处理方式上等同于对待能够识别的 LSA。

图 12.8　OSPFv3 LSA 头部中 LS 类型字段的具体格式

　　S1 和 S2 位共同标识了 LSA 的泛洪范围。表 2.2 所列为 OSPFv3 LSA 的各种泛洪范围，以及与之对应的两个 S 位的值。

表 12.2　由 LS 类型字段中两个 S 位所表示的 OSPFv3 LSA 的泛洪范围

S1	S2	OSPFv3 LSA 的泛洪范围
0	0	泛洪范围为本地链路（LSA 只能在生成自己的链路上泛洪）
0	1	泛洪范围为本区域（LSA 可在生成自己的本区域内泛洪）
1	0	泛洪范围为本 AS（LSA 可在整个 OSPFv3 路由进程域内泛洪）
1	1	预留

　　LS 类型字段的后 13 位为 LSA 功能字段，通过其名称就可以看出，该字段是用来表示 LSA 的功能的。也就是说，该字段的用途与 OSPFv2 LSA 通用头部中的 LS 类型字段相同。表 12.3 所列为 10 种 OSPFv3 LSA，以及相应的 LS 类型字段值。通过以十六进制形式表示的 LS 类型字段值，不难发现，在默认情况下，这 10 种 OSPFv3 LSA 的（通用 LSA 头部中的）U 位全都置 0。此外，还可以看出，除外部 LSA 和链路 LSA 以外，其他所有 LSA 的泛洪范围都是本区域（即通用 LSA 头部中的 S2 位置 0，S1 位置 1）。外部 LSA 的泛洪范围为整个 AS（即 S2 位置 1，S1 位置 0），而链路 LSA 的范围为本地链路（即 S2 位和 S1 位全都置 0）。

表 12.3　　　　　　　　OSPFv3 和 OSPFv2 各类 LSA 一览表

OSPFv3 LSA		OSPFv2 LSA	
LS 类型字段值	名称	LS 类型字段值	名称
0x2001	路由器 LSA	1	路由器 LSA
0x2002	网络 LSA	2	网络 LSA
0x2003	区域间前缀 LSA	3	网络汇总 LSA
0x2004	区域间路由器 LSA	4	ASBR 汇总 LSA
0x2005	AS 外部 LSA	5	AS 外部 LSA
0x2006	多播组成员 LSA	6	多播组成员 LSA
0x2007	类型 7 LSA	7	NSSA 外部 LSA
0x2008	链路 LSA	*	
0x2009	区域内前缀 LSA	*	
0x200a	区域内 TE LSA	*	

*表示无等价的 LSA

表 12.3 同样列出了与各种 OSPFv3 LSA 等价的 OSPFv2 LSA。有几种 OSPFv3 LSA 与 OSPFv2 LSA 的名称相同，但所承载的信息却大相径庭。还有几种 OSPFv3 LSA 与其 OSPFv2 的"等价物"所起的作用相同，但名称却发生了变化。为了全面改进 OSPF 协议本身，协议设计人员定义了两种全新的 LSA 类型。接下来，作者会略微深入地介绍每一种 OSPFv3 LSA。

1. 链路 LSA

链路 LSA 是第一种全新的 LSA，只有彼此直连的邻居路由器之间才会用它来交换信息。链路 LSA 的泛洪范围是本地链路，这便确保了这种 LSA 以及由其传递的信息不会"逾越"生成它的链路。在 OSPFv2 各类 LSA 中，并没有与 OSPFv3 链路 LSA 相对应的 LSA 类型。接入同一链路的一对 OSPFv2 邻居路由器之间要想只交换事关彼此的信息，就必须将信息封装进路由器 LSA 或网络 LSA 中发送（在实际应用当中，使用网络 LSA 居多）。由于那两种 LSA 的泛洪范围都是本 OSPF 区域，因此只与那一对路由器互连链路（本地链路）有关的信息将会被毫无必要地传遍整个 OSPF 区域，而区域内的大多数路由器根本就不需要这样的信息。

OSPFv3 路由器会为归属 OSPFv3 路由进程域的每条链路"专门"生成链路 LSA（其格式如图 12.9 所示），由于链路 LSA 的泛洪范围为本地链路，因此收到此类 LSA 之后，邻居路由器并不会将其转发至其他链路。链路 LSA 的作用有三，如下所列。

图 12.9 OSPFv3 链路 LSA

- 向接入本地链路的其他所有路由器提供：本路由器（即生成链路 LSA 的路由器）接入这条链路的 IPv6 本地链路地址。

- 向接入本地链路的其他所有路由器提供：为本路由器接入这条链路的接口分配的一系列 IPv6 前缀信息。

- 向接入本地链路的其他所有路由器通报：由本路由器为这条链路生成的网络 LSA 中选项字段的各标记位的设置情况。

接口优先级字段，指明了分配给本路由器（即生成链路 LSA 的路由器）接入这条链路的接口的优先级。

选项字段，标明了本路由器为这条链路生成的网络 LSA 中的各个选项标记位。这一 24 位的选项字段还会包含在 OSPFv3 DD 数据包、Hello 数据包，以及若干种 OSPFv3 LSA 内。12.2.4 节会详细介绍选项字段。

本地链路前缀地址字段，指明了本路由器接入这条链路的接口所设的 128 位 IPv6 本地链路地址。

前缀数量字段，指明了包含在链路 LSA 之内，由前缀长度、前缀选项以及前缀地址字段（这 3 个字段都在前缀数量字段之后）共同描述的 IPv6 前缀的条数。

前缀长度、前缀选项以及前缀地址字段，共同用来描述接入这条（有待通告的）链路的路由器接口所持一条或多条 IPv6 前缀。这 3 个字段不单只有链路 LSA 才有，区域内前缀 LSA、区域间前缀 LSA 以及外部 LSA 也包含了这 3 个字段。有待通告的 IPv6 前缀的长度可介于 0~128（即前缀长度字段的取值范围为 0~128）。当 IPv6 前缀的长度不是 32 位的偶数倍时，OSPFv3 路由器会在地址前缀字段中用 0 来补齐。前缀长度字段则用来指明未经"补齐"的 IPv6 前缀的长度，单位为位。前缀选项字段（其格式如图 12.10 所示）用来表示 OSPFv3 路由器执行路由计算时，对前缀的处理方式。

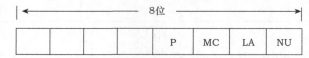

图 12.10　前缀选项字段的格式

传播位（P）位，针对 NSSA 区域 IPv6 前缀而设（置 1），表示不应在 NSSA 区域边界再次通告（与选项字段挂钩的）IPv6 前缀。

多播（MC）位，该位置 1 时，表示应将（与选项字段挂钩的）IPv6 前缀包括进多播路由计算。

本地地址（LA）位，该位置 1 时，表示（与选项字段挂钩的）IPv6 前缀为通告（本链路 LSA 的）路由器的接口所设的 IPv6 前缀。

非单播（NU）位，该位置 1 时，表示（与选项字段挂钩的）IPv6 前缀应被排除在单播路由计算之外。

2. 区域内前缀 LSA

区域内前缀 LSA 是第二种全新的 LSA。第 8 章曾经提到，之所以要严格限制 OSPFv2 区域规模，主要因素之一是：IP（v4）前缀必须要由路由器 LSA 和网络 LSA 来承载。现在，作者再来解释一下其中的原委。在某些网络环境（比如，提供用户接入业务的服务提供商网络环境）中，接入路由器可能会连接无数条用户链路，这些链路的状态往往会因为正常的日常操作或用户行为，而频繁发生改变。问题在于，只要每次新开通或新撤销一条链路，IGP 就必须通告或回撤与链路相关联的 IP（v4）前缀，当然，由于链路状态不稳定或更换链路的 IP（v4）地址，也会导致这种情况。当网络中运行的 IGP 为 OSPFv2 时，便意味着只要链路状态发生改变，就会有新的路由器 LSA 或网络 LSA 诞生。可是，新诞生的路由器 LSA 或网络 LSA 会触发本区域内的所有路由器执行 SPF 计算,其原因是这两种 LSA 的主要功能都是供路由器或伪节点识别其邻居路由器在 SPF 树上的位置。

OSPFv3 的协议设计人员从路由器 LSA 和网络 LSA 中删除了 IP 前缀信息(即删除了地址语义),将这些信息"植入"了区域内前缀 LSA。在运行 OSPFv3 的网络中,当链路或前缀发生改变时,接入相关链路的路由器会生成相应的区域内前缀 LSA,这种 LSA 会在整个 OSPFv3 区域内泛洪。不过,区域内前缀 LSA 并不会触发 SPF 计算,接收路由器只会"提取"其中所包含的新的前缀信息,并将这些信息与生成(区域内前缀 LSA 的)路由器"挂钩"。对 OSPFv3 而言,路由器 LSA 和网络 LSA 只用来传达拓扑信息,不传达 IP 前缀信息。因此,依靠这一新型 LSA,OSPFv3 就能适应前缀数量众多或链路状态频繁发生变化的网络的发展需求,所能支持的区域规模也更大。图 12.11 所示为区域内前缀 LSA 的格式。

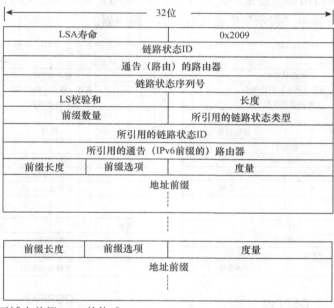

图 12.11 OSPFv3 区域内前缀 LSA 的格式

前缀数量字段,用来指明区域内前缀 LSA 所含 IPv6 前缀的条数。

所引用的链路状态类型字段、所引用的链路状态 ID 字段以及所引用的通告路由器字段,用来确定应把(区域内前缀 LSA)所含 IPv6 前缀与路由器 LSA 还是网络 LSA 相关联。若 IPv6 前缀应与路由器 LSA 相关联,则所引用的链路状态类型字段值为 1,所引用的链路状态 ID 字段值为 0,所引用的通告路由器字段值为生成(区域内前缀 LSA 的)路由器的 RID。若 IPv6 前缀应与网络 LSA 相关联,则所引用的链路状态类型字段值为 2,所引用的链路状态 ID 字段值为该 (多路访问) 链路上的 DR 的接口 ID[9],所引用的通告路由器字段值为 DR 的 RID。

前缀长度字段、前缀选项字段以及地址前缀字段,共同用来描述有待通告的每一条 IPv6 前缀,这 3 个字段的作用与之前介绍过的链路 LSA 相同。新增的度量字段用来表示有待通告的 IPv6 目的网络 (IPv6 前缀) 的访问成本。

3. 路由器 LSA

图 12.12 所示为 OSPFv3 路由器 LSA 以及与之等价的 OSPFv2 路由器 LSA。不难发现,虽然这两个版本的 LSA 的名称相同,但格式却明显不同。主要原因是,协议设计人员不再让 OSPFv3 路由器 LSA 携带 IP 前缀信息了。OSPFv3 路由器 LSA 只用来描述生成 (自己的) 路由器、该路由器所连接的链路 (并非 IP 前缀) 以及所连接的邻居路由器,其用途只限于在 SPF 计算中 "表示" 生成 (自己的) 路由器。

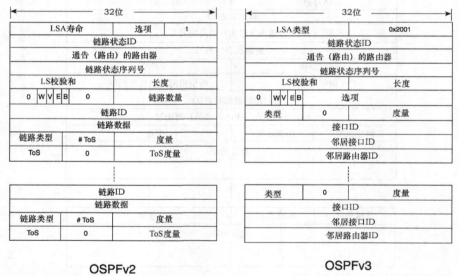

图 12.12　两个 OSPF 版本的路由器 LSA 的格式对比

选项字段,跟 OSPFv2 路由器 LSA 中的选项字段虽然不在同一个位置,而且还更长一点 (OSPFv2 为 8 位,OSPFv3 为 24 位),但都是用来标识生成 (路由器 LSA 的) 路由

---

[9] 请读者不要把此处以及其他 LSA 中相应字段所包含的 "接口 ID" 与构成 IPv6 地址的 64 位接口 ID 给弄混了。所引用的链路状态 ID 字段值为 32 位,其作用是区分 DR 或生成相关 LSA 的路由器上的不同接口。RFC 2740 建议将该字段值设为 DR (连接该多路访问链路) 的接口的 MIB-II IfIndex 值。

器所具备的可选功能。选项字段会出现在若干种 OSPFv3 协议数据包以及 LSA 中，这将在 12.2.4 节单独介绍。

位列选项字段之后的若干字段可在 OSPFv3 路由器 LSA 中重复出现，用来描述（通告）生成（路由器 LSA 的）路由器上参与 OSPFv3 进程的每一个接口（每一条链路）。

类型字段，表示生成（路由器 LSA 的）路由器上的各个接口（所连接的网络）类型。表 12.4 所列为 OSPFv3 路由器上的接口可能会连接的几种网络类型。

表 12.4　对 OSPFv3 路由器 LSA 中类型字段值的简单描述

类型字段值	描述
1	（与类型字段相关联的接口）以点对点的方式连接到了另一台邻居路由器
2	（与类型字段相关联的接口）连接到了一个穿越（transit）网络
3	预留
4	虚链路

度量字段，其值用来表示生成（路由器 LSA 的）路由器上与该字段关联的接口外发数据包的成本。

接口 ID 字段，长 32 位，其值用来区分生成（路由器 LSA 的）路由器上的不同接口。

邻居接口 ID 字段，其值取自链路上的邻居路由器通过 Hello 数据包通告的接口 ID；若与该字段相关联的类型字段值为 2，其值将会是该链路上 DR 的接口 ID。

邻居路由器 ID 字段，其值为邻居路由器的 RID；若与该字段相关联的类型字段值为 2，其值将会是该链路上 DR 的 RID。

4.　网络 LSA

OSPFv3 网络 LSA 的格式（见图 12.13）与 OSPFv2 网络 LSA 类似。就功能性而言，两者也完全相同（比方说，都是由 DR 生成，都用来表示伪节点，都假定连接到伪节点的邻居路由器的访问成本为 0）。两者之间最主要的区别是：选项字段的位置不同；OSPFv3 网络 LSA 不含网络掩码字段（IPv6 地址没有网络掩码一说）。

5.　区域间前缀 LSA

OSPFv3 区域间前缀 LSA 的用途与 OSPFv2 类型 3 汇总 LSA 完全相同，都是由 ABR 生成，用来通告隶属于同一个 OSPF 路由进程域，但分属不同 OSPF 区域的 IP 目的网络。两者之间只有名称上的差别，前者的命名更为精确，更能反映出其用途。对于必须要通告进同一 OSPF 区域的每一条 IPv6 前缀（IPv6 目的网络）而言，ABR 都会单独生成一条区域间前缀 LSA。为了向 stub 区域通告默认路由，ABR 同样可以向其内生成区域间前缀 LSA。

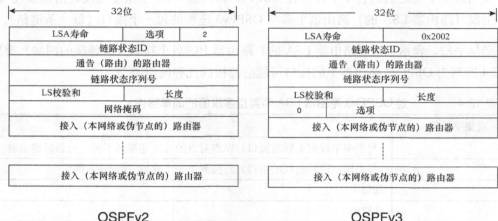

图 12.13 两个 OSPF 版本的网络 LSA 的格式对比

图 12.14 所示为 OSPFv3 区域间前缀 LSA 和 OSPFv2 类型 3 汇总 LSA 的格式对比。跟之前介绍过的几种 OSPFv3 LSA 相同，OSPFv3 区域间前缀 LSA 的前缀长度字段、前缀选项字段，以及地址前缀字段都是用来描述有待通告的 IPv6 前缀。在这两种 LSA 中，度量字段的作用完全相同，都用来指明通往有待通告的 IPv6 目的网络（IPv6 前缀）的开销。

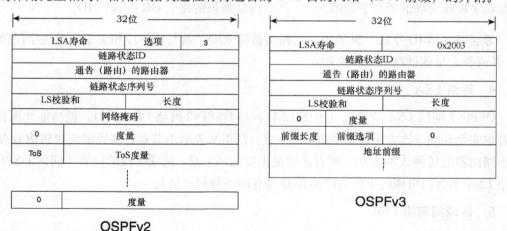

图 12.14 OSPFv3 区域间前缀 LSA 和 OSPFv2 类型 3 汇总 LSA 的格式对比

6. 区域间路由器 LSA

区域间路由器 LSA 之于 OSPFv3，如同类型 4 汇总 LSA 之于 OSPFv2。ABR 会向各

OSPF 区域生成区域间路由器 LSA，以此来通告驻留于区域之外的 ASBR。ABR 会为有待通告的每一台 ASBR 单独生成一条区域间路由器 LSA。

图 12.15 所示为 OSPFv3 区域间路由器 LSA 和 OSPFv2 类型 4 汇总 LSA 的格式对比。虽然 OSPFv2 类型 3 和类型 4 LSA 的格式完全相同，但是只要扫一眼图 12.4 和图 12.5 便可以发现，OSPFv3 区域间前缀 LSA 和区域间路由器 LSA 的格式并不相同。在 OSPFv3 区域间路由器 LSA 中，所有字段（LSA 通用头部字段除外）的名称都是自描述性的，一看便知其用途：选项字段用来指明 ASBR 所具备的可选功能，度量字段用来指明通往 ASBR 的开销（即 ABR 将数据包转发至 ASBR 的开销），目的 Router-ID 字段包含的是 ASBR 的 Router-ID。

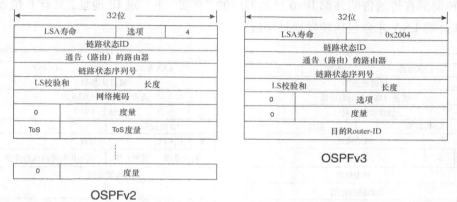

图 12.15 OSPFv3 区域间路由器 LSA 和 OSPFv2 类型 4 汇总 LSA 的格式对比

7. 外部 LSA

无论路由进程域运行的是 OSPFv2 还是 OSPFv3，外部 IP 前缀都是由外部 LSA 来通告。此外，ASBR 无论运行着哪个版本的 OSPF，都会为有待通告的每一条外部 IP 前缀单独生成一条外部 LSA。因此，在执行巨量 IP 路由前缀重分发操作（几乎都是指将 BGP 路由重分发进 OSPF）时，对 OSPFv2 适用的所有注意事项，同样适用于 OSPFv3。

这两个版本的 OSPF 外部 LSA 虽然名称相同，所起到的作用也相同，但通过图 12.6 可以看出，两者的格式差别很大。

E 位，所起作用对这两个版本的 OSPF 外部 LSA 完全相同。若置 1，则表示（有待通告的 IP 目的网络的）度量值类型为 E2（外部类型 2）；若置 0，则表示度量值类型为 E1（外部类型 1）。

F 位，若置 1，则表示本外部 LSA 中包括了转发地址。

T 位，若置 1，则表示外部 LSA 将包含外部路由标记字段。

度量字段，当然表示的是 ASBR 通往有待通告的外部 IPv6 目的网络的开销（即 ASBR 将数据包转发至这一外部 IPv6 目的网络的成本）。至于外部路由的度量类型为 E1 还是 E2，则要取决于 E 位的设置情况。

前缀长度字段、前缀选项字段，以及地址前缀字段，共同用来描述有待通告的外部 IPv6 前缀。

转发地址字段，若包括了该字段，其值将会是一个完整的 128 位 IPv6 地址，表示将数据包转发至有待通告的外部 IPv6 目的网络的"真实"下一跳 IP 地址。只有 F 位置 1 时，OSPFv3 外部 LSA 才会包括转发地址字段。

OSPFv2

OSPFv3

图 12.16 OSPFv2 和 OSPFv3 外部 LSA 的格式对比

外部路由标记字段，若包括了该字段，则该字段的作用等同于 OSPFv2 外部 LSA 中的外部路由标记字段。只有 T 位置 1 时，该字段才会在外部 LSA 中"现身"。

所引用的链路状态类型字段和所引用的链路状态 ID 字段，若使用了这两个字段，则表明与（有待通告的）IPv6 前缀有关的额外信息会包含在另外一条 LSA 中。这两个字段指明了承载这些额外信息的 LSA 的链路状态 ID 和 LS 类型。此外，所要引用的 LSA 的通告路由器字段值还得跟外部 LSA 的通告路由器字段值匹配。与外部路由标签信息相同，由另一条 LSA 承载的额外信息（即由所要引用的 LSA 承载的额外信息）与 OSPF 自身无关，但 ASBR 之间在跨 OSPF 路由进程域"相互沟通"时，会使用这些信息。若上述功能未启用，则所引用的链路状态类型字段值为全 0。

8. 其他类型的 LSA

由表 12.3 可知，OSPFv3 LSA 还包括有支持 MOSPF 功能的组成员 LSA，以及支持 NSSA 区域的类型 7 LSA，只是本节未作详细介绍而已。该表还列出了区域内 TE LSA，这是一种提议性质的 LSA，用在 OSPFv3 路由进程域中支持流量工程[10]。写作本书之际，这种 LSA 还未获主流路由器厂商的支持。读者在阅读本书时，它应该会得到支持。这可能也是飞速发展中的技术对技术书籍的内容所制造的障碍吧。

12.2.4 选项字段

上一节曾提到，在 OSPFv3 路由器 LSA、网络 LSA、内部区域路由器 LSA 以及链路 LSA 中都包括了一个 24 位选项字段，用来指明生成（LSA 的）路由器所具备的可选功能。该字段还会出现在 OSPFv3 Hello 和 DD 数据包中，下一节会做相关介绍。图 12.7 所示为选项字段的格式。写作本书之际，只有最右边的 6 位被定义为选项标记位，其中大多数标记位的作用都跟读者已经熟悉的 OSPFv2 选项字段中的标记位相同。OSPFv3 路由器会忽略选项字段中无法识别的标记位。

图 12.17 OSPFv3 选项字段的格式

DC 位，表示生成（LSA 的）路由器是否具备按需电路功能。

R 位，表示生成（LSA 的）路由器能否正常运行。若路由器在自生成的 LSA 中将该位置 0，则网络中的其他路由器在执行 SPF 计算时，将不会考虑由其所通告的路由。也就是说，R 位在 OSPFv3 中起到了 IS-IS 过载（OL）位的作用。

N 位，表示生成（LSA 的）路由器是否具备解读 NSSA LSA 的能力。

MC 位，表示表示生成（LSA 的）路由器是否支持 MOSPF 功能。

E 位，指明了构成 stub 区域时，外部 LSA 的泛洪方式。

V6 位，若置 0，则表示应将（由该 LSA 通告的）路由器或链路排除在 IPv6 路由计算之外。

---

[10] Kunihiro Ishiguro 以及 Toshiaki Takada, "Traffic Engineering Extensions to OSPF Version 3", draft-ietf-ospfospfv3-traffic-01.txt, 2003 年 8 月。现已升级为 RFC 5329。

12.2.5　OSPFv3 协议数据包

与 OSPFv2 相同，OSPFv3 也有 5 种基本类型的协议数据包，甚至连相关机制和功能都与 OSPFv2 大体相同。在 IPv6 包头中，OSPFv3 协议数据包靠下一个包头字段值 89 来标识，这跟 IPv4 包头中，用 IP 协议号字段值 89 来标识 OSPFv2 数据包完全相同。此外，OSPFv3 协议数据包在发送方式上也采用了跟 OSPFv2 一样的多播发送规程。对于 IPv6，AllSPFRouters 多播地址为 FF02::5，AllDRouters 多播地址为 FF02::6。

各种 OSPFv3 协议数据包在格式上几乎未在 OSPFv2 的基础上进行改动，这跟 LSA 完全不同，OSPFv3 LSA 的格式之所以会有重大改动，是为了要同时支持 IPv6 前缀的通告，以及经过改进的链路状态处理规程。真要说改动的话，要数 OSPFv3 通用头部和 Hello 数据包的格式改动的最为明显。

图 12.18 所示为 OSPFv2 和 OSPFv3 协议数据包通用头部的格式对比。由于两个版本的 OSPF 协议数据包都有类型 1~5，因此 OSPFv3 通用头部中的类型字段值跟 OSPFv2 完全相同。这两个版本的 OSPF 协议数据包通用头部之间最明显的差异是，OSPFv3 头部中不设认证字段。协议设计人员并未在 OSPFv3 中内置认证规程，而是"借用"内置于 IPv6 数据包中的认证功能来执行 OSPFv3 认证，这在本章前文已多次提及。

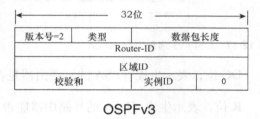

图 12.18　OSPFv2 和 OSPFv3 协议数据包通用头部的格式对比

两个版本的 OSPF 通用头部之间的另一个差异是，OSPFv3 多了实例 ID 字段。有了该字段，就可以在同一条链路上运行 OSPFv3 进程的多个实例，而 OSPFv2 则不支持该功能。如前所述，OSPFv3 多实例功能的作用之一是，可以很方便地让分属不同 OSPFv3 路由进程域的多台路由器，同时接入同一条多路访问链路。虽然利用 OSPFv2 认证功能，也能让分属不同 OSPFv2 路由进程域的多台路由器接入同一条多路访问链路，但实施起来效率非常低。真要如此行事的话，分属不同 OSPFv2 路由进程域的路由器之间虽会因为认证失败而拒收彼此发出的 Hello 数据包，但在每台路由器的控制台上，随着"外部"路由器不停地生成 OSPF Hello 消息，与认证失败有关的日志信息也会不断地"刷屏"。

实例 ID 只需要在本地链路上具备唯一性。

图 12.9 所示为 OSPFv2 和 OSPFv3 Hello 数据包的格式对比。由图可知，OSPFv3 Hello 数据包中未包括 OSPFv2 Hello 数据包中的网络掩码字段，因为 IPv6 地址没有子网掩码一说。除此之外，两个版本的 OSPF Hello 数据包（通用头部以下）所设字段完全相同。OSPFv3 Hello 数据包中的选项字段的长度增加到了 24 位，而路由器 Dead Interval 字段的长度则从 32 位削减到了 16 位。这意味着，路由器失效间隔时间理论上的最高值从 43 亿秒骤降至了 65535 秒。这一变化几乎不会对 OSPFv3 网络的运行产生任何影响。对于大多数厂商的 OSPF 实现而言，可供配置的路由器失效间隔时间的最高值一般都远低于 65535 秒，合理的 OSPF 网络设计也绝不可能让路由器失效间隔时间接近其最高值。

图 12.20 所示为 OSPFv2 和 OSPFv3 数据库描述（DD）数据包的格式对比。由图可知，在 OSPFv3 DD 数据包中，为选项字段重新安排了"位置"，因为其长度由 8 位增加到了 24 位，这也是 OSPFv2 和 OSPFv3 DD 数据包在格式方面的唯一差异。除了通用头部以外，OSPFv2 和 OSPFv3 链路状态请求数据包、链路状态更新数据包以及链路状态确认数据包的格式完全相同，因此本章将不再对比它们之间的格式。

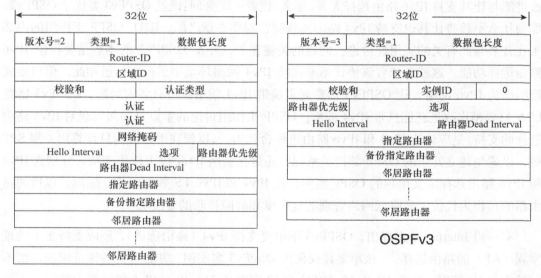

图 12.19 OSPFv2 和 OSPFv3 Hello 数据包的格式对比

图 12.20   OSPFv2 和 OSPFv3 数据库描述（DD）数据包的格式对比

12.2.6   未来对 OSPFv3 的改进

本章刚开始介绍 OSPFv3 时，曾经提到，OSPFv3 是对 OSPFv2 的全面改进，有许多改进都与让其支持 IPv6 路由选择无关。那么，读者一定会问：既然 OSPFv3 要优于 OSPFv2，那为什么不趁势让其也支持 IPv4 路由选择呢？写作本章之际，IETF OSPF 工作组的内部正在开展与此有关的实用性讨论。问题的关键在于，开发 OSPFv3 的本意是要行使 IPv6 路由选择功能。这就意味着该协议不能在纯 IPv4 网络环境中运行。话虽如此，但只要底层网络为 IPv6 网络，让 OSPFv3 信息元素携带 IPv4 前缀也没有多大问题。OSPFv3 链路 LSA 只要稍作改进就能携带 IPv4 前缀。OSPF 工作组讨论的重点是如何实现对 IPv4 路由选择的支持。是应该让 IPv4 和 IPv6 路由进程合二为一，以便在单区域内只计算出一棵 SPF 树，以避免建立冗余的 OSPF 邻接关系呢？还是在实例 ID 字段上作作文章，分别为 IPv4 和 IPv6 路由选择定义单独的 OSPF 实例，让 IPv4 和 IPv6 LS 数据库相互隔离，以增加路由器的负担为代价，来降低网络管理的复杂度和故障排除的难度呢？

有一份 Internet 草案提出，OSPFv3 不单要支持 IPv4（路由选择），还应支持多个地址家族（AF）的路由选择[11]。该草案建议使用 OSPFv3 多实例，并希望为各地址家族预留不同的实例 ID 范围：实例 ID 0~19（RFC 5838 实例 0~31）用于 IPv6 单播路由选择，实例 ID 20~39（RFC 5838 实例 32~63）用于 IPv6 多播路由选择；实例 ID 40~59（RFC 5838 实例 64~95）用于 IPv4 单播路由选择，实例 ID 60~79（RFC 5838 实例 96~127）用于 IPv4

---

[11] Sina Mirtorabi、Abhay Roy、Michael Barnes、Acee Lindem、Quaizar Vohra 以及 Rahul Aggarwal, "Support of Address Families in OSPFv3", draft-mirtorabi-ospfv3-aff-alt-00.txt, 2003 年 8 月。现已升级为 RFC 5838。

多播路由选择，实例 ID 80~255（RFC 5838 实例 128~255）预留用于未来的地址家族。该草案同时提出，在选项字段中新增一个标记位（选项字段右起第 9 位）——AF 标记位——用来表示路由器对多个地址家族的支持。OSPF 工作组是否会对 OSPFv3 做进一步的改进，很大程度上取决于用户的需求。读者在阅读本书之时，或许问题已经有了答案。

在此之前还有人提出，应让 OSPFv3 协议数据包携带 OSPFv2 不透明 LSA。OSPFv2 在支持新功能方面，那几种不透明 LSA（OSPFv2 类型 9~11 LSA）被证明很是管用，因此 OSPFv3 也应该能够用的上它们。只需为那 3 种不透明 LSA 增添一个 OSPFv3 LSA 通用头部，就能让它们随 OSPFv3 协议数据包一起传播了。果真如此的话，在（OSPFv3 LSA 通用头部的）LS 类型字段中，LSA 功能代码（见图 12.8）仍将分别沿用 OSPFv2 LSA 通用头部中的 LS 类型字段值（9~11），再把 U 位置 1（为避免与现有的 OSPFv3 LSA 冲突），S2 和 S1 位置 0 还是置 1 则要随那 3 种 OSPFv2 不透明 LSA 原先的泛洪范围而定。与让 OSPFv3 支持 IPv4 路由选择一样，是否采纳该提议还有待研究。

12.3 为支持 IPv6 路由选择针对 IS-IS 做出的改进

定义 OSPFv3 的 RFC 2740 的厚度为 80 页。在本章里面，作者只是随便介绍了一下 OSPFv3，就用了一大半篇幅。相反的是，描述支持 IPv6 路由选择的 IS-IS 扩展功能的 Internet 草案[12]只有 7 页纸而已，这也反映出了 IS-IS IPv6 扩展功能是何其简单。尽管这份 Internet 草案还未升级为 RFC，但所有主流路由器厂商都支持由其定义的 IS-IS 扩展功能，而且绝大多数厂商在实现 OSPFv3 之前就已经实现了这些功能。

所谓 IS-IS IPv6 扩展功能，是指为现有 IS-IS 协议新添了两个新型 TLV 结构：IPv6 可达性 TLV 和 IPv6 接口地址 TLV。这两种 TLV 只不过是 10 年前添加进 IS-IS 的 IPv4 TLV 的 IPv6 "等价物"。只要 IS-IS 路由器（IS）支持 IPv6 路由选择功能，就会在随 Hello 消息一起传播的 "（本机）所支持的协议" TLV 中包含 IPv6 的 NLPID 值（142[0x8E]），对外宣称自己支持该功能。

图 12.21 所示为 IPv6 可达性 TLV 的格式，这种 TLV 的用途包括：通告 IPv6 前缀，以及与之相关联的度量值。在 IPv6 可达性 TLV 中，有一个标记位，用来指明有待通告的 IPv6 前缀是源于 "内部" 还是 "外部"。如此一来，这种 TLV 便同时起到了用来通告 IPv4 前缀的 IS-IS IP 内部可达性 TLV 和 IP 外部可达性 TLV 的作用。IPv6 可达性 TLV 还可以

---

[12] Christian E. Hopps, "Routing IPv6 with IS-IS", draft-ietf-isis-ipv6-05.txt, 2003 年 1 月。现已升级为 RFC 5308。

携带子 TLV，为日后支持新的功能留下了很大的回旋余地。

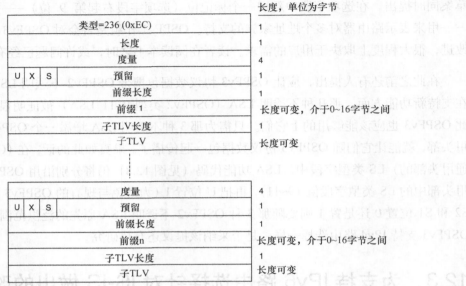

图 12.21　IPv6 可达性 TLV 的格式

图中已经示出了 IPv6 可达性 TLV 的类型字段值（256）。

度量字段，其值为与（有待通告的 IPv6）前缀挂钩的路由开销值。由图可知，IPv6 可达性 TLV 的度量字段为新型宽度量字段，详情请见第 8 章。

U 位，Up/Down 位，用来防止 L1 和 L2 间的路由环路，详情请见第 7 章。

X 位，外部位，用来指明有待通告的 IPv6 前缀是源于 IS-IS 路由进程域之内（置 0）还是之外（置 1）。

S 位，置 1 时，表示 IPv6 可达性 TLV 中包含有子 TLV；置 0 时，则 IPv6 可达性 TLV 中不含子 TLV 长度和子 TLV 字段。

前缀长度字段，其值指明了（有待通告的）IPv6 前缀的长度（单位为位）。

前缀字段，包含的是（有待通告的）IPv6 前缀。IPv6 前缀在"进驻"前缀字段之前，会先被压缩为偶数字节，所取的字节数要根据前缀长度字段值来计算得出，计算公式为：

所取的 IPv6 前缀的字节数（即前缀字段的长度）= integer of（（前缀长度 + 7）/ 8）（即对"（前缀长度 + 7）/ 8"的结果取整）

IPv6 接口地址 TLV（其格式如图 12.22 所示）是 IS-IS IP 接口地址 TLV 的 IPv6 等价物，用来通告生成（IPv6 接口 TLV 的）路由器接口所设的 IPv6 地址。请注意，一个 IP 接口 TLV 可以装载 63 个四字节 IPv4 接口地址，而 IPv6 接口 TLV 只能最多携带 15 个 IPv6 接口地址。这是因为在这两种 TLV 中，长度字段都是 1 字节（8 位），用来指明 TLV 中其余内容（即值字段）的长度（单位为字节），也就是说，值字段最长只有 255 个字节，而 IPv6 地址的长度为 16 字节。

图 12.22 IS-IS IPv6 接口 TLV 的结构

IPv6 接口地址 TLV 中的接口地址字段到底包含的是哪一种类型的 IPv6 地址，则要取决于"封装"该 TLV 的 IS-IS PDU 的类型。若"封装"该 TLV 的是 IS-IS Hello PDU，则接口地址字段包含的只会是生成（Hello PDU 的）路由器接口的本地链路 IPv6 地址。若"封装"该 TLV 的是 IS-IS LSP，则接口地址字段包含的只会是设在生成（LSP 的）路由器接口上的"非本地电路"IPv6 地址。

12.4 复习题

1．IPv6 地址的长度有多少位？

2．任播地址和多播地址之间有何差异？

3．IPv6 地址中接口 ID 部分的长度一般是多少？

4．IPv6 地址中子网 ID 字段的长度一般是多少？

5．IPv6 单播地址分哪 3 个范围？

6．IPv6 地址 FE80:10:1::50 的的范围是什么？有何依据？

7．FF02::D 是哪一种 IPv6 地址？有何依据？

8．能省略构成 IPv6 地址的每组十六进制数的前导 0 或后缀 0 吗？

9．在 IPv6 地址中，"::"表示什么？它为什么只能在一个 IPv6 地址中出现一次？

10．根据"MAC-to-EUI-64 转换"规程，是如何将（网卡或接口的）48 位 MAC 地址转换为 64 位 IPv6 接口 ID 的？

11．在给定了接口 ID 的情况下，是如何利用其来创建独一无二的本地链路 IPv6 地址的？

12．在 IPv6 地址自动配置过程中，在哪两个地方会用到邻居发现协议？

13．IPv6 数据包包头的长度是多少？

14．IPv6 包头中的跳限制字段与 IPv4 包头中的 TTL 字段有何差异？

15．在设立 IPv6 包头中的各个字段时，协议设计人员为什么设立的是下一个头部字段，而不是类似于 IPv4 包头中的 IP 协议字段？

16．IPv6 协议启用扩展包头的好处是什么？

17．OSPFv3 能支持 IPv4 路由选择吗？

18．OSPFv3 为什么没有附带认证功能？

19．收到不能识别的 LSA 时，OSPFv2 路由器和 OSPFv3 路由器分别会有什么反应？

20．OSPFv2 路由器和 OSPFv3 路由器在标识邻居路由器方面有什么差异？

21．OSPFv3 链路 LSA 的用途是什么？

22．OSPFv3 内部区域前缀 LSA 的用途是什么？它是如何增强单个 OSPF 区域的可扩展性的？

23．与 OSPFv2 类型 3 和类型 4 LSA 起相同作用的 OSPFv3 LSA 分别是什么？

24．OSPFv3 协议数据包包头中的实例 ID 字段的作用是什么？

25．改进 IS-IS 协议令其支持 IPv6 路由选择时，新定义了哪两种 TLV？

第 13 章

为支持多拓扑路由选择所做出的改进

在过去几年内，由于 IPv4 数据包传输业务竞争激烈，无利可图，导致运营商和服务提供商们对自己所能提供的业务做了重新评估。世界各地的运营商和服务提供商都知道，要想创造新的盈利增长点，不但要为客户提供新的业务，而且还要以较为经济的方式来实现，所以需要让以路由器为主的单一（网络）基础设施发挥最大功效，并逐步淘汰传统的"覆盖型"ATM、帧中继及电话网络。新业务本身并无独特之处，诸如语音和视频传输业务、VPN 业务，以及协作式应用托管业务都不是什么新鲜事物。独特之处在于，要用一套 IP 基础设施来提供上述所有业务，而不是用昂贵的、用途单一的基础设施来分别提供每一种业务。于是，"多业务"和"下一代"成了当今网络界的流行语。

多业务网络离不开如 MPLS、IP 多播以及 IPv6 之类的中间层或支撑技术 (intermediate or enabling technologies)，因此需要对 OSPF 和 IS-IS 进行改进，第 11 章和第 12 章已经讨论了针对这两种协议做出的种种改进。然而，搭建多业务网络还要考虑这样一种情况：所有业务虽然都运行于同一套 IP 基础设施之上，但支撑每个业务的路由拓扑可能有所不同。比如，支撑 IPv6 业务的拓扑可能只是 IPv4 拓扑的一部分（在不远的将来，支撑 IPv4 业务的拓扑或许会成为 IPv6 拓扑的一部分）。同理，提供多播业务的拓扑可能也只是单播拓扑的一部分，而用来满足带内网管需求的网络也应该独立于为客户提供业务的网络。

为支持多拓扑（MT）路由功能，人们对 OSPF 和 IS-IS 所做的改进既简单，而又惊人的相似。

- 为每一个逻辑拓扑分配一个多拓扑标识符（MT ID）。

- 为路由器上参与 OSPF 或 IS-IS 进程的每个接口分配一或多个 MT ID，以指明该接口所参与的拓扑。

- 相邻路由器之间照常建立邻接关系。

- 用适当的 MT ID 在 LSA 和 LSP 上做"记号"。

- 分别针对每个拓扑运行一套 SPF 算法。

- 每台路由器都会辟出专门的 RIB（路由信息库），来存储基于特定拓扑执行 SPF 计算算出的路由记录。

　　单凭 OSPF 或 IS-IS 本身，在没有 MT 扩展功能助一臂之力的情况下，只要厂商的 OSPF 或 IS-IS 实现支持（路由进程的）多实例，要想创建多个 OSPF 或 IS-IS 拓扑倒也不难，只需在每台路由器上分别针对每个拓扑运行一个 OSPF 或 IS-IS 实例即可。接下来，在与特定路由拓扑"挂钩"的每个 OSPF 或 IS-IS 实例所能企及的范围内，邻居路由器之间要想建立邻接关系，就必须启用认证功能。按这样的方法来创建多 OSPF 或 IS-IS 拓扑，效率之低可想而知。网络中的每台路由器需为每个路由实例专门维护一个 LS 数据库，先建立一系列邻接关系，再生成并处理路由协议消息。然而，只要为 OSPF 或 IS-IS 添加了 MT 功能，路由器将只需要维护一个统一的 LS 数据库，跨任何一条链路也只需建立单一的邻接关系，无论该链路实际参与了多少个 OSPF 或 IS-IS 拓扑。当然，路由器仍需分别针对每个 OSPF 或 IS-IS 拓扑执行 SPF 计算，而 RIB 也会分开存储。

13.1　为支持多拓扑路由选择对 OSPF 所做的改进

　　写作本章之际，提出多拓扑 OSPF（MT-OSPF）的 Internet 草案[1]才发布了短短几个月的时间，MT-OSPF 还尚未得到一般性的部署。读者在阅读本书之时，这项 OSPF 的扩展功能即便没有代码问世，想必也纳入了各路由器厂商的开发路线图了。

　　虽然要让 OSPF 支持某些新功能需要定义新型 LSA，或开发该协议的一个全新版本才能实现，但让 OSPF 支持 MT 功能，却只需利用一下现有 LSA 中的某些未使用字段。第 5 章曾经提到，支持服务类型（ToS）路由选择也是开发 OSPF 的初衷之一，只是从未诞生过支持该功能的商业版本的 OSPF 实现。当前现有的各类 LSA 可以很方便地传递多种与 ToS 路由选择有关的度量信息。于是，人们在开发 MT-OSPF 功能时，重新定义了 LSA 中的 ToS 字段，让其携带 MTID 以及与之相关联的度量信息。13.1.2 节将探讨与此有关的内

---

[1] Peter Psenak、Sina Mirtorabi、Abhay Roy、Liem Nguyen 以及 Padma Pillay-Esnault, "MT-OSPF: Multi-Topology (MT) Routing in OSPF", draft-ietf-ospf-mt-00.txt, 2004 年 10 月。现已升级为 RFC 4915。

容,但在此之前,有必要先了解一下为支持 MT 功能,需要对 OSPF 协议的运作规程做哪些改进。

13.1.1 MT-OSPF 运作规程

由 MT-OSPF 路由器生成的路由器(类型 1)LSA 会照常通告本机所有经由 OSPF 通告的链路,外加邻居路由器的所有链路。此外,还会指明每条链路所隶属的拓扑,以及与特定拓扑相关联的度量值。人们还对类型 3、4、5、7 LSA 做了改进,让这几类 LSA 除了通告 IP 前缀以外(类型 4 LSA 通告的"IP 前缀"为 ASBR),还会通告这些 IP 前缀隶属于哪个拓扑,以及与特定拓扑相关联的度量值。MT-OSPF 路由器会基于 LS 数据库里 LSA 所列出的每个 MTID,分别执行 SPF 计算,并把计算结果单独存入 RIB。

MTID 为 0 的默认拓扑(default topology)总是存在,OSPF 路由进程域内的所有路由器以及所有链路都隶属于该拓扑。由于不支持 MT 功能的 OSPF 路由器(non-MT-OSPF 路由器)会对 LSA 中的 ToS 字段"视而不见",而 MTID 和 MT 度量信息也只会包含在 ToS 字段内,因此 MT OSPF 路由器和 non-MT-OSPF 路由器之间可以相互兼容,但前提是所有非默认拓扑都有 MT OSPF 路由器"驻留"。换言之,MT OSPF 路由器会把"MTID 0"视为"ToS 0",这也符合正常的 OSPF 运作规程。

默认拓扑是路由进程域的"根基",其他所有拓扑(以 MTID 1~127 来表示)都是默认拓扑的一部分。不论互连链路隶属于哪一个拓扑,邻居路由器间的 Hello 消息都会照常交换,OSPF 邻接关系也不会针对任何一个拓扑专门建立。

只能把路由器上参与 OSPF 进程的接口配置为隶属于某个区域。因此,一条链路无论归多少个拓扑使用,也只能隶属于某一个区域。这就意味着,非默认拓扑虽然可以使用默认拓扑的部分路由器和部分链路,但区域边界却不能不同。

DR/BDR 推举过程独立于每个单独的拓扑,因此多路访问链路无论属于哪一个或多少个拓扑,其 DR 和 BDR 都是同一台路由器。读者应该知道,网络(类型 2)LSA 并不用来通告链路或链路的度量信息,其作用只是把广播网络表示为伪节点,供 SPF 计算使用。因此不需要为了支持 MT-OSPF,而修改类型 2 LSA(的格式)。在针对每个拓扑执行 SPF 计算时,只要涉及到隶属于该拓扑的多播访问链路,路由器会就使用类型 2 LSA[2]。

最后,只要任一拓扑所包含的链路的状态发生改变——无论是度量值还是可用性发生

---

[2] 译者注:原文是"The SPF calculations for each topology use the type 2 LSAs for any multi-access link included in the topology"。

改变——连接到那些链路的路由器都必须泛洪新的类型 1 LSA，以反映出链路状态有变，即便状态发生改变的链路只影响一个拓扑，对其所隶属的其他所有拓扑没有任何影响。同理，若 IP 前缀或 ASBR（的状态）发生改变，哪怕受波及的拓扑只有一个，路由器也要泛洪"配套"的类型 3、4、5、7 LSA，以反映出相关变化。

13.1.2 MT-OSPF LSA

图 13.1 所示为了支持多拓扑路由选择，而对 OSPF 类型 1 LSA 的格式进行的"微调"。相较于图 5.14 所示路由器 LSA 的"一般"格式，应该不难发现，ToS 字段已被重新启用为 MT-OSPF 路由器 LSA 的 MT 字段。在 MT-OSPF 路由器 LSA 中，会通过链路 ID 和链路类型字段来通告生成（该 LSA 的）路由器参与 OSPF 进程的所有接口所连链路，与每条链路相对应的链路数据字段的内容则要随链路类型字段值而异。由于所有链路都隶属于默认拓扑（MTID 为 0 的拓扑），因此在默认拓扑中，只有标准的链路度量字段值才会生效。若某条链路还隶属于其他拓扑，在 MT-OSPF 路由器 LSA 中，还应通过 MTID 和 MT 度量字段，指明该拓扑的 MTID 和该链路在该拓扑中的度量值。常规 OSPF LSA 中的 ToS 度量编号字段（在 MT-OSPF 路由器 LSA 中）已成为 MTID 编号字段，用来指明相关链路所归属的拓扑的个数（即 MTID 的个数）。由于 non-MT-OSPF 路由器可能解读不了 ToS 度量编号字段，将对其"视而不见"，只会提取度量字段的内容来执行 SPF 计算，如此一来，便确保了 MT OSPF 路由器和 non-MT-OSPF 路由器之间的兼容性。

上一节曾经提到，无需为支持多拓扑路由选择而修改 OSPF 网络（类型 2）LSA。读者要想知道其中的原委，只需回过头仔细观察图 5.16 所示网络 LSA 的格式。由图可知，网络 LSA 并不用来通告任何链路以及与之相对应的度量值（不含度量字段），只用来通告接入伪节点的路由器，那些路由器访问伪节点的开销必定为 0。对于多路访问链路所归属的所有拓扑而言，DR 只能是同一台路由器。因此，若路由器 LSA"指出"，多路访问链路 A 归属拓扑 1，则路由器针对拓扑 1 执行 SPF 计算时，便会采用相关的网络 LSA。若多路访问链路 A 属于拓扑 1，则相应的网络 LSA 不但与拓扑 1 无关，而且也不会被 SPF 计算所采用。

图 13.2 所示为 MT-OSPF 网络汇总和 ASBR LSA 的格式（请牢记，类型 3 和类型 4 LSA 的格式完全相同，只是链路状态 ID 字段所含内容有所不同）。这两种 LSA（一次）只通告单个目的网络（地址）：不是生成 LSA 的区域之外的目的网络，就是 ASBR（的 RID）。再次重申，为保持向后兼容性，"标准"（默认）度量字段的值只对（归属于）默认拓扑（的 IP 前缀或 ASBR 的 RID）生效。位列"标准"度量字段之后的各 MDIT 字段值分别与各

路由拓扑相对应,各 MT 度量字段值则分别对归属于相应拓扑的 IP 前缀或 ASBR 生效。需要注意的是,在这两种 LSA(以及随后即将讨论的 MT-OSPF 类型 5 LSA)中,MT 度量字段的长度为 24 位,与"标准"(默认)度量字段相同,并非 MT-OSPF 类型 1 LSA 中的 16 位,因为区域间路由的度量值肯定远远高于区域内路由。

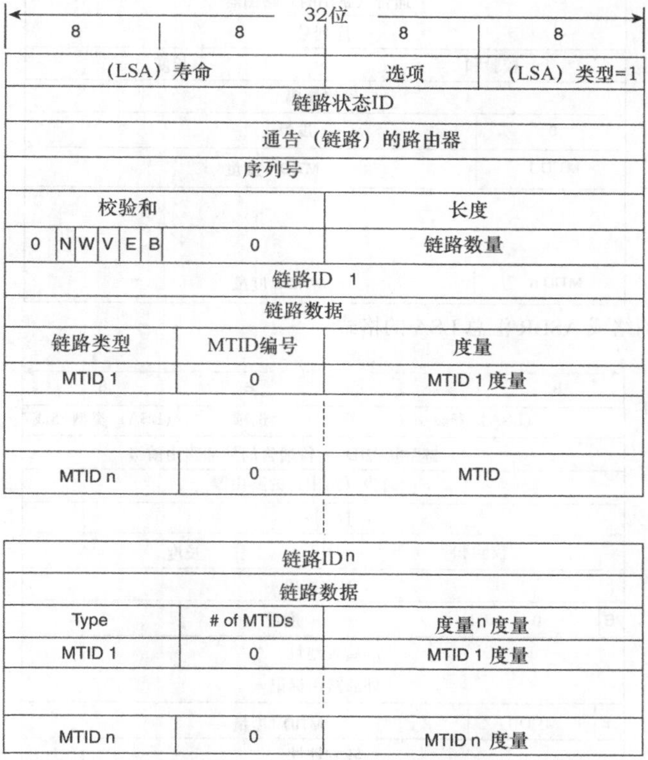

8	8	32位 8	8
	(LSA) 寿命	选项	(LSA) 类型=1
	链路状态ID		
	通告(链路)的路由器		
	序列号		
校验和		长度	
0 N W V E B	0	链路数量	
	链路ID 1		
	链路数据		
链路类型	MTID编号	度量	
MTID 1	0	MTID 1 度量	
MTID n	0	MTID	
	链路ID n		
	链路数据		
Type	# of MTIDs	度量 n 度量	
MTID 1	0	MTID 1 度量	
MTID n	0	MTID n 度量	

图 13.1 MT-OSPF 路由器 LSA

图 13.3 所示为 MT-OSPF 外部或 NSSA LSA 的格式。相较于图 5.23 和图 5.24 所示的常规的 OSPF 类型 5 和类型 7 LSA 的格式,不难发现,依旧是对现成的 ToS 字段做了重新利用。由于一条 MT-OSPF 外部 LSA 或 NSSA LSA 只能把一条外部 IP 前缀通告进 OSPF 路由进程域,因此"标准"度量字段的值只对(归属于)默认拓扑(的外部 IP 前缀)生效,各 MTID 字段值分别与各路由拓扑相对应。各 MT 度量字段值、转发地址字段值、外部路由标记字段值则分别对归属于相应拓扑的外部 IP 前缀生效,在各 MTID 字段之前的 E 位,同样用来表示外部 IP 前缀在相应拓扑内的外部路由类型(E1 或 E2)。正是多出了 E 位,才导致 MTID 的取值范围(降至)为 0~127,因为 MT-OSPF 外部(NSSA)LSA 中的 MTID 字段只有 7 位(最大值为 127),尽管 MT-OSPF 类型 1、3、4 LSA 中的

MTID 字段都是 8 位。

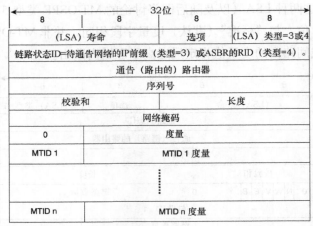

图 13.2   MT-OSPF 网络或 ASBR 汇总 LSA 的格式

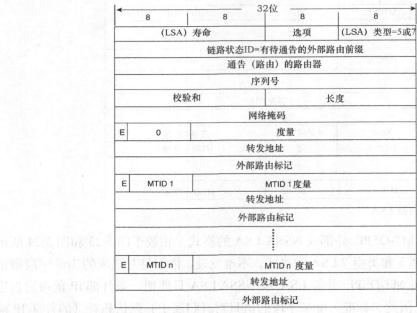

图 13.3   MT-OSPF 外部或 NSSALSA 的格式

13.1.3   链路排除

作者从开始介绍 MT-OSPF 之初，就一直在强调：OSPF 路由进程域内的所有路由器及链路都隶属于 MTID 为 0 的默认拓扑。但在有些情况下，可能需要让某条链路只归某个拓扑"专用"，不隶属于 MTID 为 0 的默认拓扑。要想把某条链路排除在默认拓扑的 SPF

计算之外，就必须要求同区域内的所有路由器"行动一致"。于是，协议设计人员针对 MT-OSPF 区域数据结构，新定义了一个名为 MTRoutingExclusion-Capability（MT 路由选择排除功能）的参数。若禁用该功能，则任何一对 OSPF 路由器之间都可以建立邻接关系。若激活该功能，只有具备链路排除（link-exclusion）功能的 MT-OSPF 路由器之间才能建立起邻接关系。

MT-OSPF 路由器会通过 Hello 数据包来对外"宣告"本机是否具备链路排除功能。为此，协议设计人员再次利用了 Hello 数据包中选项字段中现成的 T（ToS）位，将其重新定义为了 MT 位（见图 13.4）。只要让区域数据结构里的 MTRouting Exclusion Capability 参数生效，MT-OSPF 路由器就会发出 MT 位置 1 的 Hello 数据包，且只能与发出"相同" Hello 数据包的邻居路由器建立起邻接关系。若收到了 MT 位置 0 的 Hello 数据包，该 MT-OSPF 路由器便会"置之不理"。

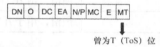

曾为 T（ToS）位

图 13.4 协议设计人员把 Hello 数据包中选项字段中的 ToS 位重新定义为了 MT 位，让 MT-OSPF 以此来表明自身是否具备链路排除能力

只要邻居双方都支持链路排除功能，且都把彼此间的互连链路"排除"在默认拓扑之外，便会相互交换"标准"度量字段值为无穷大（0xFFFF）的 Hello 数据包。此后，网络内的路由器在针对默认拓扑执行 SPF 计算时，会忽略与该链路"挂钩"的默认度量值。

13.2 为支持多拓扑路由选择对 IS-IS 所做的改进

写作本章之际，多拓扑 IS-IS（MT-ISIS）[3]尚处于（IETF 的）早期采纳阶段。因此，每家厂商对 MT-ISIS 的支持程度都有所不同。比方说，Cisco 公司支持单播 IPv4 和 IPv6 拓扑的 MT-ISIS，而 Juniper 公司则支持单、多播 IPv4 和 IPv6 拓扑的 MT-ISIS。读者阅读本书之时，那两个厂商应该可以支持更多不同的拓扑类型了吧。

13.2.1 链路排除

为了让 IS-IS 支持多拓扑路由选择，协议设计人员对其做了进一步改进，定义了 3 种新型 TLV：MT 中间系统（IS）TLV、MT 可达 IPv4 TLV 以及 MT 可达 IPv6TLV。这 3 种

[3] Tony Przygienda、Naiming Shen、Nischal Sheth，"M-ISIS: Multi Topology (MT) Routing in IS-IS"，draft-ietf-wg-multi-topology-07.txt, 2004 年 6 月。该草案现已升级为 RFC 5120。

TLV 所起的作用分别与经过扩展的 IS 可达性 TLV（类型 22）、经过扩展的 IPv4 可达性 TLV（类型 135）以及经过扩展的 IPv6 可达性 TLV（类型 236）相同，但都多了额外的字段，用来承载 MTID 信息。

表 13.1　　　　　　　　所列为由 MT-ISIS 草案所定义的 MTID

MTID 值	拓扑
0	标准（默认）拓扑（IPv4 单播路由拓扑）
1	用作 IPv4 带内管理
2	IPv6 单播路由拓扑
3	IPv4 多播路由拓扑
4	IPv6 多播路由拓扑
5	用作 IPv6 带内管理
6~3995	预留，由 IETF 决定分配
3996~4095	预留，用于开发、实验及私有特性

由表 13.1 可知，MTID 0 跟 MT-OSPF 的 MTID 0 相同，也表示默认或标准拓扑，"标准拓扑"是 MT-ISIS 规范中的术语。再次重申，默认拓扑会包括 IS-IS 路由进程域内的所有路由器和链路，同时还能起到向后兼容的作用。MT-ISIS 路由器会把任何未通告 MT 功能的路由器，或仍在相关协议消息中包含类型字段值为 22 和 135 的 TLV（而非 MT TLV）的路由器，视为隶属于默认拓扑。此时，MT-ISIS 路由器要在相关协议消息中包含类型字段值为 22 和 135 的 TLV，以表明自身为默认拓扑的成员，同时还得包含 MT TLV，来表明自身为其他（MTID 为非 0）拓扑的成员。收到相关协议消息时，不支持 MT 功能的路由器会照常接纳类型字段值为 22 和 135 的 TLV，但会忽略 MT TLV。

MT-ISIS 路由器通过某接口外发自生成的 Hello 消息时，会在其中包括一组 MT TLV，每一个 MT TLV 都与该接口所隶属的拓扑相对应。该路由器生成 LSP 时，会让其携带 MT IS TLV，在该 TLV 的值字段中会包含本路由器所隶属的拓扑，同时会列出隶属同一拓扑的邻居路由器。MT-ISIS 路由器在解析过邻居路由器发出的 Hello 消息后，若发现本路由器与其不隶属同一拓扑，则在生成 LSP 时，便不会将该邻居路由器与本路由器所隶属的拓扑相关联；若发现 Hello 消息中未包含 MT TLV，便会知道邻居路由器只隶属于默认拓扑。

在建立邻接关系方面，点到点链路和广播链路也有所不同：若相邻两台 MT-ISIS 路由器的点到点互连接口不隶属同一拓扑，则两者建立不了任何邻接关系；但若广播链路上同时接入了两台或多台 MT-ISIS 路由器，即便不隶属同一拓扑，邻接关系也照建不误。其原因是广播链路上的 IS-IS DIS 选举与 MT-IS-IS 扩展功能无关,这在道理上等同于 OSPF DR 选举独立于与 MT-OSPF 扩展功能。也就是说,不支持 MT-OSPF 扩展功能的路由器也有成为 DIS 的可能,因此接入同一广播链路的所有 IS-IS 必须在同一层级建立邻接关系。

就运作方式而言,MT-ISIS 与 MT-OSPF 之间还有两个相似之处:一、若 MT-ISIS 路由器感知到本机所归属的拓扑有变,需立刻泛洪 LSP,以反映出相关变化。二、OSPF 区域边界对所有 MT-OSPF 拓扑全都相同,而 IS-IS 路由层级边界对所有 MT-ISIS 拓扑全都相同。此外,MT-ISIS 路由器的 NET 对该路由器所隶属的所有拓扑全都生效。

尽管(设在 MT-ISIS 路由器上的)NET 和路由层级边界必须(对所有 MT-OSPF 拓扑)保持一致,但(相关 TLV 中的)OL 位却可以针对每一个 MT-OSPF 拓扑来设置。由于任何一台 MT-ISIS 路由器都可以在某些拓扑内充当边界(L1/L2)路由器,在另外一些拓扑内充当 L1 或 L2 路由器,因此 L1/L2 路由器需能针对每一个拓扑单独设置(相关 TLV 中的)ATT 位。

13.2.2　MT-ISIS TLV

图 13.5 所示为多拓扑(MT)TLV(类型 229)的格式。该 TLV 可在 Hello PDU 或 LSP 中现身,其值字段的内容是生成(自己的)路由器所隶属的(拓扑的)MTID,最多可包含 127 个 MTID。由图可知,该 TLV 中的 MTID 字段的长度为 12 位,而非 OSPF LSA 中的 7 位。过载(O)位和附属(ATT)位分别与值字段中的每一个 MTID 相关联,因此"路由器过载"功能和"L2 附接"功能可基于每个拓扑来单独通告。R 位为预留位。

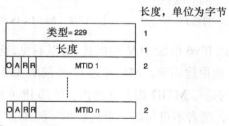

图 13.5　MT-ISIS 多拓扑 TLV

图 13.6 所示为 MT 中间系统(IS)TLV(类型 222)。该 TLV 的用途跟图 5.33 所示的经过扩展的 IS 可达性 TLV 相同:在值字段中同样会包含生成(该 TLV 的)路由器探索到的各台邻居路由器,以及相应的访问成本(cost),这些信息都是 SPF 计算的基础信息。两种 TLV 之间的差异是,前者的值字段中所列邻居路由器都会与一个特定的 MTID 相关联(即每一个邻居 ID 字段都对应于一个 MTID 字段,每个 MTID 字段长 12 位,该字段之

前的 4 位为预留位)。就格式而言，IS-IS MT-TLV 只比经过扩展的 IS 可达性 TLV 多出了 MTID 字段，其他字段都完全相同。IS-IS MT-TLV 可在同一条 IS-IS 协议消息中多次"现身"，具体次数则要视生成相关 IS-IS 协议消息的路由器所支持的 MTID 的个数而定。

同理，MT 可达 IPv4 前缀 TLV (其格式如图 13.7 所示) 的用途则跟图 5.34 所示的经过扩展的 IP 可达性 TLV 也相同：都是用来通告内、外部 IPv4 前缀，以及相应的度量值，但每条前缀都与一特定的 MTID 相关联(即每一个 IP 前缀字段和度量字段都与一个 MTID 字段"挂钩")。MT 可达 IPv4 前缀 TLV 的类型字段值为 235，这种 TLV 结构也可以在同一条 IS-IS 协议消息中"露面"多次，具体次数也要视生成相关 IS-IS 协议消息的路由器所支持的拓扑数 (MTID 的个数) 而定。

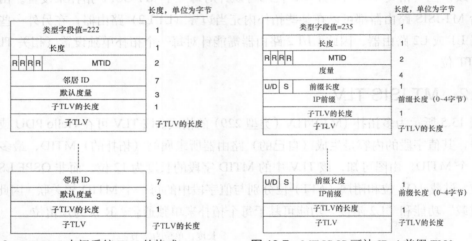

图 13.6　MT-ISIS 中间系统 TLV 的格式　　　　图 13.7　MT-IS-IS 可达 IPv4 前缀 TLV

图 13.8 所示为 MT 可达 IPv6 前缀 TLV 的格式，可以看见，这其实就是图 12.31 中 IPv6 可达性 TLV 的 MT 版本。就用途而言，MT 可达 IPv6 前缀 TLV 近似于 MT 可达 IPv4 前缀 TLV，只不过前者通告的是与 MTID 相关联的内、外部 IPv6 前缀，以及相应的度量值。这两种 TLV 之间差异在于，前者不可与其"常规版本"的 TLV"混用"(即类型字段值为 236 的 IPv6 可达性 TLV 不能与类型字段值为 237 的 MT 可达 IPv6 前缀 TLV 掺合在一起)，而后者则不存在这方面的问题。也就是说，在一个 IS-IS 路由进程域中，只应该出现类型字段值为 236 或 237 的 TLV 中的一种，不应同时出现两种。

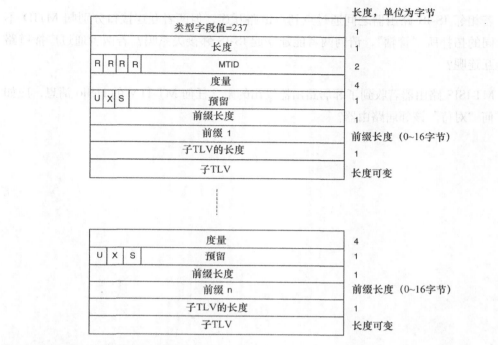

图 13.8 MT-IS-IS 可达 IPv6 前缀 TLV 的格式

13.3 复习题

1. 什么是多拓扑路由选择？

2. 什么是 MTID？

3. 什么是默认拓扑，其 MTID 是什么？

4. 为了支持 MT-OSPF 功能，在 OSPF 类型 1~5 LSA 中有哪一种类型的 LSA 不需要做任何改进，为什么？

5. 什么是 MT-OSPF 链路排除功能，为了支持该功能，相邻路由器之间是如何"交互"的？

6. MT-ISIS 路由器可以针对每个拓扑，在相关协议消息中单独设置 OL 位和 ATT 位吗？

7．若相邻 IS-IS 路由器之间通过点到点链路互连，但两者互连接口分别归 MTID 不同的拓扑所"管辖"，请问两者能建立起 IS-IS 邻接关系吗？若两者通过广播链路互连呢？

8．MT-ISIS 路由器若收到了邻居路由器发出的未含任何 MT-TLV 的 Hello 消息，应如何"对待"该邻居路由器？

链路状态路由协议之未来

OSPF 和 IS-IS 都已经推出了近 20 年，所依赖的 SPF 算法也已年近半百；在互联网时代，无论是那两种路由协议还是 SPF 算法，都可谓是非常陈旧。设计这两种路由协议之初，路由器的处理器主频还非常之低，内存也十分昂贵，数据包每穿越一台路由器，便意味着延迟的显著增加。正因如此，这两种路由协议的某些特征和功能都已成"鸡肋"，也就是说，那些特征和功能所要解决的问题如今已不复存在。举两个例子，所有 OSPF 协议消息数据单元都保持 32 位对齐，是 OSPF 协议的一大特征；而使用 6 位字段来表示 IS-IS 路由度量值，同样是 IS-IS 协议的原始特征之一。在设计 OSPF 和 IS-IS 时，虽然借鉴了 ARPANET 的运维经验，没有走曾在该网络中服役的原始链路状态路由协议的老路（比如，OSPF 和 IS-S 采用的都是线性而非循环序列号空间），但刻意规避的某些问题都是凭空设想，并非来源于实战经验。此外，两种协议的某些特性在设计之初是要解决 A 问题，到了后来则用来解决 B 问题。IS-IS 过载（OL）功能就是一个很好的例子：在 LSP 中设立 OL 位的本意是能让路由器藉此对外宣布"本机内存不够（过载）"。但如今，路由器都有足量内存可用，于是便挪用了 OL 功能，用其来防止在 BGP 收敛期间发生的瞬时流量黑洞。OL 功能的"转型"非常成功，以至于协议设计人员也要为 OSPF 添加类似的功能。

IS-IS OL 功能的成功"转型"，也预示着近来对 OSPF 和 IS-IS 所做的改进已不再是凭空设想，而是受实战经验所驱使。在整个 20 世纪 90 年代，改进 OSPF 和 IS-IS 所面临的挑战是，如何让两者的可靠性和可扩展性与飞速增长的 IP 网络（的规模）齐头并进。到了 20 世纪 90 年代末，在每个独立的 IP 网络的规模保持增长的同时，它们之间又拉开了"互联互通"的序幕，于是安全性便成为了 OSPF 和 IS-IS 必需面临的挑战。此外，从那时起直至今日，基于 IP 网络的新应用和新功能（比如，IPv6、IP 多播以及 MPLS 等）也层出不穷，协议设计人员又不得不对 OSPF 和 IS-IS 做进一步"精雕细琢"。

尚处于研发中的某些最新网络功能，其灵感正是源于对 MPLS 的使用体验。在 MPLS 网络中，信令/控制功能与交换/转发功能之间是相互独立的，因此信令和控制功能可由网络的接入层节点独立完成。也就是说，MPLS 网络中的"细活"都是边界设备来干。如第 11 章所述，MPLS 技术的优点之一是，可利用其跨 IP 网络构建虚电路，从而能够在无连接的网络环境中提供类似于面向连接的服务。MPLS 网络中的虚链路被称为标签交换路径（LSP），既可以借助其来部署流量工程和 QoS，也可以利用其来组建虚拟专用网络（VPN）。随着 MPLS 技术在 IP 网络中的"功成名就"，人们又对它作了进一步的改进，让 LSP 不仅能够在包交换网络环境中建立，还能够在时域网络环境（比如，SONET/SDH 网络环境）、波域网络环境（比如，lambda 交换网络环境）以及特殊类型的网络环境（比如，光纤交换网络环境）中建立。MPLS 有一个名为通用 MPLS（Generalized MPLS，GMPLS）的版本，可利用其将公共的控制平面从标签交换路由器和 ATM 交换机，延伸到诸如 DWDM 系统、光交叉设备以及多路增减复用器（ADM）之类的底层网元。人们正在对 OSPF 和 IS-IS 做进一步的改进，希望两者能像当初支持 MPLS 流量工程那样，去支持 GMPLS 流量工程。

鉴于链路状态路由协议普遍高龄，尤其是 OSPF 和 IS-IS，人们不禁要问，会有某种更好的新算法来替代这两种协议目前使用的 SPF 算法吗？说实话，新算法在学术论文中倒是经常有人提及。不过，还没有一种算法能激起大型网络运营商以及支撑它们的设备厂商的兴趣。因此，即便 SPF 算法终究会被某种经过改进的新算法取代，但一时之间还不会发生。

IP 网络虽不断发展，新功能和新应用也层出不穷，可网管人员一般都喜欢用最成熟也最得心应手的工具来维护自己的网络。所以说，IETF 还是会继续挖掘 OSPF 和 IS-IS 的"潜能"，来支持各种各样的新功能和新应用。过去 20 多年来，人们已在 OSPF 和 IS-IS 身上积累了无数工程和运维经验，加之两者目前所具备的高可扩展性，也预示着这两种路由协议在未来数年内仍将是大型 IP 网络中"挑大梁"的路由协议。